k-均值问题的近似算法

张冬梅　李 敏　徐大川　著

清华大学出版社
北京

内 容 简 介

k-均值问题是经典组合优化问题，也是著名的NP-难问题之一，相应的Lloyd算法是数据挖掘的十大经典算法之一. k-均值问题在人工智能、数据挖掘、理论计算机科学、运筹学和管理科学中有着广泛的应用. 本书介绍k-均值问题及其变形的基于随机抽样、降维、核心集、近似质心集、局部搜索、线性规划舍入等技术的近似算法. 主要内容包括: 经典k-均值问题的近似算法, k-中位, 球面k-均值, 鲁棒k-均值, 带约束的k-均值, 隐私保护k-均值, k-均值的其他变形等.

本书可作为运筹学、统计学、计算机科学、管理科学和应用数学专业的高年级本科生和研究生的教材和参考书, 亦可作为相关研究领域科研人员的参考书.

图书在版编目（CIP）数据

k-均值问题的近似算法 / 张冬梅, 李敏, 徐大川著. —北京：清华大学出版社，2022.9（2023.9重印）
ISBN 978-7-302-61756-3

Ⅰ. ①k…　Ⅱ. ①张…　②李…　③徐…　Ⅲ. ①人工智能-算法-研究　Ⅳ. ①TP18

中国版本图书馆 CIP 数据核字（2022）第 161823 号

责任编辑：刘　颖
封面设计：傅瑞学
责任校对：王淑云
责任印制：刘海龙

出版发行：清华大学出版社
　　网　　址：http://www.tup.com.cn，http://www.wqbook.com
　　地　　址：北京清华大学学研大厦 A 座　　邮　　编：100084
　　社 总 机：010-83470000　　邮　　购：010-62786544
　　投稿与读者服务：010-62776969，c-service@tup.tsinghua.edu.cn
　　质量反馈：010-62772015，zhiliang@tup.tsinghua.edu.cn
印 装 者：三河市龙大印装有限公司
经　　销：全国新华书店
开　　本：185mm×260mm　　**印　　张**：17.25　　**字　　数**：386 千字
版　　次：2022 年 10 月第 1 版　　**印　　次**：2023 年 9 月第 2 次印刷
定　　价：69.00 元

产品编号：096337-01

序

你想了解 k-均值问题吗？你想知道 k-均值问题的解吗？你想在 k-均值问题上做点研究吗？翻开本书, 你会得到满意的答案. 因为本书是关于 k-均值问题的专著.

本书对于 k-均值问题的产生、计算复杂性、近似算法设计与分析以及 k-均值问题的变形, 均给予了详尽的介绍. 首先, 作者从 k-均值问题开始写起, 详细介绍了数据挖掘十大经典算法之一的 Lloyd 算法及其初始化算法. 其次, 介绍如何在保证信息不丢失的前提下对高维数据进行降维, 有效地解决高维数据的计算和存储问题. 然后, 给出构造核心集与近似质心集的方法, 为后续算法设计提供工具. 最后, 利用前述技巧, 结合局部搜索、线性规划舍入、介绍了 k-均值问题、球面 k-均值问题、鲁棒 k-均值问题、带约束的 k-均值问题、隐私 k-均值问题、泛函 k-均值问题等的近似算法.

通过本书, 读者会从一个对于 k-均值问题不太了解的人, 迅速变成对于 k-均值问题胸有成竹的人, 节省读者大量查阅资料的时间. 本书是作者带领团队的优秀著作, 聚集了三位作者多年来的优秀研究成果. 事实上, 本书的作者都是成功的、有经验的教育工作者. 在泉城参加学术活动时与张冬梅、李敏两位作者相识, 听过她们关于 k-均值问题的报告, 报告内容深入浅出，给我印象深刻; 与本书作者徐大川教授相识多年, 他学识渊博, 乐于付出, 勤于育人, 他组织的暑期学校培养了一批组合优化方向的青年才俊, 疫情期间组织了多种形式的线下或线上讲习班和研讨会, 为有志于组合优化研究的老师同学提供了学习和交流的机会.

本书组织得相当周到, 思路清晰, 重点突出, 它会带着读者由浅入深、循序渐进、毫无障碍、津津有味地走入并游览 k-均值问题的殿堂. 我们无法对每本书都说开卷有益. 可是, 对于这本书, 可以毫无保留地说, 开卷有益, 因为它是不可多见的一本好书.

堵丁柱
得克萨斯大学达拉斯分校
2022 年 5 月

前　言

最近十几年来, k-均值问题在运筹学、统计学和计算机科学 (包括人工智能、数据挖掘、理论计算机科学、离散几何等) 得到了广泛关注. 人们在 k-均值问题的近似算法领域取得了非常丰富的研究成果.

本书第 1 章是绪论, 主要介绍问题模型与结果. 第 2 章介绍 k-均值初始化方法. 第 3 章和第 4 章分别介绍 Johnson-Lindenstrauss 降维引理、核心集与近似质心集, 为后面两章设计近似算法提供准备工作. 第 5 章介绍 k-中位和 k-均值问题的局部搜索算法. 第 6 章介绍 k-均值问题的双准则近似算法. 第 7 章至第 11 章介绍 k-均值问题的各种变形. 书中 1.1~1.2 节, 9.1~9.3 节, 10.1~10.4 节, 12.2~12.5 节是作者与合作者近年来的研究成果[139,141,145,146,181,193–196]. 其他章节取材于文献 [16,19,26,27,32,46,78,93,94,107,113,126,153,156,185].

本书部分内容曾在北京工业大学运筹学专业的近似算法课程和研究生讨论班中讲授. 感谢我们的学生褚天舒、姬赛、剧嘉琛、连月芳、刘文杰、刘文钊、刘治成、卢茂文、生瑞琦、孙建、孙悦、田晓云、吴晨晨、肖昊、许宜诚、杨龙千、杨瑞琪、袁藩录入部分内容并校对初稿, 其中褚天舒和孙悦付出了很多时间和精力. 感谢我们的朋友和同事陈旭瑾、郭龙坤、韩鑫、李伟东、刘茜、叶德仕、张国川、张鹏、张晓岩、张涌、张玉忠、张昭等对本书初稿提出的宝贵建议和修改意见.

感谢中国科学院数学与系统科学研究院韩继业研究员、袁亚湘研究员、胡晓东研究员, 山东大学计算机科学与技术学院马军教授、朱大铭教授, 山东师范大学数学与统计学院王江鲁教授, 科英布拉大学数学系 Luis Nunes Vicente 教授, 得克萨斯大学达拉斯分校计算机系堵丁柱教授等多年来对作者的支持和帮助. 感谢山东建筑大学计算机科学与技术学院、山东师范大学数学与统计学院、北京工业大学理学部为我们提供的良好科研环境. 此外, 作者要感谢各自的家人对我们工作的支持和理解. 特别地, 本书第一作者的父亲曲阜师范大学运筹学研究所副所长张庆水教授在此书付梓之际离开了这个世界, 他生前对第一作者的谆谆教诲, 言犹在耳, 谨以此书献给他.

本书得到山东建筑大学计算机科学与技术学院学位点建设专项资金、国家自然科学基金 (No. 11871081) 的资助.

由于作者水平有限, 本书难免有错误和不妥之处, 欢迎读者批评指正.

张冬梅　　李　敏　　徐大川
山东建筑大学　山东师范大学　北京工业大学

2022 年 5 月 4 日

目　录

第1章 绪论

在机器学习中, **无监督学习** (unsupervised learning) 的目的是通过对无标记样本的学习揭示数据的内在性质和规律. 聚类 (clustering)[119] 是无监督学习中研究最多应用最广的问题之一. 给定若干对象组成的集合, 聚类是将这个集合分成多个簇 (cluster), 每个簇由相似的对象组成, 不同簇中的对象差异较大. 与分类不同, 聚类对所要划分的对象的类别是未知的. 互联网技术的深入应用带来了数据的多样性与数据量的爆炸增长, 获得各种类型有标签的数据变得非常困难, 有时预先获得标签都是困难的, 因此数据聚类技术越来越受到重视. 聚类算法在许多数据驱动的应用领域都是非常核心的算法.

k-**均值** (k-means) 聚类是一种重要的数据聚类技术. 经典的 k-均值问题可描述为: 给定 n 个元素的观测集, 其中每个观测点都是 d 维实向量, 目标是选取 $k(\leqslant n)$ 个点作为聚类中心, 将 n 个观测点划分到 k 个集合 (每个集合对应一个聚类中心), 使得所有观测点到对应的聚类中心距离最小. 容易证明, 对于任意给定集合, 最优的聚类中心是该集合中所有观测点的均值点. 在 k-均值聚类中, 针对各种实际问题, 可能会对距离给出不同的定义, 对聚类中心采取不同的选取方式, 或采用不同的优化目标函数, 这样就引出了与 k-均值相关的各种各样的变形, 参见文献 [188, 189].

k-均值问题在不同领域里分别被提出[28,147,150,170], 是理论计算机科学和机器学习领域的研究热点[62,93,133,171]. Lloyd 算法是求解 k-均值问题的一种简单有效的算法, 在聚类分析及相关领域具有广泛的应用, 特别是在图像处理和特征工程方面有着典型的应用. Lloyd 算法在图像处理方面常用于进行图像分割和图像压缩. 在特征工程方面, k-均值聚类更是广泛应用于特征选择 (feature selection) 和特征抽取 (feature extraction) 等方面. 社交网络、大数据等带来的各种新的应用环境, 对 k-均值聚类带来了新的挑战, 产生了各种亟须解决的具有挑战性的研究课题, 因此需要研究求解 k-均值问题及其变形的各种算法.

本章内容取材于文献 [195], 结构如下, 1.1 节介绍经典 k-均值问题的研究进展; 1.2 节介绍 k-均值问题的重要变形.

1.1 k-均值问题

设计**近似算法**是求解 NP-难问题的方法之一, 近似算法能对问题给出具有性能保证的近似解. 关于 k-均值问题近似算法的研究主要分为两方面. 一是得到一般 k-均值问题的近似算法; 二是更进一步, 当满足某些性质时, 寻找特殊 k-均值问题的**多项式时间近似方案** (polynomial-time approximation scheme, **PTAS**). 为了平衡解的质量与可行性, 有时使用**双准则近似** (bicriteria approximation). k-均值的**双准则**(β, α)-近似算法表示算法得到的解将观测点分成 βk 类, 目标值不超过最优值的 α 倍. 在分析 k-均值问题的算法性能时, 除了与最优值 OPT 相比之外, 有时还引入附加误差项. 算法输出解的质量不超过 $a\cdot\mathrm{OPT}+b$, 其中 a 称为**乘法近似误差** (multiplicative approximation error), b 称为**附加近似误差** (additive approximation error). 在不引起混淆的情况下, 仍称 a 为近似比.

给定观测集 $\mathcal{X}$, 用 $\mathrm{OPT}_k(\mathcal{X})$ 表示相应 k-均值问题的最优值. 如果 $\mathrm{OPT}_k(\mathcal{X})/\mathrm{OPT}_{k-1}(\mathcal{X})\leqslant\delta^2$, 则称 $\mathcal{X}$ 关于 k-均值问题是**δ-分离**的, δ 称为分离比值. 为了叙述方便, 引入一些记号: L 表示问题输入的字节长度; S_0 通常是算法的初始可行解, $\mathrm{cost}(S_0)$ 表示 S_0 的费用; $\mathrm{Var}(\mathcal{X}):=\mathrm{OPT}_1(\mathcal{X})$; $\tilde{O}(\cdot)$ 较之于 $O(\cdot)$ 隐藏了 log 的多项式量级因子.

问题描述. 给定 n 个元素的观测集 $\mathcal{X}=\{\boldsymbol{x}_1,\boldsymbol{x}_2,\cdots,\boldsymbol{x}_n\}\subseteq\mathbb{R}^d$ 和整数 k, k-均值问题的目标是选取中心点集合 $\mathcal{C}=\{\boldsymbol{c}_1,\boldsymbol{c}_2,\cdots,\boldsymbol{c}_k\}\subseteq\mathbb{R}^d$, 使得下面的函数值达到最小

$$\sum_{i=1}^{n}\min_{j\in\{1,2,\cdots,k\}}||\boldsymbol{x}_i-\boldsymbol{c}_j||^2.$$

对于任意集合 $U\subseteq\mathcal{X}$ 和点 $\boldsymbol{c}\in\mathbb{R}^d$, 可以证明[126]

$$\sum_{\boldsymbol{x}\in U}||\boldsymbol{x}-\boldsymbol{c}||^2=\sum_{\boldsymbol{x}\in U}||\boldsymbol{x}-\mathrm{cen}(U)||^2+|U|\cdot||\boldsymbol{c}-\mathrm{cen}(U)||^2,$$

其中 $\mathrm{cen}(U):=(\sum\limits_{\boldsymbol{x}\in U}\boldsymbol{x})/|U|$ 为集合 U 的质心点, $|U|$ 表示集合 U 中元素的个数. 根据上述性质, k-均值问题的目标可以描述为: 将观测集 $\mathcal{X}$ 划分为 k 个部分 $\{X_1,X_2,\cdots,X_k\}$, 使得下面的函数值达到最小

$$\sum_{j=1}^{k}\sum_{\boldsymbol{x}\in X_j}||\boldsymbol{x}-\mathrm{cen}(X_j)||^2.$$

近似难度. 经典的 k-均值问题是 **NP-难问题**, 即使 d 为常数或者 k 为常数的情况下, 该问题依然是 NP-难的. 表 1.1.1 列出了 k-均值问题在不同情况下的近似难度, 其中 UGC 是唯一博弈猜想 (unique games conjecture). Cohen-Addad 等[63] 研究了 k-均值问题运行时间的下界. 证明在指数时间假设 (exponential-time hypothesis, ETH) 下, 对任意可计算函数 f, 不存在 $f(k)n^{o(k)}$ 时间算法求解 k-均值问题.

表 1.1.1 k-均值问题的近似难度

文献信息	d	k	近似难度
Inaba 等[116]	常数	常数	P 问题, $O(n^{dk+1})$ 时间内精确求解
Aloise 等[10], Dasgupta[72], Drineas 等[79]	任意	2	NP-难
Mahajan 等[151]	2	任意	NP-难
Awasthi 等[21]	$\Omega(\log n)$	任意	APX-难
Lee 等[134]	任意	任意	假设 $\mathrm{P}\neq\mathrm{NP}$, 近似比下界 1.0013
Cohen-Addad 和 Karthik[67]	任意	任意	假设 UGC, 近似比下界 1.07

Lloyd 算法的理论研究. 求解 k-均值问题最常用的算法是 Lloyd 算法[147]. 由于该算法的广泛应用, 通常又被称为 k-均值算法. 为了避免与 k-均值问题的其他算法混淆, 本文

采用 Lloyd 算法的称呼. 在选取任一初始中心点集合后, 将观测点分配到其最近的中心点, 再重新计算更新聚类中心点, 重复分配和更新两个步骤, 直到算法收敛为止.

Lloyd 算法的优点在于算法简单, 实际应用中运行速度快. Duda 等[80] 指出, 实际应用中 Lloyd 算法的迭代次数通常远比观测点数少. 但是从理论上来看, Lloyd 算法**最坏时间复杂度**是指数量级的, 算法输出解的质量可以任意差. 很多关于 Lloyd 算法的理论研究集中在两方面: (1) 从理论上解释 Lloyd 算法实际运行速度快的原因; (2) 修改 Lloyd 算法使得输出解的质量有理论保证.

Lloyd 算法的时间复杂度. Lloyd 算法的最坏时间复杂度已经研究得比较清楚. Dasgupta[71] 考虑 $d=1$ 的情形, 证明了当 $k=2$ 时存在实例使得 Lloyd 算法需要运行 $\Omega(n)$ 步, 其中 $\Omega(f(n))$ 表示 $f(n)$ 的渐近下界; 当 $k<5$ 时, Lloyd 算法最多 $O(n)$ 步终止, 其中 $O(f(n))$ 表示 $f(n)$ 的渐近上界. Har-Peled 和 Sadri[110] 考虑 $d=1$ 的情形, 证明了对于任意 k, Lloyd 算法最多 $O(n\Delta^2)$ 步终止, 其中 Δ 是观测集中两点之间最大距离与最小距离的比值. Arthur 和 Vassilvitskii[15] 构造例子说明 Lloyd 算法最坏时间复杂度是 $2^{\Omega(\sqrt{n})}$, 进一步说明即使初始中心点在观测点集合里随机选取, Lloyd 算法的运行时间高概率是超多项式的 (superpolynomial); 作为对实际数值表现的初步解释, 他们研究了数据点从 $\Omega(n/\log n)$ 维标准正态分布独立选取的情形, 这时 Lloyd 算法以高概率在多项式时间内终止. Vattani[179] 构造 $d=2$ 的实例说明 Lloyd 算法最坏时间复杂度是 $2^{\Omega(n)}$.

为了缩小 Lloyd 算法实际表现和最坏时间复杂度理论分析的间隙, 学者们开始研究 Lloyd 算法的**平滑时间复杂度**. Arthur 和 Vassilvitskii[17] 给出 Lloyd 算法的第一个平滑分析. 他们得到如果任意观测集里的每个点独立地被均值为 0、标准差为 σ 的正态分布扰动, 那么对扰动后的观测集应用 Lloyd 算法得到的平均运行时间是关于 n^k, d 和 D/σ 的多项式, 其中 D 是扰动后的观测集的直径. Manthey 和 Röglin[155] 改进了上面的分析, 得到两个平均运行时间的估计, 第一个是关于 $n^{\sqrt{k}}$ 和 $1/\sigma$ 的多项式, 即 $\text{ploy}(n^{\sqrt{k}},1/\sigma)$, 第二个是 $k^{kd}\cdot\text{ploy}(n,1/\sigma)$. Arthur 等[14] 首次给出 Lloyd 算法的多项式平滑时间复杂度, 平均运行时间为 $O(k^{34}d^8\sigma^{-6}n^{34}\log^4 n)$, 是关于 n, k, d 和 $1/\sigma$ 的多项式.

Lloyd 算法的初始化方法. 在 Lloyd 算法中, 初始的 k 个聚类中心是从观测点中任意 (或者随机) 选取, 输出结果的好坏依赖于初始解的选取. 学者们开始研究如何修改初始解, 在此基础上再运行 Lloyd 算法. 这类为 Lloyd 算法选取初始解的方法被称为 Lloyd 算法的初始化方法. 本书重点介绍随机初始化方法, 包括 k-均值 ++ 及其变形 (参见表 1.1.2).

Ostrovsky 等[161] 引入观测集 δ-分离的概念, 在 δ 充分小时给出具有常数近似比的随机初始化方法. Arthur 和 Vassilvitskii[16] 独立地提出了另外一种随机初始化方法——k-均值 ++. 在 k-均值 ++ 中, 迭代 k 轮选取 k 个中心点, 每轮按照概率选一个点作为新的中心点, 选点的概率与该点产生的费用 (该点到当前最近中心点的距离平方) 成正比. 上述选点方法称为 D^2 抽样, 也称为自适应抽样.

Ailon 等[8] 提出双准则近似的 k-均值 $\sharp$ 初始化方法, 并设计 k-均值问题的流算法. k-均值 $\sharp$ 借鉴了 k-均值 ++ 的思想, 进行 k 轮迭代, 但每轮里同时独立选取 $3\log k$ 个中心点.

Ackermann 等[2] 根据 k-均值 ++ 设计了流算法. Aggarwal 等[4] 独立地提出了类似于 k-均值 ♯ 的双准则近似初始化方法. D^2 抽样的思想也启发了 Jaiswal 等[121,122] 在 k 为常数时给出了 PTAS. Wei[184] 将 k-均值 ++ 的迭代次数从 k 增大到 $\beta k(\beta > 1)$, 得到改进的双准则算法.

表 1.1.2 基于 Lloyd 的初始化算法

文献信息	限制条件	近似比	运行时间
Ostrovsky 等[161]	$\mathcal{X}$ 是 δ-分离的, δ 充分小	$(1-\delta^2)/(1-37\delta^2)$	$O(ndk+dk^3)$
Arthur 和 Vassilvitskii[16]	/	$8(\log k+2)$	$O(ndk)$
Aggarwal 等[4]	/	$(\lceil 16(1+1/\sqrt{k})\rceil, 20)$	$O(ndk)$
	/	$(O(1/\varepsilon\cdot\log(1/\varepsilon)), 4+\varepsilon)$	$O(ndk/\varepsilon\cdot\log(1/\varepsilon))$
Ailon 等[8]	/	$(3\log k, 64)$	$O(ndk\log k)$
Wei[184]	/	$(\beta, 8(1+1.618/(\beta-1)))$	$O(\beta ndk)$
Jaiswal 等[121]	k 为常数	$1+\varepsilon$	$\tilde{O}(nd\cdot 2^{\tilde{O}(k^2/\varepsilon)})$
Jaiswal 等[122]	k 为常数	$1+\varepsilon$	$\tilde{O}(nd\cdot 2^{\tilde{O}(k/\varepsilon)})$
Lattanzi 和 Sohler[133]	/	$O(1)$	$O(ndk^2\log\log k)$
Choo 等[59]	/	$O(1)$	$O(ndk\log k)$
Bachem 等[22]	观测集满足假设	$O(\log k)$	$O(k^3 d\log^2 n\log k)$
Bachem 等[23]	/	$8(\log_2 k+2)$, 附加近似误差: $\varepsilon\mathrm{Var}(\mathcal{X})$	$O(nd+(1/\varepsilon)k^2 d\log(k/\varepsilon))$
	观测集满足较弱假设	$8(\log_2 k+3)$	$O(nd+k^3 d\log k)$

Bachem 等[22] 采用 Markov (马尔可夫) 链蒙特卡洛 (Markov chain Monte Carlo) 抽样近似 k-均值 ++, 从而加速算法, 时间复杂度关于 n 是次线性的, 该算法记为 K-MC^2. Bachem 等[23] 修改了建议分布 (proposal distribution) 得到 AFK-MC^2, 其中 AF 是 assumption-free 的缩写, 表示不需要对观测集做任何假设就可以得到带附加近似误差的理论估计. Lattanzi 和 Sohler[133] 指出运行 k-均值 ++ 后, 再运行 $O(k\log\log k)$ 步局部搜索, 可以得到具有常数近似比的输出. Choo 等[59] 改进了上面的分析, 论证了后续的局部搜索只需要运行 εk 步.

k-均值 ++ 是 k 轮的串行算法, 每轮都要遍历所有观测集计算最短距离, 因而处理大数据时产生困难. Bahmani 等[26] 提出了并行的 k-均值 ‖ 初始化方法. ψ 为随机选 $\mathcal{X}$ 中一点为中心时对应的 1-均值问题的聚类目标值, 记 ψ 为 $\mathcal{X}$ 的量化误差 (quantization error). k-均值 ‖ 由两个阶段组成. 阶段 I 包括 $O(\log\psi)$ 轮迭代, 通过引入过抽样因子 l, 每轮并行抽样 $O(l)$ 个点; 阶段 II 对抽样的 $O(l\log\psi)$ 个点利用 k-均值 ++ 进行聚类得到最终的 k 个中心点. 作者证明了阶段 I 产生的解 (注意不是可行解) 对应的目标值可以用乘法/附加近似误差估计, 阶段 II 产生的可行解近似比为 $O(\log k)$. Bachem 等[24](限定 $l\geqslant k$),

Rozhoň[164](限定 $l=k$) 分别给出了改进的理论分析; 其改进主要针对阶段 I, 阶段 II 的近似比保持不变. 表 1.1.3 给出上面三种分析的对比, 其中 $\alpha=\exp(-(1-\mathrm{e}^{-l/(2k)}))\approx \mathrm{e}^{-l/(2k)}$, OPT 表示 k-均值问题的最优值.

表 1.1.3 k-均值 || 阶段 I 指标

文献信息	轮数 t	乘法近似误差	附加近似误差
Bahmani 等[26]	$O(\log\psi)$	$16/(1-\alpha)$	$((1+\alpha)/2)^t\psi$
Bachem 等[24]	$O(\log(\mathrm{Var}(\mathcal{X})))$	26	$2(k/(\mathrm{e}l))^t\mathrm{Var}(\mathcal{X})$
Rozhoň[164]	$O(\log(\mathrm{Var}(\mathcal{X})/\mathrm{OPT})/\log\log(\mathrm{Var}(\mathcal{X})/\mathrm{OPT}))$	20	0

固定参数 d 或 k. 参数 d 或 k 固定时, 学者们主要采用了以下五类技巧, 给出了一系列 PTAS 结果 (参见表 1.1.4).

表 1.1.4 k-均值问题的 PTAS

文献信息	d	k	运行时间
Matoušek[156]	常数	2	$O(n\log n\cdot\varepsilon^{-2d}\log(1/\varepsilon)+n\varepsilon^{-(4d-2)}\log(1/\varepsilon))$
	常数	常数	$O(n\log^k n\cdot\varepsilon^{-2k^2d})$
Bădoiu 等[25]	任意	常数	$O(2^{(k/\varepsilon)^{O(1)}}\mathrm{ploy}(d)n\log^k n)$
De La Vega 等[73]	任意	常数	$O(2^{(k^3/\varepsilon^8)(\log(k/\varepsilon))\log k}dn\log^k n)$
Har-Peled 和 Mazumdar[109]	任意	常数	$O(n+k^{k+2}\varepsilon^{-(2d+1)k}\log^{k+1}n\log^k(1/\varepsilon))$
Har-Peled 和 Kushal[108]	任意	常数	$O(n+\mathrm{ploy}(k,\log n,1/\varepsilon)+k^3\varepsilon^{-(d+1)}(k^3\varepsilon^{-(2d+1)}\log(1/\varepsilon))^{k+1})$
Kumar 等[131,132]	任意	常数	$O(2^{(k/\varepsilon)^{O(1)}}dn)$
Chen[56]	任意	常数	$O(ndk+2^{(k/\varepsilon)^{O(1)}}d^2n^\sigma)$, 注: $\sigma>0$ 是任一常数
Ostrovsky 等[161]	任意	常数	$O(2^{O(k(1+\delta^2)/\varepsilon)}dn)$, 注: 要求 $\mathcal{X}$ 是 δ-分离的且 δ 充分小
Feldman 等[86]	任意	常数	$O(ndk+d\cdot\mathrm{ploy}(k/\varepsilon)+2^{\tilde{O}(k/\varepsilon)})$
Friggstad 等[94]	常数	任意	$O((k/\varepsilon)^{d^{O(d)}\cdot\varepsilon^{-O(d/\varepsilon)}}\log(\mathrm{cost}(S_0)/\mathrm{OPT}))$
Cohen-Addad 等[68]	常数	任意	$O(n^{(1/\varepsilon)^{O(d)}})$
Cohen-Addad[61]	常数	任意	$nk(\log n)^{(d/\varepsilon)^{O(d)}}$
Cohen-Addad 等[64]	常数	任意	$((1/\varepsilon)^{1/\varepsilon})^{2^{O(d^2)}}n\log^5 n+2^{O(d)}n\log^9 n$

(a) **降维 (dimension reduction)**. 由于观测点所在 Euclidean (欧几里得) 空间的维数可能非常高, 如何降维是聚类里的重要问题. Johnson 和 Lindenstrauss[124] 提出了著名的 Johnson-Lindenstrauss 引理: 任给 Euclidean 空间 $\mathbb{R}^d$ 中的 n 个点, 可以映射到 $\mathbb{R}^t$, 距离偏差不超过 $1+\varepsilon$, 这里 $t=O(\log n/\varepsilon^2)$, 且该映射可以在 $O(nd\log n/\varepsilon^2)$ 时间内构造出来. Frankl 和 Maehara[91] 给出了简化的证明. Linial 等[144] 推广了上面的结果.

(b) **核心集 (coreset)**. 许多学者研究利用核心集的概念设计 k-均值问题的快速算法[25]. 核心集是观测集的规模较小的子集 (可能每个点带权重), 在该子集上的聚类问题可以很好地近似在整个观测集上的聚类问题. 一般来讲, 核心集越小, 问题越容易被近似, 也意味着可以更有效地概括观测集. 最小核心集的基数是聚类问题的基本组合性质. 针对 k-均值问题, Har-Peled 和 Mazumdar[109] 找到了基数为 $O(k\varepsilon^{-d}\log n)$ 的核心集; Har-Peled 和 Kushal[108] 将核心集的基数改进为 $O(k^3\varepsilon^{-(d+1)})$(与 n 无关); Chen[56] 采用随机抽样技术构造核心集, 对于事先给定的参数 $\lambda\in(0,1)$, 找到了基数为 $O(k\varepsilon^{-2}\log n(kd\log(1/\varepsilon)+k\log k+k\log\log n+\log(1/\lambda)))$ 的核心集.

(c) **近似质心集 (approximate centroid set)**. Matoušek[156] 提出了近似质心集的概念: 如果聚类中心限定在集合 $\mathcal{C}$ 里选取, 相应的聚类费用不超过 $(1+\hat{\varepsilon})\mathrm{OPT}$, 则称 $\mathcal{C}$ 为 $\hat{\varepsilon}$-近似质心集, 其中 $\hat{\varepsilon}\geqslant 0$. 他证明了 $\hat{\varepsilon}$-近似质心集 $\mathcal{C}$ 可以在 $O\left(n\log n+n\hat{\varepsilon}^{-d}\log(1/\hat{\varepsilon})\right)$ 时间内得到, 并且 $|\mathcal{C}|=O\left(n\hat{\varepsilon}^{-d}\log(1/\hat{\varepsilon})\right)$. 根据上述结论, 可以将原问题转化为离散型 k-均值问题. De La Vega 等[73] 利用枚举方式构造近似质心集. Kumar 等 [131-132] 采用随机抽样技术构造近似质心集. Feldman 等[86] 结合核心集和近似质心集的特点引入弱核心集.

(d) **局部搜索 (local search)**. 当 d 为常数时, 许多学者采用局部搜索算法, 分析时利用了全局解和局部解的随机划分得到 PTAS[61,68,94].

(e) **动态规划 (dynamic programming)**. 当 d 为常数时, 目前最好的 PTAS 由 Cohen-Addad 等[64] 利用随机层次分解和动态规划技术得到.

任意参数 d 与 k. Jain 和 Vazirani[120] 采用观测集本身作为近似质心集, 这时近似比损失为 2; 利用 Lagrange 松弛将 k-均值问题转化为开设费用相同的设施选址问题, 再应用原始对偶算法得到 Lagrange 乘子保持 (Lagrangean multiplier preserving, LMP) 近似; 最后通过对拉格朗日乘子的二分法得到两个解, 借助于两点舍入 (bi-point rounding) 技巧, 得到 k-均值问题的第一个常数比近似算法.

结合 Johnson-Lindenstrauss 引理[124] 和 Matoušek[156] 关于近似质心集的构造, 可以在多项式时间 $O(nd\log n/\hat{\varepsilon}^2+n^{O(1/\hat{\varepsilon}^2)\log(1/\hat{\varepsilon})}\log(1/\hat{\varepsilon}))$ 得到基数为多项式量级 $O(n^{O(1/\hat{\varepsilon}^2)\log(1/\hat{\varepsilon})}\cdot\log(1/\hat{\varepsilon}))$ 的近似质心集, 近似比损失为 $1+\hat{\varepsilon}$. 接下来的改进均是基于上述近似质心集. Kanungo 等[126] 将 Arya 等[19] 针对 k-中位问题的局部搜索算法巧妙地应用到 k-均值问题上, 得到 $(9+\varepsilon)$-近似算法. Ahmadian 等[6] 沿用了 Jain 和 Vazirani[120] 的框架, 在两个地方进行了实质性改进: 1. 利用 k-均值问题的几何结构得到 LMP6.357-近似算法; 2. 通过多项式次枚举拉格朗日乘子, 设计对偶上升算法构造可行解, 保持了中心点个数的某种连续性. 最终得到的 $6.357+\varepsilon$ 是目前为止最好的近似比. 在表 1.1.5 进行了总结, 其中 $\tilde{n}=n^{O(1/\varepsilon^2)\log(1/\varepsilon)}\log(1/\varepsilon)$. Cohen-Addad 等[66] 综合利用核心集、枚举和次模优化技术, 得到运行时间为 $f(k,\varepsilon)n^{O(1)}$、近似比为 $1+8/\mathrm{e}+\varepsilon$ 的 FPT 算法, 其中 FPT 是 fixed-parameter tractability (固定参数的可追溯性) 的缩写. 他们同时指出 Gap-ETH(gap-exponential time hypothesis), 即间隙指数时间假设, 上述结果是紧的, 即存在函数 $g:\mathbb{R}^+\to\mathbb{R}^+$ 使得任意 $(1+8/\mathrm{e}-\varepsilon)$-近似算法的运行时间至少为 $n^{k^{g(\varepsilon)}}$.

双准则近似. 除了 Aggarwal 等[4] 给出的双准则近似之外, 还有更多的双准则结果, 我们在此介绍具有代表性的三个结果. Makarychev 等[153] 基于线性规划和局部搜索技巧, 提出 $(\beta,\alpha(\beta))$ 双准则近似算法, 其中 $\alpha(\beta)$ 是关于 β 的单调减函数, 上界是 $9+\varepsilon$, 其中

$\alpha(2) < 2.59$, $\alpha(3) < 1.4$, 我们可以把该结果理解为 Kanungo 等[126]$(9+\varepsilon)$-近似算法的推广, Hsu 和 Telgarsky[115] 采用贪婪技巧给出了 k-均值的 $(O(\log(1/\varepsilon), 1+\varepsilon)$ 双准则近似算法, 运行时间为 $O(dk\log(1/\varepsilon)n^{1+\lceil 1/\varepsilon\rceil})$; 当维数固定时, Bandyapadhyay 和 Varadarajan[29] 利用局部搜索技巧得到 k-均值问题的 $(1+\varepsilon, 1+\varepsilon)$ 双准则近似算法.

表 1.1.5　*k*-均值问题的常数近似比算法

文献信息	研究技巧	近似比	运行时间
Jain 和 Vazirani[120]	Lagrange 松弛 + 原始对偶 + 双点舍入	108	$O((L+\log n)n^2\log n)$
Kanungo 等[126]	局部搜索	$9+\varepsilon$	$O(nd\log n/\varepsilon^2+$ $\tilde{n}^{O(1/\varepsilon)}\log(\text{cost}(S_0)/\text{OPT})/\varepsilon)$
Ahmadian 等[6]	Lagrange 松弛 + 原始对偶 + 枚举舍入	$6.357+\varepsilon$	$O(nd\log n/\varepsilon^2+\tilde{n}^{O(\varepsilon^{-5})})$

度量空间 *k*-均值问题. 经典 k-均值问题的 $(9+\varepsilon)$-近似算法和 $(6.357+\varepsilon)$-近似算法可以推广到一般度量空间 k-均值问题的 $(25+\varepsilon)$-近似算法和 $(9+\varepsilon)$-近似算法. 度量空间的加倍维数 (doubling dimension) 是满足下面条件的最小 τ: 对任意半径为 $2r$ 的球都可以用不超过 2^τ 个半径为 r 的球覆盖. **加倍度量空间** (doubling metric) 是加倍维数为常数的度量空间 (参见文献 [176]). 下面介绍的三个结果均针对固定加倍维数 d 的度量空间 (包括固定维数的 Euclidean 空间) k-均值. Friggstad 等[94] 证明了经典的局部搜索算法是运行时间为 $O(n^{(d/\varepsilon)^{O(d)}})$ 的 PTAS; Cohen-Addad 等[64] 得到的 PTAS, 其运行时间为 $((1/\varepsilon)^{1/\varepsilon})^{2^{O(d^2)}}n\log^5 n+2^{O(d)}n\log^9 n$. 给定 k-均值问题的实例, 如果距离延伸不超过 α 倍时该实例具有不变的唯一最优解, 称该实例是**α-稳定的**; 对于加倍度量空间 k-均值的稳定实例, Friggstad 等[93] 证明了多交换 (multi-swap) 的局部搜索算法可在多项式时间内找到最优解.

1.2 *k*-均值问题的重要变形

和许多经典的优化问题一样, k-均值也有诸多相关的变形. 如果定义不同的距离或目标函数, 或选取不同的聚类中心, 就引出了与 k-均值相关的各种各样的变形.

1.2.1 *k*-中位问题

与 k-均值问题紧密联系的另一经典问题是**k-中位问题** (k-median problem). 在该问题中, 所有观测点在一般的度量空间里, 距离满足三角不等式, 目标是从给定的离散集合里选取 k 个中心点, 使得每个观测点到最近的中心点的距离之和最小. Arya 等[19] 给出了基于局部搜索技术的 $(3+\varepsilon)$-近似算法, 目前最好近似比为 $2.675+\varepsilon$[45]. **有序 *k*-中位问题** (order

k-median problem) 是 k-中位问题和**设施选址问题** (facility location problem) 的推广. 在该问题中, 给定有限度量空间 (V, dist) 里的 n 个点, 惩罚权重序列 $\lambda_1 \geqslant \cdots \geqslant \lambda_n \geqslant 0$, 以及整数 k, 对于任意设施集合 $F \subset V$, 每个顶点 $\boldsymbol{v} \in V$ 对应距离 $\mathrm{dist}(\boldsymbol{v}, F)$, 根据这些距离顺序乘以相应的惩罚权重再求和得到该问题的费用函数. 对于有序 k-中位问题, Aouad 和 Segev[11] 利用局部搜索技术, 得到 $O(\log n)$-近似算法; Byrka 等[46] 利用线性规划舍入技术得到 $(38+\varepsilon)$-近似算法; Chakrabarty 和 Swamy[49] 利用原始对偶方法得到 $(18+\varepsilon)$-近似算法.

1.2.2 球面 k-均值问题

真实世界的数据有相当一部分以自然语言文本的形式存在. 在社交网络数据中, 文本是最主要的载体. 以文本数据创建的向量空间模型具有两大特点, 即文档向量的高维性和文档向量的稀疏性. 当这些向量的方向比其模长更重要或者作用更大时, 可以假设文档向量被正规化 (具有单位模长), 从而它们可以被看作是高维单位球面上的点. 所以在文本分析中, 文本观测点间的相似性采用余弦相似度来度量更为合适, 在这种距离定义下的 k-均值问题, 也称为**球面 k-均值问题** (spherical k-means problem)[114]. 与一般的 k-均值问题不同, 球面 k-均值问题要求观测点和聚类中心必须在单位球面上. $\mathbb{S}^{d-1}$ 表示 $\mathbb{R}^d$ 中长度为 1 的向量组成的集合, 即 $\mathbb{S}^{d-1}=\left\{\boldsymbol{s} \in \mathbb{R}^d : \|\boldsymbol{s}\|=1\right\}$.

给定 n 个观测点的集合 $\mathcal{X}=\{\boldsymbol{x}_1, \boldsymbol{x}_2, \cdots, \boldsymbol{x}_n\} \subseteq \mathbb{S}^{d-1}$ 和整数 $k \leqslant n$, 球面 k-均值问题的目标是寻找中心点集合 $\mathcal{C}=\{\boldsymbol{c}_1, \boldsymbol{c}_2, \cdots, \boldsymbol{c}_k\} \subseteq \mathbb{S}^{d-1}$, 使得下面的函数达到最小

$$\sum_{i=1}^{n} \min_{j \in\{1,2, \cdots, k\}}\left(1-\cos(\boldsymbol{x}_i, \boldsymbol{c}_j)\right).$$

其中 $1-\cos(\boldsymbol{x}_i, \boldsymbol{c}_j)$ 称为余弦距离, 而余弦相似性度量

$$\cos(\boldsymbol{x}_i, \boldsymbol{c}_j)=\frac{\boldsymbol{x}_i \cdot \boldsymbol{c}_j}{||\boldsymbol{x}_i||\,||\boldsymbol{c}_j||}.$$

注意到

$$1-\cos(\boldsymbol{x}_i, \boldsymbol{c}_j)=\frac{1}{2}\left\|\frac{\boldsymbol{x}_i}{||\boldsymbol{x}_i||}-\frac{\boldsymbol{c}_j}{||\boldsymbol{c}_j||}\right\|^2.$$

球面 k-均值问题可以等价描述为: 给定 n 个元素的观测集 $\mathcal{X}=\{\boldsymbol{x}_1, \boldsymbol{x}_2, \cdots, \boldsymbol{x}_n\} \subseteq \mathbb{S}^{d-1}$ 和正整数 $k \leqslant n$, 其目标是选取中心点集合 $\mathcal{C}=\{\boldsymbol{c}_1, \boldsymbol{c}_2, \cdots, \boldsymbol{c}_k\} \subseteq \mathbb{S}^{d-1}$, 使得下面的函数达到最小

$$\frac{1}{2} \sum_{i=1}^{n} \min_{j \in\{1,2, \cdots, k\}} ||\boldsymbol{x}_i-\boldsymbol{c}_j||^2.$$

对于任意集合 $U \subseteq \mathcal{X} \subseteq \mathbb{S}^{d-1}$ 和点 $\boldsymbol{c} \in \mathbb{S}^{d-1}$, 可以证明[84]

$$\sum_{\boldsymbol{x} \in U} ||\boldsymbol{x}-\boldsymbol{c}||^2=\sum_{\boldsymbol{x} \in U} ||\boldsymbol{x}-\mathrm{scen}(U)||^2+\left\|\sum_{\boldsymbol{x} \in U} \boldsymbol{x}\right\| \cdot ||\boldsymbol{c}-\mathrm{scen}(U)||^2,$$

其中 $\mathrm{scen}(U) := \left(\sum_{\boldsymbol{x}\in U}\boldsymbol{x}\right)/||\sum_{\boldsymbol{x}\in U}\boldsymbol{x}||$, 称为集合 U 的球面质心点. 根据上述性质, 球面 k-均值问题的目标也可以这样描述: 将观测集 $\mathcal{X}\subseteq\mathbb{S}^{d-1}$ 划分为 k 个部分 $\{X_1, X_2, \cdots, X_k\}$, 使得下面的函数达到最小

$$\frac{1}{2}\sum_{j=1}^{k}\sum_{\boldsymbol{x}\in X_j}||\boldsymbol{x}-\mathrm{scen}(X_j)||^2.$$

球面 k-均值问题有类似于 k-均值问题的 Lloyd 算法和对应的初始化方法[84]. Li 等[141] 研究了该问题的初始化算法并给出理论分析. Zhang 等[193] 利用局部搜索技术给出了球面 k-均值问题的 $(2(4+\sqrt{7})+\varepsilon)$-近似算法.

1.2.3 鲁棒 k-均值/中位问题

当观测集里的数据出现缺失或失真时, 需要更稳定的聚类技术来处理这类问题, **鲁棒 k-均值/中位问题** (robust k-means/medain problem) 研究的就是对带噪声的观测点的聚类 [99]. Cai 等[47] 在集成了大规模数据异质表示的基础上提出了一种鲁棒的大规模数据的多视角聚类方法. 为了极小化目标而对观测点作出取舍, 即并不将所有的观测点都进行聚类, 舍弃的观测点称之为异常点. 鲁棒 k-均值/中位问题最常见的两种变形为: **带异常点的 k-均值/中位问题** (k-means/median problem with outliers, 简记为 k-MeaO/k-MedO) 和 **带惩罚的 k-均值/中位问题** (k-means/median problem with penalties, 简记为 k-MeaP/k-MedP).

近期有大量的工作从不同角度, 用不同方法研究了**带异常点 k-均值问题**. Chawla 等[55] 推广了 Lloyd 算法, 并将之应用到带有异常点的 k-均值问题中. Hautamäki 等[111] 提出了异常点移除聚类算法, 该算法先将数据以 k-均值方式聚类, 再移除远离聚类中心的那些点. Ott 等[162] 将聚类和异常点检测用整数规划来描述, 通过 Lagrange 松弛, 利用次梯度方法求得异常点以及划分. Rujeerapaiboon 等[165] 将问题用混合的整数规划来描述, 利用半定规划和线性规划松弛求解, 通过设计确定的舍入规则得到该问题的可行解. Malkomes 等[154] 对带有异常点的大数据聚类问题提出快速的分布式算法. Ben-David 等[35] 则是改造一些聚类算法, 使其具有鲁棒性. Deb 等[31] 将 k-均值聚类方法和树状图相结合达到聚类和异常点检测的目的. Gan 等[97] 将所有异常点聚集为一簇, 进而 k-均值问题可以理解为 $(k+1)$-均值问题, 推广了 k-均值算法. Gupta 等[103] 在可以违反异常点数量限制的条件下, 基于局部搜索技术给出双准则 $O(1)$-近似算法. Friggstad 等[92] 利用局部搜索提出了双准则 PTAS: 聚类中心有 $k(1+\varepsilon)$ 个, 针对 Euclidean 和加倍度量空间近似比为 $1+\varepsilon$, 针对一般度量空间近似比为 $25+\varepsilon$. Krishnaswamy 等[129] 给出了基于迭代线性规划舍入技术的 $(53.002+\varepsilon)$-近似算法, 这是该问题的第一个常数近似比算法. 该算法的思想如下. 由于带异常点 k-均值问题的自然线性规划松弛的整数间隙无界, 他们先把线性规划松弛的解舍入为费用损失很少的几乎整数解, 在该解中至多有两个分数开设的中心; 由此知道, 线性规划整数间隙来自于几乎整数解和完全整数解的间隙. 采用预处理程序, 他们把几乎整数解转化为完全整

数解, 仅损失了近似比中的常数因子; 进一步采用稀疏化技巧, 上述转化导致的额外损失可以减少到任意 $\varepsilon > 0$.

带惩罚的 k-均值问题则是给每个异常点设置惩罚费用, 通过在目标函数里增加惩罚项, 自动过滤掉异常点. 该方法由 Charikar 等[53] 针对 k-中位和设施选址问题引入. Tseng[178] 研究该类问题时需要假定每个点的惩罚值是相同的, 称之为一致惩罚的 k-均值问题. 对于带惩罚的 k-均值问题, Zhang 等[194] 利用局部搜索技术给出第一个常数近似比算法, 其近似比为 $25 + \varepsilon$. Feng 等[89] 利用原始对偶技巧将上述近似比改进为 $19.849 + \varepsilon$. Alimi 等[9] 研究了更一般的带惩罚的 k-均值问题, 给出 $O(\log^{1.5} n \log\log n)$-近似算法. Li 等[140] 利用初始化算法得到关于 $\log k$ 和惩罚函数比值有关的近似算法. Ji 等[123] 给出带惩罚的球面 k-均值问题的初始化算法.

对于鲁棒聚类问题, 我们可以观察到以下两点: 首先 k-MedP/k-MeaP 比 k-MedO/k-MeaO 更容易处理, 其次异常点的存在使得相应鲁棒聚类问题的近似比经典聚类问题更加困难. k-MedO 和 k-MeaO 的当前最好结果均是通过 LP-舍入技术得到的, 缺点是该技术涉及求解线性规划问题, 线性规划问题是否存在强多项式时间算法仍是未解决的问题. 表 1.2.1 总结了 k-MedO/k-MeaO 和 k-MedP/k-MeaP 以及经典 k-中位和 k-均值问题的最新研究成果.

表 1.2.1 鲁棒聚类问题结果比较

方法与参考文献	k-中位	k-MedO	k-MedP	k-均值	k-MeaO	k-MeaP
LP 舍入[52]	$6\frac{2}{3}$					
Lagrange 松弛[120]	6			108		
Lagrange 松弛[53]			4			
Lagrange 松弛[118]	4					
局部搜索[19]	$3+\varepsilon$					
局部搜索[126]				$9+\varepsilon$		
连续局部搜索[57]		常数				
独立 LP 舍入[54]	3.25					
局部搜索[105]			$3+\varepsilon$			
伪近似[138]	$2.732+\varepsilon$					
伪近似[45]	$2.675+\varepsilon$					
迭代 LP 舍入[129]		$7.081+\varepsilon$			$53.002+\varepsilon$	
原始对偶[6]				$6.357+\varepsilon$		
局部搜索[194]						$25+\varepsilon$
双点舍入[89]						$19.849+\varepsilon$

对于 k-MedO 和 k-MeaO, 尽管标准局部搜索技术适用于不同类型的聚类问题及其变型问题, 但遗憾的是在这两个问题中不能得到有界近似比[92]. 为此, 通常考虑基于局部搜索的双准则近似算法, 即在违反基约束 k 或违反异常点约束的条件下得到 k-MedO/k-MeaO 的有界近似比. Gupta 等[103] 在可以违反异常点约束的条件下, 基于局部搜索技术给出了

双标准的近似算法, 其近似比分别为 $(17+\varepsilon, O(k\varepsilon^{-1}\log n\delta))$ 和 $(274+\varepsilon, O(k\varepsilon^{-1}\log n\delta))$. Friggstad 等[92] 利用局部搜索提出了双准则 PTAS, 即 $(3+\varepsilon, 1+\varepsilon)$-和 $(25+\varepsilon, 1+\varepsilon)$-双准则近似. 表 1.2.2 中列出了关于 k-MedO/k-MeaO 和 k-MedP/k-MeaP 的局部搜索算法的相关结果.

表 1.2.2 鲁棒聚类问题的局部搜索算法

参考文献	问题	比率	违反基数约束	违反异常点约束
[19]	k-中位	$3+\varepsilon$	/	/
[126]	k-均值	$9+\varepsilon$	/	/
[57]	k-MedO	常数	/	/
[105]	k-MedP	$3+\varepsilon$	/	/
[194]	k-MeaP	$25+\varepsilon$	/	/
[68]	不含图子式的固定维数度量空间的 k-中位/均值问题	PTAS	/	/
[94]	固定加倍维数的 k-中位/均值问题	PTAS	/	/
[92]	k-MedO	$3+\varepsilon$	$1+\varepsilon$	/
	k-MeaO	$25+\varepsilon$	$1+\varepsilon$	/
[103]	k-MedO	$17+\varepsilon$	/	$O(k\log(n\delta)/\varepsilon)$
	k-MeaO	$274+\varepsilon$	/	$O(k\log(n\delta)/\varepsilon)$
[181]	k-MedP	$3+\varepsilon$	/	/
	k-MeaP	$9+\varepsilon$	/	/
	k-MedO	$5+\varepsilon$	/	$O(k\log(n\delta)/\varepsilon)$
		$3+\varepsilon$	/	$O(k^2\log(n\delta)/\varepsilon)$
	k-MeaO	$25+\varepsilon$	/	$O(k\log(n\delta)/\varepsilon)$
		$9+\varepsilon$	/	$O(k^2\log(n\delta)/\varepsilon)$

1.2.4 带约束的 k-均值问题

不同应用背景下的实际问题可能会对 k-均值聚类有不同的要求, 例如为避免得到的局部解中某些类里含的观测点过少, 或者不希望分类的总数过多, 往往会在 k-均值算法中再加上各种各样的约束, 此类变形称为**带约束的 k-均值问题** (constrained k-means problem)[180].

Ding 和 Xu[78] 通过推广 Kumar 等[132] 的方法, 利用均匀采样和单纯形引理几何技巧, 给出约束 k-均值问题运行时间为 $O(nd\cdot(\log n)^k\cdot 2^{\text{poly}(k/\varepsilon)})$ 的算法, 产生规模为 $O((\log n)^k\cdot 2^{\text{poly}(k/\varepsilon)})$ 的 k-元组候选集合, 其中一个 k-元组为 $(1+\varepsilon)$-近似解. Bhattacharya 等[40] 利用 D^2-采样技巧, 给出运行时间为 $O(knd\cdot(2123\text{e}k/\varepsilon^3)^{64k/\varepsilon}\cdot 2^k)$ 的算法, 产生规模为 $O((2123ek/\varepsilon^3)^{64k/\varepsilon}\cdot 2^k)$ 的 k-元组候选集合, 其中一个 k-元组为 $(1+\varepsilon)$-近似解. Feng 等[88] 给出运行时间为 $O(nd\cdot(1891ek/\varepsilon^2)^{8k/\varepsilon})$ 的算法, 产生规模为 $O(n(1891ek/\varepsilon^2)^{8k/\varepsilon})$ 的 k-元

组候选集合, 其中一个 k-元组为 $(1+\varepsilon)$-近似解. 针对带约束的 2-均值问题, Feng 和 Fu[87] 给出运行时间为 $O(dn+d(1/\varepsilon)^{O(1/\varepsilon)}\log n)$ 的算法, 产生规模为 $O((1/\varepsilon)^{O(1/\varepsilon)}\log n)$ 的 2-元组候选集合, 其中一个 2-元组为 $(1+\varepsilon)$-近似解; 利用该技巧可以将约束 k-均值问题的运行时间为 $C(k,n,d,\varepsilon)$ 的 PTAS 转化为运行时间为 $C(k,n,d,\varepsilon)/k^{\Omega(1/\varepsilon)}$ 的 PTAS.

与**带容量约束的 k-均值问题** (k-means problem with capacity constraints) 相关的**带容量约束的 k-中位问题** (k-median problem with capacity constraints) 和**k-设施选址问题** (k-facility location problem) 已经有若干结果. Arya 等[19] 给出带相同容量约束的 k-中位问题的局部搜索双准则近似算法; Han 等[106] 给出带相同容量约束的 k-设施选址问题的局部搜索双准则近似算法; Adamczyk 等[3] 研究了带容量约束的 k-中位问题, 给出运行时间为 $2^{O(k\log k)}n^{O(1)}$, 近似比为 $7+\varepsilon$ 的 FPT 算法. 由此得到了下面三篇关于带容量约束的 k-均值问题的研究结果. Xu 等[187] 给出运行时间为 $2^{O(k\log k)}n^{O(1)}$ 近似比为 $69+\varepsilon$ 的 FPT 算法; 结合 Kumar 等[132] 的技巧, Cohen-Addad 和 Li[69] 给出运行时间为 $(k/\varepsilon)^{k(1/\varepsilon)^{O(1)}}n^{O(1)}$(与 d 无关) 的 PTAS, Cohen-Addad[62] 给出运行时间为 $n^{((2/\varepsilon)^2\log n)^{O(d)}}$(与 k 无关) 的 PTAS.

带下界约束的 k-均值问题尚无近似算法, 我们简单介绍与之相关的**带下界约束的设施选址问题** (lower bounded facility location problem) 的若干结果. 对于下界一致的情形, Svitkina[175] 通过归约到容量约束的设施选址问题, 给出一致下界约束的设施选址问题的第一个常数近似比为 488 的算法; Ahmadian 和 Swamy[7] 通过归约到有更特殊结构的容量约束设施选址问题, 将上面的近似比改进到 82.6. 对于一般情形 (下界不要求一致), Li[136] 利用更复杂的归约, 给出非一致下界约束的设施选址问题的第一个常数近似比为 4000 的算法.

1.2.5 隐私保护 k-均值问题

在当今的互联网大数据时代, 用户保护个人隐私的意识日益增长, 为各种数据挖掘算法带来了新的挑战, 即在尽可能从数据中挖掘更多价值的同时对隐私进行保护. 在实际应用场景中, 当输入数据中有人际关系、病史、客户的位置等关于个人的敏感信息时, 我们希望算法可以保护用户的隐私信息, 这就引发了人们对可保护隐私的智能算法的研究, 如带隐私的大数据问题[117,149,183,191]、带隐私的社交网络问题[167,177,197] 等.

由于 k-均值问题是目前应用最广泛的聚类问题之一, 加上人们对用户隐私保护的日益增长的认识和需求, 从而激发了对可保护隐私的 k-均值问题算法的研究. 差分隐私 (differential privacy) 技术可以处理该类问题, 模型分为中心模型 (centralized model) 和本地模型 (local model) 两类. 中心模型和本地模型也分别称为非交互式模型和交互式模型. 在中心模型中, 假设有一个信托机构可以收集所有用户信息并进行分析, 分析结果隐藏了任一单个用户的信息, 从而保护隐私. 在本地模型中, 有 n 个用户和一个服务器, 每个用户 i 的数据 $\boldsymbol{x}_i\in\mathbb{R}^d$ 是私有信息. 用户不会将真实数据发送给服务器, 而是将自己本地的数据随机处理后发送有噪声的数据给服务器. 服务器汇总所有带噪声的数据, 计算相应的 k-均值目标函数. 带噪声的数据可以保护隐私, 同时噪声对于数据的整体分布几乎没有影响. 称用户输入

数据 $S=(\boldsymbol{x}_1,\boldsymbol{x}_2,\cdots,\boldsymbol{x}_n)$ 为分布式数据库, 这些数据不是存储在一个位置, 每个 $\boldsymbol{x}_i$ 为用户 i 本地所有. 在实际应用中通常采用本地模型, 此时用户隐私数据不能被公司服务器准确地采集到.

在隐私保护 k-均值问题的近似算法分析中需要引进刻画输入数据半径的误差项. 假设所有用户的数据都来自于 d 维单位球. 目前, 隐私保护 k-均值中心模型的最好近似算法由 Kaplan 和 Stemmer [172] 给出, 算法得到的解不超过 $O(1)\cdot\mathrm{OPT}_k(\mathcal{X})+\mathrm{poly}(\log(n),k,d)$. 隐私保护 k-均值本地模型的最好近似算法由 Stemmer[171] 给出, 通过 $O(1)$ 轮用户和服务器间交互 (interaction), 算法得到的解不超过 $O(1)\cdot\mathrm{OPT}_k(\mathcal{X})+\tilde{O}\big(n^{1/2+a}\cdot k\cdot\max\{\sqrt{d},\sqrt{k}\}\big)$, 其中 $a>0$ 是任意小的常数.

1.2.6 泛函 k-均值问题

随着数据采集技术的发展, 从气象学、医学、经济学、金融、化学计量学和生物学等不同领域获取的数据可能都是函数性数据, 即动态数据. 例如, 特定时间段内某一区域的温度就是一种函数性数据. 当"观测点"是函数性数据时, **泛函 k-均值问题** (functional k-means problem) 便成了重点研究对象, 这是一种非参数聚类方法. Meng 等[159] 结合函数的特点, 为了更深程度地度量函数样本之间的相似性, 他们将梯度信息引入"距离"中, 得到类似于一般 k-均值问题的质心引理, 并将 Lloyd 算法成功应用到该问题中. Li 等[139] 将初始化算法应用到该问题中, 得到 $O(\log k)$-近似算法. 更多关于泛函 k-均值问题的研究可参考文献 [96,163].

1.2.7 模糊 C-均值问题

以上介绍的聚类分析都是一种硬性划分, 每个观测点都被严格地划分到某一个聚类中, 即任意两个聚类的交集是空集, 具有非此即彼的特点. 然而在实际问题中, 大多数研究对象并不具有这样严格的界限, 即它们可以同时属于多个聚类, 具有亦此亦彼的特点, 这是一种软性聚类. 比如我们要在城市中选择一些位置建立几座超市用于服务周边市民, 市民到超市的最短距离是硬聚类问题考察的主要因素, 实际情况是每个市民不一定只到最近超市购物, 而很大可能是根据所选物品的性价比去多家超市. 因此实际中的实例更适合用软性划分. **模糊 C-均值问题** (fuzzy C-means problem) 就是基于这种理念提出的[37]. 该问题中聚类的定义 (界限) 是模糊的, 每个观测点到每个簇都存在取值 $[0,1]$ 上的隶属度, 要求每个观测点到所有簇的隶属度之和为 1. 在 k-均值问题中, 簇是确定的并以质心为中心, 显然每个观测点到每个簇的隶属度是 0 或 1.

给定 n 个元素的观测集 $\mathcal{X}=\{\boldsymbol{x}_1,\boldsymbol{x}_2,\cdots,\boldsymbol{x}_n\}\subseteq\mathbb{R}^d$, 正整数 k 和 m, 模糊 C-均值问题的目标是选取中心点集合 $\mathcal{C}=\{\boldsymbol{c}_1,\boldsymbol{c}_2,\cdots,\boldsymbol{c}_k\}\subseteq\mathbb{R}^d$, $\mu_{ij}\in[0,1](i=1,2,\cdots,n;j=1,2,\cdots,k)$ 满足 $\sum\limits_{j=1}^{k}\mu_{ij}=1(i=1,2,\cdots,n)$, 使得下面的函数值达到最小:

$$\sum_{i=1}^{n}\sum_{j=1}^{k}\mu_{ij}^{m}||\boldsymbol{x}_i-\boldsymbol{c}_j||^2,$$

其中 m 称为模糊参数. 容易看出, 当 $m=1$ 时, 最优解一定是对观测集的划分, 对于任意 i, 都有 $\{\mu_{ij}\}_{j=1,2,\cdots,k}$ 中恰好一个取 1, 此时的模糊 C-均值问题退化为 k-均值问题. 对于模糊 C-均值问题的可行解 $(\mathcal{C},\{\mu_{ij}\})$, 可以证明下面的性质.

- 给定 $\mathcal{C}=\{\boldsymbol{c}_1,\boldsymbol{c}_2,\cdots,\boldsymbol{c}_k\}$, 使得目标函数达到最小的 $\{\mu_{ij}\}$ 为

$$\mu_{ij}=\frac{1}{\sum\limits_{l=1}^{k}\left(\frac{\|\boldsymbol{x}_i-\boldsymbol{c}_j\|}{\|\boldsymbol{x}_i-\boldsymbol{c}_l\|}\right)^{\frac{2}{m-1}}},\qquad i=1,2,\cdots,n,\ j=1,2,\cdots,k;$$

- 给定 $\{\mu_{ij}\}$, 使得目标函数达到最小的 $\mathcal{C}=\{\boldsymbol{c}_1,\boldsymbol{c}_2,\cdots,\boldsymbol{c}_k\}$ 为

$$\boldsymbol{c}_j=\frac{\sum\limits_{i=1}^{n}\mu_{ij}^{m}\boldsymbol{x}_i}{\sum\limits_{i=1}^{n}\mu_{ij}^{m}},\qquad j=1,2,\cdots,k.$$

Bezdek 等[38] 最早将 Lloyd 算法应用于求解模糊 C-均值问题. Stetco 等[173] 将 k-均值 ++ 算法应用到模糊 C-均值问题中, 并给出有效的数值运算. 更多关于模糊 C-均值问题的研究和应用可以参考文献 [95,169].

1.2.8 其他变形

k-均值问题的其他变形还有很多, 例如: 数据流模型下的聚类, 参见文献 [42–44, 100, 166]; 分布式 k-均值问题, 参见文献 [75, 102]; 在线 k-均值问题, 参见文献 [39, 65, 143]. 由于篇幅所限, 本书不再赘述.

第 2 章

k–均值初始化方法

在 Lloyd 算法中, 初始的 k 个聚类中心是从观测点中任意 (或者随机) 选取, 输出结果的好坏依赖于初始解的选取. 并且 Lloyd 算法**最坏时间复杂度**是指数量级的, 算法输出解的质量可以任意差. 为此人们开始研究如何修改初始解, 在此基础上再运行 Lloyd 算法. 这类为 Lloyd 算法选取初始解的方法被称为 Lloyd 算法的初始化方法. 2.1 节介绍 Lloyd 算法的随机初始化方法: k-均值 ++ 算法, 取材于文献 [16]. 同时给出关于 k-均值 ++ 算法近似比的下界分析, 取材于文献 [4]. 2.2 节介绍 k-均值并行算法, 取材于文献 [26].

2.1 k-均值 ++ 算法

本节重点介绍 Lloyd 算法的随机初始化方法: k-均值 ++[16]. 首先回顾 k-均值问题.

问题描述. 给定 n 个元素的观测集 $\mathcal{X} = \{\boldsymbol{x}_1, \boldsymbol{x}_2, \cdots, \boldsymbol{x}_n\} \subseteq \mathbb{R}^d$ 和正整数 k, k-均值问题的目标是选取中心点集合 $\mathcal{C} = \{\boldsymbol{c}_1, \boldsymbol{c}_2, \cdots, \boldsymbol{c}_k\} \subseteq \mathbb{R}^d$, 使得下面的势函数达到最小:

$$\mathrm{cost}(\mathcal{X}, \mathcal{C}) = \sum_{i=1}^{n} \min_{j \in \{1,2,\cdots,k\}} ||\boldsymbol{x}_i - \boldsymbol{c}_j||^2.$$

下面介绍本节用到的记号.

- O: 表示最优解. k-均值问题最优聚簇中共有 k 簇: $X_1^*, X_2^*, \cdots, X_k^*$, 记簇 A 是其中的任意一簇.
- $\mathcal{C}$: 表示算法运行到任意步已取得的中心点构成的集合.
- $\mathrm{cost}(A, O)$: 表示 A 以最优解 O 为聚类中心时, A 中的点到各自最近聚类中心点的距离平方之和, 即 A 以最优解 O 为聚类中心时对应的势函数值.
- $\mathrm{cost}(A, \mathcal{C})$: 表示 A 以算法当前得到的中心集 $\mathcal{C}$ 为聚类中心时, A 中的点到各自最近聚类中心点的距离平方之和, 即 A 以算法当前得到的中心 $\mathcal{C}$ 为聚类中心时对应的势函数数值.
- $\mathrm{cen}(A)$: 表示集合 A 的质心点. 根据质心引理, 簇 A 最优中心点就是其质心点.

注意中心点和簇是一一对应的, 确定了中心点就确定了对应的簇, 反之亦然.

引理 2.1.1　质心引理[126] 对于任意有限集合 $U \subseteq \mathcal{X}$ 和点 $\boldsymbol{c} \in \mathbb{R}^d$, 有

$$\sum_{\boldsymbol{x} \in U} ||\boldsymbol{x} - \boldsymbol{c}||^2 = \sum_{\boldsymbol{x} \in U} ||\boldsymbol{x} - \mathrm{cen}(U)||^2 + |U| \cdot ||\boldsymbol{c} - \mathrm{cen}(U)||^2.$$

2.1.1 算法设计

在 k-均值 ++ 中, 迭代 k 轮选取 k 个中心点, 每轮按照概率选一个点作为新的中心点, 选点的概率与该点产生的费用成正比. 该选点方法称为 D^2 抽样, 也称为自适应抽样. 下面给出 k-均值 ++ 算法的具体过程.

算法 2.1.1 (k-均值 ++ 算法)

输入: 观测集 $\mathcal{X}$, 正整数 k.

输出: 中心点集合 $\mathcal{C}$.

步 1 (**初始化过程**)

步 1.1 置 $\mathcal{C} := \varnothing$. 从 $\mathcal{X}$ 中按照等可能的概率选取第一个中心 $\boldsymbol{c}_1$, 置 $\mathcal{C} := \mathcal{C} \cup \{\boldsymbol{c}_1\}, i = 1$.

步 1.2 以概率

$$\frac{d^2(\boldsymbol{x}', \mathcal{C})}{\sum\limits_{\boldsymbol{x} \in \mathcal{X}} d^2(\boldsymbol{x}, \mathcal{C})}$$

选取中心点 $\boldsymbol{c}_i = \boldsymbol{x}' \in \mathcal{X}$, 并更新 $\mathcal{C} := \mathcal{C} \cup \{\boldsymbol{c}_i\}$, $i := i + 1$, 其中 $d^2(\boldsymbol{x}, \mathcal{C}) = \min\limits_{\boldsymbol{c} \in \mathcal{C}} d^2(\boldsymbol{x}, \boldsymbol{c})$ 表示 $\boldsymbol{x}$ 到当前最近的聚类中心的距离平方, $d(\boldsymbol{x}, \boldsymbol{c})$ 表示 $\boldsymbol{x}$ 和 $\boldsymbol{c}$ 两点之间的 Euclidean 距离.

步 1.3 重复步 1.2, 直到 $i = k$, 即选取出 k 个中心点.

步 2 (**基于 Lloyd 算法优化 $\mathcal{C}$ 阶段**)

步 2.1 对于 i 从 1 到 k, 依次令 C_i 表示离中心 $\boldsymbol{c}_i$ 最近的观测点集合, 即 $C_i = \{\boldsymbol{x} \in \mathcal{X} : ||\boldsymbol{x} - \boldsymbol{c}_i|| \leqslant ||\boldsymbol{x} - \boldsymbol{c}_j||, \forall j \neq i\}$.

步 2.2 对 i 从 1 到 k, 依次通过 $\text{cen}(C_i)$ 更新中心集 $\mathcal{C}$.

步 2.3 不断重复步 2 中步 2.1 和步 2.2, 直到 $\mathcal{C}$ 不再更新为止, 并输出 $\mathcal{C}$, 算法停止.

2.1.2 算法分析

为分析算法 2.1.1 步 1.1 中按照等可能的概率选取第一个中心 $\boldsymbol{c}_1$ 是合理的, 给出下述引理.

引理 2.1.2 设 A 是最优解 O 中任意簇, $\mathcal{C}$ 是只有一个中心的聚类, 且该中心是从 A 等可能选取得到的, 因此有

$$E[\text{cost}(A, \mathcal{C})] = 2\text{cost}(A, O).$$

证明 在算法 2.1.1 的步 1.1 中, 从 $\mathcal{X}$ 中按照等可能的概率选取的第一个中心记为 $\boldsymbol{c}_1$, 则算法当前聚簇中心集 $\mathcal{C} = \{\boldsymbol{c}_1\}$. 从最优聚簇角度分析, $\boldsymbol{c}_1$ 一定是在 O 任一簇中, 在这里假设 $\boldsymbol{c}_1 \in A$. 为分析第一个中心点的选取是否合理, 需分析当簇 A 中所有观测点分别以 $\boldsymbol{c}_1$ 和以 A 质心点为中心时, 对应势函数值的期望 $E[\text{cost}(A, \mathcal{C})]$ 和最优值 $\text{cost}(A, O)$ 之间的差距. 注意第一个中心点是以等可能概率随机选取的, 因此需要求解 $E[\text{cost}(A, \mathcal{C})]$.

设 $\text{cen}(A)$ 是簇 A 中所有观测点的质心点, 即

$$\text{cen}(A) = \frac{1}{|A|}\sum_{\boldsymbol{x}\in A}\boldsymbol{x},$$

则有

$$\begin{aligned}
E[\text{cost}(A,\mathcal{C})] &= \sum_{\boldsymbol{a}_0\in A}\frac{1}{|A|}\left(\sum_{\boldsymbol{a}\in A}||\boldsymbol{a}-\boldsymbol{a}_0||^2\right)\\
&=\frac{1}{|A|}\sum_{\boldsymbol{a}_0\in A}\left(\sum_{\boldsymbol{a}\in A}||\boldsymbol{a}-\text{cen}(A)||^2+|A|||\boldsymbol{a}_0-\text{cen}(A)||^2\right)\\
&=2\sum_{\boldsymbol{a}\in A}||\boldsymbol{a}-\text{cen}(A)||^2\\
&=2\text{cost}(A,O).
\end{aligned}\tag{2.1.1}$$

引理得证. □

例 2.1.1 考虑 $k=1$ 的 1-均值情形 (参见图 2.1.1 ~ 图 2.1.2).

在图 2.1.1 中, A 是最优解 O 中唯一的簇, 即 $\mathcal{X}=A$, $\text{cen}(A)$ 是最优中心点. 在图 2.1.2 中算法最终得到的 $\mathcal{C}=\{\boldsymbol{c}_1\}$, 且 $\boldsymbol{c}_1$ 是从簇 A 中按等可能概率选取出来的中心点. 通过引理 2.1.2 可知, 1-均值问题近似比为 2. 在图 2.1.2 中, 簇 A 被覆盖表示算法选取的中心点在最优簇 A 中.

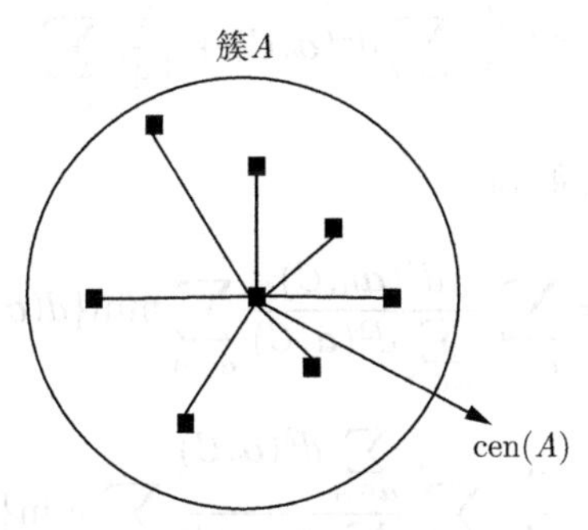

图 2.1.1 最优聚簇

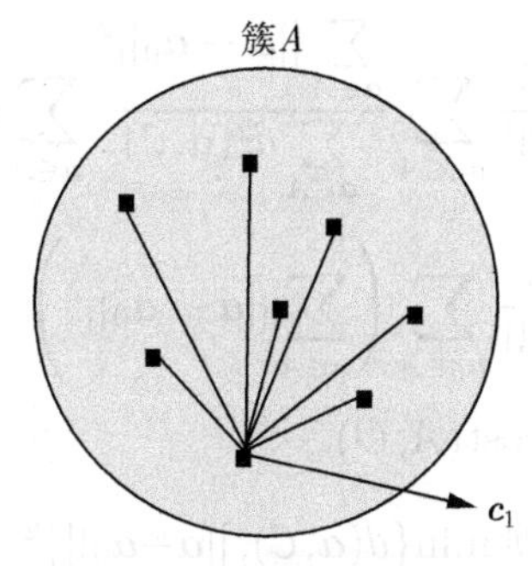

图 2.1.2 算法最终得到的中心集 $\mathcal{C}=\{\boldsymbol{c}_1\}$, 且簇 A 被 $\boldsymbol{c}_1$ 覆盖

通过上述引理 2.1.2, 可知步 1.1 按照等可能的概率选取第一个中心点的方法是合理的, 并且对任意簇 A 有 $E[\text{cost}(A,\mathcal{C})]=2\text{cost}(A,O)$. 下面对步 1.2 采用 D^2 抽样的概率从任意最优簇 A 中选取一中心点的方法给出相似结论.

引理 2.1.3 设 A 是最优解 O 中任意一簇, $\mathcal{C}$ 是算法当前拥有的中心点集合, 如果采用 D^2 抽样的概率从 A 中选取一中心点 $\boldsymbol{a}_0$ 并加到 $\mathcal{C}$ 中, 那么有

$$E[\text{cost}(A,\mathcal{C}\cup\{\boldsymbol{a}_0\})]\leqslant 8\text{cost}(A,O).$$

证明 由 D^2 抽样, 将选出的中心点 $\boldsymbol{a}_0$ 添加到 $\mathcal{C}$ 中, 这时算法聚类中心集为 $\mathcal{C}\cup\{\boldsymbol{a}_0\}$. 为得到类似于引理 2.1.2 的结论, 需分析当簇 A 中的观测点分别以 $\mathcal{C}\cup\{\boldsymbol{a}_0\}$ 中的点和以 A 质心点为中心时, 对应势函数值的期望 $E[\text{cost}(A,\mathcal{C}\cup\{\boldsymbol{a}_0\})]$ 和最优值 $\text{cost}(A,O)$ 之间的差距. 从算法角度分析, 对于任意一点 $\boldsymbol{a}\in A$, 它对势函数的贡献为

$$\min\left\{d(\boldsymbol{a},\mathcal{C}),||\boldsymbol{a}-\boldsymbol{a}_0||\right\}^2,$$

可得势函数值的期望为

$$E[\text{cost}(A,\mathcal{C}\cup\{\boldsymbol{a}_0\})]=\sum_{\boldsymbol{a}_0\in A}\frac{d^2(\boldsymbol{a}_0,\mathcal{C})}{\sum\limits_{\boldsymbol{a}\in A}d^2(\boldsymbol{a},\mathcal{C})}\sum_{\boldsymbol{a}\in A}\min\{d(\boldsymbol{a},\mathcal{C}),||\boldsymbol{a}-\boldsymbol{a}_0||\}^2. \tag{2.1.2}$$

根据三角不等式有 $d(\boldsymbol{a}_0,\mathcal{C})\leqslant d(\boldsymbol{a},\mathcal{C})+||\boldsymbol{a}-\boldsymbol{a}_0||$, 接着两边同时平方, 有 $d^2(\boldsymbol{a}_0,\mathcal{C})\leqslant 2d^2(\boldsymbol{a},\mathcal{C})+2||\boldsymbol{a}-\boldsymbol{a}_0||^2$. 然后该式对所有的 $\boldsymbol{a}\in A$ 进行求和, 可得到

$$d^2(\boldsymbol{a}_0,\mathcal{C})\leqslant\frac{2}{|A|}\sum_{\boldsymbol{a}\in A}d^2(\boldsymbol{a},\mathcal{C})+\frac{2}{|A|}\sum_{\boldsymbol{a}\in A}||\boldsymbol{a}-\boldsymbol{a}_0||^2. \tag{2.1.3}$$

将 (2.1.3) 式代入 (2.1.2) 式可得到

$$\begin{aligned}
E[\text{cost}(A,\mathcal{C}\cup\{\boldsymbol{a}_0\})]&=\sum_{\boldsymbol{a}_0\in A}\frac{d^2(\boldsymbol{a}_0,\mathcal{C})}{\sum\limits_{\boldsymbol{a}\in A}d^2(\boldsymbol{a},\mathcal{C})}\sum_{\boldsymbol{a}\in A}\min\{d(\boldsymbol{a},\mathcal{C}),||\boldsymbol{a}-\boldsymbol{a}_0||\}^2\\
&\leqslant\frac{2}{|A|}\sum_{\boldsymbol{a}_0\in A}\frac{\sum\limits_{\boldsymbol{a}\in A}d^2(\boldsymbol{a},\mathcal{C})}{\sum\limits_{\boldsymbol{a}\in A}d^2(\boldsymbol{a},\mathcal{C})}\sum_{\boldsymbol{a}\in A}\min\{d(\boldsymbol{a},\mathcal{C}),||\boldsymbol{a}-\boldsymbol{a}_0||\}^2+\\
&\quad\frac{2}{|A|}\sum_{\boldsymbol{a}_0\in A}\frac{\sum\limits_{\boldsymbol{a}\in A}||\boldsymbol{a}-\boldsymbol{a}_0||^2}{\sum\limits_{\boldsymbol{a}\in A}d^2(\boldsymbol{a},\mathcal{C})}\sum_{\boldsymbol{a}\in A}\min\{d(\boldsymbol{a},\mathcal{C}),||\boldsymbol{a}-\boldsymbol{a}_0||\}^2\\
&\leqslant\frac{4}{|A|}\sum_{\boldsymbol{a}_0\in A}\left(\sum_{\boldsymbol{a}\in A}||\boldsymbol{a}-\boldsymbol{a}_0||^2\right)\\
&=8\text{cost}(A,O).
\end{aligned} \tag{2.1.4}$$

其中, 第一个不等式右端的第一项 $\min\{d(\boldsymbol{a},\mathcal{C}),||\boldsymbol{a}-\boldsymbol{a}_0||\}^2\leqslant||\boldsymbol{a}-\boldsymbol{a}_0||^2$, 第二项 $\min\{d(\boldsymbol{a},\mathcal{C}),||\boldsymbol{a}-\boldsymbol{a}_0||\}^2\leqslant d^2(\boldsymbol{a},\mathcal{C})$, 整理可得第二个不等式; 最后一个等式根据 (2.1.1) 式可得. □

引理 2.1.2 和引理 2.1.3 分别采用不同的中心点选取方法, 并分析不同方法获得的中心点对任意簇 A 势函数值的影响.

接下来结合上述两个引理, 可以分析简单的 2-均值问题的近似比.

例 2.1.2 考虑 $k=2, |\mathcal{X}|=9$ 的情形. 令最优解对观测点的划分为 X_1^* 和 X_2^*, 有 $\text{cost}(\mathcal{X},O) = \text{cost}(X_1^*,O) + \text{cost}(X_2^*,O)$. 令算法步 1 最终得到的聚类中心集为 $\mathcal{C}' = \{\boldsymbol{c}_1, \boldsymbol{c}_2\}$. 步 1.1 得到的中心点 $\boldsymbol{c}_1$ 可能在 X_1^* 中也可能在 X_2^* 中, 在这里不妨假设 $\boldsymbol{c}_1$ 在 X_1^* 中; 步 1.2 得到的中心点 $\boldsymbol{c}_2$ 同样可能在 X_1^* 中也可能在 X_2^* 中 (参见图 2.1.3 ~ 图 2.1.4).

步 1.2 选取的中心点 $\boldsymbol{c}_2$ 在 X_1^* 中的概率为

$$\Pr(\boldsymbol{c}_2 \in X_1^*) = \frac{\sum\limits_{\boldsymbol{x}\in X_1^*} d^2(\boldsymbol{x}, \{\boldsymbol{c}_1\})}{\sum\limits_{\boldsymbol{x}\in \mathcal{X}} d^2(\boldsymbol{x}, \{\boldsymbol{c}_1\})};$$

选取的中心点 $\boldsymbol{c}_2$ 在 X_2^* 中的概率为

$$\Pr(\boldsymbol{c}_2 \in X_2^*) = \frac{\sum\limits_{\boldsymbol{x}\in X_2^*} d^2(\boldsymbol{x}, \{\boldsymbol{c}_1\})}{\sum\limits_{\boldsymbol{x}\in \mathcal{X}} d^2(\boldsymbol{x}, \{\boldsymbol{c}_1\})}.$$

- $\boldsymbol{c}_2 \in X_1^*$ (见图 2.1.3). 所有点都会连接到 $\mathcal{C}' = \{\boldsymbol{c}_1, \boldsymbol{c}_2\}$ 最近中心点, 即对任意 $\boldsymbol{a} \in \mathcal{X}$, 有 $\min\{d(\boldsymbol{a}, \{\boldsymbol{c}_1\}), ||\boldsymbol{a}-\boldsymbol{c}_2||\}^2$. 通过人为构造一种连接方式得到 $\text{cost}(\mathcal{X},\mathcal{C}')$ 上界, 为此让所有点都连到中心点 $\boldsymbol{c}_1$ 上.

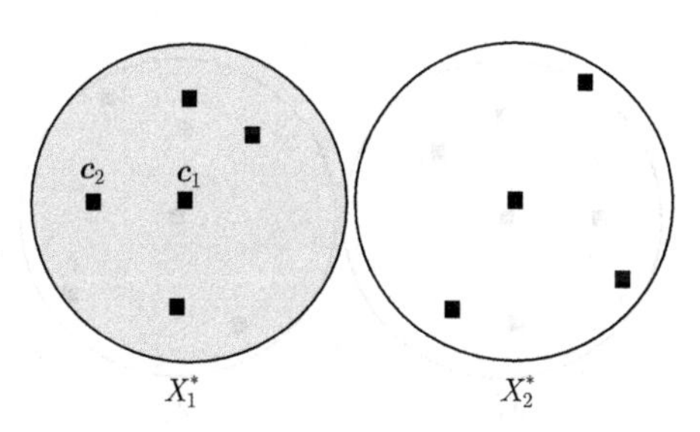

图 2.1.3 $\boldsymbol{c}_1$ 和 $\boldsymbol{c}_2$ 均覆盖 X_1^*, X_2^* 未被覆盖

- $\boldsymbol{c}_2 \in X_2^*$ (见图 2.1.4). 通过人为构造一种连接方式得到 $\text{cost}(\mathcal{X},\mathcal{C}')$ 上界, 让 X_1^* 中的点都连到中心点 $\boldsymbol{c}_1$ 上, 则 $E[\text{cost}(X_1^*,\mathcal{C}')] \leqslant E[\text{cost}(X_1^*,\{\boldsymbol{c}_1\})]$. 由引理 2.1.2 可得 $E[\text{cost}(X_1^*,\{\boldsymbol{c}_1\})] = 2\text{cost}(X_1^*,O)$. 对 X_2^* 中的点不作限制, 则 X_2^* 中的点自然会根据 $\min\{d(\boldsymbol{a}, \{\boldsymbol{c}_1\}), ||\boldsymbol{a}-\boldsymbol{c}_2||\}^2$ 进行连接. 由引理 2.1.3, 可得 $E[\text{cost}(X_2^*,\mathcal{C}')] \leqslant 8\text{cost}(X_2^*,O)$.

2-均值问题势函数期望值上界如下:

$$\begin{aligned}&E[\text{cost}(\mathcal{X},\mathcal{C}')]\\ =&E[\text{cost}(\mathcal{X},\mathcal{C}')|\boldsymbol{c}_2 \in X_1^*]\Pr(\boldsymbol{c}_2 \in X_1^*) + E[\text{cost}(\mathcal{X},\mathcal{C}')|\boldsymbol{c}_2 \in X_2^*]\Pr(\boldsymbol{c}_2 \in X_2^*)\end{aligned}$$

$$
\begin{aligned}
&= E[\text{cost}(\mathcal{X},\mathcal{C}'))|\boldsymbol{c}_2 \in X_1^*]\frac{\sum\limits_{\boldsymbol{x}\in X_1^*} d^2(\boldsymbol{x},\{\boldsymbol{c}_1\})}{\sum\limits_{\boldsymbol{x}\in \mathcal{X}} d^2(\boldsymbol{x},\{\boldsymbol{c}_1\})} + & (2.1.5)\\
&\quad E[\text{cost}(\mathcal{X},\mathcal{C}')|\boldsymbol{c}_2 \in X_2^*]\frac{\sum\limits_{\boldsymbol{x}\in X_2^*} d^2(\boldsymbol{x},\{\boldsymbol{c}_1\})}{\sum\limits_{\boldsymbol{x}\in \mathcal{X}} d^2(\boldsymbol{x},\{\boldsymbol{c}_1\})}\\
&= E[\text{cost}(\mathcal{X},\mathcal{C}')|\boldsymbol{c}_2 \in X_1^*]\frac{\text{cost}(X_1^*,\{\boldsymbol{c}_1\})}{\text{cost}(\mathcal{X},\{\boldsymbol{c}_1\})} + & (2.1.6)\\
&\quad E[\text{cost}(\mathcal{X},\mathcal{C}')|\boldsymbol{c}_2 \in X_2^*]\frac{\text{cost}(X_2^*,\{\boldsymbol{c}_1\})}{\text{cost}(\mathcal{X},\{\boldsymbol{c}_1\})} & (2.1.7)\\
&\leqslant \text{cost}(X_1^*,\{\boldsymbol{c}_1\}) + [2\text{cost}(X_1^*,O) + 8\text{cost}(X_2^*,O)]\frac{\text{cost}(X_2^*,\{\boldsymbol{c}_1\})}{\text{cost}(\mathcal{X},\{\boldsymbol{c}_1\})} & (2.1.8)\\
&\leqslant 2\text{cost}(X_1^*,O) + [2\text{cost}(X_1^*,O) + 8\text{cost}(X_2^*,O)] & (2.1.9)\\
&= 4\text{cost}(X_1^*,O) + 8\text{cost}(X_2^*,O)\\
&\leqslant 8\text{cost}(\mathcal{X},O).
\end{aligned}
$$

在 (2.1.7) 式第一项中 $\boldsymbol{c}_2 \in X_1^*$, 让所有点都连到中心点 $\boldsymbol{c}_1$ 上, 则有 $E[\text{cost}(\mathcal{X},\mathcal{C})|\boldsymbol{c}_2 \in X_1^*] \leqslant \text{cost}(\mathcal{X},\{\boldsymbol{c}_1\})$, 可得 (2.1.8) 式第一项. (2.1.7) 式第二项考虑 $\boldsymbol{c}_1 \in X_1^*$, $\boldsymbol{c}_2 \in X_2^*$ 的情形, 根据引理 2.1.2 和引理 2.1.3, (2.1.8) 式第二项即可得证. (2.1.9) 式第一项通过引理 2.1.2 可得. 通过上述例子分析可知 2-均值问题近似比是 8.

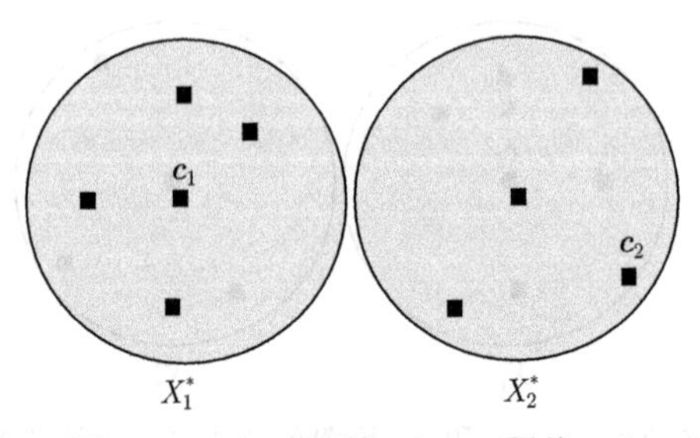

图 2.1.4 $\boldsymbol{c}_1$ 覆盖 X_1^*, $\boldsymbol{c}_2$ 覆盖 X_2^*

例 2.1.3 考虑 $k=3$ 的情形. 令算法步 1 得到的聚簇中心集为 $\mathcal{C}'=\{\boldsymbol{c}_1,\boldsymbol{c}_2,\boldsymbol{c}_3\}$ 及最优解 O 对观测点的划分为:X_1^*,X_2^*,X_3^*. $\mathcal{C}$ 是算法进行到任意步得到的聚簇中心点集. 这时 O 中没有被覆盖的簇是 $u>0$ 个, 并且设 $\mathcal{X}_u$ 为这些簇里面的点. 除此之外令 $\mathcal{X}_c=\mathcal{X}-\mathcal{X}_u$. 按照 D^2 抽样的概率往 $\mathcal{C}$ 里面随机加中心点的数量为 $t\leqslant u$ 个. 通过下面分析, 可以得到 t 和 u 的关系图, 参见图 2.1.5.

第一个点 $\boldsymbol{c}_1$ 以一致分布落在某个最优簇里面, 不妨设落在最优簇 X_1^* 中. 这时有:

- $t=u=2$, $\mathcal{X}_c=X_1^*$, $\mathcal{X}_u=X_2^*\cup X_3^*$.

在 $\boldsymbol{c}_1\in X_1^*$ 的基础上, $\boldsymbol{c}_2$ 以 $d^2(\boldsymbol{c}_2,\{\boldsymbol{c}_1\})/\sum\limits_{\boldsymbol{a}\in\mathcal{X}} d^2(\boldsymbol{a},\{\boldsymbol{c}_1\})$ 的概率从 $\mathcal{X}$ 选出, 一共有在 X_1^*

或 X_2^* 或 X_3^* 中三种可能性. 这时有:

- $t=1, u=2$. $\mathcal{X}_c = X_1^*$, $\mathcal{X}_u = X_2^* \cup X_3^*$.
- $t=1, u=1$. $\mathcal{X}_c = X_1^* \cup X_2^*$, $\mathcal{X}_u = X_3^*$.
- $t=1, u=1$. $\mathcal{X}_c = X_1^* \cup X_3^*$, $\mathcal{X}_u = X_2^*$.

$\boldsymbol{c}_3$ 类似于 $\boldsymbol{c}_2$, 以 $d^2(\boldsymbol{c}_3, \{\boldsymbol{c}_1, \boldsymbol{c}_2\})/\sum\limits_{\boldsymbol{a}\in\mathcal{X}} d^2(\boldsymbol{a}, \{\boldsymbol{c}_1, \boldsymbol{c}_2\})$ 的概率从 $\mathcal{X}$ 选出, 一共有三种可能性, 即在 X_1^* 或 X_2^* 或 X_3^*. 通过观察可知, $\boldsymbol{c}_3$ 在 $\mathcal{X}_c$ 或 $\mathcal{X}_u$ 中. 在 $\{\boldsymbol{c}_1, \boldsymbol{c}_2\}$ 的基础上添加 $\boldsymbol{c}_3$ 后有:

- $t=1, u=2$ 时, $t=0, u=1$ 或 $t=0, u=2$.
- $t=1, u=1$ 时, $t=0, u=0$ 或 $t=0, u=1$.

通过上述分析可以画出 t 与 u 的关系图 (参见图 2.1.5). 其中, 箭头代表从当前情形出发, 选取新中心点之后 t 和 u 可能的取值.

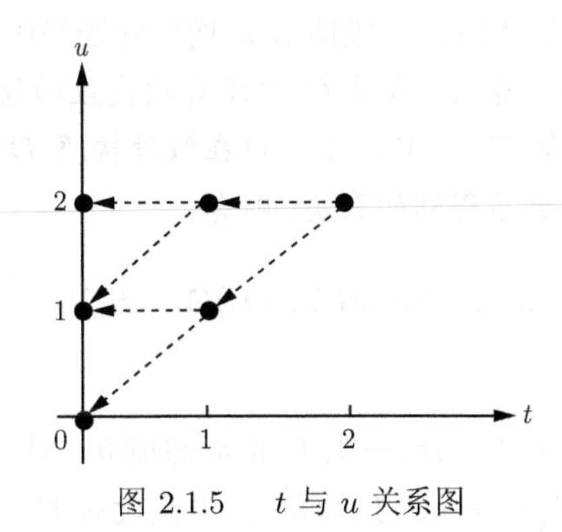

图 2.1.5　t 与 u 关系图

在这里重新分析例 2.1.2. 2-均值问题中, $\boldsymbol{c}_1$ 从任意最优簇中选取, 不妨设在 X_1^* 中, 则 $\mathcal{C} = \{\boldsymbol{c}_1\}$. 这时有 $t=u=1$, $\mathcal{X}_c = X_1^*$, $\mathcal{X}_u = X_2^*$. 通过下述分析可得 t 与 u 的关系图 (参见图 2.1.6). 例 2.1.2 考虑 $\boldsymbol{c}_1 \in X_1^*, \boldsymbol{c}_2 \in X_2^*$ 和 $\boldsymbol{c}_1, \boldsymbol{c}_2 \in X_1^*$ 两种情形, 分别对应图 2.1.6 中 $(0,0)$ 和 $(0,1)$. $\boldsymbol{c}_2$ 在 $\mathcal{X}_c$ 或 $\mathcal{X}_u$ 中, 概率分别为 $\text{cost}(\mathcal{X}_c, \mathcal{C})/\text{cost}(\mathcal{X}, \mathcal{C})$, $\text{cost}(\mathcal{X}_u, \mathcal{C})/\text{cost}(\mathcal{X}, \mathcal{C})$. 加入 $\boldsymbol{c}_2$ 后 t 和 u 取值有以下两种可能:

- $t=0, u=1$ 时, 构造连接方式, 让 $\mathcal{X}$ 中的点都连接到 $\mathcal{C}$ 中, 可得 $\text{cost}(\mathcal{X}, \mathcal{C}') \leqslant \text{cost}(\mathcal{X}, \mathcal{C})$.
- $t=u=0$ 时, 让 $\mathcal{X}_c$ 中的点都连到 $\mathcal{C}$ 上, $\mathcal{X}_u$ 中的点根据 $\min\{d(\boldsymbol{a}, \mathcal{C}), ||\boldsymbol{a}-\boldsymbol{c}_2||\}^2$ 进行连接. 由引理 2.1.3, 可得 $E[\text{cost}(\mathcal{X}_u, \mathcal{C}')] \leqslant 8\text{cost}(\mathcal{X}_u, O)$.

$$
\begin{aligned}
E[\text{cost}(\mathcal{X}, \mathcal{C}')] &\leqslant \frac{\text{cost}(\mathcal{X}_u, \mathcal{C})}{\text{cost}(\mathcal{X}, \mathcal{C})} \cdot (\text{cost}(\mathcal{X}_c, \mathcal{C}) + 8\text{cost}(\mathcal{X}_u, O)) + \frac{\text{cost}(\mathcal{X}_c, \mathcal{C})}{\text{cost}(\mathcal{X}, \mathcal{C})} \cdot \text{cost}(\mathcal{X}, \mathcal{C}) \\
&\leqslant 2\text{cost}(\mathcal{X}_c, \mathcal{C}) + 8\text{cost}(\mathcal{X}_u, O).
\end{aligned}
$$

通过再次分析例 2.1.2, 可观察到 2-均值问题只需计算 $t=u=1$ 时势函数期望值, 并且 $(1,1)$ 可以由 $(0,0)$ 和 $(0,1)$ 两种情形推出. 因此, 在分析 k-均值问题 $(k>2)$ 近似比时, 只

需证明 $t=u=k-1$ 时势函数的期望值, 并尝试用 $(t-1,u-1)$ 和 $(t-1,u)$ 两种情形推出.

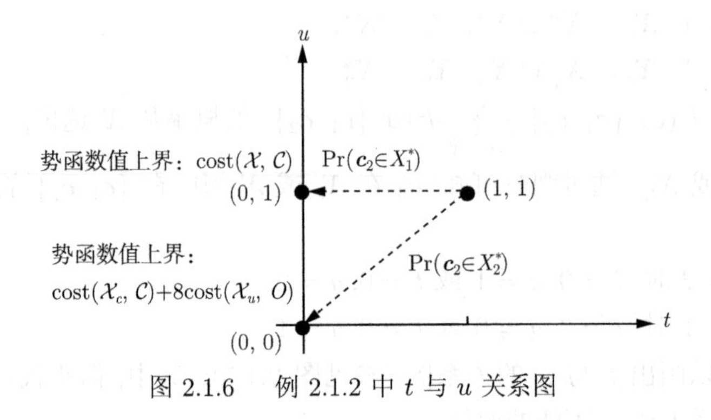

图 2.1.6 例 2.1.2 中 t 与 u 关系图

下面引理应用上述分析思想给出一般情形 k-均值问题势函数期望值上界.

引理 2.1.4 设 $\mathcal{C}$ 是任意聚类, 这时 O 中没有被覆盖的簇是 $u>0$ 个, 并且设 $\mathcal{X}_u$ 为这些簇里面的点. 除此之外令 $\mathcal{X}_c=\mathcal{X}-\mathcal{X}_u$. 现在假设按照 D^2 抽样的概率往 $\mathcal{C}$ 里面随机加 $t\leqslant u$ 个中心点. 设 $\mathcal{C}'$ 为最后得到的聚类, 则有

$$E[\text{cost}(\mathcal{X},\mathcal{C}')]\leqslant(\text{cost}(\mathcal{X}_c,\mathcal{C})+8\text{cost}(\mathcal{X}_u,O))(1+H_t)+\frac{u-t}{u}\text{cost}(\mathcal{X}_u,\mathcal{C}),\tag{2.1.10}$$

其中 H_t 为调和级数.

证明 对于 $t=0,u>1$, $1+H_0=1$, 结论显然成立. 对于其他情形, 对 (t,u) 数对进行数学归纳法证明. 首先证明 $t=u=1$ 下成立, 再假设对 $(t-1,u)$ 和 $(t-1,u-1)$ 两种情形成立, 进而证明 (t,u) 情形也成立.

第一步, 证明 $t=u=1$ 下成立. 考虑两种情形: 选取新加入的点分别来自某个没有被覆盖的聚簇和某个被覆盖的聚簇, 对应的概率分别为 $\text{cost}(\mathcal{X}_u,\mathcal{C})/\text{cost}(\mathcal{X},\mathcal{C})$ 和 $\text{cost}(\mathcal{X}_c,\mathcal{C})/\text{cost}(\mathcal{X},\mathcal{C})$. 考虑第一种情形, 根据引理 2.1.3, 有: $E[\text{cost}(\mathcal{X},\mathcal{C}')]\leqslant\text{cost}(\mathcal{X}_c,\mathcal{C})+8\text{cost}(\mathcal{X}_u,O)$. 第二种情形, 有 $\text{cost}(\mathcal{X},\mathcal{C}')\leqslant\text{cost}(\mathcal{X},\mathcal{C})$. 综合两种情形有

$$\begin{aligned}E[\text{cost}(\mathcal{X},\mathcal{C}')]&\leqslant\frac{\text{cost}(\mathcal{X}_u,\mathcal{C})}{\text{cost}(\mathcal{X},\mathcal{C})}[\text{cost}(\mathcal{X}_c,\mathcal{C})+8\text{cost}(\mathcal{X}_u,O)]+\frac{\text{cost}(\mathcal{X}_c,\mathcal{C})}{\text{cost}(\mathcal{X},\mathcal{C})}\text{cost}(\mathcal{X},\mathcal{C})\\&\leqslant\text{cost}(\mathcal{X}_c,\mathcal{C})+8\text{cost}(\mathcal{X}_u,O)+\text{cost}(\mathcal{X}_c,\mathcal{C})\\&=2\text{cost}(\mathcal{X}_c,\mathcal{C})+8\text{cost}(\mathcal{X}_u,O).\end{aligned}$$

这时令 $1+H_0=2$, $t=u=1$ 情形即可成立.

第二步, 假设对 $(t-1,u)$ 和 $(t-1,u-1)$ 两种情形成立.

第三步, 证明对 (t,u) 情形成立.

考虑两种情形: 第一, 从某个被覆盖的聚簇中选取新加入的点, 概率为 $\text{cost}(\mathcal{X}_c,\mathcal{C})/\text{cost}(\mathcal{X},\mathcal{C})$. 运用数学归纳法, 但是 t 要减去 1. 在这种情形下有

$$E[\text{cost}(\mathcal{X},\mathcal{C}')]$$

$$\leqslant \frac{\text{cost}(\mathcal{X}_u,\mathcal{C})}{\text{cost}(\mathcal{X},\mathcal{C})}\left([\text{cost}(\mathcal{X}_c,\mathcal{C})+\text{cost}(\mathcal{X}_u,O)](1+H_{t-1})+\frac{u-t+1}{u}\text{cost}(\mathcal{X}_u,\mathcal{C})\right).$$

第二, 从某个没有被覆盖的聚簇 A 中选取新加入的点, 概率为 $\text{cost}(A,\mathcal{C})/\text{cost}(\mathcal{X},\mathcal{C})$, 令 p_a 为选择 $\boldsymbol{a}\in A$ 为中心点的概率. 运用数学归纳法, 但是 t 和 u 都要减去 1. 在新加入的点来自于聚簇 A 情形下有

$$\begin{aligned}
&\frac{\text{cost}(A,\mathcal{C})}{\text{cost}(\mathcal{X},\mathcal{C})}\sum_{\boldsymbol{a}\in A}p_a\Big((\text{cost}\,(\mathcal{X}_c\cup A,\mathcal{C}\cup\{\boldsymbol{a}\})+8\text{cost}(\mathcal{X}_u\setminus A,O))\,(1+H_{t-1})+\\
&\frac{u-t}{u-1}\text{cost}(\mathcal{X}_u\setminus A,\mathcal{C}\cup\{\boldsymbol{a}\})\Big)\\
=&\frac{\text{cost}(A,\mathcal{C})}{\text{cost}(\mathcal{X},\mathcal{C})}\sum_{\boldsymbol{a}\in A}p_a\Big((\text{cost}(\mathcal{X}_c,\mathcal{C}\cup\{\boldsymbol{a}\})+\text{cost}(A,\mathcal{C}\cup\{\boldsymbol{a}\})+\\
&8\text{cost}(\mathcal{X}_u,O)-8\text{cost}(A,O))\,(1+H_{t-1})+\\
&\frac{u-t}{u-1}\,(\text{cost}(\mathcal{X}_u,\mathcal{C}\cup\{\boldsymbol{a}\})-\text{cost}(A,\mathcal{C}\cup\{\boldsymbol{a}\}))\Big)\\
\leqslant&\frac{\text{cost}(A,\mathcal{C})}{\text{cost}(\mathcal{X},\mathcal{C})}\Big((\text{cost}(\mathcal{X}_c,\mathcal{C})+8\text{cost}(\mathcal{X}_u,O))\,(1+H_{t-1})+\\
&\frac{u-t}{u-1}\,[\text{cost}(\mathcal{X}_u,\mathcal{C})-\text{cost}(A,\mathcal{C})]\Big),
\end{aligned}$$

其中不等式根据引理 2.1.3 得来, 有

$$\sum_{\boldsymbol{a}\in A}p_a\text{cost}(A,\mathcal{C}\cup\{\boldsymbol{a}\})\leqslant 8\text{cost}(A,O).$$

接下来对所有未覆盖的聚簇 A 求和, 可以得到

$$\begin{aligned}
&E[\text{cost}(\mathcal{X},\mathcal{C}')]\\
\leqslant&\sum_{A\subset\mathcal{X}_u}\frac{\text{cost}(A,\mathcal{C})}{\text{cost}(\mathcal{X},\mathcal{C})}\{[\text{cost}(\mathcal{X}_c,\mathcal{C})+8\text{cost}(\mathcal{X}_u,O)]\,(1+H_{t-1})\}+\\
&\sum_{A\subset\mathcal{X}_u}\frac{\text{cost}(A,\mathcal{C})}{\text{cost}(\mathcal{X},\mathcal{C})}\left(\frac{u-t}{u-1}\,[\text{cost}(\mathcal{X}_u,\mathcal{C})-\text{cost}(A,\mathcal{C})]\right) \qquad (2.1.11)\\
=&\frac{\text{cost}(\mathcal{X}_u,\mathcal{C})}{\text{cost}(\mathcal{X},\mathcal{C})}\,[\text{cost}(\mathcal{X}_c,\mathcal{C})+8\text{cost}(\mathcal{X}_u,O)]\,(1+H_{t-1})+\\
&\frac{1}{\text{cost}(\mathcal{X},\mathcal{C})}\frac{u-t}{u-1}\left(\sum_{A\subset\mathcal{X}_u}\text{cost}(A,\mathcal{C})\cdot\text{cost}(\mathcal{X}_u,\mathcal{C})-\sum_{A\subset\mathcal{X}_u}\text{cost}(A,\mathcal{C})\cdot\text{cost}(A,\mathcal{C})\right)\\
=&\frac{\text{cost}(\mathcal{X}_u,\mathcal{C})}{\text{cost}(\mathcal{X},\mathcal{C})}\,(\text{cost}(\mathcal{X}_c,\mathcal{C})+8\text{cost}(\mathcal{X}_u,O))\,(1+H_{t-1})+
\end{aligned}$$

$$
\begin{aligned}
&\frac{1}{\text{cost}(\mathcal{X},\mathcal{C})}\frac{u-t}{u-1}\left(\text{cost}^2(\mathcal{X}_u,\mathcal{C})-\sum_{A\subset\mathcal{X}_u}\text{cost}^2(A,\mathcal{C})\right)\\
\leqslant&\frac{\text{cost}(\mathcal{X}_u,\mathcal{C})}{\text{cost}(\mathcal{X},\mathcal{C})}\left\{[\text{cost}(\mathcal{X}_c,\mathcal{C})+8\text{cost}(\mathcal{X}_u,O)](1+H_{t-1})\right\}+\\
&\frac{1}{\text{cost}(\mathcal{X},\mathcal{C})}\frac{u-t}{u-1}\left(\text{cost}^2(\mathcal{X}_u,\mathcal{C})-\frac{1}{u}\text{cost}^2(\mathcal{X}_u,\mathcal{C})\right)\\
=&\frac{\text{cost}(\mathcal{X}_u,\mathcal{C})}{\text{cost}(\mathcal{X},\mathcal{C})}\left([\text{cost}(\mathcal{X}_c,\mathcal{C})+8\text{cost}(\mathcal{X}_u,O)](1+H_{t-1})+\frac{u-t}{u}\text{cost}^2(\mathcal{X}_u,\mathcal{C})\right),
\end{aligned}
$$

其中第二个不等式利用幂平方不等式:

$$
\sum_{A\subset\mathcal{X}_u}\text{cost}^2(A,\mathcal{C})\geqslant\frac{1}{u}\text{cost}^2(\mathcal{X}_u,\mathcal{C}).
$$

综合两种情形, 有

$$
\begin{aligned}
&E[\text{cost}(\mathcal{X},\mathcal{C}')]\\
\leqslant&\frac{\text{cost}(\mathcal{X}_u,\mathcal{C})}{\text{cost}(\mathcal{X},\mathcal{C})}\left((\text{cost}(\mathcal{X}_c,\mathcal{C})+8\text{cost}(\mathcal{X}_u,O))(1+H_{t-1})+\frac{u-t+1}{u}\text{cost}(\mathcal{X}_u,\mathcal{C})\right)+\\
&\frac{\text{cost}(\mathcal{X}_u,\mathcal{C})}{\text{cost}(\mathcal{X},\mathcal{C})}\left((\text{cost}(\mathcal{X}_c,\mathcal{C})+8\text{cost}(\mathcal{X}_u,O))(1+H_{t-1})+\frac{u-t}{u}\text{cost}^2(\mathcal{X}_u,\mathcal{C})\right)\\
=&(\text{cost}(\mathcal{X}_c,\mathcal{C})+8\text{cost}(\mathcal{X}_u,O))(1+H_{t-1})\left(\frac{\text{cost}(\mathcal{X}_u,\mathcal{C})}{\text{cost}(\mathcal{X},\mathcal{C})}+\frac{\text{cost}(\mathcal{X}_u,\mathcal{C})}{\text{cost}(\mathcal{X},\mathcal{C})}\right)+\\
&\frac{\text{cost}(\mathcal{X}_u,\mathcal{C})}{\text{cost}(\mathcal{X},\mathcal{C})}\left(\text{cost}(\mathcal{X}_u,\mathcal{C})\cdot\frac{u-t}{u}+\text{cost}(\mathcal{X}_c,\mathcal{C})\cdot\frac{u-t}{u}+\text{cost}(\mathcal{X}_c,\mathcal{C})\cdot\frac{1}{u}\right)\\
=&(\text{cost}(\mathcal{X}_c,\mathcal{C})+8\text{cost}(\mathcal{X}_u,O))(1+H_{t-1})+\\
&\frac{\text{cost}(\mathcal{X}_u,\mathcal{C})}{\text{cost}(\mathcal{X},\mathcal{C})}\left(\text{cost}(\mathcal{X},\mathcal{C})\cdot\frac{u-t}{u}+\text{cost}(\mathcal{X}_c,\mathcal{C})\cdot\frac{1}{u}\right)\\
\leqslant&(\text{cost}(\mathcal{X}_c,\mathcal{C})+8\text{cost}(\mathcal{X}_u,O))(1+H_{t-1})+\\
&\frac{u-t}{u}\text{cost}(\mathcal{X}_u,\mathcal{C})+\frac{\text{cost}(\mathcal{X}_u,\mathcal{C})}{\text{cost}(\mathcal{X},\mathcal{C})}\frac{\text{cost}(\mathcal{X}_c,\mathcal{C})}{u}\\
\leqslant&(\text{cost}(\mathcal{X}_c,\mathcal{C})+8\text{cost}(\mathcal{X}_u,O))\left(1+H_{t-1}+\frac{1}{t}\right)+\frac{u-t}{u}\text{cost}(\mathcal{X}_u,\mathcal{C}). \qquad (2.1.12)
\end{aligned}
$$

其中 (2.1.12) 式由下面不等式得到

$$
\frac{\text{cost}(\mathcal{X}_c,\mathcal{C})}{u}\leqslant\frac{\text{cost}(\mathcal{X}_c,\mathcal{C})+8\text{cost}(\mathcal{X}_u,O)}{t}.
$$

综上, 在假设 $(t-1,u)$ 和 $(t-1,u-1)$ 两种情形成立的条件下, 可以推出 (t,u) 满足 (2.1.10) 式. □

定理 2.1.1 k-均值 ++ 算法近似比为 $8(\ln k+2)$.

证明 假设 $\mathcal{C}$ 只有一个聚类中心, 并且这个中心是从 A 中等可能选取的, 那么 $t=u=k-1$. 根据引理 2.1.4, 费用函数的上界为

$$\begin{aligned}E[\text{cost}(\mathcal{X},O)] &\leqslant (\text{cost}(A,\mathcal{C})+8\text{cost}(\mathcal{X},O)-8\text{cost}(A,O))\,(1+H_{k-1})\\ &\leqslant 8(2+\ln k)\text{cost}(\mathcal{X},O),\end{aligned}$$

其中不等式成立的依据是引理 2.1.2 和 $H_{k-1}\leqslant 1+\ln k$. □

2.1.3 下界

本节给出关于 k-均值 ++ 算法近似比的下界分析, 构造实例并证明该实例通过自适应采样所得解对应的目标函数值在期望意义下至少为最优值的 $\Omega(\log k)$ 倍.

给定参数 $\varDelta,\delta(\varDelta\gg\delta)$, 整数 $k(n\gg k)$, 通过下述方式构造包含 n 个元素的点集 $\mathcal{X}$.

步 1 选择 k 个中心点 $\{\boldsymbol{c}_1,\boldsymbol{c}_2,\cdots,\boldsymbol{c}_k\}$, 其中

$$||\boldsymbol{c}_i-\boldsymbol{c}_j||^2=\varDelta^2-\left(\frac{n-k}{n}\right)\delta^2,\ i\neq j. \tag{2.1.13}$$

步 2 利用 $\boldsymbol{c}_i$ 构造包含 n/k 个元素的集合 X_i. 以 $\boldsymbol{c}_i$ 为球心, $\sqrt{(n-k)/2n}\delta$ 为半径构造球, 并构造以该球为外接球、边长为 δ 的正则单纯形, 其顶点记为 $\boldsymbol{x}_{i,1},\boldsymbol{x}_{i,2},\cdots,\boldsymbol{x}_{i,n/k}$ 并添加到 X_i 中.

步 3 在 i 维的正交空间上执行步 2 构造 X_{i+1}.

步 4 重复步 2 和步 3, 直至构造完成 X_k.

引理 2.1.5 当 $i=j$ 时, 集合 $\mathcal{X}$ 中两点间距离满足 $\|\boldsymbol{x}_{i,i'}-\boldsymbol{x}_{j,j'}\|=\delta$; 否则有 $\|\boldsymbol{x}_{i,i'}-\boldsymbol{x}_{j,j'}\|=\varDelta$.

证明 由集合 $\mathcal{X}$ 的构造方式可知, 属于同一子集的两点间距离为单纯形边长, 即 $\forall\boldsymbol{x}_{i,i'},\boldsymbol{x}_{i,j'}\in X_i$, 则有 $||\boldsymbol{x}_{i,i'}-\boldsymbol{x}_{i,j'}||=\delta$.

属于两个不同子集的任意两点 $\boldsymbol{x}_{i,i'}\in X_i,\boldsymbol{x}_{j,j'}\in X_j$, 由于构造子集 X_{i+1} 是在子集 X_i 的正交空间上, 则有

$$\begin{aligned}||\boldsymbol{x}_{i,i'}-\boldsymbol{x}_{j,j'}||^2&=||\boldsymbol{x}_{i,i'}-\boldsymbol{c}_j||^2+||\boldsymbol{c}_j-\boldsymbol{x}_{j,j'}||^2\\ &=||\boldsymbol{c}_j-\boldsymbol{x}_{j,j'}||^2+||\boldsymbol{x}_{i,i'}-\boldsymbol{c}_i||^2+||\boldsymbol{c}_i-\boldsymbol{c}_j||^2\\ &=\frac{n-k}{2n}\delta^2+\frac{n-k}{2n}\delta^2+\varDelta^2-\left(\frac{n-k}{n}\right)\delta^2\\ &=\varDelta^2.\end{aligned}$$

引理得证. □

引理 2.1.6 通过上述方式构造的观测集 $\mathcal{X}$, 其 k-均值问题的最优值 $\text{cost}(\mathcal{X},O)=(n-k)/2\delta^2$.

证明 显然每个子集 X_i 自成一聚簇, 各观测点至中心点的距离均为 $\sqrt{(n-k)/2n}\delta$, 共 n 个观测点, 因此最优值

$$\mathrm{cost}(\mathcal{X}, O) = n \cdot \frac{n-k}{2n}\delta^2 = \frac{n-k}{2}\delta^2.$$

引理得证. □

引理 2.1.5 描述了本节给出实例的距离性质, 引理 2.1.6 计算 k-均值问题的最优值, 接下来通过三个步骤分析算法所得解, 其目标函数值与最优值间的关系.

首先分析 k-均值 ++ 算法所得的 k 个中心点是从不同的子集 X_i 中选择的概率, 记事件 A: 自适应采样点覆盖 $X_1, X_2, \cdots, X_k$.

一方面, 估计 $\Pr[A]$ 的下界.

$$\begin{aligned}\Pr[A] &= \prod_{i=1}^{k-1}\left(1 - \frac{i\left(\frac{n}{k}-1\right)\delta^2}{\frac{n}{k}(k-i)\varDelta^2 + i\left(\frac{n}{k}-1\right)\delta^2}\right)\\ &\geqslant 1 - \sum_{i=1}^{k-1}\frac{i(n-k)\delta^2}{n(k-i)\varDelta^2}\\ &= 1 - \frac{n-k}{n}\frac{\delta^2}{\varDelta^2}\sum_{i=1}^{k-1}\frac{i}{k-i}\\ &\geqslant 1 - \frac{\delta^2}{\varDelta^2}k\log k.\end{aligned}$$

其中, 第一个等式成立是依据 k-均值 ++ 算法的算法设计, 第一个不等式成立的依据是 Weierstrass(魏尔斯特拉斯) 乘积不等式.

另一方面, 利用参数 δ, $\varDelta$, k 的假设, 估计 $\Pr[A]$ 的上界.

$$\begin{aligned}\Pr[A] &= \prod_{i=1}^{k-1}\left(1 - \frac{i\left(\frac{n}{k}-1\right)\delta^2}{\frac{n}{k}(k-i)\varDelta^2 + i\left(\frac{n}{k}-1\right)\delta^2}\right)\\ &\leqslant 1 - \frac{1}{2}\sum_{i=1}^{k-1}\frac{i(n-k)\delta^2}{2n(k-i)\varDelta^2}\\ &= 1 - \frac{n-k}{4n}\frac{\delta^2}{\varDelta^2}\sum_{i=1}^{k-1}\frac{i}{k-i}\\ &= 1 - \frac{\delta^2}{8\varDelta^2}k\log k.\end{aligned}$$

其中, 第一个不等式成立的依据是 $\varDelta \gg k\delta$, 第二个不等式成立的依据是 $n \gg k$.

因此, 利用上述对 $\Pr[A]$ 上下界的估计可得

$$\Pr[A] = 1 - \Theta\left(\frac{\delta^2}{\Delta^2} k \log k\right).$$

其中 $\Theta(f(n))$ 表示 $f(n)$ 的渐近紧确界. 其次, 计算 k-均值 ++ 算法所得解对应的目标函数值.

事件 A 发生时, 其目标函数值为 $E_A = (nk^{-1} - 1)\delta^2 k = (n-k)\delta^2$. 若存在子集 X_i 没有被 k-均值 ++ 算法点集覆盖, 此时事件记为 $\bar{A}$, 则其对应目标函数值 $E_{\bar{A}}$ 至少为 $nk^{-1}\Delta^2$.

最后, 通过 k-均值 ++ 算法所得解其对应的期望目标函数值满足

$$\begin{aligned} E &\geqslant \left(1 - \Theta\left(\frac{\delta^2}{\Delta^2} k \log k\right)\right) \cdot E_A + \Theta\left(\frac{\delta^2}{\Delta^2} k \log k\right) \cdot E_{\bar{A}} \\ &\geqslant (n-k)\delta^2 + \frac{1}{\Delta^2} \cdot \Theta(\delta^2 k \log k)(n-k)\delta^2 + \Theta(\log k) n\delta^2 \\ &= \Omega(\log k)\text{cost}(\mathcal{X}, O). \end{aligned}$$

其中, 第一个等式成立的依据是 $n \gg k$ 且 $\Delta \to +\infty$.

通过上述分析可知, 所构造实例通过自适应采样得到的解, 其期望目标函数值至少为最优值的 $\Omega(\log k)$ 倍. 同时注意到, 尽管其下界为 $\Omega(\log k)$, 但当 k-均值 ++ 算法选择集合覆盖所有子集 X_i 时, 可得到常数近似比的解, 且该事件是以大概率发生.

2.2 k-均值 || 算法

2.2.1 并行算法设计

初始化算法 k-均值 ++ 的主要思想是依照概率逐个选择聚类中心, 其中当前选择的中心集将随机地偏向下一个中心的选择. 该算法的优点是即使只分析初始化阶段的结果也能获得近似比 $O(\log k)$. 第 1 个点从观测集合中随机选取, 但是从第 2 个中心点开始, 每个中心点的选取都依赖于前边的中心集, 因而复杂度较高. 本节介绍基于初始化求解 k-均值问题的并行算法: **k-均值** $||$(k-means parallel)[26]. 一般地, 很容易将随机初始化和 k-均值 ++ 初始化视为两个极端, 前者根据一个特定的分布, 比如均匀分布, 在一次迭代中选择 k 个中心; 后者有 k 次迭代, 并根据非均匀分布在每次迭代中选择一个点. k-均值 ++ 正是第一步基于均匀分布, 并在后续基于非均匀分布更新的. 我们设想理想情况下有一种算法需要少量的迭代, 在每次迭代中能以非均匀分布选择多个点, 并能保证解的质量. k-均值 || 算法正是遵循这种直觉, 通过仔细定义迭代次数和非均匀分布, 找到最佳点 (或者最佳折中点).

接下来将介绍基于初始化的并行算法 k-均值 ||. 虽然该算法在很大程度上受 k-均值 ++ 的启发, 但与 k-均值 ++ 不同的是使用了过采样因子 $l = \Omega(k)$. 算法 2.2.1 第一步均匀随机地选择一个初始中心点, 并计算这一步选择后的初始势函数值 $\psi = \text{cost}(\mathcal{X}, \mathcal{C})$. 此后

进行 $O(\log\psi)$ 次迭代, 在每次迭代中, 给定当前的中心集 $\mathcal{C}$, 以概率 $ld^2(\boldsymbol{x}',\mathcal{C})/\sum\limits_{\boldsymbol{x}\in\mathcal{X}} d^2(\boldsymbol{x},\mathcal{C})$ 对每个 $\boldsymbol{x}$ 进行独立采样, 其中 $d^2(\boldsymbol{x},\mathcal{C})=\min\limits_{c\in\mathcal{C}} d^2(\boldsymbol{x},c)$ 表示 $\boldsymbol{x}$ 到当前最近的聚类中心的距离的平方. 将采样点添加到 $\mathcal{C}$ 中, 同时更新势函数 $\text{cost}(\mathcal{X},\mathcal{C})$. 实际上, 在每次迭代中选择的预期点数为 l, 最后 $\mathcal{C}$ 中点数的期望值为 $l\log\psi$, 这个数通常大于 k, 又明显小于输入观测点的数量. 步 4 为 $\mathcal{C}$ 中的点分配权重, 这样就减少聚类中心点数量. 步 5 将 $\mathcal{C}$ 中带权重的点重新聚成 k 簇, 以获得 k 个聚类中心. 注意在步 4 中通过对点分配权重, 可将权重为 0 的点舍去, 从而可以减少 $\mathcal{C}$ 中聚类中心点的数量. 这是一个需要 $\log\psi$ 轮的并行算法, 其中 $\psi\leqslant n^2\max\limits_{\boldsymbol{x},\boldsymbol{y}\in\mathcal{X}} d^2(\boldsymbol{x},\boldsymbol{y})$.

算法 2.2.1 (**k-均值 || 算法**)

输入: 观测集 $\mathcal{X}$, 整数 k.

输出: 中心点集合 $\mathcal{C}$.

步 1 从 $\mathcal{X}$ 中随机等概率选取一个点, 记为集合 $\mathcal{C}$.

步 2 令 $\psi:=\text{cost}(\mathcal{X},\mathcal{C})$.

步 3 对步 3.1 和步 3.2 重复执行 $O(\log\psi)$ 次.

步 3.1 以概率

$$p_{\boldsymbol{x}}=\frac{ld^2(\boldsymbol{x}',\mathcal{C})}{\sum\limits_{\boldsymbol{x}\in\mathcal{X}} d^2(\boldsymbol{x},\mathcal{C})}$$

独立地对 $\mathcal{X}$ 中的点进行采样, 所得点构成集合 $\mathcal{C}'$.

步 3.2 更新 $\mathcal{C}:=\mathcal{C}\cup\mathcal{C}'$.

步 4 对于 $\mathcal{C}$ 中的每个点 $\boldsymbol{x}$, 置 $\omega_{\boldsymbol{x}}$ 是 $\mathcal{X}$ 中到 $\boldsymbol{x}$ 的距离比到 $\mathcal{C}$ 中任何其他点的距离都小的点的数目.

步 5 将 $\mathcal{C}$ 中带权重的点重新聚成 k 簇, 从而得到 k 个聚类中心点, 算法停止.

本节符号同 2.1 节. 为了方便叙述, 记 $\mathcal{C}$ 是算法 2.2.1 中一轮迭代开始时的中心集, $\mathcal{C}'$ 是该轮迭代中添加的随机中心集. 接下来将重点分析该算法的理论结果.

2.2.2 并行算法分析

设 A 是 k-均值最优解中一个基数为 T 的类或簇, 其质心点记为 $\text{cen}(A)$. 假设 $A=\{\boldsymbol{a}_1,\boldsymbol{a}_2,\cdots,\boldsymbol{a}_T\}$ 中的点是按照到 $\text{cen}(A)$ 距离单调不减顺序进行排列的, 即

$$\|\boldsymbol{a}_1-\text{cen}(A)\|\leqslant\|\boldsymbol{a}_2-\text{cen}(A)\|\leqslant\cdots\leqslant\|\boldsymbol{a}_T-\text{cen}(A)\|.$$

假设 $\mathcal{C}'$ 表示在某次迭代过程中选择的中心集. 对 A 中任一点 $\boldsymbol{a}_t$, 用 q_t 表示该点是集合 $\{\boldsymbol{a}_1,\boldsymbol{a}_2,\cdots,\boldsymbol{a}_t\}$ 中第一个被选到的概率, 即

$$q_t=\Pr\left[\boldsymbol{a}_t\in\mathcal{C}',\boldsymbol{a}_j\notin\mathcal{C}',\forall j\in\{1,2,\cdots,t-1\}\right].$$

此外, 用 q_{T+1} 表示 A 中没有点被采样的概率. 设 $\mathcal{C}$ 是 $\boldsymbol{a}_t$ 被选择这一轮时算法迭代开始时的聚类中心集, p_t 为 $\boldsymbol{a}_t$ 在算法 k-均值 || 中被选择的概率, 则 $p_t=ld^2(\boldsymbol{x}',\mathcal{C})/\text{cost}(\mathcal{X},\mathcal{C})$.

由于 k-均值 || 是独立地选择每个点, 因此对任意 $t\in[T+1]=\{1,2,\cdots,T+1\}$,

$$q_t=\begin{cases} p_t\prod_{j=1}^{t-1}(1-p_j), & 若\ i\in[T],\\ \prod_{j=1}^{T}(1-p_j), & 若\ i=T+1. \end{cases}$$

如果再规定 $p_{T+1}=1$, 则对任意 $t\in[T+1]$, 有

$$q_t=p_t\prod_{j=1}^{t-1}(1-p_j).$$

并且很容易证明 $q_i, i\in[T+1]$ 对应一个概率分布, 即

$$\sum_{j=1}^{T+1}q_j=1. \tag{2.2.14}$$

当 $\boldsymbol{a}_t$ 被选择后, 可能会影响 A 中点的聚类, 正常是按照到 $\mathcal{C}$ 和 $\boldsymbol{a}_t$ 中最近的点进行聚类. 实际上这个最优划分是很难确定的, 但是可以很容易找到它的上界. 接下来根据 $\boldsymbol{a}_t$ 是否属于 A 来讨论如何确定这个上界. 当 $\boldsymbol{a}_t\in A$ 时, 很容易得到两个上界: A 中的点都按照原来的情况进行聚类和 A 中的点都聚到 $\boldsymbol{a}_t$, 它们对应的势函数分别是 $\mathrm{cost}(A,\mathcal{C})$ 和 $\sum\limits_{\boldsymbol{a}\in A}||\boldsymbol{a}-\boldsymbol{a}_t||^2$. 显然, 这两个势函数中较小者依然是最优势函数的一个上界. 当 $\boldsymbol{a}_t\notin A$ 时, A 中的点都按照原来的情况进行聚类, 所得势函数 $\mathrm{cost}(A,\mathcal{C})$ 显然是一个上界. 从而, 我们将两种情况下分析的上界统一在一起, 记为

$$s_t=\begin{cases} \min\left\{\mathrm{cost}(A,\mathcal{C}),\sum\limits_{\boldsymbol{a}\in A}||\boldsymbol{a}-\boldsymbol{a}_t||^2\right\}, & 若\ i\in[T],\\ \mathrm{cost}(A,\mathcal{C}), & 若\ i=T+1. \end{cases} \tag{2.2.15}$$

接下来的引理将表明最优势函数的期望值能被这些上界的一个线性组合控制, 而组合系数恰好是 $\boldsymbol{a}_t$ 相对它之前的点第一次被选到的概率 q_t. 注意到 A 中的点有可能都没有被选到, 因而会有一项 $q_{T+1}s_{T+1}$.

引理 2.2.1 如果 $\mathcal{C}$ 是算法 2.2.1 中一轮迭代开始时的中心集, $\mathcal{C}'$ 是该轮迭代中添加的随机中心集, 则一个最优簇 A 在该轮迭代后势函数的期望值的上界为

$$E\left[\mathrm{cost}(A,\mathcal{C}\cup\mathcal{C}')\right]\leqslant\sum_{t=1}^{T+1}q_t s_t. \tag{2.2.16}$$

证明 算法进行一轮后, 如果 $\mathcal{C}'\cap A\neq\varnothing$, 可以用下列形式重新表述簇 A 的势函数 $\mathrm{cost}(A,\mathcal{C}\cup\mathcal{C}')$ 的期望值, 进而可得结论.

$$E\left[\mathrm{cost}(A,\mathcal{C}\cup\mathcal{C}')\right]=\sum_{t=1}^{T}q_tE\left[\mathrm{cost}(A,\mathcal{C}\cup\mathcal{C}')|\boldsymbol{a}_t\in\mathcal{C}',\boldsymbol{a}_j\notin\mathcal{C}',\forall j\in\{1,2,\cdots,t-1\}\right]$$

$$\leqslant \sum_{t=1}^{T} q_t s_t.$$

如果 $\mathcal{C}' \cap A = \varnothing$, 则对任意的 $t \in [T+1]$, 都有 $s_t = \mathrm{cost}(A, \mathcal{C})$. 从而

$$E\left[\mathrm{cost}(A, \mathcal{C} \cup \mathcal{C}')\right] \leqslant \mathrm{cost}(A, \mathcal{C}) = s_t = \sum_{j=1}^{T+1} q_j s_t = \sum_{t=1}^{T+1} q_t s_t,$$

这里第二个等式成立是根据 (2.2.14) 式. □

接下来将通过尽可能地选择一个靠近聚类中心的点（t 值尽可能小）来继续降低 A 在新的聚类中心下的势函数的上界, 这种情况从另一个角度考虑就是 t 值较大的概率可被控制或者有上界.

引理 2.2.2 对于任何 $0 \leqslant t \leqslant T$ 都有

$$\sum_{r=t+1}^{T+1} q_r \leqslant \eta_t,$$

这里

$$\eta_t = \begin{cases} \prod_{j=1}^{t} \left(1 - (1 - q_{T+1}) d^2(\boldsymbol{a}_j, \mathcal{C}) / \mathrm{cost}(A, \mathcal{C})\right), & 若\ t \in [T], \\ 1, & 若\ t = 0. \end{cases} \tag{2.2.17}$$

证明 首先, 由 (2.2.14) 式和 η 的定义知道结论对于 $t = 0$ 显然成立.

接下来分析 $t \in [T]$ 时结论成立. 注意 $q_{T+1} = \prod_{t=1}^{T}(1 - p_t) \geqslant 1 - \sum_{t=1}^{T} p_t$. 因此

$$1 - q_{T+1} \leqslant \sum_{t=1}^{T} p_t = l \frac{\mathrm{cost}(A, \mathcal{C})}{\mathrm{cost}(\mathcal{X}, \mathcal{C})}.$$

从而

$$p_t = \frac{l d^2(\boldsymbol{a}_t, \mathcal{C})}{\mathrm{cost}(\mathcal{X}, \mathcal{C})} \geqslant \frac{d^2(\boldsymbol{a}_t, \mathcal{C})}{\mathrm{cost}(A, \mathcal{C})}(1 - q_{T+1}).$$

根据 q_r 的含义, 即 q_r 是 $\boldsymbol{a}_1, \cdots, \boldsymbol{a}_{r-1}$ 中第一个被选到的概率, 有 $q_r = p_r \left(\prod_{j=1}^{r-1}(1 - p_j)\right)$.

对 r 从 $t+1$ 到 $T+1$ 求和得到

$$\begin{aligned} \sum_{r=t+1}^{T+1} q_r &= \sum_{r=t+1}^{T+1} p_r \left(\prod_{j=1}^{r-1}(1 - p_j)\right) = \left(\prod_{j=1}^{t}(1 - p_j)\right) \sum_{r=t+1}^{T+1} \prod_{j=t+1}^{r-1}(1 - p_j) p_r \\ &\leqslant \prod_{j=1}^{t}(1 - p_j) \leqslant \prod_{j=1}^{t}\left(1 - \frac{d^2(\boldsymbol{a}_t, \mathcal{C})}{\mathrm{cost}(A, \mathcal{C})}(1 - q_{T+1})\right). \end{aligned}$$

引理得证. □

现在换一个角度来分析刚才这两个引理的结论：一方面，通过引理 2.2.1 可知 $q_t(t \in [T+1])$ 可看作以 $E[\text{cost}(A,\mathcal{C}\cup\mathcal{C}')]$ 为下界的线性函数的变量；另一方面，通过引理 2.2.2 可知它们还满足一些具有上界的线性约束. 这自然会想到关于这些变量的线性规划

$$\begin{aligned} \min_{\alpha_0,\cdots,\alpha_T} \quad & \sum_{t=0}^{T}\eta_t\alpha_t \\ \text{s.t.} \quad & \sum_{r=0}^{t-1}\alpha_r \geqslant s_t,\ t=1,2,\cdots,T+1, \\ & \alpha_t \geqslant 0,\ t=0,1,\cdots,T. \end{aligned} \tag{2.2.18}$$

及其对偶规划

$$\begin{aligned} \max_{q_1,\cdots,q_{T+1}} \quad & \sum_{t=1}^{T+1}q_t s_t \\ \text{s.t.} \quad & \sum_{r=t+1}^{T+1} q_t \leqslant \eta_t,\ t=0,1,\cdots,T, \\ & q_t \geqslant 0,\ t=1,2,\cdots,T+1. \end{aligned} \tag{2.2.19}$$

接下来分析这两个规划问题的最优值. 对任意 $t\in[T]$，令

$$s'_t = \sum_{\boldsymbol{a}\in A}||\boldsymbol{a}-\boldsymbol{a}_t||^2. \tag{2.2.20}$$

由于 A 中的点是根据其到 $\text{cen}(A)$ 的距离按照单调非减的顺序排序的，因此有 $s'_1\leqslant s'_2\leqslant\cdots\leqslant s'_T$. 此外，根据 s_t 的定义 (2.2.15) 式，也有 $s_1\leqslant\cdots\leqslant s_T\leqslant s_{T+1}$. 从而很容易知道线性规划 (2.2.18) 的一个最优解为

$$\begin{aligned} &\alpha_0 = s_1 - s_0, \alpha_1 = s_2 - s_1, \\ &\vdots \\ &\alpha_T = s_{T+1} - s_T, \end{aligned}$$

这里假设 $s_0=0$. 从而最优值为

$$\begin{aligned} \sum_{t=0}^{T}\eta_t\alpha_t &= \sum_{t=1}^{T}s_t(\eta_{t-1}-\eta_t)+\eta_T s_{T+1} \\ &= \sum_{t=1}^{T}s_t\eta_{t-1}\left(\frac{d^2(\boldsymbol{a}_t,\mathcal{C})}{\text{cost}(A,\mathcal{C})}\right)(1-q_{T+1})+\eta_T s_{T+1} \\ &\leqslant \sum_{t=1}^{T}\frac{d^2(\boldsymbol{a}_t,\mathcal{C})}{\text{cost}(A,\mathcal{C})}s_t+\eta_T\text{cost}(A,\mathcal{C}), \end{aligned}$$

第二个等式成立是利用了 η 的定义 (2.2.17) 式, 第一个不等式成立是由于 $\eta_t, q_{T+1} \leqslant 1$. 根据强对偶定理, 该值也是其对偶问题 (2.2.19) 的最优值. 从而, 由引理 2.2.1 知

$$E\left[\text{cost}(A, \mathcal{C} \cup \mathcal{C}')\right] \leqslant \sum_{t=1}^{T} \frac{d^2(\boldsymbol{a}_t, \mathcal{C})}{\text{cost}(A, \mathcal{C})} s_t + \eta_T \text{cost}(A, \mathcal{C}). \tag{2.2.21}$$

进一步, 可以对上式右端进行分析. 首先, 利用松弛的三角不等式及其应用（见 2.1 节引理 2.1.3 的证明技巧）, 可得

$$\sum_{t=1}^{T} \frac{d^2(\boldsymbol{a}_t, \mathcal{C})}{\text{cost}(A, \mathcal{C})} s_t \leqslant 8\text{cost}(A, O).$$

此外, η_T 可以根据它的定义及指数函数的性质作如下放缩:

$$\begin{aligned} \eta_T &= \prod_{j=1}^{T} \left(1 - \frac{d^2(\boldsymbol{a}_j, \mathcal{C})}{\text{cost}(A, \mathcal{C})}(1 - q_{T+1})\right) \\ &\leqslant \exp\left(-\sum_{j=1}^{T} \frac{d^2(\boldsymbol{a}_j, \mathcal{C})}{\text{cost}(A, \mathcal{C})}(1 - q_{T+1})\right) = \exp\left(-(1 - q_{T+1})\right). \end{aligned}$$

从而, (2.2.21) 式可进一步放松为

$$E\left[\text{cost}(A, \mathcal{C} \cup \mathcal{C}')\right] \leqslant 8\text{cost}(A, O)) + \text{cost}(A, \mathcal{C})\mathrm{e}^{-(1-q_{T+1})}. \tag{2.2.22}$$

接下来, 将对该算法进行全面分析. 下述定理表明在 k-均值 || 算法的每一轮迭代中, 当前解的势函数都有显著下降. 具体地说, 我们证明了在每一轮迭代中势函数下降了一个常数因子加上 $O(\text{cost}(\mathcal{X}, O))$.

定理 2.2.1 设

$$\alpha = \exp\left(-\left(1 - \mathrm{e}^{-l/(2k)}\right)\right) \approx \mathrm{e}^{-\frac{l}{2k}},$$

如果 $\mathcal{C}$ 是算法 2.2.1 迭代开始时的中心集, $\mathcal{C}'$ 是该迭代中添加的随机中心集, 则

$$E\left[\text{cost}(\mathcal{X}, \mathcal{C} \cup \mathcal{C}')\right] \leqslant 8\text{cost}(\mathcal{X}, O) + \frac{1+\alpha}{2}\text{cost}(\mathcal{X}, \mathcal{C}).$$

证明 设 $A_1, A_2, \cdots, A_k$ 是最优解 O 中的簇. 根据其势函数的值将它们划分为“重类” $\mathcal{C}_{\mathrm{H}}$ 和 “轻类”$\mathcal{C}_{\mathrm{L}}$, 即

$$\mathcal{C}_{\mathrm{H}} = \left\{A \in O \,\middle|\, \frac{\text{cost}(A, \mathcal{C})}{\text{cost}(\mathcal{X}, \mathcal{C})} > \frac{1}{2k}\right\}, \qquad \mathcal{C}_{\mathrm{L}} = O \setminus \mathcal{C}_{\mathrm{H}}.$$

由于

$$q_{T+1} = \prod_{j=1}^{T}(1 - p_j) \leqslant \exp\left(-\sum_j p_j\right) = \exp\left(-\frac{l\text{cost}(A, \mathcal{C})}{\text{cost}(\mathcal{X}, \mathcal{C})}\right).$$

再根据 (2.2.22) 式, 则对于任何 "重类" 中的簇 A, 有

$$\begin{aligned} E\left[\text{cost}(A,\mathcal{C}\cup\mathcal{C}')\right] &\leqslant 8\text{cost}(A,O)+\exp(-(1-\mathrm{e}^{-l/2k}))\text{cost}(A,\mathcal{C}) \\ &= 8\text{cost}(A,O)+\alpha\text{cost}(A,\mathcal{C}). \end{aligned}$$

现在对 "重类"$\mathcal{C}_{\mathrm{H}}$ 中所有的簇 A 进行求和, 得到

$$E\left[\text{cost}(\mathcal{C}_{\mathrm{H}},\mathcal{C}\cup\mathcal{C}')\right]\leqslant 8\text{cost}(\mathcal{C}_{\mathrm{H}},O)+\alpha\text{cost}(\mathcal{C}_{\mathrm{H}},\mathcal{C}).$$

然后, 注意到

$$\text{cost}(\mathcal{X},\mathcal{C}_{\mathrm{L}})\leqslant\frac{\text{cost}(\mathcal{X},\mathcal{C})}{2k}\cdot|\mathcal{C}_{\mathrm{L}}|\leqslant\frac{\text{cost}(\mathcal{X},\mathcal{C})}{2k}k=\frac{\text{cost}(\mathcal{X},\mathcal{C})}{2},$$

和

$$E\left[\text{cost}(\mathcal{C}_{\mathrm{L}},\mathcal{C}\cup\mathcal{C}')\right]\leqslant\text{cost}(\mathcal{C}_{L},\mathcal{C}).$$

可得

$$\begin{aligned} E\left[\text{cost}(\mathcal{X},\mathcal{C}\cup\mathcal{C}')\right] &= E\left[\text{cost}(\mathcal{C}_{\mathrm{H}},\mathcal{C}\cup\mathcal{C}')\right]+E\left[\text{cost}(\mathcal{C}_{L},\mathcal{C}\cup\mathcal{C}')\right] \\ &\leqslant 8\text{cost}(\mathcal{C}_{\mathrm{H}},O)+\alpha\text{cost}(\mathcal{C}_{\mathrm{H}},\mathcal{C})+\text{cost}(\mathcal{C}_{\mathrm{L}},\mathcal{C}) \\ &= 8\text{cost}(\mathcal{C}_{\mathrm{H}},O)+\alpha\text{cost}(\mathcal{X},\mathcal{C})+(1-\alpha)\text{cost}(\mathcal{C}_{\mathrm{L}},\mathcal{C}) \\ &\leqslant 8\text{cost}(\mathcal{X},O)+\frac{1+\alpha}{2}\text{cost}(\mathcal{X},\mathcal{C}). \end{aligned}$$

定理证毕. □

由以上定理并利用数学归纳法可证得到以下推论.

推论 2.2.1 *如果* $\text{cost}^{(i)}$ *是算法* 2.2.1 *第* i *轮之后的聚类势函数, 那么*

$$E\left[\text{cost}^{(i)}\right]\leqslant\frac{16}{1-\alpha}\text{cost}(\mathcal{X},O)+\left(\frac{1+\alpha}{2}\right)^{i}\psi.$$

假设算法 2.2.1 步 3 执行完 $O(\log\psi)$ 轮之后的采样集合是 $\mathcal{C}$, 则推论 2.2.1 表明原输入集合 $\mathcal{X}$ 关于当前聚类中心 $\mathcal{C}$ 的势函数的值为 $O(\text{cost}(\mathcal{X},O))$, 即 $\text{cost}(\mathcal{X},\mathcal{C})\leqslant O(\text{cost}(\mathcal{X},O))$. 当对加权集合 $\mathcal{C}$(权重由聚到这些中心点的元素个数确定) 运用已有的 k-均值算法求解得到 γ 近似的解 $\bar{\mathcal{C}}$ 后, 则 $\bar{\mathcal{C}}$ 就是原问题的 $O(\gamma)$ 近似解. 比如, 在步 5 中使用 k-均值 ++ 初始化, 那么 k-均值 || 是一个 $O(\log k)$-近似算法. 该过程参见图 2.2.1. 其中, 图 2.2.1(a) 表示以采样点 $\{\boldsymbol{c}_1,\boldsymbol{c}_2,\boldsymbol{c}_3,\boldsymbol{c}_4\}$ 为聚类中心时的划分. 图 2.2.1(b) 表示观测点为采样点 $\{\boldsymbol{c}_1,\boldsymbol{c}_2,\boldsymbol{c}_3,\boldsymbol{c}_4\}$ 时的近似划分. 图 2.2.1(c) 表示原观测点以 $\{\bar{\boldsymbol{c}}_1,\bar{\boldsymbol{c}}_2\}$ 为聚类中心的划分.

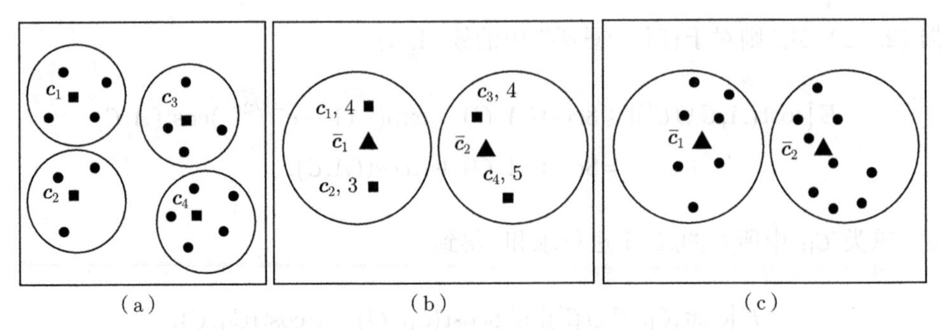

图 2.2.1 k-均值 || 理论分析过程图 (k=2)

因而, 可以得到本节的主要定理.

定理 2.2.2 若算法 2.2.1 步 5 使用 γ-近似算法, 则算法 2.2.1 得到的解是原 k-均值问题的 $O(\gamma)$ 近似.

第3章

Johnson-Lindenstrauss 降维引理

维数灾难 (curse of dimensionality) 是一种在分析和组织数据时由于数据维数快速增长而出现的现象, 比如随着维数的增加, 计算量呈指数倍增长. 这些现象不会出现在三维物理空间等低维环境中, 而常见于数值分析、优化、机器学习和数据库等领域. 高维数据带来的不仅仅是计算和存储的问题, 有时也会导致精度的问题. 解决这类问题的最有效方法之一是在保证信息不丢失的前提下降维.

降维 (dimensionality reduction) 是指将数据从高维空间转换为低维空间, 同时保留原始高维数据有意义的特性. 降维常见于处理大规模观测数据或变量等领域, 如信号处理、语音识别、神经信息学和生物信息学. 通常分为线性方法和非线性方法, 比如无监督中的主成分分析 (principal component analysis, PCA), 有监督中的线性判别分析 (linear discriminant analysis, LDA). 当维度越来越高时, 这些方法的降维效果并不好, 此时常用的方法是随机投影. Johnson-Lindenstrauss (约翰逊—林登施特劳斯) 降维引理 (简称 JL 引理) 是在随机投影的作用下得到的重要结论, 它可以保证降维效果和距离信息保留度.

JL 引理是高维空间中众多反直觉 "维度灾难" 现象的经典例子之一. 在 $\mathbb{R}^d$ 空间给定由 n 个点组成的集合, JL 引理可以把维度降低到 $O(\varepsilon^{-2}\log n)$ 的同时, 保证任意两点之间的距离变化最多是原距离的 ε 倍. 通俗来讲, JL 引理表达了: $\mathbb{R}^d$ 空间的 n 个向量可以几乎 "无损地" 压缩到 $O(\log n)$ 维空间. 比如在**向量检索**中, 向量的高维导致全部检索的成本巨大, 而 JL 引理说明: 可以将它们变换到 $O(\log n)$ 维并且检索效果相差不大, 这不仅保证了检索效果, 同时也减少了检索成本.

3.1 节给出基本概念和 Brunn-Minkowski (布伦—闵可夫斯基) 不等式. 3.2 节介绍超球体的几何特性和概率集中性, 为 JL 引理的证明提供理论基础. 3.3 节给出随机投影定理和 JL 引理. 本章主要内容取材于文献 [107, 113].

3.1 预备知识

3.1.1 基本概念

首先, 给出 Lipschitz 函数的两个相关定义.

定义 3.1.1 (c-Lipschitz) 映射 $\boldsymbol{f}:\mathbb{R}^n\to\mathbb{R}^m$ 称为 c-Lipschitz 的, 如果存在常数 $c>0$ 使得对于任意 $\boldsymbol{x},\boldsymbol{y}\in\mathbb{R}^n$ 都有不等式 $\|\boldsymbol{f}(\boldsymbol{x})-\boldsymbol{f}(\boldsymbol{y})\|\leqslant c\|\boldsymbol{x}-\boldsymbol{y}\|$ 成立.

定义 3.1.2 (K-双 Lipschitz) 映射 $\boldsymbol{f}:\mathbb{R}^n\to\mathbb{R}^m$ 称为在子集 $X\subseteq\mathbb{R}^n$ 上是K-双 Lipschitz 的, 如果存在常数 $c>0$ 使得对于任意 $\boldsymbol{p},\boldsymbol{q}\in X$ 都有

$$cK^{-1} \cdot \|\boldsymbol{p} - \boldsymbol{q}\| \leqslant \|\boldsymbol{f}(\boldsymbol{p}) - \boldsymbol{f}(\boldsymbol{q})\| \leqslant c\|\boldsymbol{p} - \boldsymbol{q}\|.$$

又称 f 为 X 的K-嵌入 (K-embedding).

3.1.2 Brunn-Minkowski 不等式

给定集合 $\mathcal{A} \subseteq \mathbb{R}^n$ 和点 $\boldsymbol{p} \in \mathbb{R}^n$. 令 $\mathcal{A} + \boldsymbol{p} := \{\boldsymbol{q} + \boldsymbol{p} \mid \boldsymbol{q} \in \mathcal{A}\}$, 对于给定的两个集合 $\mathcal{A}, \mathcal{B}$, $\mathcal{A}+\mathcal{B} := \{\boldsymbol{a}+\boldsymbol{b} | \boldsymbol{a} \in \mathcal{A}, \boldsymbol{b} \in \mathcal{B}\}$ 记为集合 $\mathcal{A}$ 和集合 $\mathcal{B}$ 的和. 显然, $\mathcal{A}+\mathcal{B} = \bigcup\limits_{\boldsymbol{p}\in\mathcal{A}} (\boldsymbol{p}+\mathcal{B})$. 记集合的体积为 $\mathrm{Vol}(\mathcal{A})$, 特别地, $\mathrm{Vol}(\mathcal{A} + \boldsymbol{p}) = \mathrm{Vol}(\mathcal{A})$. 下面给出一般非空紧集的 Brunn-Minkowski (简记 BM) 不等式. 具体证明可参考文献 [107].

定理 3.1.1 (BM-不等式) 令 $\mathcal{A}$ 和 $\mathcal{B}$ 是 $\mathbb{R}^n$ 上非空紧集, 则有

$$\mathrm{Vol}(\mathcal{A} + \mathcal{B})^{1/n} \geqslant \mathrm{Vol}(\mathcal{A})^{1/n} + \mathrm{Vol}(\mathcal{B})^{1/n}.$$

推论 3.1.1 令 $\mathcal{A}$ 是 $\mathbb{R}^n$ 上非空紧集, r 为大于零的常数. 则有

$$\mathrm{Vol}(r\mathcal{A})^{1/n} = r\mathrm{Vol}(\mathcal{A})^{1/n}.$$

证明

$$\mathrm{Vol}(r\mathcal{A})^{1/n} \geqslant r\mathrm{Vol}(\mathcal{A})^{1/n} = r\mathrm{Vol}\left(r\mathcal{A} \cdot \frac{1}{r}\right)^{1/n} \geqslant \mathrm{Vol}(r\mathcal{A})^{1/n}.$$

推论证毕. □

推论 3.1.2 对于 $\mathbb{R}^n$ 中的两个紧集合 $\mathcal{A}$ 和 $\mathcal{B}$, $\mathrm{Vol}((\mathcal{A} + \mathcal{B})/2) \geqslant \sqrt{\mathrm{Vol}(\mathcal{A})\mathrm{Vol}(\mathcal{B})}$.

证明 由定理 3.1.1, 推论 3.1.1, 且对于任意 $a, b \geqslant 0$, 都有 $(a + b)/2 \geqslant \sqrt{ab}$ 成立, 因此

$$\begin{aligned}
\mathrm{Vol}((\mathcal{A} + \mathcal{B})/2)^{1/n} &= \mathrm{Vol}(\mathcal{A}/2 + \mathcal{B}/2)^{1/n} \\
&\geqslant \mathrm{Vol}(\mathcal{A}/2)^{1/n} + \mathrm{Vol}(\mathcal{B}/2)^{1/n} \\
&= \left(\mathrm{Vol}(\mathcal{A})^{1/n} + \mathrm{Vol}(\mathcal{B})^{1/n}\right)/2 \\
&\geqslant \sqrt{\mathrm{Vol}(\mathcal{A})^{1/n}\mathrm{Vol}(\mathcal{B})^{1/n}}.
\end{aligned}$$

推论证毕. □

3.2 高维空间及其特性

对于 $\mathbb{R}^d$ 上单位半径的高维球体 $\mathbb{S}^{d-1}$, 球体的体积会随着维度的增加而趋于零. 进一步, 高维球体的体积基本上包含在球体赤道的薄层中, 同时也包含在表面的一个狭窄环形中, 基本上没有内部体积, 其中球体赤道是指球体与穿过球体中心的超平面的交点形成的超球面. 同样, 球体表面积基本上分布在赤道上. 显然, 这与日常接触的二维或三维直觉相反. 下面给出超球体的几何特性, 包括高维的立方体和球体、高维球体体积和表面积及其分布, 以及高维空间中集合和函数的概率集中性质.

3.2.1 超球体的几何特性

考虑单位立方体和单位球体体积之间的区别. 随着空间维数 d 的增加, 单位边长的立方体体积始终为 1, 但是两点之间的最大距离增大到 $\sqrt{d}$(参见图 3.2.1). 不同的是, 单位半径的球体体积会随着空间维数 d 的增加而趋于 0, 同时两点之间的最大距离保持不变.

- 对于 $d=2$, 从原点到单位正方形顶点的距离为 $\sqrt{2}/2$. 此时以原点为中心的单位正方形完全位于单位半径圆内, 参见图 3.2.1(a).
- 对于 $d=4$, 从原点到单位立方体顶点的距离为 1. 此时顶点位于单位球体的表面, 参见图 3.2.1(b).
- 对于一般高维空间 $d \gg 4$, 从原点到立方体顶点的距离可达到 $\sqrt{d}/2$. 此时立方体的顶点位于单位球面之外. 参见图 3.2.1(c).

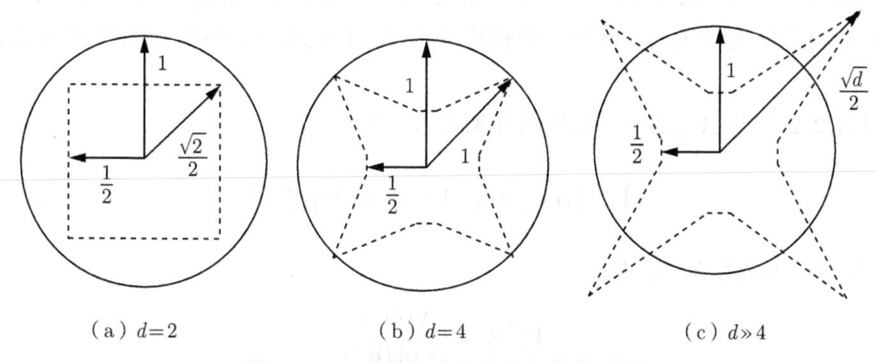

图 3.2.1　球体与立方体之间的关系图

由于立方体每个面的中点到原点的距离只有 1/2, 因此还是在球内部. 对于一般高维空间 $d \gg 4$, 几乎立方体的所有体积都位于球体之外. 对于一般空间的球, 给定维数 d, 球的体积是其半径的函数, 并随半径的增大而增大; 反之, 考虑给定半径 r, 球的体积随着维数 (大于 5) 的增加而趋近于零, 其中球的体积是关于空间维度的函数. 这部分我们只给出相关性质, 具体的介绍和计算可参考文献 [113].

引理 3.2.1 令 $\mathrm{Vol}(rB^d)$ 表示 $\mathbb{R}^d$ 上半径为 r 的球的体积, 令 $S(rB^d)$ 表示其边界球的表面积, 即 $r\mathbb{S}^{d-1}$(其中 $\mathbb{S}^{d-1}$ 表示 $\mathbb{R}^d$ 中的单位球面) 的表面积, 已知

$$\mathrm{Vol}(rB^d)=\frac{\pi^{d/2}r^d}{\Gamma(d/2+1)},\qquad S(rB^d)=\frac{2\pi^{d/2}r^{d-1}}{\Gamma(d/2)}.$$

其中, $\Gamma(\cdot)$ 是阶乘函数的推广. 如果 d 是偶数, 则有 $\Gamma(d/2+1)=(d/2)!$; 如果 d 是奇数, $\Gamma(d/2+1)=\sqrt{\pi}(d!!)/2^{(d+1)/2}$, 其中 $d!!=1\cdot 3\cdot 5\cdot\ \cdots\ \cdot d$ 是双阶乘.

取 $r=1$, 由上述引理可以看出, 随着 d 的增加, 单位球的体积首先增加 (直到维度 5), 然后开始减小到零. 同样, $\mathbb{R}^d$ 中单位球 $\mathbb{S}^{d-1}$ 的表面积随着尺寸的增加而趋于零.

注记 3.2.1 可以用 Descartesl (笛卡儿) 积分法或极坐标积分法计算球体的体积, 具体计算参考文献 [113].

定理 3.2.1 高维球体体积和表面积分布可以描述为下面 3 条:

(1) 球体体积分布在赤道附近.

(2) 球体体积分布在狭窄的环形中.

(3) 球体表面积分布在赤道附近.

为了便于理解高维球体的几何特性, 本节只列出相关结果, 具体分析过程可以参考文献 [113]. 根据上述定理描述, 可以大致将这样的高维球看作是星状的物体: 选择的任何一组正交方向尖端附近的质量都非常小. 它的大部分质量位于靠近其中心的超平面上.

3.2.2 高维空间的概率集中性

本节将证明给定 $\mathbb{R}^n$ 空间上的单位球面 $\mathbb{S}^{n-1}$ 上概率大于或等于 1/2 的可测集合 A, 到集合 A 距离不超过 l 的所有点形成集合 A_l 的概率不低于 $1-2\exp(-nl^2/4)$. 可以发现, 当集合所在空间维度充分大时, 该集合的概率充分大, 换句话说, 整个空间被可测集合 A_l 几乎覆盖.

引理 3.2.2 令 $A \subseteq \mathbb{S}^{n-1}$ 是随机可测集合, 令

$$\bar{A} = \{\alpha \boldsymbol{x} \mid \boldsymbol{x} \in A, \alpha \in [0,1]\} \subseteq \mathbf{b}^n,$$

其中 $\mathbf{b}^n$ 是 $\mathbb{R}^n$ 上的单位球, 有

$$\Pr[A] = \frac{\mathrm{Vol}(\bar{A})}{\mathrm{Vol}\,(\mathbf{b}^n)}.$$

证明 随机选择均匀分布在单位球 $\mathbf{b}^n$ 中的点 $\boldsymbol{p}$, 记 $\chi = \Pr[\boldsymbol{p} \in \bar{A}]$, 显然有

$$\mathrm{Vol}(\bar{A}) = \chi \mathrm{Vol}(\mathbf{b}^n).$$

单位化点 $\boldsymbol{p}$, 即 $\boldsymbol{q} = \boldsymbol{p}/\|\boldsymbol{p}\|$. 由 $\bar{A}$ 定义可知, $\boldsymbol{p} \in \bar{A}$ 当且仅当 $\boldsymbol{q} \in A$. 由于 $\boldsymbol{q}$ 均匀分布在超球面上, 因此

$$\frac{\mathrm{Vol}(\bar{A})}{\mathrm{Vol}(\mathbf{b}^n)} = \chi = \Pr[\boldsymbol{p} \in \bar{A}] = \Pr[\boldsymbol{q} \in A].$$

引理证毕. □

定理 3.2.2 (球体上测度的集中性) 令 $A \subseteq \mathbb{S}^{n-1}$ 是随机可测集合, $\Pr[A] \geqslant 1/2$. 令 A_l 为 $\mathbb{S}^{n-1}$ 中离集合 A 距离在 l 以内的所有点形成的点集, 其中 $l \leqslant 2$. 则有

$$\Pr[A_l] \geqslant 1 - 2\mathrm{e}^{-\frac{nl^2}{4}}.$$

证明 令 $\bar{A} = T(A)$, 其中 $T(X) = \{\alpha \boldsymbol{x} \mid \boldsymbol{x} \in X, \alpha \in [0,1]\} \subseteq \mathbf{b}^n$. 由引理 3.2.2, 可得

$$\Pr[A] = \frac{\mathrm{Vol}(\bar{A})}{\mathrm{Vol}\,(\mathbf{b}^n)} := \mu(\bar{A}).$$

令 $B=\mathbb{S}^{n-1}\backslash A_l$ 且 $\bar{B}=T(B)$. 对于任意 $\boldsymbol{a}\in A, \boldsymbol{b}\in B$, 我们有 $\|\boldsymbol{a}-\boldsymbol{b}\|\geqslant l$. 令 $\bar{\boldsymbol{a}}=\alpha\boldsymbol{a}, \bar{\boldsymbol{b}}=\beta\boldsymbol{b}$, 其中 $\boldsymbol{a}\in A, \boldsymbol{b}\in B$, 有

$$\left\|\frac{\boldsymbol{a}+\boldsymbol{b}}{2}\right\|=\sqrt{1^2-\left\|\frac{\boldsymbol{a}-\boldsymbol{b}}{2}\right\|^2}\leqslant\sqrt{1-\frac{l^2}{4}}\leqslant 1-\frac{l^2}{8}, \tag{3.2.1}$$

其中第一个不等式是由于 $\|\boldsymbol{a}-\boldsymbol{b}\|\geqslant l$. 对于 $\bar{\boldsymbol{a}}, \bar{\boldsymbol{b}}$, 假设 $\alpha\leqslant\beta$. 容易看出, 当 $\beta=1$ 时, $\|\bar{\boldsymbol{a}}+\bar{\boldsymbol{b}}\|$ 达到最大, 由三角不等式可知

$$\left\|\frac{\bar{\boldsymbol{a}}+\bar{\boldsymbol{b}}}{2}\right\|=\left\|\frac{\alpha\boldsymbol{a}+\boldsymbol{b}}{2}\right\|\leqslant\left\|\frac{\alpha(\boldsymbol{a}+\boldsymbol{b})}{2}\right\|+\left\|(1-\alpha)\frac{\boldsymbol{b}}{2}\right\|\leqslant\alpha\left(1-\frac{l^2}{8}\right)+(1-\alpha)\frac{1}{2},$$

由 (3.2.1) 式且 $\|\boldsymbol{b}\|=1$ 可得第一个不等式成立. 记右端项 $\alpha\left(1-\dfrac{l^2}{8}\right)+(1-\alpha)\dfrac{1}{2}$ 为 τ, 注意到 τ 是 $1/2$ 和 $1-t^2/8$ 的凸组合. 特别地, 当 $t\leqslant 2$ 时, 有

$$\tau\leqslant\max\left\{\frac{1}{2},\frac{1-l^2}{8}\right\}\leqslant 1-\frac{l^2}{8}.$$

由此, 对于任意的 $\bar{\boldsymbol{a}}\in\bar{A}, \bar{\boldsymbol{b}}\in\bar{B}$, 都有

$$\left\|\frac{\bar{\boldsymbol{a}}+\bar{\boldsymbol{b}}}{2}\right\|\leqslant 1-\frac{l^2}{8}.$$

换言之, 集合 $(\bar{A}+\bar{B})/2$ 被包含在以原点为球心的球 $r\mathbf{b}^n$ 中, 其中 $r=1-l^2/8$. 由于

$$\mu\left(r\mathbf{b}^n\right)=\frac{\operatorname{Vol}\left(r\mathbf{b}^n\right)}{\operatorname{Vol}\left(\mathbf{b}^n\right)}=r^n=\left(1-\frac{l^2}{8}\right)^n,$$

根据推论 3.1.2 的形式, 应用 Brunn-Minkewski 不等式, 有

$$\left(1-\frac{l^2}{8}\right)^n=\mu\left(r\mathbf{b}^n\right)\geqslant\mu\left(\frac{\bar{A}+\bar{B}}{2}\right)\geqslant\sqrt{\mu(\bar{A})\mu(\bar{B})}=\sqrt{\Pr[A]\Pr[B]}\geqslant\sqrt{\frac{\Pr[B]}{2}}.$$

当 $x\geqslant 0$, 有 $1-x\leqslant\mathrm{e}^{-x}$, 所以

$$\Pr[B]\leqslant 2\left(1-\frac{l^2}{8}\right)^{2n}\leqslant 2\mathrm{e}^{\left(-\frac{2nl^2}{8}\right)}.$$

显然, 不等式 $\Pr[A_l]\geqslant 1-2\mathrm{e}^{(-nl^2/4)}$ 成立. □

定义 3.2.1 (函数 f 的中位) 给定函数 $f:\mathbb{S}^{n-1}\to\mathbb{R}$, 假设在球体上存在概率密度函数. 定义函数 f 的**中位** (median) 为常数 l 的上确界, 记为 $\operatorname{Med}(f)$, 其中 l 满足

$$\Pr[f\leqslant l]=\Pr[\{\boldsymbol{x}\in\mathbb{S}^{n-1}|f(\boldsymbol{x})\leqslant l\}]\leqslant 1/2.$$

定理 3.2.3 (Lévy 引理/函数的集中性) 令 $f : \mathbb{S}^{n-1} \to \mathbb{R}$ 是 1-Lipschitz 函数, 则对于任意 $l \in [0,1]$, 有

$$\Pr[|f - \text{Med}(f)| > l] \leqslant 4\mathrm{e}^{(-\frac{nl^2}{4})}.$$

证明 首先证明不等式 $\Pr[f - \text{Med}(f) > l] \leqslant 2\mathrm{e}^{(-nl^2/4)}$ 成立. 令

$$A = \left\{ \boldsymbol{x} \in \mathbb{S}^{n-1} \mid f(\boldsymbol{x}) \leqslant \text{Med}(f) \right\},$$

定义 $\Pr[f < \text{Med}(f)] = \sup\limits_{x<\text{Med}(f)} \Pr[f \leqslant x]$. 由于 $\bigcup\limits_{k\geqslant 1} [\text{Med}(f)+1/k, +\infty) = [\text{Med}(f), +\infty)$, 有

$$\Pr[\bar{A}] = \Pr[f > \text{Med}(f)] = \sup_{k\geqslant 1} \Pr\left[f \geqslant \text{Med}(f) + \frac{1}{k}\right] \leqslant \sup_{k\geqslant 1} \frac{1}{2} = \frac{1}{2},$$

因此 $\Pr[A] \geqslant 1/2$. 任意选取 $\boldsymbol{x} \in A_l$, 其中 A_l 为 $\mathbb{S}^{n-1}$ 中离集合 A 距离在 l 以内的所有点形成的点集. 记 $\text{near}(\boldsymbol{x})$ 为集合 A 中距离点 $\boldsymbol{x}$ 最近的点. 由定义知, $\|\boldsymbol{x} - \text{near}(\boldsymbol{x})\| \leqslant l$. 由于 f 是 1-Lipschitz 的且 $\text{near}(\boldsymbol{x}) \in A$, 有

$$f(\boldsymbol{x}) \leqslant f(\text{near}(\boldsymbol{x})) + \|\text{near}(\boldsymbol{x}) - \boldsymbol{x}\| \leqslant \text{Med}(f) + l.$$

因此, 由定理 3.2.2 可以得到

$$\Pr[f > \text{Med}(f) + l] \leqslant 1 - \Pr\left[A_l\right] \leqslant 2\mathrm{e}^{\left(-\frac{nl^2}{4}\right)}.$$

同理, $\Pr[f - \text{Med}(f) < -l] \leqslant 2\mathrm{e}^{(-nl^2/4)}$ 成立. □

3.3 随机投影定理和 Johnson-Lindenstrauss 降维引理

在自然语言处理、图像识别、强化学习等领域, 考虑将数据在高维空间中的结构良好地在低维空间中保持, 极大地减少储存成本和计算量. 这就引出随机投影定理, 也是与 JL 引理相关的重要定理.

3.3.1 随机投影定理

在证明随机投影定理之前, 先考虑从 n 维空间中随机选取一个点 $\boldsymbol{x} \in \mathbb{S}^{n-1}$, 并将其投影到前 t 个坐标形成的子空间中, 则一定存在常数使得这个投影映射是高度集中的.

引理 3.3.1 令 $\mathbb{S}^{n-1}$ 是 $\mathbb{R}^n$ 上的单位球, $\boldsymbol{x}$ 是随机从 $\mathbb{S}^{n-1}$ 中选取的均匀分布的向量. 定义投影

$$f_t(\boldsymbol{x}) := \sqrt{x_1^2 + x_2^2 + \cdots + x_t^2},$$

则 $f_t(\boldsymbol{x})$ 是集中的, 即存在正实数 m 使得对于任意 $l \in [0,1]$ 有

$$\Pr[|f_t(\boldsymbol{x}) - m| > l] \leqslant 4\mathrm{e}^{(-\frac{l^2 n}{4})}.$$

此外, 如果维数 $t \geqslant 20 \ln n$, 则有正实数 $m \geqslant (\sqrt{t/n})/2$.

证明 给定正交投影映射 $f(x_1, x_2, \cdots, x_n) := (x_1, x_2, \cdots, x_t)$, 有 $f_t(\boldsymbol{x}) = \|f(\boldsymbol{x})\|$. 对于任意 $\boldsymbol{x}, \boldsymbol{y} \in \mathbb{S}^{n-1}$, 有

$$|f_t(\boldsymbol{x}) - f_t(\boldsymbol{y})| = \big|\|f(\boldsymbol{x})\| - \|f(\boldsymbol{y})\|\big| \leqslant \|f(\boldsymbol{x}) - f(\boldsymbol{y})\| \leqslant \|\boldsymbol{x} - \boldsymbol{y}\|.$$

函数 $f_t(\boldsymbol{x})$ 是 1-Lipschitz 的. 由 Lévy 引理可知, 取 $m = \mathrm{Med}(f)$, 引理第一部分得证.

下面证明当 $t \geqslant 10 \ln n$ 时, m 的下界. 随机给定 $\boldsymbol{x} = (x_1, x_2, \cdots, x_n) \in \mathbb{S}^{n-1}$, 有 $E\left[\|\boldsymbol{x}\|^2\right] = 1$. 一方面, 由期望的线性性和对称性有

$$E\left[f_t^2(\boldsymbol{x})\right] = \sum_{i=1}^{t} E\left[x_i^2\right] = \frac{t}{n} E\left[\|\boldsymbol{x}\|^2\right] = \frac{t}{n}.$$

另一方面, 由于对于任意 $\boldsymbol{x} \in \mathbb{S}^{n-1}$, 都有 $f_t(\boldsymbol{x}) \leqslant 1$. 所以对任意 $l \geqslant 0$, 有

$$\begin{aligned} E\left[f_t^2\right] &\leqslant \Pr\left[f_t \leqslant m + l\right](m + l)^2 + \Pr\left[f_t \geqslant m + l\right] \\ &\leqslant 1 \cdot (m + l)^2 + 2\exp\left(-l^2 n/2\right). \end{aligned}$$

假设 $l = \sqrt{t/5n}$. 由于 $t \geqslant 10 \ln n$, 有 $2\exp(-l^2 n/2) \leqslant 2/n$. 由上述

$$\frac{t}{n} \leqslant \left(m + \sqrt{\frac{t}{5n}}\right)^2 + \frac{2}{n},$$

则有

$$m \geqslant \sqrt{\frac{t-2}{n}} - \sqrt{\frac{t}{5n}} \geqslant \frac{1}{2}\sqrt{\frac{t}{n}}.$$

引理证毕. □

接下来, 将向量投影到随机 t 维子空间中, 得到一个长度映射高度集中的随机向量. 这可以在降维的同时仍然保持向量之间的距离不变. 面临的挑战主要有:

- 如何选择这个随机的 t 维空间?

  随机选择 $\mathbb{R}^n$ 的一个旋转映射, 将标准正交基 $(\boldsymbol{v}_i)$ 映射到随机旋转正交空间 (对应的正交向量记作 $\boldsymbol{e}_i$), 取前 t 个向量形成的子空间可以映射成 t 维随机子空间. 如此, 旋转矩阵通过建立 $\mathbb{R}^n$ 空间和随机子空间的关系, 得到向量 $\boldsymbol{x}$ 对应的随机向量 $\boldsymbol{Mx}$. 这样的旋转映射是行列式为 1 的正交矩阵. 通过随机选择向量 $\boldsymbol{e}_1 \in \mathbb{S}^{n-1}$, 选择 $\boldsymbol{e}_1$ 作为旋转矩阵的第一列, 随后通过正交于 $\boldsymbol{e}_1$ 形成其他 $n-1$ 列向量.
- 若利用上面引理得到相应结论, 可以考虑随机向量 $\boldsymbol{Mx}$ 在超球面上是否均匀分布, 也就是说如何从单位超球面上均匀地选取向量 $\boldsymbol{e}_1 \in \mathbb{S}^{n-1}$. 方法如下:

  从 n 维正态分布 $N(0,1)^n$ 选择一个向量且标准化该向量 (使其长度为 1), 由于 n 维正态度分布的密度函数

$$\rho(x_1, x_2, \cdots, x_n) = \frac{1}{(2\pi)^{\frac{n}{2}}} \mathrm{e}^{-\frac{x_1^2 + x_2^2 + \cdots + x_n^2}{2}}$$

是对称的 (离原点距离为 r 的所有点有相同的分布), 可以随机且均匀的生成球面上的向量.

解决上述两个问题, 就可以得到随机旋转矩阵. 由于从高维空间上的正态分布投影到低维空间仍然保持正态分布, 根据多维正态分布随机选择 n 个向量 $\boldsymbol{a}_1, \boldsymbol{a}_2, \cdots, \boldsymbol{a}_n$, 根据 schmidt 正交变换 Γ 可以得到相互正交的一组向量, 这些向量作为旋转矩阵的列向量, 形成随机旋转矩阵, 记为 $\boldsymbol{M}$.

降维的算法可以表示为: 随机取样—正交化—投影.

算法 3.3.1 (降维算法 ($n \to t$))

输入: 给定 n 个点: $\boldsymbol{p}_1, \boldsymbol{p}_2, \cdots, \boldsymbol{p}_n \in \mathbb{R}^n$.

输出: n 个随机投影点: $f(\boldsymbol{p}_1), f(\boldsymbol{p}_2), \cdots, f(\boldsymbol{p}_n) \in \mathbb{R}^t$.

步 1 取样 $\hat{\boldsymbol{M}} \sim \mathcal{N}(0,1)^{t \times n}$.

步 2 利用 Schmidt 正交变换 $\boldsymbol{M} = \Gamma(\hat{\boldsymbol{M}})$.

步 3 进行投影: $[f(\boldsymbol{p}_1), f(\boldsymbol{p}_2), \cdots, f(\boldsymbol{p}_n)] = \boldsymbol{M}[\boldsymbol{p}_1, \boldsymbol{p}_2, \cdots, \boldsymbol{p}_n]$.

定理 3.3.1 给定球面上的单位向量 $\boldsymbol{x} \in \mathbb{S}^{n-1} \subseteq \mathbb{R}^n$. 考虑 $\mathbb{R}^n$ 的 t 维随机子空间 $\mathcal{F}$, $f_t(\boldsymbol{x})$ 是投影到随机子空间 $\mathcal{F}$ 上的向量长度, 则存在正实数 m 使得对于任意 $l \in [0,1]$,

$$\Pr[|f_t(\boldsymbol{x}) - m| > l] \leqslant 4\exp\left(-\frac{l^2 n}{4}\right).$$

此外, 如果维数 $t \geqslant 20\ln n$, 则有正实数 $m \geqslant (\sqrt{t/n})/2$.

证明 设 $\boldsymbol{v}_i = (0, \cdots, 1(i), \cdots, 0)^{\mathrm{T}} \in \mathbb{R}^t$ 是第 i 个标准正交向量, $\boldsymbol{M} \in \mathbb{R}^{t \times n}$ 是上述随机变换矩阵. 给定单位向量 $\boldsymbol{x} \in \mathbb{S}^{n-1} \subseteq \mathbb{R}^n$, 向量 $\boldsymbol{Mx}$ 均匀分布在球面上. 记随机向量 $\boldsymbol{e}_i = \boldsymbol{M}^{\mathrm{T}}\boldsymbol{v}_i \in \mathbb{R}^n$, 则 $\boldsymbol{e}_1, \boldsymbol{e}_2, \cdots, \boldsymbol{e}_t$ 是随机 t 维子空间的标准正交基, 且有

$$\langle \boldsymbol{Mx}, \boldsymbol{v}_i \rangle = \langle \boldsymbol{x}, \boldsymbol{M}^{\mathrm{T}}\boldsymbol{v}_i \rangle = \langle \boldsymbol{x}, \boldsymbol{e}_i \rangle .$$

将随机向量 $\boldsymbol{Mx}$ 投影到前 t 维坐标上 (将向量 $\boldsymbol{x}$ 投影到 t 维随机子空间), 有

$$f_t(\boldsymbol{x}) = \sqrt{\sum_{i=1}^{t} \langle \boldsymbol{Mx}, \boldsymbol{v}_i \rangle^2} = \sqrt{\sum_{i=1}^{t} \langle \boldsymbol{x}, \boldsymbol{e}_i \rangle^2}.$$

显然, $\boldsymbol{x}$ 投影到随机 t 维子空间的投影长度与随机向量 $\boldsymbol{Mx}$ 投影到前 t 坐标的投影长度具有完全相同的分布. □

3.3.2 Johnson-Lindenstrauss 降维引理

定理 3.3.2 (JL 引理) 令 $X \subseteq \mathbb{R}^d$, 且 $|X| = n$. 给定 $\varepsilon \in (0,1]$, 存在 X 到 $\mathbb{R}^t$ 的 $(1+\varepsilon)$-嵌入, 其中 $t = O(\varepsilon^{-2}\log n)$.

证明 根据维数 d 和基数 n 的关系, 考虑以下两种情况.

(1) 若 $d \gg n$, 由于只考虑集合 X 中内点之间的距离, X 包含在由 X 中的 n 个点形成的仿射子空间中, 即 $X \subseteq \mathbb{R}^{n-1}$. 因此, 我们可以假设 Euclidean 空间中的任意 n 个点组成的集合包含在 $\mathbb{R}^n$ 中.

(2) 若 $d < n$, 其他坐标可以设为零, 点集 $X \subseteq \mathbb{R}^n$.

由上述, 不妨假设 $X \subseteq \mathbb{R}^n$. 令 $t = 400\varepsilon^{-2}\ln n$. 假设 $t < n$, 令 $\mathcal{F}$ 是 $\mathbb{R}^n$ 的随机 t 维线性子空间, $\boldsymbol{P}_{\mathcal{F}} : \mathbb{R}^n \to \mathcal{F}$ 是 $\mathbb{R}^n$ 到 $\mathcal{F}$ 的正交投影算子. 由随机投影定理 3.3.1 可知, 对于 $\boldsymbol{x} \in \mathbb{S}^{n-1}$, 有 $\|\boldsymbol{P}_{\mathcal{F}}\|$ 是集中的. 另一方面, 对于随机向量 $\boldsymbol{u}$, 给定 $f(\boldsymbol{u}) = \|\boldsymbol{P}_{\mathcal{F}}(\boldsymbol{u})\|$, $l = \varepsilon m/3$, 由引理 3.3.1 可知,

$$\Pr\big[|f(u) - m| \geqslant l\big] \leqslant 4\exp\left(\frac{-\varepsilon^2 m^2 n}{36}\right) \leqslant 4\exp\left(-\frac{\varepsilon^2 t}{144}\right) < n^{-2},$$

其中 $m \geqslant (\sqrt{t/n})/2$, 所以有

$$\Pr\left[\big|\|\boldsymbol{P}_{\mathcal{F}}(\boldsymbol{u})\| - m\big| \leqslant \frac{\varepsilon}{3}m\right] \geqslant 1 - \frac{1}{n^2}.$$

不妨假设 $\alpha = 1/\|\boldsymbol{u}\|$ 使得 $\|\alpha\boldsymbol{u}\| = 1$, 则有

$$\Pr\Big[\left(1 - \frac{\varepsilon}{3}\right) m\|\alpha\boldsymbol{u}\| \leqslant \|\boldsymbol{P}_{\mathcal{F}}(\alpha\boldsymbol{u})\| \leqslant \left(1 + \frac{\varepsilon}{3}\right) m\|\alpha\boldsymbol{u}\|\Big] \geqslant 1 - \frac{1}{n^2}.$$

给定 $\boldsymbol{x}, \boldsymbol{y} \in \mathbb{R}^n$, 令 $\boldsymbol{u} = \boldsymbol{x} - \boldsymbol{y}$, 结合投影算子的线性性质: $\boldsymbol{P}_{\mathcal{F}}(\alpha\boldsymbol{u}) = \alpha\boldsymbol{P}_{\mathcal{F}}(\boldsymbol{u})$ 及 $\boldsymbol{P}_{\mathcal{F}}(\boldsymbol{u}) = \boldsymbol{P}_{\mathcal{F}}(\boldsymbol{x}) - \boldsymbol{P}_{\mathcal{F}}(\boldsymbol{y})$, 有

$$\Pr\Big[\left(1 - \frac{\varepsilon}{3}\right) m\|\boldsymbol{x} - \boldsymbol{y}\| \leqslant \|\boldsymbol{P}_{\mathcal{F}}(\boldsymbol{x}) - \boldsymbol{P}_{\mathcal{F}}(\boldsymbol{y})\| \leqslant \left(1 + \frac{\varepsilon}{3}\right) m\|\boldsymbol{x} - \boldsymbol{y}\|\Big] \geqslant 1 - \frac{1}{n^2}.$$

记 $A(\boldsymbol{x}, \boldsymbol{y})$ 表示不等式

$$\left(1 - \frac{\varepsilon}{3}\right) m\|\boldsymbol{x} - \boldsymbol{y}\| \leqslant \|\boldsymbol{P}_{\mathcal{F}}(\boldsymbol{x}) - \boldsymbol{P}_{\mathcal{F}}(\boldsymbol{y})\| \leqslant \left(1 + \frac{\varepsilon}{3}\right) m\|\boldsymbol{x} - \boldsymbol{y}\|$$

成立的集合, 有

$$\Pr[A(\boldsymbol{x}, \boldsymbol{y})] \geqslant 1 - \frac{1}{n^2}.$$

对于每个点对上述不等式都成立的概率可表示为

$$\begin{aligned}\Pr\left[\bigcap_{\boldsymbol{x},\boldsymbol{y}\in X} A(\boldsymbol{x}, \boldsymbol{y})\right] &= 1 - \Pr\left[\bigcup_{\boldsymbol{x},\boldsymbol{y}\in X} \bar{A}(\boldsymbol{x}, \boldsymbol{y})\right] = 1 - \mathrm{C}_n^2 \Pr[\bar{A}(\boldsymbol{x}, \boldsymbol{y})] \\ &\geqslant 1 - \frac{n(n-1)}{2} \cdot \frac{1}{n^2} = \frac{1}{2} - \frac{1}{2n},\end{aligned}$$

所以 X 中所有点对以大于 1/3 的概率成立. 这种情形下, 对于任意 $\boldsymbol{x}, \boldsymbol{y} \in X$, 存在映射使得

$$\left(1 - \frac{\varepsilon}{3}\right) m\|\boldsymbol{x} - \boldsymbol{y}\| \leqslant \|\boldsymbol{P}_{\mathcal{F}}(\boldsymbol{x}) - \boldsymbol{P}_{\mathcal{F}}(\boldsymbol{y})\| \leqslant \left(1 + \frac{\varepsilon}{3}\right) m\|\boldsymbol{x} - \boldsymbol{y}\|.$$

显然, $\|\boldsymbol{P}_{\mathcal{F}}(\boldsymbol{x})\|$ 是 X 到 $\mathbb{R}^t$ 的 $\left(1+\frac{\varepsilon}{3}\right)\Big/\left(1-\frac{\varepsilon}{3}\right)$-嵌入. 由于 $\left(1+\frac{\varepsilon}{3}\right)\Big/\left(1-\frac{\varepsilon}{3}\right)\leqslant 1+\varepsilon$, 其中 $\varepsilon\leqslant 1$, 所以 $\|\boldsymbol{P}_{\mathcal{F}}(\boldsymbol{x})\|$ 是 X 到 $\mathbb{R}^t$ 的 $(1+\varepsilon)$-嵌入. □

由上面定理可知, 存在函数 $f(\boldsymbol{x})=\|\boldsymbol{P}_{\mathcal{F}}(\boldsymbol{x})\|$ 使得

$$(1-\varepsilon)\cdot\|\boldsymbol{p}-\boldsymbol{q}\|\leqslant|f(\boldsymbol{p})-f(\boldsymbol{q})|\leqslant(1+\varepsilon)\|\boldsymbol{p}-\boldsymbol{q}\|.$$

这在降维的同时, 近似保证了点之间的相对距离.

第 4 章

核心集与近似质心集

本章介绍在 k-均值问题中常用的核心集和近似质心集的概念. 4.1 节给出核心集的描述与构造算法, 主要内容取材于文献 [32]; 4.2 节给出 $\hat{\varepsilon}$-近似质心集的定义、性质、实例以及构造算法, 主要内容取材于文献 [156].

4.1 核心集

4.1.1 问题描述

给定 Euclidean 空间中含有 n 个观测点的加权集合和误差参数 $\varepsilon(\varepsilon > 0)$, 其核心集是该空间中一组数量规模较小的加权点的集合. 核心集中的点与任何聚类中心带权重的最小距离平方之和与原始观测点到这些聚类中心的加权最小距离平方之和非常接近, 相差不超过 ε 倍, 即在核心集上运行现有的聚类算法的输出结果可以作为原问题的近似解. 关于 k-均值问题核心集的存在性及其在低维空间中聚类问题的应用参见文献 [109]. Har-Peled 和 Kushal 证明了 Euclidean 空间中 k-均值问题的核心集存在问题, 并且该核心集的基数独立于原始观测点的个数[108]. Chen 将核心集的研究推广至一般的度量空间并应用到核心集近似原始流数据的聚类问题[58]. 本节的主要内容及分析过程参考的是 2016 年 Barger 和 Feldman[32] 用于计算稀疏大数据核心集问题的流数据算法.

加权集合 (weighted set). 定义 $\mathbb{R}^d$ 中的加权集合为三元组 $\mathcal{X} = (\mathcal{X}', u, \rho)$, 其中 $\mathcal{X}' \subseteq \mathbb{R}^d$ 是含有 n 个元素的集合, 对任意元素 $\boldsymbol{x} \in \mathcal{X}'$ 有正权重 $u(\boldsymbol{x}) > 0$, 此外该集合还有附加权重 $\rho > 0$. 特别地, 当附加权重 $\rho = 0$ 且对任意 $\boldsymbol{x} \in \mathcal{X}'$ 有 $u(\boldsymbol{x}) = 1$, 称 $\mathcal{X} = (\mathcal{X}', u, \rho)$ 为不加权集合. 给定两个加权集合 $\mathcal{X}_1 = (\mathcal{X}_1', u_1, \rho_1)$ 和 $\mathcal{X}_2 = (\mathcal{X}_2', u_2, \rho_2)$, 定义它们的并集 $\mathcal{X}_1 \cup \mathcal{X}_2 = (\mathcal{X}', u, \rho)$ 为 $\mathcal{X}' = \mathcal{X}_1' \cup \mathcal{X}_2'$, 对任意的 $\boldsymbol{x} \in \mathcal{X}'$,

$$u(\boldsymbol{x}) = \begin{cases} u_1(\boldsymbol{x}), & \text{若 } \boldsymbol{x} \in \mathcal{X}_1', \\ u_2(\boldsymbol{x}), & \text{其他}. \end{cases}$$

并且 $\rho = \rho_1 + \rho_2$.

对于任意的元素 $\boldsymbol{x} \in \mathbb{R}^d$ 和集合 $S \subseteq \mathbb{R}^d$, 用 $d(\boldsymbol{x}, S) = \min\limits_{\boldsymbol{s} \in S} \|\boldsymbol{x} - \boldsymbol{s}\|_2$ 表示点 $\boldsymbol{x}$ 到集合 S 的距离, 并用 $\mathcal{Q}^k = \{\mathcal{C} : \mathcal{C} \subseteq \mathbb{R}^d, |\, \mathcal{C} \,|= k\}$ 表示 $\mathbb{R}^d$ 中所有基数恰好是 k 的子集组成的子集族.

给定带加权集合 $\mathcal{X}=(\mathcal{X}',u,\rho)$ 和含有 k 个点的集合 $\mathcal{C}\in\mathcal{Q}^k$, 不妨设 $\mathcal{C}=\{\boldsymbol{c}_1,\boldsymbol{c}_2,\cdots,\boldsymbol{c}_k\}$, 则集合 $\mathcal{X}$ 到 $\mathcal{C}$ 的带权重的距离平方之和定义为

$$\mathrm{cost}(\mathcal{X},\mathcal{C})=\sum_{\boldsymbol{x}\in\mathcal{X}'}u(\boldsymbol{x})\cdot d^2(\boldsymbol{x},\mathcal{C})+\rho.$$

如果 $\mathcal{X}$ 是不加权集合 ($\rho=0$, 对任意 $\boldsymbol{x}\in\mathcal{X}'$ 有 $u(\boldsymbol{x})=1$), 该函数恰好是集合 $\mathcal{X}'$ 关于聚类中心 $\mathcal{C}$ 的 k-均值问题的势函数. 对每个 $j\in\{1,2,\cdots,k\}$, 令 $X_j'=\{\boldsymbol{x}\in\mathcal{X}':d(\boldsymbol{x},\boldsymbol{c}_j)=d(\boldsymbol{x},\mathcal{C})\}$ 表示 $\mathcal{X}'$ 中所有以 $\boldsymbol{c}_j$ 为聚类中心的点集, 有时也称 X_j' 为以 $\boldsymbol{c}_j$ 为中心的点构成的簇. 这样, 集合 $\{X_1',X_2',\cdots,X_k'\}$ 关于 $\mathcal{C}$ 就构成了 $\mathcal{X}'$ 的一个划分. 进而定义 $\mathcal{X}=(\mathcal{X}',u,\rho)$ 关于 $\mathcal{C}$ 的划分为 $\{X_1,X_2,\cdots,X_k\}$, 这里 $X_j=(X_j',u_j,\rho/k)$, 其中对于任意的 $j\in\{1,2,\cdots,k\}$ 和任意的 $\boldsymbol{x}\in X_j'$, 都有 $u_j(\boldsymbol{x})=u(\boldsymbol{x})$.

如果 $\mathcal{O}\in\mathcal{Q}^k$ 使得权重之和 $\mathrm{cost}(\mathcal{X},\mathcal{C})$ 最小, 即

$$\mathcal{O}\in\underset{\mathcal{C}\in\mathcal{Q}^k}{\mathrm{argmin}}\left(\sum_{\boldsymbol{x}\in\mathcal{X}'}u(\boldsymbol{x})\cdot d^2(\boldsymbol{x},\mathcal{C})+\rho\right),$$

则称 $\mathcal{O}$ 为 $\mathcal{X}$ 的 k-均值, 其对应的势函数值记为 $\mathrm{OPT}_k(\mathcal{X}):=\mathrm{cost}(\mathcal{X},\mathcal{O})$. $\mathcal{X}$ 的 1-均值 $\boldsymbol{\mu}(\mathcal{X})$ 称为 “质心”, 因为它可以显式地表示为下式 (证明过程见引理 4.1.1):

$$\boldsymbol{\mu}(\mathcal{X})=\frac{1}{\sum\limits_{\boldsymbol{x}'\in\mathcal{X}'}u(\boldsymbol{x}')}\sum_{\boldsymbol{x}\in\mathcal{X}'}u(\boldsymbol{x})\cdot\boldsymbol{x}.$$

核心集 (core set). 本节中, $\mathcal{X}$ 的 k-均值是通过求解另外一个包含元素较少的加权集合 $\mathcal{S}=(\mathcal{S}',\omega,\tau)$ 的 k-均值进行近似, 即为本节要介绍的加权集合的核心集. 对任意的参数 $\varepsilon>0$, 加权集合 $\mathcal{S}=(\mathcal{S}',\omega,\tau)$ 称为 $\mathcal{X}$ 的 (k,ε)-核心集, 如果对所有的 $\mathcal{C}\in\mathcal{Q}^k$ 都有

$$(1-\varepsilon)\mathrm{cost}(\mathcal{X},\mathcal{C})\leqslant\mathrm{cost}(\mathcal{S},\mathcal{C})\leqslant(1+\varepsilon)\mathrm{cost}(\mathcal{X},\mathcal{C}),$$

即

$$\begin{aligned}(1-\varepsilon)\left[\sum_{\boldsymbol{x}\in\mathcal{X}'}u(\boldsymbol{x})\cdot d^2(\boldsymbol{x},\mathcal{C})+\rho\right]&\leqslant\sum_{\boldsymbol{x}\in\mathcal{S}'}\omega(\boldsymbol{x})\cdot d^2(\boldsymbol{x},\mathcal{C})+\tau\\&\leqslant(1+\varepsilon)\left[\sum_{\boldsymbol{x}\in\mathcal{X}'}u(\boldsymbol{x})\cdot d^2(\boldsymbol{x},\mathcal{C})+\rho\right].\end{aligned}$$

通过核心集的定义可以得到, 对于任何给定的加权集合 $\mathcal{X}$, 其核心集的 k-均值是 $\mathcal{X}$ 的 k-均值的 $(1+\varepsilon)/(1-\varepsilon)$-近似. 事实上, 假设 $\mathcal{S}$ 是 $\mathcal{X}$ 的 (k,ε)-核心集, 且 $\mathcal{C}_{\mathcal{S}}$ 和 $\mathcal{C}_{\mathcal{X}}$ 分别是关于 $\mathcal{S}$ 和 $\mathcal{X}$ 的 k-均值, 则

$$(1-\varepsilon)\mathrm{cost}(\mathcal{X},\mathcal{C}_{\mathcal{S}})\leqslant\mathrm{cost}(\mathcal{S},\mathcal{C}_{\mathcal{S}}),$$

$$\mathrm{cost}(\mathcal{S},\mathcal{C}_{\mathcal{X}}) \leqslant (1+\varepsilon)\mathrm{cost}(\mathcal{X},\mathcal{C}_{\mathcal{X}}).$$

从而

$$\frac{\mathrm{cost}(\mathcal{X},\mathcal{C}_{\mathcal{S}})}{\mathrm{cost}(\mathcal{X},\mathcal{C}_{\mathcal{X}})} \leqslant \frac{\dfrac{\mathrm{cost}(\mathcal{S},\mathcal{C}_{\mathcal{S}})}{1-\varepsilon}}{\dfrac{\mathrm{cost}(\mathcal{S},\mathcal{C}_{\mathcal{X}})}{1+\varepsilon}} = \frac{\mathrm{cost}(\mathcal{S},\mathcal{C}_{\mathcal{S}})}{\mathrm{cost}(\mathcal{S},\mathcal{C}_{\mathcal{X}})}\frac{1+\varepsilon}{1-\varepsilon} \leqslant \frac{1+\varepsilon}{1-\varepsilon}.$$

此外, 关于核心集的并有如下性质[109].

性质 4.1.1 (1) 若 $\mathcal{S}_1$ 和 $\mathcal{S}_2$ 分别是两个不相交的加权集合 $\mathcal{X}_1$ 和 $\mathcal{X}_2$ 的 (k,ε)-核心集, 则 $\mathcal{S}_1 \cup \mathcal{S}_2$ 是 $\mathcal{X}_1 \cup \mathcal{X}_2$ 的 (k,ε)-核心集.

(2) 若 $\mathcal{S}_1$ 是 $\mathcal{S}_2$ 的 (k,ε)-核心集, $\mathcal{S}_2$ 是 $\mathcal{S}_3$ 的 (k,δ)-核心集, 则 $\mathcal{S}_1$ 是 $\mathcal{S}_3$ 的 $(k,\varepsilon+\delta)$-核心集.

稀疏核心集 (sparse core set). 如果 $\mathcal{X}$ 中的每个点都是稀疏的, 即几乎没有非零坐标, 那么集合 $\mathcal{S}$ 也需要是稀疏的. 并定义 $\mathcal{X}$ 的**最大稀疏度**$s(\mathcal{X})$ 是 $\mathcal{X}$ 中所有点的非零分量个数的最大值. 特别地, 如果 $\mathcal{S}$ 中的每个点都最多是 $\mathcal{X}$ 中 α 个点的线性组合, 则 $s(\mathcal{S}) \leqslant \alpha s(\mathcal{X})$. 此外, 我们希望 $\mathcal{S}$ 的基数是与 n 和 d 无关的.

4.1.2 核心集构造算法

算法第一步计算最小整数 t, 记 $m := k^t$, 使得 $\mathcal{X}$ 的 m-均值的最优值 $\mathrm{OPT}_m(\mathcal{X})$ 与其 mk-均值的最优值 $\mathrm{OPT}_{mk}(\mathcal{X})$ 非常接近, 这里的最优值可以通过猜测或枚举的方法找到. 第二步计算 $\mathcal{X}$ 关于 m-均值 $\mathcal{C} = \{\boldsymbol{c}_1, \boldsymbol{c}_2, \cdots, \boldsymbol{c}_m\}$ 的一个划分 $\{X_1, X_2, \cdots, X_m\}$. 再接下来, 关于每个分块 X_i 计算其 $(1,\varepsilon)$-核心集 $\mathcal{S}_i$, 其基数为 $O(1/\varepsilon^2)$. 实际上, 第二步可以由质心引理 (引理 4.1.1) 保证. 最后的输出是这些核心集均值的并.

算法 4.1.1 (核心集构造算法)

输入: $\mathcal{X} = (\mathcal{X}', u, \rho)$, $k \geqslant 1$ 和 $\varepsilon \in (0, 1/4)$.

输出: $\mathcal{X}$ 的核心集 $\mathcal{S}$.

步 1 计算满足 $\mathrm{OPT}_{k^t}(\mathcal{X}) - \mathrm{OPT}_{k^{t+1}}(\mathcal{X}) \leqslant \varepsilon^2 \mathrm{OPT}_k(\mathcal{X})$ 的最小非负整数 t.

步 2 置 $m \leftarrow k^t$.

步 3 置 $\{X_1, X_2, \cdots, X_m\}$ 为 $\mathcal{X}$ 关于 $\mathrm{OPT}_m(\mathcal{X})$ 的一个划分.

步 4 i 从 1 循环到 m,

步 4.1 关于 X_i, 计算一个 $(1,\varepsilon)$-核心集 $\mathcal{S}_i = (\mathcal{S}_i', \omega_i, \tau_i)$.

步 4.2 置 $\omega(\boldsymbol{\mu}(\mathcal{S}_i)) \leftarrow \sum\limits_{\boldsymbol{x} \in \mathcal{S}_i'} \omega_i(\boldsymbol{x})$.

步 5 $\mathcal{S} \leftarrow \left(\bigcup\limits_{i=1}^{m} \boldsymbol{\mu}(\mathcal{S}_i), \omega, \sum\limits_{i=1}^{m} \mathrm{cost}(\mathcal{S}_i, \boldsymbol{\mu}(\mathcal{S}_i)) \right)$.

步 6 输出 $\mathcal{S}$, 算法停止.

在介绍本节的主要结果之前, 先证明“质心引理”.

引理 4.1.1 对于任意一点 $\boldsymbol{y} \in \mathbb{R}^d$ 和一个加权集合 $\mathcal{X} = (\mathcal{X}', u, \rho)$, 下式成立:

$$\mathrm{cost}(\mathcal{X}, \{\boldsymbol{y}\}) = \mathrm{cost}(\mathcal{X}, \boldsymbol{\mu}(\mathcal{X})) + \|\boldsymbol{\mu}(\mathcal{X}) - \boldsymbol{y}\|^2 \sum_{\boldsymbol{x} \in \mathcal{X}'} u(\boldsymbol{x}),$$

其中

$$\boldsymbol{\mu}(\mathcal{X}) = \frac{1}{\sum\limits_{\boldsymbol{x}' \in \mathcal{X}'} u(\boldsymbol{x}')} \sum_{\boldsymbol{x} \in \mathcal{X}'} u(\boldsymbol{x}) \cdot \boldsymbol{x}.$$

证明 根据 $\mathrm{cost}(\mathcal{X}, \{\boldsymbol{y}\}) = \sum\limits_{\boldsymbol{x} \in \mathcal{X}'} u(\boldsymbol{x}) \|\boldsymbol{x} - \boldsymbol{y}\|^2 + \rho$ 得到

$$\begin{aligned}
\mathrm{cost}(\mathcal{X}, \{\boldsymbol{y}\}) - \rho &= \sum_{\boldsymbol{x} \in \mathcal{X}'} u(\boldsymbol{x}) \|\boldsymbol{x} - \boldsymbol{y}\|^2 \\
&= \sum_{\boldsymbol{x} \in \mathcal{X}'} u(\boldsymbol{x}) \|\boldsymbol{x} - \boldsymbol{\mu}(\mathcal{X}) + \boldsymbol{\mu}(\mathcal{X}) - \boldsymbol{y}\|^2 \\
&= \sum_{\boldsymbol{x} \in \mathcal{X}'} u(\boldsymbol{x}) \|\boldsymbol{x} - \boldsymbol{\mu}(\mathcal{X})\|^2 + \sum_{\boldsymbol{x} \in \mathcal{X}'} u(\boldsymbol{x}) \|\boldsymbol{\mu}(\mathcal{X}) - \boldsymbol{y}\|^2 + \\
&\quad 2(\boldsymbol{\mu}(\mathcal{X}) - \boldsymbol{y})^{\mathrm{T}} \sum_{\boldsymbol{x} \in \mathcal{X}'} u(\boldsymbol{x})(\boldsymbol{x} - \boldsymbol{\mu}(\mathcal{X})).
\end{aligned}$$

将

$$\boldsymbol{\mu}(\mathcal{X}) = \frac{1}{\sum\limits_{\boldsymbol{x}' \in \mathcal{X}'} u(\boldsymbol{x}')} \sum_{\boldsymbol{x} \in \mathcal{X}'} u(\boldsymbol{x}) \cdot \boldsymbol{x}$$

代入上式, 很容易得到 $\sum\limits_{\boldsymbol{x} \in \mathcal{X}'} u(\boldsymbol{x})(\boldsymbol{x} - \boldsymbol{\mu}(\mathcal{X})) = \mathbf{0}$. 从而

$$\begin{aligned}
\mathrm{cost}(\mathcal{X}, \{\boldsymbol{y}\}) &= \sum_{\boldsymbol{x} \in \mathcal{X}'} u(\boldsymbol{x}) \|\boldsymbol{x} - \boldsymbol{\mu}(\mathcal{X})\|^2 + \sum_{\boldsymbol{x} \in \mathcal{X}'} u(\boldsymbol{x}) \|\boldsymbol{\mu}(\mathcal{X}) - \boldsymbol{y}\|^2 + \rho \\
&= \mathrm{cost}(\mathcal{X}, \boldsymbol{\mu}(\mathcal{X})) + \|\boldsymbol{\mu}(\mathcal{X}) - \boldsymbol{y}\|^2 \sum_{\boldsymbol{x} \in \mathcal{X}'} u(\boldsymbol{x}).
\end{aligned}$$

引理证毕. □

接下来的引理表明算法第一步中的正整数 t 是存在的, 并且能确定一个与 ε 有关的上界.

引理 4.1.2 存在正整数 $t < 1 + 1/\varepsilon^2$, 使得下式成立

$$\mathrm{OPT}_{k^t}(\mathcal{X}) - \mathrm{OPT}_{k^{t+1}}(\mathcal{X}) \leqslant \varepsilon^2 \mathrm{OPT}_k(\mathcal{X}). \tag{4.1.1}$$

证明 利用反证法, 假设 (4.1.1) 式对所有比 $1 + 1/\varepsilon^2$ 小的 i 都不成立. 因此

$$\mathrm{OPT}_k(\mathcal{X}) - \mathrm{OPT}_{k^{t+1}}(\mathcal{X}) = \sum_{i=1}^{N} (\mathrm{OPT}_{k^i}(\mathcal{X}) - \mathrm{OPT}_{k^{i+1}}(\mathcal{X}))$$

$$> N\varepsilon^2\mathrm{OPT}_k(\mathcal{X}) \geqslant \mathrm{OPT}_k(\mathcal{X}),$$

其中 $N = \lceil 1 + 1/(\varepsilon^2) \rceil$. 上述矛盾表明假设不成立, 从而原结论成立. □

引理 4.1.2 给出了核心集的规模. 接下来将证明核心集的存在性.

定理 4.1.1 对于 Euclidean 空间 $\mathbb{R}^d$ 中每一个加权集合 $\mathcal{X} = (\mathcal{X}', u, \rho)$, 非负参数 $\varepsilon > 0$ 以及 $k \geqslant 1$, 都存在一个 (k, ε)-核心集 $\mathcal{S} = (\mathcal{S}', \omega, \tau)$, 其基数 $|\mathcal{S}'| = k^{O(1/\varepsilon^2)}$, $\mathcal{S}'$ 中的每个点都是 $\mathcal{X}'$ 中 $O(1/\varepsilon^2)$ 个点的线性组合, 并且 $\mathcal{S}'$ 的最大稀疏度为 $s(\mathcal{X})/\varepsilon^2$.

4.1.3 核心集结论的证明

本部分将通过三个引理完成定理 4.1.1 的证明. 引理 4.1.3 说明将 $\mathcal{X}$ 聚为 k 类与将所有点聚成 1 类对应势函数之间存在的关系.

引理 4.1.3 对于任意 $\mathcal{C} \in \mathcal{Q}^k$ 和加权集合 $\mathcal{X} = (\mathcal{X}', u, \rho)$, 下列不等式成立

$$\mathrm{cost}(\mathcal{X}, \mathcal{C}) \leqslant \min_{\boldsymbol{c} \in \mathcal{C}} \mathrm{cost}(\mathcal{X}, \{\boldsymbol{c}\}) \leqslant \mathrm{cost}(\mathcal{X}, \mathcal{C}) \frac{1 + 2\varepsilon}{1 - 2\varepsilon} + \frac{\mathrm{OPT}_1(\mathcal{X}) - \mathrm{OPT}_k(\mathcal{X})}{(1 - 2\varepsilon)\varepsilon}. \tag{4.1.2}$$

证明 首先根据势函数随着聚类个数的增多具有单调不增的性质可知 (4.1.2) 式中第一个不等式成立. 接下来为证明 (4.1.2) 式的第二个不等式, 先定义几个符号. 设聚类中心集 $\mathcal{C} = \{\boldsymbol{c}_1, \boldsymbol{c}_2, \cdots, \boldsymbol{c}_k\}$. $\mathcal{X}$ 关于这个聚类中心集的划分记为 $\{X_1, X_2, \cdots, X_k\}$, 其中对 $i \in [k] = \{1, 2, \cdots, k\}$, $X_i = (X_i', u_j, \rho/k)$, X_i' 是 $\mathcal{X}$ 中到聚类中心 $\boldsymbol{c}_i$ 距离最近的观测点的集合. 对于第 i 个划分块中的每一个观测点 $\boldsymbol{x} \in X_i'$, 记 $\boldsymbol{c}_{\boldsymbol{x}}^*$ 为 X_i 的质心点, 即 $\boldsymbol{c}_{\boldsymbol{x}}^* = \boldsymbol{\mu}(X_i)$, 同时用 $\boldsymbol{c}_{\boldsymbol{x}}$ 表示 $\mathcal{C}$ 中离 $\boldsymbol{x}$ 最近的中心点. $\boldsymbol{c}^* := \operatorname*{argmin}_{\boldsymbol{c} \in \mathcal{C}} \mathrm{cost}(\mathcal{X}, \{\boldsymbol{c}\})$ 表示 $\mathcal{C}$ 中使得 $\mathrm{cost}(\mathcal{X}, \{\boldsymbol{c}\})$ 取得最小值的一个中心点. 对于每个分块 X_i, 当 $\boldsymbol{x} \in X_i'$ 时, $\boldsymbol{c}_{\boldsymbol{x}} = \boldsymbol{c}_i$ 并且 $\boldsymbol{c}_{\boldsymbol{x}}^* = \boldsymbol{\mu}(X_i)$, 从而在集合 X_i' 上分别对点 $\boldsymbol{c}^*$ 和 $\boldsymbol{c}_{\boldsymbol{x}}$ 利用引理 4.1.1 可得

$$\sum_{\boldsymbol{x} \in X_i'} u(\boldsymbol{x}) \|\boldsymbol{x} - \boldsymbol{c}^*\|^2 = \sum_{\boldsymbol{x} \in X_i'} u(\boldsymbol{x}) \|\boldsymbol{x} - \boldsymbol{c}_{\boldsymbol{x}}^*\|^2 + \sum_{\boldsymbol{x} \in X_i'} u(\boldsymbol{x}) \|\boldsymbol{c}_{\boldsymbol{x}}^* - \boldsymbol{c}^*\|^2,$$

$$\sum_{\boldsymbol{x} \in X_i'} u(\boldsymbol{x}) \|\boldsymbol{x} - \boldsymbol{c}_{\boldsymbol{x}}\|^2 = \sum_{\boldsymbol{x} \in X_i'} u(\boldsymbol{x}) \|\boldsymbol{x} - \boldsymbol{c}_{\boldsymbol{x}}^*\|^2 + \sum_{\boldsymbol{x} \in X_i'} u(\boldsymbol{x}) \|\boldsymbol{c}_{\boldsymbol{x}}^* - \boldsymbol{c}_{\boldsymbol{x}}\|^2.$$

从而

$$\sum_{\boldsymbol{x} \in X_i'} u(\boldsymbol{x}) \|\boldsymbol{x} - \boldsymbol{c}^*\|^2 - \sum_{\boldsymbol{x} \in X_i'} u(\boldsymbol{x}) \|\boldsymbol{x} - \boldsymbol{c}_{\boldsymbol{x}}\|^2 = \sum_{\boldsymbol{x} \in X_i'} u(\boldsymbol{x}) \left(\|\boldsymbol{c}_{\boldsymbol{x}}^* - \boldsymbol{c}^*\|^2 - \|\boldsymbol{c}_{\boldsymbol{x}}^* - \boldsymbol{c}_{\boldsymbol{x}}\|^2 \right).$$

将上式两端对于 $i \in \{1, 2, \cdots, k\}$ 求和, 得到

$$\begin{aligned} &\sum_{\boldsymbol{x} \in \mathcal{X}'} u(\boldsymbol{x}) \|\boldsymbol{x} - \boldsymbol{c}^*\|^2 - \sum_{\boldsymbol{x} \in \mathcal{X}'} u(\boldsymbol{x}) \|\boldsymbol{x} - \boldsymbol{c}_{\boldsymbol{x}}\|^2 \\ =& \sum_{\boldsymbol{x} \in \mathcal{X}'} u(\boldsymbol{x}) (\|\boldsymbol{c}_{\boldsymbol{x}}^* - \boldsymbol{c}^*\|^2 - \|\boldsymbol{c}_{\boldsymbol{x}}^* - \boldsymbol{c}_{\boldsymbol{x}}\|^2) \end{aligned}$$

$$
\begin{aligned}
&= \sum_{\boldsymbol{x}\in\mathcal{X}'} u(\boldsymbol{x})\left(\|\boldsymbol{c}_{\boldsymbol{x}}^* - \boldsymbol{\mu}(\mathcal{X}) + \boldsymbol{\mu}(\mathcal{X}) - \boldsymbol{c}^*\|^2 - \|\boldsymbol{c}_{\boldsymbol{x}}^* - \boldsymbol{\mu}(\mathcal{X}) + \boldsymbol{\mu}(\mathcal{X}) - \boldsymbol{c}_{\boldsymbol{x}}\|^2\right) \\
&= \sum_{\boldsymbol{x}\in\mathcal{X}'} u(\boldsymbol{x})\left(\|\boldsymbol{\mu}(\mathcal{X}) - \boldsymbol{c}^*\|^2 - \|\boldsymbol{\mu}(\mathcal{X}) - \boldsymbol{c}_{\boldsymbol{x}}\|^2\right) - 2\sum_{\boldsymbol{x}\in\mathcal{X}'} u(\boldsymbol{x})\left(\boldsymbol{c}_{\boldsymbol{x}}^* - \boldsymbol{\mu}(\mathcal{X})\right)^{\mathrm{T}}(\boldsymbol{c}^* - \boldsymbol{c}_{\boldsymbol{x}}).
\end{aligned}
$$

接下来将证明对任意的观测点 $\boldsymbol{y}\in\mathcal{X}'$, 下式成立

$$
\sum_{\boldsymbol{x}\in\mathcal{X}'} u(\boldsymbol{x})\left(\|\boldsymbol{\mu}(\mathcal{X}) - \boldsymbol{c}^*\|^2 - \|\boldsymbol{\mu}(\mathcal{X}) - \boldsymbol{y}\|^2\right) \leqslant 0.
$$

进一步得到了

$$
\sum_{\boldsymbol{x}\in\mathcal{X}'} u(\boldsymbol{x})\|\boldsymbol{x} - \boldsymbol{c}^*\|^2 - \sum_{\boldsymbol{x}\in\mathcal{X}'} u(\boldsymbol{x})\|\boldsymbol{x} - \boldsymbol{c}_{\boldsymbol{x}}\|^2 \leqslant -2\sum_{\boldsymbol{x}\in\mathcal{X}'} u(\boldsymbol{x})\left(\boldsymbol{c}_{\boldsymbol{x}}^* - \boldsymbol{\mu}(\mathcal{X})\right)^{\mathrm{T}}(\boldsymbol{c}^* - \boldsymbol{c}_{\boldsymbol{x}}).
$$

事实上, 再次根据引理 4.1.1, 有

$$
\begin{aligned}
\operatorname{cost}(\mathcal{X}, \{\boldsymbol{c}^*\}) &= \operatorname{cost}(\mathcal{X}, \boldsymbol{\mu}(\mathcal{X})) + \sum_{\boldsymbol{x}\in\mathcal{X}'} u(\boldsymbol{x})\|\boldsymbol{\mu}(\mathcal{X}) - \boldsymbol{c}^*\|^2, \\
\operatorname{cost}(\mathcal{X}, \{\boldsymbol{y}\}) &= \operatorname{cost}(\mathcal{X}, \boldsymbol{\mu}(\mathcal{X})) + \sum_{\boldsymbol{x}\in\mathcal{X}'} u(\boldsymbol{x})\|\boldsymbol{\mu}(\mathcal{X}) - \boldsymbol{y}\|^2.
\end{aligned}
$$

上边两个等式两边分别相减, 再根据 $\operatorname{cost}(\mathcal{X}, \{\boldsymbol{c}^*\}) \leqslant \operatorname{cost}(\mathcal{X}, \{\boldsymbol{y}\})$ 可得所要的结论. 进而由以上证明可得

$$
\begin{aligned}
&\min_{\boldsymbol{c}\in\mathcal{C}} \operatorname{cost}(\mathcal{X}, \{\boldsymbol{c}\}) - \operatorname{cost}(\mathcal{X}, \mathcal{C}) \\
&= \operatorname{cost}(\mathcal{X}, \{\boldsymbol{c}^*\}) - \operatorname{cost}(\mathcal{X}, \mathcal{C}) \\
&= \sum_{\boldsymbol{x}\in\mathcal{X}'} u(\boldsymbol{x})\|\boldsymbol{x} - \boldsymbol{c}^*\|^2 + \rho - \sum_{\boldsymbol{x}\in\mathcal{X}'} u(\boldsymbol{x})\|\boldsymbol{x} - \boldsymbol{c}_{\boldsymbol{x}}\|^2 - \rho \\
&= \sum_{\boldsymbol{x}\in\mathcal{X}'} u(\boldsymbol{x})\|\boldsymbol{x} - \boldsymbol{c}^*\|^2 - \sum_{\boldsymbol{x}\in\mathcal{X}'} u(\boldsymbol{x})\|\boldsymbol{x} - \boldsymbol{c}_{\boldsymbol{x}}\|^2 \\
&\leqslant -2\sum_{\boldsymbol{x}\in\mathcal{X}'} u(\boldsymbol{x})\left(\boldsymbol{c}_{\boldsymbol{x}}^* - \boldsymbol{\mu}(\mathcal{X})\right)^{\mathrm{T}}(\boldsymbol{c}^* - \boldsymbol{c}_{\boldsymbol{x}}) \\
&\leqslant 2\sum_{\boldsymbol{x}\in\mathcal{X}'} u(\boldsymbol{x})\|\boldsymbol{c}_{\boldsymbol{x}}^* - \boldsymbol{\mu}(\mathcal{X})\| \cdot \|\boldsymbol{c}^* - \boldsymbol{c}_{\boldsymbol{x}}\| \\
&\leqslant \frac{1}{\varepsilon}\sum_{\boldsymbol{x}\in\mathcal{X}'} u(\boldsymbol{x})\|\boldsymbol{c}_{\boldsymbol{x}}^* - \boldsymbol{\mu}(\mathcal{X})\|^2 + \varepsilon\sum_{\boldsymbol{x}\in\mathcal{X}'} u(\boldsymbol{x})\|\boldsymbol{c}^* - \boldsymbol{c}_{\boldsymbol{x}}\|^2,
\end{aligned} \tag{4.1.3}
$$

最后一个不等式成立是利用了几何平均数不大于代数平均数. 接下来将对 (4.1.3) 式中右端的两项分别进行探讨. 对于第一项, 再次利用引理 4.1.1, 可得

$$
\sum_{\boldsymbol{x}\in\mathcal{X}'} u(\boldsymbol{x})\|\boldsymbol{c}_{\boldsymbol{x}}^* - \boldsymbol{\mu}(\mathcal{X})\|^2 \leqslant \mathrm{OPT}_1(\mathcal{X}) - \mathrm{OPT}_k(\mathcal{X}). \tag{4.1.4}
$$

利用松弛的三角不等式 $(a-b)^2 \leqslant 2a^2+2b^2$ 去放大 (4.1.3) 式中右端的第二项, 得到

$$
\begin{aligned}
\sum_{\boldsymbol{x}\in\mathcal{X}'} u(\boldsymbol{x})\|\boldsymbol{c}^*-\boldsymbol{c}_{\boldsymbol{x}}\|^2 &= \sum_{\boldsymbol{x}\in\mathcal{X}'} u(\boldsymbol{x})\|\boldsymbol{c}^*-\boldsymbol{x}+\boldsymbol{x}-\boldsymbol{c}_{\boldsymbol{x}}\|^2 \\
&\leqslant 2\sum_{\boldsymbol{x}\in\mathcal{X}'} u(\boldsymbol{x})\left(\|\boldsymbol{c}^*-\boldsymbol{x}\|^2+\|\boldsymbol{x}-\boldsymbol{c}_{\boldsymbol{x}}\|^2\right) \\
&\leqslant 2\left(\mathrm{cost}(\mathcal{X},\{\boldsymbol{c}^*\})+\mathrm{cost}(\mathcal{X},\mathcal{C})\right). \qquad (4.1.5)
\end{aligned}
$$

这样, 由 (4.1.3) 式 ~ (4.1.5) 式, 得到

$$
\begin{aligned}
&\mathrm{cost}(\mathcal{X},\{\boldsymbol{c}^*\})-\mathrm{cost}(\mathcal{X},\mathcal{C}) \\
\leqslant\ &\frac{\mathrm{OPT}_1(\mathcal{X})-\mathrm{OPT}_k(\mathcal{X})}{\varepsilon}+2\varepsilon(\mathrm{cost}(\mathcal{X},\{\boldsymbol{c}^*\})+\mathrm{cost}(\mathcal{X},\mathcal{C})),
\end{aligned}
$$

整理得到

$$
\mathrm{cost}(\mathcal{X},\{\boldsymbol{c}^*\}) \leqslant \mathrm{cost}(\mathcal{X},\mathcal{C})\frac{1+2\varepsilon}{1-2\varepsilon}+\frac{\mathrm{OPT}_1(\mathcal{X})-\mathrm{OPT}_k(\mathcal{X})}{\varepsilon(1-2\varepsilon)}.
$$

再根据 $\min\limits_{\boldsymbol{c}\in\mathcal{C}}\mathrm{cost}(\mathcal{X},\{\boldsymbol{c}\})=\mathrm{cost}(\mathcal{X},\{\boldsymbol{c}^*\})$ 即得所证. □

引理 4.1.4 假设 $\mathcal{S}$ 是加权集合 $\mathcal{X}$ 的 $(1,\varepsilon)$-核心集, 则对任意有限集 $\mathcal{C}\subseteq\mathbb{R}^d$, 都有

$$
\left|\min_{\boldsymbol{c}\in\mathcal{C}}\mathrm{cost}(\mathcal{S},\{\boldsymbol{c}\})-\min_{\boldsymbol{c}\in\mathcal{C}}\mathrm{cost}(\mathcal{X},\{\boldsymbol{c}\})\right| \leqslant \varepsilon. \qquad (4.1.6)
$$

证明 记 $\boldsymbol{c}_{\mathcal{X}}\in\arg\min\limits_{\boldsymbol{c}\in\mathcal{C}}\mathrm{cost}(\mathcal{X},\{\boldsymbol{c}\})$, $\boldsymbol{c}_{\mathcal{S}}\in\arg\min\limits_{\boldsymbol{c}\in\mathcal{C}}\mathrm{cost}(\mathcal{S},\{\boldsymbol{c}\})$, 则分别根据 $\boldsymbol{c}_{\mathcal{S}}$ 是核心集 $\mathcal{S}$ 的 1-均值、$\mathcal{S}$ 是 $\mathcal{X}$ 的 $(1,\varepsilon)$-核心集以及 $\boldsymbol{c}_{\mathcal{X}}$ 是观测集 $\mathcal{X}$ 的 1-均值, 可以得到

$$
\begin{aligned}
\min_{\boldsymbol{c}\in\mathcal{C}}\mathrm{cost}(\mathcal{S},\{\boldsymbol{c}\}) &= \mathrm{cost}(\mathcal{S},\{\boldsymbol{c}_{\mathcal{S}}\}) \leqslant \mathrm{cost}(\mathcal{S},\{\boldsymbol{c}_{\mathcal{X}}\}) \leqslant (1+\varepsilon)\mathrm{cost}(\mathcal{X},\{\boldsymbol{c}_{\mathcal{X}}\}) \\
&= (1+\varepsilon)\min_{\boldsymbol{c}\in\mathcal{C}}\mathrm{cost}(\mathcal{X},\{\boldsymbol{c}\}).
\end{aligned}
$$

同理可得

$$
\begin{aligned}
\min_{\boldsymbol{c}\in\mathcal{C}}\mathrm{cost}(\mathcal{X},\{\boldsymbol{c}\}) &= \mathrm{cost}(\mathcal{X},\{\boldsymbol{c}_{\mathcal{X}}\}) \leqslant \mathrm{cost}(\mathcal{X},\{\boldsymbol{c}_{\mathcal{S}}\}) \leqslant (1+\varepsilon)\mathrm{cost}(\mathcal{S},\{\boldsymbol{c}_{\mathcal{S}}\}) \\
&= (1+\varepsilon)\min_{\boldsymbol{c}\in\mathcal{C}}\mathrm{cost}(\mathcal{S},\{\boldsymbol{c}\}).
\end{aligned}
$$

结合 $\varepsilon<1$, 可以证得 (4.1.6) 式中的第一个不等式,

$$
(1-\varepsilon)\min_{\boldsymbol{c}\in\mathcal{C}}\mathrm{cost}(\mathcal{X},\{\boldsymbol{c}\}) \leqslant (1-\varepsilon)(1+\varepsilon)\min_{\boldsymbol{c}\in\mathcal{C}}\mathrm{cost}(\mathcal{S},\{\boldsymbol{c}\}) \leqslant \min_{\boldsymbol{c}\in\mathcal{C}}\mathrm{cost}(\mathcal{S},\{\boldsymbol{c}\}).
$$

引理得证. □

引理 4.1.5 假设 $\mathcal{S}$ 是由算法 4.1.1 对加权集合 $\mathcal{X}$ 的输出, 则 $\mathcal{S}$ 是 $\mathcal{X}$ 的一个 $(k,15\varepsilon)$-核心集.

证明 对每一个 X_i, $i \in [m]$, 利用引理 4.1.3 可以得到

$$\mathrm{cost}(X_i,\mathcal{C}) \leqslant \min_{\boldsymbol{c}\in\mathcal{C}} \mathrm{cost}(X_i,\{\boldsymbol{c}\}) \leqslant \mathrm{cost}(X_i,\mathcal{C})\frac{1+2\varepsilon}{1-2\varepsilon} + \frac{\mathrm{OPT}_1(X_i)-\mathrm{OPT}_k(X_i)}{(1-2\varepsilon)\varepsilon}.$$

通过对上述不等式关于 $i \in [m]$ 求和, 得到

$$\begin{aligned}\mathrm{cost}(\mathcal{X},\mathcal{C}) &\leqslant \mathrm{cost}(\mathcal{X},\mathcal{C})\frac{1+2\varepsilon}{1-2\varepsilon} + \frac{\sum\limits_{i=1}^{m}(\mathrm{OPT}_1(X_i)-\mathrm{OPT}_k(X_i))}{(1-2\varepsilon)\varepsilon} \\ &\leqslant \mathrm{cost}(\mathcal{X},\mathcal{C})\frac{1+2\varepsilon}{1-2\varepsilon} + \frac{\mathrm{OPT}_m(\mathcal{X})-\sum\limits_{i=1}^{m}\mathrm{OPT}_k(X_i)}{(1-2\varepsilon)\varepsilon},\end{aligned} \tag{4.1.7}$$

最后一个不等式成立是因为 $\{X_1, X_2, \cdots, X_m\}$ 是 $\mathcal{X}$ 是关 m-均值的一个划分. 设 $\mathcal{C}_i$ 是 X_i 的 m-均值, 则

$$\begin{aligned}\sum_{i=1}^{m}\mathrm{OPT}_k(X_i) &= \sum_{i=1}^{m}\mathrm{cost}(X_i,\mathcal{C}_i) \geqslant \sum_{i=1}^{m}\mathrm{cost}\left(X_i, \bigcup_{j=1}^{m}\mathcal{C}_j\right) \\ &= \mathrm{cost}\left(\mathcal{X}, \bigcup_{j=1}^{m}\mathcal{C}_j\right) \geqslant \mathrm{OPT}_{mk}(\mathcal{X}).\end{aligned}$$

因此, 结合算法 4.1.1 中的步 1, 可对 (4.1.7) 式中右端第二项进行化简为

$$\begin{aligned}\mathrm{OPT}_m(\mathcal{X}) - \sum_{i=1}^{m}\mathrm{OPT}_k(X_i) &\leqslant \mathrm{OPT}_m(\mathcal{X}) - \mathrm{OPT}_{mk}(\mathcal{X}) \leqslant \varepsilon^2\mathrm{OPT}_k(\mathcal{X}) \\ &\leqslant \varepsilon^2\mathrm{cost}(\mathcal{X},\mathcal{C}).\end{aligned}$$

由以上论证, (4.1.7) 式蕴含下式成立:

$$\mathrm{cost}(\mathcal{X},\mathcal{C}) \leqslant \sum_{i=1}^{m}\min_{\boldsymbol{c}\in\mathcal{C}}\mathrm{cost}(X_i,\{\boldsymbol{c}\}) \leqslant \frac{1+3\varepsilon}{1-2\varepsilon}\mathrm{cost}(\mathcal{X},\mathcal{C}).$$

对每一个 $X_i, i \in [m]$, 应用引理 4.1.4 可以得到

$$(1-\varepsilon)\min_{\boldsymbol{c}\in\mathcal{C}}\mathrm{cost}(X_i,\{\boldsymbol{c}\}) \leqslant \min_{\boldsymbol{c}\in\mathcal{C}}\mathrm{cost}(\mathcal{S}_i,\{\boldsymbol{c}\}) \leqslant (1+\varepsilon)\min_{\boldsymbol{c}\in\mathcal{C}}\mathrm{cost}(X_i,\{\boldsymbol{c}\}).$$

对上述不等式关于 i 求和, 得到

$$\begin{aligned}(1-\varepsilon)\sum_{i=1}^{m}\min_{\boldsymbol{c}\in\mathcal{C}}\mathrm{cost}(X_i,\{\boldsymbol{c}\}) &\leqslant \sum_{i=1}^{m}\min_{\boldsymbol{c}\in\mathcal{C}}\mathrm{cost}(\mathcal{S}_i,\{\boldsymbol{c}\}) \\ &\leqslant (1+\varepsilon)\sum_{i=1}^{m}\min_{\boldsymbol{c}\in\mathcal{C}}\mathrm{cost}(X_i,\{\boldsymbol{c}\}).\end{aligned}$$

再结合引理 4.1.1 和 $\varepsilon \in (0, 1/4)$, 得到

$$\begin{aligned}(1-\varepsilon)\mathrm{cost}(\mathcal{X},\{\boldsymbol{c}\}) &\leqslant (1-\varepsilon)\sum_{i=1}^{m}\min_{\boldsymbol{c}\in\mathcal{C}}\mathrm{cost}(X_i,\{\boldsymbol{c}\})\\ &\leqslant \mathrm{cost}(\mathcal{S},\{\boldsymbol{c}\})\\ &\leqslant (1+\varepsilon)\sum_{i=1}^{m}\min_{\boldsymbol{c}\in\mathcal{C}}\mathrm{cost}(X_i,\{\boldsymbol{c}\})\\ &\leqslant (1+\varepsilon)\mathrm{cost}(\mathcal{X},\mathcal{C})\frac{1+3\varepsilon}{1-2\varepsilon}\\ &\leqslant (1+15\varepsilon)\mathrm{cost}(\mathcal{X},\mathcal{C}).\end{aligned}$$

因此, 引理得证. □

引理 4.1.1 表明算法中步 5 对于每个划分 X_i 都能得到一个 $(1,\varepsilon)$-核心集 $\mathcal{S}_i$, 并且 $|\mathcal{S}_i| = m$, 量级为 $O(1/\varepsilon^2)$, 从而 $\mathcal{S}$ 的稀疏度是 $s(\mathcal{X})/\varepsilon^2$. 因此, 定理 4.1.1 得证.

将定理 4.1.1 的结果应用到下面传统的 "合并和压缩" 树形图中 [85], 可以通过执行一轮流算法直接计算原问题的核心集, 并且这个过程中所得核心集占用的内存与空间维数 d 无关.

图 4.1.1 表示用于并行或从数据流生成核心集的树形图, 其中箭头表示 "合并和压缩" 操作, 中间的核心集 $\mathcal{S}_1, \mathcal{S}_2, \cdots, \mathcal{S}_7$ 是按照流数据处理中生成它们的顺序排列的. 在并行的情况下, 首先并行构造 $\mathcal{S}_1$, $\mathcal{S}_2$, $\mathcal{S}_4$ 和 $\mathcal{S}_5$, 然后并行构造 $\mathcal{S}_3$ 和 $\mathcal{S}_6$, 最后生成 $\mathcal{S}_7$. 根据定理 4.1.1, 性质 4.1.1 和图 4.1.1 的直观展示, 很容易得到下述关于核心集的流算法结果.

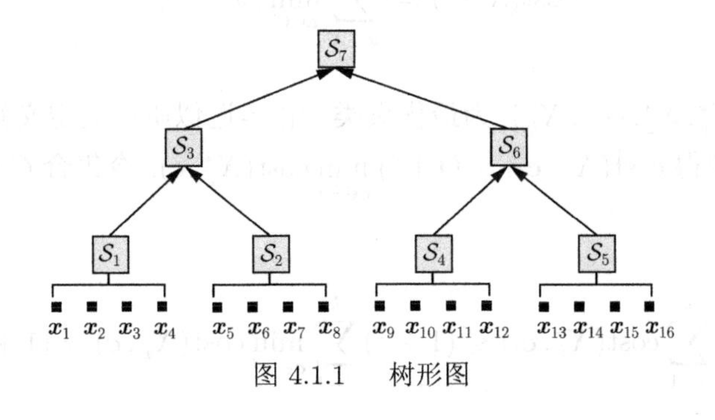

图 4.1.1 树形图

推论 4.1.1 对于 Euclidean 空间 $\mathbb{R}^d$ 中含有 n 个观测点的加权集合 $\mathcal{X} = (\mathcal{X}', u, \rho)$, 非负参数 $\varepsilon > 0$ 以及 $k \geqslant 1$, 都存在 $(k, \varepsilon\log n)$-核心集 $\mathcal{S} = (\mathcal{S}', \omega, \tau)$, 其基数 $|\mathcal{S}'| = k^{O(1/\varepsilon^2)}\log n$, $\mathcal{S}'$ 的最大稀疏度为 $s(\mathcal{X})/\varepsilon^2$, 并且只需要 $|\mathcal{S}'|\cdot s(\mathcal{X})/\varepsilon^2$ 的内存.

4.2 $\hat{\varepsilon}$-近似质心集

本节将介绍 k-均值质心集的近似问题, 通过构造 $\hat{\varepsilon}$-近似质心集, 可以将 k-均值问题离散化, 即最优的聚类中心 (质心) 仅需从一个给定的集合中选取而非全空间, 且能保证最坏

情形下的聚类损失不超过最优聚类的 $(1+\hat{\varepsilon})$ 倍.

4.2.1 节给出 $\hat{\varepsilon}$-近似质心集的定义和性质；4.2.2 节证明任意的 k-均值实例都可以通过整数格上的 k-均值实例近似；4.2.3 节和 4.2.4 节则分别介绍针对稀疏实例和一般实例的 $\hat{\varepsilon}$-近似质心集构造算法. 本节的算法和分析取材于文献 [156].

4.2.1 $\hat{\varepsilon}$-近似质心集的定义和性质

定义 4.2.1 ($\hat{\varepsilon}$-近似质心集) 给定 k-均值实例 $\mathcal{X} \subseteq \mathbb{R}^d$ 和集合 $\mathcal{C} \subseteq \mathbb{R}^d$, 如果对任意子集 $S \subseteq \mathcal{X}$ 有

$$\min_{\boldsymbol{c}\in\mathcal{C}} \operatorname{cost}(S, \boldsymbol{c}) \leqslant (1+\hat{\varepsilon}) \min_{\boldsymbol{c}\in\mathbb{R}^d} \operatorname{cost}(S, \boldsymbol{c}),$$

则称集合 $\mathcal{C}$ 是实例 $\mathcal{X}$ 的 $\hat{\varepsilon}$-近似质心集, 其中

$$\operatorname{cost}(S, \boldsymbol{c}) := \sum_{\boldsymbol{x}\in S} \|\boldsymbol{x}-\boldsymbol{c}\|^2.$$

性质 4.2.1 若集合 $\mathcal{C} \subseteq \mathbb{R}^d$ 是实例 $\mathcal{X} \subseteq \mathbb{R}^d$ 的 $\hat{\varepsilon}$-近似质心集, 则存在 $C \subseteq \mathcal{C}(|C|=k)$ 使得

$$\operatorname{cost}(\mathcal{X}, C) \leqslant (1+\hat{\varepsilon})\mathrm{OPT}_k(\mathcal{X}),$$

其中 $\mathrm{OPT}_k(\mathcal{X})$ 为实例的最优值, 且

$$\operatorname{cost}(\mathcal{X}, C) := \sum_{\boldsymbol{x}\in\mathcal{X}} \min_{\boldsymbol{c}\in C} \|\boldsymbol{x}-\boldsymbol{c}\|^2.$$

证明 令 $\{X_1^*, X_2^*, \cdots, X_k^*\}$ 为最优聚类, 由 $\hat{\varepsilon}$-近似质心集定义知对任意的 $X_i^* (i \in [k])$, 存在 $\boldsymbol{c}_i \in \mathcal{X}$ 使得 $\operatorname{cost}(X_i^*, \boldsymbol{c}_i) \leqslant (1+\hat{\varepsilon}) \min\limits_{\boldsymbol{c}\in\mathbb{R}^d} \operatorname{cost}(X_i^*, \boldsymbol{c})$. 令集合 $C := \{\boldsymbol{c}_1, \boldsymbol{c}_2, \cdots, \boldsymbol{c}_k\}$, 则

$$\operatorname{cost}(\mathcal{X}, C) \leqslant \sum_{i=1}^{k} \operatorname{cost}(X_i^*, \boldsymbol{c}_i) \leqslant (1+\hat{\varepsilon}) \sum_{i=1}^{k} \min_{\boldsymbol{c}\in\mathbb{R}^d} \operatorname{cost}(X_i^*, \boldsymbol{c}) = (1+\hat{\varepsilon})\mathrm{OPT}_k(\mathcal{X}).$$

性质得证. □

定义 4.2.2 ($\hat{\varepsilon}$-容错球) 对任意有限集合 $S \subseteq \mathbb{R}^d$, 其 $\hat{\varepsilon}$-容错球 $B_S(\hat{\varepsilon})$ 是以 $\operatorname{cen}(S)$ 为中心, $(\hat{\varepsilon}/3)\rho(S)$ 为半径的球, 其中 $\operatorname{cen}(S)$ 为集合 S 的质心点, 而

$$\rho(S) = \left(\frac{1}{|S|}\sum_{\boldsymbol{x}\in S} \|\boldsymbol{x}-\operatorname{cen}(S)\|^2\right)^{1/2} = \sqrt{\frac{\operatorname{cost}(S, \operatorname{cen}(S))}{|S|}}.$$

即 $B_S(\hat{\varepsilon}) := \{\boldsymbol{x} : \boldsymbol{x} \in \mathbb{R}^d, \|\boldsymbol{x}-\operatorname{cen}(S)\| \leqslant (\hat{\varepsilon}/3)\rho(S)\}$.

引理 4.2.1 给定 k-均值问题的实例 $\mathcal{X} \subseteq \mathbb{R}^d$, 如果集合 $\mathcal{C} \subseteq \mathbb{R}^d$ 与任意非空集合 $S \subseteq \mathcal{X}$ 满足

$$|B_S(\hat{\varepsilon}) \cap \mathcal{C}| \geqslant 1, \tag{4.2.8}$$

则 $\mathcal{C}$ 为 $\mathcal{X}$ 的 $\hat{\varepsilon}$-近似质心集.

证明 由 (4.2.8) 式可知, 对任意集合 $S \subseteq \mathcal{X}$, 存在 $\boldsymbol{c}' \in \mathcal{C}$ 满足

$$\|\boldsymbol{c}' - \mathrm{cen}(S)\|^2 \leqslant \left(\frac{\hat{\varepsilon}}{3}\rho(S)\right)^2.$$

结合定义和性质可得

$$\begin{aligned}
\min_{\boldsymbol{c}\in\mathcal{C}} \mathrm{cost}(S, \boldsymbol{c}) &\leqslant \mathrm{cost}(S, \boldsymbol{c}') \\
&= \mathrm{cost}(S, \mathrm{cen}(S)) + \left\|\sum_{\boldsymbol{x}\in S} \boldsymbol{x}\right\| \|\boldsymbol{c}' - \mathrm{cen}(S)\|^2 \\
&\leqslant \mathrm{cost}(S, \mathrm{cen}(S)) + \left\|\sum_{\boldsymbol{x}\in S} \boldsymbol{x}\right\| \left(\frac{\hat{\varepsilon}}{3}\rho(S)\right)^2 \\
&< (1+\hat{\varepsilon})\mathrm{cost}(S, \mathrm{cen}(S)) \\
&= (1+\hat{\varepsilon}) \min_{\boldsymbol{c}\in\mathbb{R}^d} \mathrm{cost}(S, \boldsymbol{c}).
\end{aligned}$$

引理得证. □

4.2.2 整数格上的 k-均值问题

本节将证明对于固定 k 的 k-聚类问题, 经过适当的预处理, 均可以转化为多项式量级整数格上的 k-聚类问题.

定义 4.2.3 (t-支撑图) 给定包含 n 个点的集合 $\mathcal{X} \subseteq \mathbb{R}^d$ 和图 $G = (\mathcal{X}, E)$. 如果对任意的两点 $\boldsymbol{x}, \boldsymbol{y} \in \mathcal{X}$, 图 G 中存在从 $\boldsymbol{x}$ 到 $\boldsymbol{y}$ 且长度不超过 $t\|\boldsymbol{x}-\boldsymbol{y}\|$ 的路, 则称图 $G = (\mathcal{X}, E)$ 是集合 $\mathcal{X}$ 的 t-支撑图, 其中路的长度是其边的 Euclidean 长度之和.

由文献 [18] 知, 给定包含 n 个点的集合 $\mathcal{X} \subseteq \mathbb{R}^d$, 其包含 $O(n)$ 条边的 2-支撑图可在 $O(n\log n)$ 时间内得到.

命题 4.2.1 给定参数 d, k_0. 假设存在算法 A, 对任意的 $\hat{\varepsilon} > 0$, $k \leqslant k_0$, 以及分布在大小为 $O(n^3/\hat{\varepsilon})$ 的整数格上包含 n 个顶点的多重集 $\mathcal{X}' \subseteq \mathbb{R}^d$, 可以找到集合 $\mathcal{X}'$ 的 k-聚类的 $(1+\hat{\varepsilon})$-近似最优解, 则对任意的集合 $\mathcal{X} \subseteq \mathbb{R}^d$, 通过调用 K 次算法 A, 可以找到 $\mathcal{X}$ 的 k_0-聚类的 $(1+\hat{\varepsilon})$-近似最优解. 在调用算法 A 的过程中用 $\alpha\hat{\varepsilon}$ 代替 $\hat{\varepsilon}$, 其中 $\alpha > 0$ 为任意小的常数, $K = K(k_0)$ 为与 k_0 相关的常数.

注记 4.2.1 多重集是集合的推广, 多重集中同一元素可出现多次, 如 $\{a, a, b\}$.

证明 给出递归算法 B, 其输入是实例 $\mathcal{X}$ 以及整数 $\bar{k} \leqslant k_0$. 首先令 $G = (\mathcal{X}, E)$ 为 $\mathcal{X}$ 的 2-支撑图, $G_\Delta = (\mathcal{X}, E')$ 为图 G 去掉所有长度至少为 Δ 的边的子图, 其中 $\Delta = \mathrm{diam}(\mathcal{X})/n$, $\mathrm{diam}(\mathcal{X}) = \max\limits_{\boldsymbol{x},\boldsymbol{y}\in\mathcal{X}} \|\boldsymbol{x}-\boldsymbol{y}\|$ 表示 $\mathcal{X}$ 中任意两点距离的最大值. 从 G_Δ 的定义可知, G_Δ 不连通. 令多重集 $\mathcal{X}'$ 为将集合 $\mathcal{X}$ 中的点移动距离不超过 $\delta = \alpha\hat{\varepsilon}\Delta/(5n^2)$ 得到的分布在大小为 $O(n^3/\hat{\varepsilon})$ 的整数格上的集合.

对任意子集 $S \subseteq \mathcal{X}$ 以及其在 $\mathcal{X}'$ 中对应的集合 S', 易知 $\mathrm{cen}(S)$ 与 $\mathrm{cen}(S')$ 的距离满足 $\|\mathrm{cen}(S) - \mathrm{cen}(S')\| \leqslant \delta$. 此外, 对任意 $\boldsymbol{x} \in S$, 其到质心点的距离不超过 $\mathrm{diam}(S)$. 因此

$$\begin{aligned}\left|\|\boldsymbol{x}-\mathrm{cen}(S)\|^2 - \|\boldsymbol{x}'-\mathrm{cen}(S')\|^2\right| &\leqslant \left|\mathrm{diam}(S)^2 - (\mathrm{diam}(S)+2\delta)^2\right| \\ &\leqslant 5\delta\mathrm{diam}(S) \leqslant 5\delta\mathrm{diam}(\mathcal{X}).\end{aligned}$$

那么, $\mathcal{X}$ 的任意 $\bar{k}$-聚类 $\pi = \{X_1, X_2, \cdots, X_{\bar{k}}\}$ 以及 π 在 $\mathcal{X}'$ 中对应的聚类 $\pi' = \{X_1', X_2', \cdots, X_{\bar{k}}'\}$, 有

$$|\mathrm{cost}(\pi) - \mathrm{cost}(\pi')| \leqslant 5n\delta\mathrm{diam}(\mathcal{X}) \leqslant \alpha\hat{\varepsilon}\Delta^2, \tag{4.2.9}$$

其中 $\mathrm{cost}(\pi) = \sum\limits_{i=1}^{\bar{k}} \mathrm{cost}(X_i)$, $\mathrm{cost}(\pi') = \sum\limits_{i=1}^{\bar{k}} \mathrm{cost}(X_i')$, $\mathrm{cost}(X_i)$ 和 $\mathrm{cost}(X_i')$ 分别表示集合 X_i 和 X_i' 中元素到集合质心点的距离平方之和.

调用算法 A, 得到 $\mathcal{X}'$ 的 $(1+\alpha\hat{\varepsilon})$-近似 $\bar{k}$-聚类 π'. 由 (4.2.9) 式, 如果 $\mathrm{cost}(\pi') \geqslant \Delta^2/20$, 那么对于足够小的 α, 有

$$\begin{aligned}\mathrm{cost}(\pi) &\leqslant \mathrm{cost}(\pi') + \alpha\hat{\varepsilon}\Delta^2 \\ &\leqslant \mathrm{cost}(\pi') + 20\alpha\hat{\varepsilon}\mathrm{cost}(\pi') \\ &\leqslant (1+20\alpha\hat{\varepsilon})\mathrm{cost}(\pi') \\ &\leqslant (1+20\alpha\hat{\varepsilon})(1+\alpha\hat{\varepsilon})\mathrm{OPT}_{\bar{k}}(\mathcal{X}') \\ &\leqslant \frac{(1+20\alpha\hat{\varepsilon})(1+\alpha\hat{\varepsilon})}{1-20\alpha\hat{\varepsilon}(1+\alpha\hat{\varepsilon})}\mathrm{OPT}_{\bar{k}}(\mathcal{X}) \\ &\leqslant (1+\hat{\varepsilon})\mathrm{OPT}_{\bar{k}}(\mathcal{X}),\end{aligned}$$

其中, 倒数第二个不等式是由于

$$\begin{aligned}\mathrm{OPT}_{\bar{k}}(\mathcal{X}) &\geqslant \mathrm{OPT}_{\bar{k}}(\mathcal{X}') - \alpha\hat{\varepsilon}\Delta^2 \\ &\geqslant \mathrm{OPT}_{\bar{k}}(\mathcal{X}') - 20\alpha\hat{\varepsilon}\mathrm{cost}(\pi') \\ &\geqslant \mathrm{OPT}_{\bar{k}}(\mathcal{X}') - 20\alpha\hat{\varepsilon}(1+\alpha\hat{\varepsilon})\mathrm{OPT}_k(\mathcal{X}') \\ &= [1-20\alpha\hat{\varepsilon}(1+\alpha\hat{\varepsilon})]\,\mathrm{OPT}_{\bar{k}}(\mathcal{X}').\end{aligned}$$

则聚类 π 是 $\mathcal{X}$ 的 $(1+\hat{\varepsilon})$-近似 $\bar{k}$-聚类. 如果 $\mathrm{cost}(\pi') < \Delta^2/20$, 由于 α 足够小, 此时有

$$\mathrm{cost}(\pi) \leqslant \mathrm{cost}(\pi') + \alpha\hat{\varepsilon}\Delta^2 \leqslant \frac{\Delta^2}{20} + \alpha\hat{\varepsilon}\Delta^2 < \frac{\Delta^2}{16}.$$

这意味着对任意的 $\boldsymbol{x}, \boldsymbol{y} \in X_i$ $(i \in [\bar{k}])$, 有 $\|\boldsymbol{x}-\boldsymbol{y}\| < \Delta/2$. 即任意类 X_i 中的点在 G_Δ 的一个连通分支里. 如果 G_Δ 有 $\bar{k}$ 个连通分支, 此时聚类 π 是 $\mathcal{X}$ 的最优的 $\bar{k}$-聚类. 如果 G_Δ 中的连通分支少于 $\bar{k}$ 个, 通过递归调用算法 B 对每个连通分支进行 k 聚类, 其中 $2 \leqslant k \leqslant \bar{k}-m+1$. □

4.2.3 稀疏实例

k-均值实例的"稀疏性"是指任意两个不同点之间的最小距离有下界. 针对稀疏实例, 可以得到 ε-近似质心集的构造算法. 为此, 首先介绍一些定义.

定义 4.2.4 (K-扩展) 给定 d 维空间中的立方体 Q 和 Q', 若它们同中心且 Q' 的边长是 Q 的边长的 K 倍, 则称 Q' 是 Q 的 K-扩展.

图 4.2.1 是三维空间的一个 3-扩展的例子.

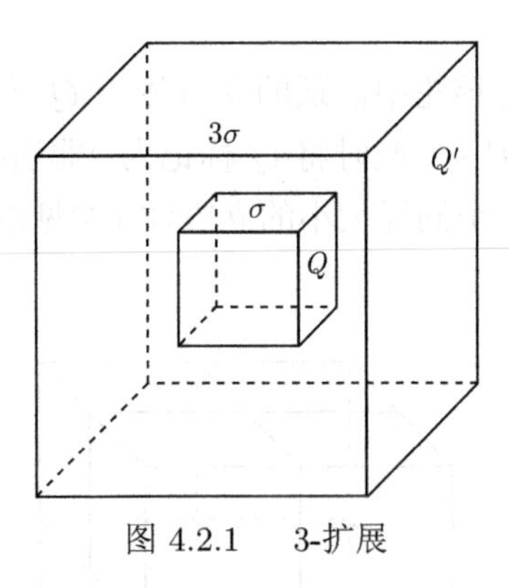

图 4.2.1 3-扩展

定义 4.2.5 (η-稠密集) 给定集合 $A, M \subseteq \mathbb{R}^d$, 如果对任意 $\boldsymbol{x} \in A$, 存在 $\boldsymbol{y} \in M$ 满足

$$\|\boldsymbol{x}-\boldsymbol{y}\| \leqslant \eta,$$

则称 M 为 A 的 η-稠密集.

给定 d 维空间中立方体 Q, 立方体 Q 与 d 维空间中相邻的两个点的距离不超过 η 的整数格的交集 C_Q, 为立方体 Q 的大小为 $O(\eta^{-d})$ 的 η-稠密集. 在图 4.2.2 中, 以二维为例, 给出了立方体 Q 的一个 η-稠密集.

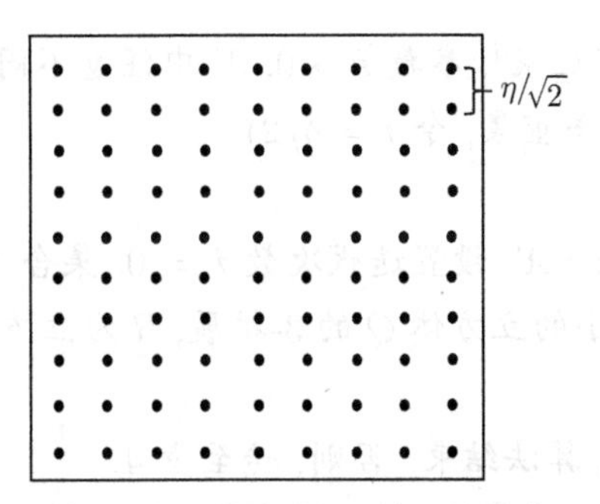

图 4.2.2 立方体 Q 的 η-稠密集

近似质心集的构造算法

下面给出构造 $\hat{\varepsilon}$-近似质心集 $\mathcal{C}$ 的算法 4.2.1. 构造过程中保证 $\mathcal{C}$ 与任意 $\mathcal{X}$ 的非空子集 S 的 $\hat{\varepsilon}$-容错球相交非空. 算法 4.2.1 主要包含两个阶段: (1) 初始化 $\hat{\varepsilon}$-近似质心集 $\mathcal{C}$; (2) 迭代更新 $\mathcal{C}$.

在初始化阶段, 考虑仅包含相同点的集合 S. 由于包含这些集合的容错球的半径为零, 为了保证与集合 $\mathcal{C}$ 相交非空, 将集合 $\mathcal{C}$ 初始化为集合 $\mathcal{X}$. 在迭代更新阶段, 针对至少包含两个不同点的集合 S, 首先基于集合 $\mathcal{X}$ 构造了一系列包含 $\mathcal{X}$ 的小立方体. 满足对任意的 S, 都存在立方体 Q, 使得 S 的 $\hat{\varepsilon}$-容错球包含在 Q 的 2-扩展中. 其次令集合 $\mathcal{C}$ 为构造的小立方体的 2-扩展的稠密集与数据 $\mathcal{X}$ 的并集, 这样保证了集合 $\mathcal{C}$ 与 S 的 $\hat{\varepsilon}$-容错球相交非空. 具体描述如下:

(1) 首先构造包含 $\mathcal{X}$ 的尽可能小的立方体 $\tilde{Q}$, 令 Q_0 为立方体 $\tilde{Q}$ 的 3-扩展并标记为"活跃".

(2) 在每个迭代过程中, 记该轮中活跃的立方体为 Q, 构造一个立方体 Q 的 2-扩展的稠密集, 并将该稠密集添加到 $\mathcal{C}$ 中, 此时将 Q 标记为"非活跃". 如果立方体 Q 的边长大于一定的阈值, 则将其划分成 2^d 个同样大小的立方体 (参见图 4.2.3), 并选出包含 $\mathcal{X}$ 中的点的小立方体标记为活跃.

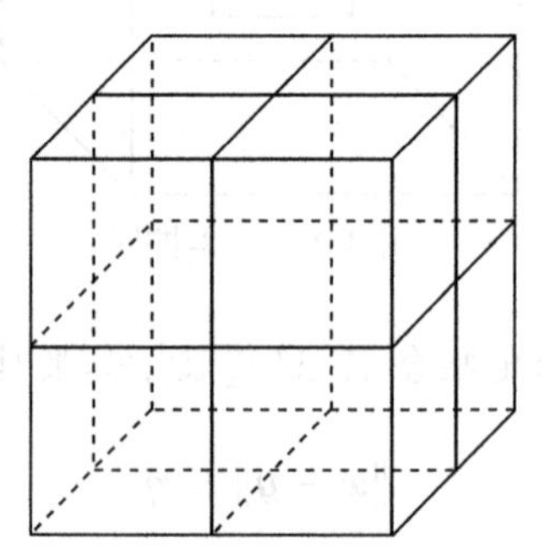

图 4.2.3　三维空间的立方体拆分

(3) 重复上述迭代过程, 直到不存在活跃的立方体, 算法终止.

基于上述描述, 给出算法 4.2.1 的具体步骤.

算法 4.2.1

输入: 包含 n 个点的集合 $\mathcal{X} \subseteq \mathbb{R}^d$, 参数 $\hat{\varepsilon} > 0$, $\mathcal{X}$ 中任意不同的两个点的最小距离 δ, 参数 $r = \delta/n$(如果 $\mathcal{X}$ 不是多重集, 令 $r = \delta/2$).

输出: 近似质心集 $\mathcal{C}$.

步 1 初始化近似质心集 $\mathcal{C} := \mathcal{X}$, 设置迭代次数 $i := 0$, 集合 $\mathcal{Q}_i := \varnothing$.

步 2 令 Q_0 为包含 $\mathcal{X}$ 的最小的立方体 $\tilde{Q}$ 的 3-扩展, R 为立方体 Q_0 的边长. 更新 $i := i+1$, $\mathcal{Q}_i := \{Q_0\}$.

步 3 如果 $\mathcal{Q}_i = \varnothing$, 输出 $\mathcal{C}$, 算法结束. 否则, 转至步 4.

步 4 对任意 $Q \in \mathcal{Q}_i$, 令 σ_Q 为立方体 Q 的边长. 构造 Q 的 2-扩展的大小为 $O(\hat{\varepsilon}^{-d})$ 的

$(\hat{\varepsilon}/18)\sigma_Q$-稠密集 C_Q.

步 5 更新 $\mathcal{C} := \mathcal{C} \cup_{Q \in \mathcal{Q}_i} C_Q$, $\mathcal{Q}_i = \mathcal{Q}_i \backslash \{Q \in \mathcal{Q}_i : \sigma_Q < 2r\}$.

步 6 对任意 $Q \in \mathcal{Q}_i$, 将立方体 Q 划分成 2^d 个大小相等且边长均为 $\sigma_Q/2$ 的立方体 $Q_1, Q_2, \cdots, Q_{2^d}$. 记

$$\text{aligned}(Q) = \{Q_1, Q_2, \cdots, Q_{2^d}\},$$
$$\text{active}(Q) = \{Q' : Q' \in \text{aligned}(Q), Q' \cap \mathcal{X} \neq \varnothing\}.$$

步 7 更新 $i := i + 1$.

步 8 更新 $\mathcal{Q}_i := \cup_{Q \in \mathcal{Q}_{i-1}} \text{active}(Q)$. 转至步 3.

下面证明算法 4.2.1 输出的集合 $\mathcal{C}$ 是输入实例 $\mathcal{X}$ 的 $\hat{\varepsilon}$-近似质心集. 在证明之前, 首先给出引理 4.2.2, 该引理在定理 4.2.1 的证明过程起到了关键的作用.

引理 4.2.2 给定 k-均值问题的实例 $\mathcal{X}$, 令参数 δ 为实例中任意不同的两点之间的最小距离, 参数 $r = \delta/n$. 对任意至少包含两个不同点的集合 $S \subseteq \mathcal{X}$, 有

$$\rho(S) \geqslant r.$$

如果 $\mathcal{X}$ 不是多重集, 令 $r = \delta/2$, 不等式仍成立.

证明 对任意的 $S \subseteq \mathcal{X}$ 有

$$\sum_{\boldsymbol{x} \in S} \|\boldsymbol{x} - \text{cen}(S)\|^2 = \frac{1}{2|S|} \sum_{\boldsymbol{x}, \boldsymbol{y} \in S} \|\boldsymbol{x} - \boldsymbol{y}\|^2.$$

结合定义 4.2.2, 分以下两种情形来讨论 $\rho(S)$ 与 r 的关系.

(1) $\mathcal{X}$ 是多重集. 此时有

$$\rho(S) = \sqrt{\frac{\text{cost}(S, \text{cen}(S))}{|S|}} = \sqrt{\frac{\sum\limits_{\boldsymbol{x}, \boldsymbol{y} \in S} \|\boldsymbol{x} - \boldsymbol{y}\|^2}{2|S|^2}} \geqslant \sqrt{\frac{2\delta^2}{2|S|^2}} \geqslant \frac{\delta}{n}.$$

(2) $\mathcal{X}$ 不是多重集. 此时有

$$\rho(S) = \sqrt{\frac{\sum\limits_{\boldsymbol{x}, \boldsymbol{y} \in S} \|\boldsymbol{x} - \boldsymbol{y}\|^2}{2|S|^2}} \geqslant \sqrt{\frac{|S|(|S|-1)\delta^2}{2|S|^2}} \geqslant \sqrt{\frac{(|S|-1)\delta^2}{2|S|}} \geqslant \frac{\delta}{2}.$$

引理得证. □

定理 4.2.1 给定包含 n 个点的 k-均值问题实例 $\mathcal{X} \subseteq \mathbb{R}^d$ 以及参数 $\hat{\varepsilon} > 0$, 在 $O((n + n\hat{\varepsilon}^{-d})\log(nR/\delta))$ 时间内算法 4.2.1 输出 $\mathcal{X}$ 的 $\hat{\varepsilon}$-近似质心集 $\mathcal{C}$, 其中 $|\mathcal{C}| = O(n\hat{\varepsilon}^{-d}\log(nR/\delta))$, R 为包含 $\mathcal{X}$ 的最小立方体的 3-扩展 Q_0 的边长.

证明 首先分析 $\mathcal{C}$ 的大小以及算法 4.2.1 的时间复杂度. 在算法的每个迭代过程中都添加了活跃立方体 Q 的 2-扩展的 $(\hat{\varepsilon}/18)\sigma_Q$-稠密集 C_Q 到 $\mathcal{C}$ 中. 因此, 算法过程中产

生的活跃立方体的个数是分析 $\mathcal{C}$ 的大小以及算法复杂度的关键. 第一个活跃立方体的边长为 R, 最后一个活跃立方体的边长至少为 r. 由于在每次迭代中, 活跃立方体的边长缩短为原来的一半, 因此算法 4.2.1 有 $O(\log nR/\delta)$ 个迭代过程. 又因在迭代过程中每个活跃的立方体都至少包含了一个 $\mathcal{X}$ 中的点, 那么至多有 n 个活跃的立方体. 综上, 算法最多产生 $O(n\log nR/\delta)$ 个活跃立方体. 由于每个活跃立方体得到的稠密集的大小为 $O(\hat{\varepsilon}^{-d})$, 因此可以得到 $|\mathcal{C}| = O(n\hat{\varepsilon}^{-d}\log(nR/\delta))$, 且算法的运行时间为 $O((n+n\hat{\varepsilon}^{-d})\log(nR/\delta))$.

分两种情况来证明 $\mathcal{C}$ 与任意非空集合 $S\subseteq\mathcal{X}$ 的 $\hat{\varepsilon}$-容错球相交非空.

情况 1　若 S 只包含相同的点, 则有 $\rho(S)=0$. 由算法 4.2.1 的步 1 可知, $S\subseteq\mathcal{C}$. 因此集合 $\mathcal{C}$ 与集合 S 的 $\hat{\varepsilon}$-容错球 $B_S(\hat{\varepsilon})$ 相交非空.

情况 2　若 S 中至少包含两个不同的点, 则令 B'_S 是以 $\mathrm{cen}(S)$ 为中心, 半径为 $\sqrt{2}\rho(S)$ 的球. 如果球 B'_S 与集合 S 相交为空集, 可得

$$\rho(S)=\sqrt{\frac{\mathrm{cost}(S,\mathrm{cen}(S))}{|S|}}>\sqrt{\frac{|S|(\sqrt{2}\rho(S))^2}{|S|}}=\sqrt{2}\rho(S).$$

因此球 B'_S 与集合 S 相交非空. 令 i 为满足

$$R/2^i\in[3\rho(S),6\rho(S)) \tag{4.2.10}$$

的整数. 由 (4.2.10) 式, 球 B'_S 的直径 $2\sqrt{2}\rho(S)<3\rho(S)<R/2^i$. 由步 5, 球 B'_S 最多与 2^d 个边长为 $R/2^i$ 的立方体相交. 因为球 B'_S 与集合 S 相交非空, 因此一定存在 Q, 立方体的边长 $\sigma_Q=R/2^i$ 且 Q 与 B'_S 相交非空. 由引理 4.2.2, 可得

$$\sigma_Q\geqslant 3\rho(S)\geqslant 3r.$$

综上, 立方体 Q 中至少包含一个集合 S 中的点且 Q 的边长 $\sigma_Q>2r$. 由算法 4.2.1 可知立方体 Q 的 2-扩展的 $(\hat{\varepsilon}/18)\sigma_Q$-稠密集 $C_Q\subseteq\mathcal{C}$.

下面证明集合 $\mathcal{C}$ 与集合 S 的 $\hat{\varepsilon}$-容错球相交非空. 由 Q 与 B'_S 相交可得集合 S 的质心点 $\mathrm{cen}(S)$ 到立方体 Q 的距离不超过 $\sqrt{2}\rho(S)$. 进一步由 (4.2.10) 式可知, 质心点 $\mathrm{cen}(S)$ 到立方体 Q 的距离小于或等于 $\sigma_Q/2$. 因此 $\mathrm{cen}(S)$ 在立方体 Q 的 2-扩展里 (见图 4.2.4). 因此在集合 C_Q 中存在点 $\boldsymbol{x}$, 使得

$$\|\boldsymbol{x}-\mathrm{cen}(S)\|\leqslant\frac{\hat{\varepsilon}}{18}\sigma_Q<\frac{\hat{\varepsilon}}{3}\rho(S).$$

故集合 $\mathcal{C}$ 与集合 S 的 $\hat{\varepsilon}$-容错球相交非空.

综合以上, 定理得证. □

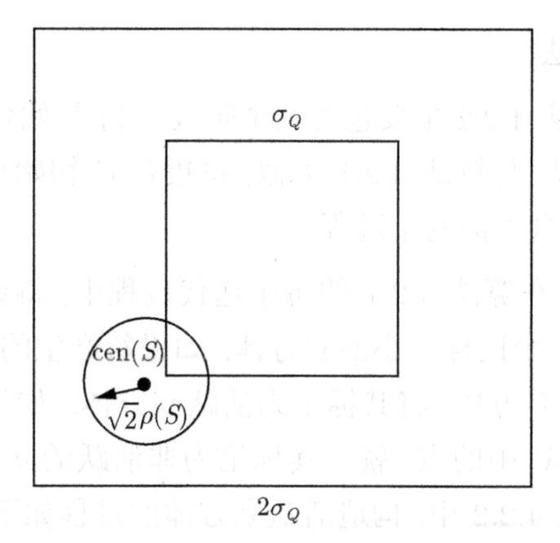

图 4.2.4 cen(S) 与 Q 的 2-扩展的位置关系

4.2.4 一般实例

4.2.3 节介绍了稀疏实例的 $\hat{\varepsilon}$-近似质心集的构造算法. 算法 4.2.1 的时间复杂度与构造的质心集 $\mathcal{C}$ 的大小依赖于集合 $\mathcal{X}$ 中任意两个不同点的最大距离与最小距离的比值. 当该比值非常大时, 上述算法得到的近似质心集的大小和算法的运行时间都将变得不可接受. 因此本节移除实例的稀疏性假设, 给出适用于所有 k-均值实例近似质心集的构造算法. 首先介绍几个定义和定理.

定义 4.2.6 ($\hat{\varepsilon}$-接近) 给定实数 $\hat{\varepsilon} \geqslant 0$, 记 d 维 Euclidean 空间中的有序点对 $(\boldsymbol{x}, \boldsymbol{y})$ 和点对 $(\boldsymbol{x}', \boldsymbol{y}')$ 是 $\hat{\varepsilon}$-接近的, 如果 $(\boldsymbol{x}, \boldsymbol{y}) \sim_{\hat{\varepsilon}} (\boldsymbol{x}', \boldsymbol{y}')$ 且 $(\boldsymbol{x}', \boldsymbol{y}') \sim_{\hat{\varepsilon}} (\boldsymbol{x}, \boldsymbol{y})$, 其中 $(\boldsymbol{x}, \boldsymbol{y}) \sim_{\hat{\varepsilon}} (\boldsymbol{x}', \boldsymbol{y}')$ 是指 $\|\boldsymbol{x} - \boldsymbol{x}'\| \leqslant \hat{\varepsilon} \cdot \|\boldsymbol{x} - \boldsymbol{y}\|$, $\|\boldsymbol{y} - \boldsymbol{y}'\| \leqslant \hat{\varepsilon} \cdot \|\boldsymbol{x} - \boldsymbol{y}\|$.

用图 4.2.5 进一步解释 $(\boldsymbol{x}, \boldsymbol{y}) \sim_{\hat{\varepsilon}} (\boldsymbol{x}', \boldsymbol{y}')$.

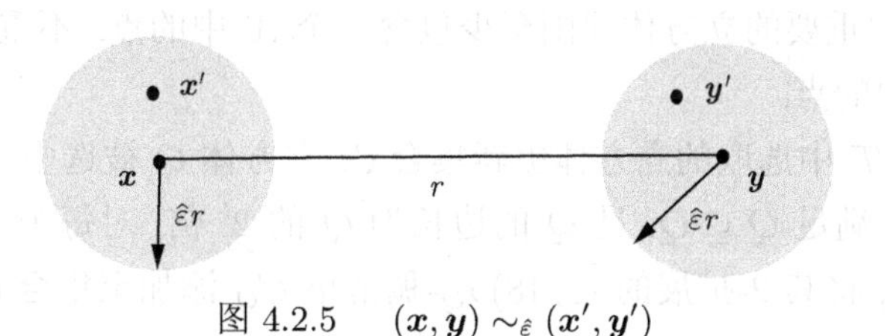

图 4.2.5 $(\boldsymbol{x}, \boldsymbol{y}) \sim_{\hat{\varepsilon}} (\boldsymbol{x}', \boldsymbol{y}')$

定义 4.2.7 ($\hat{\varepsilon}$-分离) 给定实数 $\hat{\varepsilon} \geqslant 0$ 以及 d 维 Euclidean 空间中有序点对的集合 P, 称集合 P 是 $\hat{\varepsilon}$-分离的, 如果在 P 中不存在 $\hat{\varepsilon}$-接近的点对.

定义 4.2.8 ($\hat{\varepsilon}$-完备) 给定实数 $\hat{\varepsilon} \geqslant 0$ 以及 d 维 Euclidean 空间中集合 $\mathcal{X}$, 称 d 维 Euclidean 空间中有序点对的集合 P 是集合 $\mathcal{X}$ 的 $\hat{\varepsilon}$-完备, 如果对 $\mathcal{X}$ 的任意有序点对 $(\boldsymbol{x}, \boldsymbol{y})$, 在 P 中存在 $(\boldsymbol{x}', \boldsymbol{y}')$, 使得 $(\boldsymbol{x}, \boldsymbol{y})$ 与 $(\boldsymbol{x}', \boldsymbol{y}')$ 是 $\hat{\varepsilon}$-接近的.

定理 4.2.2 [48] 给定 $\hat{\varepsilon} \in (0, 1)$ 以及包含 n 个点的集合 $\mathcal{X} \subseteq \mathbb{R}^d$, 则任何 $\hat{\varepsilon}$-分离的集合 $P \subseteq \mathcal{X} \times \mathcal{X}$ 中点的个数不超过 $O(n\hat{\varepsilon}^{-d})$. 此外, 可以在 $O(n \log n + n\hat{\varepsilon}^{-d})$ 时间内找到大小为 $O(n\hat{\varepsilon}^{-d})$ 有序点对集 $P \subseteq \mathcal{X} \times \mathcal{X}$, 使得 P 是集合 $\mathcal{X}$ 的 $\hat{\varepsilon}$-完备.

近似质心集的构造算法

近似质心集的构造算法 4.2.2 主要包含两个阶段: (1) 初始化 $\hat{\varepsilon}$-近似质心集 $\mathcal{C}$; (2) 迭代更新集合 $\mathcal{C}$. 在第一个阶段, 与算法 4.2.1 类似, 将集合 $\mathcal{C}$ 初始化为集合 $\mathcal{X}$. 第二个阶段是算法 4.2.2 的核心, 主要包含下面两个过程.

(1) 构造活跃立方体: 在算法 4.2.1 的每个迭代过程中, 将该迭代过程中每个活跃的立方体 Q 划分成 2^d 个同样大小的立方体. 如果新产生的立方体的边长不小于 $2r$ 且包含 $\mathcal{X}$ 中点的小立方体, 将其标记为活跃立方体. 如果新产生的立方体不包含或仅包含一个集合 $\mathcal{X}$ 中的点, 就将其标记为非活跃的立方体, 在之后的过程中不再对其划分. 在算法 4.2.2 中, 构造活跃立方体的过程如下:
- 构造一个包含集合 $\mathcal{X}$ 的尽可能小的立方体 $\tilde{Q}$, 令 Q_0 为 $\tilde{Q}$ 的 3-扩展并将其标记为活跃.
- 在迭代过程中, 将每个活跃立方体 Q 划分成 2^d 个同样大小的立方体, 并将 Q 标记为非活跃. 从划分得到的立方体中选出至少包含 $\mathcal{X}$ 中两个点的立方体标记为活跃.
- 重复上述过程, 直至没有新的活跃立方体产生.

(2) 更新集合 $\mathcal{C}$: 在算法 4.2.1 中, 算法基于所有活跃立方体构造稠密集, 并将这些稠密集添加至集合 $\mathcal{C}$ 中. 在算法 4.2.2 中, 更加谨慎地选择立方体来构造稠密集并更新集合 $\mathcal{C}$. 更新过程如下:
- 将第一阶段产生的所有包含 $\mathcal{X}$ 中点的立方体集合记为 $\mathcal{T}$. 令 $l = \lceil \log_2(A/\hat{\varepsilon}) \rceil$, 其中 A 为足够大的常数. 给定立方体 $Q \in \mathcal{T}$, 令 $P_{\text{out}}(Q)$ 为 Q 的 2^{2l}-扩展, $P_{\text{in}}(Q)$ 为 Q 的 3-扩展, Q 的周围定义为 $\text{periphery}(Q) := P_{\text{out}}(Q) \backslash P_{\text{in}}(Q)$. 基于立方体周围是否包含 $\mathcal{X}$ 中的点将 $\mathcal{T}$ 中的立方体划分为重要的和不重要的两类. 其中重要的立方体周围至少包含一个 $\mathcal{X}$ 中的点. 不重要的立方体周围不包含 $\mathcal{X}$ 中的点.
- 利用从 $\mathcal{T}$ 中选取的立方体更新集合 $\mathcal{C}$. 立方体 Q 被选中, 除非存在不重要的立方体 $\hat{Q}$ 满足 $\hat{Q} \subseteq Q$, 且 Q 的边长为 $\hat{Q}$ 的 2^l 倍, 对每个 $\mathcal{T}$ 中每个被选中的立方体 Q, 将其 2-扩展的 $(\hat{\varepsilon}/18)\sigma_Q$-稠密集 C_Q 添加至集合 $\mathcal{C}$ 中.

基于上述描述, 给出算法 4.2.2 的具体步骤.

算法 4.2.2

输入: 包含 n 个点的集合 $\mathcal{X} \subseteq \mathbb{R}^d$, 参数 $\hat{\varepsilon} > 0$, $l = \lceil \log_2(A/\hat{\varepsilon}) \rceil$, A 为足够大的常数.

输出: 集合 $\mathcal{C}$.

步 1 初始化近似集合 $\mathcal{C} := \mathcal{X}$, 迭代次数 $i := 0$, 集合 $\mathcal{Q}_i := \varnothing$, $\mathcal{T} := \varnothing$

步 2 令 Q_0 为包含 $\mathcal{X}$ 的最小的立方体 $\tilde{Q}$ 的 3-扩展. 更新 $i := i + 1$, $\mathcal{Q}_i := \{Q_0\}$, $\mathcal{T} := \{Q_0\}$.

步 3 如果 $\mathcal{Q}_i = \varnothing$, 转至步 7. 否则, 转至步 4.

步 4 对任意 $Q \in \mathcal{Q}_i$, 将立方体 Q 划分成 2^d 个大小相等且边长均为 $\sigma_Q/2$ 的立方体

$Q_1, Q_2, \cdots, Q_{2^d}$. 记

$$\begin{aligned}\text{aligned}(Q) &= \{Q_1, Q_2, \cdots, Q_{2^d}\},\\ \text{leaf}(Q) &= \{Q' : Q' \in \text{aligned}(Q), |Q' \cap \mathcal{X}| = 1\},\\ \text{active}(Q) &= \{Q' : Q' \in \text{aligned}(Q), |Q' \cap \mathcal{X}| \geqslant 2\}.\end{aligned}$$

步 5 更新 $i := i + 1$.

步 6 更新 $\mathcal{Q}_i := \cup_{Q \in \mathcal{Q}_{i-1}} \text{active}(Q)$, $\mathcal{T} := \mathcal{T} \cup_{Q \in \mathcal{Q}_{i-1}} \text{active}(Q) \cup_{Q \in \mathcal{Q}_{i-1}} \text{leaf}(Q)$. 转至步 3.

步 7 对任意立方体 $Q \in \mathcal{T}$, 令 $P_{\text{out}}(Q)$ 和 $P_{\text{in}}(Q)$ 分别为 Q 的 2^{2l}-扩展和 3-扩展, Q 的周围记为

$$\text{periphery}(Q) := P_{\text{out}}(Q) \backslash P_{\text{in}}(Q).$$

步 8 记 $\mathcal{T}_1 := \{Q : Q \in \mathcal{T}, \text{periphery}(Q) \cap \mathcal{X} \neq \varnothing\}$ 为重要的立方体的集合, $\mathcal{T}_2 := \{Q : Q \in \mathcal{T}, \text{periphery}(Q) \cap \mathcal{X} = \varnothing\}$ 为不重要的立方体的集合.

步 9 记 $\mathcal{T}_3 := \left\{Q : Q \in \mathcal{T}, \exists \hat{Q} \subseteq \mathcal{T}_2, \hat{Q} \subseteq Q, \sigma_Q = 2^l \sigma_{\hat{Q}}\right\}$ 为未被选中的立方体的集合.

步 10 对任意 $Q \in \mathcal{T} \backslash \mathcal{T}_3$, 构造 Q 的 2-扩展的大小为 $O(\hat{\varepsilon}^{-d})$ 的 $(\hat{\varepsilon}/18)\sigma_Q$-稠密集 C_Q.

步 11 更新 $\mathcal{C} := \mathcal{C} \cup_{Q \in \mathcal{T} \backslash \mathcal{T}_3} C_Q$.

步 12 输出集合 $\mathcal{C}$, 算法终止.

以下分析算法 4.2.2 输出集合 $\mathcal{C}$ 的大小, 并证明 $\mathcal{C}$ 是 $\mathcal{X}$ 的 $\hat{\varepsilon}$-近似质心集.

引理 4.2.3 算法 4.2.2 输出的 $\mathcal{C}$ 的大小为 $O(n\hat{\varepsilon}^{-d} \log(1/\hat{\varepsilon}))$.

证明 将 $\mathcal{T}$ 中的立方体作为节点排列成一棵树, 并将 Q_0 作为该树的根节点. 当一个节点 Q 被划分成 2^d 个同样大小的小立方体时, 其中包含 $\mathcal{X}$ 中点的立方体成为 Q 的子节点. 由算法 4.2.2 知, 有两类立方体会被选取到: (1) 树中距其后代叶子节点不超过 l 层的立方体; (2) 其 l 层后代的立方体均为重要的立方体.

首先分析第一类立方体的个数. 由于在树中, 每个叶子节点包含且仅包含一个 $\mathcal{X}$ 中的点, 所以树中包含 n 个叶子. 因此每个叶子以上不超过 l 层的立方体的个数为 $O(nl)$. 其次, 从构造方式可知, 第二类中被选中的立方体的个数不会超过重要的立方体的个数. 接下来从两种情况讨论重要的立方体的个数.

(1) 考虑树中出度至少为 2 的立方体及其 $3l$ 层内后代中重要的立方体的个数. 由于树中存在 n 个叶子, 所以树中出度至少为 2 的立方体的个数不超过 n 个. 因此第一种情况下重要的立方体的个数不超过 $O(nl)$.

(2) 将剩余的重要的立方体的集合记为 $\mathcal{Q}$. 集合 $\mathcal{Q}$ 中的每个立方体 Q 均是由父节点划分成 2^d 的小立方体而来, 因此基于每个小立方体在父节点中的方位, 可以被划分为 2^d 类. 此外立方体的集合 $\mathcal{Q}$ 可以基于立方体在树中的层数除以 $3l$ 的余数被划分为 $3l$ 类. 因此, 可以基于立方体的方位和在树中的层数除以 $3l$ 的余数, 将集合 $\mathcal{Q}$ 划分为 $2^d 3l$ 个不相交的集合 $\mathcal{Q}^1, \mathcal{Q}^2, \cdots, \mathcal{Q}^{2^d 3l}$. 下面以 $\mathcal{Q}^1$ 为例来分析每个集合 $\mathcal{Q}^i (i \in [2^d 3l])$ 中立方体的个数.

对任意两个立方体 $Q_1^1, Q_2^1 \subseteq \mathcal{Q}^1$, 令

$$(\boldsymbol{x}_1, \boldsymbol{y}_1), \boldsymbol{x}_1 \in Q_1^1, \boldsymbol{y}_1 \in \text{边界}\ (Q_1^1), \qquad (\boldsymbol{x}_2, \boldsymbol{y}_2), \boldsymbol{x}_2 \in Q_2^1, \boldsymbol{y}_2 \in \text{边界}\ (Q_2^1)$$

为两个有序点对. 证明 $(\boldsymbol{x}_1, \boldsymbol{y}_1)$ 和 $(\boldsymbol{x}_2, \boldsymbol{y}_2)$ 不可能是 (1/2)-接近的.

① 若 $\sigma_{Q_1^1} = \sigma_{Q_2^1} = \sigma$, 令 $\tilde{Q}_1^1$ 和 $\tilde{Q}_2^1$ 分别为包含 Q_1^1, Q_2^1 的立方体, 且满足

$$\sigma_{\tilde{Q}_1^1} = \sigma_{\tilde{Q}_2^1} = 2^{3l}\sigma_{Q_1^1} = 2^{3l}\sigma_{Q_2^1}.$$

由于立方体 $\tilde{Q}_1^1$ 和 $\tilde{Q}_2^1$ 是不交的, 因此立方体 Q_1^1, Q_2^1 之间的距离至少为 $2^{3l-1}\sigma$, 这意味着 $\|\boldsymbol{x}_1 - \boldsymbol{x}_2\| \geqslant 2^{3l-1}\sigma$. 同时, 由立方体周围的定义, 可得

$$\|\boldsymbol{x}_1 - \boldsymbol{y}_1\| \leqslant 2^{2l}\sqrt{d}\sigma, \qquad \|\boldsymbol{x}_2 - \boldsymbol{y}_2\| \leqslant 2^{2l}\sqrt{d}\sigma.$$

因此有序点对 $(\boldsymbol{x}_1, \boldsymbol{y}_1)$ 和 $(\boldsymbol{x}_2, \boldsymbol{y}_2)$ 不可能是 (1/2)-接近的.

② 若 $\sigma_{Q_1^1} \neq \sigma_{Q_2^1}$, 不妨设 $\sigma_{Q_1^1} > \sigma_{Q_2^1}$, 由于立方体 $Q_1^1, Q_2^1 \subseteq \mathcal{Q}^1$, 所以可得 $\sigma_{Q_1^1} \geqslant 2^{3l}\sigma_{Q_2^1}$. 此时, 点对内部的距离远小于 $\boldsymbol{y}_1, \boldsymbol{y}_2$ 之间的距离, 因此点对 $(\boldsymbol{x}_1, \boldsymbol{y}_1)$ 和 $(\boldsymbol{x}_2, \boldsymbol{y}_2)$ 不可能是 (1/2)-接近的.

由定理 4.2.2, 第二类重要的立方体个数为 $O(n2^d l)$. 综上, 被选中的立方体的个数为 $O(n2^d l)$. 此外基于每个被选中的立方体构造了大小为 $O(\hat{\varepsilon}^{-d})$ 的稠密集可得集合 $\mathcal{C}$ 的大小为 $O(n\hat{\varepsilon}^{-d}l + n) = O(n\hat{\varepsilon}^{-d}\log(1/\hat{\varepsilon}))$.

引理得证. □

引理 4.2.4 算法 4.2.2 输出的 $\mathcal{C}$ 为 $\mathcal{X}$ 的 $\hat{\varepsilon}$-近似质心集.

证明 分情况证明 $\mathcal{C}$ 与任意非空集合 $S \subseteq \mathcal{X}$ 的 $\hat{\varepsilon}$-容错球的交集非空.

情况 1 若集合 S 中只包含相同的点, 有 $\rho(S) = 0$. 由算法 4.2.2 的步 1 可知, $S \subseteq \mathcal{C}$. 因此集合 $\mathcal{C}$ 与集合 S 的 $\hat{\varepsilon}$-容错球 $B_S(\hat{\varepsilon})$ 的交集非空.

情况 2 若集合 S 中至少包含两个不同的点, 令 B'_S 为以 $\text{cen}(S)$ 为中心, 半径为 $\sqrt{2}\rho(S)$ 的球. 由定理 4.2.1 的证明, 此时一定存在立方体 Q, 其边长 $\sigma_Q = R/2^i \in [3\rho(S), 6\rho(S))$ 且 Q 与 B'_S 相交非空. 若立方体 Q 在算法 4.2.2 中被选中来构造质心集 $\mathcal{C}$, 由定理 4.2.1 的证明可得集合 $\mathcal{C}$ 与集合 S 的 $\hat{\varepsilon}$-容错球 $B_S(\hat{\varepsilon})$ 相交非空. 若立方体 Q 没有被选中, 由算法 4.2.2, 树 $\mathcal{T}$ 中一定存在不重要的立方体 $\hat{Q}$, 满足

$$\hat{Q} \subseteq Q, \qquad \sigma_Q = 2^l\sigma_{\hat{Q}}.$$

令集合 $S_{\text{in}} = S \cap P_{\text{in}}(\hat{Q})$, $S_{\text{out}} = S \cap P_{\text{out}}(\hat{Q})$. 由于立方体 $\hat{Q}$ 不重要, 因此可得 $S = S_{\text{in}} \cup S_{\text{out}}$. 结合定理 4.2.1 的证明以及 $P_{\text{out}}(\hat{Q})$ 的定义, 如图 4.2.6 所示, 对任意的 $\boldsymbol{x} \in P_{\text{out}}(\hat{Q})$, 有

$$\|\boldsymbol{x} - \text{cen}(S)\| \geqslant \frac{1}{3}2^l\sigma_Q \geqslant \frac{A}{3\hat{\varepsilon}}\sigma_Q \geqslant \frac{A}{18\hat{\varepsilon}}\rho(S).$$

在此引入 Markov 不等式: 对非负随机变量 X, 对任意 $\alpha > 0$ 有 $P(X \geqslant \alpha) \leqslant E[X]/\alpha$ 成立. 由于 A 足够大, 结合 Markov 不等式可得

$$|S_{\text{out}}| \leqslant \frac{1}{72}\hat{\varepsilon}^2|S|.$$

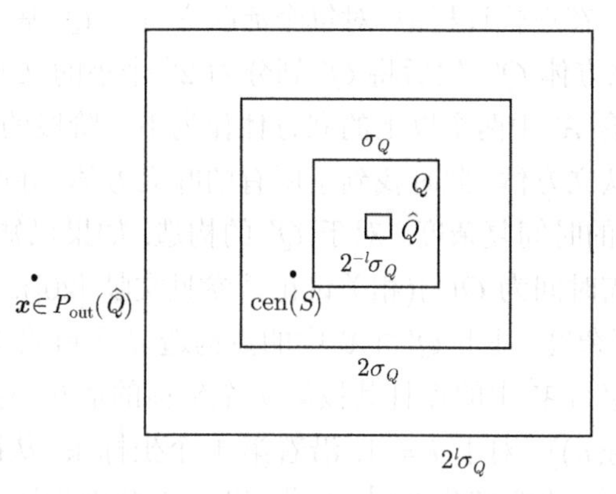

图 4.2.6 cen(S) 和 $P_{\text{out}}(\hat{Q})$ 的位置关系

不妨设集合 S_{in} 的质心点 cen(S_{in}) 为坐标系的中心, 由 Cauchy-Schwarz (柯西-施瓦茨) 不等式, 可得

$$\begin{aligned}|S|^2 \cdot \|\text{cen}(S)\| &= \left\|\sum_{\boldsymbol{x}\in S}\boldsymbol{x}\right\|^2 = \left\|\sum_{\boldsymbol{x}\in S_{\text{in}}}\boldsymbol{x} + \sum_{\boldsymbol{x}\in S_{\text{out}}}\boldsymbol{x}\right\|^2 = \left\|\sum_{\boldsymbol{x}\in S_{\text{out}}}\boldsymbol{x}\right\|^2 \\ &\leqslant |S_{\text{out}}| \cdot \sum_{\boldsymbol{x}\in S_{\text{out}}}\|x\|^2 \\ &\leqslant \frac{\hat{\varepsilon}^2|S|^2}{72}\rho(S) + \frac{\hat{\varepsilon}^2|S|^2}{72}\cdot\|\text{cen}(S)\|,\end{aligned}$$

即

$$|S|^2 \cdot \|\text{cen}(S)\| \leqslant \frac{1}{36}\hat{\varepsilon}^2|S|^2\rho(S) \Rightarrow \|\text{cen}(S) - \text{cen}(S_{\text{in}})\| \leqslant \frac{\hat{\varepsilon}}{6}\rho(S).$$

由 $\text{cen}(S_{\text{in}}) \in P_{\text{in}}(\hat{Q})$ 可知 cen(S) 到立方体 $P_{\text{in}}(\hat{Q})$ 的距离至多为 $(\hat{\varepsilon}/6)\rho(S)$. 此外结合 $P_{\text{in}}(\hat{Q})$ 的直径为 $3\sqrt{d}2^{-l}\sigma \leqslant (\hat{\varepsilon}/6)\rho(S)$ 这一事实, 可得立方体 $P_{\text{in}}(\hat{Q})$ 包含在集合 S 的 $\hat{\varepsilon}$-容错球 $B_S(\hat{\varepsilon})$ 中. 即立方体 Q 包含在集合 S 的 $\hat{\varepsilon}$-容错球 $B_S(\hat{\varepsilon})$ 中. 又因为 Q 中存在集合 $\mathcal{X} \subseteq \mathcal{C}$ 中的点, 因此集合 $\mathcal{C}$ 与集合 S 的 $\hat{\varepsilon}$-容错球 $B_S(\hat{\varepsilon})$ 相交非空.

综合上述两种情形并结合引理 4.2.1, 引理得证. □

定理 4.2.3 算法 4.2.2 的输出 $\mathcal{C}$ 是 $\mathcal{X}$ 的大小为 $O(n\hat{\varepsilon}^{-d}\log(1/\hat{\varepsilon}))$ 的 $\hat{\varepsilon}$-近似质心集.

下面说明, 通过调整构造的过程, 任意包含 n 个点的 k-均值问题的实例 $\mathcal{X} \subseteq \mathbb{R}^d$, 其大小为 $O(n\hat{\varepsilon}^{-d}\log(1/\hat{\varepsilon}))$ 的 $\hat{\varepsilon}$-近似质心集合可以在接近线性时间内构造出来.

定理 4.2.4 给定包含 n 个点的 k-均值问题的实例 $\mathcal{X} \subseteq \mathbb{R}^d$, 可以在 $O(n\log n + n\hat{\varepsilon}^{-d}\log(1/\hat{\varepsilon}))$ 时间内构造其大小为 $O(n\hat{\varepsilon}^{-d}\log(1/\hat{\varepsilon}))$ 的 $\hat{\varepsilon}$-近似质心集 $\mathcal{C}$.

证明 算法 4.2.2 选取两类立方体来构造近似质心集. 第一类是树中距其后代叶子节点不超过 l 层的立方体; 第二类是第 l 层后代的立方体均为重要的立方体.

首先对第一类立方体进行分析. 寻找叶立方体的阶段是迭代划分过程. 将立方体 Q_0 看作唯一的活跃立方体. 在迭代过程中, 对每个活跃立方体 Q, 基于文献 [20] 的收缩操作构造包含 $Q \cap \mathcal{X}$ 最小的立方体 Q'. 然后将 Q' 划分为 2^d 个小的立方体, 此时立方体 Q' 不再活跃. 将小立方体中包含 $\mathcal{X}$ 中两个以上的立方体作为下一阶段的活跃立方体. 重复上述过程, 直到不存在新的活跃立方体. 此时找到了所有的叶立方体, 并产生了 $O(n)$ 个立方体.

下面分析上述过程的时间复杂度. 对于 Q' 的构造, 如果已知立方体 Q 中各点坐标的最大值与最小值, 则所需时间为 $O(1)$(相关讨论请参见文献 [20]). 对于将立方体 Q' 划分成 2^d 个小立方体的时间复杂度, 基于 $Q' \cap \mathcal{X}$ 中的点构造 d 个链表 $\text{list}_1, \text{list}_2, \cdots, \text{list}_d$, 其中第 i 个链表中的点为 $Q' \cap \mathcal{X}$ 中的点且其按第 i 个坐标的值从小到大排序 (对于 Q_0, 需要的时间复杂度为 $O(n\log n)$). 对于 $i=1$, 沿着第 1 个坐标系, 从链表的两端向中间遍历直到找到分割点并将 list_1 分成两部分 list_1^1, list_1^2. 记 a, b 分别为链表 list_1^1, list_1^2 中点的个数, 不失一般性假设 $a \leqslant b$, 则寻找分割点的时间复杂度为 $O(a)$. 在剩下的 $d-1$ 个双链表中删掉 list_1^1 中的点, 并依次对 $i = 2, \cdots, d$ 重复上述操作. 按此方法找到所有叶节点立方体的所需时间为 $O(n\log n)$.

接下来分析第二类立方体. 在找到叶立方体之后, 我们很容易识别出那些出度大于 1 的立方体及其 $3l$ 层内后代中的立方体. 由定理 4.2.2 中的 $O(n)$ 个 $\mathcal{X}$ 的点对可以生成 (1/2)-完备集 P. 对于任意 $(\boldsymbol{x},\boldsymbol{y}) \in P$, 可以对于 $2^d 3l$ 种类型中的每一种类型的重要的立方体, 找到该类型中所有使得与 $(\boldsymbol{x},\boldsymbol{y})$ 是 (1/2)-接近的点对 $(\boldsymbol{x}',\boldsymbol{y}')$ 可能分配到的立方体 $\tilde{Q}$. 从距离的定义和该立方体的类型, 可以唯一确定 $\tilde{Q}$ 的边长. 而 $\boldsymbol{x}'$ 只可能落在以 $\boldsymbol{x}$ 为中心, 半径不超过 $\tilde{Q}$ 所属的大立方体 $\hat{Q}$ 的边长的球 B 范围内. 因此, 最多考虑了 2^d 个同等的立方体 $\hat{Q}$. 忽略到那些没有包含 $\mathcal{X}$ 中任何一个点的 $\hat{Q}$, 可以得到边长合适并且包含 $\boldsymbol{x}$ 的 $\tilde{Q}$(当然, 这样的 $\tilde{Q}$ 不一定是重要的, 但是所有的重要的立方体都包含在其内部).

因此, 仅剩一个待解决的问题, 即在给定 $O(n)$ 个立方体中找出包含 n 个点中至少一个的所有立方体. 事实上, 这件事情可以在 $O(n\log n)$ 时间内做到. 以二维空间为例, 可以先将所有立方体按照划分关系排列在四叉树的节点上 (某些节点可能没有对应任何立方体), 然后在遍历该四叉树的同时, 可以将点集也对应到该四叉树的节点上, 从而避免 $O(n^2)$ 的枚举时间.

综上, 定理得证. □

第 5 章

k-中位和k-均值问题的局部搜索算法

局部搜索的思想是从任意可行解出发, 通过添加、删除或交换中心点等操作定义当前解的邻域, 在邻域内求解最优解 (或者次优解), 并更新为当前解, 迭代以上过程直到当前解的质量不能被改进或充分改进为止. 局部搜索技术在许多组合优化问题中得到广泛应用. 局部搜索算法通常分析近似比非常困难, 这时仅得到启发式算法. 在设施选址[190]、k-中位、k-均值等聚类问题中, 通过引入充分下降性, 成功地分析出局部搜索算法的近似比. 5.1 节介绍 k-中位问题的局部搜索算法, 主要内容取材于文献 [19,185]; 5.2 节介绍 k-均值问题的局部搜索算法, 主要内容取材于文献 [126].

5.1 k-中位问题的局部搜索算法

本节首先介绍 k-中位问题的定义和预备知识, 然后给出 k-中位单交换局部搜索 $(5+\varepsilon)$-近似算法, 最后给出改进的多交换局部搜索 $(3+\varepsilon)$-近似算法.

5.1.1 问题描述

给定客户集 $\mathcal{X}=\{\boldsymbol{x}_1,\boldsymbol{x}_2,\cdots,\boldsymbol{x}_n\}$, 设施集 $\mathcal{F}=\{\boldsymbol{s}_1,\boldsymbol{s}_2,\cdots,\boldsymbol{s}_m\}$, 正整数 k, 设施 $\boldsymbol{s}_i\in\mathcal{F}$ 服务客户 $\boldsymbol{x}_j\in\mathcal{X}$ 的费用为 $d(\boldsymbol{s}_i,\boldsymbol{x}_j)\geqslant 0$, 其中 $i=1,2,\cdots,m$, $j=1,2,\cdots,n$. k-中位问题的目标是寻找基数不超过 k 的设施子集 $S\subseteq\mathcal{F}$, 服务所有客户 $\mathcal{X}$, 最小化总费用 $\sum\limits_{\boldsymbol{x}_j\in\mathcal{X}}\min\limits_{\boldsymbol{s}_i\in S}d(\boldsymbol{s}_i,\boldsymbol{x}_j)$. 由于设施没有开设费用, 我们通常假设 $|S|=k$. 本节中, 假设 $d(\boldsymbol{s}_i,\boldsymbol{x}_j)$ 是可度量的, 即满足非负性、对称性和三角不等式. 简单地说, k-中位问题的目标为

$$\min_{S\subseteq\mathcal{F},|S|=k}\sum_{\boldsymbol{x}_j\in\mathcal{X}}\min_{\boldsymbol{s}_i\in S}d(\boldsymbol{s}_i,\boldsymbol{x}_j).$$

令 S 和 O 分别是 k-中位问题的可行解和全局最优解, 下面定义三种映射关系:

- 对每个客户 $\boldsymbol{x}\in\mathcal{X}$, 记 $\boldsymbol{\sigma}(\boldsymbol{x}):=\arg\min\limits_{\boldsymbol{s}\in S}d(\boldsymbol{s},\boldsymbol{x})$, 表示在 S 中离 $\boldsymbol{x}$ 最近的设施;
- 对每个客户 $\boldsymbol{x}\in\mathcal{X}$, 记 $\boldsymbol{\sigma}^*(\boldsymbol{x}):=\arg\min\limits_{\boldsymbol{o}\in O}d(\boldsymbol{o},\boldsymbol{x})$, 表示在 O 中离 $\boldsymbol{x}$ 最近的设施;
- 对每个设施 $\boldsymbol{o}\in O$, 记 $\boldsymbol{s}_{\boldsymbol{o}}:=\arg\min\limits_{\boldsymbol{s}\in S}d(\boldsymbol{s},\boldsymbol{o})$, 表示在 S 中离 $\boldsymbol{o}$ 最近的设施, 称 $\boldsymbol{s}_{\boldsymbol{o}}$ 为捕获中心, 并称 $\boldsymbol{o}$ 被 $\boldsymbol{s}_{\boldsymbol{o}}$ 捕获; 若 $\boldsymbol{s}$ 没有捕获任意设施 $\boldsymbol{o}\in O$, 则称 $\boldsymbol{s}$ 是孤立的.

对于给定的可行解 S 与全局最优解 O, 给出关于总费用与邻域的记号如下:

- $\mathrm{cost}(\mathcal{X},S):=\sum\limits_{\boldsymbol{x}\in\mathcal{X}}\min\limits_{\boldsymbol{s}\in S}d(\boldsymbol{s},\boldsymbol{x})$, 表示可行解 S 的总费用;

- $\mathrm{cost}(\mathcal{X}, O) := \sum_{\boldsymbol{x}\in\mathcal{X}} \min_{\boldsymbol{o}\in O} d(\boldsymbol{o}, \boldsymbol{x})$, 表示最优解 O 的总费用, 简记为 $\mathrm{OPT}_k(\mathcal{X})$;
- $N^*(\boldsymbol{o}) := \{\boldsymbol{x} \in \mathcal{X} | \boldsymbol{\sigma}^*(\boldsymbol{x}) = \boldsymbol{o}\}$, $\forall \boldsymbol{o} \in O$, 表示设施 $\boldsymbol{o} \in O$ 服务的所有客户构成的集合;
- $N(\boldsymbol{s}) := \{\boldsymbol{x} \in \mathcal{X} | \boldsymbol{\sigma}(\boldsymbol{x}) = \boldsymbol{s}\}$, $\forall \boldsymbol{s} \in S$, 表示设施 $\boldsymbol{s} \in S$ 服务的所有客户构成的集合.

5.1.2 单交换局部搜索算法

对于任何可行解 S, 定义关于 $\boldsymbol{s} \in S$ 和 $\boldsymbol{o} \in \mathcal{F} \setminus S$ 的单交换运算 $(\boldsymbol{s}, \boldsymbol{o})$. 在该运算中, 关闭设施 $\boldsymbol{s}$, 开设设施 $\boldsymbol{o}$. 针对单交换运算, 定义可行解 S 的邻域

$$\mathrm{Ngh}_1(S) := \{S \setminus \{\boldsymbol{v}\} \cup \{\boldsymbol{u}\}, \forall \boldsymbol{v} \in S, \forall \boldsymbol{u} \in \mathcal{F} \setminus S\}.$$

为了叙述简洁, 用 $S - \boldsymbol{v}$ 表示集合 $S \setminus \{\boldsymbol{v}\}$, 用 $S - \boldsymbol{v} + \boldsymbol{u}$ 表示集合 $S \setminus \{\boldsymbol{v}\} \cup \{\boldsymbol{u}\}$, 用 $\mathcal{F} - S$ 表示集合 $\mathcal{F} \setminus S$.

先从单交换定义的邻域开始, 设计 k-中位问题的单交换局部搜索算法如下.

算法 5.1.1 (单交换局部搜索算法)

输入: 观测集 $\mathcal{X}$, 设施集 $\mathcal{F}$, 正整数 k.

输出: 中心点集 $S \subseteq \mathcal{F}$.

步 1 **(初始化)** 从设施集 $\mathcal{F} = \{\boldsymbol{s}_1, \boldsymbol{s}_2, \cdots, \boldsymbol{s}_m\}$ 中任意选取 k 个点作为初始可行解, 记为 S.

步 2 **(局部搜索)** 构造邻域 $\mathrm{Ngh}_1(S) := \{S - \boldsymbol{v} + \boldsymbol{u}, \forall \boldsymbol{v} \in S, \forall \boldsymbol{u} \in \mathcal{F} - S\}$. 计算 $\widetilde{S} := \underset{S'\in \mathrm{Ngh}_1(S)}{\arg\min}\ \mathrm{cost}(\mathcal{X}, S')$, 其中

$$\mathrm{cost}(\mathcal{X}, S') := \sum_{\boldsymbol{x}\in\mathcal{X}} \min_{\boldsymbol{s}\in S'} d(\boldsymbol{s}, \boldsymbol{x}),$$

即计算所有客户 $\mathcal{X}$ 到集合 S' 的最小总费用.

步 3 **(终止条件)** 如果 $\mathrm{cost}(\mathcal{X}, \widetilde{S}) \geqslant \mathrm{cost}(\mathcal{X}, S)$, 输出 S, 算法停止. 否则, 更新 $S := \widetilde{S}$. 将每个客户重新分配到最近的开设设施, 并转到步 2.

5.1.3 简单情形的局部比值

算法输出的解 S 称为局部最优解, 即任何单交换运算都不能改进总费用 $\mathrm{cost}(\mathcal{X}, S)$. 为了比较局部最优解 S 与全局最优解 O 的费用, 考虑 S 中的任意点 $\boldsymbol{s}$ 与 O 中任意点 $\boldsymbol{o}$ 所构成的点对 $(\boldsymbol{s}, \boldsymbol{o})$. 由于 S 是算法 5.1.1 得到的解, 满足局部最优性, 即对任意 $(\boldsymbol{s}, \boldsymbol{o})$, 总有

$$0 \leqslant \mathrm{cost}(\mathcal{X}, S - \boldsymbol{s} + \boldsymbol{o}) - \mathrm{cost}(\mathcal{X}, S), \quad \forall \boldsymbol{s} \in S, \forall \boldsymbol{o} \in O. \tag{5.1.1}$$

以图 5.1.1 为例, 解释 (5.1.1) 式成立的原因. 根据 $\boldsymbol{s}$ 和 $\boldsymbol{o}$ 的位置, 点对 $(\boldsymbol{s}, \boldsymbol{o})$ 有三种可能性.

(1) 图 5.1.1(a) 中, $\boldsymbol{o} \notin S$. 在算法 5.1.1 步 2 中考虑过点对 $(\boldsymbol{s}, \boldsymbol{o})$ 对应的交换运算, 结合 S 的局部最优性, 从而 (5.1.1) 式成立.

(2) 图 5.1.1(b) 中, $\boldsymbol{o} \in S$, $\boldsymbol{s} \notin O$. 此时点对 $(\boldsymbol{s}, \boldsymbol{o})$ 不对应算法 5.1.1 中的交换运算. 考虑 $\boldsymbol{s}$ 如下两种可能性, 可以证明 (5.1.1) 式仍然成立.

- 设施 $\boldsymbol{s}$ 没有服务任何客户, 即 $N(\boldsymbol{s}) = \varnothing$. 出现这种现象的原因是我们假设 $|S| = k$. 显然, $\text{cost}(\mathcal{X}, S) = \text{cost}(\mathcal{X}, S - \boldsymbol{s})$. 由于设施点 $\boldsymbol{o} \in O \cap S$, 所以 $S - \boldsymbol{s} + \boldsymbol{o} = S - \boldsymbol{s}$, 从而 $\text{cost}(\mathcal{X}, S) = \text{cost}(\mathcal{X}, S - \boldsymbol{s}) = \text{cost}(\mathcal{X}, S - \boldsymbol{s} + \boldsymbol{o})$.
- 设施 $\boldsymbol{s}$ 服务某些客户, 即 $N(\boldsymbol{s}) \neq \varnothing$. 关闭设施点 $\boldsymbol{s}$, $N(\boldsymbol{s})$ 中的客户需要重新分配到 $S - \boldsymbol{s}$ 中的最近设施, 注意到 $\boldsymbol{o} \neq \boldsymbol{s}$, 从而有 $\text{cost}(\mathcal{X}, S) \leqslant \text{cost}(\mathcal{X}, S - \boldsymbol{s}) = \text{cost}(\mathcal{X}, S - \boldsymbol{s} + \boldsymbol{o})$.

(3) 图 5.1.1(c) 中, $\boldsymbol{o} \in S$, $\boldsymbol{s} \in O$. 与情形 (2) 类似, 点对 $(\boldsymbol{s}, \boldsymbol{o})$ 不对应算法 5.1.1 中的交换运算. 若 $\boldsymbol{s} = \boldsymbol{o}$, 有 $S - \boldsymbol{s} + \boldsymbol{o} = S$, 从而 $\text{cost}(\mathcal{X}, S) = \text{cost}(\mathcal{X}, S - \boldsymbol{s} + \boldsymbol{o})$; 否则, $S - \boldsymbol{s} + \boldsymbol{o} = S - \boldsymbol{s}$, 从而 $\text{cost}(\mathcal{X}, S) \leqslant \text{cost}(\mathcal{X}, S - \boldsymbol{s}) = \text{cost}(\mathcal{X}, S - \boldsymbol{s} + \boldsymbol{o})$.

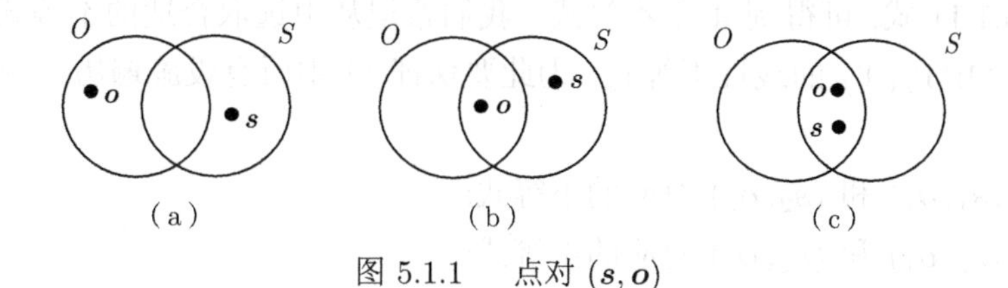

图 5.1.1 点对 $(\boldsymbol{s}, \boldsymbol{o})$

算法分析思想

算法得到的解具有局部最优性, 通过构造单交换运算, 得到类似于 (5.1.1) 式的不等式. 由于局部最优解 S 和全局最优解 O 中设施点的个数均为 k, 因此有 k^2 个可能的点对, 对应着 k^2 个不等式. 从中选取合适的不等式, 建立 $\text{cost}(\mathcal{X}, S)$ 和 $\text{OPT}_k(\mathcal{X})$ 之间的联系. 巧妙组合这些不等式, 用 $\text{OPT}_k(\mathcal{X})$ 作为上界估计 $\text{cost}(\mathcal{X}, S)$. 注意为了得到项 $\text{OPT}_k(\mathcal{X})$, O 中的点需遍历一遍, 为此可选择的点对小于 k^2 个.

下面以 $k = 2$ 为例, 从 4 种简单情形开始分析局部比值. 针对一般情形, 将在 5.1.4 中进一步分析. 在下述 4 个实例 5.1.1~ 实例 5.1.4 中, 局部最优解 $S = \{\boldsymbol{s}_1, \boldsymbol{s}_2\}$, 全局最优解 $O = \{\boldsymbol{o}_1, \boldsymbol{o}_2\}$. 假设前三个实例中 $|\mathcal{X}| = 5$, 最后一个实例中对 $|\mathcal{X}|$ 不作限制.

实例 5.1.1 若局部最优解 S 和全局最优解 O 对客户集合的划分相同, $N(\boldsymbol{s}_i) = N^*(\boldsymbol{o}_i)$, $i = 1, 2$ (参见图 5.1.2); 捕获关系均是一对一, $\boldsymbol{s}_{\boldsymbol{o}_1} = \boldsymbol{s}_1$, $\boldsymbol{s}_{\boldsymbol{o}_2} = \boldsymbol{s}_2$ (参见图 5.1.3). 注意图 5.1.2 中的实线连边称为“已有的连边”, 表示局部最优解 S 和全局最优解 O 对所有客户的划分情况.

分析 全局最优解和局部最优解的总费用分别为

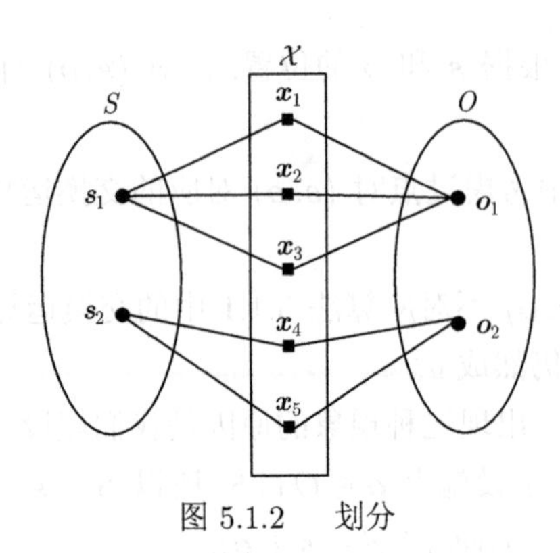

图 5.1.2　划分

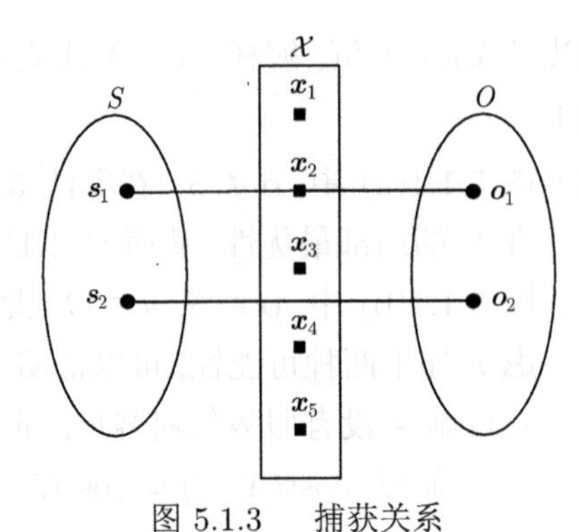

图 5.1.3　捕获关系

$$\mathrm{OPT}_2(\mathcal{X}) = \sum_{\boldsymbol{x}\in N^*(\boldsymbol{o}_1)} d(\boldsymbol{o}_1,\boldsymbol{x}) + \sum_{\boldsymbol{x}\in N^*(\boldsymbol{o}_2)} d(\boldsymbol{o}_2,\boldsymbol{x}), \tag{5.1.2}$$

$$\mathrm{cost}(\mathcal{X},S) = \sum_{\boldsymbol{x}\in N(\boldsymbol{s}_1)} d(\boldsymbol{s}_1,\boldsymbol{x}) + \sum_{\boldsymbol{x}\in N(\boldsymbol{s}_2)} d(\boldsymbol{s}_2,\boldsymbol{x}). \tag{5.1.3}$$

由于 $k=2$, 共有 4 个可能的点对 $(\boldsymbol{s}_1,\boldsymbol{o}_1)$, $(\boldsymbol{s}_1,\boldsymbol{o}_2)$, $(\boldsymbol{s}_2,\boldsymbol{o}_1)$, $(\boldsymbol{s}_2,\boldsymbol{o}_2)$. 根据局部最优性, 类似于 (5.1.1) 式, 可得到 4 个不等式. 我们希望从中选取合适的不等式, 整合出关于 $\mathrm{cost}(\mathcal{X},S)$ 和 $\mathrm{OPT}_2(\mathcal{X})$ 的线性不等式. 为此要保证 O 中所有设施遍历一遍, 有 4 种可能的选取方法:

(1) 选取 $(\boldsymbol{s}_1,\boldsymbol{o}_1)$ 和 $(\boldsymbol{s}_2,\boldsymbol{o}_2)$ 对应的不等式;

(2) 选取 $(\boldsymbol{s}_2,\boldsymbol{o}_1)$ 和 $(\boldsymbol{s}_2,\boldsymbol{o}_2)$ 对应的不等式;

(3) 选取 $(\boldsymbol{s}_1,\boldsymbol{o}_1)$ 和 $(\boldsymbol{s}_1,\boldsymbol{o}_2)$ 对应的不等式;

(4) 选取 $(\boldsymbol{s}_2,\boldsymbol{o}_1)$ 和 $(\boldsymbol{s}_1,\boldsymbol{o}_2)$ 对应的不等式.

在这里考虑第一个选取方法, 后面三个选取方法经计算无法推出 $\mathrm{OPT}_2(\mathcal{X})$ 与 $\mathrm{cost}(\mathcal{X},S)$ 之间的关系 (在这里不进行具体分析).

点对 $(\boldsymbol{s}_1,\boldsymbol{o}_1)$ 对应的总费用变化为

$$\begin{aligned}
0 &\leqslant \mathrm{cost}(\mathcal{X},S-\boldsymbol{s}_1+\boldsymbol{o}_1)-\mathrm{cost}(\mathcal{X},S)\\
&\leqslant \sum_{\boldsymbol{x}\in N^*(\boldsymbol{o}_1)} d(\boldsymbol{o}_1,\boldsymbol{x}) + \sum_{\boldsymbol{x}\in N(\boldsymbol{s}_2)} d(\boldsymbol{s}_2,\boldsymbol{x}) - \sum_{\boldsymbol{x}\in N(\boldsymbol{s}_2)} d(\boldsymbol{s}_2,\boldsymbol{x}) - \sum_{\boldsymbol{x}\in N(\boldsymbol{s}_1)} d(\boldsymbol{s}_1,\boldsymbol{x})\\
&= \sum_{\boldsymbol{x}\in N^*(\boldsymbol{o}_1)} d(\boldsymbol{o}_1,\boldsymbol{x}) - \sum_{\boldsymbol{x}\in N(\boldsymbol{s}_1)} d(\boldsymbol{s}_1,\boldsymbol{x}).
\end{aligned} \tag{5.1.4}$$

第二个不等式成立的原因: 由于 $\boldsymbol{s}_1$ 关闭, 需要重新考虑 $N(\boldsymbol{s}_1)$ 中客户的连接方式, 这里将这些客户全部连接到新开设的 $\boldsymbol{o}_1$ 上. $N(\boldsymbol{s}_2)$ 中的客户连接方式不变, 仍然连接到 $\boldsymbol{s}_2$. 由全局最优解 $\mathrm{OPT}_2(\mathcal{X})$ 和局部最优解 $\mathrm{cost}(\mathcal{X},S)$ 定义可知, 总费用满足关系式:

$$\mathrm{OPT}_2(\mathcal{X}) \leqslant \mathrm{cost}(\mathcal{X},S),$$

而任意设施 $\boldsymbol{s}_i$ 服务单个客户 $\boldsymbol{x}_1$ 并不满足: $d(\boldsymbol{o}_1,\boldsymbol{x}_1)\leqslant d(\boldsymbol{s}_i,\boldsymbol{x}_1), i=1,2$. 由此构造了开设集合为 $S-\boldsymbol{s}_1+\boldsymbol{o}_1$ 时所有客户的连接方式, 相应的总费用作为 $\mathrm{cost}(\mathcal{X},S-\boldsymbol{s}_1+\boldsymbol{o}_1)$ 的上界.

类似地, 可以得到点对 $(\boldsymbol{s}_2,\boldsymbol{o}_2)$ 对应的总费用变化为

$$\begin{aligned}0\leqslant&\mathrm{cost}(\mathcal{X},S-\boldsymbol{s}_2+\boldsymbol{o}_2)-\mathrm{cost}(\mathcal{X},S)\\ \leqslant&\sum_{\boldsymbol{x}\in N^*(\boldsymbol{o}_2)}d(\boldsymbol{o}_2,\boldsymbol{x})+\sum_{\boldsymbol{x}\in N(\boldsymbol{s}_1)}d(\boldsymbol{s}_1,\boldsymbol{x})-\sum_{\boldsymbol{x}\in N(\boldsymbol{s}_1)}d(\boldsymbol{s}_1,\boldsymbol{x})-\sum_{\boldsymbol{x}\in N(\boldsymbol{s}_2)}d(\boldsymbol{s}_2,\boldsymbol{x})\\ =&\sum_{\boldsymbol{x}\in N^*(\boldsymbol{o}_2)}d(\boldsymbol{o}_2,\boldsymbol{x})-\sum_{\boldsymbol{x}\in N(\boldsymbol{s}_2)}d(\boldsymbol{s}_2,\boldsymbol{x}).\end{aligned}\tag{5.1.5}$$

将 (5.1.4) 式和 (5.1.5) 式相加, 结合 (5.1.2) 式和 (5.1.3) 式, 可得 $\mathrm{cost}(\mathcal{X},S)\leqslant\mathrm{OPT}_2(\mathcal{X})$.

通过该实例分析发现, 在分析过程中, 应根据捕获关系选取合适点对.

实例 5.1.2 若局部最优解 S 和全局最优解 O 对客户集合的划分满足: $N(\boldsymbol{s}_1)\subset N^*(\boldsymbol{o}_1)$, $N(\boldsymbol{s}_2)\supset N^*(\boldsymbol{o}_2)$ (参见图 5.1.4); 捕获关系均是一对一, $\boldsymbol{s}_{\boldsymbol{o}_1}=\boldsymbol{s}_1$, $\boldsymbol{s}_{\boldsymbol{o}_2}=\boldsymbol{s}_2$ (参见图 5.1.3).

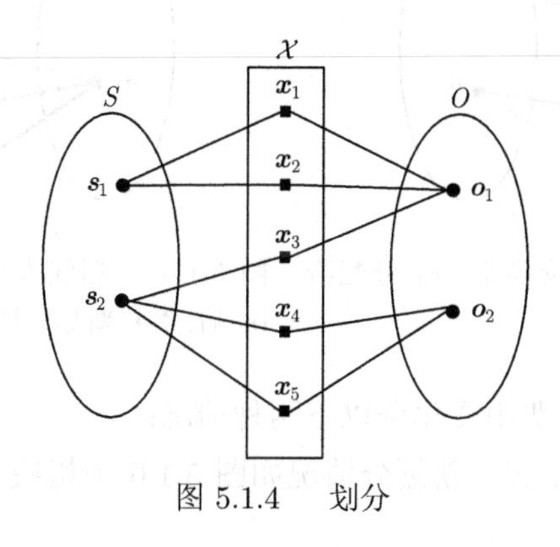

图 5.1.4 划分

分析 全局最优解和局部最优解的总费用分别为

$$\mathrm{OPT}_2(\mathcal{X})=\sum_{\boldsymbol{x}\in N^*(\boldsymbol{o}_1)}d(\boldsymbol{o}_1,\boldsymbol{x})+\sum_{x\in N^*(\boldsymbol{o}_2)}d(\boldsymbol{o}_2,\boldsymbol{x}),\tag{5.1.6}$$

$$\mathrm{cost}(\mathcal{X},S)=\sum_{\boldsymbol{x}\in N(\boldsymbol{s}_1)}d(\boldsymbol{s}_1,\boldsymbol{x})+\sum_{\boldsymbol{x}\in N(\boldsymbol{s}_2)}d(\boldsymbol{s}_2,\boldsymbol{x}).\tag{5.1.7}$$

需要注意与实例 5.1.1 唯一不同之处: 局部最优解 S 和全局最优解 O 对客户集合的划分不同. 根据实例 5.1.1 总结的规律可知, 该实例只能选取 $(\boldsymbol{s}_1,\boldsymbol{o}_1)$ 和 $(\boldsymbol{s}_2,\boldsymbol{o}_2)$ 对应的不等式.

考虑 $(\boldsymbol{s}_1,\boldsymbol{o}_1)$, 观察到 $N(\boldsymbol{s}_1)\subset N^*(\boldsymbol{o}_1)$, $N^*(\boldsymbol{o}_1)\setminus N(\boldsymbol{s}_1)=\{\boldsymbol{x}_3\}$. 点对 $(\boldsymbol{s}_1,\boldsymbol{o}_1)$ 交换后, 需要构造客户的连接方式. 显然 $N(\boldsymbol{s}_1)$ 中的客户都连接到 $\boldsymbol{o}_1$, 可以出现 $\mathrm{OPT}_2(\mathcal{X})$ 的项. 对于 $\boldsymbol{x}_3\in N(\boldsymbol{s}_2)$, 需要仔细辨别: 从 S 的角度, 客户 $\boldsymbol{x}_3$ 可以继续由 $\boldsymbol{s}_2$ 服务 (参见图 5.1.5); 从 O 的角度, 客户 $\boldsymbol{x}_3$ 可以由 $\boldsymbol{o}_1$ 服务 (参见图 5.1.6). 经过尝试后发现将 $\boldsymbol{x}_3$ 连接到 $\boldsymbol{o}_1$ 有利于算法分析.

考虑 $(\boldsymbol{s}_2,\boldsymbol{o}_2)$, 观察到 $N^*(\boldsymbol{o}_2)\subset N(\boldsymbol{s}_2)$, $N(\boldsymbol{s}_2)\setminus N^*(\boldsymbol{o}_2)=\{\boldsymbol{x}_3\}$. 点对 $(\boldsymbol{s}_2,\boldsymbol{o}_2)$ 交换后, 需要构造客户的连接方式. 类似地, 将 $N^*(\boldsymbol{o}_2)$ 中的客户都连接到 $\boldsymbol{o}_2$ 可以出现 $\mathrm{OPT}_2(\mathcal{X})$ 的项. 对于 $\boldsymbol{x}_3\in N(\boldsymbol{s}_2)$, 只有两个选择: 连接 $\boldsymbol{s}_1$ 或 $\boldsymbol{o}_2$ (参见图 5.1.7、图 5.1.8 中的虚线连边. 虚线连边称为“构造的连接方式”, 表示点对交换后, 客户新的划分情况). 经过尝试, 发现将 $\boldsymbol{x}_3$ 连接到 $\boldsymbol{s}_1$ 更有利于算法分析.

根据上述分析, 点 $\boldsymbol{x}_3$ 有 4 种连接方法:

(1) 点对 $(\boldsymbol{s}_1,\boldsymbol{o}_1)$ 交换后, $\boldsymbol{x}_3$ 连接到 $\boldsymbol{o}_1$; 点对 $(\boldsymbol{s}_2,\boldsymbol{o}_2)$ 交换后, $\boldsymbol{x}_3$ 连接到 $\boldsymbol{o}_2$;

(2) 点对 $(\boldsymbol{s}_1,\boldsymbol{o}_1)$ 交换后, $\boldsymbol{x}_3$ 连接到 $\boldsymbol{o}_1$; 点对 $(\boldsymbol{s}_2,\boldsymbol{o}_2)$ 交换后, $\boldsymbol{x}_3$ 连接到 $\boldsymbol{s}_1$;

(3) 点对 $(\boldsymbol{s}_1,\boldsymbol{o}_1)$ 交换后, $\boldsymbol{x}_3$ 连接到 $\boldsymbol{s}_2$; 点对 $(\boldsymbol{s}_2,\boldsymbol{o}_2)$ 交换后, $\boldsymbol{x}_3$ 连接到 $\boldsymbol{o}_2$;

(4) 点对 $(\boldsymbol{s}_1,\boldsymbol{o}_1)$ 交换后, $\boldsymbol{x}_3$ 连接到 $\boldsymbol{s}_2$; 点对 $(\boldsymbol{s}_2,\boldsymbol{o}_2)$ 交换后, $\boldsymbol{x}_3$ 连接到 $\boldsymbol{s}_1$.

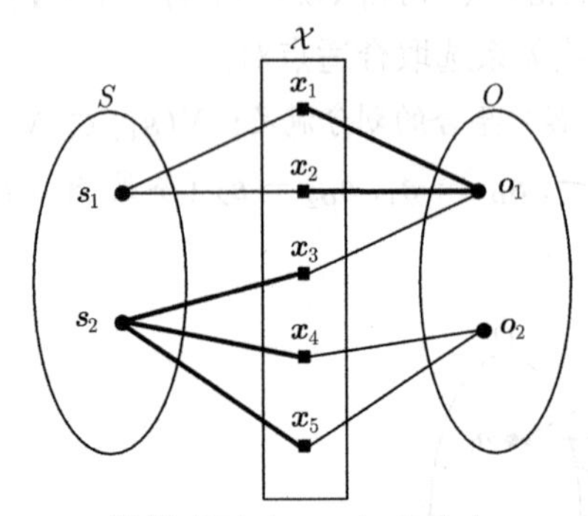

图 5.1.5 粗线表示 $(\boldsymbol{s}_1,\boldsymbol{o}_1)$ 交换中, $\boldsymbol{x}_3$ 分配给 $\boldsymbol{s}_2$ 后, 客户新划分情况

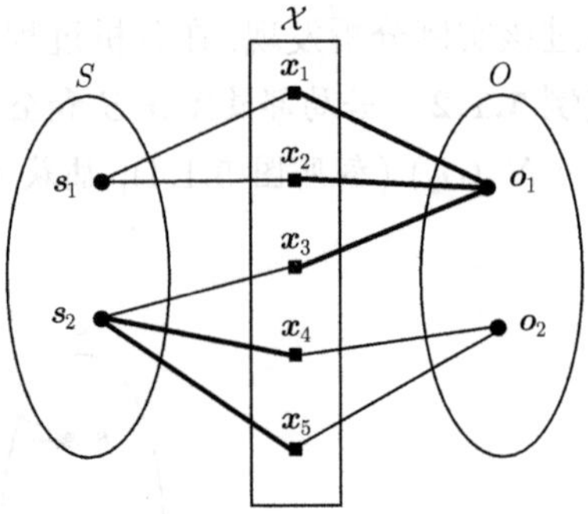

图 5.1.6 粗线表示 $(\boldsymbol{s}_1,\boldsymbol{o}_1)$ 交换中, $\boldsymbol{x}_3$ 分配给 $\boldsymbol{o}_1$ 后, 客户新划分情况

点对 $(\boldsymbol{s}_1,\boldsymbol{o}_1)$ 对应的总费用变化分以下两种情况:

(1) 客户 $\boldsymbol{x}_3$ 连接到 $\boldsymbol{o}_1$, 客户新划分情况如图 5.1.6 中粗线所示, 有

$$\begin{aligned}0\leqslant&\,\mathrm{cost}(\mathcal{X},S-\boldsymbol{s}_1+\boldsymbol{o}_1)-\mathrm{cost}(\mathcal{X},S)\\ \leqslant&\sum_{\boldsymbol{x}\in N^*(\boldsymbol{o}_1)}d(\boldsymbol{o}_1,\boldsymbol{x})+d(\boldsymbol{s}_2,\boldsymbol{x}_4)+d(\boldsymbol{s}_2,\boldsymbol{x}_5)-\sum_{\boldsymbol{x}\in N(\boldsymbol{s}_1)}d(\boldsymbol{s}_1,\boldsymbol{x})-\sum_{\boldsymbol{x}\in N(\boldsymbol{s}_2)}d(\boldsymbol{s}_2,\boldsymbol{x})\\ =&\sum_{\boldsymbol{x}\in N^*(\boldsymbol{o}_1)}d(\boldsymbol{o}_1,\boldsymbol{x})-\sum_{\boldsymbol{x}\in N(\boldsymbol{s}_1)}d(\boldsymbol{s}_1,\boldsymbol{x})-d(\boldsymbol{s}_2,\boldsymbol{x}_3).\end{aligned}\tag{5.1.8}$$

(2) 客户 $\boldsymbol{x}_3$ 连接到 $\boldsymbol{s}_2$, 客户新划分情况如图 5.1.5 中粗线所示, 有

$$\begin{aligned}0\leqslant&\,\mathrm{cost}(\mathcal{X},S-\boldsymbol{s}_1+\boldsymbol{o}_1)-\mathrm{cost}(\mathcal{X},S)\\ \leqslant&\sum_{\boldsymbol{x}\in N^*(\boldsymbol{o}_1)\cap N(\boldsymbol{s}_1)}d(\boldsymbol{o}_1,\boldsymbol{x})-\sum_{\boldsymbol{x}\in N(\boldsymbol{s}_1)}d(\boldsymbol{s}_1,\boldsymbol{x})\\ =&\,d(\boldsymbol{o}_1,\boldsymbol{x}_1)+d(\boldsymbol{o}_1,\boldsymbol{x}_2)-d(\boldsymbol{s}_1,\boldsymbol{x}_1)-d(\boldsymbol{s}_1,\boldsymbol{x}_2).\end{aligned}\tag{5.1.9}$$

点对 $(\boldsymbol{s}_2,\boldsymbol{o}_2)$ 对应的总费用变化分以下两种情况:

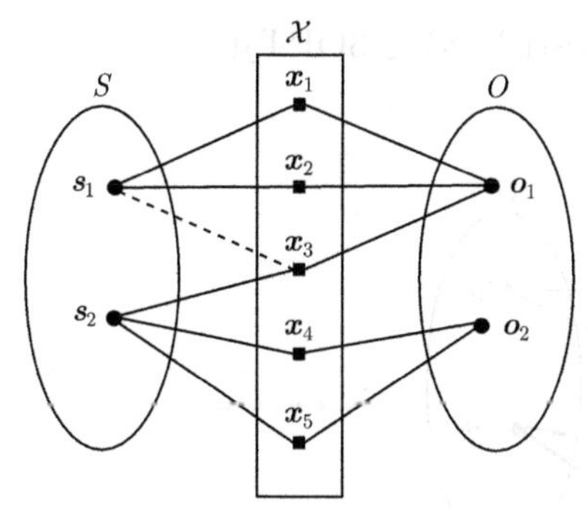

图 5.1.7 (s_2, o_2) 交换后, 构造 x_3 与 s_1 虚线连边

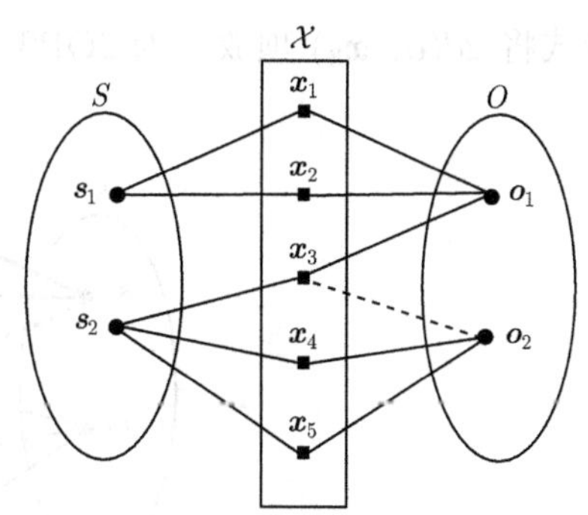

图 5.1.8 (s_2, o_2) 交换后, 构造 x_3 与 o_2 虚线连边

(1) 客户 x_3 连接到 o_2, 如图 5.1.8 中构造的虚线连边. 为将 $d(o_2, x_3)$ 用已有的连边控制, 根据三角不等式可得

$$d(o_2, x_3) \leqslant d(s_2, o_2) + d(s_2, x_3).$$

在上述不等式中 $d(s_2, o_2)$ 无法与 x_3 已有的连边: $d(o_1, x_3)$ 和 $d(s_2, x_3)$ 建立联系. 因此这种连接我们无法估计.

(2) 客户 x_3 连接到 s_1, 如图 5.1.7 中构造的虚线连边. 为将 $d(s_1, x_3)$ 用已有的连边控制, 根据三角不等式可得

$$\begin{aligned} d(s_1, x_3) &\leqslant d(s_1, o_1) + d(o_1, x_3) \leqslant d(s_2, o_1) + d(o_1, x_3) \\ &\leqslant d(s_2, x_3) + 2d(o_1, x_3). \end{aligned} \tag{5.1.10}$$

该不等式成立的关键在于 $s_{o_1} = s_1$, $s_{o_2} = s_2$, 从而有 $d(s_1, o_1) \leqslant d(s_2, o_1)$. 根据不等式 (5.1.10), 总费用的变化为

$$\begin{aligned} 0 &\leqslant \text{cost}(\mathcal{X}, S - s_2 + o_2) - \text{cost}(\mathcal{X}, S) \\ &\leqslant \sum_{x \in N(s_1)} d(s_1, x) + d(s_1, x_3) + \sum_{x \in N^*(o_2)} d(o_2, x) - \\ &\quad \sum_{x \in N(s_1)} d(s_1, x) - \sum_{x \in N(s_2)} d(s_2, x) \\ &\leqslant d(s_2, x_3) + 2d(o_1, x_3) + \sum_{x \in N^*(o_2)} d(o_2, x) - \sum_{x \in N(s_2)} d(s_2, x). \end{aligned} \tag{5.1.11}$$

根据上述分析, (s_1, o_1) 和 (s_2, o_2) 交换后总费用变化分为以下两种情形:

(1) 点对 (s_1, o_1) 交换后, x_3 连接到 o_1, 客户新的划分情况如图 5.1.6 中粗线所示; 点对 (s_2, o_2) 交换后, x_3 连接到 s_1, 客户新的划分情况如图 5.1.9 中粗线所示. 将 (5.1.8) 式与 (5.1.11) 式相加可得,

$$0 \leqslant \text{OPT}_2(\mathcal{X}) - \text{cost}(\mathcal{X}, S) + 2d(o_1, x_3).$$

该不等式将 $2d(\boldsymbol{o}_1,\boldsymbol{x}_3)$ 项放大为 $2\mathrm{OPT}_2(\mathcal{X})$, 可得 $\mathrm{cost}(\mathcal{X},S)\leqslant 3\mathrm{OPT}_2(\mathcal{X})$.

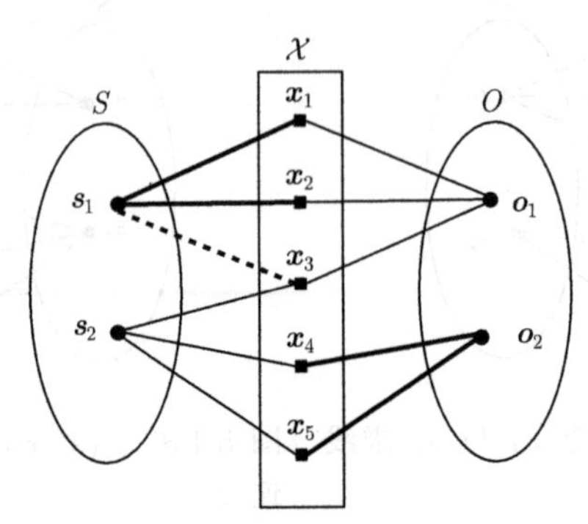

图 5.1.9 粗线表示 $(\boldsymbol{s}_2,\boldsymbol{o}_2)$ 交换中, 构造 $\boldsymbol{x}_3$ 与 $\boldsymbol{s}_1$ 虚线连边后, 客户新的划分情况

(2) 点对 $(\boldsymbol{s}_1,\boldsymbol{o}_1)$, $\boldsymbol{x}_3$ 连接到 $\boldsymbol{s}_2$; 点对 $(\boldsymbol{s}_2,\boldsymbol{o}_2)$, $\boldsymbol{x}_3$ 连接到 $\boldsymbol{s}_1$. 将 (5.1.9) 式与 (5.1.11) 式相加可得

$$0\leqslant \mathrm{OPT}_2(\mathcal{X})-\mathrm{cost}(\mathcal{X},S)+d(\boldsymbol{o}_1,\boldsymbol{x}_3)+d(\boldsymbol{s}_2,\boldsymbol{x}_3).$$

该不等式出现 $d(\boldsymbol{o}_1,\boldsymbol{x}_3)$ 和 $d(\boldsymbol{s}_2,\boldsymbol{x}_3)$ 项, 其中 $d(\boldsymbol{o}_1,\boldsymbol{x}_3)$ 可放大为 $\mathrm{OPT}_2(\mathcal{X})$. 但由于局部最优设施到客户的距离不能进行合理放缩, 从而无法整合出仅含有 $\mathrm{OPT}_2(\mathcal{X})$ 与 $\mathrm{cost}(\mathcal{X},S)$ 的不等式.

综上, 只有情形 (1) 成立, 此时有 $\mathrm{cost}(\mathcal{X},S)\leqslant 3\mathrm{OPT}_2(\mathcal{X})$ 成立.

通过上述情形分析可知, 点对 $(\boldsymbol{s},\boldsymbol{o})$ 发生交换后, $\boldsymbol{x}$ 可分两类

(1) 当 $\boldsymbol{x}\in N^*(\boldsymbol{o})$, 则 $\boldsymbol{x}$ 连接到 $\boldsymbol{o}$;

(2) 当 $\boldsymbol{x}\in N(\boldsymbol{s})\setminus N^*(\boldsymbol{o})$, 则 $\boldsymbol{x}$ 连接到 $\boldsymbol{s}_{\boldsymbol{o}_{\boldsymbol{x}}}$, 这时需要保证 $\boldsymbol{s}_{\boldsymbol{o}_{\boldsymbol{x}}}\neq \boldsymbol{s}$.

实例 5.1.3 *若局部最优解 S 和全局最优解 O 对客户集合的划分满足: $N(\boldsymbol{s}_1)\subset N^*(\boldsymbol{o}_1)$, $N(\boldsymbol{s}_2)\supset N^*(\boldsymbol{o}_2)$ (参见图 5.1.10); 捕获关系是一对多, $\boldsymbol{s}_{\boldsymbol{o}_1}=\boldsymbol{s}_2$, $\boldsymbol{s}_{\boldsymbol{o}_2}=\boldsymbol{s}_2$ (参见图 5.1.11).*

分析 实例 5.1.1 和实例 5.1.2均选取 $(\boldsymbol{s}_1,\boldsymbol{o}_1)$ 和 $(\boldsymbol{s}_2,\boldsymbol{o}_2)$ 对应的不等式, 且 $\boldsymbol{s}_{\boldsymbol{o}_1}=\boldsymbol{s}_1$, $\boldsymbol{s}_{\boldsymbol{o}_2}=\boldsymbol{s}_2$. 而实例 5.1.3 中 $\boldsymbol{s}_{\boldsymbol{o}_1}=\boldsymbol{s}_2$, $\boldsymbol{s}_{\boldsymbol{o}_2}=\boldsymbol{s}_2$, 即 $\boldsymbol{o}_1$ 和 $\boldsymbol{o}_2$ 均被 $\boldsymbol{s}_2$ 捕获.

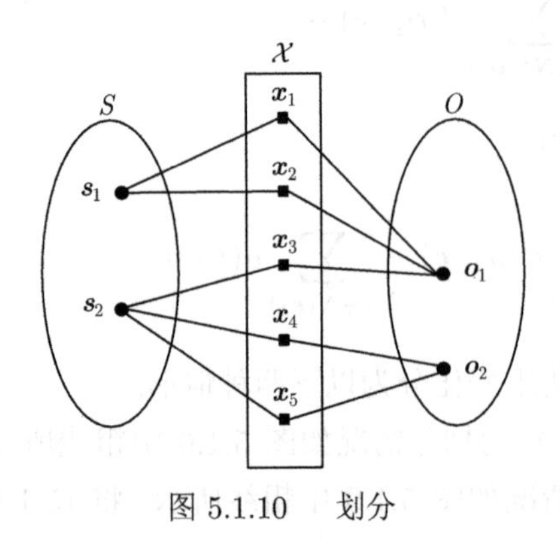

图 5.1.10 划分

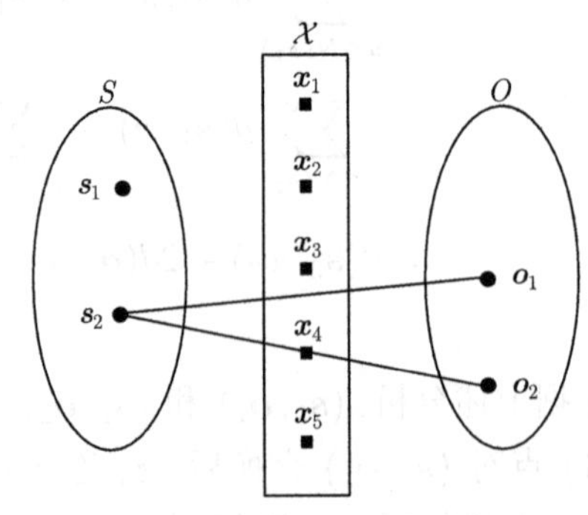

图 5.1.11 捕获关系

考虑 $(\boldsymbol{s}_2,\boldsymbol{o}_2)$, 观察到 $N^*(\boldsymbol{o}_2)\subset N(\boldsymbol{s}_2)$, $N(\boldsymbol{s}_2)\setminus N^*(\boldsymbol{o}_2)=\{\boldsymbol{x}_3\}$. 点对 $(\boldsymbol{s}_2,\boldsymbol{o}_2)$ 交换后, 需要重新构造客户的连接方式. 类似于实例 5.1.2 中的分析, 点对 $(\boldsymbol{s}_2,\boldsymbol{o}_2)$ 交换后, $N^*(\boldsymbol{o}_2)$

中的客户都连接到 $\boldsymbol{o}_2$, $\boldsymbol{x}_3$ 连接到 $\boldsymbol{s}_{\boldsymbol{o}_{\boldsymbol{x}_3}}$. 由图 5.1.10、图 5.1.11 可知 $\boldsymbol{s}_{\boldsymbol{o}_{\boldsymbol{x}_3}} = \boldsymbol{s}_2$, 与实例 5.1.2 总结的规律 $\boldsymbol{s}_{\boldsymbol{o}_{\boldsymbol{x}_3}} \neq \boldsymbol{s}_2$ 矛盾, 因此点对 $(\boldsymbol{s}_2, \boldsymbol{o}_2)$ 不可用. 不等式要整合出 $\mathrm{OPT}_2(\mathcal{X})$, 为此 O 中的点必须枚举一遍. 由于 $k=2$, 共有 4 种可能的点对 $(\boldsymbol{s}_1, \boldsymbol{o}_1)$, $(\boldsymbol{s}_1, \boldsymbol{o}_2)$, $(\boldsymbol{s}_2, \boldsymbol{o}_1)$, $(\boldsymbol{s}_2, \boldsymbol{o}_2)$. 从而根据 (5.1.1), 可得到 4 个不等式. 根据点对 $(\boldsymbol{s}_2, \boldsymbol{o}_2)$ 不可用以及 O 中的点必须枚举一遍, 因此有两种可能的选取方法:

(1) 选取 $(\boldsymbol{s}_1, \boldsymbol{o}_1)$ 和 $(\boldsymbol{s}_1, \boldsymbol{o}_2)$ 对应的不等式;

(2) 选取 $(\boldsymbol{s}_2, \boldsymbol{o}_1)$ 和 $(\boldsymbol{s}_1, \boldsymbol{o}_2)$ 对应的不等式.

先考虑 $(\boldsymbol{s}_1, \boldsymbol{o}_1)$ 和 $(\boldsymbol{s}_1, \boldsymbol{o}_2)$ 对应的不等式. 点对 $(\boldsymbol{s}_1, \boldsymbol{o}_1)$ 对应的总费用变化为

$$\begin{aligned}0 &\leqslant \mathrm{cost}(\mathcal{X}, S - \boldsymbol{s}_1 + \boldsymbol{o}_1) - \mathrm{cost}(\mathcal{X}, S) \\ &\leqslant \sum_{\boldsymbol{x} \in N^*(\boldsymbol{o}_1)} d(\boldsymbol{o}_1, \boldsymbol{x}) - d(\boldsymbol{s}_2, \boldsymbol{x}_3) - \sum_{\boldsymbol{x} \in N(\boldsymbol{s}_1)} d(\boldsymbol{s}_1, \boldsymbol{x}).\end{aligned} \tag{5.1.12}$$

点对 $(\boldsymbol{s}_1, \boldsymbol{o}_2)$ 对应的总费用变化为 (参见图 5.1.12、图 5.1.13):

$$\begin{aligned}0 &\leqslant \mathrm{cost}(\mathcal{X}, S - \boldsymbol{s}_1 + \boldsymbol{o}_2) - \mathrm{cost}(\mathcal{X}, S) \\ &\leqslant \sum_{\boldsymbol{x} \in N^*(\boldsymbol{o}_2)} d(\boldsymbol{o}_2, \boldsymbol{x}) + d(\boldsymbol{s}_2, \boldsymbol{x}_1) + d(\boldsymbol{s}_2, \boldsymbol{x}_2) - \\ &\quad \sum_{\boldsymbol{x} \in N(\boldsymbol{s}_1)} d(\boldsymbol{s}_1, \boldsymbol{x}) - d(\boldsymbol{s}_2, \boldsymbol{x}_4) - d(\boldsymbol{s}_2, \boldsymbol{x}_5).\end{aligned} \tag{5.1.13}$$

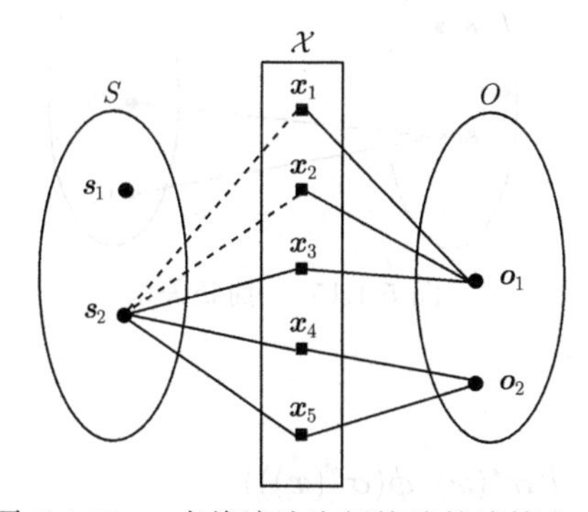

图 5.1.12　虚线连边为新构建的连接方式

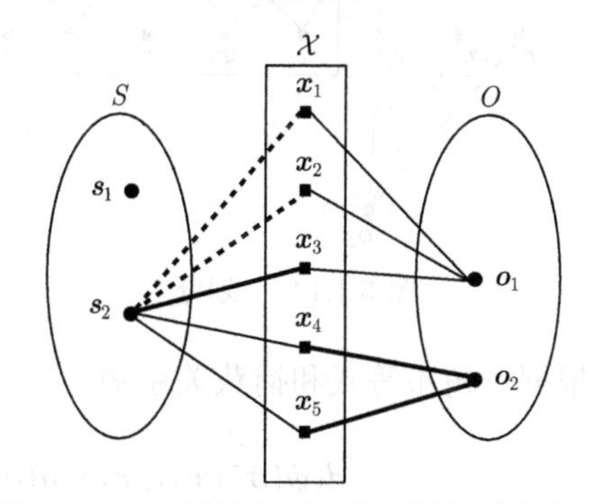

图 5.1.13　粗线表示对客户新的划分情况

由图 5.1.10 可知, $\boldsymbol{x}_1, \boldsymbol{x}_2 \notin N(\boldsymbol{o}_2)$, 根据实例 5.1.2 总结的规律 (2) 可知, $(\boldsymbol{s}_1, \boldsymbol{o}_2)$ 交换后 $\boldsymbol{x}_1$ 和 $\boldsymbol{x}_2$ 应连接到 $\boldsymbol{s}_2$. 根据三角不等式和捕获关系, 有

$$\begin{aligned}d(\boldsymbol{s}_2, \boldsymbol{x}_1) &\leqslant d(\boldsymbol{s}_2, \boldsymbol{o}_1) + d(\boldsymbol{o}_1, \boldsymbol{x}_1) \leqslant d(\boldsymbol{s}_1, \boldsymbol{o}_1) + d(\boldsymbol{o}_1, \boldsymbol{x}_1) \\ &\leqslant d(\boldsymbol{s}_1, \boldsymbol{x}_1) + 2d(\boldsymbol{o}_1, \boldsymbol{x}_1),\end{aligned} \tag{5.1.14}$$

$$\begin{aligned}d(\boldsymbol{s}_2, \boldsymbol{x}_2) &\leqslant d(\boldsymbol{s}_2, \boldsymbol{o}_1) + d(\boldsymbol{o}_1, \boldsymbol{x}_2) \leqslant d(\boldsymbol{s}_1, \boldsymbol{o}_1) + d(\boldsymbol{o}_1, \boldsymbol{x}_2) \\ &\leqslant d(\boldsymbol{s}_1, \boldsymbol{x}_2) + 2d(\boldsymbol{o}_1, \boldsymbol{x}_2).\end{aligned} \tag{5.1.15}$$

结合不等式 (5.1.14) 及 (5.1.15) 式, 将 (5.1.12) 式和 (5.1.13) 式求和, 可得

$$0 \leqslant \mathrm{OPT}_2(\mathcal{X}) + 2d(\boldsymbol{o}_1, \boldsymbol{x}_1) + 2d(\boldsymbol{o}_1, \boldsymbol{x}_2) - \mathrm{cost}(\mathcal{X}, S) \leqslant 5\mathrm{OPT}_2(\mathcal{X}) - \mathrm{cost}(\mathcal{X}, S).$$

最后一个不等式成立是因为将 $2d(\boldsymbol{o}_1, \boldsymbol{x}_1)$ 和 $2d(\boldsymbol{o}_1, \boldsymbol{x}_2)$ 均放大为 $\mathrm{OPT}_2(\mathcal{X})$. 故 $\mathrm{cost}(\mathcal{X}, S) \leqslant 5\mathrm{OPT}_2(\mathcal{X})$.

再考虑 $(\boldsymbol{s}_2, \boldsymbol{o}_1)$ 和 $(\boldsymbol{s}_1, \boldsymbol{o}_2)$ 对应的不等式. $N(\boldsymbol{s}_2)$ 中的两点 $\boldsymbol{x}_4, \boldsymbol{x}_5 \in N(\boldsymbol{s}_2) \setminus N^*(\boldsymbol{o}_1)$, 根据实例 5.1.2 总结的规律可知, 点对 $(\boldsymbol{s}_2, \boldsymbol{o}_1)$ 交换后, $\boldsymbol{x}_4$ 和 $\boldsymbol{x}_5$ 应连接到 $\boldsymbol{s}_{\boldsymbol{o}_2}$. 由捕获关系知 $\boldsymbol{s}_{\boldsymbol{o}_2} = \boldsymbol{s}_2$, 这与实例 5.1.2 总结的规律 $\boldsymbol{s}_{\boldsymbol{o}_2} \neq \boldsymbol{s}_2$ 矛盾, 因此该选取方法无法得到仅含有 $\mathrm{OPT}_2(\mathcal{X})$ 和 $\mathrm{cost}(\mathcal{X}, S)$ 的不等式.

通过上述分析可知: 点对 $(\boldsymbol{s}_2, \boldsymbol{o}_1)$ 和 $(\boldsymbol{s}_2, \boldsymbol{o}_2)$ 不可用的主要原因是 $\boldsymbol{s}_2$ 同时捕获两个设施 $\boldsymbol{o}_1$ 和 $\boldsymbol{o}_2$, 因此对于一对多的捕获中心不能参与点对交换; 没有捕获任意设施 $\boldsymbol{o} \in O$ 的 $\boldsymbol{s} \in S$ 可参与两次点对交换.

实例 5.1.4 *若局部最优解 S 和全局最优解 O 对客户集合的划分没有限制 (参见图 5.1.14); 捕获关系是一对多, $\boldsymbol{s}_{\boldsymbol{o}_1} = \boldsymbol{s}_2$, $\boldsymbol{s}_{\boldsymbol{o}_2} = \boldsymbol{s}_2$ (参见图 5.1.15).*

分析 实例 5.1.4 重点处理图 5.1.14 中虚线矩形内的客户, 根据实例 5.1.2 总结的规律知, 若 $\boldsymbol{x} \in N(\boldsymbol{s}_1) \setminus N^*(\boldsymbol{o}_1)$, 则 $\boldsymbol{x}$ 应连接到 $\boldsymbol{s}_{\boldsymbol{o}_{\boldsymbol{x}}}$. 引入映射 $\boldsymbol{\phi}: O \to S$ 表示在 S 中离 $\boldsymbol{o}$ 最近的设施.

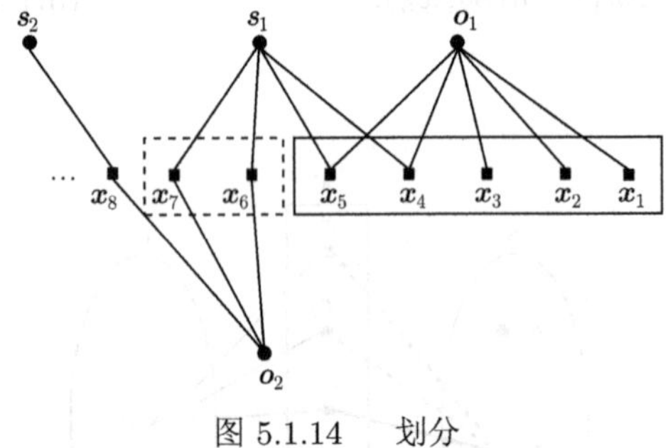

图 5.1.14 划分

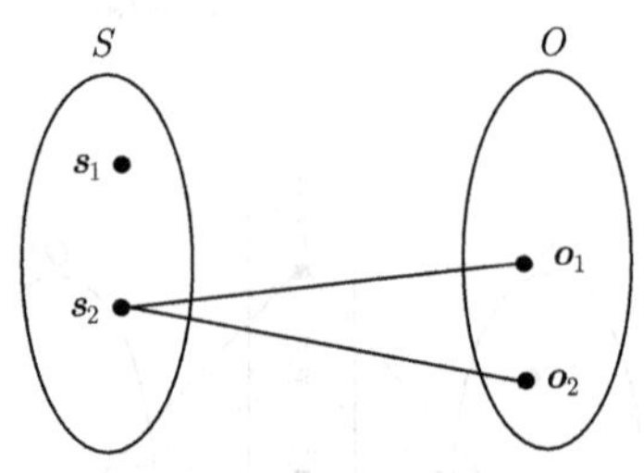

图 5.1.15 捕获关系

根据三角不等式和捕获关系知

$$\begin{aligned} d(\boldsymbol{\phi}(\boldsymbol{\sigma}^*(\boldsymbol{x})), \boldsymbol{x}) &\leqslant d(\boldsymbol{\sigma}^*(\boldsymbol{x}), \boldsymbol{x}) + d(\boldsymbol{\sigma}^*(\boldsymbol{x}), \boldsymbol{\phi}(\boldsymbol{\sigma}^*(\boldsymbol{x}))) \\ &\leqslant d(\boldsymbol{\sigma}^*(\boldsymbol{x}), \boldsymbol{x}) + d(\boldsymbol{\sigma}^*(\boldsymbol{x}), \boldsymbol{\sigma}(\boldsymbol{x})) \\ &\leqslant 2d(\boldsymbol{\sigma}^*(\boldsymbol{x}), \boldsymbol{x}) + d(\boldsymbol{\sigma}(\boldsymbol{x}), \boldsymbol{x}). \end{aligned} \tag{5.1.16}$$

由实例 5.1.3 总结的规律知, 该实例只能选取点对 $(\boldsymbol{s}_1, \boldsymbol{o}_1)$ 和 $(\boldsymbol{s}_1, \boldsymbol{o}_2)$ 对应的不等式. 回顾实例 5.1.2 总结的规律知, 点对 $(\boldsymbol{s}, \boldsymbol{o})$ 发生交换后, $\boldsymbol{x}$ 可分两类: (1) 当 $\boldsymbol{x} \in N^*(\boldsymbol{o})$, 则 $\boldsymbol{x}$ 连接到 $\boldsymbol{o}$; (2) 当 $\boldsymbol{x} \in N(\boldsymbol{s}) \setminus N^*(\boldsymbol{o})$, 则 $\boldsymbol{x}$ 连接到 $\boldsymbol{s}_{\boldsymbol{o}_{\boldsymbol{x}}}$, 这时需要保证 $\boldsymbol{s}_{\boldsymbol{o}_{\boldsymbol{x}}} \neq \boldsymbol{s}$. 因此, 点对 $(\boldsymbol{s}_1, \boldsymbol{o}_1)$ 对应的总费用变化为

$$0 \leqslant \mathrm{cost}(\mathcal{X}, S - \boldsymbol{s}_1 + \boldsymbol{o}_1) - \mathrm{cost}(\mathcal{X}, S)$$

$$
\leqslant \sum_{\boldsymbol{x} \in N^*(\boldsymbol{o}_1)} d(\boldsymbol{o}_1, \boldsymbol{x}) + \sum_{\boldsymbol{x} \in N(\boldsymbol{s}_1) \backslash N^*(\boldsymbol{o}_1)} d(\boldsymbol{\phi}(\boldsymbol{\sigma}^*(\boldsymbol{x}), \boldsymbol{x}) - \sum_{\boldsymbol{x} \in N(\boldsymbol{s}_1) \cup N^*(\boldsymbol{o}_1)} d(\boldsymbol{\sigma}(\boldsymbol{x}), \boldsymbol{x}). \tag{5.1.17}
$$

点对 $(\boldsymbol{s}_1, \boldsymbol{o}_2)$ 对应的总费用变化为

$$
\begin{aligned}
0 &\leqslant \operatorname{cost}(\mathcal{X}, S - \boldsymbol{s}_1 + \boldsymbol{o}_2) - \operatorname{cost}(\mathcal{X}, S) \\
&\leqslant \sum_{\boldsymbol{x} \in N^*(\boldsymbol{o}_2)} d(\boldsymbol{o}_2, \boldsymbol{x}) + \sum_{\boldsymbol{x} \in N(\boldsymbol{s}_1) \backslash N^*(\boldsymbol{o}_2)} d(\boldsymbol{\phi}(\boldsymbol{\sigma}^*(\boldsymbol{x})), \boldsymbol{x}) - \\
&\quad \sum_{\boldsymbol{x} \in N(\boldsymbol{s}_1) \cup N^*(\boldsymbol{o}_2)} d(\boldsymbol{\sigma}(\boldsymbol{x}), \boldsymbol{x}).
\end{aligned} \tag{5.1.18}
$$

结合不等式 (5.1.16), 将 (5.1.17) 式与 (5.1.18) 式相加可得

$$
\begin{aligned}
0 \leqslant\ & \mathrm{OPT}_2(\mathcal{X}) + \sum_{\boldsymbol{x} \in N(\boldsymbol{s}_1) \backslash N^*(\boldsymbol{o}_1)} [2d(\boldsymbol{\sigma}^*(\boldsymbol{x}), \boldsymbol{x}) + d(\boldsymbol{\sigma}(\boldsymbol{x}), \boldsymbol{x})] - \sum_{\boldsymbol{x} \in N(\boldsymbol{s}_1) \cup N^*(\boldsymbol{o}_1)} d(\boldsymbol{\sigma}(\boldsymbol{x}), \boldsymbol{x}) + \\
& \sum_{\boldsymbol{x} \in (N(\boldsymbol{s}_1) \backslash N^*(\boldsymbol{o}_2)} [2d(\boldsymbol{\sigma}^*(\boldsymbol{x}), \boldsymbol{x}) + d(\boldsymbol{\sigma}(\boldsymbol{x}), \boldsymbol{x})] - \sum_{\boldsymbol{x} \in N(\boldsymbol{s}_1) \cup N^*(\boldsymbol{o}_2)} d(\boldsymbol{\sigma}(\boldsymbol{x}), \boldsymbol{x}) \\
\leqslant\ & 5\mathrm{OPT}_2(\mathcal{X}) + \sum_{\boldsymbol{x} \in N(\boldsymbol{s}_1) \backslash N^*(\boldsymbol{o}_1)} d(\boldsymbol{\sigma}(\boldsymbol{x}), \boldsymbol{x}) - \sum_{\boldsymbol{x} \in N(\boldsymbol{s}_1) \cup N^*(\boldsymbol{o}_1)} d(\boldsymbol{\sigma}(\boldsymbol{x}), \boldsymbol{x}) + \\
& \sum_{\boldsymbol{x} \in N(\boldsymbol{s}_1) \backslash N^*(\boldsymbol{o}_2)} d(\boldsymbol{\sigma}(\boldsymbol{x}), \boldsymbol{x}) - \sum_{\boldsymbol{x} \in N(\boldsymbol{s}_1) \cup N^*(\boldsymbol{o}_2)} d(\boldsymbol{\sigma}(\boldsymbol{x}), \boldsymbol{x}) \\
=\ & 5\mathrm{OPT}_2(\mathcal{X}) - \operatorname{cost}(\mathcal{X}, S).
\end{aligned} \tag{5.1.19}
$$

由上述分析可知 $\boldsymbol{s}_1$ 参与了两次交换, 因此可得第一个不等式中的第二项和第四项, 通过放大 $\boldsymbol{x}$ 的取值范围, 有

$$
\sum_{\boldsymbol{x} \in N(\boldsymbol{s}_1) \backslash N^*(\boldsymbol{o}_1)} 2d(\boldsymbol{\sigma}^*(\boldsymbol{x}), \boldsymbol{x}) \leqslant \sum_{\boldsymbol{x} \in N(\boldsymbol{s}_1)} 2d(\boldsymbol{\sigma}^*(\boldsymbol{x}), \boldsymbol{x}), \tag{5.1.20}
$$

$$
\sum_{\boldsymbol{x} \in N(\boldsymbol{s}_1) \backslash N^*(\boldsymbol{o}_2)} 2d(\boldsymbol{\sigma}^*(\boldsymbol{x}), \boldsymbol{x}) \leqslant \sum_{\boldsymbol{x} \in N(\boldsymbol{s}_1)} 2d(\boldsymbol{\sigma}^*(\boldsymbol{x}), \boldsymbol{x}), \tag{5.1.21}
$$

将 (5.1.20) 式和 (5.1.21) 式相加可得 $4 \sum_{\boldsymbol{x} \in N(\boldsymbol{s}_1)} d(\boldsymbol{\sigma}^*(\boldsymbol{x}), \boldsymbol{x})$, 然而并不是所有 $\boldsymbol{s} \in S$ 都参与交换, 故放大为 $4\mathrm{OPT}_2(\mathcal{X})$, 从而得到 (5.1.19) 式的第一项. 对不等式 (5.1.19) 的后 4 项两两求和, 有

$$
\sum_{\boldsymbol{x} \in N(\boldsymbol{s}_1) \backslash N^*(\boldsymbol{o}_1)} d(\boldsymbol{\sigma}(\boldsymbol{x}), \boldsymbol{x}) - \sum_{\boldsymbol{x} \in N(\boldsymbol{s}_1) \cup N^*(\boldsymbol{o}_1)} d(\boldsymbol{\sigma}(\boldsymbol{x}), \boldsymbol{x}) = -\sum_{\boldsymbol{x} \in N^*(\boldsymbol{o}_1)} d(\boldsymbol{\sigma}(\boldsymbol{x}), \boldsymbol{x}),
$$

$$\sum_{\boldsymbol{x}\in N(\boldsymbol{s}_1)\setminus N^*(\boldsymbol{o}_2)} d(\boldsymbol{\sigma}(\boldsymbol{x}),\boldsymbol{x}) - \sum_{\boldsymbol{x}\in N(\boldsymbol{s}_1)\cup N^*(\boldsymbol{o}_2)} d(\boldsymbol{\sigma}(\boldsymbol{x}),\boldsymbol{x}) = -\sum_{\boldsymbol{x}\in N^*(\boldsymbol{o}_2)} d(\boldsymbol{\sigma}(\boldsymbol{x}),\boldsymbol{x}).$$

将上述两个等式的右端相加, 得

$$-\sum_{\boldsymbol{x}\in N^*(\boldsymbol{o}_1)} d(\boldsymbol{\sigma}(\boldsymbol{x}),\boldsymbol{x}) - \sum_{\boldsymbol{x}\in N^*(\boldsymbol{o}_2)} d(\boldsymbol{\sigma}(\boldsymbol{x}),\boldsymbol{x}) = -\mathrm{cost}(\mathcal{X},S).$$

由此得到 $\mathrm{cost}(\mathcal{X},S)\leqslant 5\mathrm{OPT}_2(\mathcal{X})$.

从上述 4 个算法实例分析可知, 点对 $(\boldsymbol{s},\boldsymbol{o})$ 发生交换后, 构造客户连接方式应满足以下特征:

(1) 点对 $(\boldsymbol{s},\boldsymbol{o})$ 发生交换后, 客户 $\boldsymbol{x}$ 连接方式分两种情形.

- 当 $\boldsymbol{x}\in N^*(\boldsymbol{o})$, 则 $\boldsymbol{x}$ 连接到 $\boldsymbol{o}$;
- 当 $\boldsymbol{x}\in N(\boldsymbol{s})\setminus N^*(\boldsymbol{o})$, 则 $\boldsymbol{x}$ 连接到 $\boldsymbol{s}_{\boldsymbol{o}_{\boldsymbol{x}}}$, 这时需要保证 $\boldsymbol{s}_{\boldsymbol{o}_{\boldsymbol{x}}}\neq\boldsymbol{s}$.

(2) 全局最优解 O 中的设施恰好交换一次 (为得到项 $\mathrm{OPT}_2(\mathcal{X})$).

(3) 局部最优解 S 中的每个设施最多交换两次, 有三种情形:

- 点 $\boldsymbol{s}$ 未捕获 O 中任意设施, 则至多可以参与两次交换;
- 点 $\boldsymbol{s}$ 只捕获 O 中一个设施, 则可以参与一次交换;
- 点 $\boldsymbol{s}$ 至少捕获 O 中两个设施, 则可参与交换次数为零.

5.1.4 一般情形的局部比值

在算法分析中, 点对 $(\boldsymbol{s},\boldsymbol{o})$ 交换后, 需要重新构造客户的连接方式. 为此, 首先给出以下定义.

定义 5.1.1 (好设施和坏设施) 给定 k-中位问题的可行解 S 和全局最优解 O. 若设施 $\boldsymbol{s}\in S$ 至少捕获一个全局最优解中的设施 $\boldsymbol{o}\in O$, 则称 $\boldsymbol{s}$ 为坏设施, 否则称为好设施. S 中所有坏设施的集合记为 $\mathrm{Bad}(S)$.

不失一般性, 假设 $\mathrm{Bad}(S)$ 包含 r 个坏设施 $\{\boldsymbol{s}_1,\boldsymbol{s}_2,\cdots,\boldsymbol{s}_r\}$. 当然, 每个坏设施 $\boldsymbol{s}_i$ 必须至少捕获一个全局最优解中的设施, 其中 $i=1,2,\cdots,r$. 因此, 全局最优解 O 划分为 r 个不相交的子集 $O_i, i=1,2,\cdots,r$. 每个 O_i, 包含 r_i 个全局最优解中的设施, 它们都被坏设施 $\boldsymbol{s}_i$ 捕获, 即 $O_i=\{\boldsymbol{o}\in O|\boldsymbol{s}_{\boldsymbol{o}}=\boldsymbol{s}_i\}$.

对 O_i, $i=1,2,\cdots,r$, 构造子集 $S_i\subseteq S$. 该子集由坏设施和添加的任意 r_i-1 个好设施构成, 满足 $|S_i|=|O_i|$, 并保持所有子集 S_i 互不相交. 为了便于讨论, 不妨设 S_i 中的设施为 $\{\boldsymbol{s}_i,\boldsymbol{s}_i^2,\cdots,\boldsymbol{s}_i^{r_i}\}$, $i=1,2,\cdots,r$. 相应地, 子集 O_i 记为 $O_i=\{\boldsymbol{o}_i^1,\boldsymbol{o}_i^2,\cdots,\boldsymbol{o}_i^{r_i}\}$. 不难看出每个 $\boldsymbol{o}_i^j$ 被 $\boldsymbol{s}_i$ 捕获, 而且 $\boldsymbol{s}_i^j$, $j=2,\cdots,r_i$ 是好设施.

根据 S 中坏设施和好设施的定义, 我们在 k-中位问题中引入关于局部最优解 S 和全局最优解 O 的划分. 为了估计算法的近似比, 在后续过程中使用局部搜索的通用技术来构建点对 $(\boldsymbol{s},\boldsymbol{o})$ (参见图 5.1.16), 其过程如下.

程序 5.1.1 (单交换运算点对的构建)

步 1 对任意 $i \in \{1,2,\cdots,r\}$, 若 $r_i = 1$, 令 $S_i = \{\boldsymbol{s}_i\}$ 和 $O_i = \{\boldsymbol{o}_i\}$, 构建点对 $(\boldsymbol{s}_i, \boldsymbol{o}_i)$.

步 2 对任意 $i \in \{1,2,\cdots,r\}$, 若 $r_i \geqslant 2$, 记 $S_i := \{\boldsymbol{s}_i, \boldsymbol{s}_i^2, \cdots, \boldsymbol{s}_i^{r_i}\}$, $O_i := \{\boldsymbol{o}_i^1, \boldsymbol{o}_i^2, \cdots, \boldsymbol{o}_i^{r_i}\}$. 构建点对 $(\boldsymbol{s}_i^2, \boldsymbol{o}_i^1)$, $(\boldsymbol{s}_i^2, \boldsymbol{o}_i^2)$, $(\boldsymbol{s}_i^3, \boldsymbol{o}_i^3)$, $\cdots$, $(\boldsymbol{s}_i^{r_i}, \boldsymbol{o}_i^{r_i})$.

执行单交换运算 $(\boldsymbol{s}, \boldsymbol{o})$, 观察程序 5.1.1 中点对的构造过程, 特点如下:

(1) O 中的每个设施恰好交换一次;

(2) S 中的每个设施最多交换两次;

(3) 对每个点对 $(\boldsymbol{s}, \boldsymbol{o})$, $\boldsymbol{s}$ 除 $\boldsymbol{o}$ 以外不能捕获任何最优设施.

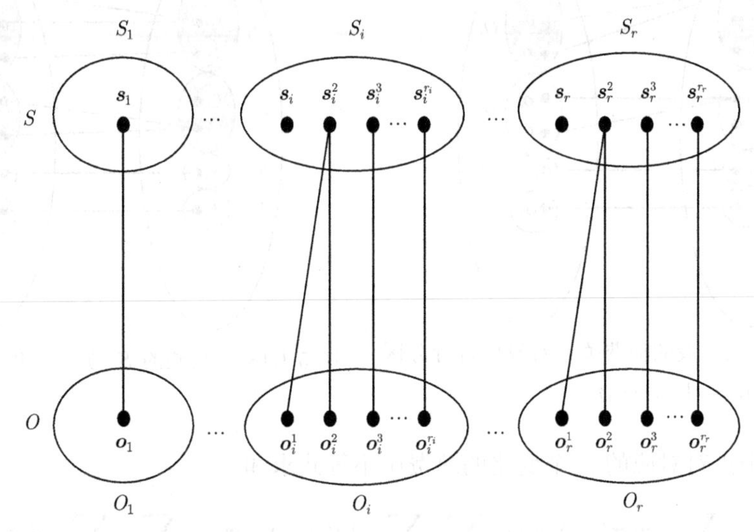

图 5.1.16 程序 5.1.1 构建的单交换运算点对

上述三个特点恰好满足 5.1.3 节 4 个算法实例分析总结出的规律. 进一步, 我们提炼出一般情形的局部比值分析技巧, 从而揭示算法 5.1.1 的局部比值.

为达到预期结果, 在执行程序 5.1.1 时需要按照算法 5.1.1 所示过程构造点对 $(\boldsymbol{s}, \boldsymbol{o})$, 然后根据不同情况, 分析每个点对单交换运算前后总费用的变化. 根据捕获关系对局部最优解 S 和全局最优解 O 进行分区如图 5.1.17 所示, 其中深灰色分区满足 $|S_i| = |O_i| > 1$, 剩下的浅灰色分区满足 $|S_i| = |O_i| = 1$. 图 5.1.17 根据程序 5.1.1 构造的单交换对如图 5.1.18 所示.

定理 5.1.1 对于 k-中位问题的任意实例, 算法 5.1.1 输出的解 S 满足 $\text{cost}(\mathcal{X}, S) \leqslant 5\text{cost}(\mathcal{X}, O) = 5\text{OPT}_k(\mathcal{X})$, 其中 O 是该实例的全局最优解.

证明 根据捕获关系和上述规律, 客户集合 $\mathcal{X}$ 的 $\boldsymbol{x}$ 分为 $\boldsymbol{x} \in N^*(\boldsymbol{o})$ 和 $\boldsymbol{x} \in N(\boldsymbol{s}) \setminus N^*(\boldsymbol{o})$ 两种情况. 点对 $(\boldsymbol{s}, \boldsymbol{o})$ 交换后总费用的变化为

$$
\begin{aligned}
0 &\leqslant \text{cost}(\mathcal{X}, S - \boldsymbol{s} + \boldsymbol{o}) - \text{cost}(\mathcal{X}, S) \\
&\leqslant \sum_{\boldsymbol{x} \in N^*(\boldsymbol{o})} d(\boldsymbol{\sigma}^*(\boldsymbol{x}), \boldsymbol{x}) + \sum_{\boldsymbol{x} \in N(\boldsymbol{s}) \setminus N^*(\boldsymbol{o})} d(\boldsymbol{\phi}(\boldsymbol{\sigma}^*(\boldsymbol{x})), \boldsymbol{x}) - \sum_{\boldsymbol{x} \in N(\boldsymbol{s}) \cup N^*(\boldsymbol{o})} d(\boldsymbol{\sigma}(\boldsymbol{x}), \boldsymbol{x})
\end{aligned}
$$

$$\leqslant \sum_{\boldsymbol{x}\in N^*(\boldsymbol{o})} d(\boldsymbol{\sigma}^*(\boldsymbol{x}),\boldsymbol{x}) + \sum_{\boldsymbol{x}\in N(\boldsymbol{s})} 2d(\boldsymbol{\sigma}^*(\boldsymbol{x}),\boldsymbol{x}) + \sum_{\boldsymbol{x}\in N(\boldsymbol{s})\setminus N^*(\boldsymbol{o})} d(\boldsymbol{\sigma}(\boldsymbol{x}),\boldsymbol{x}) - \sum_{\boldsymbol{x}\in N(\boldsymbol{s})\cup N^*(\boldsymbol{o})} d(\boldsymbol{\sigma}(\boldsymbol{x}),\boldsymbol{x})$$

$$\leqslant \sum_{\boldsymbol{x}\in N^*(\boldsymbol{o})} d(\boldsymbol{\sigma}^*(\boldsymbol{x}),\boldsymbol{x}) + \sum_{\boldsymbol{x}\in N(\boldsymbol{s})} 2d(\boldsymbol{\sigma}^*(\boldsymbol{x}),\boldsymbol{x}) - \sum_{\boldsymbol{x}\in N^*(\boldsymbol{o})} d(\boldsymbol{\sigma}(\boldsymbol{x}),\boldsymbol{x}).$$

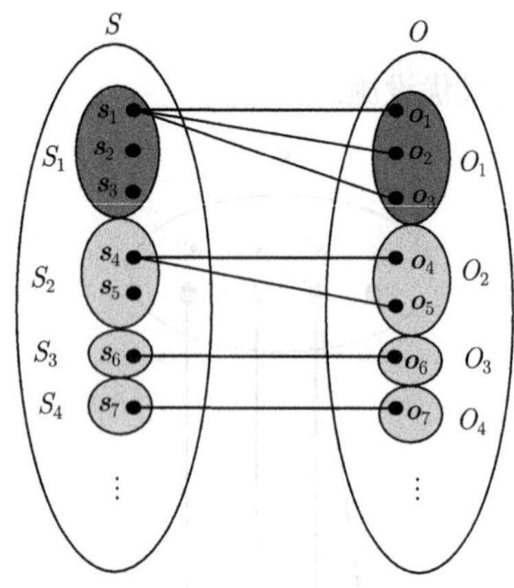

图 5.1.17 根据一般的捕获关系对设施进行分区, 其中 $|S_i| = |O_i|, i = 1, 2, \cdots, r$

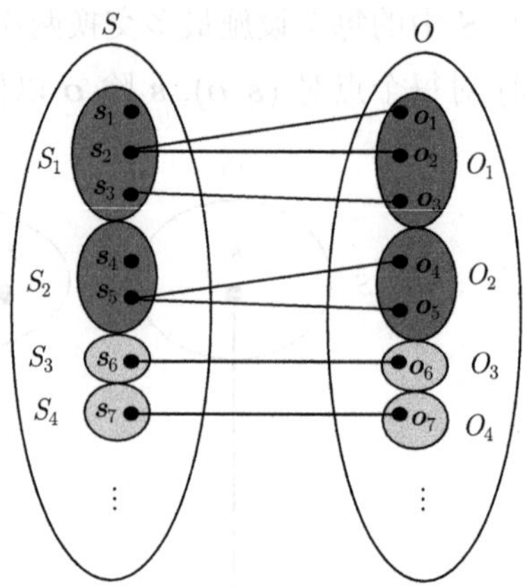

图 5.1.18 构建的 S 与 O 的单交换运算点对

将选择的 k 个点对对应的 k 个变化的总费用不等式求和, 得

$$0\leqslant \sum_{\boldsymbol{o}\in O}\sum_{\boldsymbol{x}\in N^*(\boldsymbol{o})} d(\boldsymbol{\sigma}^*(\boldsymbol{x}),\boldsymbol{x}) + \sum_{\boldsymbol{s}\in S}\sum_{\boldsymbol{x}\in N(\boldsymbol{s})} 4d(\boldsymbol{\sigma}^*(\boldsymbol{x}),\boldsymbol{x}) - \sum_{\boldsymbol{o}\in O}\sum_{\boldsymbol{x}\in N^*(\boldsymbol{o})} d(\boldsymbol{\sigma}(\boldsymbol{x}),\boldsymbol{x})$$
$$\leqslant \mathrm{OPT}_k(\mathcal{X}) + 4\mathrm{OPT}_k(\mathcal{X}) - \mathrm{cost}(\mathcal{X},S) = 5\mathrm{OPT}_k(\mathcal{X}) - \mathrm{cost}(\mathcal{X},S),$$

其中, 上式第一个不等式中的第二项, 由于设施 $\boldsymbol{s}$ 参与交换的次数有三种: $0, 1, 2$. 因此设施 $\boldsymbol{s}$ 至多参与两次交换, 因此可得

$$2\sum_{\boldsymbol{x}\in N(\boldsymbol{s})} 2d(\boldsymbol{\sigma}^*(\boldsymbol{x}),\boldsymbol{x}) = \sum_{\boldsymbol{x}\in N(\boldsymbol{s})} 4d(\boldsymbol{\sigma}^*(\boldsymbol{x}),\boldsymbol{x}).$$

第二行的不等式由于第一个行不等式右式第一项和第三项中 $\boldsymbol{o}$ 恰好参与一次交换, 且对 O 中设施遍历一遍, 因此分别等于 $\mathrm{OPT}_k(\mathcal{X})$ 和 $\mathrm{cost}(\mathcal{X},S)$; 然而第二项中并不是所有 $\boldsymbol{s}\in S$ 都参与交换, 故可放大为 $\mathrm{OPT}_k(\mathcal{X})$. 综上, $\mathrm{cost}(\mathcal{X},S)\leqslant 5\mathrm{OPT}_k(\mathcal{X})$. □

5.1.5 多项式时间近似算法

令 S_0 表示给定某实例的初始可行解, S_1 记为下一步迭代得到的解, 以此类推, 最后一步迭代得到的解记为 S_l. 迭代解满足以下性质:

$$\mathrm{cost}(\mathcal{X},S_0)\geqslant \mathrm{cost}(\mathcal{X},S_1)\geqslant \mathrm{cost}(\mathcal{X},S_2)\geqslant\cdots\geqslant \mathrm{cost}(\mathcal{X},S_l)\geqslant \mathrm{OPT}_k(\mathcal{X}). \tag{5.1.22}$$

上式 $\text{cost}(\mathcal{X},S_0)\geqslant\text{cost}(\mathcal{X},S_1)$ 表明相邻的迭代关系: 从 S_0 迭代到下一步 S_1, 其目标函数值是下降的. 但是每步下降量可能很小, 这可能导致迭代次数达到指数量级. 因此一个自然的想法是设置算法步长使其在每次迭代时下降量更大一些, 即满足充分下降性.

假设相邻的迭代满足 $\text{cost}(\mathcal{X},S_{i+1})\leqslant(1-\eta)\text{cost}(\mathcal{X},S_i), i=0,1,2,\cdots,l$. 需要探索 $\eta\in[0,1]$ 取值为多少时才能保证算法的迭代次数是多项式时间的. 若迭代 l 次, 则根据递推关系可以得到第 l 次迭代解与初始解可行 S_0 满足

$$\text{cost}(\mathcal{X},S_l)\leqslant(1-\eta)^l\text{cost}(\mathcal{X},S_0). \tag{5.1.23}$$

当 η 固定时, l 的取值不能无限大. 因为算法是可行的, 一旦 $\text{cost}(\mathcal{X},S_l)\leqslant\text{OPT}_k(\mathcal{X})$ 算法会停止运行. 所以最后一步迭代 $\text{cost}(\mathcal{X},S_l)$ 必然大于等于 $\text{OPT}_k(\mathcal{X})$. 否则 $(1-\eta)^l\text{cost}(\mathcal{X},S_0)$ 趋于 0, 矛盾. 因此, 满足 $(1-\eta)^l\text{cost}(\mathcal{X},S_0)\leqslant\text{OPT}_k(\mathcal{X})$ 最小的整数 l 即为算法停止时的迭代次数. 接下来, 计算 l, 有

$$(1-\eta)^l\leqslant\frac{\text{OPT}_k(\mathcal{X})}{\text{cost}(\mathcal{X},S_0)},$$

对上式取对数, 整理得

$$l\geqslant\frac{\ln\left(\text{cost}(\mathcal{X},S_0)/\text{OPT}_k(\mathcal{X})\right)}{\ln\left(1/(1-\eta)\right)}.$$

现在问题转化为算法的迭代次数 l 是否为多项式时间. 当 η 是常数时, 上式是多项式时间的, 比如取 $\varepsilon\in(0,1)$. 这里 ε 是不依赖于实例, 也不依赖于问题规模. 但是 ε 并不是理想的数, 它可能会因为太大而造成近似比的损失. 那么 η 取更弱一点的数代替直接取 ε, 是否既能满足 l 是多项式时间, 又对近似比损失最小呢? 比如 ε 除以关于客户个数 n 的多项式. 因此, 探索 η 在最弱情况下能取什么样的数值是关键.

根据 $\ln(1+x)\sim x, x\to0$, 可得

$$l\geqslant\frac{\ln\left(\text{cost}(\mathcal{X},S_0)/\text{OPT}_k(\mathcal{X})\right)}{\ln\left(1/(1-\eta)\right)}\sim\frac{1}{\eta}\ln\frac{\text{cost}(\mathcal{X},S_0)}{\text{OPT}_k(\mathcal{X})}.$$

不妨设 $\text{OPT}_k(\mathcal{X})\geqslant1$ 或问题的输入都是正整数, 有

$$\frac{1}{\eta}\ln\frac{\text{cost}(\mathcal{X},S_0)}{\text{OPT}_k(\mathcal{X})}\leqslant\frac{1}{\eta}\ln\text{cost}(\mathcal{X},S_0),$$

其中 $\ln\text{cost}(\mathcal{X},S_0)$ 不超过问题输入字节的长度. 令 $\eta=\varepsilon/\text{poly}(n,m)$ 是无穷小量, ε 是任意给定的正数; $\text{poly}(n,m)$ 是关于问题规模 n 和 m 的多项式, n 表示客户的个数, m 表示中心点的个数. 整理上式, 得

$$\frac{1}{\eta}\ln\frac{\text{cost}(\mathcal{X},S_0)}{\text{OPT}_k(\mathcal{X})}\leqslant\frac{1}{\eta}\ln\text{cost}(\mathcal{X},S_0)=\frac{\text{poly}(n,m)}{\varepsilon}\ln\text{cost}(\mathcal{X},S_0).$$

综上, 当 $\eta=\varepsilon/\text{poly}(n,m)$ 时, 迭代次数 l 的取值是多项式时间量级的.

在 5.1.4 节中, 利用局部搜索算法得到的近似比是 5. 这里引入充分下降性, 即设置大步长 $1-\eta$, 要求每一步迭代产生的解的目标函数值可以充分下降. 接下来, 将考虑当 $\varepsilon/\mathrm{poly}(n,m)$ 取何值时, 对近似比造成的损失不大或不损失近似比.

在局部搜索算法中设置大步长 $1-\eta$, 算法从当前解 S_i 迭代到下一步 S_{i+1}, 满足 $\mathrm{cost}(\mathcal{X},S_{i+1})\leqslant(1-\eta)\mathrm{cost}(\mathcal{X},S_i), i=1,2,\cdots,l$. 整理该式, 得

$$\mathrm{cost}(\mathcal{X},S_{i+1})-\mathrm{cost}(\mathcal{X},S_i)\leqslant-\eta\mathrm{cost}(\mathcal{X},S_i).$$

当算法停止运行时, 当前解即为局部最优解, 即当前解的邻域 $\mathrm{Ngh}_1(S)=\{S-\boldsymbol{v}+\boldsymbol{u},\forall\boldsymbol{v}\in S,\forall\boldsymbol{u}\in\mathcal{F}-S\}$ 中任何一个解都无法改进当前解. 对任意点对 $(\boldsymbol{s},\boldsymbol{o})$, 其中 $\boldsymbol{s}\in S,\boldsymbol{o}\in O,O\subset\mathcal{F}$, 由局部最优性, 有

$$-\eta\mathrm{cost}(\mathcal{X},S)\leqslant\mathrm{cost}(\mathcal{X},S-\boldsymbol{s}+\boldsymbol{o})-\mathrm{cost}(\mathcal{X},S).$$

定理 5.1.1 证明中所选的 k 个点对, 其对应的 k 个不等式均满足上式, 对这 k 个不等式求和并整理可得

$$-k\eta\mathrm{cost}(\mathcal{X},S)\leqslant5\mathrm{OPT}_k(\mathcal{X})-\mathrm{cost}(\mathcal{X},S),\qquad\text{故 }\mathrm{cost}(\mathcal{X},S)\leqslant\frac{5}{1-k\eta}\mathrm{OPT}_k(\mathcal{X}).$$

将 $\eta=\varepsilon/\mathrm{poly}(n,m)$ 代入上式, 得

$$\mathrm{cost}(\mathcal{X},S)\leqslant\frac{5}{1-k\dfrac{\varepsilon}{\mathrm{poly}(n,m)}}\mathrm{OPT}_k(\mathcal{X}).$$

为得到 $5+\varepsilon$ 近似比, 令 $\mathrm{poly}(n,m):=6m$, 则

$$\begin{aligned}\mathrm{cost}(\mathcal{X},S)&\leqslant\frac{5}{1-k\dfrac{\varepsilon}{\mathrm{poly}(n,m)}}\mathrm{OPT}_k(\mathcal{X})\leqslant\frac{5}{1-k\dfrac{\varepsilon}{6m}}\mathrm{OPT}_k(\mathcal{X})\\&\leqslant\frac{5}{1-\dfrac{\varepsilon}{6}}\mathrm{OPT}_k(\mathcal{X})\leqslant(5+\varepsilon)\mathrm{OPT}_k(\mathcal{X}).\end{aligned}$$

最后一个不等式成立的原因是

$$(5+\varepsilon)\left(1-\frac{\varepsilon}{6}\right)=5-\frac{5\varepsilon}{6}+\varepsilon-\frac{\varepsilon^2}{6}\geqslant5.$$

通过上述分析, 当 $\mathrm{poly}(n,m)=6m$ 时, 可得到利用充分下降性的单交换局部搜索近似算法. 具体算法如下.

算法 5.1.2 (单交换局部搜索近似算法)

输入: 观测集 $\mathcal{X}$, 设施集 $\mathcal{F}$, 正整数 k.

输出: 中心点集 $S\subseteq\mathcal{F}$.

步 1 (**初始化**) 令 $\eta = \varepsilon/\text{poly}(n,m)$, $\text{poly}(n,m) = 6m$. 从设施集 $\mathcal{F} = \{\boldsymbol{s}_1, \boldsymbol{s}_2, \cdots, \boldsymbol{s}_m\}$ 中任意选取 k 个点作为初始可行解, 记为 S.

步 2 (**局部搜索**) 构造邻域 $\text{Ngh}_1(S) := \{S - \boldsymbol{v} + \boldsymbol{u}, \forall \boldsymbol{v} \in S, \forall \boldsymbol{u} \in \mathcal{F} - S\}$. 计算 $\widetilde{S} := \underset{S' \in \text{Ngh}_1(S)}{\arg\min} \ \text{cost}(\mathcal{X}, S')$, 其中

$$\text{cost}(\mathcal{X}, S') := \sum_{\boldsymbol{x} \in \mathcal{X}} \min_{\boldsymbol{s} \in S'} d(\boldsymbol{s}, \boldsymbol{x}),$$

即计算所有客户 $\mathcal{X}$ 到集合 S' 的最小总费用.

步 3 (**终止条件**) 如果 $\text{cost}(\mathcal{X}, \widetilde{S}) \geqslant (1-\eta)\text{cost}(\mathcal{X}, S)$, 输出 S, 算法停止. 否则, 更新 $S := \widetilde{S}$. 将每个客户重新分配到最近的开设设施, 并转到步 2.

上述分析不难看出, 在局部搜索算法中引入充分下降性得到解的质量损失不大, 仅从 5 增加到 $5 + \varepsilon$. 实际上, 几乎所有局部搜索算法的设计都可以利用充分下降性, 一方面保证算法是多项式时间的, 另一方面对近似比的影响不大. 该技巧不仅适用于 k-中位问题, 同样适用于 k-均值问题.

5.1.6 多交换局部搜索算法

前面分析了 k-中位问题的单交换局部搜索算法, 近似比为 $5 + \varepsilon$. 但在每次交换运算中仅交换单个元素, 有时效率太低. 那么该问题的近似比能否被改进呢? 容易想到的策略: 在一次交换运算时尝试适当增加交换元素, 而不是重复进行多次单交换. 比如在每次迭代时交换至多 p 个元素. 目的仍然是通过构造合适的交换对找到 $\text{cost}(\mathcal{X}, S)$ 与 $\text{OPT}_k(\mathcal{X})$ 的关系, 并且越接近越好. 本节给出多交换局部搜索算法, 并通过巧妙构造交换对证明近似比为 $3 + \varepsilon$.

与单交换不同, 给定正整数 $p \leqslant k$, 多交换运算将同时在元素个数为 $|A| = p' \leqslant p$ 的任意集合 $A \subseteq S$ 和任意具有相同元素个数的集合 $B \subseteq \mathcal{F} \setminus S$ 之间进行交换. 在多交换运算 (A, B) 中, 要求关闭 A 中所有设施, 同时开设 B 中所有设施. 令 $S' = (S \setminus A) \cup B$ 为交换 (A, B) 之后的解. 类似单交换, 如果 S' 的总费用小于 S 的总费用, 则更新当前解 (用 S' 代替 S), 否则 S 保持不变. 针对多交换运算, 定义可行解 S 关于正整数 p 的邻域

$$\text{Ngh}_p(S) := \{(S \setminus A) \cup B, \forall A \subseteq S, \forall B \subseteq \mathcal{F} \setminus S, |A| = |B| \leqslant p\}.$$

为叙述简洁, 用 $S - A$ 表示集合 $S \setminus A$, 用 $S - A + B$ 表示集合 $(S \setminus A) \cup B$, 用 $\mathcal{F} - S$ 表示集合 $\mathcal{F} \setminus S$.

算法 5.1.3 (多交换局部搜索近似算法)

输入: 观测集 $\mathcal{X}$, 设施集 $\mathcal{F}$, 正整数 k 和 p.

输出: 中心点集 $S \subseteq \mathcal{F}$.

步 1 (**初始化**) 令 $\text{poly}(n,m) = 12k^2, p = \lceil 8/\varepsilon \rceil$, 从设施集 $\mathcal{F} = \{\boldsymbol{s}_1, \boldsymbol{s}_2, \cdots, \boldsymbol{s}_m\}$ 中任意选取 k 个点作为初始可行解, 记为 S.

步 2 (**局部搜索**) 构造邻域 $\mathrm{Ngh}_p(S) := \{S-A+B, \forall A \subseteq S, \forall B \subseteq \mathcal{F}-S, |A|=|B| \leqslant p\}$. 计算 $\widetilde{S} := \arg\min_{S' \in \mathrm{Ngh}_p(S)} \mathrm{cost}(\mathcal{X}, S')$, 其中

$$\mathrm{cost}(\mathcal{X}, S') := \sum_{\boldsymbol{x} \in \mathcal{X}} \min_{\boldsymbol{s} \in S'} d(\boldsymbol{s}, \boldsymbol{x}),$$

即计算所有客户 $\mathcal{X}$ 到集合 S' 的最小总费用.

步 3 (**终止条件**) 如果 $\mathrm{cost}(\mathcal{X}, \widetilde{S}) \geqslant (1-\eta)\mathrm{cost}(\mathcal{X}, S)$, 输出 S, 算法停止. 否则, 更新 $S := \widetilde{S}$. 将每个客户重新分配到最近的开设设施, 并转到步 2.

算法 5.1.3 是给出的 k-中位问题的多交换局部搜索算法. 在单交换运算中, 全局最优解 O 中的每个设施恰好交换 1 次, 局部最优解 S 中的设施至多交换 k 次. 那么在多交换运算中是否也存在类似的规律?

首先, 构造多交换运算对. 根据定义 5.1.1 中的好设施和坏设施, 将 S 和 O 中的设施划分成两组. 不失一般性, 假设 $\mathrm{Bad}(S)$ 包含 r 个坏设施 $\{\boldsymbol{s}_1, \boldsymbol{s}_2, \cdots, \boldsymbol{s}_r\}$, 其中 $r \leqslant k$. 根据定义 5.1.1可知, 每个坏设施 $\boldsymbol{s}_i$ 必须至少捕获一个全局最优解中的设施, 其中 $i = 1, 2, \cdots, r$. 因此, 全局最优解 O 划分为 r 个不相交的子集. 每个 O_i 包含 r_i 个全局最优解中的设施, 它们都被坏设施 s_i 捕获, 即 $O_i = \{\boldsymbol{o} \in O | \boldsymbol{s}_o = \boldsymbol{s}_i\}$.

对 O_i, $i = 1, 2, \cdots, r$, 构造子集 $S_i \subseteq S$. 该子集由坏设施和添加的任意 $r_i - 1$ 个好设施构成, 满足 $|S_i| = |O_i|$, 并保持所有子集 S_i 互不相交. 为了便于讨论, 不妨设 S_i 中的设施为 $\{\boldsymbol{s}_i, \boldsymbol{s}_i^2, \cdots, \boldsymbol{s}_i^{r_i}\}$, $i = 1, 2, \cdots, r$. 相应地, 子集 O_i 记为 $O_i = \{\boldsymbol{o}_i^1, \boldsymbol{o}_i^2, \cdots, \boldsymbol{o}_i^{r_i}\}$. 不难看出每个 $\boldsymbol{o}_i^j$ 被 $\boldsymbol{s}_i$ 捕获, 而且 $\boldsymbol{s}_i^j$, $j = 2, \cdots, r_i$ 是好设施. 下面给出构建多交换运算对的程序 (参见图 5.1.19).

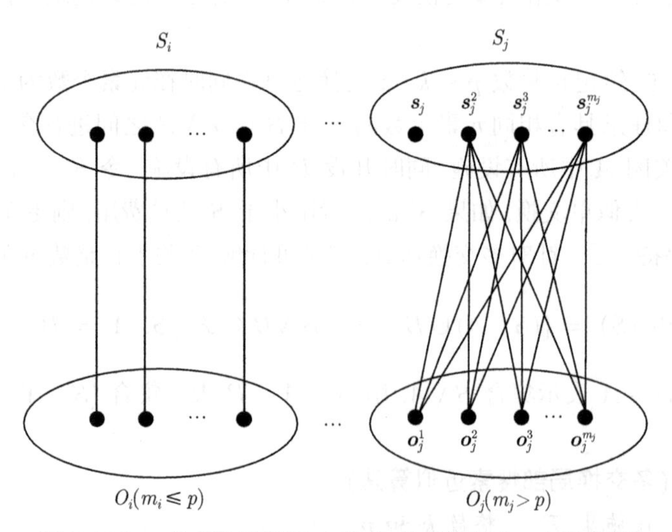

图 5.1.19 多交换运算下 S 和 O 的交换对 $(\boldsymbol{s}, \boldsymbol{o})$ 的构建

程序 5.1.2 (多交换运算对的构建)

步 1 对满足 $|S_i| = |O_i| = t_i \leqslant p$ 的每个 i, 构造点对 (S_i, O_i).

步 2 对满足 $|S_i|=|O_i|=t_i>p$ 的每个 i, 构建 $t_i(t_i-1)$ 个点对 $(\boldsymbol{s},\boldsymbol{o})$, 其中 $\boldsymbol{s}\in S_i-\boldsymbol{s}_i$, $\boldsymbol{o}\in O_i$.

在步 1 中, 考虑点对 (S_i,O_i) 多元素同时交换. 在步 2 中, 考虑 S_i 中 t_i-1 个孤立设施 (未捕获最优设施) 与 O_i 中 t_i 个最优设施进行单独的 1 对 1 交换. 若 1 对 1 交换所产生的连边都是按照 $1/(t_i-1)$ 比例出现, 则局部最优解中每个设施最多出现 $t_i/(t_i-1)\leqslant(p+1)/p\leqslant 2$, 次. 当 $p>1$ 时, 上式严格小于 2. 显然, 在多交换运算中也存在类似单交换的点对交换规律.

针对邻域定义中 p 的不同取值情况, 分析 k-中位问题的多交换局部搜索算法. 先考虑 $p=2$ 的情形, 再考虑一般情形.

$p=2$ 情形 点对 (S_i,O_i) 交换后, 构造客户的连接方式. $p=2$ 意味着 S_i 中的设施可以进行 2 对 2 交换. 当 $|S_i|=|O_i|\leqslant p, i=1,2,\cdots,r$ 时, 构建点对 (S_i,O_i). 当 $|S_i|=|O_i|>p, i=1,2,\cdots,r$ 时, 以图 5.1.20 为例进行分析.

图 5.1.21 中, $|S_1|=|O_1|=3$, 按照算法 5.1.2 构造连边, 可得共有 6 条边可用 (参见图 5.1.21 中虚线连边). 类似单交换, 6 条可用边分别对应 6 个不等式. S_1 中的点出现 3 次, O_1 点出现 2 次, 与单交换相比效果并不好. 为了在多交换中改进近似比, 自然的想法是希望 S_1 中的设施出现的次数尽可能比 2 小, O_1 中的设施恰出现 1 次. 不妨对 6 个不等式做正线性组合, 使得 S_1 和 O_1 分别对应的项的系数之和恰好等于出现在交换对中的次数. 那么, 系数如何分配?

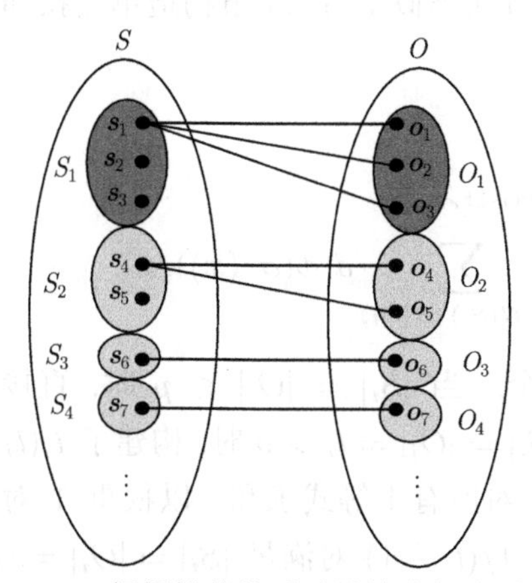

图 5.1.20 根据捕获关系对设施进行分区, 其中 $|S_i|=|O_i|, i=1,2,\cdots,r$

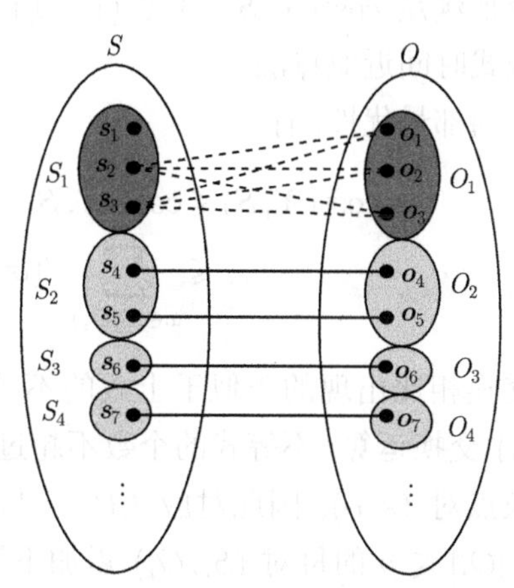

图 5.1.21 (S_1,O_1) 中, 孤立的设施与最优设施建立 1 对 1 的连边

(1) 若 $|S_i|=|O_i|=3, i=1,2,\cdots,r$, 每个不等式都乘 1/2, 即每个连边按照 1/2 的比例出现. 则 S_i 中每个设施最多出现 3/2 次, O_i 中的设施恰好出现 1 次, 此时局部比值为 $1+2\times(3/2)=4$.

(2) 若 $|S_i|=|O_i|=4$, $i=1,2,\cdots,r$, 每个不等式都乘 1/3, 即每个连边按照 1/3 比例出现. 则 S_i 中每个设施最多出现 4/3 次, O_i 中的设施恰好出现 1 次, 局部比值为 $1+2\times(4/3)=11/3$.

(3) 若 $|S_i|=|O_i|=t_i, 3\leqslant t_i\leqslant k$, $i=1,2,\cdots,r$, 每个不等式都乘 $1/(t_i-1)$, 即每个连边按照 $1/(t_i-1)$ 比例出现. 则 S_i 中每个设施最多出现 $t_i/(t_i-1)\leqslant 3/2$ 次, O_i 中的设施恰好出现 1 次, 局部比值为 $1+2(t_i/(t_i-1))=(3t_i-1)/(t_i-1)\leqslant 4$.

总结: 如果 $|S_i|=|O_i|=t_i>p, i=1,2,\cdots,r$, 那么将 S_i 中 t_i-1 个孤立设施与 O_i 中 t_i 个设施进行单独的 1 对 1 交换. 为了降低近似比, 在分析因交换引起的费用变化时可以采用乘法系数 $1/(t_i-1)$ 进行加权处理.

一般情形 在多交换运算中, 若交换个数 $p>1$, 当然 p 的取值不能太大, 否则关于 p 的邻域 $\text{Ngh}_p(S)$ 中包含的可能解的数量不是多项式时间的. 为了保证交换运算的次数是多项式时间的, 通常要求 p 是与实例规模无关的常数. 若 $|S_i|=|O_i|=t_i, i=1,2,\cdots,r, p+1\leqslant t_i\leqslant r$. 每个不等式都乘 $1/(t_i-1)$, 即每个连边都是按照 $1/(t_i-1)$ 比例出现, 则 S_i 中每个设施最多出现次数为

$$\frac{t_i}{t_i-1}\leqslant\frac{p+1}{p},$$

O_i 中每个设施恰好出现 1 次. 因此, 局部比值为

$$1+2\cdot\frac{p+1}{p}=3+\frac{2}{p}\leqslant 3+\varepsilon.$$

上述分析得到多交换局部搜索算法的近似比为 $3+2/p$. 但是算法的局部搜索次数可能不是多项式时间的. 如何将上述算法变成多项式时间算法呢? 可以采用"大步长"策略, 即点对交换满足 $\text{cost}(\mathcal{X},S_{i+1})\leqslant(1-\eta)\text{cost}(\mathcal{X},S_i)$, 方法类似于 5.1.5 节构造单交换局部搜索多项式时间近似算法.

由局部最优性, 有

$$\begin{aligned}-\eta\text{cost}(\mathcal{X},S)&\leqslant\text{cost}(\mathcal{X},S-S_i+O_i)-\text{cost}(\mathcal{X},S)\\&\leqslant\sum_{\boldsymbol{x}\in N(O_i)}d(\boldsymbol{\sigma}^*(\boldsymbol{x}),\boldsymbol{x})+\sum_{\boldsymbol{x}\in N(S_i)\backslash N(O_i)}d(\boldsymbol{\phi}(\boldsymbol{\sigma}^*(\boldsymbol{x})),\boldsymbol{x}).\end{aligned}$$

与单交换相比出现的类似于上式的不等式不止 k 个. 当 $|S_i|=|O_i|\leqslant p$ 时, 直接进行 (S_i,O_i) 交换运算, 不等式的个数不超过 k 个; 当 $|S_i|=|O_i|=t_i>p$ 时, 构建了 $t_i(t_i-1)$ 个交换点对 $(\boldsymbol{s},\boldsymbol{o})$, 因此对应 $t_i(t_i-1)$ 个不等式. 对所有不等式求和: 以权重 1 对满足 $|S_i|=|O_i|\leqslant p$ 的每对 (S_i,O_i) 累加不等式, 以权重 $1/(t_i-1)$ 对满足 $|S_i|=|O_i|=t_i>p$ 的每对 $(\boldsymbol{s},\boldsymbol{o})$ 累加不等式. 再结合 $t_i/(t_i-1)\leqslant(p+1)/p$, 有

$$\begin{aligned}-2k^2\eta\text{cost}(\mathcal{X},S)&\leqslant-\left(k+t_i(t_i-1)\cdot\frac{t_i}{t_i-1}\right)\eta\text{cost}(\mathcal{X},S)\\&\leqslant\left(3+\frac{2}{p}\right)\text{OPT}_k(\mathcal{X})-\text{cost}(\mathcal{X},S).\end{aligned}$$

整理得

$$\text{cost}(\mathcal{X},S)\leqslant\frac{3+2/p}{1-2k^2\eta}\text{OPT}_k(\mathcal{X})=\frac{3+2/p}{1-2k^2\varepsilon/\text{poly}(n,m)}\text{OPT}_k(\mathcal{X})$$

$$= \frac{3+2/p}{1-\varepsilon/6}\mathrm{OPT}_k(\mathcal{X}),$$

其中 $\mathrm{poly}(n,m) := 12k^2$. 若 $p = \lceil 8/\varepsilon \rceil$, ε 满足 $3/4 \leqslant 1-\varepsilon/6$, 则

$$\mathrm{cost}(\mathcal{X}, S) \leqslant (3+\varepsilon)\mathrm{OPT}_k(\mathcal{X}).$$

5.2 k-均值问题的局部搜索算法

本节介绍 k-均值问题的局部搜索算法. 首先分析 k-均值问题中心点选取方式与 k-中位问题的不同, 然后给出该问题的局部搜索 $(25+\varepsilon)$-近似算法, 最后给出改进的 $(9+\varepsilon)$-近似算法.

k-均值问题的中心点选取方式不同于 k-中位问题. 在 k-中位问题中, "中心点" 从给定的有限集合 $\mathcal{F}$ 中选出. 而 k-均值问题的中心点是在 Euclidean 空间 $\mathbb{R}^d$ 中选取. 由质心点定义和质心引理 2.1.1 可知, 中心点可以是 $\mathcal{X}$ 的任意子集的质心点. 因此候选中心的数量是 $2^{|\mathcal{X}|}-1$. 所以无法直接借鉴 k-中位问题的结论. 为降低候选中心的指数量级, Matoušek[156] 提出近似质心集的概念. $\hat{\varepsilon}$-近似质心集详细证明参见定义 4.2.1. Matoušek[156] 证明可以在多项式时间内计算得到 $\mathcal{X}$ 的多项式大小的 $\hat{\varepsilon}$-近似质心集 $\mathcal{C}'$ (证明参见定理 4.2.4). 基于这个结果, 可以将 k-均值候选中心点限定在 $\hat{\varepsilon}$-近似质心集 $\mathcal{C}'$ 中选取.

鉴于维数 d 可能跟观测点数量 n 一样大, 候选中心点的数量级也可以通过降维来降低, 如利用 JL 引理 (具体原理参见定理 3.3.2). JL 引理将高维 Euclidean 空间中的观测集映射到低维 Euclidean 空间并且近似保持任意两点之间的距离, 使其偏差不超过 $1+\varepsilon$.

5.2.1 单交换局部搜索算法

在给出 k-均值问题的 $(9+\varepsilon)$-近似算法之前, 为体现算法和分析的思想, 先给出基于单交换搜索策略的 $(25+\varepsilon)$-近似算法, 算法思想类似于 k-中位问题的单交换局部搜索算法.

k-均值问题的中心点可以是 $\mathbb{R}^d$ 中任意点, 为了应用局部搜索技术, 将中心点的选取限定在 $\hat{\varepsilon}$-近似质心集中. 令 O 是最优中心点集, 从 $\mathcal{C}'$ 中任意选择 k 个点作为初始中心点集 S, 然后构造单交换运算并更新集合 S': 任选一点 $\boldsymbol{s} \in S$, 用 $\boldsymbol{o} \in \mathcal{C}' \setminus S$ 替换该点, 若替换后目标函数值下降, 则更新中心点集为 $S' = S \setminus \{\boldsymbol{s}\} \cup \{\boldsymbol{o}\}$, 否则当前解保持不变. 重复迭代此过程, 直至目标函数值不再明显下降或交换运算不能改进当前解的质量. 针对单交换运算, 定义可行解 S 的邻域

$$\mathrm{Ngh}_1(S) := \{S \setminus \{\boldsymbol{v}\} \cup \{\boldsymbol{u}\}, \forall \boldsymbol{v} \in S, \forall \boldsymbol{u} \in \mathcal{C}' \setminus S\}.$$

为了叙述简洁, 用 $S - \boldsymbol{v}$ 表示集合 $S \setminus \{\boldsymbol{v}\}$, 用 $S - \boldsymbol{v} + \boldsymbol{u}$ 表示集合 $S \setminus \{\boldsymbol{v}\} \cup \{\boldsymbol{u}\}$, 用 $\mathcal{C}' - S$ 表示集合 $\mathcal{C}' \setminus S$.

先从单交换定义的邻域开始, 设计 k-均值问题的单交换局部搜索算法如下.

算法 5.2.1 (单交换局部搜索算法)

输入: 观测集 $\mathcal{X}$, 候选中心点集 $\mathcal{C}'$, 正整数 k.

输出: 中心点集 $S \subseteq \mathcal{C}'$.

步 1 (**初始化**) 从 $\mathcal{C}'$ 中任意选取 k 个点作为初始可行解, 记为 S.

步 2 (**局部搜索**) 构造邻域 $\mathrm{Ngh}_1(S) := \{S - \boldsymbol{v} + \boldsymbol{u}, \forall \boldsymbol{v} \in S, \forall \boldsymbol{u} \in \mathcal{C}' - S\}$. 计算 $\widetilde{S} := \underset{S' \in \mathrm{Ngh}_1(S)}{\arg\min} \ \mathrm{cost}(\mathcal{X}, S')$, 其中

$$\mathrm{cost}(\mathcal{X}, S') := \sum_{\boldsymbol{x} \in \mathcal{X}} \min_{\boldsymbol{s} \in S'} ||\boldsymbol{s} - \boldsymbol{x}||^2,$$

即计算所有观测点 $\mathcal{X}$ 到集合 S' 的最小总费用.

步 3 (**终止条件**) 如果 $\mathrm{cost}(\mathcal{X}, \widetilde{S}) \geqslant \mathrm{cost}(\mathcal{X}, S)$, 输出 S, 算法停止. 否则, 更新 $S := \widetilde{S}$. 将每个观测点重新分配到最近的中心点, 并转到步 2.

为方便起见, 算法终止时得到的中心点集称为 "1-稳定". 假设 S 是达到 "1-稳定" 的解, O 是最优解, 并且 $|S| = |O| \leqslant k$. 类似于 k-中位问题, 当算法终止时满足局部最优性

$$\mathrm{cost}(\mathcal{X}, S - \boldsymbol{s} + \boldsymbol{o}) \geqslant \mathrm{cost}(\mathcal{X}, S), \forall \boldsymbol{s} \in S, \boldsymbol{o} \in O.$$

算法分析思想 k-均值问题的单交换局部搜索算法分析思想主要基于 k-中位问题的局部搜索算法, JL 降维引理和 $\hat{\varepsilon}$-近似质心集. 将 k-中位问题的局部搜索算法推广到 k-均值问题, 捕获关系及交换运算点对 $(\boldsymbol{s}, \boldsymbol{o})$ 的构造方式不变. 但是 k-中位的算法分析过程对 k-均值问题并不完全奏效.

一个主要障碍在于平方距离 (2-范数平方) 不可度量. 具体而言, 不满足三角不等式: 对任意点 $\boldsymbol{u}, \boldsymbol{v}, \boldsymbol{w} \in \mathcal{X}$ 有

$$\begin{aligned} ||\boldsymbol{u} - \boldsymbol{w}||^2 &\leqslant (||\boldsymbol{u} - \boldsymbol{v}|| + ||\boldsymbol{v} - \boldsymbol{w}||)^2 \\ &= ||\boldsymbol{u} - \boldsymbol{v}||^2 + ||\boldsymbol{v} - \boldsymbol{w}||^2 + 2||\boldsymbol{u} - \boldsymbol{v}|| \cdot ||\boldsymbol{v} - \boldsymbol{w}|| \\ &\leqslant 2||\boldsymbol{u} - \boldsymbol{v}||^2 + 2||\boldsymbol{v} - \boldsymbol{w}||^2. \end{aligned}$$

即平方距离满足弱三角不等式: $||\boldsymbol{u} - \boldsymbol{w}||^2 \leqslant 2||\boldsymbol{u} - \boldsymbol{v}||^2 + 2||\boldsymbol{v} - \boldsymbol{w}||^2$. 因此, k-均值问题算法分析中不能像 k-中位问题可直接使用三角不等式.

另一个障碍在于中心点集的选取方式. k-均值问题的候选中心点集是指数量级的, 共有 $2^{|\mathcal{X}|} - 1$ 个. 这不利于算法的运行和分析. JL 降维引理和 $\hat{\varepsilon}$-近似质心集, 为这一障碍的解决带来了希望. 先利用 JL 降维引理将原问题降维到低维空间中. 然后在多项式时间内构造多项式量级的 $\hat{\varepsilon}$-近似质心集近似原问题, 使其误差不超过 $1 + \hat{\varepsilon}$. 需要注意的是集合 S 和 O 均在降维后的空间中. 换言之, 集合 $O \subset \mathbb{R}^t$ 是在降维空间中的 k-均值问题的最优解, 而算法得到的局部最优解 S 的选取限制在 $\hat{\varepsilon}$-近似质心集上, 即 $\boldsymbol{s} \in S \subseteq \mathcal{C}'$.

在最优聚簇中, $N^*(\boldsymbol{o})$ 中的点均连到最优中心点 $\boldsymbol{o}$ 上, 并且 $\boldsymbol{o}$ 是 $N^*(\boldsymbol{o})$ 的质心点. 由于 $\boldsymbol{o}$ 不一定在 $\hat{\varepsilon}$-近似质心集 $\mathcal{C}'$ 中, 因此构造的点对 $(\boldsymbol{s}, \boldsymbol{o})$ 不一定存在, 也就无法利用局部

最优性: $0 \leqslant \text{cost}(\mathcal{X}, S - \boldsymbol{s} + \boldsymbol{o}) - \text{cost}(\mathcal{X}, S)$, 这里 $\boldsymbol{o} \in O - S \subset \mathbb{R}^t$, $\boldsymbol{s} \in S \subseteq \mathcal{C}' \subset \mathbb{R}^t$. 可否在 $\mathcal{C}'$ 中找到一个点 $\hat{\boldsymbol{o}}$ 近似代替点 $\boldsymbol{o}$? 记 $\hat{\boldsymbol{o}} := \arg\min\limits_{\boldsymbol{c} \in \mathcal{C}'} d^2(\boldsymbol{c}, N^*(\boldsymbol{o}))$, 其中 $d(\boldsymbol{c}, N^*(\boldsymbol{o})) := \min\limits_{\boldsymbol{x} \in N^*(\boldsymbol{o})} ||\boldsymbol{c} - \boldsymbol{x}||$ 表示 $\boldsymbol{c}$ 到 $N^*(\boldsymbol{o})$ 中最近点的 Euclidean 距离. 容易证明点 $\hat{\boldsymbol{o}}$ 是存在的, 因为 $\mathcal{C}'$ 是多项式量级的, 通过暴力枚举总能找到. 若存在多个符合要求的点, 则任选一个作为 $\hat{\boldsymbol{o}}$. 相应地, 单交换运算 $(\boldsymbol{s}, \boldsymbol{o})$ 替换为 $(\boldsymbol{s}, \hat{\boldsymbol{o}})$. 即使 $\hat{\boldsymbol{o}}$ 与集合 S 有交, 在分析上也成立. 再结合 $\hat{\varepsilon}$-近似质心集, 可以得到点 $\boldsymbol{o}$ 和 $\hat{\boldsymbol{o}}$ 间的关系如下 (参见文献 [194])

$$
\begin{aligned}
\sum_{\boldsymbol{x} \in N^*(\boldsymbol{o})} ||\hat{\boldsymbol{o}} - \boldsymbol{x}||^2 &= ||\hat{\boldsymbol{o}} - N^*(\boldsymbol{o})||^2 \\
&= \min_{\boldsymbol{c} \in \mathcal{C}'} ||\boldsymbol{c} - N^*(\boldsymbol{o})||^2 \\
&\leqslant (1 + \hat{\varepsilon}) \min_{\boldsymbol{c} \in \mathbb{R}^t} ||\boldsymbol{c} - N^*(\boldsymbol{o})||^2 \\
&= (1 + \hat{\varepsilon}) ||\boldsymbol{o} - N^*(\boldsymbol{o})||^2 \\
&= (1 + \hat{\varepsilon}) \sum_{\boldsymbol{x} \in N^*(\boldsymbol{o})} ||\boldsymbol{o} - \boldsymbol{x}||^2,
\end{aligned}
$$

即 $\sum\limits_{\boldsymbol{x} \in N^*(\boldsymbol{o})} ||\hat{\boldsymbol{o}} - \boldsymbol{x}||^2 \leqslant (1 + \hat{\varepsilon}) \sum\limits_{\boldsymbol{x} \in N^*(\boldsymbol{o})} ||\boldsymbol{o} - \boldsymbol{x}||^2$.

接下来, 分析 k-均值问题单交换局部搜索算法的近似比.

定理 5.2.1 令 S 是“1-稳定”集合, O 是最优中心集, $|S| = |O| \leqslant k$, 则有 $\text{cost}(\mathcal{X}, S) \leqslant (5 + \hat{\varepsilon})^2 \text{OPT}_k(\mathcal{X})$.

证明 执行单交换 $(\boldsymbol{s}, \boldsymbol{o})$ 后, 需要对点进行重新指派. 将点分为 $\boldsymbol{x} \in N^*(\boldsymbol{o})$ 和 $\boldsymbol{x} \in N(\boldsymbol{s}) \backslash N^*(\boldsymbol{o})$ 两部分考虑. 邻域 $N^*(\boldsymbol{o})$ 中的点, 需要指派给 $\boldsymbol{o}$ 的近似点 $\hat{\boldsymbol{o}}$, 由此产生的费用变化为

$$
\sum_{\boldsymbol{x} \in N^*(\boldsymbol{o})} \left((1 + \hat{\varepsilon}) ||\boldsymbol{\sigma}^*(\boldsymbol{x}) - \boldsymbol{x}||^2 - ||\boldsymbol{\sigma}(\boldsymbol{x}) - \boldsymbol{x}||^2 \right).
$$

因中心点 $\boldsymbol{s}$ 在交换运算中关闭, $N(\boldsymbol{s}) \backslash N^*(\boldsymbol{o})$ 中的点 $\boldsymbol{x}$ 需要指派给新的中心点. 令 $\boldsymbol{o}_{\boldsymbol{x}} := \boldsymbol{\sigma}^*(\boldsymbol{x})$ 为距离 $\boldsymbol{x}$ 最近的 O 中的最优中心点. 由 $\boldsymbol{x} \notin N^*(\boldsymbol{o})$ 知 $\hat{\boldsymbol{o}} \neq \boldsymbol{o}_{\boldsymbol{x}}$. 根据 5.1.3 节中的规律, $\boldsymbol{o}_{\boldsymbol{x}}$ 不被 $\boldsymbol{s}$ 捕获, 所以存在 $\boldsymbol{s}_{\boldsymbol{o}_{\boldsymbol{x}}} \neq \boldsymbol{s}$, 这里 $\boldsymbol{s}_{\boldsymbol{o}_{\boldsymbol{x}}} := \phi(\boldsymbol{\sigma}^*(\boldsymbol{x}))$ 表示 S 中离 $\boldsymbol{o}_{\boldsymbol{x}}$ 最近的中心点. 于是点 $\boldsymbol{x} \in N(\boldsymbol{s}) \backslash N^*(\boldsymbol{o})$ 中的点需要指派给 $\boldsymbol{s}_{\boldsymbol{o}_{\boldsymbol{x}}}$, 其费用变化为

$$
\begin{aligned}
&\sum_{\boldsymbol{x} \in N(\boldsymbol{s}) \backslash N^*(\boldsymbol{o})} \left(||\phi(\boldsymbol{\sigma}^*(\boldsymbol{x})) - \boldsymbol{x}||^2 - ||\boldsymbol{s} - \boldsymbol{x}||^2 \right) \\
= &\sum_{\boldsymbol{x} \in N(\boldsymbol{s}) \backslash N^*(\boldsymbol{o})} \left(||\boldsymbol{s}_{\boldsymbol{o}_{\boldsymbol{x}}} - \boldsymbol{x}||^2 - ||\boldsymbol{s} - \boldsymbol{x}||^2 \right).
\end{aligned}
$$

由于交换运算满足局部最优性, 因此考虑点对 $(\boldsymbol{s}, \hat{\boldsymbol{o}})$ 交换, 得

$$
\sum_{\boldsymbol{x} \in N^*(\boldsymbol{o})} \left((1 + \hat{\varepsilon}) ||\boldsymbol{\sigma}^*(\boldsymbol{x}) - \boldsymbol{x}||^2 - ||\boldsymbol{\sigma}(\boldsymbol{x}) - \boldsymbol{x}||^2 \right) +
$$

$$\sum_{\boldsymbol{x}\in N(\boldsymbol{s})\setminus N^*(\boldsymbol{o})} \left(||\boldsymbol{s}_{\boldsymbol{o}_{\boldsymbol{x}}}-\boldsymbol{x}||^2-||\boldsymbol{s}-\boldsymbol{x}||^2\right)\geqslant 0.$$

为了找到 $\mathrm{cost}(\mathcal{X},S)$ 和 $\mathrm{OPT}_k(\mathcal{X})$ 的关系, 需要遍历 O 中所有点一次. 由点对交换性质知, O 中的点恰好交换一次, 因此每个点 $\boldsymbol{x}$ 对上式第一项求和只贡献一次. 而 $\boldsymbol{s}_{\boldsymbol{o}_{\boldsymbol{x}}}\in S$, $\boldsymbol{s}$ 是在 S 中离 $\boldsymbol{x}$ 最近的中心点, 所以 $||\boldsymbol{s}_{\boldsymbol{o}_{\boldsymbol{x}}}-\boldsymbol{x}||^2\geqslant||\boldsymbol{s}-\boldsymbol{x}||^2$, 第二项总是非负的. 类似 k-中位问题中交换运算构造过程, S 中的点至多交换两次. 考虑所有交换运算,

$$\begin{aligned}
0\leqslant&\sum_{\boldsymbol{x}\in\mathcal{X}}\left((1+\hat{\varepsilon})||\boldsymbol{\sigma}^*(\boldsymbol{x})-\boldsymbol{x}||^2-||\boldsymbol{\sigma}(\boldsymbol{x})-\boldsymbol{x}||^2\right)+\\
&2\sum_{\boldsymbol{x}\in\mathcal{X}}\left(||\boldsymbol{s}_{\boldsymbol{o}_{\boldsymbol{x}}}-\boldsymbol{x}||^2-||\boldsymbol{\sigma}(\boldsymbol{x})-\boldsymbol{x}||^2\right)\\
=&(1+\hat{\varepsilon})\mathrm{OPT}_k(\mathcal{X})-3\mathrm{cost}(\mathcal{X},S)+2\sum_{\boldsymbol{x}\in\mathcal{X}}||\boldsymbol{s}_{\boldsymbol{o}_{\boldsymbol{x}}}-\boldsymbol{x}||^2.
\end{aligned}\tag{5.2.24}$$

考虑上式第三项, 根据质心引理 2.1.1, 有

$$\begin{aligned}
\sum_{\boldsymbol{x}\in\mathcal{X}}||\boldsymbol{s}_{\boldsymbol{o}}-\boldsymbol{x}||^2=&\sum_{\boldsymbol{o}\in O}\sum_{\boldsymbol{x}\in N^*(\boldsymbol{o})}||\boldsymbol{s}_{\boldsymbol{o}}-\boldsymbol{x}||^2=\sum_{\boldsymbol{o}\in O}||N^*(\boldsymbol{o})-\boldsymbol{s}_{\boldsymbol{o}}||^2\\
=&\sum_{\boldsymbol{o}\in O}\left(||N^*(\boldsymbol{o})-\hat{\boldsymbol{o}}||^2+|N^*(\boldsymbol{o})|||\hat{\boldsymbol{o}}-\boldsymbol{s}_{\boldsymbol{o}}||^2\right)\\
=&\sum_{\boldsymbol{o}\in O}\sum_{\boldsymbol{x}\in N^*(\boldsymbol{o})}\left(||\hat{\boldsymbol{o}}-\boldsymbol{x}||^2+||\hat{\boldsymbol{o}}-\boldsymbol{s}_{\boldsymbol{o}}||^2\right)\\
\leqslant&\sum_{\boldsymbol{o}\in O}\sum_{\boldsymbol{x}\in N^*(\boldsymbol{o})}\left(||\hat{\boldsymbol{o}}-\boldsymbol{x}||^2+||\hat{\boldsymbol{o}}-\boldsymbol{s}_{\boldsymbol{x}}||^2\right)\\
=&\sum_{\boldsymbol{x}\in\mathcal{X}}\left(||\boldsymbol{o}_{\boldsymbol{x}}-\boldsymbol{x}||^2+||\boldsymbol{o}_{\boldsymbol{x}}-\boldsymbol{s}_{\boldsymbol{x}}||^2\right)\\
\leqslant&\mathrm{OPT}_k(\mathcal{X})+\sum_{\boldsymbol{x}\in\mathcal{X}}(||\boldsymbol{o}_{\boldsymbol{x}}-\boldsymbol{x}||+||\boldsymbol{s}_{\boldsymbol{x}}-\boldsymbol{x}||)^2\\
\leqslant&2\mathrm{OPT}_k(\mathcal{X})+\mathrm{cost}(\mathcal{X},S)+2\sum_{\boldsymbol{x}\in\mathcal{X}}||\boldsymbol{o}_{\boldsymbol{x}}-\boldsymbol{x}||\cdot||\boldsymbol{s}_{\boldsymbol{x}}-\boldsymbol{x}||.
\end{aligned}$$

对于上式最后一项, 需要引入辅助性质加以证明.

引理 5.2.1 令 $\{a_i\}$ 和 $\{b_i\}$ 是两个实数序列. 对 $\alpha>0$ 且满足 $\alpha^2=\left(\sum_i b_i^2\right)/\left(\sum_i a_i^2\right)$, 下式成立

$$\sum_{i=1}^n a_ib_i\leqslant\frac{1}{\alpha}\sum_{i=1}^n b_i^2.$$

证明 根据 Cauchy-Schwarz 不等式, 得

$$\sum_{i=1}^n a_ib_i\leqslant\left(\sum_{i=1}^n a_i^2\right)^{1/2}\left(\sum_{i=1}^n b_i^2\right)^{1/2}=\left(\frac{1}{\alpha^2}\sum_{i=1}^n b_i^2\right)^{1/2}\left(\sum_{i=1}^n b_i^2\right)^{1/2}=\frac{1}{\alpha}\sum_{i=1}^n b_i^2.\qquad\square$$

应用引理 5.2.1, 令序列 $\{a_i\}$ 由所有点 $\boldsymbol{x} \in \mathcal{X}$ 到其最近的最优中心的距离 $||\boldsymbol{o}_{\boldsymbol{x}} - \boldsymbol{x}||$ 组成, 即 $\{a_i\} = \{||\boldsymbol{o}_{\boldsymbol{x}} - \boldsymbol{x}||\}$, $\boldsymbol{x} \in \mathcal{X}$; 同理, $\{b_i\} = \{||\boldsymbol{s}_{\boldsymbol{x}} - \boldsymbol{x}||\}$, $\boldsymbol{x} \in \mathcal{X}$. 令 α 表示近似比的平方根, 满足

$$\alpha^2 = \frac{\text{cost}(\mathcal{X}, S)}{\text{OPT}_k(\mathcal{X})} = \frac{\sum\limits_{\boldsymbol{x} \in \mathcal{X}} ||\boldsymbol{s}_{\boldsymbol{x}} - \boldsymbol{x}||^2}{\sum\limits_{\boldsymbol{x} \in \mathcal{X}} ||\boldsymbol{o}_{\boldsymbol{x}} - \boldsymbol{x}||^2} = \frac{\sum\limits_{i=1}^{n} b_i^2}{\sum\limits_{i=1}^{n} a_i^2}.$$

据此, 得

$$\begin{aligned}
\sum_{\boldsymbol{x} \in \mathcal{X}} ||\boldsymbol{s}_{\boldsymbol{o}} - \boldsymbol{x}||^2 &\leqslant 2\text{OPT}_k(\mathcal{X}) + \text{cost}(\mathcal{X}, S) + 2\sum_{\boldsymbol{x} \in \mathcal{X}} ||\boldsymbol{o}_{\boldsymbol{x}} - \boldsymbol{x}|| \cdot ||\boldsymbol{s}_{\boldsymbol{x}} - \boldsymbol{x}|| \\
&\leqslant 2\text{OPT}_k(\mathcal{X}) + \text{cost}(\mathcal{X}, S) + \frac{2}{\alpha}\sum_{\boldsymbol{x} \in \mathcal{X}} ||\boldsymbol{s}_{\boldsymbol{x}} - \boldsymbol{x}||^2 \\
&= 2\text{OPT}_k(\mathcal{X}) + \text{cost}(\mathcal{X}, S) + \frac{2}{\alpha}\text{cost}(\mathcal{X}, S) \\
&= 2\text{OPT}_k(\mathcal{X}) + \left(1 + \frac{2}{\alpha}\right)\text{cost}(\mathcal{X}, S),
\end{aligned}$$

代入 (5.2.24) 式, 有

$$\begin{aligned}
0 &\leqslant (1 + \hat{\varepsilon})\text{OPT}_k(\mathcal{X}) - 3\text{cost}(\mathcal{X}, S) + 2\sum_{\boldsymbol{x} \in \mathcal{X}} ||\boldsymbol{s}_{\boldsymbol{o}_{\boldsymbol{x}}} - \boldsymbol{x}||^2 \\
&\leqslant (1 + \hat{\varepsilon})\text{OPT}_k(\mathcal{X}) - 3\text{cost}(\mathcal{X}, S) + 2\left(2\text{OPT}_k(\mathcal{X}) + \left(1 + \frac{2}{\alpha}\right)\text{cost}(\mathcal{X}, S)\right) \\
&\leqslant (5 + \hat{\varepsilon})\text{OPT}_k(\mathcal{X}) - \left(1 - \frac{4}{\alpha}\right)\text{cost}(\mathcal{X}, S).
\end{aligned}$$

根据 α 定义, 将上式简单整理, 得到

$$\frac{5 + \hat{\varepsilon}}{\left(1 - \dfrac{4}{\alpha}\right)} \geqslant \frac{\text{cost}(\mathcal{X}, S)}{\text{OPT}_k(\mathcal{X})} = \alpha^2.$$

这意味着 $\alpha \leqslant 5 + \hat{\varepsilon}$, 综上, k-均值问题的一般单交换局部搜索算法的近似比 $\alpha^2 \leqslant (5 + \hat{\varepsilon})^2$.

□

类似于 k-中位问题, 在单交换局部搜索算法中利用充分下降性, 得到 k-均值问题的 $(25 + \varepsilon)$-近似算法.

5.2.2 多交换局部搜索算法

将 k-均值问题的单交换局部搜索算法推广到多交换情形, 可以得到改进的近似比 $9+\varepsilon$. 与单交换运算的区别是, 在每次交换中用同时交换多个点对代替单交换运算.

具体操作: 给定正整数 $p \leqslant k$, 多交换运算将同时在大小为 $|A| = p' \leqslant p$ 的任意集合 $A \subset C'$ 和任意包含 p' 个中心点的集合 $B \subset \mathbb{R}^t \setminus S$ 之间进行交换. 在多交换运算 (A, B) 中, 要求删除 A 中所有中心点, 同时添加 B 中所有中心点. 令 $S' = (S \setminus A) \cup B$ 为交换 (A, B) 之后的解. 类似于单交换, 若交换后目标函数值下降, 则更新中心点集为 $S' = (S \setminus A) \cup B$ (用 S' 代替 S), 此时得到的中心点集称为 "p-稳定" 的. 否则 S 保持不变. 针对多交换运算, 定义可行解 S 关于正整数 p 的邻域

$$\mathrm{Ngh}_p(S) := \{(S \setminus A) \cup B, \forall A \subset S, \forall B \subset \mathbb{R}^t \setminus S, |A| = |B| \leqslant p\}.$$

为叙述简洁, 用 $S - A$ 表示集合 $S \setminus A$, 用 $(S - \{A\}) + \{B\}$ 表示集合 $(S \setminus A) \cup B$, 用 $\mathbb{R}^t - S$ 表示集合 $\mathbb{R}^t \setminus S$.

算法 5.2.2 (多交换局部搜索算法)

输入 观测集 $\mathcal{X}$, 候选中心点集 $\mathcal{C}'$, 正整数 k 和 p.

输出 中心点集 $S \subseteq \mathcal{C}'$.

步 1 **(初始化)** 从 $\mathcal{C}'$ 中任意选取 k 个点作为初始可行解, 记为 S.

步 2 **(局部搜索)** 构造邻域 $\mathrm{Ngh}_p(S) := \{S - A + B, \forall A \subset S, \forall B \subset \mathbb{R}^t - S, |A| = |B| \leqslant p\}$. 计算 $\widetilde{S} := \underset{S' \in \mathrm{Ngh}_p(S)}{\arg\min}\ \mathrm{cost}(\mathcal{X}, S')$, 其中

$$\mathrm{cost}(\mathcal{X}, S') := \sum_{\boldsymbol{x} \in \mathcal{X}} \min_{\boldsymbol{s} \in S'} ||\boldsymbol{s} - \boldsymbol{x}||^2,$$

即计算所有观测点 $\mathcal{X}$ 到集合 S' 的最小总费用.

步 3 **(终止条件)** 如果 $\mathrm{cost}(\mathcal{X}, \widetilde{S}) \geqslant \mathrm{cost}(\mathcal{X}, S)$, 输出 S, 算法停止. 否则, 更新 $S := \widetilde{S}$. 将每个观测点重新分配到最近的中心点, 并转到步 2.

定理 5.2.2 令 S 是 "p-稳定" 集合, O 是最优中心集, $|S| = |O| \leqslant k$, 则

$$\mathrm{cost}(\mathcal{X}, S) \leqslant \left(3 + \frac{2}{p} + \hat{\varepsilon}\right)^2 \mathrm{OPT}_k(\mathcal{X}).$$

证明 基于 5.1.6 节中对 S 和 O 的分区, 按照程序 5.1.2 所示过程构造点对 (S_i, O_i) 或 $(\boldsymbol{s}, \boldsymbol{o})$.

(1) 若 $|S_i| = |O_i| \leqslant p, i = 1, 2, \cdots, r$, 则同时交换集合 S_i 和 O_i 中的点; 交换运算产生的不等式个数不超过 k 个, 整理得

$$\begin{aligned} 0 \leqslant & \sum_{\boldsymbol{s} \in S_i} \sum_{\boldsymbol{x} \in N(\boldsymbol{s})} \left(||\boldsymbol{s}_{\boldsymbol{o}_{\boldsymbol{x}}} - \boldsymbol{x}||^2 - ||\sigma(\boldsymbol{x}) - \boldsymbol{x}||^2\right) + \\ & \sum_{\boldsymbol{o} \in O_i} \sum_{\boldsymbol{x} \in N^*(\boldsymbol{o})} \left((1 + \hat{\varepsilon})||\boldsymbol{o}_{\boldsymbol{x}} - \boldsymbol{x}||^2 - ||\sigma(\boldsymbol{x}) - \boldsymbol{x}||^2\right). \end{aligned} \tag{5.2.25}$$

(2) 若 $|S_i| = |O_i| = t_i > p, i = 1, 2, \cdots, r$. 共构建 $t_i(t_i - 1)$ 个点对 $(\boldsymbol{s}, \boldsymbol{o})$. 将 S_i 中 $t_i - 1$ 个孤立中心点 (即未捕获最优中心点) 与 O_i 中 t_i 个最优中心点 (或点 $\boldsymbol{o}$ 的近似替代

点 $\hat{\boldsymbol{o}}$) 进行单独的 1 对 1 交换. 不妨设 S_i 中的每个中心点按照 $1/(t_i-1)$ 比例出现, 共有 $t_i(t_i-1)$ 个不等式. 考虑交换点对 $(\boldsymbol{s},\boldsymbol{o})$ 或 $(\boldsymbol{s},\hat{\boldsymbol{o}})$ 对应的不等式, 整理得

$$0 \leqslant \sum_{\boldsymbol{x}\in N(\boldsymbol{s})} \left(||\boldsymbol{s}_{\boldsymbol{o}_{\boldsymbol{x}}}-\boldsymbol{x}||^2 - ||\boldsymbol{\sigma}(\boldsymbol{x})-\boldsymbol{x}||^2\right) + \sum_{\boldsymbol{x}\subset N^*(\boldsymbol{o})} \left((1+\hat{\varepsilon})||\boldsymbol{o}_{\boldsymbol{x}}-\boldsymbol{x}||^2 - ||\boldsymbol{\sigma}(\boldsymbol{x})-\boldsymbol{x}||^2\right). \tag{5.2.26}$$

注意到 $p/(p-1) \leqslant t_i/(t_i-1)$ 和 $||\boldsymbol{\phi}(\hat{\boldsymbol{o}})-\boldsymbol{x}||^2 \geqslant ||\boldsymbol{\sigma}(\boldsymbol{x})-\boldsymbol{x}||^2$. 对所有不等式求和: 以权重 1 对满足 $|S_i|=|O_i|\leqslant p$ 的每对 (S_i,O_i) 累加不等式 (5.2.25), 以权重 $1/(t_i-1)$ 对满足 $|S_i|=|O_i|=t_i>p$ 的每对 $(\boldsymbol{s},\boldsymbol{o})$ 累加不等式 (5.2.26) 可得

$$\begin{aligned}
0 \leqslant &\left(1+\frac{1}{p}\right)\sum_{\boldsymbol{s}\in S}\sum_{\boldsymbol{x}\in N(\boldsymbol{s})} ||\boldsymbol{s}_{\boldsymbol{o}_{\boldsymbol{x}}}-\boldsymbol{x}||^2 - ||\boldsymbol{\sigma}(\boldsymbol{x})-\boldsymbol{x}||^2) + \\
&\sum_{\boldsymbol{o}\in O}\sum_{\boldsymbol{x}\in N^*(\boldsymbol{o})} \left((1+\hat{\varepsilon})||\boldsymbol{o}_{\boldsymbol{x}}-\boldsymbol{x}||^2 - ||\boldsymbol{\sigma}(\boldsymbol{x})-\boldsymbol{x}||^2\right) \\
= &\left(1+\frac{1}{p}\right)\sum_{\boldsymbol{x}\in\mathcal{X}} \left(||\boldsymbol{s}_{\boldsymbol{o}_{\boldsymbol{x}}}-\boldsymbol{x}||^2 - ||\boldsymbol{\sigma}(\boldsymbol{x})-\boldsymbol{x}||^2\right) + \\
&\sum_{\boldsymbol{x}\in\mathcal{X}} \left((1+\hat{\varepsilon})||\boldsymbol{o}_{\boldsymbol{x}}-\boldsymbol{x}||^2 - ||\boldsymbol{\sigma}(\boldsymbol{x})-\boldsymbol{x}||^2\right) \\
\leqslant &(1+\hat{\varepsilon})\mathrm{OPT}_k(\mathcal{X}) - \left(2+\frac{1}{p}\right)\mathrm{cost}(\mathcal{X},S) + \left(1+\frac{1}{p}\right)\sum_{\boldsymbol{x}\in\mathcal{X}} ||\boldsymbol{s}_{\boldsymbol{o}_{\boldsymbol{x}}}-\boldsymbol{x}||^2.
\end{aligned}$$

根据引理 5.2.1, 得

$$\begin{aligned}
\sum_{\boldsymbol{x}\in\mathcal{X}} ||\boldsymbol{s}_{\boldsymbol{o}_{\boldsymbol{x}}}-\boldsymbol{x}||^2 &= 2\mathrm{OPT}_k(\mathcal{X}) + \mathrm{cost}(\mathcal{X},S) + 2\sum_{\boldsymbol{x}\in\mathcal{X}} ||\boldsymbol{o}_{\boldsymbol{x}}-\boldsymbol{x}||\cdot||\boldsymbol{s}_{\boldsymbol{x}}-\boldsymbol{x}|| \\
&= 2\mathrm{OPT}_k(\mathcal{X}) + \mathrm{cost}(\mathcal{X},S) + \frac{2}{\alpha}\mathrm{cost}(\mathcal{X},S) \\
&= 2\mathrm{OPT}_k(\mathcal{X}) + \left(1+\frac{2}{\alpha}\right)\mathrm{cost}(\mathcal{X},S).
\end{aligned}$$

因此

$$\begin{aligned}
0 \leqslant &(1+\hat{\varepsilon})\mathrm{OPT}_k(\mathcal{X}) - \left(2+\frac{1}{p}\right)\mathrm{cost}(\mathcal{X},S) + \left(1+\frac{1}{p}\right)\cdot \\
&\left(2\mathrm{OPT}_k(\mathcal{X}) + \left(1+\frac{2}{\alpha}\right)\mathrm{cost}(\mathcal{X},S)\right) \\
\leqslant &\left(3+\frac{2}{p}+\hat{\varepsilon}\right)\mathrm{OPT}_k(\mathcal{X}) - \left(1-\frac{2}{\alpha}\left(1+\frac{1}{p}\right)\right)\mathrm{cost}(\mathcal{X},S).
\end{aligned}$$

根据 α 定义整理上式, 有

$$\frac{3+(2/p)+\hat{\varepsilon}}{1-(2/\alpha)(1+1/p)} \geqslant \frac{\operatorname{cost}(\mathcal{X},S)}{\operatorname{OPT}_k(\mathcal{X})} = \alpha^2,$$

$$0 \geqslant \alpha^2 - 2\alpha\left(1+\frac{1}{p}\right) - \left(3+\frac{2}{p}+\hat{\varepsilon}\right) \geqslant \left(\alpha - \left(3+\frac{2}{p}+\hat{\varepsilon}\right)\right)(\alpha+1),$$

其中, 取 $\hat{\varepsilon}=1/p$. 这意味着 $\alpha \leqslant 3+2/p+\hat{\varepsilon}$. 综上, k-均值问题的多交换局部搜索算法的近似比是 $\alpha^2 \leqslant (3+2/p+\hat{\varepsilon})^2$. □

随着 p 增加, α^2 趋近于 9. 类似地, 在多交换局部搜索算法中利用充分下降性, 从而得到 k-均值问题的 $(9+\varepsilon)$-近似算法.

第6章

k-均值问题的双准则近似算法

本章介绍的算法聚类中心数目往往不是 k, 而是稍微地超过 k, 但可以显著地提高算法的性能, 我们称这种算法为双准则算法. 正式地, (β,α)-双准则算法是指该算法可将观测集划分为 βk 簇, 其对应目标函数值至多为将观测集划分为 k 簇对应最优值的 α 倍. 6.1 节介绍 k-均值问题基于线性规划舍入的 $(\beta,\alpha_1(\beta))$-双准则算法, 其中

$$\alpha_1(\beta)=1+\mathrm{e}^{-\beta}\left(\frac{6\beta}{1-\beta}+\frac{(\beta-1)^2}{\beta}\right).$$

6.2 节介绍 k-均值问题基于局部搜索的 $(\beta,\alpha_2(\beta))$-双准则算法, 其中

$$\alpha_2(\beta)=(1+O(\hat{\varepsilon}))\left(1+\frac{2}{\beta}\right)^2.$$

本章主要内容取材于文献 [153].

6.1 线性规划舍入算法

本节介绍求解 k-均值问题的线性规划舍入的双准则近似算法. 主要思想是: 首先, 对原始 k-均值问题进行降维, 转化为对应的 k-中位问题; 其次, 找到 k-中位问题对应的线性规划并求解; 然后, 对于获得的分数解, 采用随机舍入的技巧, 获得整数可行解; 最后, 证明该算法获得的整数可行解可以达到满意的近似比结果.

给定 d 维 Euclidean 空间中包含 n 个观测点的集合 $\mathcal{X}$, 给定观测集 $\mathcal{X}$ 的划分 $S=\langle S_1,S_2,\cdots,S_k\rangle$ 和中心集合 $C=\{\boldsymbol{c}_1,\boldsymbol{c}_2,\cdots,\boldsymbol{c}_k\}\subseteq\mathbb{R}^d$, 符号 $\mathrm{cost}_{\mathcal{X}}(S,C)$ 表示对于任意的 $1\leqslant i\leqslant k$, 将每簇观测点 S_i 分配到中心 $\boldsymbol{c}_i$ 上的总费用记为

$$\mathrm{cost}_{\mathcal{X}}(S,C)=\sum_{i=1}^{k}\sum_{\boldsymbol{x}\in S_i}\|\boldsymbol{x}-\boldsymbol{c}_i\|^2.$$

注意到, 描述 k-均值问题的最优解时, 给定最优簇或者是最优中心集合其一即可, 因为它们可以互相确定.

实际上, 当给定了观测点的 k 簇划分 $S=\langle S_1,S_2,\cdots,S_k\rangle$ 后, 簇 S_i 的最优中心 $\boldsymbol{c}_i$ 的选择是确定的, 为

$$\boldsymbol{c}_i=\frac{1}{|S_i|}\sum_{\boldsymbol{x}\in S_i}\boldsymbol{x},$$

且有

$$\sum_{\boldsymbol{x}\in S_i}\parallel \boldsymbol{x}-\boldsymbol{c}_i\parallel^2=\frac{1}{2|S_i|}\sum_{\boldsymbol{x}',\boldsymbol{x}''\in S_i}\parallel \boldsymbol{x}'-\boldsymbol{x}''\parallel^2 . \tag{6.1.1}$$

若给定观测集 $\mathcal{X}$ 的一组划分 $S=\langle S_1,S_2,\cdots,S_k\rangle$, 其对应 k-均值问题的目标函数值表示为

$$\mathrm{cost}_{\mathcal{X}}(S)=\sum_{i=1}^{k}\frac{1}{2|S_i|}\sum_{\boldsymbol{x}',\boldsymbol{x}''\in S_i}\parallel \boldsymbol{x}'-\boldsymbol{x}''\parallel^2 .$$

当给定中心集合 $C=\{\boldsymbol{c}_1,\boldsymbol{c}_2,\cdots,\boldsymbol{c}_k\}$ 时, 在这组中心下对观测集 $\mathcal{X}$ 的划分是确定的. 对于每个 $\boldsymbol{c}\in C$, 定义 $N_C(\boldsymbol{c})$ 为 $\mathcal{X}$ 中距离中心 $\boldsymbol{c}$ 最近的观测点组成的集合. 若距离某个观测点最近的中心有多个, 任选一个中心即可. 即给定 k 个中心的集合 $C=\{\boldsymbol{c}_1,\boldsymbol{c}_2,\cdots,\boldsymbol{c}_k\}$, 则有 $V=\langle N_C(\boldsymbol{c}_1),N_C(\boldsymbol{c}_2),\cdots,N_C(\boldsymbol{c}_k)\rangle$ 是由中心集合 C 导出的划分, 也是由中心集合 C 确定的最优簇的集合.

给定候选中心集合 $\mathcal{C}$, 观测集 $\mathcal{D}$ 以及关于观测点和中心点的费用函数 $\tilde{d}$, k-中位问题是从 $\mathcal{C}$ 中选取 k 个点构成中心点集合, 使得观测集 $\mathcal{D}$ 到所选取的中心集合的费用最小. 故 k-中位问题实际上也是将观测集 $\mathcal{D}$ 划分为 k 簇, 即 $S=\langle S_1,S_2,\cdots,S_k\rangle$, 考虑如何划分才可以使得目标函数值最小. 当给定了划分 S 后, k-中位问题的目标函数值定义为 $\mathrm{cost}_{\mathcal{D},\tilde{d}}(S)$, 即

$$\mathrm{cost}_{\mathcal{D},\tilde{d}}(S)=\sum_{i=1}^{k}\min_{\boldsymbol{c}\in\mathcal{C}}\sum_{\boldsymbol{x}\in S_i}\tilde{d}(\boldsymbol{x},\boldsymbol{c}).$$

对 k-中位问题需要特别指出, 函数 $\tilde{d}$ 满足下面这种松弛形式的三角不等式——3 松弛 3 边三角不等式性质.

定义 6.1.1 对于任意 $\boldsymbol{x}_j,\boldsymbol{x}_{j'}\in\mathcal{D}$ 和 $\boldsymbol{c}_i,\boldsymbol{c}_{i'}\in\mathcal{C}$, 若集合 $\mathcal{D}\cup\mathcal{C}$ 上的函数 $\tilde{d}$ 满足

$$\tilde{d}(\boldsymbol{c}_i,\boldsymbol{x}_j)\leqslant\alpha(\tilde{d}(\boldsymbol{c}_i,\boldsymbol{x}_{j'})+\tilde{d}(\boldsymbol{c}_{i'},\boldsymbol{x}_{j'})+\tilde{d}(\boldsymbol{c}_{i'},\boldsymbol{x}_j)),$$

则称 $\tilde{d}$ 满足 α 松弛 3 边三角不等式性质.

图 6.1.1 为 3 松弛 3 边三角不等式的示意图, 其中实线表示未知的距离, 它可以被 3 条虚线表示的已知的距离之和限制.

给定 k-均值问题和 k-中位问题的符号后, 以下我们详细介绍如何将 k-均值问题转化为对应的 k-中位问题. 在 k-中位问题中, 中心只能从候选中心集合 $\mathcal{C}$ 中选取. 但在 k-均值问题中, 聚类中心可从整个 Euclidean 空间 $\mathbb{R}^d$ 中选取, 且中心点为每簇观测集的质心. 理想地说, 我们希望对于原始 k-均值实例中的每一个可能的质心来说, 集合 $\mathcal{C}$ 中都存在距离它不算太远的候选中心. Matoušek[156] 提出 $\hat{\varepsilon}$-近似质心集的概念保证了这点. 对 k-均值问题, 寻找的 k 个中心点从 $\mathbb{R}^d$ 限制到 $\hat{\varepsilon}$-近似质心集合 $\mathcal{C}$ 上, 其目标函数至多是原目标函数的 $1+\hat{\varepsilon}$ 倍. Matoušek[156] 同时证明可以在多项式时间内计算得到 $\mathcal{X}$ 的多项式大小的 $\hat{\varepsilon}$-近似质心集 $\mathcal{C}$ (证明参见定理 4.2.4).

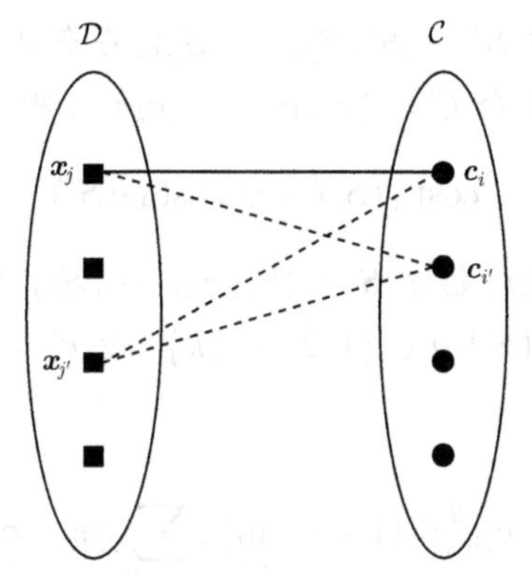

图 6.1.1 3 松弛 3 边三角不等式的示意图

在所求问题的设置里, Euclidean 空间的维数 d 可能跟观测点的个数 n 是同量级的. 为了保证寻找的 $\hat{\varepsilon}$-近似质心集合的基数大小是合适的, 还需要先对观测集 $\mathcal{X}$ 进行降维处理. 这里用到第 3 章介绍的 JL 降维引理.

以下定理介绍了如何将 k-均值问题转化为对应的 k-中位问题. 在 k-均值问题的实例 $\mathcal{X}$ 里, 记 $\mathrm{OPT}_k(\mathcal{X})$ 为其最优值. 对于 k-中位问题的一组实例 $\langle\mathcal{D},\mathcal{C},\tilde{d}\rangle$, 记 $\mathrm{OPT}_{\langle\mathcal{D},\tilde{d}\rangle}$ 为该实例的最优值.

定理 6.1.1 给定 k-均值问题的观测集 $\mathcal{X}$, 对于任意的 $\hat{\varepsilon}\in(0,1/2)$, 则可将 $\mathcal{X}$ 在多项式时间内转化为 k-中位问题的实例 $\langle\mathcal{D},\mathcal{C},\tilde{d}\rangle$, 其中 $|\mathcal{D}|=|\mathcal{X}|$, $\mathcal{C}\subset\mathbb{R}^t$ 是集合 $\mathcal{D}$ 中的一个 $(\hat{\varepsilon}/3)$-近似质心集合, $|\mathcal{C}|=n^{O(\log(1/\hat{\varepsilon})/\hat{\varepsilon}^2)}$, 函数 $\tilde{d}$ 满足 3 松弛 3 边不等式, 集合 $\mathcal{D}$ 和集合 $\mathcal{X}$ 之间存在双射 $\boldsymbol{\psi}:\mathcal{D}\to\mathcal{X}$, 对 $\mathcal{D}$ 和 $\mathcal{X}$ 的划分 $S=\langle S_1,S_2,\cdots,S_k\rangle$ 和 $\boldsymbol{\psi}(S)=\langle\boldsymbol{\psi}(S_1),\boldsymbol{\psi}(S_2),\cdots,\boldsymbol{\psi}(S_k)\rangle$ 满足

$$\mathrm{cost}_{\mathcal{X}}(\boldsymbol{\psi}(S))\leqslant\mathrm{cost}_{D,\tilde{d}}(S)\leqslant(1+\hat{\varepsilon})\mathrm{cost}_{\mathcal{X}}(\boldsymbol{\psi}(S)).$$

并且问题转化前后的最优值满足

$$\mathrm{OPT}_k(\mathcal{X})\leqslant\mathrm{OPT}_{\langle\mathcal{D},\tilde{d}\rangle}\leqslant(1+\hat{\varepsilon})\mathrm{OPT}_k(\mathcal{X}).$$

证明 设 k-均值实例 $\mathcal{X}$ 中含有 n 个观测点, $\varepsilon'=\hat{\varepsilon}/3$, 以及降维引理中的降维映射为 $\boldsymbol{f}:\mathbb{R}^d\to\mathbb{R}^t$, $t=O(\log n/\varepsilon'^2)=O(\log n/\hat{\varepsilon}^2)$. 定义 $\mathcal{X}'=\boldsymbol{f}(\mathcal{X})\subset\mathbb{R}^t$, 根据定理 4.2.4 的结论, 可以在 $O(n\log n+n\hat{\varepsilon}^{-t}\log(1/\hat{\varepsilon}))=n^{O(\log(1/\hat{\varepsilon})/\hat{\varepsilon}^2)}$ 的时间内获得 ε'-近似质心集合 $\mathcal{C}\subset\mathbb{R}^t$, 集合 $\mathcal{C}$ 的基数大小为

$$O(n\hat{\varepsilon}^{-t}\log(1/\hat{\varepsilon}))=n\hat{\varepsilon}^{-O(\log n/\hat{\varepsilon}^2)}\log(1/\hat{\varepsilon})=n\cdot n^{O(\log(1/\hat{\varepsilon})/\hat{\varepsilon}^2)}=n^{O(\log(1/\hat{\varepsilon})/\hat{\varepsilon}^2)}.$$

接下来证明对于 k-均值实例 $\mathcal{X}$ 的任意一组聚类中心都对应着 k-均值实例 $\mathcal{X}'$ 中的一组聚类中心, 反之亦然.

事实 6.1.1 给定 k-均值实例 $\mathcal{X}$ 的任意划分 $S=\langle S_1,S_2,\cdots,S_k\rangle$, 存在 $\mathcal{X}'$ 的划分 $S'=\langle\boldsymbol{f}(S_1),\boldsymbol{f}(S_2),\cdots,\boldsymbol{f}(S_k)\rangle$ 和聚类中心 $C'=\{\boldsymbol{c}_1',\boldsymbol{c}_2',\cdots,\boldsymbol{c}_k'\}\subseteq\mathcal{C}$, 使得

$$\mathrm{cost}_{\mathcal{X}'}(S',C')\leqslant(1+\varepsilon')^2\mathrm{cost}_{\mathcal{X}}(S).$$

反之, 给定 $\mathcal{X}'$ 的任意划分 $S' = \langle S'_1, S'_2, \cdots, S'_k \rangle$, 存在 $\mathcal{X}$ 的划分 $S = \langle \boldsymbol{f}^{-1}(S'_1), \boldsymbol{f}^{-1}(S'_2)$ $\cdots, \boldsymbol{f}^{-1}(S'_k) \rangle$ 和聚类中心的集合 $C = \{\boldsymbol{c}_1, \boldsymbol{c}_2, \cdots, \boldsymbol{c}_k\} \subseteq \mathbb{R}^d$, 使得

$$\text{cost}_{\mathcal{X}}(S, C) \leqslant \text{cost}_{\mathcal{X}'}(S').$$

证明 考虑集合 $\mathcal{X}$ 的任意划分 $S = \langle S_1, S_2, \cdots, S_k \rangle$ 和对应的集合 $\mathcal{X}'$ 的划分 $S' = \langle S'_1, S'_2, \cdots, S'_k \rangle$, 其中 $S'_i = \boldsymbol{f}(S_i)$, $i \in \{1, 2, \cdots, k\}$. 令 $\boldsymbol{c}'_i = \arg\min\limits_{\boldsymbol{c} \in \mathcal{C}} \sum\limits_{\boldsymbol{x} \in S'_i} \|\boldsymbol{x} - \boldsymbol{c}\|^2$. 对每一簇点 S'_i, 都有

$$\begin{aligned}
\sum_{\boldsymbol{x} \in S'_i} \|\boldsymbol{x} - \boldsymbol{c}'_i\|^2 &\leqslant (1 + \varepsilon') \min_{\boldsymbol{c} \in \mathbb{R}^t} \sum_{\boldsymbol{x} \in S'_i} \|\boldsymbol{x} - \boldsymbol{c}\|^2 \\
&= \frac{1 + \varepsilon'}{2|S'_i|} \sum_{\boldsymbol{x}', \boldsymbol{x}'' \in S'_i} \|\boldsymbol{x}' - \boldsymbol{x}''\|^2 \\
&= \frac{1 + \varepsilon'}{2|S'_i|} \sum_{\boldsymbol{x}', \boldsymbol{x}'' \in S_i} \|\boldsymbol{f}(\boldsymbol{x}') - \boldsymbol{f}(\boldsymbol{x}'')\|^2 \\
&\leqslant \frac{(1 + \varepsilon')^2}{2|S_i|} \sum_{\boldsymbol{x}', \boldsymbol{x}'' \in S_i} \|\boldsymbol{x}' - \boldsymbol{x}''\|^2,
\end{aligned}$$

其中第一个不等号成立的依据是 $\mathcal{C}$ 是集合 $\mathcal{X}'$ 的 ε'-近似质心集合, 第二个不等号成立的依据是 JL 降维引理, 第一个等号成立的依据是 (6.1.1) 式. 对各簇观测点对应的不等式求和可得

$$\text{cost}_{\mathcal{X}'}(S') = \sum_{i=1}^{k} \sum_{\boldsymbol{x} \in S'_i} \|\boldsymbol{x} - \boldsymbol{c}'_i\|^2 \leqslant (1 + \varepsilon')^2 \, \text{cost}_{\mathcal{X}}(S).$$

类似地, 考虑集合 $\mathcal{X}'$ 的任意划分 $S' = \langle S'_1, S'_2, \cdots, S'_k \rangle$ 以及对应的 $\mathcal{X}$ 的划分 $S = \langle S_1, S_2, \cdots, S_k \rangle$, 其中 $S_i = \boldsymbol{f}^{-1}(S'_i)$. 对于每一簇 S_i, 令簇 S_i 的中心为 $\boldsymbol{c}_i = \sum\limits_{\boldsymbol{x} \in S_i} \boldsymbol{x}/|S_i|$, 则

$$\begin{aligned}
\sum_{\boldsymbol{x} \in S_i} \|\boldsymbol{x} - \boldsymbol{c}_i\|^2 &= \frac{1}{2|S_i|} \sum_{\boldsymbol{x}', \boldsymbol{x}'' \in S_i} \|\boldsymbol{x}' - \boldsymbol{x}''\|^2 \\
&\leqslant \frac{1}{2|S_i|} \sum_{\boldsymbol{x}', \boldsymbol{x}'' \in S_i} \|\boldsymbol{f}(\boldsymbol{x}') - \boldsymbol{f}(\boldsymbol{x}'')\|^2 \\
&= \frac{1}{2|S'_i|} \sum_{\boldsymbol{x}', \boldsymbol{x}'' \in S'_i} \|\boldsymbol{x}' - \boldsymbol{x}''\|^2,
\end{aligned}$$

其中, 不等号成立的依据是 JL 降维引理. 对各簇观测点对应的不等式相加有

$$\text{cost}_{\mathcal{X}}(S) = \sum_{i=1}^{k} \sum_{\boldsymbol{x} \in S_i} \|\boldsymbol{x} - \boldsymbol{c}_i\|^2 \leqslant \text{cost}_{\mathcal{X}'}(S').$$

事实证毕. □

已知降维前后目标函数的关系后，现在构造 k-中位问题 $\langle\mathcal{D},\mathcal{C},\tilde{d}\rangle$. 令 $\mathcal{D}:=\mathcal{X}'$, $\mathcal{C}$ 是 $\mathcal{X}'$ 的 $\hat{\varepsilon}$-近似质心集合, 对任意 $\boldsymbol{c}_i\in\mathcal{C}$ 以及 $\boldsymbol{x}_j\in\mathcal{D}$, 定义 $\tilde{d}(\boldsymbol{c}_i,\boldsymbol{x}_j)=\|\boldsymbol{c}_i-\boldsymbol{x}_j\|^2$. 映射 $\boldsymbol{\psi}$ 为映射 $\boldsymbol{f}$ 的逆映射. 接下来证明通过上述方式构造的 k-均值问题实例 $\mathcal{X}$ 与 k-中位问题的实例 $\langle\mathcal{D},\mathcal{C},\tilde{d}\rangle$ 是符合定理要求的.

事实 6.1.2 上述定义的 k-均值问题的实例 $\mathcal{X}$ 与 k-中位问题的实例 $\langle\mathcal{D},\mathcal{C},\tilde{d}\rangle$ 满足下面三个条件:

(1) 函数 $\tilde{d}$ 满足集合 $\mathcal{D}\cup\mathcal{C}$ 上的 3 松弛 3 边不等式.

(2) 对于集合 $\mathcal{D}$ 上任意划分 $S=\langle S_1,S_2,\cdots,S_k\rangle$ 以及集合 $\mathcal{X}$ 上的划分 $\boldsymbol{\psi}(S)=\langle\boldsymbol{\psi}(S_1),\boldsymbol{\psi}(S_2),\cdots,\boldsymbol{\psi}(S_k)\rangle$, 成立

$$\mathrm{cost}_{\mathcal{X}}(\boldsymbol{\psi}(S))\leqslant\mathrm{cost}_{\mathcal{D},\tilde{d}}(S)\leqslant(1+\hat{\varepsilon})\mathrm{cost}_{\mathcal{X}}(\boldsymbol{\psi}(S)).$$

(3) 两实例的最优值满足

$$\mathrm{OPT}_k(\mathcal{X})\leqslant\mathrm{OPT}_{\langle\mathcal{D},\tilde{d}\rangle}\leqslant(1+\hat{\varepsilon})\mathrm{OPT}_k(\mathcal{X}).$$

证明 先证明条件 (1), 对于 $\mathbb{R}^t$ 中任意四点 $\boldsymbol{w},\boldsymbol{x},\boldsymbol{y},\boldsymbol{z}$, 有

$$\begin{aligned}\|\boldsymbol{x}-\boldsymbol{w}\|^2&=\|\boldsymbol{x}-\boldsymbol{y}+\boldsymbol{y}-\boldsymbol{z}+\boldsymbol{z}-\boldsymbol{w}\|^2\\&\leqslant(\|\boldsymbol{x}-\boldsymbol{y}\|+\|\boldsymbol{y}-\boldsymbol{z}\|+\|\boldsymbol{z}-\boldsymbol{w}\|)^2\\&\leqslant3\left(\|\boldsymbol{x}-\boldsymbol{y}\|^2+\|\boldsymbol{y}-\boldsymbol{z}\|^2+\|\boldsymbol{z}-\boldsymbol{w}\|^2\right).\end{aligned}$$

再证明条件 (2), (3), 考虑集合 $\mathcal{D}$ 上的任意划分 S, 定义集合 $\mathcal{X}$ 上对应的划分 $T=\boldsymbol{\psi}(S)$, 其中 $T_i=\boldsymbol{\psi}(S_i)$, $i=1,2,\cdots,k$. 根据 $\mathbb{R}^t$ 中函数 $\tilde{d}$ 的定义, 有 $\mathrm{cost}_{\mathcal{D},\tilde{d}}(S)=\mathrm{cost}_{\mathcal{X}'}(S)$. 基于事实 6.1.1 的结论, 项 $\mathrm{cost}_{\mathcal{X}'}(S)$ 介于 $\mathrm{cost}_{\mathcal{X}}(T)$ 和 $(1+\varepsilon')^2\mathrm{cost}_{\mathcal{X}}(T)$ 两者之间, 因此

$$\mathrm{cost}_{\mathcal{X}}(\boldsymbol{\psi}(S))\leqslant\mathrm{cost}_{\mathcal{D},\tilde{d}}(S)\leqslant(1+\varepsilon')^2\,\mathrm{cost}_{\mathcal{X}}(\boldsymbol{\psi}(S))\leqslant(1+\hat{\varepsilon})\mathrm{cost}_{\mathcal{X}}(\boldsymbol{\psi}(S)).\qquad(6.1.2)$$

回顾对于集合 $\mathcal{D}$ 上的每一个划分 S, 都存在对应的集合 $\mathcal{X}$ 上的划分 $\boldsymbol{\psi}(S)$; 对于集合 $\mathcal{X}$ 上的每一个划分 T, 都存在对应的集合 $\mathcal{D}$ 上的划分 $\boldsymbol{f}(T)$. 结合 (6.1.2) 式可得

$$\mathrm{OPT}_k(\mathcal{X})\leqslant\mathrm{OPT}_{\langle\mathcal{D},\tilde{d}\rangle}\leqslant(1+\hat{\varepsilon})\mathrm{OPT}_k(\mathcal{X}).$$

事实证毕. □

至此完成定理的证明: 对于 k-均值问题的实例 $\mathcal{X}$, 找到满足条件的 k-中位问题实例 $\langle\mathcal{D},\mathcal{C},\tilde{d}\rangle$. 即定理证毕. □

当给定 k-均值问题的实例 $\mathcal{X}\subseteq\mathbb{R}^d$ 时, 使用降维引理寻找 $\mathcal{X}'\subseteq\mathbb{R}^t$; 再应用定理 4.2.4 找 $\hat{\varepsilon}$-近似质心集合 $\mathcal{C}$; 最后运用定理 6.1.1, 获得 k-中位实例 $\langle\mathcal{D},\mathcal{C},\tilde{d}\rangle$, 其中 $\tilde{d}$ 为距离函数. 并且在每一步的变化里, 变化后的目标函数均不超过变化前的 $(1+\hat{\varepsilon})$ 倍. 本节及 6.2 节的算法均针对转换后的 k-中位实例 $\langle\mathcal{D},\mathcal{C},\tilde{d}\rangle$.

本节针对 k-中位实例 $\langle\mathcal{D},\mathcal{C},\tilde{d}\rangle$ 来设计本节的线性规划算法. 首先, 给出 k-中位问题的整数规划 (IP) 形式:

$$
\begin{aligned}
\min \quad & \sum_{\boldsymbol{c}\in\mathcal{C}}\sum_{\boldsymbol{x}\in\mathcal{D}} z_{\boldsymbol{xc}}\tilde{d}(\boldsymbol{x},\boldsymbol{c}), \\
\text{s.t.} \quad & \sum_{\boldsymbol{c}\in\mathcal{C}} y_{\boldsymbol{c}} = k, && (6.1.3) \\
& \sum_{\boldsymbol{c}\in\mathcal{C}} z_{\boldsymbol{xc}} = 1, \quad \forall \boldsymbol{x}\in\mathcal{D}, && (6.1.4) \\
& z_{\boldsymbol{xc}}, y_{\boldsymbol{c}} \in \{0,\ 1\}. \quad \forall \boldsymbol{c}\in\mathcal{C}, \boldsymbol{x}\in\mathcal{D},
\end{aligned}
$$

在上述规划中, 对于任意 $\boldsymbol{c}\in\mathcal{C}$ 和 $\boldsymbol{x}\in\mathcal{D}$, 决策变量 $y_{\boldsymbol{c}}$ 表示中心 $\boldsymbol{c}$ 是否开设; 决策变量 $z_{\boldsymbol{xc}}$ 表示观测点 $\boldsymbol{x}$ 是否连接到中心 $\boldsymbol{c}$ 上; 约束 (6.1.3) 描述了集合 $\mathcal{C}$ 中需要开设 k 个中心; 约束 (6.1.4) 确保了每个观测点恰被安排到了某一个中心上. 该问题的线性规划 (LP) 松弛形式:

$$
\begin{aligned}
\min \quad & \sum_{\boldsymbol{c}\in\mathcal{C}}\sum_{\boldsymbol{x}\in\mathcal{D}} z_{\boldsymbol{xc}}\tilde{d}(\boldsymbol{x},\boldsymbol{c}), \\
\text{s.t.} \quad & \sum_{\boldsymbol{c}\in\mathcal{C}} y_{\boldsymbol{c}} = k, \\
& \sum_{\boldsymbol{c}\in\mathcal{C}} z_{\boldsymbol{xc}} = 1, \quad \forall \boldsymbol{x}\in\mathcal{D}, \\
& z_{\boldsymbol{xc}} \leqslant y_{\boldsymbol{c}}, \quad \forall \boldsymbol{c}\in\mathcal{C}, \boldsymbol{x}\in\mathcal{D}, && (6.1.5) \\
& z_{\boldsymbol{xc}}, y_{\boldsymbol{c}} \geqslant 0.
\end{aligned}
$$

其中约束 (6.1.5) 表明若观测点要连接到某个中心上, 则该中心一定开放. 在分数解中, 所有的决策变量 $y_{\boldsymbol{c}}$ 和 $z_{\boldsymbol{xc}}$ 都位于区间 [0, 1] 上. 注意在上述线性规划中省略了决策变量不超过 1 的约束. 因为这个约束是多余的, 若存在某个 $y_{\boldsymbol{c}}$ 或者 $z_{\boldsymbol{xc}}$ 超过 1, 这与约束 (6.1.4) 或者约束 (6.1.5) 矛盾. 设该线性规划的最优值为 LP.

在整数解中, 若存在 $z_{\boldsymbol{xc}} > 0$, 那么 $z_{\boldsymbol{xc}} = 1$, $y_{\boldsymbol{c}} = 1$, 则 $z_{\boldsymbol{xc}} = y_{\boldsymbol{c}}$. 在分数解中, 可以进行适当修改, 使其依然满足 $z_{\boldsymbol{xc}} > 0$ 则 $z_{\boldsymbol{xc}} = y_{\boldsymbol{c}}$ 的性质. 具体操作如下, 若存在不满足 $y_{\boldsymbol{c}} = z_{\boldsymbol{xc}}$ 的中心 $\boldsymbol{c}$, 将在同一个位置上分成两个中心 $\boldsymbol{c}_1$ 和 $\boldsymbol{c}_2$, 其中一个中心权重是 $z_{\boldsymbol{xc}}$, 另一个中心的权重是 $y_{\boldsymbol{c}} - z_{\boldsymbol{xc}}$. 再将权重 $z_{\boldsymbol{x}'\boldsymbol{c}}$ 做如下分割: $z_{\boldsymbol{x}'\boldsymbol{c}_1} = \min\{z_{\boldsymbol{x}'\boldsymbol{c}}, y_{\boldsymbol{c}_1}\}$, $z_{\boldsymbol{x}'\boldsymbol{c}_2} = y_{\boldsymbol{c}_2} - \min\{z_{\boldsymbol{x}'\boldsymbol{c}}, y_{\boldsymbol{c}_1}\}$, 即可达到要求. 此操作的目的是, 对每个 $z_{\boldsymbol{xc}}$, 它要么等于 0, 要么等于 $y_{\boldsymbol{c}}$, 这有利于后面证明过程中的计算. 这种对于分数解的处理过程在 k-中位问题的文献中屡见不鲜, 更多的细节读者可以参考文献 [60, 174].

定义集合 $\mathcal{A}$ 上的度量 y 为 $y(\mathcal{A}) = \sum_{\boldsymbol{a}\in\mathcal{A}} y_{\boldsymbol{a}}$. 在算法舍入部分的分析中, 将 y 看作是一个 "连续度量", 可把某些中心分割成多个位于同一地点的中心, 确保能够凑到给定的度量集合 μ.

对于每个观测点 $\boldsymbol{x} \in \mathcal{D}$, 令 $C_{\boldsymbol{x}} = \{\boldsymbol{c} \in C : z_{\boldsymbol{xc}} > 0\}$, 表示线性规划最优解中, 所有服务于观测点 $\boldsymbol{x}$ 的中心的集合. 回顾前面对分数解所做的改变, 若 $z_{\boldsymbol{xc}} > 0$, 则 $y_{\boldsymbol{c}} = z_{\boldsymbol{xc}}$. 因此, 若 $\boldsymbol{x} \in C_{\boldsymbol{x}}$, 则 $y_{\boldsymbol{c}} = z_{\boldsymbol{xc}}$. 对于每个观测点 $\boldsymbol{x} \in \mathcal{D}$, 定义它在线性规划下的半径为

$$R_{\boldsymbol{x}} = \sum_{\boldsymbol{c} \in \mathcal{C}} z_{\boldsymbol{xc}} \tilde{d}(\boldsymbol{x}, \boldsymbol{c}) = \sum_{\boldsymbol{c} \in C_{\boldsymbol{x}}} y_{\boldsymbol{c}} \tilde{d}(\boldsymbol{x}, \boldsymbol{c}).$$

那么线性规划的最优值 $\sum\limits_{\boldsymbol{x} \in \mathcal{D}} R_{\boldsymbol{x}}$, 显然, $\sum\limits_{\boldsymbol{x} \in \mathcal{D}} R_{\boldsymbol{x}}$ 不超过 k-中位问题的最优值 $\mathrm{OPT}_{\langle \mathcal{D}, \tilde{d} \rangle}$.

定理 6.1.2 对任意的 $\beta > 1$, k-均值问题实例 $\mathcal{X}$ 都存在 (β, α)-的双准则近似算法, 其中

$$\alpha(\beta) = 1 + \mathrm{e}^{-\beta} \left(\frac{6\beta}{1-\beta} + \frac{(\beta-1)^2}{\beta} \right). \tag{6.1.6}$$

接下来给出 k-中位问题的线性规划舍入算法.

算法 6.1.1 (线性规划舍入算法)

输入: 线性规划 (LP) 的参数.

输出: 含有 βk 个中心点的集合 S.

步 1 求解线性规划 (LP) 获得分数解并修改分数解, 使得若 $z_{\boldsymbol{xc}} > 0$, 则 $y_{\boldsymbol{c}} = z_{\boldsymbol{xc}}$.

步 2 将中心集合划分为 βk 组得到划分 $\mathcal{Z}$, 其中每组中心的权重相加均为 $1/\beta$.

步 3 针对每组中心集合 $Z \in \mathcal{Z}$, 以 $\beta y_{\boldsymbol{c}}$ 的概率输出一个中心, 构成集合 S.

下面详细介绍算法中步 2 的设计过程, 如何构造划分 $\mathcal{Z}$, 使得划分后每组中心的权重和为 $1/\beta$. 考虑到在聚类问题中, 希望所选择的中心越 "分散" 越好. 因为一般情况下聚类中心越分散, 目标函数值往往越小. 所以, 在划分 $\mathcal{Z}$ 中希望组与组之间的距离相隔远一点, 每组内的中心分布得 "聚拢" 一点. 通过对每个观测点构造球实现这一思想.

第一, 计算每个观测点 $\boldsymbol{x} \in \mathcal{D}$ 的半径 $R_{\boldsymbol{x}}$. 按照 $R_{\boldsymbol{x}}$ 的数值升序排序, 逐个考虑其对应的观测点 $\boldsymbol{x}$.

第二, 构造球. 具体地, 对于观测点 $\boldsymbol{x}$ 来说, 以 $\boldsymbol{x}$ 为中心, $R_{\boldsymbol{x}}$ 为半径, 作球 $B_{\boldsymbol{x}}$, 使得该球覆盖到的中心集合的权重和恰是 $1/\beta$. 若该球覆盖到的中心集合的权重小于 $1/\beta$, 增加其半径. 若该球覆盖到的中心集合的权重大于 $1/\beta$, 对恰好处于球边界上的中心 $\boldsymbol{c}$ 进行分割, 使分割后的第一个中心 $\boldsymbol{c}_1$ 的权重 $y_{\boldsymbol{c}_1}$ 与球内的其他中心权重求和恰为 $1/\beta$, 剩下的第二个中心 $\boldsymbol{c}_2$ 仍留在原地, 权重 $y_{\boldsymbol{c}_2}$ 为原中心的权重 $y_{\boldsymbol{c}}$ 减去第一个中心的权重 $y_{\boldsymbol{c}_1}$. 如此, 对于每个观测点 $\boldsymbol{x} \in \mathcal{D}$, 都可以确定唯一的球, 满足其半径内囊括的中心权重和为 $1/\beta$.

第三, 构造观测点的集合 $\mathcal{W}$, 使得对 $\boldsymbol{x} \in \mathcal{W}$, 球 $B_{\boldsymbol{x}}$ 是彼此不交的. 对每个观测点 $\boldsymbol{x} \in \mathcal{D}$, 定义其见证者为 $\boldsymbol{w}(\boldsymbol{x})$. 若 $B_{\boldsymbol{x}}$ 与之前构造的球无交, 则令 $\boldsymbol{w}(\boldsymbol{x}) = \boldsymbol{x}$; 否则定义 $\boldsymbol{w}(\boldsymbol{x})$ 为与 $B_{\boldsymbol{x}}$ 相交的球中所对应的观测点半径最小的那个观测点. 显然, 对任意的观测点 $\boldsymbol{x}$, 都有 $R_{\boldsymbol{w}(\boldsymbol{x})} \leqslant R_{\boldsymbol{x}}$.

第四, 对每个 $\boldsymbol{x} \in \mathcal{W}$, 将 $B_{\boldsymbol{x}}$ 中所含中心的集合定义为集合 Z, 构成了划分 $\mathcal{Z}$ 的一些组. 对于未被 $\bigcup\limits_{\boldsymbol{x} \in \mathcal{W}} B_{\boldsymbol{x}}$ 覆盖的中心, 以任意的方式组合, 使得满足每组中心的权重之和为

$1/\beta$ 即可. 按照这样的方式构造了 $\mathcal{C}$ 的划分 $\mathcal{Z}$, 每组里中心的权重之和为 $1/\beta$.

算法中步 3 是针对每组中心 $Z \in \mathcal{Z}$, 以 $\beta y_{\boldsymbol{c}}$ 的概率输出一个中心 (注意到 $\sum\limits_{\boldsymbol{c} \in Z} \beta y_{\boldsymbol{c}} = 1$). 如此, 算法最终会随机地输出 βk 个中心的集合 S, 再将观测集 $\mathcal{D}$ 中的每个观测点连接到 S 中距离它最近的中心上, 观测集 $\mathcal{D}$ 就被划分为 βk 簇.

接下来对算法进行分析, 说明该随机算法输出的解对应的目标函数满足定理 6.1.2 的结论. 算法的设计思想是将中心集合 $\mathcal{C}$ 做划分, 分成 βk 组, 每组中心中选出一个输出. 因此算法最终输出 βk 个中心的集合, 记为 S. 对于每个观测点 $\boldsymbol{x}$, 估计它与算法解 S 中距离它最近的中心的距离, 证明 $E[\tilde{d}(\boldsymbol{x}, S)] \leqslant \alpha(\beta) R_{\boldsymbol{x}}$, 其中 $\alpha(\beta)$ 的定义见 (6.1.6) 式. 鉴于 $\sum\limits_{\boldsymbol{x}} R_{\boldsymbol{x}} = \mathrm{LP} \leqslant \mathrm{OPT}_{\langle \mathcal{D}, \tilde{d} \rangle}$, 对所有的 $\boldsymbol{x}$ 求和, 即可得此算法的近似比为 $\alpha(\beta)$.

之后的分析都是针对固定的观测点 $\boldsymbol{x} \in \mathcal{D}$, 上文中 $C_{\boldsymbol{x}} = \{\boldsymbol{c} : z_{\boldsymbol{xc}} > 0\}$ 是线性规划最优解下观测点 $\boldsymbol{x}$ 所服务的中心的集合, 欲证 $\tilde{d}(\boldsymbol{x}, S) \leqslant \tilde{d}(\boldsymbol{x}, (C_{\boldsymbol{x}} \cup B_{\boldsymbol{w}(\boldsymbol{x})}) \cap S)$. 根据算法的设计思路, $B_{\boldsymbol{w}(\boldsymbol{x})}$ 中的某个中心一定会被算法输出, 故 $(C_{\boldsymbol{x}} \cup B_{\boldsymbol{w}(\boldsymbol{x})}) \cap S$ 非空, 因此上式成立. 接下来具体界定后者的大小, 取其中一个特殊的中心 $\boldsymbol{g}(\boldsymbol{x}) \in (C_{\boldsymbol{x}} \cup B_{\boldsymbol{w}(\boldsymbol{x})}) \cap S$.

通过随机程序寻找中心 $\boldsymbol{g}(\boldsymbol{x})$. 考虑算法对 $\mathcal{C}$ 的划分 $\mathcal{Z}$, 定义由 $C_{\boldsymbol{x}}$ 导出的新划分为 $\widetilde{\mathcal{Z}} = \{Z \cap C_{\boldsymbol{x}} : Z \in \mathcal{Z}; Z \cap C_{\boldsymbol{x}} \neq \varnothing\}$. 对任意的 $\widetilde{Z} \in \widetilde{\mathcal{Z}}$, 以 $(1 - \mathrm{e}^{-\beta y(\widetilde{Z})})/(\beta y(\widetilde{Z}))$ 的概率来决定集合 $\widetilde{Z}$ 是积极的. 令 $A \subset C_{\boldsymbol{x}}$ 为所有积极集合 $\widetilde{Z}$ 的并集, 称集合 A 中所含的中心都是积极的. 如果 $A \cap S \neq \varnothing$, 设 $\boldsymbol{g}(\boldsymbol{x})$ 为 $A \cap S$ 中距离 $\boldsymbol{x}$ 最近的中心, 设置状态变量 $\mathcal{E} = 0$; 否则, 设 $\boldsymbol{g}(\boldsymbol{x})$ 为 $B_{\boldsymbol{w}(\boldsymbol{x})} \cap S$ 中一定存在的中心, 设置状态变量 $\mathcal{E} = 1$. 粗略地说, 状态变量 $\mathcal{E}$ 反映了中心 $\boldsymbol{g}(\boldsymbol{x}) \in C_{\boldsymbol{x}}$ 还是 $\boldsymbol{g}(\boldsymbol{x}) \in B_{\boldsymbol{w}(\boldsymbol{x})}$. 若 $\mathcal{E} = 0$, $\boldsymbol{g}(\boldsymbol{x}) \in C_{\boldsymbol{x}}$; 若 $\mathcal{E} = 1$, $\boldsymbol{g}(\boldsymbol{x}) \in B_{\boldsymbol{w}(\boldsymbol{x})}$. 无论哪种情况, 都有 $C_{\boldsymbol{x}} \cup B_{\boldsymbol{w}(\boldsymbol{x})} \neq \varnothing$, $\boldsymbol{g}(\boldsymbol{x}) \in C_{\boldsymbol{x}} \cup B_{\boldsymbol{w}(\boldsymbol{x})}$. 尽管 $\boldsymbol{g}(\boldsymbol{x})$ 可能不是距离 $\boldsymbol{x}$ 最近的中心, 但 $\boldsymbol{g}(\boldsymbol{x}) \in S$, 因此

$$\tilde{d}(\boldsymbol{x}, S) \leqslant \tilde{d}(\boldsymbol{x}, (C_{\boldsymbol{x}} \cup B_{\boldsymbol{w}(\boldsymbol{x})}) \cap S) \leqslant \tilde{d}(\boldsymbol{x}, \boldsymbol{g}(\boldsymbol{x})).$$

下面估计项 $\tilde{d}(\boldsymbol{x}, \boldsymbol{g}(\boldsymbol{x}))$ 的上界, 根据全概率公式有

$$\begin{aligned} E[\tilde{d}(\boldsymbol{x}, \boldsymbol{g}(\boldsymbol{x}))] = \Pr(\mathcal{E} = 0) E[\tilde{d}(\boldsymbol{x}, \boldsymbol{g}(\boldsymbol{x})) | \mathcal{E} = 0] + \\ \Pr(\mathcal{E} = 1) E[\tilde{d}(\boldsymbol{x}, \boldsymbol{g}(\boldsymbol{x})) | \mathcal{E} = 1]. \end{aligned} \tag{6.1.7}$$

逐步估计 (6.1.7) 式右式中四项的取值大小.

引理 6.1.1 设 $\mathcal{E}$ 为上述定义的状态变量, 它取 1 的概率为 $\mathrm{e}^{-\beta}$.

证明 算法中步 3 从每组 $Z \in \mathcal{Z}$ 中遵循概率 $\beta y_{\boldsymbol{c}}$ 来选取一个中心输出, 即算法以概率 $\beta y(\widetilde{Z})$ 从 $\widetilde{Z}$ 中选取中心. 给定的 $\widetilde{Z}$ 包含 S 和 $\widetilde{Z}$ 中积极元素的概率是 $\beta y(\widetilde{Z})(1 - \mathrm{e}^{\beta y(\widetilde{Z})})/(\beta y(\widetilde{Z})) = 1 - \mathrm{e}^{\beta y(\widetilde{Z})}$, 这样的 $\widetilde{Z}$ 不存在的概率是

$$\prod_{\widetilde{Z} \in \widetilde{\mathcal{Z}}} \mathrm{e}^{-\beta y(\widetilde{Z})} = \mathrm{e}^{-\sum\limits_{\widetilde{Z} \in \widetilde{\mathcal{Z}}} \beta y(\widetilde{Z})} = \mathrm{e}^{-\beta y(C_{\boldsymbol{x}})} = \mathrm{e}^{-\beta}.$$

引理证毕. □

下面给出 $E[\tilde{d}(\boldsymbol{x},\boldsymbol{g}(\boldsymbol{x}))|\mathcal{E}=0]$ 的估计.

引理 6.1.2 设 $\mathcal{E}$, $\boldsymbol{g}(\boldsymbol{x})$ 分别为上述定义的状态变量和中心点, 则 $E[\tilde{d}(\boldsymbol{x},\boldsymbol{g}(\boldsymbol{x}))|\mathcal{E}=0]\leqslant R_{\boldsymbol{x}}$.

证明 构造两个同分布的随机变量 P 和 Q. 若 $\widetilde{Z}$ 是积极的, 并且算法从 $\widetilde{Z}$ 中选取中心, 令 $P(\widetilde{Z})=\boldsymbol{c}$; 否则, 记 $P(\widetilde{Z})=\perp$. 显然, 对于所有的 $\widetilde{Z}\in\widetilde{\mathcal{Z}}$, 随机变量 $P(\widetilde{Z})$ 都是互相独立的. 对于 $\boldsymbol{c}\in\widetilde{Z}$, 有

$$\Pr\left[\widetilde{Z}=\boldsymbol{c}\right]=\frac{(1-\mathrm{e}^{-\beta y(\widetilde{Z})})\beta y_{\boldsymbol{c}}}{\beta y\left(\widetilde{Z}\right)}=\frac{(1-\mathrm{e}^{-\beta y(\widetilde{Z})})y_{\boldsymbol{c}}}{y\left(\widetilde{Z}\right)}.$$

通过 Poisson 到达过程构造随机变量 Q. 针对任意时刻 $t\in[0,\beta]$, 中心 $\boldsymbol{c}$ 以固定的平均瞬时速率 $y_{\boldsymbol{c}}$ 随机且独立地出现, 以 $y_{\boldsymbol{c}}\mathrm{d}t$ 的概率来选取 $C_{\boldsymbol{x}}$ 中的中心 $\boldsymbol{c}$. 对每个 $\widetilde{Z}$, 令 $Q(\widetilde{Z})$ 是 $\widetilde{Z}$ 中首个被选取的中心; 若 $\widetilde{Z}$ 中无中心被选, 记 $Q(\widetilde{Z})=\perp$. 因为在同一时间内不可能选取两个中心, 所以 $Q(\widetilde{Z})$ 的定义是合适的. 当 $Q(\widetilde{Z})\neq\perp$ 时, 对每个固定的时间 t, 中心到达概率为 $y_{\boldsymbol{c}}\mathrm{d}t$, 随机变量 $Q(\widetilde{Z})$ 便服从 $\widetilde{Z}$ 中的均匀分布, 故

$$\Pr\left[Q\left(\widetilde{Z}\right)\neq\perp\right]=1-\mathrm{e}^{-\beta y(\widetilde{Z})},$$

于是

$$\Pr\left[Q\left(\widetilde{Z}\right)=\boldsymbol{c}\right]=\frac{\left(1-\mathrm{e}^{-\beta y(\widetilde{Z})}\right)y_{\boldsymbol{c}}}{y\left(\widetilde{Z}\right)}.$$

由于所有的随机变量 Q 也是互相独立的, 所以随机变量 Q 和 P 的分布是相同的.

当 $\mathcal{E}=0$ 时, 令 $\boldsymbol{g}(\boldsymbol{x})$ 是 $\{P(\widetilde{Z}):\widetilde{Z}\in\widetilde{\mathcal{Z}};\ P(\widetilde{Z})\neq\perp\}$ 中距离 $\boldsymbol{x}$ 最近的中心. 当 $\mathcal{E}=1$ 时, $P(\widetilde{Z})=\perp$. 令 $U_Q=\{Q(\widetilde{Z})\colon \widetilde{Z}\in\widetilde{\mathcal{Z}};\ Q(\widetilde{Z})\neq\perp\}$. 因为 P 和 Q 同分布, 所以

$$E\left[\tilde{d}(\boldsymbol{x},\boldsymbol{g}(\boldsymbol{x}))|\mathcal{E}=0\right]=E\left[\tilde{d}(\boldsymbol{x},U_Q)|U_Q\neq\varnothing\right].$$

当 $U_Q\neq\varnothing$, 根据随机过程的设定, 到达的首个中心在 $C_{\boldsymbol{x}}$ 中等可能选取, 它到 $\boldsymbol{x}$ 的距离期望为 $R_{\boldsymbol{x}}$, 故

$$E[\tilde{d}(\boldsymbol{x},\boldsymbol{g}(\boldsymbol{x}))|\mathcal{E}=0]=E\left[\tilde{d}(\boldsymbol{x},U_Q)|U_Q\neq\varnothing\right]\leqslant R_{\boldsymbol{x}},$$

引理证毕. □

由 $\Pr[\boldsymbol{c}=\boldsymbol{c}_0]=y(\boldsymbol{c}_0)/y(C_{\boldsymbol{x}})=y(\boldsymbol{c}_0)$ 可得 $E[\tilde{d}(\boldsymbol{x},\boldsymbol{c})]=R_{\boldsymbol{x}}$. 引理 6.1.2 实际上说明了当给定 $\mathcal{E}=0$ 时, $\boldsymbol{g}(\boldsymbol{x})$ 的分布并不比 $C_{\boldsymbol{x}}$ 中服从概率 y 的分布差. 接下来估计当给定 $\mathcal{E}=1$ 时 $\boldsymbol{x}$ 与 $\boldsymbol{g}(\boldsymbol{x})$ 之间距离期望的上界.

引理 6.1.3 令 $\gamma=\beta y(D_{\boldsymbol{x}})$, 存在满足 $r_1\leqslant r_2$ 和

$$\frac{1-\gamma}{\beta}r_1+\frac{\beta-1}{\beta}r_2\leqslant R_{\boldsymbol{x}}$$

的非负实数 r_1 和 r_2, 使得

$$E[\tilde{d}(\boldsymbol{x}, \boldsymbol{g}(\boldsymbol{x}))|\mathcal{E}=1] \leqslant \left(\mathrm{e}^{\gamma}(1-\gamma)\cdot 3\left(\frac{\beta}{\beta-1}+r_1+r_2\right)+(1-\mathrm{e}^{\gamma}(1-\gamma))\cdot\frac{\beta}{\gamma}\right)R_{\boldsymbol{x}}.$$

证明 由于 $\boldsymbol{w}(\boldsymbol{x})$ 是 $\boldsymbol{x}$ 的见证者, 所以球 $B_{\boldsymbol{x}}$ 与 $B_{\boldsymbol{w}(\boldsymbol{x})}$ 中所覆盖的各中心必相交, 且 $R_{\boldsymbol{w}(\boldsymbol{x})} \leqslant R_{\boldsymbol{x}}$. 取 $B_{\boldsymbol{x}} \cap B_{\boldsymbol{w}(\boldsymbol{x})}$ 所覆盖的任意一个中心 $\boldsymbol{c}_0$, 利用 3 松弛 3 边不等式可得

$$\begin{aligned}\tilde{d}(\boldsymbol{x}, \boldsymbol{g}(\boldsymbol{x})) &\leqslant 3(\tilde{d}(\boldsymbol{x}, \boldsymbol{c}_0)+\tilde{d}(\boldsymbol{w}(\boldsymbol{x}), \boldsymbol{c}_0))+\tilde{d}(\boldsymbol{w}(\boldsymbol{x}), \boldsymbol{g}(\boldsymbol{x}))\\ &\leqslant 3(R_{\boldsymbol{x}}^{\beta}+R_{\boldsymbol{w}(\boldsymbol{x})}^{\beta}+\tilde{d}(\boldsymbol{w}(\boldsymbol{x}), \boldsymbol{g}(\boldsymbol{x}))),\end{aligned} \tag{6.1.8}$$

其中, 球 $B_{\boldsymbol{x}}$ 与 $B_{\boldsymbol{w}(\boldsymbol{x})}$ 的半径分别是 $R_{\boldsymbol{x}}^{\beta}$ 与 $R_{\boldsymbol{w}(\boldsymbol{x})}^{\beta}$, 设 $D_{\boldsymbol{x}}=B_{\boldsymbol{w}(\boldsymbol{x})} \cap C_{\boldsymbol{x}}$. 下面引入四个事实.

事实 6.1.3 球 $B_{\boldsymbol{x}}$ 的半径满足 $R_{\boldsymbol{x}}^{\beta} \leqslant \beta R_{\boldsymbol{x}}/(\beta-1)$.

证明 对于 $C_{\boldsymbol{x}} \backslash B_{\boldsymbol{x}}$ 中每个与 $\boldsymbol{x}$ 的距离超过 $R_{\boldsymbol{x}}^{\beta}$ 的中心 $\boldsymbol{c}$ 有

$$R_{\boldsymbol{x}}=\sum_{\boldsymbol{c} \in C_{\boldsymbol{x}}} y_{\boldsymbol{c}} \tilde{d}(\boldsymbol{x}, \boldsymbol{c})=\sum_{\boldsymbol{c} \in C_{\boldsymbol{x}} \backslash B_{\boldsymbol{x}}} y_{\boldsymbol{c}} \tilde{d}(\boldsymbol{x}, \boldsymbol{c})+\sum_{\boldsymbol{c} \in C_{\boldsymbol{x}} \cap B_{\boldsymbol{x}}} y_{\boldsymbol{c}} \tilde{d}(\boldsymbol{x}, \boldsymbol{c}) \geqslant \sum_{\boldsymbol{c} \in C_{\boldsymbol{x}} \backslash B_{\boldsymbol{x}}} y_{\boldsymbol{c}} \tilde{d}(\boldsymbol{x}, \boldsymbol{c}).$$

所以

$$R_{\boldsymbol{x}} \geqslant \sum_{\boldsymbol{c} \in C_{\boldsymbol{x}} \backslash B_{\boldsymbol{x}}} y_{\boldsymbol{c}} R_{\boldsymbol{x}}^{\beta}=y\left(C_{\boldsymbol{x}} \backslash B_{\boldsymbol{x}}\right) R_{\boldsymbol{x}}^{\beta}=\left(1-\frac{1}{\beta}\right) R_{\boldsymbol{x}}^{\beta},$$

其中不等号成立的依据是 $B_{\boldsymbol{x}}$ 与 $R_{\boldsymbol{x}}^{\beta}$ 的定义, 最后一个等号是因为在算法的设计里 $y(B_{\boldsymbol{x}})=1/\beta$. □

事实 6.1.4 存在满足 $r_1 \leqslant r_2$ 和

$$\frac{1-\gamma}{\beta} r_1+\frac{\beta-1}{\beta} r_2 \leqslant R_{\boldsymbol{x}}$$

的非负实数 r_1 和 r_2, 使得

$$R_{\boldsymbol{w}(\boldsymbol{x})}^{\beta}+E\left[\tilde{d}(\boldsymbol{w}(\boldsymbol{x}), \boldsymbol{g}(\boldsymbol{x})) \mid \boldsymbol{g}(\boldsymbol{x}) \in B_{\boldsymbol{w}(\boldsymbol{x})} \backslash D_{\boldsymbol{x}} ; \mathcal{E}=1\right] \leqslant r_1+r_2.$$

证明 令 r_1 为 $\boldsymbol{w}(\boldsymbol{x})$ 到 $B_{\boldsymbol{w}(\boldsymbol{x})} \backslash D_{\boldsymbol{x}}$ 中随机中心 $\boldsymbol{c}$ 的距离的期望, r_2 为 $\boldsymbol{w}(\boldsymbol{x})$ 到 $C_{\boldsymbol{w}(\boldsymbol{x})} \backslash B_{\boldsymbol{w}(\boldsymbol{x})}$ 中随机中心 $\boldsymbol{c}$ 的距离的期望:

$$r_1=\frac{\sum\limits_{\boldsymbol{c} \in B_{\boldsymbol{w}(\boldsymbol{x})} \backslash D_{\boldsymbol{x}}} y_{\boldsymbol{c}} \tilde{d}(\boldsymbol{w}(\boldsymbol{x}), \boldsymbol{c})}{y\left(B_{\boldsymbol{w}(\boldsymbol{x})} \backslash D_{\boldsymbol{x}}\right)}, \quad r_2=\frac{\sum\limits_{\boldsymbol{c} \in C_{\boldsymbol{w}(\boldsymbol{x})} \backslash B_{\boldsymbol{w}(\boldsymbol{x})}} y_{\boldsymbol{c}} \tilde{d}(\boldsymbol{w}(\boldsymbol{x}), \boldsymbol{c})}{y\left(C_{\boldsymbol{w}(\boldsymbol{x})} \backslash B_{\boldsymbol{w}(\boldsymbol{x})}\right)}.$$

基于 $y(B_{\boldsymbol{x}})=y(B_{\boldsymbol{w}(\boldsymbol{x})})=1/\beta$, $y(C_{\boldsymbol{w}(\boldsymbol{x})})=1$ 和 $y(D_{\boldsymbol{x}})=\gamma/\beta$, 对观测点 $\boldsymbol{x}$ 的半径 $R_{\boldsymbol{x}}$ 有

$$R_{\boldsymbol{x}} \geqslant R_{\boldsymbol{w}(\boldsymbol{x})}$$

$$
\begin{aligned}
&= \left(\sum_{c \in D_{x}} y_{c} \tilde{d}(w(x), c) \right) + y\left(B_{w(x)} \backslash D_{x}\right) r_1 + y\left(C_{w(x)} \backslash B_{x}\right) r_2 \\
&\geqslant \left(\frac{1-\gamma}{\beta}\right) r_1 + \left(\frac{\beta-1}{\beta}\right) r_2 .
\end{aligned}
$$

因为球 $B_{w(x)} \backslash D_{x}$ 所覆盖的中心都在以 $w(x)$ 为中心, $R_{w(x)}^{\beta}$ 为半径的球内部, 而 $C_{w(x)} \backslash B_{x}$ 中所覆盖的中心都在这个球的外部, 故

$$r_1 \leqslant R_{w(x)}^{\beta} \leqslant r_2 .$$

所以

$$R_{w(x)}^{\beta} + \tilde{d}(w(x), g(x)) \leqslant r_2 + \tilde{d}(w(x), g(x))$$

且 $r_1 \leqslant r_2$. 当 $g(x) \in B_{w(x)} \backslash D_{x}$ 且 $\mathcal{E}=1$, 随机中心 $g(x)$ 从 $B_{w(x)} \backslash D_{x}$ 中等概率选取, 于是

$$E\left[\tilde{d}(w(x), g(x)) \mid g(x) \in B_{w(x)} \backslash D_{x} ; \mathcal{E}=1\right]=r_1 .$$

因此

$$R_{w(x)}^{\beta} + E\left[\tilde{d}(w(x), g(x)) \mid g(x) \in B_{w(x)} \backslash D_{x} ; \mathcal{E}=1\right] \leqslant r_1 + r_2 .$$

事实证毕. □

在 $g(x) \in B_{w(x)} \backslash D_{x}$ 和 $\mathcal{E}=1$ 的情况下对 (6.1.8) 式取期望, 再根据上两个事实的结果, 可得

$$E[\tilde{d}(x, g(x)) | g(x) \in B_{w(x)} \backslash D_{x} ; \mathcal{E}=1] \leqslant 3\left(\frac{\beta R_{x}}{\beta-1} + r_1 + r_2\right) . \tag{6.1.9}$$

事实 6.1.5 $\Pr[g(x) \in D_{x} \mid \mathcal{E}=1]=1-\mathrm{e}^{\gamma}(1-\gamma)$.

证明 因为 $w(x) \in \mathcal{W}$, $B_{w(x)} \in \mathcal{Z}$, 所以集合 $D_{x}=B_{w(x)} \cap C_{x}$ 是划分 $\widetilde{\mathcal{Z}}$ 中的一组中心. 假设 $g(x) \in D_{x}$ 且 $\mathcal{E}=1$. 由 $g(x) \in D_{x}$ 可得 $S \cap D_{x} \neq \varnothing$, 故 D_{x} 一定是不积极的 (否则 $\mathcal{E}=0$). 对每个 $\widetilde{Z} \neq D_{x}(\widetilde{Z} \in \mathcal{Z})$, 要么 $\widetilde{Z}$ 不积极, 要么 $\widetilde{Z} \cap S=\varnothing$ (否则 $\mathcal{E}=0$). 事件 $\{g(x) \in D_{x}$ 且 $\mathcal{E}=1\}$ 可以看作这三个相互独立事件的交集: $\{S \cap D_{x} \neq \varnothing\}$, $\{D_{x}$ 不积极$\}$ 和 $\{(C_{x} \backslash D_{x}) \cap S$ 中没有积极中心$\}$. 这三个事件发生的概率分别是 $\beta y(D_{x})$, $1-(1-\mathrm{e}^{-\beta y(D_{x})}) /(\beta y(D_{x}))$ 和 $\mathrm{e}^{-\beta y(C_{x} \backslash D_{x})}$. 因而

$$
\begin{aligned}
\Pr[g(x) \in D_{x} \text{ 且 } \mathcal{E}=1] &= \beta y(D_{x})\left(1-\frac{1-\mathrm{e}^{-\beta y(D_{x})}}{\beta y(D_{x})}\right) \mathrm{e}^{-\beta y(C_{x} \backslash D_{x})} \\
&= \left(\gamma-\left(1-\mathrm{e}^{-\gamma}\right)\right) \times \mathrm{e}^{-(\beta-\gamma)} \\
&= \mathrm{e}^{-\beta}\left(1-(1-\gamma) \mathrm{e}^{\gamma}\right) .
\end{aligned}
$$

引理 6.1.1 里证明了 $\Pr[\mathcal{E}=1]=\mathrm{e}^{-\beta}$, 因此 $\Pr(g(x) \in D_{x} \mid \mathcal{E}=1)=1-\mathrm{e}^{\gamma}(1-\gamma)$. □

事实 6.1.6

$$E\left[\tilde{d}(\boldsymbol{x},\boldsymbol{g}(\boldsymbol{x}))\mid \boldsymbol{g}(\boldsymbol{x})\in D_{\boldsymbol{x}};\mathcal{E}=1\right]\leqslant\frac{\beta R_{\boldsymbol{x}}}{\gamma}.$$

证明 当 $\boldsymbol{g}(\boldsymbol{x})\in D_{\boldsymbol{x}}$ 且 $\mathcal{E}=1$ 时，随机中心 $\boldsymbol{g}(\boldsymbol{x})$ 服从 $D_{\boldsymbol{x}}$ 中的均匀分布. 对于 $\boldsymbol{c}\in D_{\boldsymbol{x}}$, $\Pr[\boldsymbol{g}(\boldsymbol{x})=\boldsymbol{c}]=y_{\boldsymbol{c}}/y(D_{\boldsymbol{x}})$. 故

$$E\left[\tilde{d}(\boldsymbol{x},\boldsymbol{g}(\boldsymbol{x}))\mid \boldsymbol{g}(\boldsymbol{x})\in D_{\boldsymbol{x}};\mathcal{E}=1\right]=\frac{\sum\limits_{\boldsymbol{c}\in D_{\boldsymbol{x}}}y_{\boldsymbol{c}}\tilde{d}(\boldsymbol{x},\boldsymbol{c})}{y(D_{\boldsymbol{x}})}\leqslant\frac{\sum\limits_{\boldsymbol{c}\in C_{\boldsymbol{x}}}y_{\boldsymbol{c}}\tilde{d}(\boldsymbol{x},\boldsymbol{c})}{y(D_{\boldsymbol{x}})}=\frac{R_{\boldsymbol{x}}}{\gamma/\beta}.$$

事实证毕. □

根据事实 6.1.5, 事实 6.1.6 和 (6.1.9) 式, 可得

$$E[\tilde{d}(\boldsymbol{x},\boldsymbol{g}(\boldsymbol{x}))|\mathcal{E}=1]\leqslant\left(\mathrm{e}^{\gamma}(1-\gamma)\cdot 3\left(\frac{\beta}{\beta-1}+r_1+r_2\right)+(1-\mathrm{e}^{\gamma}(1-\gamma))\cdot\frac{\beta}{\gamma}\right)R_{\boldsymbol{x}}.$$

引理证毕. □

对主要结果进行证明, 应用引理 6.1.1, 引理 6.1.2 和引理 6.1.3 对 (6.1.7) 式进行放大, 得

$$E[\tilde{d}(\boldsymbol{x},\boldsymbol{g}(\boldsymbol{x}))]\leqslant R_{\boldsymbol{x}}\left((1-\mathrm{e}^{-\beta})+\mathrm{e}^{-\beta}\left(\mathrm{e}^{\gamma}(1-\gamma)\cdot 3\left(\frac{\beta}{\beta-1}+\frac{r_1+r_2}{R_{\boldsymbol{x}}}\right)+\right.\right.$$
$$\left.\left.(1-\mathrm{e}^{\gamma}(1-\gamma))\cdot\frac{\beta}{\gamma}\right)\right).$$

其中 $\gamma=\beta y(D_{\boldsymbol{x}})$. 若对上式右端进行放缩, 则需要对满足引理 6.1.3 的参数 $r_1,r_2\geqslant 0$ 和 $\gamma\in[0,1]$ 取最大. 易知右端项是关于 r_1,r_2 的线性函数, 若固定 γ, 它在极点 $(r_1,r_2)=(0,\beta R_{\boldsymbol{x}}/(\beta-1))$ 或者极点 $(r_1,r_2)=(\beta R_{\boldsymbol{x}}/(\beta-\gamma),\beta R_{\boldsymbol{x}}/(\beta-\gamma))$ 处取得最大值. 于是, 右端项的上界为

$$\max_{\gamma\in[0,1]}\left\{(1-\mathrm{e}^{-\beta})+3\mathrm{e}^{-(\beta-\gamma)}(1-\gamma)\left(\frac{\beta}{\beta-1}+\max\left\{\frac{\beta}{\beta-1},\frac{2\beta}{\beta-\gamma}\right\}\right)+\right.$$
$$\left.\frac{\beta\mathrm{e}^{-\beta}(1-\mathrm{e}^{\gamma}(1-\gamma))}{\gamma}\right\}.$$

最终放大的结果即为 (6.1.6) 式的 $\alpha(\beta)$, 即为本节介绍的算法的近似比结果.

6.2 局部搜索算法

本节介绍利用局部搜索算法的思想设计 k-均值问题的双准则近似算法. 在 6.1 节中介绍了如何将 k-均值问题的实例 $\mathcal{X}$ 转化为 k-中位问题实例 $\langle\mathcal{D},\mathcal{C},\tilde{d}\rangle$. 本节设计的局部搜索

算法针对转换后的 k-中位问题, 转换过程不再赘述. 该算法从集合 $\mathcal{C}$ 中选取 βk 个中心, 可以达到 $\alpha_2(\beta)=(1+O(\hat{\varepsilon}))\,(1+2/\beta)^2$ 近似.

若当前聚类中心集合为 A, 下次迭代时中心集合是从集合 A 的邻域 $\mathrm{Ngh}_s(A):=\{A\backslash U\cup V: U\subseteq A, V\subseteq \mathcal{C}\backslash A, |U|=|V|\leqslant s\}$ 中选出的, 参数 s 是最多交换的元素数量. 下面具体介绍算法的执行过程.

算法 6.2.1 (局部搜索算法)

输入: 观测集 $\mathcal{D}\subseteq\mathbb{R}^t$, $k\geqslant 2$, 参数 $\beta>1$, $s\geqslant 1$, 初始中心点集合 A_0, 费用函数 $\mathrm{cost}_{\mathcal{D},\tilde{d}}$.

输出: 中心点集合 A.

步 1 (**初始化**) 给定 βk 个中心 A_0 作为初始解, 令 $A:=A_0$.

步 2 (**局部搜索**) 若存在 $A'\in\mathrm{Ngh}_s(A)$, 使得 $\mathrm{cost}_{\mathcal{D},\tilde{d}}(A)-\mathrm{cost}_{\mathcal{D},\tilde{d}}(A')>0$, 转下一步; 否则, 输出 A, 算法停止.

步 3 (**更新**) 更新 $A:=A'$, 转步 2.

类似于 5.1 节, 可将算法 6.2.1 的运行时间通过标准化过程变成多项式量级.

设 $O=\{\boldsymbol{o}_1,\boldsymbol{o}_2,\cdots,\boldsymbol{o}_k\}$ 是 k-中位问题的 k 个最优中心, $A=\{\boldsymbol{a}_1,\boldsymbol{a}_2,\cdots,\boldsymbol{a}_{\beta k}\}$ 是局部搜索算法输出的 βk 个中心. 接下来从五个方面分析算法的近似比.

第一, 介绍捕获的概念.

对于每个最优中心 $\boldsymbol{o}\in O$ 来说, 都能找到算法解 A 中距离其最近的中心 $\boldsymbol{a}$ (若存在多个中心都距离 $\boldsymbol{a}$ 最近, 任选其一即可), 这时称 $\boldsymbol{a}$ 捕获 $\boldsymbol{o}$. 如图 6.2.1 所示, 其中 $k=5$, $d=1$, $\beta=2$. 如果 $\boldsymbol{a}$ 与 $\boldsymbol{o}$ 连线表示距离 $\boldsymbol{o}$ 最近的算法中心是 $\boldsymbol{a}$. $\boldsymbol{a}_1$ 捕获 $\boldsymbol{o}_1$, $\boldsymbol{o}_2$, $\boldsymbol{o}_3$; $\boldsymbol{a}_2$ 捕获 $\boldsymbol{o}_4$; $\boldsymbol{a}_4$ 捕获 $\boldsymbol{o}_5$. 每个最优中心 $\boldsymbol{o}$ 恰被某个算法中心捕获一次, 而每个算法中心要么捕获最优中心 (捕获多个的情况比如 $\boldsymbol{a}_1$, 捕获一个的情况比如 $\boldsymbol{a}_2$ 和 $\boldsymbol{a}_4$); 要么不捕获最优中心 (比如 $\boldsymbol{a}_3$ 和 $\boldsymbol{a}_5,\cdots,\boldsymbol{a}_{10}$). 对于后者, 称其为好点, 其他点为坏点. 因为 O 中每个中心都被 A 中的一个中心捕获, 所以好点至少有 $\beta k-k=(\beta-1)k$ 个, 从中任选 $(\beta-1)k$ 个定义为辅助中心; 定义剩下的 k 个非辅助中心为集合 B.

第二, 解释如何划分算法解 A 和最优解 O.

事实上，在分析中划分的是最优中心集合 O 以及算法解的子集 B. 将 O 中的每个中心都分配给它的捕获中心上, 这样就自然形成了集合 O 的一个划分 $\langle O_1,O_2,\cdots,O_r\rangle$. 对于集合 B, 拟构造对应的划分 $\langle B_1,B_2,\cdots,B_r\rangle$, 使得对每个 $1\leqslant i\leqslant r$, $|B_i|=|O_i|$. 其中, B_i 中包含捕获 O_i 的坏点以及其他任意 $|B_i|-1$ 个好点. 在图 6.2.1 所示例子中, 如果定义集合 B 为 $\boldsymbol{a}_1,\boldsymbol{a}_2,\cdots,\boldsymbol{a}_5$ (必须包含 $\boldsymbol{a}_1,\boldsymbol{a}_2,\boldsymbol{a}_4$), 则 B 以及 O 的划分为图 6.2.2 所示的三部分. 其中, $O_1=\{\boldsymbol{o}_1,\boldsymbol{o}_2,\boldsymbol{o}_3\}$, $O_2=\{\boldsymbol{o}_4\}$, $O_3=\{\boldsymbol{o}_5\}$; $B_1=\{\boldsymbol{a}_1,\boldsymbol{a}_3,\boldsymbol{a}_5\}$, $B_2=\{\boldsymbol{a}_2\}$, $B_3=\{\boldsymbol{a}_4\}$.

第三, 根据集合 B 以及 O 的划分来设置交换对, 并对每对交换对赋予权重.

在交换对的记号中, 逗号前面的记号表示要删去的集合, 后面的记号表示要添加的集合. 回顾记号 s 为邻域概念中每次交换中心的最大个数, 如果 $|O_i|\leqslant s$, 则设置交换对 (B_i,O_i), 将其权重赋值为 1. 如果 $|O_i|=q>s$, 考虑对于 O_i 中的所有元素 $\boldsymbol{o}$ 和 B_i 中所有

的好点 $\boldsymbol{b}$ 都设置单交换对 $(\{\boldsymbol{b}\},\{\boldsymbol{o}\})$, 权重为 $1/(q-1)$. 这也保证了 O 中每个中心的权重为 1, B 中每个中心的权重至多为 $q/(q-1)\leqslant 1+1/s$. 在图 6.2.1 所示例子中, 设置 $s=2$, 交换对 $(\{\boldsymbol{a}_2\},\{\boldsymbol{o}_4\})$ 和交换对 $(\{\boldsymbol{a}_4\},\{\boldsymbol{o}_5\})$ 的权重为 1. 对于 $i=3,5,j=1,2,3$, 交换对 $(\{\boldsymbol{a}_i\},\{\boldsymbol{o}_j\})$ 的权重为 1/2.

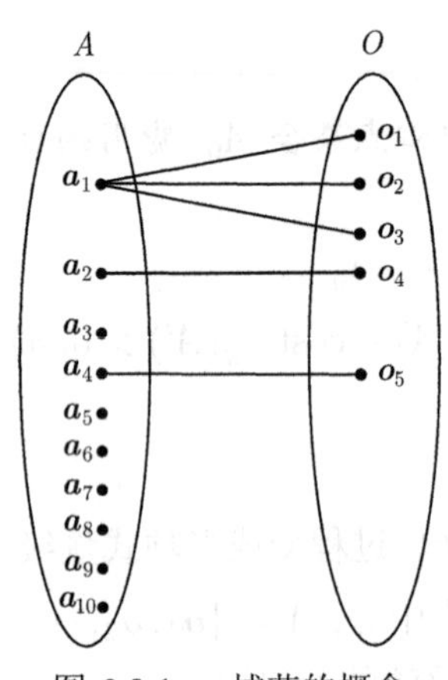

图 6.2.1 捕获的概念

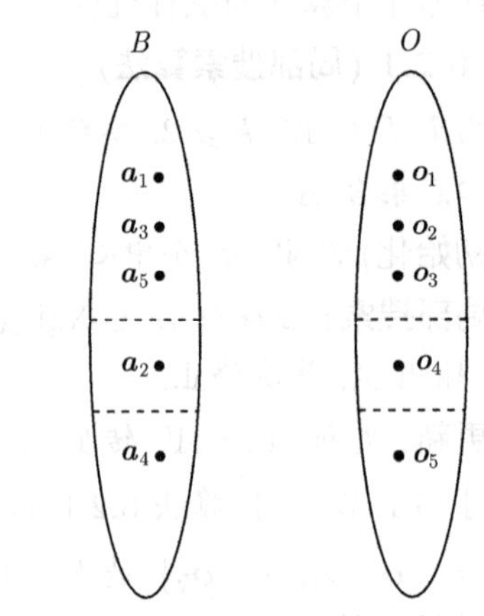

图 6.2.2 划分算法中心 B 和最优中心 O

现在再考虑 $(\beta-1)k$ 个辅助中心, 对于每个 $\boldsymbol{a}\in A\backslash B$ 以及 $\boldsymbol{o}\in O$, 设置单交换对 $(\{\boldsymbol{a}\},\{\boldsymbol{o}\})$, 权重为 $1/k$. 这样, O 中每个中心的权重是 $1+(\beta-1)=\beta$, 集合 $A\backslash B$ 中每个中心的概率是 1. 在例子里, 对于 $i=6,7,\cdots,10, j=1,2,\cdots,5$, 交换对 $(\{\boldsymbol{a}_i\},\{\boldsymbol{o}_j\})$ 的权重为 1/5.

综上所述, 交换对满足以下性质.

(1) 集合 O 中每个中心的权重为 β.

(2) 集合 A 中每个中心的权重最多为 $1+1/s$.

(3) 记上述构造的所有交换对为 (A',O'), 则 A' 在 O' 之外不捕获最优中心.

第四, 分析交换一对点时目标函数的变化.

实际上本节的整体分析是对当聚类中心集合换成 $A\backslash A'\cup O'$, 对所有观测点进行聚类其目标函数的变化值. 对每个观测点 $\boldsymbol{x}\in\mathcal{D}$, 记号 $\boldsymbol{a_x}$ 和 $\boldsymbol{o_x}$ 分别表示在中心集合 A 和 O 中距离 $\boldsymbol{x}$ 最近的算法中心和最优中心; 记号 $\boldsymbol{a_o}$ 表示集合 A 中捕获最优中心 $\boldsymbol{o}$ 的算法中心. 若给出了聚类中心集合 E, 对于其中某中心 $\boldsymbol{e}\in E$, 记号 $N_E(\boldsymbol{e})$ 表示距离中心 $\boldsymbol{e}$ 最近的观测集. 同前面类似, 若存在某个观测点 $\boldsymbol{x}\in\mathcal{D}$, 具有多个距离最近的中心点, 那只能选择进入其中一个集合 $N_E(\boldsymbol{e})$. 对于算法中心集合 A, 最优中心 O, 以及新的聚类中心 $A\backslash A'\cup O'$, 有 $\mathcal{D}=\bigcup\limits_{\boldsymbol{a}\in A}N_A(\boldsymbol{a})=\bigcup\limits_{\boldsymbol{o}\in O}N_O(\boldsymbol{o})=\bigcup\limits_{\boldsymbol{e}\in A\backslash A'\cup O'}N_{A\backslash A'\cup O'}(\boldsymbol{e})$.

注意到算法所得解的聚类中心是 A, 当所有交换完成时, 聚类中心变成了 $A\backslash A'\cup O'$. 对于 $\boldsymbol{a}\in A'$, $\boldsymbol{o}\in O'$, 下面讨论聚类中心为 $A\backslash\{\boldsymbol{a}\}\cup\{\boldsymbol{o}\}$ 时观测点的连接情况变化, 如表 6.2.1 所示. 对于情况 3 中的观测点而言, 它们目标函数的改变上界是 0; 情况 4 中的观测点目标函数没有发生改变, 因此只用分析情况 1 和情况 2 中观测点的变化. 注意到情况 1 和情况 2 中的观测点实际上是集合 $N_A(\boldsymbol{a})$, 但为与最优解 O 产生联系, 下面对集合 $N_A(\boldsymbol{a}) \cup N_O(\boldsymbol{o})$ 中的观测点人为地构造一种连接方式, 值得注意的是该操作会放大目标函数的变化量.

表 6.2.1　交换一对点时观测点可能的连接情况

变化情况	以前连接 $\boldsymbol{a}$	以前不连接 $\boldsymbol{a}$
现在连接 $\boldsymbol{o}$	情况 1	情况 3
现在不连接 $\boldsymbol{o}$	情况 2	情况 4

将观测点 $\boldsymbol{x} \in N_O(\boldsymbol{o})$ 连接到 $\boldsymbol{o}$, 此时目标函数变化的上界是 $\tilde{d}(\boldsymbol{x}, \boldsymbol{o}) - \tilde{d}(\boldsymbol{x}, \boldsymbol{a}_{\boldsymbol{x}})$. 将观测点 $\boldsymbol{x} \in N_A(\boldsymbol{a}) \backslash N_O(\boldsymbol{o})$ 连接到 $\boldsymbol{a}_{\boldsymbol{o}_{\boldsymbol{x}}}$, 其中 $\boldsymbol{a}_{\boldsymbol{o}_{\boldsymbol{x}}}$ 表示 O 中距离 $\boldsymbol{x}$ 最近的最优中心 $\boldsymbol{o}_{\boldsymbol{x}}$, 它在 A 中被捕获的算法中心 $\boldsymbol{a}_{\boldsymbol{o}_{\boldsymbol{x}}}$. 这里新引入了算法中心 $\boldsymbol{a}_{\boldsymbol{o}_{\boldsymbol{x}}}$, 它一定不是去掉的中心 $\boldsymbol{o}$, 因为 $\boldsymbol{o}_{\boldsymbol{x}} \notin O'$, 这是根据构造交换对的性质 (3). 此时目标函数变化的上界是 $\tilde{d}(\boldsymbol{x}, \boldsymbol{a}_{\boldsymbol{o}_{\boldsymbol{x}}}) - \tilde{d}(\boldsymbol{x}, \boldsymbol{a}_{\boldsymbol{x}})$. 因此所有观测点的变化不超过

$$\sum_{\boldsymbol{x} \in N_O(\boldsymbol{o})} \left(\tilde{d}(\boldsymbol{x}, \boldsymbol{o}) - \tilde{d}(\boldsymbol{x}, \boldsymbol{a}_{\boldsymbol{x}})\right) + \sum_{\boldsymbol{x} \in N_A(\boldsymbol{a}) \backslash N_O(\boldsymbol{o})} \left(\tilde{d}(\boldsymbol{x}, \boldsymbol{a}_{\boldsymbol{o}_{\boldsymbol{x}}}) - \tilde{d}(\boldsymbol{x}, \boldsymbol{a}_{\boldsymbol{x}})\right). \tag{6.2.10}$$

第五, 分析当聚类中心集合变换为 $A \backslash A' \cup O'$ 时目标函数值的变化.

对 $\boldsymbol{a} \in A'$ 以及 $\boldsymbol{o} \in O'$ 的所有可能点对, 将其相应的 (6.2.10) 式相加可得

$$\sum_{\boldsymbol{o} \in O'} \sum_{\boldsymbol{x} \in N_O(\boldsymbol{o})} \left(\tilde{d}(\boldsymbol{x}, \boldsymbol{o}) - \tilde{d}(\boldsymbol{x}, \boldsymbol{a}_{\boldsymbol{x}})\right) + \sum_{\boldsymbol{a} \in A'} \sum_{\boldsymbol{x} \in N_A(\boldsymbol{a}) \backslash N_O(\boldsymbol{o})} \left(\tilde{d}(\boldsymbol{x}, \boldsymbol{a}_{\boldsymbol{o}_{\boldsymbol{x}}}) - \tilde{d}(\boldsymbol{x}, \boldsymbol{a}_{\boldsymbol{x}})\right).$$

又因为集合 A 是算法输出的中心集合, 根据算法的终止条件, 它具备 "局部最优性", 即无法通过与 $\mathrm{Ngh}_s(A)$ 中集合交换得到改进. 于是

$$\mathrm{cost}_{\mathcal{D}, \tilde{d}}(A \backslash A' \cup O') - \mathrm{cost}_{\mathcal{D}, \tilde{d}}(A) > 0.$$

交换对的性质 (1) 设置了集合 O 中每个中心的权重恰为 β, 性质 (2) 设置了集合 A 中每个中心的权重最多为 $\gamma = 1 + 1/s$, 结合交换时不等式出现的次数, 有

$$\begin{aligned} 0 < & \beta \sum_{\boldsymbol{o} \in O'} \sum_{\boldsymbol{x} \in N_O(\boldsymbol{o})} \left(\tilde{d}(\boldsymbol{x}, \boldsymbol{o}) - \tilde{d}(\boldsymbol{x}, \boldsymbol{a}_{\boldsymbol{x}})\right) + \\ & \gamma \sum_{\boldsymbol{a} \in A'} \sum_{\boldsymbol{x} \in N_A(\boldsymbol{a}) \backslash N_O(\boldsymbol{o})} \left(\tilde{d}(\boldsymbol{x}, \boldsymbol{a}_{\boldsymbol{o}_{\boldsymbol{x}}}) - \tilde{d}(\boldsymbol{x}, \boldsymbol{a}_{\boldsymbol{x}})\right) \\ = & \beta \sum_{\boldsymbol{o} \in O} \sum_{\boldsymbol{x} \in N_O(\boldsymbol{o})} \left(\tilde{d}(\boldsymbol{x}, \boldsymbol{o}) - \tilde{d}(\boldsymbol{x}, \boldsymbol{a}_{\boldsymbol{x}})\right) + \\ & \gamma \sum_{\boldsymbol{a} \in A'} \sum_{\boldsymbol{x} \in N_A(\boldsymbol{a}) \backslash N_O(\boldsymbol{o})} \left(\tilde{d}(\boldsymbol{x}, \boldsymbol{a}_{\boldsymbol{o}_{\boldsymbol{x}}}) - \tilde{d}(\boldsymbol{x}, \boldsymbol{a}_{\boldsymbol{x}})\right). \end{aligned} \tag{6.2.11}$$

接下来的任务就是对这两项加数进行放大, 设法将其放大为与 $\mathrm{cost}_{\mathcal{D},\tilde{d}}(A)$ 和 $\mathrm{cost}_{\mathcal{D},\tilde{d}}(O)$ 相关的项. 其中对第一项进行重组, 发现其被减数部分可以组合为最优中心对应的目标函数, 减数部分可以组合为算法中心对应的目标函数:

$$\begin{aligned}\beta\sum_{\boldsymbol{o}\in O}\sum_{\boldsymbol{x}\in N_O(\boldsymbol{o})}\left(\tilde{d}(\boldsymbol{x},\boldsymbol{o})-\tilde{d}(\boldsymbol{x},\boldsymbol{a}_{\boldsymbol{x}})\right)&=\beta\sum_{\boldsymbol{x}\in\mathcal{D}}\left(\tilde{d}(\boldsymbol{x},\boldsymbol{o})-\tilde{d}(\boldsymbol{x},\boldsymbol{a}_{\boldsymbol{x}})\right)\\&=\beta\mathrm{cost}_{\mathcal{D},\tilde{d}}(O)-\beta\mathrm{cost}_{\mathcal{D},\tilde{d}}(A).\end{aligned}$$

对第二项进行分析, 对于观测点 $\boldsymbol{x}\in N_A(\boldsymbol{a})$, 有 $\tilde{d}(\boldsymbol{x},\boldsymbol{a}_{\boldsymbol{o}_{\boldsymbol{x}}})-\tilde{d}(\boldsymbol{x},\boldsymbol{a}_{\boldsymbol{x}})\geqslant 0$, 故可将其放大为

$$\begin{aligned}\gamma\sum_{\boldsymbol{a}\in A'}\sum_{\boldsymbol{x}\in N_A(\boldsymbol{a})\setminus N_O(\boldsymbol{o})}\left(\tilde{d}(\boldsymbol{x},\boldsymbol{a}_{\boldsymbol{o}_{\boldsymbol{x}}})-\tilde{d}(\boldsymbol{x},\boldsymbol{a}_{\boldsymbol{x}})\right)&\leqslant\gamma\sum_{\boldsymbol{a}\in A'}\sum_{\boldsymbol{x}\in N_A(\boldsymbol{a})}\left(\tilde{d}(\boldsymbol{x},\boldsymbol{a}_{\boldsymbol{o}_{\boldsymbol{x}}})-\tilde{d}(\boldsymbol{x},\boldsymbol{a}_{\boldsymbol{x}})\right)\\&\leqslant\gamma\sum_{\boldsymbol{a}\in A}\sum_{\boldsymbol{x}\in N_A(\boldsymbol{a})}\left(\tilde{d}(\boldsymbol{x},\boldsymbol{a}_{\boldsymbol{o}_{\boldsymbol{x}}})-\tilde{d}(\boldsymbol{x},\boldsymbol{a}_{\boldsymbol{x}})\right)\\&=\gamma\sum_{\boldsymbol{x}\in\mathcal{D}}\left(\tilde{d}(\boldsymbol{x},\boldsymbol{a}_{\boldsymbol{o}_{\boldsymbol{x}}})-\tilde{d}(\boldsymbol{x},\boldsymbol{a}_{\boldsymbol{x}})\right)\\&=\gamma\sum_{\boldsymbol{x}\in\mathcal{D}}\tilde{d}(\boldsymbol{x},\boldsymbol{a}_{\boldsymbol{o}_{\boldsymbol{x}}})-\gamma\mathrm{cost}_{\mathcal{D},\tilde{d}}(A).\end{aligned}\tag{6.2.12}$$

至此, 分析只剩下估计 $\sum\limits_{\boldsymbol{x}\in\mathcal{D}}\tilde{d}(\boldsymbol{x},\boldsymbol{a}_{\boldsymbol{o}_{\boldsymbol{x}}})$ 的上界.

引理 6.2.1 对于观测点 $\boldsymbol{x}$ 的重新分配中心 $\boldsymbol{a}_{\boldsymbol{o}_{\boldsymbol{x}}}$, 其费用的上界为

$$\sum_{\boldsymbol{x}\in\mathcal{D}}\tilde{d}(x,\boldsymbol{a}_{\boldsymbol{o}_{\boldsymbol{x}}})\leqslant(1+\hat{\varepsilon})\left[2\mathrm{cost}_{\mathcal{D},\tilde{d}}(O)+\left(1+\frac{2}{\alpha}\right)\mathrm{cost}_{\mathcal{D},\tilde{d}}(A)\right],$$

其中

$$\alpha^2=\frac{\mathrm{cost}_{\mathcal{D},\tilde{d}}(A)}{\mathrm{cost}_{\mathcal{D},\tilde{d}}(O)}=\frac{\sum\limits_{\boldsymbol{x}\in\mathcal{D}}\tilde{d}(\boldsymbol{x},\boldsymbol{a}_{\boldsymbol{x}})}{\sum\limits_{\boldsymbol{x}\in\mathcal{D}}\tilde{d}(\boldsymbol{x},\boldsymbol{o}_{\boldsymbol{x}})}.$$

证明 对观测点 $\boldsymbol{x}$ 重新分配的中心 $\boldsymbol{a}_{\boldsymbol{o}_{\boldsymbol{x}}}$ 的连接费用进行分析.

$$\begin{aligned}\sum_{\boldsymbol{x}\in\mathcal{D}}\tilde{d}(\boldsymbol{x},\boldsymbol{a}_{\boldsymbol{o}_{\boldsymbol{x}}})&=\sum_{\boldsymbol{o}\in O}\sum_{\boldsymbol{x}\in N_O(\boldsymbol{o})}\tilde{d}(\boldsymbol{x},\boldsymbol{a}_{\boldsymbol{o}_{\boldsymbol{x}}})=\sum_{\boldsymbol{o}\in O}\sum_{\boldsymbol{x}\in N_O(\boldsymbol{o})}\tilde{d}(\boldsymbol{x},\boldsymbol{a}_{\boldsymbol{o}})\\&=\sum_{\boldsymbol{o}\in O}\left(\Delta(N_O(\boldsymbol{o}),\mathrm{cen}(N_O(\boldsymbol{o})))+|N_O(\boldsymbol{o})|\cdot\|\mathrm{cen}(N_O(\boldsymbol{o}))-\boldsymbol{a}_{\boldsymbol{o}}\|^2\right)\\&\leqslant\sum_{\boldsymbol{o}\in O}\left(\Delta(N_O(\boldsymbol{o}),\boldsymbol{o})+|N_O(\boldsymbol{o})|\cdot\|\mathrm{cen}(N_O(\boldsymbol{o}))-\boldsymbol{a}_{\boldsymbol{o}}\|^2\right)\end{aligned}$$

$$
\begin{aligned}
&\leqslant \sum_{o \in O} \sum_{x \in N_O(o)} \left[\tilde{d}(\boldsymbol{x}, \boldsymbol{o}) + (1+\hat{\varepsilon}) \|\boldsymbol{o} - \boldsymbol{a}_{\boldsymbol{o}}\|^2\right] \\
&\leqslant (1+\hat{\varepsilon}) \sum_{o \in O} \sum_{x \in N_O(o)} \left[\tilde{d}(\boldsymbol{x}, \boldsymbol{o}) + \|\boldsymbol{o} - \boldsymbol{a}_x\|^2\right] \\
&\leqslant (1+\hat{\varepsilon}) \sum_{x \in \mathcal{D}} \left[\tilde{d}(\boldsymbol{x}, \boldsymbol{o}_{\boldsymbol{x}}) + \|\boldsymbol{x} - \boldsymbol{o}_{\boldsymbol{x}}\|^2 + \|\boldsymbol{x} - \boldsymbol{a}_{\boldsymbol{x}}\|^2 + \right. \\
&\quad \left. 2\|\boldsymbol{x} - \boldsymbol{o}_{\boldsymbol{x}}\| \|\boldsymbol{x} - \boldsymbol{a}_{\boldsymbol{x}}\|\right] \\
&\leqslant (1+\hat{\varepsilon}) \sum_{x \in \mathcal{D}} \left[2\tilde{d}(\boldsymbol{x}, \boldsymbol{o}_{\boldsymbol{x}}) + \tilde{d}(\boldsymbol{x}, \boldsymbol{a}_{\boldsymbol{x}}) + \frac{2}{\alpha}\tilde{d}(\boldsymbol{x}, \boldsymbol{a}_{\boldsymbol{x}})\right] \\
&= (1+\hat{\varepsilon}) \left[2\mathrm{cost}_{\mathcal{D},\tilde{d}}(O) + \left(1 + \frac{2}{\alpha}\right) \mathrm{cost}_{\mathcal{D},\tilde{d}}(A)\right].
\end{aligned}
\tag{6.2.13}
$$

其中, 因为当 $\boldsymbol{x} \in N_O(\boldsymbol{o})$ 时有 $\boldsymbol{o}_{\boldsymbol{x}} = \boldsymbol{o}$, 第二个等号成立, 依据质心引理第三个等号成立, 依据质心的定义第一个不等号成立, 依据定理 6.1.1 的结论以及集合 $N_O(\boldsymbol{o})$ 的最优中心是 $\boldsymbol{o}$ 第二个不等号成立, 由 $\boldsymbol{a}_{\boldsymbol{o}}$ 的概念第三个不等号成立, 因为当 $\boldsymbol{x} \in N_O(\boldsymbol{o})$ 有 $\boldsymbol{o}_{\boldsymbol{x}} = \boldsymbol{o}$ 以及距离的平方展开式第四个不等号成立, 第五个不等号成立的依据是引理 5.2.1. □

将不等式 (6.2.13) 代入 (6.2.12) 式, 重新整理 (6.2.11) 式得到

$$
\begin{aligned}
0 &\leqslant \beta\mathrm{cost}_{\mathcal{D},\tilde{d}}(O) - (\beta+\gamma)\mathrm{cost}_{\mathcal{D},\tilde{d}}(A) + \\
&\quad \gamma(1+\hat{\varepsilon}) \left[2\mathrm{cost}_{\mathcal{D},\tilde{d}}(O) + \left(1 + \frac{2}{\alpha}\right) \mathrm{cost}_{\mathcal{D},\tilde{d}}(A)\right] \\
&\leqslant (\beta + 2\gamma)\mathrm{cost}_{\mathcal{D},\tilde{d}}(O) - \left(\beta - \frac{2\gamma}{\alpha} - \left(3 + \frac{2}{\alpha}\right)\gamma\hat{\varepsilon}\right) \mathrm{cost}_{\mathcal{D},\tilde{d}}(A).
\end{aligned}
$$

再根据 $\mathrm{cost}_{\mathcal{D},\tilde{d}}(O) \leqslant \mathrm{cost}_{\mathcal{D},\tilde{d}}(A)$ 有

$$
\begin{aligned}
(\beta + 2\gamma)\mathrm{cost}_{\mathcal{D},\tilde{d}}(O) &\geqslant \left(\beta - \frac{2\gamma}{\alpha} - \left(3 + \frac{2}{\alpha}\right)\gamma\hat{\varepsilon}\right) \mathrm{cost}_{\mathcal{D},\tilde{d}}(A) \\
&= \left(\beta - \frac{2\gamma}{\alpha} - \left(3 + \frac{2}{\alpha}\right)\gamma\hat{\varepsilon}\right) \alpha^2\mathrm{cost}_{\mathcal{D},\tilde{d}}(O).
\end{aligned}
$$

故

$$
\alpha^2\beta - 2\gamma\alpha - \beta - 2\gamma - \alpha^2\left(3 + \frac{2}{\alpha}\right)\gamma\hat{\varepsilon} \leqslant 0,
$$

$$
\left(\alpha - 1 - \frac{2\gamma}{\beta}\right) - \frac{\alpha^2}{(\alpha+1)\beta}\left(3 + \frac{2}{\alpha}\right)\gamma\hat{\varepsilon} \leqslant 0.
$$

从上式得到, α 的估计为

$$\alpha = (1 + O(\hat{\varepsilon}))\left(1 + \frac{2}{\beta}\right)^2.$$

定理 6.2.1 对于 k-均值问题实例 $\mathcal{X}$, 局部搜索算法输出的解 A 中含有 βk 个中心, 近似比为 $(1 + O(\hat{\varepsilon}))\left(1 + \frac{2}{\beta}\right)^2$.

第 7 章

有序k-中位问题

本章介绍有序 k-中位问题, 7.1 节给出问题介绍; 7.2 节介绍线性规划舍入方法. 本章主要内容取材于文献 [46].

7.1 问题描述

给定客户集 $\mathcal{X} = \{\boldsymbol{x}_1, \boldsymbol{x}_2, \cdots, \boldsymbol{x}_n\}$, 设施集 $\mathcal{F} = \{\boldsymbol{s}_1, \boldsymbol{s}_2, \cdots, \boldsymbol{s}_m\}$, 度量费用函数 $c : \mathcal{D} \times \mathcal{D} \to \mathbb{R}_{\geqslant 0}$, 其中 $\mathcal{D} = \mathcal{F} \cup \mathcal{X}$, 正整数 $k < m$, 以及非负非递增的权值向量 $\boldsymbol{w} = (\boldsymbol{w}_1, \boldsymbol{w}_2, \cdots, \boldsymbol{w}_n)$. 对任意的设施子集 $\mathcal{W} \subseteq \mathcal{F}$ 和客户 $\boldsymbol{x}_j \in \mathcal{X}$, $\mathcal{W}$ 和 $\boldsymbol{x}_j$ 之间的距离定义为 $d_j(\mathcal{W}) := \min\limits_{\boldsymbol{s}_i \in \mathcal{W}} d(\boldsymbol{s}_i, \boldsymbol{x}_j)$. 给定设施子集 $\mathcal{W} \subseteq \mathcal{F}$, 针对客户集 $\mathcal{X} = \{\boldsymbol{x}_1, \boldsymbol{x}_2, \cdots, \boldsymbol{x}_n\}$, 将 $d_j(\mathcal{W})$ 按照非递增的方式排列, 从而得到距离向量 $\boldsymbol{d}^{\rightarrow}(\mathcal{W}) = (d_j^{\rightarrow}(\mathcal{W}) : j = 1, 2, \cdots, n)$, 其中 $\{d_j^{\rightarrow}(\mathcal{W}) : j = 1, 2, \cdots, n\} = \{d_j(\mathcal{W}) : j = 1, 2, \cdots, n\}$ 且对 $1 \leqslant j \leqslant j' \leqslant n$ 有 $d_j^{\rightarrow}(\mathcal{W}) \geqslant d_{j'}^{\rightarrow}(\mathcal{W})$. 加权和 $\sum\limits_{j=1}^{n} w_j \cdot d_j^{\rightarrow}(\mathcal{W})$ 表示开设子集 $\mathcal{W}$ 后服务所有客户所需的费用. 有序 k-中位问题的目标是选取规模为 k 且所需服务费用最小的设施子集 $\mathcal{W} \subseteq \mathcal{F}$.

为便于在后文中论述证明过程, 不妨对权值向量进行一定的预处理, 即 $w_i := \dfrac{w_i}{w_1}$. 在下文中所涉及的权值向量, 如不特别指出, 均表示已进行过预处理的权值向量. 对于客户 $\boldsymbol{x}_j \in \mathcal{X}$, $\mathcal{B}(\boldsymbol{x}_j, r)$ 表示 $\mathcal{F}$ 中与该客户之间距离小于 r 的设施子集, 即 $\mathcal{B}(\boldsymbol{x}_j, r) = \{\boldsymbol{s}_i \in \mathcal{F} : d(\boldsymbol{s}_i, \boldsymbol{x}_j) < r\}$.

定义 7.1.1 给定有序 k-中位问题的实例, 满足下述性质的函数 $d^{\mathrm{r}} : \mathcal{D} \times \mathcal{D} \to \mathbb{R}_{\geqslant 0}$ 称为缩减费用函数 (reduced cost function), 对所有的 $\boldsymbol{s}_i$, $\boldsymbol{s}_{i'}$, $\boldsymbol{x}_j$, $\boldsymbol{x}_{j'} \in \mathcal{D}$ 有 $d^{\mathrm{r}}(\boldsymbol{s}_i, \boldsymbol{x}_j) \leqslant d(\boldsymbol{s}_i, \boldsymbol{x}_j)$, 并且如果满足 $d(\boldsymbol{s}_i, \boldsymbol{x}_j) \leqslant d(\boldsymbol{s}_{i'}, \boldsymbol{x}_{j'})$, 则有 $d^{\mathrm{r}}(\boldsymbol{s}_i, \boldsymbol{x}_j) \leqslant d^{\mathrm{r}}(\boldsymbol{s}_{i'}, \boldsymbol{x}_{j'})$.

对于有序 k-中位问题, 缩减费用函数自然存在. 因为在其目标函数中, 分量按照非递增方式排序的距离向量与权重向量进行内积运算, 此外权重向量的分量均不超过 1.

定义 7.1.2 矩形有序 k-中位问题是一类特殊的有序 k-中位问题, 在该问题中对某些 $\ell \in [n] = \{1, 2, \cdots, n\}$ 权值向量 $\boldsymbol{w}$ 满足 $w_1 = w_2 = \cdots = w_\ell = 1$ 且 $w_{\ell+1} = w_{\ell+2} = \cdots = w_n = 0$. 对任意 $\mathcal{W} \subseteq \mathcal{F}$, 令 $\mathrm{cost}_\ell(\mathcal{W})$ 表示所选设施集为 $\mathcal{W}$ 时该问题的目标函数值.

注意到, $\ell = 1$ 的矩形有序 k-中位问题即为 k-中心问题; $\ell = n$ 的矩形有序 k-中位问题即为经典的 k-中位问题.

最近, 基于复杂的局部搜索方法, Aouad 和 Segev 为有序 k-中位问题设计出 $O(\log n)$-近似算法 [11]. 在下一节中, 介绍求解有序 k-中位问题的常因子近似算法, 该算法是基于 LP

舍入技巧设计的.

7.2 近似算法

7.2.1 算法框架

本节求解有序 k-中位问题的算法由 LP-求解和 LP-舍入两部分组成.

在 LP-求解部分, 算法计算 LP-松弛的最优解. 除目标函数外, 有序 k-中位问题与 k-中位问题的标准 LP 松弛相同. 但是在目标函数中并未使用度量函数 d, 而是使用了缩减费用函数 d^{r}.

在 LP-舍入部分, 通过调用 Charikar 和 Li 的算法[54] 将 LP-求解部分提供的分数解舍入为整数解. 与 LP-求解部分不同, 该算法在原始度量空间中运行, 而不是在 (通常是非度量的) 缩减成本空间中运行.

7.2.1.1 LP-松弛

在目标函数中使用缩减费用函数 d^{r}, 则 k-中位问题整数规划的松弛 (记为 LP(d^{r})) 如下:

$$
\begin{aligned}
\min \quad & \sum_{\boldsymbol{s}\in\mathcal{F},\boldsymbol{x}\in\mathcal{X}} d^{\mathrm{r}}(\boldsymbol{s},\boldsymbol{x})z_{\boldsymbol{sx}} \\
\text{s. t.} \quad & \sum_{\boldsymbol{s}\in\mathcal{F}} z_{\boldsymbol{sx}} = 1, \qquad \boldsymbol{x}\in\mathcal{X}, \\
& \sum_{\boldsymbol{s}\in\mathcal{F}} y_{\boldsymbol{s}} = k, \\
& z_{\boldsymbol{sx}} \leqslant y_{\boldsymbol{s}}, \qquad \boldsymbol{s}\in\mathcal{F},\boldsymbol{x}\in\mathcal{X}, \\
& 0 \leqslant z_{\boldsymbol{sx}}, y_{\boldsymbol{s}} \leqslant 1, \qquad \boldsymbol{s}\in\mathcal{F},\boldsymbol{x}\in\mathcal{X}.
\end{aligned}
$$

在此规划中, $y_{\boldsymbol{s}}$ 表示设施 $\boldsymbol{s}$ 开设的程度 (0-关闭, 1-开设), $z_{\boldsymbol{sx}}$ 表示设施 $\boldsymbol{s}$ 服务客户 $\boldsymbol{x}$ 的程度 (0-未服务, 1-服务). 第一条约束确保所有的客户都能得到服务; 第二条约束确保恰好开设 k 个设施; 第三条约束表示, 只有当设施开设时, 其方能为客户提供服务. 对任意客户 $\boldsymbol{x}\in\mathcal{X}$, 令 $d^{\mathrm{r}}_{\mathrm{av}}(\boldsymbol{x}) = \sum_{\boldsymbol{s}\in\mathcal{F}} d^{\mathrm{r}}(\boldsymbol{s},\boldsymbol{x})z_{\boldsymbol{sx}}$ 表示该客户的分数 (或平均) 缩减连接费用.

猜测和 LP-求解

若缩减费用函数与输入的度量费用函数相同, 即 $d^{\mathrm{r}} = d$, 则 LP(d^{r}) 即为经典 k-中位问题的标准 LP-松弛. 为了构造有序 k-中位问题 LP(d^{r}) 的有效下界, 本小节对最优解中某些距离进行了猜测. 猜测操作的细节是特定于设置的, 稍后将对此进行具体介绍.

接下来, 本小节将介绍 LP(d^{r}) 可行解 $(\boldsymbol{x},\boldsymbol{y})$ 的基本归一化步骤.

定义 7.2.1 令 $(\boldsymbol{x},\boldsymbol{y})$ 表示 LP(d^{r}) 的可行解, 其中 d^{r} 为缩减费用函数. 如果在 $\boldsymbol{y}$ 保持固定时 $\boldsymbol{x}$ 能够最小化 $\sum_{\boldsymbol{s}\in\mathcal{F},\boldsymbol{x}\in\mathcal{X}} d(\boldsymbol{s},\boldsymbol{x})z_{\boldsymbol{sx}}$, 则连接客户与设施的方案 $\boldsymbol{x}$ 称为距离-最优.

引理 7.2.1 不失一般性，对于某些缩减费用函数 d^{r}，可以假设 $\mathrm{LP}(d^{\mathrm{r}})$ 的最优解 $(\boldsymbol{x},\boldsymbol{y})$ 满足下述性质：

(1) $y_{\boldsymbol{s}}>0, \forall \boldsymbol{s}\in\mathcal{F}$.

(2) $z_{\boldsymbol{sx}}\in\{0,y_{\boldsymbol{s}}\}, \forall \boldsymbol{s}\in\mathcal{F}$ 以及 $\forall \boldsymbol{x}\in\mathcal{X}$.

(3) 客户与设施的连接方案 $\boldsymbol{x}$ 是距离-最优的.

证明 基于文献 [54] 中的相关操作 (移除或复制设施)，即可保证性质 (1) 和性质 (2) 成立. 故此处只需证明性质 (3) 成立. 给定 $\boldsymbol{y}$ 的取值以及任一客户 $\boldsymbol{x}$. 按照 $d(\boldsymbol{s},\boldsymbol{x})$ 非递减的顺序对设施 $\boldsymbol{s}\in\mathcal{F}$ 进行排序，并将 $\boldsymbol{x}$ 的剩余需求尽可能多地分配给满足约束 $z_{\boldsymbol{sx}}\leqslant y_{\boldsymbol{s}}$ 的当前设施 $\boldsymbol{s}$，直至客户 $\boldsymbol{x}$ 的全部需求得到服务. 为所有客户重复上述操作过程. 由于缩减费用函数 d^{r} 遵循原始距离的顺序 (参见定义 7.1.1)，因此即使目标函数为缩减费用函数，上述客户与设施的连接方案也是最优的. □

针对客户 $\boldsymbol{x}$，将为其提供服务的设施子集记为 $\mathcal{F}_{\boldsymbol{x}}:=\{\boldsymbol{s}\in\mathcal{F}:z_{\boldsymbol{sx}}>0\}$. 对于设施子集 $\mathcal{F}'\subseteq\mathcal{F}$，其体积定义为 $\mathrm{vol}(\mathcal{F}')=\sum_{\boldsymbol{s}\in\mathcal{F}'}y_{\boldsymbol{s}}$. 注意到对任意可行解有 $\mathrm{vol}(\mathcal{F}_{\boldsymbol{x}})=1$.

7.2.1.2 LP-舍入

本小节将调用 Charikar 和 Li[54] 在求解经典 k-中位问题时设计的 LP-舍入过程，进而将 LP-求解阶段获得的分数解舍入为整数解. 实际上在有序 k-中位问题的线性规划舍入中，其可行域与费用函数 d^{r} 并无依赖关系，即判断 $(\boldsymbol{x},\boldsymbol{y})$ 是否为 $\mathrm{LP}(d^{\mathrm{r}})$ 的可行解是独立于费用函数 d^{r} 的. 但需要注意的是，LP-舍入过程是依据原始度量费用函数 d 完成的，因此为确定算法的近似比，必须分析 d^{r} 和 d 之间的关系.

算法 7.2.1

输入：$\mathrm{LP}(d^{\mathrm{r}})$ 满足引理 7.2.1 的分数可行解 $(\boldsymbol{x},\boldsymbol{y})$.

输出：包含 k 个设施的集合.

步 1 (**聚类阶段**)

$\mathcal{X}'\leftarrow \mathrm{Clustering}\,(\boldsymbol{x},\boldsymbol{y})$.

步 2 (**集束阶段**)

对 $\boldsymbol{x}\in\mathcal{X}'$，执行下述操作.

$$R_{\boldsymbol{x}}\leftarrow\frac{1}{2}\min_{\boldsymbol{x}'\in\mathcal{X}',\boldsymbol{x}'\neq\boldsymbol{x}}(d(\boldsymbol{x},\boldsymbol{x}'));\qquad \mathcal{U}_{\boldsymbol{x}}\leftarrow\mathcal{F}_{\boldsymbol{x}}\cap\mathcal{B}(\boldsymbol{x},R_{\boldsymbol{x}}).$$

步 3 (**匹配阶段**)

$\mathcal{M}=\varnothing$;

当 $\mathcal{X}'$ 中存在未配对的客户时，执行下述操作.

从 $\mathcal{X}'$ 中选取一对距离最近的未配对客户加入 $\mathcal{M}$ 中.

步 4 (**采样阶段 (关联舍入)**)

返回 $\mathrm{DependentRounding}(\boldsymbol{x},\boldsymbol{y},\{\mathcal{U}_{\boldsymbol{x}}\}_{\boldsymbol{x}},\mathcal{M},\mathcal{F})$.

Charikar 和 Li[54] 设计的舍入过程分为四步：聚类、集束、匹配和采样 (参见算法 7.2.1). 针对上述舍入过程中的四步操作，本小节给出了相应的直观认知，各步操作的详细过程将在近似比的证明过程中论述.

在聚类阶段, 构造客户集 $\mathcal{X}$ 的离散化子集 $\mathcal{X}'$ 使得任意客户 $\boldsymbol{x} \in \mathcal{X}$ 距离 $\mathcal{X}'$ 中的某些聚类中心 $\boldsymbol{x}'_j$ 较“近”且 $\mathcal{X}'$ 中任意两个聚类中心距离较“远”. 该过程的实现以及“近”和“远”的含义是特定于应用的, 将在后文进行详细介绍. 在集束阶段, 针对 $\mathcal{X}'$ 中的每个聚类中心剖分 $\mathcal{F}_{\boldsymbol{x}}$, 得到集束 $\mathcal{U}_{\boldsymbol{x}}$ 使得集束是两两不交. 在匹配阶段, 聚类中心按照贪婪策略进行配对, 保证至少开设一个中心. 在采样阶段, 调用随机相关舍入策略确定整数可行解.

采样阶段调用的策略满足以下性质[54].

引理 7.2.2 令 $(\boldsymbol{x}, \boldsymbol{y})$ 为 $LP(d^r)$ 的可行解并假设对所有不同的 $\boldsymbol{x}, \boldsymbol{x}' \in \mathcal{X}$ 有 $\mathrm{vol}(\mathcal{U}_{\boldsymbol{x}}) \geqslant 1/2$ 且 $\mathcal{U}_{\boldsymbol{x}} \cap \mathcal{U}_{\boldsymbol{x}'} = \varnothing$. 在算法 7.2.1的采样阶段存在相应的采样操作, 使得下述结论成立.

(1) 设施 $\boldsymbol{s} \in \mathcal{F}$ 的开设概率为 $y_{\boldsymbol{s}}$.

(2) 对于 $\boldsymbol{x} \in \mathcal{X}'$, 集束 $\mathcal{U}_{\boldsymbol{x}}$ 中任一设施的开设概率为 $\mathrm{vol}(\mathcal{U}_{\boldsymbol{x}})$.

(3) 对于 $\mathcal{M}$ 中匹配的客户对 $(\boldsymbol{x}, \boldsymbol{x}')$, $\mathcal{U}_{\boldsymbol{x}} \cup \mathcal{U}_{\boldsymbol{x}'}$ 中至少开设一个设施.

(4) 开设的设施总数不超过 k.

7.2.2 矩形有序 k-中位问题的近似比分析

本节介绍算法 7.2.1 在矩形有序 k-中位问题的应用.

定理 7.2.1 针对矩形有序 k-中位问题, 存在求解该问题且近似比为 15 的多项式时间随机算法.

为了证明该定理, 需要确定缩减费用函数 d^r 的估值以及在算法 7.2.1 的聚类阶段所使用的算法.

7.2.2.1 猜测和缩减费用

在 LP-求解阶段, 算法需要预估矩形有序 k-中位问题最优解中第 ℓ 大距离的值 T (这里只考虑非零权重). 注意到 T 取值空间为所有客户和设施之间的距离组成的集合, 因此 T 的估值操作所需次数不超过 $O(mn)$.

$\forall \boldsymbol{s} \in \mathcal{F}$, $\boldsymbol{x} \in \mathcal{X}$, 缩减费用函数定义为

$$d^T(\boldsymbol{s}, \boldsymbol{x}) = \begin{cases} d(\boldsymbol{s}, \boldsymbol{x}), & 若\ d(\boldsymbol{s}, \boldsymbol{x}) \geqslant T, \\ 0, & 若\ d(\boldsymbol{s}, \boldsymbol{x}) < T, \end{cases}$$

该函数在有序 k-中位问题的线性规划中作为成本函数.

正如前文所述, 目标函数中的成本函数不影响问题的可行性, 因此 $\mathrm{LP}(d^T)$ 的可行域与 $\mathrm{LP}(d)$ 的可行域相同. 如 7.2.1.1 节介绍, 本小节分别用 $d_{\mathrm{av}}(\boldsymbol{x}) = \sum\limits_{\boldsymbol{s} \in \mathcal{F}} z_{\boldsymbol{s}\boldsymbol{x}} d(\boldsymbol{s}, \boldsymbol{x})$ 和 $d^T_{\mathrm{av}}(\boldsymbol{x}) = \sum\limits_{\boldsymbol{s} \in \mathcal{F}} z_{\boldsymbol{s}\boldsymbol{x}} d^T(\boldsymbol{s}, \boldsymbol{x})$ 表示平均连接费用和平均缩减连接费用.

7.2.2.2 专用聚类子程序和算法分析

本小节介绍在算法 7.2.1 的聚类阶段调用专用聚类的过程及其算法分析过程.

算法 7.2.2 (专用聚类)

输入: $\mathrm{LP}(d)$ 的分数可行解 $(\boldsymbol{x},\boldsymbol{y})$.

输出: 聚类中心 $\mathcal{X}'\subseteq\mathcal{X}$.

步 1　$\mathcal{X}'\leftarrow\varnothing$.

步 2　$\mathcal{X}''\leftarrow\mathcal{X}$.

步 3　$d_{\mathrm{av}}^T(\boldsymbol{x})\leftarrow\sum\limits_{\boldsymbol{s}\in\mathcal{F}}z_{\boldsymbol{sx}}d^T(\boldsymbol{s},\boldsymbol{x})$.

步 4　当 $\mathcal{X}''$ 非空时执行下述操作.

　从 $\mathcal{X}''$ 中选取使得 $d_{\mathrm{av}}^T(\boldsymbol{x})$ 取值最小的 $\boldsymbol{x}$;

　$\mathcal{X}'=\mathcal{X}'\cup\{\boldsymbol{x}\}$;

　$\mathcal{X}''=\mathcal{X}''\setminus\{\boldsymbol{x}\}$;

　$\mathcal{X}''=\mathcal{X}''\setminus\{\boldsymbol{x}':d(\boldsymbol{x},\boldsymbol{x}')\leqslant 4d_{\mathrm{av}}^T(\boldsymbol{x}')+4T\}$.

步 5　返回 $\mathcal{X}'$.

下面将分析算法 7.2.1 在聚类阶段调用专用聚类 (算法 7.2.2) 时的近似比. 根据缩减费用函数的定义以及专用聚类的执行过程可得下述结论.

事实 7.2.1　对任意 $\boldsymbol{s}\in\mathcal{F}$, $\boldsymbol{x}\in\mathcal{X}$, 有 $d^T(\boldsymbol{s},\boldsymbol{x})\leqslant d(\boldsymbol{s},\boldsymbol{x})\leqslant d^T(\boldsymbol{s},\boldsymbol{x})+T$ 以及 $d_{\mathrm{av}}^T(\boldsymbol{x})\leqslant d_{\mathrm{av}}(\boldsymbol{x})\leqslant d_{\mathrm{av}}^T(\boldsymbol{x})+T$.

引理 7.2.3　若算法 7.2.1 在聚类阶段调用专用聚类, 则有下述两个论断成立:

(1) $d(\boldsymbol{x},\boldsymbol{x}')>4\max\{d_{\mathrm{av}}^T(\boldsymbol{x}),d_{\mathrm{av}}^T(\boldsymbol{x}')\}+4T$, $\forall\boldsymbol{x},\ \boldsymbol{x}'\in\mathcal{X}'$.

(2) $\forall\boldsymbol{x}\in\mathcal{X}\setminus\mathcal{X}'$, $\exists\boldsymbol{x}'\in\mathcal{X}'$ 使得 $d_{\mathrm{av}}^T(\boldsymbol{x}')\leqslant d_{\mathrm{av}}^T(\boldsymbol{x})$ 且 $d(\boldsymbol{x},\boldsymbol{x}')\leqslant 4d_{\mathrm{av}}^T(\boldsymbol{x})+4T$.

证明　根据对称性, 不妨假设算法先于 $\boldsymbol{x}'$ 将 $\boldsymbol{x}$ 选为潜在聚类中心, 故有 $d_{\mathrm{av}}^T(\boldsymbol{x})\leqslant d_{\mathrm{av}}^T(\boldsymbol{x}')$ 成立. 若对任意 $\boldsymbol{x}$, $\boldsymbol{x}'\in\mathcal{X}'$, 有

$$d(\boldsymbol{x},\boldsymbol{x}')\leqslant 4d_{\mathrm{av}}^T(\boldsymbol{x}')+4T=4\max\{d_{\mathrm{av}}^T(\boldsymbol{x}),d_{\mathrm{av}}^T(\boldsymbol{x}')\}+4T.$$

则考察 $\boldsymbol{x}$ 时, 算法 7.2.2 已将 $\boldsymbol{x}'$ 从 $\mathcal{X}''$ 中删除. 这与 $\boldsymbol{x}'$ 是 $\mathcal{X}'$ 中的聚类中心相矛盾, 故论断 (1) 成立.

由于 $\boldsymbol{x}\in\mathcal{X}\setminus\mathcal{X}'$ 不是聚类中心, 因此一定存在某个聚类中心 $\boldsymbol{x}'$, 当 $\boldsymbol{x}'$ 被选为聚类中心时, $\boldsymbol{x}$ 被从 $\mathcal{X}''$ 中删除, 即有 $d(\boldsymbol{x},\boldsymbol{x}')\leqslant 4d_{\mathrm{av}}^T(\boldsymbol{x})+4T$. 因此有论断 (2) 成立. □

引理 7.2.4　若算法 7.2.1 在聚类阶段调用专用聚类, 则下述两个论断成立:

(1) $\mathrm{vol}(\mathcal{U}_{\boldsymbol{x}})\geqslant 0.5$, $\forall\boldsymbol{x}\in\mathcal{X}'$.

(2) $\mathcal{U}_{\boldsymbol{x}}\cap\mathcal{U}_{\boldsymbol{x}'}=\varnothing$, $\forall\boldsymbol{x},\boldsymbol{x}'\in\mathcal{X}',\boldsymbol{x}\neq\boldsymbol{x}'$.

证明　对任意 $\boldsymbol{x}\in\mathcal{X}'$, 必存在 $\boldsymbol{x}'\in\mathcal{X}'$ 使得 $2R_{\boldsymbol{x}}=d(\boldsymbol{x},\boldsymbol{x}')$. 根据专用聚类的执行过程可知, $d(\boldsymbol{x},\boldsymbol{x}')>4d_{\mathrm{av}}^T(\boldsymbol{x})+4T$, 故可得 $R_{\boldsymbol{x}}>2d_{\mathrm{av}}(\boldsymbol{x})$. 进而可知

$$d_{\mathrm{av}}(\boldsymbol{x})=\sum_{\boldsymbol{s}\in\mathcal{F}_{\boldsymbol{x}}}z_{\boldsymbol{sx}}d(\boldsymbol{s},\boldsymbol{x})\geqslant\sum_{\boldsymbol{s}\in\mathcal{F}_{\boldsymbol{x}}\setminus\mathcal{U}_{\boldsymbol{x}}}z_{\boldsymbol{sx}}d(\boldsymbol{s},\boldsymbol{x})\geqslant R_{\boldsymbol{x}}\sum_{\boldsymbol{s}\in\mathcal{F}_{\boldsymbol{x}}\setminus\mathcal{U}_{\boldsymbol{x}}}z_{\boldsymbol{sx}}\geqslant R_{\boldsymbol{x}}\mathrm{vol}(\mathcal{F}_{\boldsymbol{x}}\setminus\mathcal{U}_{\boldsymbol{x}}),$$

由于任意 $\boldsymbol{s}\in\mathcal{F}$ 以及 $\boldsymbol{x}\in\mathcal{X}'$ 有 $z_{\boldsymbol{sx}}=y_{\boldsymbol{s}}$, 故最后一个不等式成立. 因此论断 (1) 成立.

令 $\boldsymbol{x}$, $\boldsymbol{x}'$ 表示 $\mathcal{X}'$ 中两个不同的客户. 根据 $R_{\boldsymbol{x}}$ 的定义可知 $d(\boldsymbol{x},\boldsymbol{x}')\geqslant 2R_{\boldsymbol{x}}$, 因此对任意 $\boldsymbol{s}\in\mathcal{B}(\boldsymbol{x},R_{\boldsymbol{x}})$ 有 $d(\boldsymbol{s},\boldsymbol{x})<d(\boldsymbol{s},\boldsymbol{x}')$. 故论断 (2) 得证. □

基于上述引理, 接下来对本节的主要结论, 即定理 7.2.1展开证明, 具体过程如下.

令 $\mathcal{W}_{\mathrm{OPT}}$ 表示目标函数为 cost_ℓ 时的最优整数解, $(\boldsymbol{x},\boldsymbol{y})$ 表示 $\mathrm{LP}(d^T)$ 的分数最优解, A 表示算法 7.2.1 输出的随机解. 令 $\mathrm{OPT}=\mathrm{cost}_\ell(\mathcal{W}_{\mathrm{OPT}})$, $\mathrm{OPT}^*=\sum\limits_{\boldsymbol{s}\in\mathcal{F},\boldsymbol{x}\in\mathcal{X}} d^T(\boldsymbol{s},\boldsymbol{x})z_{\boldsymbol{sx}}$, 以及 $\mathrm{ALG}=\mathrm{cost}_\ell(A)$ 分别表示最优解, $\mathrm{LP}(d^T)$ 以及算法 7.2.1输出解的值. 由于 $\mathcal{W}_{\mathrm{OPT}}$ 为 $\mathrm{LP}(d^{\mathrm{r}})$ 的可行解, 故有 $\mathrm{OPT}^*\leqslant\mathrm{OPT}$.

对 $\mathcal{X}$ 中任意客户 $\boldsymbol{x}$, 令随机变量 $C_{\boldsymbol{x}}$ 表示在 A 中为服务客户 $\boldsymbol{x}$ 所支付的服务费用 (在原始度量费用函数 d 中). 由于算法 7.2.1 的执行过程中涉及随机采样, 若直接对 $C_{\boldsymbol{x}}$ 进行分析存在一定的困难, 因此在分析过程中将其划分为若干子式. 具体地说, 将 $C_{\boldsymbol{x}}$ 的上界划分为两部分: $D_{\boldsymbol{x}}$ 和 (随机变量) X, 即 $C_{\boldsymbol{x}}\leqslant D_{\boldsymbol{x}}+X$. 分别分析 $D_{\boldsymbol{x}}$ 和 X 的上界. 预算 $D_{\boldsymbol{x}}$ 为不依赖于算法随机选择的常量, 取值为 $5T$. 预算 X 是取决于算法随机选择的变量. 为建立不等式 $C_{\boldsymbol{x}}\leqslant D_{\boldsymbol{x}}+X$, 从 0 开始逐步增长 $C_{\boldsymbol{x}}$, 每个增量都将计入 $D_{\boldsymbol{x}}$ 或 X. 考虑客户 $\boldsymbol{x}$ 以及其分配的聚类中心 $\boldsymbol{x}'(\boldsymbol{x}=\boldsymbol{x}'$ 可能成立). 根据引理 7.2.3 可知 $d(\boldsymbol{x},\boldsymbol{x}')\leqslant 4d^T_{\mathrm{av}}(\boldsymbol{x})+4T$, 将 $4T$ 计入 $D_{\boldsymbol{x}}$, 并以概率 1 将 $4d^T_{\mathrm{av}}(\boldsymbol{x})$ 计入 X.

下面估计 $\boldsymbol{x}'$ 与为其提供服务的设施之间的服务费用. 根据以 $\boldsymbol{x}'$ 为球心, 以 T 为半径的球内是否有设施开设, 分情况进行讨论.

情况 1: 若该范围内存在开设的设施, 则将 $\boldsymbol{x}$ 的需求经 $\boldsymbol{x}'$ 中转所需的连接费用不超过 T. 此时向 $D_{\boldsymbol{x}}$ 中加入 T 即可覆盖所需的连接费用. 此时总费用的上界为 $D_{\boldsymbol{x}}+X$, 其中 $D_{\boldsymbol{x}}=5T$, $E[X]=4d^T_{\mathrm{av}}(\boldsymbol{x})\leqslant 10d^T_{\mathrm{av}}(\boldsymbol{x})$.

情况 2：该范围内不存在开设的设施, 则需要进一步借助其他聚类中心以使得 $\boldsymbol{x}$ 得到服务. 继续分析上述情况中连接费用的上界. 令 $\boldsymbol{x}''$ 表示 $\mathcal{X}'$ 中与 $\boldsymbol{x}'$ 不同且与其距离最近的聚类中心. 分别考虑 $\boldsymbol{x}'$ 与 $\boldsymbol{x}''$ 是否配对的情形, 即 $\mathcal{U}_{\boldsymbol{x}'}\cup\mathcal{U}_{\boldsymbol{x}''}$ 中是否有设施被开设. 令 $\boldsymbol{x}'''$ 为 $\mathcal{X}'$ 中与 $\boldsymbol{x}''$ 配对的客户, 即 $(\boldsymbol{x}'',\boldsymbol{x}''')\in\mathcal{M}$. 在采样阶段执行关联舍入算法, 可以确保 $\mathcal{U}_{\boldsymbol{x}''}\cup\mathcal{U}_{\boldsymbol{x}'''}$ 中的某一设施将被开启. 根据 $\boldsymbol{x}''$ 以及 $\boldsymbol{x}'''$ 的选取准则可知, $d(\boldsymbol{x}',\boldsymbol{x}'')=2R_{\boldsymbol{x}'}=:2R$, 且有 $d(\boldsymbol{x}'',\boldsymbol{x}''')\leqslant 2R$ 及 $R_{\boldsymbol{x}''}$, $R_{\boldsymbol{x}'''}\leqslant R$.

这意味着当 $\mathcal{U}_{\boldsymbol{x}'}$ 中的设施均未开设时, 用户 $\boldsymbol{x}$ 需要额外支付的费用至多为

$$\max\{d(\boldsymbol{x}',\boldsymbol{x}'')+R_{\boldsymbol{x}''},d(\boldsymbol{x}',\boldsymbol{x}'')+d(\boldsymbol{x}'',\boldsymbol{x}''')+R_{\boldsymbol{x}'''}\}\leqslant 2R+2R+R=5R.$$

情况 2.1：若 $\mathcal{U}_{\boldsymbol{x}'}$ 中的某个设施开启, 则将额外的服务费用计入 X. 根据引理 7.2.2中性质 (1) 和 (2) 可知, 此情况对 $E[X]$ 的贡献至多为

$$\begin{aligned}\sum_{\boldsymbol{s}\in\mathcal{U}_{\boldsymbol{x}'}\setminus\mathcal{B}(\boldsymbol{x}',T)} y_{\boldsymbol{s}}d(\boldsymbol{s},\boldsymbol{x}')&=\sum_{\boldsymbol{s}\in\mathcal{U}_{\boldsymbol{x}'}\setminus\mathcal{B}(\boldsymbol{x}',T)} z_{\boldsymbol{sx}'}d(\boldsymbol{s},\boldsymbol{x}')=\sum_{\boldsymbol{s}\in\mathcal{U}_{\boldsymbol{x}'}\setminus\mathcal{B}(\boldsymbol{x}',T)} z_{\boldsymbol{sx}'}d^T(\boldsymbol{s},\boldsymbol{x}')\\&\leqslant\sum_{\boldsymbol{s}\in\mathcal{F}_{\boldsymbol{x}'}} z_{\boldsymbol{sx}'}d^T(\boldsymbol{s},\boldsymbol{x}')=d^T_{\mathrm{av}}(\boldsymbol{x}').\end{aligned}$$

根据 7.2.1.1 节中对 $z_{\boldsymbol{sx}} \in \{0, y_{\boldsymbol{s}}\}$ 的假设可知第一个等式成立. 由于前文假设 $\mathcal{B}(\boldsymbol{x}', T)$ 中的设施均未开启, 且对任意 $\boldsymbol{s} \in \mathcal{U}_{\boldsymbol{x}'} \setminus \mathcal{B}(\boldsymbol{x}', T)$ 有 $d(\boldsymbol{s}, \boldsymbol{x}') = d^T(\boldsymbol{s}, \boldsymbol{x}')$, 故第二个等式成立.

情况 2.2: 若 $\mathcal{U}_{\boldsymbol{x}'}$ 中的设施均未开启, 则 $\boldsymbol{x}$ 至多额外花费 $5R$ 的连接费用这一情况, 将该额外连接费用计入 X 中. 接下来的工作是分析此种情况发生的概率, 即分析 $1-\mathrm{vol}(\mathcal{U}_{\boldsymbol{x}'})$ 的取值区间. 上文分析得出

$$2R \geqslant d(\boldsymbol{x}'', \boldsymbol{x}''') \geqslant 4\max\{d_{\mathrm{av}}^T(\boldsymbol{x}''), d_{\mathrm{av}}^T(\boldsymbol{x}''')\} + 4T,$$

故可得 $R > T$. 需要注意的是, 在聚类阶段 (算法 7.2.2) 添加数量 $4T$ 的原因是为了确保有 $R > T$ 这一性质 (在 Charikar-Li 的原始算法[54] 中这一性质不一定满足). 由于 $\mathcal{F}_{\boldsymbol{x}'} \setminus \mathcal{U}_{\boldsymbol{x}'} = \mathcal{F}_{\boldsymbol{x}'} \setminus \mathcal{B}(\boldsymbol{x}', R)$, 则对 $\boldsymbol{x}' \in \mathcal{F}_{\boldsymbol{x}'} \setminus \mathcal{U}_{\boldsymbol{x}'}$ 均有 $d^T(\boldsymbol{s}, \boldsymbol{x}') = d(\boldsymbol{s}, \boldsymbol{x}')$. 从而可得

$$\begin{aligned}
d_{\mathrm{av}}^T(\boldsymbol{x}') &\geqslant \sum_{\boldsymbol{s} \in \mathcal{F}_{\boldsymbol{x}'} \setminus \mathcal{B}(\boldsymbol{x}', T)} z_{\boldsymbol{sx}'} d^T(\boldsymbol{s}, \boldsymbol{x}') \\
&= \sum_{\boldsymbol{s} \in \mathcal{F}_{\boldsymbol{x}'} \setminus \mathcal{B}(\boldsymbol{x}', T)} z_{\boldsymbol{sx}'} d(\boldsymbol{s}, \boldsymbol{x}') \geqslant \sum_{\boldsymbol{s} \in \mathcal{F}_{\boldsymbol{x}'} \setminus \mathcal{U}_{\boldsymbol{x}'}} z_{\boldsymbol{sx}'} d(\boldsymbol{s}, \boldsymbol{x}') \\
&\geqslant R \sum_{\boldsymbol{s} \in \mathcal{F}_{\boldsymbol{x}'} \setminus \mathcal{U}_{\boldsymbol{x}'}} z_{\boldsymbol{sx}'} = R\mathrm{vol}(\mathcal{F}_{\boldsymbol{x}'} \setminus \mathcal{U}_{\boldsymbol{x}'}) = R(1 - \mathrm{vol}(\mathcal{U}_{\boldsymbol{x}'})),
\end{aligned}$$

故有

$$\mathrm{vol}(\mathcal{U}_{\boldsymbol{x}'}) \geqslant 1 - \frac{d_{\mathrm{av}}^T(\boldsymbol{x}')}{R}.$$

因此可得 $1 - \mathrm{vol}(\mathcal{U}_{\boldsymbol{x}'}) \leqslant d_{\mathrm{av}}^T(\boldsymbol{x}')/R$, 从而可知其对 $E[X]$ 的贡献至多为 $5d_{\mathrm{av}}^T(\boldsymbol{x}')$. 综上所述, 对于客户 $\boldsymbol{x}$, 针对 $\mathcal{B}(\boldsymbol{x}', T)$ 内未开启设施的情况, 下述三项的和即可估计 $E[X]$.

(1) 连接距离其最近的聚类中心 $\boldsymbol{x}'$ 的费用 $4d_{\mathrm{av}}^T(\boldsymbol{x})$.

(2) 当集束 $\mathcal{U}_{\boldsymbol{x}'}$ 内开启一设施时的费用 $d_{\mathrm{av}}^T(\boldsymbol{x}')$.

(3) 当集束 $\mathcal{U}_{\boldsymbol{x}'}$ 内无设施开启时以不超过 $d_{\mathrm{av}}^T(\boldsymbol{x}')/R$ 的概率支付的费用 $5R$.

结合 $d_{\mathrm{av}}^T(\boldsymbol{x}) \geqslant d_{\mathrm{av}}^T(\boldsymbol{x}')$ 可得 $E[X] \leqslant 4d_{\mathrm{av}}^T(\boldsymbol{x}) + d_{\mathrm{av}}^T(\boldsymbol{x}') + 5Rd_{\mathrm{av}}^T(\boldsymbol{x}')/R \leqslant 10d_{\mathrm{av}}^T(\boldsymbol{x})$. 在这种情形中至多将 $5T$ 计入 $D_{\boldsymbol{x}}$. 因此

$$D_{\boldsymbol{x}} \leqslant 5T, \qquad E[X] \leqslant 10d_{\mathrm{av}}^T(\boldsymbol{x}).$$

注意到最多 ℓ 个客户 $\boldsymbol{x}$ 将其确定性预算 $D_{\boldsymbol{x}}$ 贡献给 $\mathrm{cost}_\ell(\cdot)$, 这是因为在目标函数中实际上最多考虑了 ℓ 个距离. 然而类似的推理对于随机变量 X 的期望值并不成立 (比如, 在 $\ell = 1$ 时, $E[\max\{X_1, X_2, \cdots, X_n\}]$ 在 $\max\{E[X_1], E[X_2], \cdots, E[X_n]\}$ 中通常是无界的). 然而, 我们可以对所有这些随机变量求和, 进而得到估计总服务费用的期望.

$$E[\mathrm{ALG}] \leqslant D_{\boldsymbol{x}}\ell + \sum_{\boldsymbol{x} \in \mathcal{X}} E[X] \leqslant 5\ell T + 10\sum_{\boldsymbol{x} \in \mathcal{X}} d_{\mathrm{av}}^T(\boldsymbol{x}) \leqslant 15\mathrm{OPT}.$$

根据阈值 T 的含义可知 $\mathrm{OPT} \geqslant \ell T$, 以及根据 $\mathrm{LP}(d^{\mathrm{r}})$ 的定义有 $\mathrm{OPT}^* = \sum_{\boldsymbol{x} \in \mathcal{X}} d_{\mathrm{av}}^T(\boldsymbol{x})$, 故上述最后一个不等式成立.

7.2.2.3 忽略聚类

在专用聚类中, 算法与分析依赖于预估的参数 T 和相应的缩减费用函数 d^T. 本节将介绍只依赖于输入度量 d 的聚类方法, 因此消除了对 T 的依赖性. 下面介绍在算法 7.2.1 的聚类阶段调用专用聚类的过程及其算法分析过程.

算法 7.2.3 (忽略聚类)

输入: LP(c) 的分数可行解 $(\boldsymbol{x}, \boldsymbol{y})$.

输出: 聚类中心 $\mathcal{X}' \subseteq \mathcal{X}$.

步 1 $\mathcal{X}' \leftarrow \varnothing$.

步 2 $\mathcal{X}'' \leftarrow \mathcal{X}$.

步 3 $d_{\mathrm{av}}(\boldsymbol{x}) \leftarrow \sum\limits_{\boldsymbol{s}\in\mathcal{F}} z_{\boldsymbol{sx}} d(\boldsymbol{s}, \boldsymbol{x})$.

步 4 当 $\mathcal{X}''$ 非空时执行下述操作.

从 $\mathcal{X}''$ 中选取使得 $d_{\mathrm{av}}(\boldsymbol{x})$ 取值最小的 $\boldsymbol{x}$;

$\mathcal{X}' = \mathcal{X}' \cup \{\boldsymbol{x}\}$;

$\mathcal{X}'' = \mathcal{X}'' \setminus \{\boldsymbol{x}\}$;

$\mathcal{X}'' = \mathcal{X}'' \setminus \{\boldsymbol{x}' : d(\boldsymbol{x}, \boldsymbol{x}') \leqslant 4d_{\mathrm{av}}(\boldsymbol{x}')\}$.

步 5 返回 $\mathcal{X}'$.

类似于引理 7.2.3 和引理 7.2.4 可得以下引理.

引理 7.2.5 若算法 7.2.1 在聚类阶段调用忽略聚类, 则下述两个论断成立:

(1) $d(\boldsymbol{x}, \boldsymbol{x}') > 4\max\{d_{\mathrm{av}}(\boldsymbol{x}), d_{\mathrm{av}}(\boldsymbol{x}')\}$, $\forall \boldsymbol{x},\ \boldsymbol{x}' \in \mathcal{X}'$.

(2) $\forall \boldsymbol{x} \in \mathcal{X} \setminus \mathcal{X}'$, $\exists \boldsymbol{x}' \in \mathcal{X}'$ 使得 $d_{\mathrm{av}}(\boldsymbol{x}') \leqslant d_{\mathrm{av}}(\boldsymbol{x})$ 且 $d(\boldsymbol{x}, \boldsymbol{x}') \leqslant 4d_{\mathrm{av}}(\boldsymbol{x})$.

引理 7.2.6 若算法 7.2.1在聚类阶段调用忽略聚类, 则下述两个论断成立:

(1) $\mathrm{vol}(\mathcal{U}_{\boldsymbol{x}}) \geqslant 0.5$, $\forall \boldsymbol{x} \in \mathcal{X}'$.

(2) $\forall \boldsymbol{x}, \boldsymbol{x}' \in \mathcal{X}'$ 且 $j \neq j'$, $\mathcal{U}_{\boldsymbol{x}} \cap \mathcal{U}_{\boldsymbol{x}'} = \varnothing$.

当算法 7.2.1 采用算法 7.2.3 作为子过程时, 可以得到与定理 7.2.1 类似的结论即定理 7.2.2. 虽然在定理 7.2.2 中, 费用上界的系数大于调用专用聚类时的系数, 但在证明过程中可以发现其表现出良好的可加性, 这为在处理一般有序 k-中位问题时可以提供有利的工具. 特别地, 聚类 (以及整个舍入阶段) 并不依赖于成本向量 $\bar{\boldsymbol{d}}$. 其次, 引理中证明的上界适用于有序 k-中位问题的任何矩形目标函数 (由 ℓ 指定), 阈值 T 和相应的平均缩减成本, 并且可能与成本向量 $\bar{\boldsymbol{d}}$ 无关.

定理 7.2.2 令 $(\boldsymbol{x}, \boldsymbol{y})$ 表示 LP(d) 的分数可行解, 其中 $\boldsymbol{x}$ 为距离-最优. 令 $\ell \geqslant 1$ 表示一正整数, $T \geqslant 0$ 为任意非负数. A 表示算法 7.2.1 调用算法 7.2.3 作为子过程时输出的 (随机) 解, 其费用不超过

$$E[\mathrm{cost}_\ell(A)] \leqslant 19\ell T + 19\sum_{\boldsymbol{x}\in\mathcal{X}} d_{\mathrm{av}}^T(\boldsymbol{x}).$$

证明 与定理 7.2.1 证明过程类似, 估计每个客户的服务费用 $C_{\boldsymbol{x}}$ (相对于原始费用函

数 d) 的上界.

将该上界又划分为两部分: $D_{\boldsymbol{x}}$ 和 X, 其中 $D_{\boldsymbol{x}}$ 固定取值为 $19T$, X 为随机变量. $\forall \boldsymbol{x} \in \mathcal{X}$, 从 0 开始逐步增长 $C_{\boldsymbol{x}}$, 每个增量都将计入 $D_{\boldsymbol{x}}$ 或 X.

考虑客户 $\boldsymbol{x}$ 以及其分配的聚类中心 $\boldsymbol{x}'$ (有可能 $\boldsymbol{x} = \boldsymbol{x}'$). 根据算法 7.2.3 的执行过程可知

$$d(\boldsymbol{x}, \boldsymbol{x}') \leqslant d_{\mathrm{av}}(\boldsymbol{x}) \leqslant 4d_{\mathrm{av}}^T(\boldsymbol{x}) + 4T,$$

将 $4T$ 计入 $D_{\boldsymbol{x}}$, 并以概率 1 将 $4d_{\mathrm{av}}^T(\boldsymbol{x})$ 计入 X. 因此接下来的工作是刻画 $\boldsymbol{x}'$ 与为其提供服务的设施之间的连接费用. 根据以 $\boldsymbol{x}'$ 为球心, 以 βT 为半径的范围内是否有设施开设 ($\beta \geqslant 2$ 是需要在后文中确定的参数), 分情况进行讨论.

情况 1：若该范围内存在开设的设施, 则将 $\boldsymbol{x}$ 的需求经 $\boldsymbol{x}'$ 中转所需的连接费用不超过 βT. 此时向 D_x 中加入 βT 即可覆盖所需的连接费用, 此时总费用的上界为 $D_{\boldsymbol{x}} = (\beta+4)T$ 加上 X, 其中 $E[X] = 4d_{\mathrm{av}}^T(\boldsymbol{x})$.

情况 2：若该范围内不存在开设的设施, 则对满足不等式 $d(\boldsymbol{s}, \boldsymbol{x}') \geqslant \beta T$ 的任意设施 $\boldsymbol{s} \in \mathcal{F}$ 有 $d^T(\boldsymbol{s}, \boldsymbol{x}') = d(\boldsymbol{s}, \boldsymbol{x}')$(因为 $\beta > 1$). 继续分析上述情况中连接费用的上界. 令 $\boldsymbol{x}''$ 表示 $\mathcal{X}'$ 中与 $\boldsymbol{x}'$ 不同且与其距离最近的聚类中心. 分别考虑 $\boldsymbol{x}'$ 与 $\boldsymbol{x}''$ 是否配对的情形 (二者配对时的情形更简单), 即 $\mathcal{U}_{\boldsymbol{x}'} \cup \mathcal{U}_{\boldsymbol{x}''}$ 中是否有设施被开设. 令 $\boldsymbol{x}'''$ 为 $\mathcal{X}'$ 中与 $\boldsymbol{x}''$ 配对的客户, 即 $(\boldsymbol{x}'', \boldsymbol{x}''') \in \mathcal{M}$. 在采样阶段执行关联舍入算法, 可以确保 $\mathcal{U}_{\boldsymbol{x}''} \cup \mathcal{U}_{\boldsymbol{x}'''}$ 中的某一设施将被开启. 根据 $\boldsymbol{x}''$ 以及 $\boldsymbol{x}'''$ 的选取准则可知, $d(\boldsymbol{x}', \boldsymbol{x}'') = 2R_{\boldsymbol{x}'} =: 2R$(其中 $R_{\boldsymbol{x}}$ 按照算法 7.2.1中的方式定义), 且有 $d(\boldsymbol{x}'', \boldsymbol{x}''') \leqslant 2R$ 及 $R_{\boldsymbol{x}''}$, $R_{\boldsymbol{x}'''} \leqslant R$. 这意味着当 $\mathcal{U}_{\boldsymbol{x}'}$ 中的设施均未开设时, 用户 $\boldsymbol{x}$ 需要额外支付的费用至多为

$$\max\{d(\boldsymbol{x}', \boldsymbol{x}'') + R_{\boldsymbol{x}''}, d(\boldsymbol{x}', \boldsymbol{x}'') + d(\boldsymbol{x}'', \boldsymbol{x}''') + R_{\boldsymbol{x}'''}\} \leqslant 2R + 2R + R = 5R.$$

情况 2.1: 若 $\mathcal{U}_{\boldsymbol{x}'}$ 中的某个设施开启, 则将额外的连接费用计入 X. 此情况对 $E[X]$ 的贡献至多为

$$\begin{aligned}\sum_{\boldsymbol{s} \in \mathcal{U}_{\boldsymbol{x}'} \setminus \mathcal{B}(\boldsymbol{x}', \beta T)} z_{\boldsymbol{s}\boldsymbol{x}'} d(\boldsymbol{s}, \boldsymbol{x}') &= \sum_{\boldsymbol{s} \in \mathcal{U}_{\boldsymbol{x}'} \setminus \mathcal{B}(\boldsymbol{x}', \beta T)} z_{\boldsymbol{s}\boldsymbol{x}'} d^T(\boldsymbol{s}, \boldsymbol{x}') \\ &\leqslant \sum_{\boldsymbol{s} \in \mathcal{F}_{\boldsymbol{x}'} \setminus \mathcal{B}(\boldsymbol{x}', \beta T)} z_{\boldsymbol{s}\boldsymbol{x}'} d^T(\boldsymbol{s}, \boldsymbol{x}') \\ &= d_{\mathrm{av}}^T(\boldsymbol{x}').\end{aligned} \tag{7.2.1}$$

由于前文假设 $\mathcal{B}(\boldsymbol{x}', \beta T)$ 中的设施均未开启 (其中 $\beta \geqslant 1$), 且对任意 $\boldsymbol{s} \in \mathcal{U}_{\boldsymbol{x}'} \setminus \mathcal{B}(\boldsymbol{x}', \beta T)$ 有 $d(\boldsymbol{s}, \boldsymbol{x}') = d^T(\boldsymbol{s}, \boldsymbol{x}')$, 故第一个等式成立. (7.2.1) 式的右侧记为 $d_{\mathrm{far}}^T(\boldsymbol{x}')$, $\sum\limits_{\boldsymbol{s} \in \mathcal{F}_{\boldsymbol{x}'}} z_{\boldsymbol{s}\boldsymbol{x}'} d^T(\boldsymbol{s}, \boldsymbol{x}') = d_{\mathrm{av}}^T(\boldsymbol{x}')$ 显然是其上界.

情况 2.2：若 $\mathcal{U}_{\boldsymbol{x}'}$ 中的设施均未开启, 则 $\boldsymbol{x}$ 至多额外花费 $5R$ 的连接费用这一情况. 若 $R \leqslant \beta T$, 则至多将额外的 $5\beta T$ 连接费用计入 $D_{\boldsymbol{x}}$ 中. 因此接下来需要分析的是 $R > \beta T$

且最大连接费用就 T 而言无界的这一困难情形. 此时将费用计入 X 中. 下一步任务是分析此种情况发生的概率, 即分析 $1-\text{vol}(\mathcal{U}_{\boldsymbol{x}'})$ 的取值区间. 由于 $R>\beta T$ 且 $\beta\geqslant 1$, 故任意 $\boldsymbol{s}\in\mathcal{F}_{\boldsymbol{x}'}\setminus\mathcal{U}_{\boldsymbol{x}'}$ 有 $d^T(\boldsymbol{s},\boldsymbol{x}')=d(\boldsymbol{s},\boldsymbol{x}')$ 成立. 从而可得

$$\begin{aligned}d_{\text{far}}^T(\boldsymbol{x}')&=\sum_{\boldsymbol{s}\in\mathcal{F}_{\boldsymbol{x}'}\setminus\mathcal{B}(\boldsymbol{x}',\beta T)} z_{\boldsymbol{s}\boldsymbol{x}'}d^T(\boldsymbol{s},\boldsymbol{x}')=\sum_{\boldsymbol{s}\in\mathcal{F}_{\boldsymbol{x}'}\setminus\mathcal{B}(\boldsymbol{x}',\beta T)} z_{\boldsymbol{s}\boldsymbol{x}'}d(\boldsymbol{s},\boldsymbol{x}')\\&\geqslant\sum_{\boldsymbol{s}\in\mathcal{F}_{\boldsymbol{x}'}\setminus\mathcal{U}_{\boldsymbol{x}'}} z_{\boldsymbol{s}\boldsymbol{x}'}d(\boldsymbol{s},\boldsymbol{x}')\\&\geqslant R\sum_{\boldsymbol{s}\in\mathcal{F}_{\boldsymbol{x}'}\setminus\mathcal{U}_{\boldsymbol{x}'}} z_{\boldsymbol{s}\boldsymbol{x}'}\\&=R\text{vol}(\mathcal{F}_{\boldsymbol{x}'}\setminus\mathcal{U}_{\boldsymbol{x}'})\\&=R(1-\text{vol}(\mathcal{U}_{\boldsymbol{x}'})),\end{aligned}$$

故有

$$\text{vol}(\mathcal{U}_{\boldsymbol{x}'})\geqslant 1-\frac{d_{\text{far}}^T(\boldsymbol{x}')}{R}.$$

客户 $\boldsymbol{x}$ 至多以概率 $d_{\text{far}}^T(\boldsymbol{x}')/R$ 支付额外 $5R$ 的连接费用, 故其对 X 的期望贡献至多为 $5d_{\text{far}}^T(\boldsymbol{x}')$. 综上所述, 对于客户 $\boldsymbol{x}$, 针对 $\mathcal{B}(\boldsymbol{x}',\beta T)$ 内未开启设施的情况, 下述三项的和即可给出 $E[X]$ 的上界:

(1) 连接距离其最近的聚类中心 $\boldsymbol{x}'$ 的期望费用 $4d_{\text{av}}^T(\boldsymbol{x})$.

(2) $d_{\text{far}}^T(\boldsymbol{x}')$(以概率 1).

(3) 以不超过 $d_{\text{far}}^T(\boldsymbol{x}')/R$ 的概率支付的费用 $5R$.

因此可得

$$E[X]\leqslant 4d_{\text{av}}^T(\boldsymbol{x})+d_{\text{far}}^T(\boldsymbol{x}')+5Rd_{\text{far}}^T(\boldsymbol{x}')/R=4d_{\text{av}}^T(\boldsymbol{x})+6d_{\text{far}}^T(\boldsymbol{x}').$$

注意到 $E[X]$ 的上界中出现了 $d_{\text{av}}^T(\boldsymbol{x})$ 和 $d_{\text{far}}^T(\boldsymbol{x}')$. 然而在算法 7.2.3 的执行过程中是按照 d_{av} 对客户进行排序, 并未利用 d_{av}^T, 甚至不一定有 $d_{\text{av}}^T(\boldsymbol{x}')$ 或 $d_{\text{far}}^T(\boldsymbol{x}')$ 的上界为 $d_{\text{av}}^T(\boldsymbol{x})$. 但仍然可以通过下述方式建立后两个量之间的关系.

对 $d(\boldsymbol{x},\boldsymbol{x}')$ 与 αT 之间的关系分情况讨论. 若 $d(\boldsymbol{x},\boldsymbol{x}')>\alpha T$, 其中 $1\leqslant\alpha<\beta-1$ 是需要在后续工作中确定的参数. 根据算法 7.2.3 的执行过程可知 $d_{\text{av}}(\boldsymbol{x}')\leqslant d_{\text{av}}(\boldsymbol{x})$, 进而基于事实 7.2.1 可得 $d_{\text{av}}^T(\boldsymbol{x}')\leqslant d_{\text{av}}(\boldsymbol{x}')\leqslant d_{\text{av}}(\boldsymbol{x})\leqslant d_{\text{av}}^T(\boldsymbol{x})+T$. 另一方面, 由于 $\boldsymbol{x}$ 是分配给 $\boldsymbol{x}'$ 的, 故有 $\alpha T\leqslant d(\boldsymbol{x},\boldsymbol{x}')\leqslant 4d_{\text{av}}(\boldsymbol{x})$. 从而推导得到 $T<4/\alpha\cdot d_{\text{av}}(\boldsymbol{x})$ 以及 $d_{\text{av}}^T(\boldsymbol{x}')\leqslant(1+4/\alpha)d_{\text{av}}^T(\boldsymbol{x})$. 由于 $d_{\text{far}}^T(\boldsymbol{x}')\leqslant d_{\text{av}}^T(\boldsymbol{x}')$, 故此时 $E[X]$ 的上界为 $(9+20/\alpha)d_{\text{av}}^T(\boldsymbol{x})$.

否则, 需要注意的是前文中已经假设在 $\mathcal{B}(\boldsymbol{x}',\beta T)$ 范围内无设施开启. 本小节声明根据向量 $\boldsymbol{x}$, 从 $\boldsymbol{x}'$ 分配至 $\mathcal{F}\setminus\mathcal{B}(\boldsymbol{x}',\beta T)$ 的总需求不可能超过 $\boldsymbol{x}$ 分配至 $\mathcal{F}\setminus\mathcal{B}(\boldsymbol{x}',\beta T)$ 的总需求. 这是因为球 $\mathcal{B}(\boldsymbol{x}',\beta T)$ 内的任何设施都严格地比不在该球内的任何设施更近. 因此, 如

果 $\boldsymbol{x}$ 能够设法为球内的设施分配比 $\boldsymbol{x}'$ 严格更多的需求, 则可以为 $\boldsymbol{x}'$ 构建新的分配, 它也严格满足在这个球内 $\boldsymbol{x}'$ 分配了更多的需求, 这与 $\boldsymbol{x}$ 的最优性相矛盾. 针对客户对 $\boldsymbol{x}$, 构造对 $d_{\text{far}}^T(\boldsymbol{x}')$ 有贡献的需求部分的分配方案, 它可以利用 $d_{\text{av}}^T(\boldsymbol{x})$ 设定上界. 该上界对于最优分配方案同样成立. 为此, 将 $\boldsymbol{x}'$ 未被球 $\mathcal{B}(\boldsymbol{x}',\beta T)$ 满足的需求按照与 $\boldsymbol{x}$ 相同的方式进行分配. 根据上文中的声明, 这一操作是实际可行的, 因为 $\boldsymbol{x}$ 分配至球外的需求至少与 $\boldsymbol{x}'$ 分配至球外的一样多. 记 $\boldsymbol{s}$ 为球外的任一设施, 令 $z'_{\boldsymbol{s}\boldsymbol{x}'}=z_{\boldsymbol{s}\boldsymbol{x}}$ 即构造了 $\boldsymbol{x}'$ 的新分配方式. 根据三角不等式可知

$$d(\boldsymbol{s},\boldsymbol{x})\geqslant d(\boldsymbol{s},\boldsymbol{x}')-d(\boldsymbol{x},\boldsymbol{x}')\geqslant(\beta-\alpha)T\geqslant T,$$

因此 $d(\boldsymbol{s},\boldsymbol{x})=d^T(\boldsymbol{s},\boldsymbol{x})$. 故有

$$\frac{d^T(\boldsymbol{s},\boldsymbol{x}')}{d^T(\boldsymbol{s},\boldsymbol{x})}=\frac{d(\boldsymbol{s},\boldsymbol{x}')}{d(\boldsymbol{s},\boldsymbol{x})}\leqslant\frac{d(\boldsymbol{s},\boldsymbol{x}')}{d(\boldsymbol{s},\boldsymbol{x}')-d(\boldsymbol{x},\boldsymbol{x}')}\leqslant\frac{\beta T}{(\beta-\alpha)T}=\frac{\beta}{\beta-\alpha}.$$

$z'_{\boldsymbol{s}\boldsymbol{x}'}$ 对于 $\boldsymbol{x}'$ 而言可能不是最优的分配方式, 因此

$$\begin{aligned}d_{\text{far}}^T(\boldsymbol{x}')&\leqslant\sum_{\boldsymbol{s}\in\mathcal{F}\setminus\mathcal{B}(\boldsymbol{x}',\beta T)}z'_{\boldsymbol{s}\boldsymbol{x}'}d^T(\boldsymbol{s},\boldsymbol{x}')\\&\leqslant\frac{\beta}{\beta-\alpha}\sum_{\boldsymbol{s}\in\mathcal{F}\setminus\mathcal{B}(\boldsymbol{x}',\beta T)}z_{\boldsymbol{s}\boldsymbol{x}}d^T(\boldsymbol{s},\boldsymbol{x})\\&\leqslant\frac{\beta}{\beta-\alpha}d_{\text{av}}^T(\boldsymbol{x}).\end{aligned}$$

最终, 可以得到

$$D_{\boldsymbol{x}}\leqslant(4+6\beta)T,\qquad E[X]\leqslant\max\left\{4+\frac{6\beta}{\beta-\alpha},9+\frac{20}{\alpha}\right\}.$$

令 $\alpha=2$, $\beta=10/3$ 即得所需的常数.

如前文所述, 支付预算 $D_{\boldsymbol{x}}$ 的客户 $\boldsymbol{x}$ 至多有 ℓ 个, 这是因为在目标函数中最多考虑到第 ℓ 大的距离. 与调用专用聚类时类似, 有

$$E[\text{ALG}]\leqslant D_{\boldsymbol{x}}\ell+\sum_{\boldsymbol{x}\in\mathcal{X}}E[X]\leqslant 19\ell T+19\sum_{\boldsymbol{x}\in\mathcal{X}}d_{\text{av}}^T(\boldsymbol{x}).$$ □

7.2.3 一般有序 k-中位问题的近似比分析

考虑有序 k-中位问题的任一实例, 其中 $\boldsymbol{w}$ 是权值向量. 为利用前文中矩形有序 k-中位问题相关成果, 对该实例进行适当的修正. 具体过程如下.

第一步去除 $\boldsymbol{w}$ 中重复权值后按降序对剩余分量排序, 得到新的权值向量 $\bar{\boldsymbol{w}}$, $\bar{\boldsymbol{w}}$ 中分量的个数记为 S. 不失一般性, 不妨假设任意设施和任意客户之间的距离两两不同, 否则对输

入的距离稍作扰动即可. 假设在某个给定最优解中, 当 $s=1,\cdots,S$ 时, 与权值 $\bar{w}_s$ 相乘的最小距离为 $d(\boldsymbol{s},\boldsymbol{x})$, 为了应用前文所述算法框架, 我们需要对 $d(\boldsymbol{s},\boldsymbol{x})$ 的具体取值进行估计, 相应的估计值记为 T_s, 其中 $s=1,\cdots,S$. 由于存在 S 个估计值, 因此只需检测 $(nm)^S$ 个备选值, 即可得到全部的估计值 T_s. 为便于下文中证明过程的论述, 额外定义 $T_0=+\infty$.

第二步定义缩减费用函数, 由于任意 $\boldsymbol{s}\in\mathcal{F}$ 和 $\boldsymbol{x}\in\mathcal{X}$, $d(\boldsymbol{s},\boldsymbol{x})$ 两两不同, 固对 $s=1,\cdots,S$ 有 $T_s<T_{s-1}$. 任意 $\boldsymbol{s}\in\mathcal{F}$ 和 $\boldsymbol{x}\in\mathcal{X}$, 将连接费用 $d(\boldsymbol{s},\boldsymbol{x})$ 分配给权值 $w(\boldsymbol{s},\boldsymbol{x})=\bar{w}_s$, 其中 $T_s\leqslant d(\boldsymbol{s},\boldsymbol{x})<T_{s-1}$. 以此对设施 $\boldsymbol{s}\in\mathcal{F}$ 以及客户 $\boldsymbol{x}\in\mathcal{X}$ 定义缩减费用函数为 $d^{\mathrm{r}}(\boldsymbol{s},\boldsymbol{x})=d(\boldsymbol{s},\boldsymbol{x})w(\boldsymbol{s},\boldsymbol{x})$. 随后计算 $\mathrm{LP}(d^{\mathrm{r}})$ 的最优解 $(\boldsymbol{x},\boldsymbol{y})$ 并将其作为算法 7.2.1 输入.

引理 7.2.7 针对有序 k-中位问题, 在期望意义下存在近似比为 38-近似算法. 该算法调用 $\mathcal{O}((mn)^S)$ 次以算法 7.2.3 作为子过程的算法 7.2.1, 其中 S 是权值向量 $\boldsymbol{w}$ 中不同权值分量的个数.

证明 令 $A\subseteq\mathcal{F}$ 表示算法输出的随机解, OPT 表示最优值. 对 $s=1,\cdots,S$, 令 ℓ_s 表示 $w_{\ell_s}=\bar{w}_s$ 的最大指标. 根据定理 7.2.2 可知, 对所有的 $s=1,\cdots,S$ 有

$$E[\mathrm{cost}_{\ell_s}(A)]\leqslant 19\ell_sT_s+19\sum_{\boldsymbol{x}\in\mathcal{X}}d_{\mathrm{av}}^{T_s}(\boldsymbol{x}). \tag{7.2.2}$$

将 $\mathrm{cost}(A)$ 分割为若干矩形 "切块"(额外定义 $\bar{w}_{S+1}=0$) 可得

$$\begin{aligned}
E[\mathrm{cost}(A)]&=E\left[\sum_{\ell=1}^{n}w_\ell d_\ell^{\rightarrow}(A)\right]=E\left[\sum_{s=1}^{S}\sum_{t=1}^{\ell_s}(\bar{w}_s-\bar{w}_{s+1})d_t^{\rightarrow}(A)\right]\\
&=E\left[\sum_{s=1}^{S}(\bar{w}_s-\bar{w}_{s+1})d_{\ell_s}^{\rightarrow}(A)\right]=\sum_{s=1}^{S}(\bar{w}_s-\bar{w}_{s+1})E\left[d_{\ell_s}^{\rightarrow}(A)\right]\\
&\leqslant 19\sum_{s=1}^{S}(\bar{w}_s-\bar{w}_{s+1})\ell_sT_s+19\sum_{s=1}^{S}\sum_{\boldsymbol{x}\in\mathcal{X}}(\bar{w}_s-\bar{w}_{s+1})d_{\mathrm{av}}^{T_s}(\boldsymbol{x}).
\end{aligned}$$

为得到算法的近似比, 接下来进一步对上式的上界进行分析. 对于 $s=1,\cdots,S$, $\boldsymbol{w}$ 中分量为 $\bar{w}_s$ 的权值在最优解中支付的费用至多为 T_s, 故可得

$$\begin{aligned}
\sum_{s=1}^{S}(\bar{w}_s-\bar{w}_{s+1})\ell_sT_s&=\sum_{s=1}^{S}\bar{w}_s\ell_sT_s-\sum_{s=1}^{S}\bar{w}_{s+1}\ell_sT_s\\
&=\sum_{s=1}^{S}\bar{w}_s\ell_sT_s-\sum_{s=2}^{S}\bar{w}_s\ell_{s-1}T_{s-1}\\
&\leqslant\sum_{s=1}^{S}\bar{w}_s\ell_sT_s-\sum_{s=2}^{S}\bar{w}_s\ell_{s-1}T_s\\
&=\sum_{s=1}^{S}\bar{w}_s(\ell_s-\ell_{s-1})T_s\leqslant\mathrm{OPT}.
\end{aligned}$$

此外, 有

$$\begin{aligned}\sum_{s=1}^{S}\sum_{\boldsymbol{x}\in\mathcal{X}}(\bar{w}_s-\bar{w}_{s+1})d_{\text{av}}^{T_s}(\boldsymbol{x})&=\sum_{s=1}^{S}\sum_{\boldsymbol{x}\in\mathcal{X}}\sum_{\boldsymbol{s}\in\mathcal{F}}(\bar{w}_s-\bar{w}_{s+1})z_{\boldsymbol{sx}}d^{T_s}(\boldsymbol{s},\boldsymbol{x})\\&=\sum_{\boldsymbol{x}\in\mathcal{X}}\sum_{\boldsymbol{s}\in\mathcal{F}}z_{sx}\sum_{s:\bar{w}_s\leqslant w(\boldsymbol{s},\boldsymbol{x})}^{S}(\bar{w}_s-\bar{w}_{s+1})d(\boldsymbol{s},\boldsymbol{x})\\&=\sum_{\boldsymbol{x}\in\mathcal{X}}\sum_{\boldsymbol{s}\in\mathcal{F}}z_{\boldsymbol{sx}}w(\boldsymbol{s},\boldsymbol{x})d(\boldsymbol{s},\boldsymbol{x})=\sum_{\boldsymbol{x}\in\mathcal{X}}\sum_{\boldsymbol{s}\in\mathcal{F}}z_{sx}d^{\mathrm{r}}(\boldsymbol{s},\boldsymbol{x})\\&\leqslant \mathrm{OPT}.\end{aligned}$$

故最终证明 $E[\mathrm{cost}(A)]\leqslant 38\mathrm{OPT}$. □

推论 7.2.1 *令 $\mathcal{I}$ 为有序 k-中位问题的任一实例, 其权值向量 $\boldsymbol{w}$ 中不同分量的个数为常数. 存在一种随机算法, 可在多项式时间内计算得出期望意义下实例 $\mathcal{I}$ 的 38-近似解.*

当权重 $\boldsymbol{w}$ 中不同分量的个数不是常数时, 使用标准的分桶参数 (bucketing arguments) 并忽略足够小的权重, 可以将任意权值向量“舍入”成一个不同权重个数为对数量级的权重向量, 在近似比上损失 $1+\varepsilon$. 因此定理 7.2.2, 能够在 $(mn)^{\mathcal{O}(\log_{1+\varepsilon}n)}$ 的时间内给出有序 k-中位问题的 $38(1+\varepsilon)$-近似算法. 上述提及的是一种标准的分桶参数方法, 为了完整性, 我们介绍操作过程.

引理 7.2.8 论述如何将不同权值的数量减少为至多 $\mathcal{O}(\log_{1+\varepsilon}n)$ 个.

引理 7.2.8 *令 $\mathcal{I}=(\mathcal{F},\mathcal{C},d,k,\boldsymbol{w})$ 表示有序 k-中位问题的实例, $\varepsilon>0$. 存在有序 k-中位的另一实例 $\mathcal{I}^*=(\mathcal{F},\mathcal{C},d,k,\boldsymbol{w}^*)$, 其中 $\boldsymbol{w}^*$ 至多包含 $\mathcal{O}(\log_{1+\varepsilon}n)$ 个不同的权值, 即 $|\{a:\exists j\quad w_j^*=a\}|\in\mathcal{O}(\log_{1+\varepsilon}n)$, 使得对任意可行解 $\mathcal{W}\subset\mathcal{F}$, $|\mathcal{W}|=k$, 有下述不等式成立*

$$\mathrm{cost}_{\mathcal{I}^*}(\mathcal{W})\leqslant\mathrm{cost}_{\mathcal{I}}(\mathcal{W})\leqslant(1+\varepsilon)\mathrm{cost}_{\mathcal{I}^*}(\mathcal{W}).$$

证明 $\boldsymbol{w}^*$ 的构造方式如下

$$w_j^*=\begin{cases}w_1, & j=1,\\(1+\varepsilon)^{\lfloor\log_{1+\varepsilon}w_j\rfloor}, & w_j>\dfrac{\varepsilon w_1}{n},j\neq 1,\\0, & w_j\leqslant\dfrac{\varepsilon w_1}{n}.\end{cases}$$

根据 w_j^* 的构造方式可知 $w_j^*\leqslant w_j$ 成立, 因此引理中第一个不等式自然成立. 由于

$$\begin{aligned}\mathrm{cost}_{\mathcal{I}}(\mathcal{W})&=\sum_{j=1}^{n}w_jd_j^{\rightarrow}(\mathcal{W})\\&=w_1d_1^{\rightarrow}(\mathcal{W})+\sum_{j:w_j>\frac{\varepsilon w_1}{n},j\neq1}w_jd_j^{\rightarrow}(\mathcal{W})+\sum_{j:w_j\leqslant\frac{\varepsilon w_1}{n},j\neq1}w_jd_j^{\rightarrow}(\mathcal{W})\end{aligned}$$

$$
\begin{aligned}
&\leqslant w_1^* d_1^{\rightarrow}(\mathcal{W}) + \sum_{j:w_j>\frac{\varepsilon w_1}{n}, j\neq 1}(1+\varepsilon)w_j^* d_j^{\rightarrow}(\mathcal{W}) + \sum_{j:w_j\leqslant\frac{\varepsilon w_1}{n}, j\neq 1}\frac{\varepsilon w_1}{n}d_j^{\rightarrow}(\mathcal{W})\\
&\leqslant w_1^* d_1^{\rightarrow}(\mathcal{W}) + \sum_{j:w_j>\frac{\varepsilon w_1}{n}, j\neq 1}(1+\varepsilon)w_j^* d_j^{\rightarrow}(\mathcal{W}) + \varepsilon w_1^* d_1^{\rightarrow}(\mathcal{W})\\
&=(1+\varepsilon)\sum_{j:w_j>\frac{\varepsilon w_1}{n}} w_j^* d_j^{\rightarrow}(\mathcal{W})\\
&=(1+\varepsilon)\mathrm{cost}_{\mathcal{I}^*}(\mathcal{W}).
\end{aligned}
$$

故引理中第二个不等式成立. □

结合引理 7.2.8 和引理 7.2.9, 可得下面的结果.

定理 7.2.3 对任意 $\varepsilon>0$, 存在求解有序 k-中位问题的伪多项式时间随机算法, 其近似比和时间复杂度分别为 $38(1+\varepsilon)$ 和 $(mn)^{\mathcal{O}(\log_{1+\varepsilon} n)}$.

第8章

球面k-均值问题

本章介绍球面 k-均值问题, 其中 8.1 节给出球面 k-均值问题的定义, 8.2 节介绍该问题的初始化算法, 8.1~8.2 节主要内容取材于文献 [141]. 8.3 节给出局部搜索算法及其分析, 主要内容取材于文献 [193].

8.1 问题描述

8.1.1 概述

现实世界的一些数据以自然语言文本的形式存在, 特别是在社交网络数据中, 文本是最主要的载体. 聚类是文本数据挖掘的任务之一. 向量空间模型是表达文本数据的常用模型, 它具有两大特点: 一是文档向量的维数高; 二是文档向量稀疏. 在文本分析中度量文本观测点间的相似性时, 向量的方向比其模长更重要或者作用更大. 假设文档向量被正则化, 即具有单位模长, 那么它们可以被看作高维空间单位球上的点. 文本观测点间的相似性采用余弦相似性来度量, 亦即文本观测点间的距离则采用余弦距离来度量. 在这种余弦距离定义下的 k-均值问题, 称为**球面 k-均值问题 (spherical k-means problem)**[114].

球面 k-均值问题的初期模型由 Dhillon 和 Modha[74] 基于 k-均值问题和余弦相似性于 2001 年提出, 2012 年 Hornik 等[114] 引入余弦距离得到标准的球面 k-均值问题. 与一般的 k-均值问题不同的是, 球面 k-均值问题要求观测点和聚类中心必须在单位球面上. 给定正整数 d, $\mathbb{S}^{d-1}$ 是 $\mathbb{R}^d$ 中模长为 1 的向量组成的集合, 即

$$\mathbb{S}^{d-1} = \left\{ \boldsymbol{s} \in \mathbb{R}^d : \|\boldsymbol{s}\| = 1 \right\}.$$

问题描述 给定 n 个观测点的集合 $\mathcal{X} = \{\boldsymbol{x}_1, \boldsymbol{x}_2, \cdots, \boldsymbol{x}_n\} \subseteq \mathbb{S}^{d-1}$ 和正整数 $k \leqslant n$, 球面 k-均值问题的目标是寻找中心点集合 $\mathcal{C} = \{\boldsymbol{c}_1, \boldsymbol{c}_2, \cdots, \boldsymbol{c}_k\} \subseteq \mathbb{S}^{d-1}$, 将每个点 $\boldsymbol{x}_j \in \mathcal{X}$ 分配到 $\mathcal{C}$ 中距其最近的中心点, 使得 $\mathcal{X}$ 中每个点到其最近的中心点的余弦距离之和最小:

$$\sum_{i=1}^{n} \min_{j \in \{1,2,\cdots,k\}} (1 - \cos(\boldsymbol{x}_i, \boldsymbol{c}_j)).$$

其中 $1 - \cos(\boldsymbol{x}_i, \boldsymbol{c}_j)$ 称为余弦距离, 而余弦相似性度量

$$\cos(\boldsymbol{x}_i, \boldsymbol{c}_j) = \frac{\boldsymbol{x}_i \cdot \boldsymbol{c}_j}{||\boldsymbol{x}_i||\,||\boldsymbol{c}_j||}.$$

注意到

$$1-\cos(\boldsymbol{x}_i,\boldsymbol{c}_j)=1-\frac{\boldsymbol{x}_i\cdot\boldsymbol{c}_j}{||\boldsymbol{x}_i||\,||\boldsymbol{c}_j||}=\frac{1}{2}(\|\boldsymbol{x}_i\|^2+\|\boldsymbol{c}_j\|^2-2\boldsymbol{x}_i\cdot\boldsymbol{c}_j)=\frac{1}{2}\left\|\frac{\boldsymbol{x}_i}{||\boldsymbol{x}_i||}-\frac{\boldsymbol{c}_j}{||\boldsymbol{c}_j||}\right\|^2.$$

由此得到球面 k-均值问题的等价描述.

给定 n 个元素的观测集 $\mathcal{X}=\{\boldsymbol{x}_1,\boldsymbol{x}_2,\cdots,\boldsymbol{x}_n\}\subseteq\mathbb{S}^{d-1}$ 和正整数 $k\leqslant n$, 球面 k-均值问题的目标是选取中心点集合 $\mathcal{C}=\{\boldsymbol{c}_1,\boldsymbol{c}_2,\cdots,\boldsymbol{c}_k\}\subseteq\mathbb{S}^{d-1}$, 使得下面的函数达到最小:

$$\frac{1}{2}\sum_{i=1}^{n}\min_{j\in\{1,2,\cdots,k\}}||\boldsymbol{x}_i-\boldsymbol{c}_j||^2.$$

注记 8.1.1 若 $S\subseteq\mathbb{S}^{d-1}$, 易知 $\left\|\sum\limits_{\boldsymbol{s}\in S}\boldsymbol{s}\right\|\leqslant|S|$.

为方便起见, 定义如下记号. 任意给定 $\mathbb{S}^{d-1}$ 中的两个非零向量 $\boldsymbol{u},\boldsymbol{v}$, 用 $\hat{d}(\boldsymbol{u},\boldsymbol{v})=1-\langle\boldsymbol{u},\boldsymbol{v}\rangle$ 表示它们之间的余弦距离, 这里 $\langle\cdot,\cdot\rangle$ 表示内积. 显然 $\mathbb{S}^{d-1}$ 中任意两点 $\boldsymbol{a}$ 和 $\boldsymbol{b}$ 之间的余弦距离为

$$\hat{d}(\boldsymbol{a},\boldsymbol{b}):=1-\cos(\boldsymbol{a},\boldsymbol{b})=\frac{1}{2}\|\boldsymbol{a}-\boldsymbol{b}\|^2.$$

因为 $\boldsymbol{a},\boldsymbol{b}\in\mathbb{S}^{d-1}$, 则有 $\|\boldsymbol{a}\|=\|\boldsymbol{b}\|=1$, 在该条件下, $\hat{d}(\boldsymbol{a},\boldsymbol{b})$ 正好是 $\boldsymbol{a}$ 和 $\boldsymbol{b}$ 间 Euclidean 距离平方的一半.

给定集合 $U\subseteq\mathbb{S}^{d-1}$ 和点 $\boldsymbol{c}\in\mathbb{S}^{d-1}$, 记点 $\boldsymbol{c}$ 到集合 U 中所有点的余弦距离和为

$$\hat{\delta}(\boldsymbol{c},U):=\sum_{\boldsymbol{x}\in U}\hat{d}(\boldsymbol{c},\boldsymbol{x}),$$

并记集合 S 的球面质心为

$$\operatorname{scen}(S):=\frac{\sum\limits_{\boldsymbol{s}\in S}\boldsymbol{s}}{\left\|\sum\limits_{\boldsymbol{s}\in S}\boldsymbol{s}\right\|}. \tag{8.1.1}$$

不失一般性, 如果 $\sum\limits_{\boldsymbol{s}\in S}\boldsymbol{s}=0$, 则令 $\operatorname{scen}(S)$ 为任意的 d 维单位向量. 集合 S 的质心点为

$$\operatorname{cen}(S):=\frac{\sum\limits_{\boldsymbol{s}\in S}\boldsymbol{s}}{|S|},$$

很容易看到对一般质心点进行单位化就得到球面质心点. 定义 $\boldsymbol{x}$ 到 S 中最近的点的余弦距离为 $\hat{\delta}_{\boldsymbol{x}}(S)$, 即

$$\hat{\delta}_{\boldsymbol{x}}(S)=\hat{d}(\boldsymbol{x},S):=\min_{\boldsymbol{s}\in S}\hat{d}(\boldsymbol{s},\boldsymbol{x}).$$

另外, $\mathcal{X}$ 中所有点到 S 的总余弦距离, 或者简称总费用, 定义如下

$$\mathrm{cost}_{\mathrm{SKMP}}(\mathcal{X}, S) := \hat{\delta}(S) = \sum_{\boldsymbol{x}\in\mathcal{X}} \hat{d}(\boldsymbol{x}, S) = \sum_{\boldsymbol{x}\in\mathcal{X}} \min_{\boldsymbol{s}\in S} \hat{d}(\boldsymbol{s}, \boldsymbol{x}).$$

据此, 重新给出球面 k-均值问题的定义.

定义 8.1.1 给定 n 个点的集合 $\mathcal{X} \subseteq \mathbb{S}^{d-1}$ 以及正整数 $k \leqslant n$, 球面 k-均值问题的目标是在 $\mathbb{S}^{d-1}$ 中选取 k 个点的集合 $\mathcal{C} \subseteq \mathbb{S}^{d-1}$, 使得

$$\mathrm{cost}_{\mathrm{SKMP}}(\mathcal{X}, \mathcal{C}) = \min_{S\subseteq\mathbb{S}^{d-1}, |S|=k} \mathrm{cost}_{\mathrm{SKMP}}(\mathcal{X}, S).$$

特别地, 满足 $S \subseteq \mathbb{S}^{d-1}, |S| = k$ 条件的集合 S 称为球面 k-均值问题的可行解. 对于球面 k-均值问题的最优解 O, 每个 $\boldsymbol{x} \in \mathcal{X}$ 对应到距离其最近的中心点, 记为 $\boldsymbol{o}_{\boldsymbol{x}}$, 即, $\boldsymbol{o}_{\boldsymbol{x}} := \arg\min_{\boldsymbol{o}\in O} \hat{d}(\boldsymbol{o}, \boldsymbol{x})$. 集合 $N_O^*(\boldsymbol{o}) := \{\boldsymbol{x} \in \mathcal{X} | \boldsymbol{o}_{\boldsymbol{x}} = \boldsymbol{o}\}$ 称为中心点 $\boldsymbol{o} \in O$ 对应的簇. 由此可以得到集合 $\mathcal{X}$ 的划分 $\mathcal{X} = \bigcup_{\boldsymbol{o}\in O} N_O^*(\boldsymbol{o})$.

对于球面 k-均值问题的可行解 S, 每个点 $\boldsymbol{x} \in \mathcal{X}$ 都被分配到最近的中心, 记为 $\boldsymbol{s}_{\boldsymbol{x}}$, 即 $\boldsymbol{s}_{\boldsymbol{x}} := \arg\min_{\boldsymbol{s}\in S} \hat{d}(\boldsymbol{x}, \boldsymbol{s})$. 如果最近的中心不是唯一的, 则 $\boldsymbol{x}$ 被任意分配给其中之一. 据此 $\mathcal{X}$ 也可以划分为 $\mathcal{X} = \bigcup_{\boldsymbol{s}\in S} N_S(\boldsymbol{s})$，其中 $N_S(\boldsymbol{s}) = \{\boldsymbol{x} \in \mathcal{X} | \boldsymbol{s}_{\boldsymbol{x}} = \boldsymbol{s}\}$.

8.1.2 性质

对于任意有限集合 $U \subseteq \mathcal{X} \subseteq \mathbb{S}^{d-1}$ 和点 $\boldsymbol{c} \in \mathbb{S}^{d-1}$, 可以证明[84]

$$\sum_{\boldsymbol{x}\in U} ||\boldsymbol{x} - \boldsymbol{c}||^2 = \sum_{\boldsymbol{x}\in U} ||\boldsymbol{x} - \mathrm{scen}(U)||^2 + \left\|\sum_{\boldsymbol{x}\in U} \boldsymbol{x}\right\| \cdot ||\boldsymbol{c} - \mathrm{scen}(U)||^2.$$

根据上述性质, 球面 k-均值问题的目标也可以这样描述: 将观测集 $\mathcal{X} \subseteq \mathbb{S}^{d-1}$ 划分为 k 簇 $\{X_1, X_2, \cdots, X_k\}$, 使得下面的函数达到最小

$$\frac{1}{2}\sum_{j=1}^{k} \sum_{\boldsymbol{x}\in X_j} ||\boldsymbol{x} - \mathrm{scen}(X_j)||^2.$$

注意, 球面 k-均值问题与 k-均值问题有着密切的关系. 基于两者的联系, 可以利用 k-均值问题的近似算法设计球面 k-均值问题的近似算法. 首先, 对给定实例调用 k-均值问题的近似算法得到解 S_1; 其次, 通过计算 S_1 里每个簇的球面质心点得到球面 k-均值问题的解 S_2. 下面的定理刻画了上述针对球面 k-均值问题近似算法的性能保证. 为证明方便, 记 $\Delta(\boldsymbol{c}, \boldsymbol{x}) := ||\boldsymbol{c} - \boldsymbol{x}||^2$ 表示 $\boldsymbol{c}, \boldsymbol{x}$ 两点间 Euclidean 距离的平方. $\Delta(\boldsymbol{c}, U) := \sum_{\boldsymbol{x}\in U} \Delta(\boldsymbol{c}, \boldsymbol{x}) = \sum_{\boldsymbol{x}\in U} ||\boldsymbol{c} - \boldsymbol{x}||^2$, 表示点 $\boldsymbol{c}$ 到集合 U 中所有点的 Euclidean 距离平方和. $\mathcal{X}$ 中所有点到 S 的

总距离, 或者说总费用, 定义为

$$\mathrm{cost}_{\mathrm{KMP}}(\mathcal{X}, S) := \Delta(S) = \sum_{\boldsymbol{s} \in S} \Delta(\boldsymbol{s}, N_S(\boldsymbol{s})).$$

定理 8.1.1 从 k-均值问题的任意 γ-近似算法可以得到球面 k-均值问题的 2γ-近似算法.

证明 对任意实例 $\mathcal{I}$, 用 $\mathrm{OPT}_{\mathrm{KMP}}(\mathcal{I})$ 和 $\mathrm{OPT}_{\mathrm{SKMP}}(\mathcal{I})$ 分别表示 k-均值问题和球面 k-均值问题的最优值.

首先, 证明对任意的 $U \subseteq \mathbb{S}^{d-1}$ 有 $\hat{\delta}(\mathrm{scen}(U), U) \leqslant \Delta(\mathrm{cen}(U), U)$.

当 $\sum_{\boldsymbol{u} \in U} \boldsymbol{u} = \boldsymbol{0}$ 时, 容易得到 $\hat{\delta}(\mathrm{scen}(U), U) = \Delta(\mathrm{cen}(U), U) = |U|$. 下面证明 $\sum_{\boldsymbol{u} \in U} \boldsymbol{u} \neq \boldsymbol{0}$ 的情况.

由 $U \subseteq \mathbb{S}^{d-1}$, 可得

$$\left\| \sum_{\boldsymbol{u} \in U} \boldsymbol{u} \right\| \leqslant \sum_{\boldsymbol{u} \in U} \|\boldsymbol{u}\| = |U|. \tag{8.1.2}$$

根据 $\mathrm{cen}(U)$ 和 $\mathrm{scen}(U)$ 的定义, 以及对任意 $\boldsymbol{u} \in U$ 有 $\|\boldsymbol{u}\| = \|\mathrm{scen}(U)\| = 1$,

$$\begin{aligned}
&\Delta(\mathrm{cen}(U), U) - \hat{\delta}(\mathrm{scen}(U), U) \\
=& \sum_{\boldsymbol{u} \in U} \Delta(\mathrm{cen}(U), \boldsymbol{u}) - \sum_{\boldsymbol{u} \in U} \hat{d}(\mathrm{scen}(U), \boldsymbol{u}) \\
=& \sum_{\boldsymbol{u} \in U} \left\{ \|\mathrm{cen}(U) - \boldsymbol{u}\|^2 - \frac{1}{2} \|\mathrm{scen}(U) - \boldsymbol{u}\|^2 \right\} \\
=& \sum_{\boldsymbol{u} \in U} \left\{ \left[1 + \|\mathrm{cen}(U)\|^2 - 2\boldsymbol{u}^{\mathrm{T}} \mathrm{cen}(U)\right] - \left[1 - \boldsymbol{u}^{\mathrm{T}} \mathrm{scen}(U)\right] \right\} \\
=& \sum_{\boldsymbol{u} \in U} \left\{ \|\mathrm{cen}(U)\|^2 - 2\boldsymbol{u}^{\mathrm{T}} \mathrm{cen}(U) + \boldsymbol{u}^{\mathrm{T}} \mathrm{scen}(U) \right\} \\
=& |U| \cdot \|\mathrm{cen}(U)\|^2 - 2\mathrm{cen}(U)^{\mathrm{T}} \sum_{\boldsymbol{u} \in U} \boldsymbol{u} + \mathrm{scen}(U)^{\mathrm{T}} \sum_{\boldsymbol{u} \in U} \boldsymbol{u} \\
=& -\frac{1}{|U|} \left\| \sum_{\boldsymbol{u} \in U} \boldsymbol{u} \right\|^2 + \left\| \sum_{\boldsymbol{u} \in U} \boldsymbol{u} \right\| \\
=& \left(1 - \frac{1}{|U|} \left\| \sum_{\boldsymbol{u} \in U} \boldsymbol{u} \right\| \right) \left\| \sum_{\boldsymbol{u} \in U} \boldsymbol{u} \right\| \\
\geqslant& 0,
\end{aligned}$$

其中最后的不等式由 (8.1.2) 式得到. 这意味着对任意的 $U \subseteq \mathbb{S}^{d-1}$, 有 $\hat{\delta}(\mathrm{scen}(U), U) \leqslant \Delta(\mathrm{cen}(U), U)$.

另外, 从 k-均值问题的质心引理不难看出

$$\begin{aligned}2\hat{\delta}\left(\operatorname{scen}(U), U\right) &= \Delta\left(\operatorname{scen}(U), U\right) \\ &= \Delta\left(\operatorname{cen}(U), U\right) + |U| \Delta\left(\operatorname{scen}(U), \operatorname{cen}(U)\right) \\ &\geqslant \Delta\left(\operatorname{cen}(U), U\right),\end{aligned} \tag{8.1.3}$$

其中因为 $\operatorname{scen}(U) \in \mathbb{S}^{d-1}$ 第一个等式成立.

其次, 证明 $\mathrm{OPT}_{\mathrm{KMP}}(\mathcal{I}) \leqslant 2\mathrm{OPT}_{\mathrm{SKMP}}(\mathcal{I})$.

令 $O_{\mathrm{SKMP}}(\mathcal{I})$ 和 $O_{\mathrm{KMP}}(\mathcal{I})$ 分别表示球面 k-均值问题和 k-均值问题针对实例 $\mathcal{I}$ 的最优解. 对每个 $\boldsymbol{o} \in O_{\mathrm{SKMP}}(\mathcal{I})$, $\mathcal{I}$ 中所有连接到 $\boldsymbol{o}$ 的点构成簇 $N^*_{\mathrm{SKMP}}(\boldsymbol{o})$. 由最优性可知 $\boldsymbol{o} = \operatorname{scen}(N^*_{\mathrm{SKMP}}(\boldsymbol{o}))$. 所以

$$\begin{aligned}\mathrm{OPT}_{\mathrm{SKMP}}(\mathcal{I}) &= \sum_{\boldsymbol{o} \in O_{\mathrm{SKMP}}(\mathcal{I})} \hat{\delta}\left(\boldsymbol{o}, N^*_{\mathrm{SKMP}}(\boldsymbol{o})\right) \\ &= \sum_{\boldsymbol{o} \in O_{\mathrm{SKMP}}(\mathcal{I})} \hat{\delta}\left(\operatorname{scen}(N^*_{\mathrm{SKMP}}(\boldsymbol{o})), N^*_{\mathrm{SKMP}}(\boldsymbol{o})\right) \\ &\geqslant \frac{1}{2} \sum_{\boldsymbol{o} \in O_{\mathrm{SKMP}}(\mathcal{I})} \Delta\left(\operatorname{cen}(N^*_{\mathrm{SKMP}}(\boldsymbol{o})), N^*_{\mathrm{SKMP}}(\boldsymbol{o})\right) \\ &\geqslant \frac{1}{2} \mathrm{OPT}_{\mathrm{KMP}}(\mathcal{I}),\end{aligned} \tag{8.1.4}$$

其中第一个不等式是根据 (8.1.3) 式得到, 最后一个不等式成立是因为 $\mathrm{OPT}_{\mathrm{KMP}}(\mathcal{I})$ 是 k-均值问题的最小值.

设 S_1 是 k-均值问题 γ-近似算法的可行解, 每个中心 $\boldsymbol{s} \in S_1$ 对应的簇记为 $N_{S_1}(\boldsymbol{s})$. 那么由球面质心点构成的 $S_2 = \{\operatorname{scen}(N_{S_1}(\boldsymbol{s})) | \boldsymbol{s} \in S_1\}$ 是球面 k-均值问题的一个可行解. 因此

$$\begin{aligned}\operatorname{cost}_{\mathrm{SKMP}}(\mathcal{X}, S_2) = \hat{\delta}(S_2) &= \sum_{\boldsymbol{s} \in S_1} \hat{\delta}(\operatorname{scen}(N_{S_1}(\boldsymbol{s})), N_{S_1}(\boldsymbol{s})) \\ &\leqslant \sum_{\boldsymbol{s} \in S_1} \Delta(\operatorname{cen}(N_{S_1}(\boldsymbol{s})), N_{S_1}(\boldsymbol{s})) \\ &\leqslant \sum_{\boldsymbol{s} \in S_1} \Delta(\boldsymbol{s}, N_{S_1}(\boldsymbol{s})) = \Delta(S_1) = \operatorname{cost}_{\mathrm{KMP}}(\mathcal{X}, S_1) \\ &\leqslant \gamma \mathrm{OPT}_{\mathrm{KMP}}(\mathcal{I}) \leqslant 2\gamma \mathrm{OPT}_{\mathrm{SKMP}}(\mathcal{I}),\end{aligned}$$

其中第一个不等式由 $\hat{\delta}(\operatorname{scen}(U), U) \leqslant \Delta(\operatorname{cen}(U), U)$ 得到, 第二个不等式根据质心的性质得到, 最后一个不等式根据 (8.1.4) 式得到, 定理得证. □

8.2 球面 k-均值问题的初始化算法

8.2.1 问题描述

本节将介绍推广的球面 k-均值问题以及可分离的集合等概念以及需要的符号.

给定参数 $\alpha \geqslant 1$, 任意两个点 $\boldsymbol{u}, \boldsymbol{v} \in \mathbb{S}^{d-1}$ 的 α-余弦距离为

$$\hat{d}_\alpha(\boldsymbol{u}, \boldsymbol{v}) = \alpha - \langle \boldsymbol{u}, \boldsymbol{v} \rangle.$$

显然, 当 $\alpha = 1$ 时, 即为 $\boldsymbol{u}$ 和 $\boldsymbol{v}$ 的余弦距离. 类似地, 给定观测集 $\mathcal{X} \subseteq \mathbb{S}^{d-1}$ 和聚类中心集 $\mathcal{C} \subseteq \mathbb{S}^{d-1}, |\mathcal{C}| = k$, 定义 $\mathcal{X}$ 关于 $\mathcal{C}$ 在 α-余弦距离下的势函数

$$\text{cost}_{\text{SKMP}}(\mathcal{X}, \mathcal{C})_\alpha = \sum_{\boldsymbol{x} \in \mathcal{X}} \hat{d}_\alpha(\boldsymbol{x}, \mathcal{C}),$$

其中 $\hat{d}_\alpha(\boldsymbol{x}, \mathcal{C}) = \min\limits_{\boldsymbol{c} \in \mathcal{C}} \hat{d}_\alpha(\boldsymbol{c}, \boldsymbol{x})$, 本节为叙述简洁, 记 $\text{cost}(\mathcal{X}, \cdot)_\alpha := \text{cost}_{\text{SKMP}}(\mathcal{X}, \cdot)_\alpha$. 这称为推广的球面 k-均值问题, 亦称为 α-球面 k-均值问题, 目标是寻找含有 k 个点的聚类中心 $\mathcal{C}$ 使得势函数 $\text{cost}(\mathcal{X}, \mathcal{C})_\alpha$ 达到最小. 用 $\mathcal{X}_1^*, \mathcal{X}_2^*, \cdots, \mathcal{X}_k^*$ 表示 $\mathcal{X}$ 的最优簇, 定义 $O = \{\boldsymbol{o}_1, \boldsymbol{o}_2, \cdots, \boldsymbol{o}_k\}$ 为最优中心点集合, 其中 $\boldsymbol{o}_i = \text{scen}(\mathcal{X}_i^*)$.

$$\text{cost}_{\text{SKMP}}(\mathcal{X}, O)_\alpha = \text{OPT}_{\text{SKMP}}(\mathcal{X})_\alpha.$$

本节为叙述简洁, 记 $\text{OPT}(\mathcal{X})_\alpha := \text{OPT}_{\text{SKMP}}(\mathcal{X})_\alpha$. 很容易得到, 在最优解相同的意义下, α-球面 k-均值问题与球面 k-均值问题是等价的. 也就是说, 只要解决其中一个问题, 另外一个问题也就相应被解决. 但是, 因为它们的目标函数不同, 所以从近似算法的角度看, 即使对于同一个球面聚类中心, 两个问题的近似比也可能是不一样的.

接下来, 介绍类似于 k-均值问题质心引理的结论, 证明过程可以参考 k-均值问题质心引理的证明, 请读者自行完成.

引理 8.2.1 给定 $l \in \mathbb{N}$, $\alpha \geqslant 1$, 集合 $S \subseteq \mathbb{S}^{d-1}, |S| = l$, 如果

$$\text{scen}(S) = \frac{\sum\limits_{\boldsymbol{s} \in S} \boldsymbol{s}}{\left\| \sum\limits_{\boldsymbol{s}' \in S} \boldsymbol{s}' \right\|},$$

那么对所有 $\boldsymbol{z} \in \mathbb{S}^{d-1}$, 都有

$$\sum_{\boldsymbol{s} \in S} \hat{d}_\alpha(\boldsymbol{s}, \boldsymbol{z}) = \sum_{\boldsymbol{s} \in S} \hat{d}_\alpha(\boldsymbol{s}, \text{scen}(S)) + \left\| \sum_{\boldsymbol{s} \in S} \boldsymbol{s} \right\| \hat{d}(\boldsymbol{z}, \text{scen}(S)). \tag{8.2.5}$$

实际上, (8.2.5) 式的结论可以等价地描述为

$$\text{cost}(S, \boldsymbol{z})_\alpha = \text{cost}(S, \text{scen}(S))_\alpha + \left\| \sum_{\boldsymbol{s} \in S} \boldsymbol{s} \right\| \hat{d}(\boldsymbol{z}, \text{scen}(S)).$$

由于 $\left\|\sum_{s\in S} s\right\| \hat{d}(z, \mathrm{scen}(S)) \geqslant 0$, 对所有 $z \in \mathbb{S}^{d-1}$, 都有 $\mathrm{cost}(S, z)_\alpha \geqslant \mathrm{cost}(S, \mathrm{scen}(S))_\alpha$, 因此 $\mathrm{scen}(S)$ 是 S 的 α-球面 1-均值问题的最优解. 其中, 如果 $\sum_{s\in S} s = \mathbf{0}$, $\mathrm{scen}(S)$ 表示 $\mathbb{S}^{d-1}$ 中的任意元素.

如果 $\alpha = 1$, 很容易得到关于球面 k-均值问题的结论.

推论 8.2.1 给定任意观测点集合 $S \subseteq \mathbb{S}^{d-1}$, 对任意 $z \in \mathbb{S}^{d-1}$, 有

$$\mathrm{cost}(S, z) = \mathrm{OPT}_1(S) + \left\|\sum_{s\in S} s\right\| \hat{d}(z, \mathrm{scen}(S)).$$

下面介绍 (球面) 可分离集合. 易知随着聚类中心点的增加, 同一集合的势函数的费用是不会增加的, 即 $\mathrm{OPT}_k(\mathcal{X}) \leqslant \mathrm{OPT}_t(\mathcal{X})$ 对于任意不大于 k 的 t 都成立. (球面) 可分离集合的概念就是基于此提出: $\mathrm{OPT}_t(\mathcal{X})$ 不仅随着 t 的增加而减小, 而且进一步要求其下降量不会太小.

定义 8.2.1 假设 $0 < \beta < 1$, 整数 $k \leqslant n$, 如果观测集 $\mathcal{X} \subseteq \mathbb{S}^{d-1}, |\mathcal{X}| = n$ 满足

$$\mathrm{OPT}_k(\mathcal{X}) \leqslant \beta \mathrm{OPT}_{k-1}(\mathcal{X}),$$

则称 $\mathcal{X}$ 为 (k, β)-可分离集合.

8.2.2 可分离球面 k-均值问题的近似初始化算法

本部分主要介绍基于初始化算法对球面 k-均值问题设计的近似算法 8.2.1. 算法步 1 是以特定的概率从输入观测集 $\mathcal{X}$ 中选取初始聚类中心 $\mathcal{C}$, 这些初始点将被视为 $\mathcal{X}$ 的球面 k-均值问题的种子. 在步 2 开始时得到 $\mathcal{X}$ 的划分, 然后根据球面质心引理对每个划分求最优的质心点, 接下来交替更新划分和聚类中心, 直到聚类中心不再改变为止.

算法 8.2.1 (可分离球面 k-均值问题的 k-均值 ++ 算法)

输入: 正整数 k, 参数 $\beta \in (0, 1/8)$, 以及 (k, β)-可分离集合 $\mathcal{X} \subseteq \mathbb{S}^{d-1}, |\mathcal{X}| = n$.

输出: 中心点集合 $\mathcal{C}$.

步 1 **(初始化)**

步 1.1 置 $\mathcal{C} := \varnothing$.

步 1.2 从 $\mathcal{X}$ 中随机均匀地选取第一个中心 c_1, 置 $\mathcal{C} := \mathcal{C} \cup \{c_1\}, i = 1$.

步 1.3 依概率

$$\frac{\hat{d}(c_i, \mathcal{C})}{\sum_{x\in\mathcal{X}} \hat{d}(x, \mathcal{C})}$$

选取中心点 c_i, 并更新 $\mathcal{C} := \mathcal{C} \cup \{c_i\}$, $i := i + 1$.

步 1.4 重复步 1.3 直至 $i = k$.

步 2 **(基于 Lloyd 算法优化聚类中心 $\mathcal{C}$)**

步 2.1 对于 i 从 1 到 k, 依次置划分为

$$\mathcal{X}_i := \{x \in \mathcal{X} : \hat{d}(x, c_i) \leqslant \hat{d}(x, c_j), \forall j \in [k], j \neq i\}.$$

步 2.2 对于 i 从 1 到 k, 依次更新聚类中心 $\mathcal{C}$ 为 $\boldsymbol{c}_i := \text{scen}(\mathcal{X}_i)$, 这里 $\text{scen}(\mathcal{X}_i)$ 是 $\mathcal{X}_i$ 的球面质心点.

步 2.3 运行步 2.1-步 2.2, 直到 $\mathcal{C}$ 不再更新为止, 并输出 $\mathcal{C}$, 算法停止.

关于算法 8.2.1, 有以下定理.

定理 8.2.1 假设 $k, n \in \mathbb{N}$, $0 < \beta < 1/8$. 令 $\mathcal{X}$ 是 $\mathbb{S}^{d-1}$ 中的 (k,β)-可分离集合, 其中 $|\mathcal{X}| = n$. $\mathcal{C}$ 是算法 8.2.1 输出的球面聚类中心, 则至少以 $2^{-\Theta(k)}$ 的概率, 有

$$\text{cost}(\mathcal{X},\mathcal{C}) \leqslant 3\text{OPT}_k(\mathcal{X}).$$

给出定理 8.2.1 的证明之前先介绍几个引理. 为叙述方便, 用 $\mathcal{X}_1^*, \mathcal{X}_2^*, \cdots, \mathcal{X}_k^*$ 表示 $\mathcal{X}$ 的最优簇, 记 $O = \{\boldsymbol{o}_1, \boldsymbol{o}_2, \cdots, \boldsymbol{o}_k\}$ 为最优中心点集合, 其中 $\boldsymbol{o}_i = \text{scen}(\mathcal{X}_i^*)$. 因此

$$\text{cost}(\mathcal{X}, O) = \text{OPT}_k(\mathcal{X}) = \sum_{i=1}^{k} \text{OPT}_1(\mathcal{X}_i^*),$$
$$\text{cost}(\mathcal{X}_i^*, \boldsymbol{o}_i) = \text{OPT}_1(\mathcal{X}_i^*), \forall i \in [k].$$

对于每一个簇 $\mathcal{X}_i^*, i \in [k]$, 将其分为 X_i 和 Y_i 两部分:

$$X_i = \left\{ \boldsymbol{x} \in \mathcal{X}_i^* : \hat{d}(\boldsymbol{x}, \boldsymbol{o}_i) \leqslant 2\frac{\text{OPT}_1(\mathcal{X}_i^*)}{\left\| \sum\limits_{\boldsymbol{x} \in \mathcal{X}_i^*} \boldsymbol{x} \right\|} \right\}, \qquad Y_i = \mathcal{X}_i^* \setminus X_i.$$

根据推论 8.2.1, 可以很容易得到下述结论.

$$\text{cost}(\mathcal{X}_i^*, \boldsymbol{x}) = \text{OPT}_1(\mathcal{X}_i^*) + \left\| \sum_{\boldsymbol{x} \in \mathcal{X}_i^*} \boldsymbol{x} \right\| \hat{d}(\boldsymbol{x}, \boldsymbol{o}_i) \leqslant 3\text{OPT}_1(\mathcal{X}_i^*), \forall \boldsymbol{x} \in X_i,$$

$$\text{cost}(\mathcal{X}_i^*, \boldsymbol{y}) = \text{OPT}_1(\mathcal{X}_i^*) + \left\| \sum_{\boldsymbol{x} \in \mathcal{X}_i^*} \boldsymbol{x} \right\| \hat{d}(\boldsymbol{y}, \boldsymbol{o}_i) > 3\text{OPT}_1(\mathcal{X}_i^*), \forall \boldsymbol{y} \in Y_i. \tag{8.2.6}$$

在接下来的讨论中, 假设算法 8.2.1输出的球面聚类中心为 $\mathcal{C} = \{\boldsymbol{c}_1, \boldsymbol{c}_2, \cdots, \boldsymbol{c}_k\}$, 并对任意 $j \in [k]$, 置 $\mathcal{C}_j = \{\boldsymbol{c}_1, \boldsymbol{c}_2, \cdots, \boldsymbol{c}_j\}$. 因此, 如果 $\mathcal{C}$ 与每个 $X_i, i \in [k]$ 的交集以概率 $2^{-\Theta(k)}$ 是非空的, 就能得到定理 8.2.1. 下面我们给出证明过程.

首先是关于余弦距离的 "松弛三角不等式" 的论证.

引理 8.2.2 对任意的 $\boldsymbol{x}, \boldsymbol{y}, \boldsymbol{z} \in \mathbb{S}^{d-1}$, 有 $\hat{d}(\boldsymbol{x}, \boldsymbol{y}) \leqslant 2\hat{d}(\boldsymbol{x}, \boldsymbol{z}) + 2\hat{d}(\boldsymbol{y}, \boldsymbol{z})$.

证明 首先, 当 $\boldsymbol{x}, \boldsymbol{y}, \boldsymbol{z}$ 中有两个点相同时结论显然成立. 接下来, 不失一般性, 假设 $\boldsymbol{x} \neq \boldsymbol{y} \neq \boldsymbol{z}$. 由于 $\boldsymbol{z} \in \mathbb{S}^{d-1}$ 可知

$$\langle \boldsymbol{x}+\boldsymbol{y}, \boldsymbol{z} \rangle = (\boldsymbol{x}+\boldsymbol{y})^{\text{T}}\boldsymbol{z} = \|\boldsymbol{x}+\boldsymbol{y}\| \cdot \|\boldsymbol{z}\| \cos\angle(\boldsymbol{x}+\boldsymbol{y}, \boldsymbol{z}) \leqslant \|\boldsymbol{x}+\boldsymbol{y}\|,$$

其中 $\angle(\boldsymbol{u},\boldsymbol{v})$ 代表的是向量 $\boldsymbol{u}$ 和 $\boldsymbol{v}$ 的夹角. 从而

$$\begin{aligned}\sup_{\boldsymbol{x},\boldsymbol{y},\boldsymbol{z}\in\mathbb{S}^{d-1},\boldsymbol{x}\neq\boldsymbol{y}\neq\boldsymbol{z}}\frac{\hat{d}(\boldsymbol{x},\boldsymbol{y})}{\hat{d}(\boldsymbol{x},\boldsymbol{z})+\hat{d}(\boldsymbol{y},\boldsymbol{z})} &= \sup_{\boldsymbol{x},\boldsymbol{y},\boldsymbol{z}\in\mathbb{S}^{d-1},\boldsymbol{x}\neq\boldsymbol{y}\neq\boldsymbol{z}}\frac{1-\langle\boldsymbol{x},\boldsymbol{y}\rangle}{2-\langle\boldsymbol{x}+\boldsymbol{y},\boldsymbol{z}\rangle}\\ &= \sup_{\boldsymbol{x},\boldsymbol{y}\in\mathbb{S}^{d-1},\boldsymbol{x}\neq\boldsymbol{y}}\frac{1-\langle\boldsymbol{x},\boldsymbol{y}\rangle}{2-\|\boldsymbol{x}+\boldsymbol{y}\|}\\ &= \sup_{\boldsymbol{x},\boldsymbol{y}\in\mathbb{S}^{d-1},\boldsymbol{x}\neq\boldsymbol{y}}\frac{1-\boldsymbol{x}^{\mathrm{T}}\boldsymbol{y}}{2-\sqrt{2+2\boldsymbol{x}^{\mathrm{T}}\boldsymbol{y}}}\\ &= \sup_{t\in[-1,1)}\frac{1-t}{2-\sqrt{2+2t}}\\ &= \sup_{t\in[-1,1)}\left(\frac{\sqrt{2}}{2}\sqrt{1+t}+1\right)\\ &= 2.\end{aligned}$$

引理证毕. □

其次通过引理 8.2.3 的证明, 算法输出的聚类中心 $\mathcal{C}$ 以很大的概率来自 $X_i, i\in[k]$ 的并集.

引理 8.2.3 给定 $m,n\in\mathbb{N}$ 和 $\gamma\geqslant 1$, 假设 $\mathcal{X}\subseteq\mathbb{S}^{d-1}, |\mathcal{X}|=n$, 则 $\mathcal{X}$ 中一致选取的含有 m 个元素的集合 S 满足

$$\Pr[\mathrm{cost}(\mathcal{X},\mathrm{scen}(S))\leqslant(1+\gamma)\mathrm{OPT}_1(\mathcal{X})]\geqslant 1-\frac{1}{\gamma}.$$

证明 对任意固定的 $S\subseteq\mathcal{X}$, 有

$$\hat{d}(\mathrm{scen}(\mathcal{X}),\mathrm{scen}(S))=1-\langle\mathrm{scen}(\mathcal{X}),\mathrm{scen}(S)\rangle=1-\frac{1}{\left\|\sum\limits_{\boldsymbol{s}'\in S}\boldsymbol{s}'\right\|}\sum_{\boldsymbol{s}\in S}\langle\mathrm{scen}(\mathcal{X}),\boldsymbol{s}\rangle.$$

因而, 对任意含有 m 个元素的集合 $S\subseteq\mathcal{X}$, 可以得到下述结果.

$$\begin{aligned}E\left[\hat{d}(\mathrm{scen}(\mathcal{X}),\mathrm{scen}(S))\right] &= 1-\frac{1}{\left\|\sum\limits_{\boldsymbol{s}'\in S}\boldsymbol{s}'\right\|}E\left[\sum_{\boldsymbol{x}\in\mathcal{X}}I_{\boldsymbol{x}\in S}\langle\mathrm{scen}(\mathcal{X}),\boldsymbol{x}\rangle\right]\\ &= 1-\frac{m}{n\left\|\sum\limits_{\boldsymbol{s}'\in S}\boldsymbol{s}'\right\|}\sum_{\boldsymbol{x}\in\mathcal{X}}\langle\mathrm{scen}(\mathcal{X}),\boldsymbol{x}\rangle\\ &\leqslant 1-\frac{1}{n}\sum_{\boldsymbol{x}\in\mathcal{X}}\langle\mathrm{scen}(\mathcal{X}),\boldsymbol{x}\rangle\\ &= 1-\frac{1}{n}(n-\mathrm{OPT}_1(\mathcal{X}))\end{aligned}$$

$$= \frac{1}{n}\mathrm{OPT}_1(\mathcal{X}),$$

这里 $I_{\boldsymbol{x}\in S}$ 表示指示变量, 即对每一个 $\boldsymbol{x} \in \mathcal{X}$, 如果 $\boldsymbol{x} \in S$, 它取值为 1; 否则为 0. 从而可得

$$\begin{aligned}
&\Pr\left[\mathrm{cost}(\mathcal{X}, \mathrm{scen}(S)) \leqslant (1+\gamma)\mathrm{OPT}_1(\mathcal{X})\right] \\
=&\Pr\left[\mathrm{OPT}_1(\mathcal{X}) + \left\|\sum_{\boldsymbol{x}\in\mathcal{X}}\boldsymbol{x}\right\|\hat{d}(\mathrm{scen}(\mathcal{X}), \mathrm{scen}(S)) \leqslant (1+\gamma)\mathrm{OPT}_1(\mathcal{X})\right] \\
=&\Pr\left[\left\|\sum_{\boldsymbol{x}\in\mathcal{X}}\boldsymbol{x}\right\|\hat{d}(\mathrm{scen}(\mathcal{X}), \mathrm{scen}(S)) \leqslant \gamma\mathrm{OPT}_1(\mathcal{X})\right] \\
\geqslant&\Pr\left[\left\|\sum_{\boldsymbol{x}\in\mathcal{X}}\boldsymbol{x}\right\|\hat{d}(\mathrm{scen}(\mathcal{X}), \mathrm{scen}(S)) \leqslant \gamma n E\left[\hat{d}(\mathrm{scen}(\mathcal{X}), \mathrm{scen}(S))\right]\right] \\
\geqslant&\Pr\left[\hat{d}(\mathrm{scen}(\mathcal{X}), \mathrm{scen}(S)) \leqslant \gamma E\left[\hat{d}(\mathrm{scen}(\mathcal{X}), \mathrm{scen}(S))\right]\right] \\
\geqslant&1 - \frac{1}{\gamma}.
\end{aligned}$$

引理证毕. □

在引理 8.2.3 中, 取 $m = 1$ 且 $\gamma = 2$, 可以得到下面推论.

推论 8.2.2 对任意 $i \in [k]$, $|X_i| \geqslant |\mathcal{X}_i^*|/2 \geqslant |Y_i|$.

之后, 可以利用推论 8.2.2 和条件概率的知识研究第一个点选在某个 $X_i, i \in [k]$ 中的概率. 这里, $X_{[i,j]}$ 将用来表示集合 $X_i, X_{i+1}, \cdots, X_j$ 的并集, 即, $X_{[i,j]} = \bigcup_{t=i}^{j} X_t$. 类似地也有 $\mathcal{X}_{[i,j]} = \bigcup_{t=i}^{j} \mathcal{X}_t$ 的定义.

引理 8.2.4

$$\Pr[\boldsymbol{c}_1 \in X_{[1,k]}] \geqslant \frac{1}{2}.$$

证明 从算法 8.2.1 步 1 知道, 第一个聚类中心 $\boldsymbol{c}_1$ 是从 $\mathcal{X}$ 中均匀随机选取的. 从而, 利用推论 8.2.2, 对任意的 $i \in [k]$, 都有

$$\Pr[\boldsymbol{c}_1 \in X_i | \boldsymbol{c}_1 \in \mathcal{X}_i^*] = \frac{|X_i \cap \mathcal{X}_i^*|}{|\mathcal{X}_i^*|} = \frac{|X_i|}{|\mathcal{X}_i^*|} \geqslant \frac{1}{2}.$$

因此, 可以得到结论.

$$\begin{aligned}
\Pr[\boldsymbol{c}_1 \in X_{[1,k]}] &= \sum_{i=1}^{k}\Pr[\boldsymbol{c}_1 \in X_i] \\
&= \sum_{i=1}^{k}\Pr[\boldsymbol{c}_1 \in X_i | \boldsymbol{c}_1 \in \mathcal{X}_i^*]\Pr[\boldsymbol{c}_1 \in \mathcal{X}_i^*]
\end{aligned}$$

$$\geqslant \frac{1}{2}\sum_{i=1}^{k}\Pr[\boldsymbol{c}_1 \in \mathcal{X}_i^*] = \frac{1}{2}.$$

引理证毕. □

接下来通过引理 8.2.5 讨论在 $\mathcal{C}_j = \{\boldsymbol{c}_1, \boldsymbol{c}_2, \cdots, \boldsymbol{c}_j\}$ 中的点 $\boldsymbol{c}_i (i \leqslant j)$ 分别选自 X_i 的条件下, 下一个点 $\boldsymbol{c}_{j+1}$ 选自集合 $\mathcal{X}_{[j+1,k]}$ 的概率.

引理 8.2.5

$$\Pr\left[\boldsymbol{c}_{j+1} \in \mathcal{X}_{[j+1,k]} | \boldsymbol{c}_i \in X_i, \forall i \in [j]\right] \geqslant 1 - 3\beta.$$

证明 首先, 因为对所有的 $i \in [j]$, 都有 $\boldsymbol{c}_i \in X_i$, 则

$$\mathrm{cost}(\mathcal{X}_i^*, \boldsymbol{c}_i) \leqslant 3\mathrm{OPT}_1(\mathcal{X}_i^*).$$

其次, 由于 $\mathcal{X}$ 是 (k, β)-可分离集合, 则有

$$\begin{aligned}\mathrm{cost}_j(\mathcal{X}, \mathcal{C}_j) \geqslant \mathrm{OPT}_j(\mathcal{X}) \geqslant \frac{1}{\beta}\mathrm{OPT}_k(\mathcal{X}) &= \frac{1}{\beta}\sum_{i=1}^{k}\mathrm{OPT}_1(\mathcal{X}_i^*) \qquad (8.2.7)\\ &\geqslant \frac{1}{\beta}\sum_{i=1}^{j}\mathrm{OPT}_1(\mathcal{X}_i^*) \geqslant \frac{1}{3\beta}\sum_{i=1}^{j}\mathrm{cost}(\mathcal{X}_i^*, \boldsymbol{c}_i)\\ &\geqslant \frac{1}{3\beta}\mathrm{cost}_j(\mathcal{X}_{[1,j]}, \mathcal{C}_j).\end{aligned}$$

因此

$$\begin{aligned}\Pr\left[\boldsymbol{c}_{j+1} \notin \mathcal{X}_{[j+1,k]} | \boldsymbol{c}_i \in X_i, \forall i \in [j]\right] &= \Pr\left[\boldsymbol{c}_{j+1} \in \mathcal{X}_{[1,j]} | \boldsymbol{c}_i \in X_i, \forall i \in [j]\right]\\ &= \frac{\mathrm{cost}_j(\mathcal{X}_{[1,j]}, \mathcal{C}_j)}{\mathrm{cost}_j(\mathcal{X}, \mathcal{C}_j)} \leqslant 3\beta.\end{aligned}$$

引理证毕. □

下个引理讨论在 $\mathcal{C}_j = \{\boldsymbol{c}_1, \boldsymbol{c}_2, \cdots, \boldsymbol{c}_j\}$ 中的点 $\boldsymbol{c}_i (i \leqslant j)$ 分别选自 X_i, 并且第 $j+1$ 个中心采样来自集合 $\mathcal{X}_{[j+1,k]}$ 的条件下, 该点属于 $X_{[j+1,k]}$ 的概率.

引理 8.2.6

$$\Pr\left[\boldsymbol{c}_{j+1} \in X_{[j+1,k]} | \boldsymbol{c}_i \in X_i, \forall i \in [j],\ \boldsymbol{c}_{j+1} \in \mathcal{X}_{[j+1,k]}\right] \geqslant \frac{1-4\beta}{5}.$$

证明 由 (8.2.7) 式可得

$$\begin{aligned}\mathrm{cost}_j(\mathcal{X}, \mathcal{C}_j) &\geqslant \frac{1}{\beta}\sum_{i=1}^{k}\mathrm{OPT}_1(\mathcal{X}_i^*)\\ &= \frac{1}{\beta}\sum_{i=1}^{j}\mathrm{cost}(\mathcal{X}_i^*, \boldsymbol{o}_i) + \frac{1}{\beta}\sum_{i=j+1}^{k}\mathrm{cost}(\mathcal{X}_i^*, \boldsymbol{o}_i)\end{aligned}$$

$$
\begin{aligned}
&\geqslant \frac{1}{3\beta}\sum_{i=1}^{j}\operatorname{cost}(\mathcal{X}_i^*, \boldsymbol{c}_i) + \frac{1}{\beta}\sum_{i=j+1}^{k}\operatorname{cost}(\mathcal{X}_i^*, \boldsymbol{o}_i) \\
&\geqslant \frac{1}{3\beta}\operatorname{cost}_j(\mathcal{X}_{[1,j]}, \mathcal{C}_j) + \frac{1}{\beta}\sum_{i=j+1}^{k}\operatorname{cost}(\mathcal{X}_i^*, \boldsymbol{o}_i) \\
&\geqslant \operatorname{cost}_j(\mathcal{X}_{[1,j]}, \mathcal{C}_j) + \frac{1}{\beta}\sum_{i=j+1}^{k}\operatorname{cost}(\mathcal{X}_i^*, \boldsymbol{o}_i).
\end{aligned}
$$

其中由于对任意 $i \in [j]$ 有 $\boldsymbol{c}_i \in X_i$, 第二个不等号成立. 由于 $\beta < 1/8$, 第四个不等号成立. 因此

$$
\operatorname{cost}_j(\mathcal{X}_{[j+1,k]}, \mathcal{C}_j) \geqslant \frac{1}{\beta}\sum_{i=j+1}^{k}\operatorname{cost}(\mathcal{X}_i^*, \boldsymbol{o}_i) = \frac{1}{\beta}\mathrm{OPT}_{k-j}(\mathcal{X}_{[j+1,k]}). \tag{8.2.8}
$$

分别从 X_i, Y_i 中任取两个点 $\boldsymbol{x}, \boldsymbol{y}$, 即 $\boldsymbol{x} \in X_i$ 且 $\boldsymbol{y} \in Y_i$, 假设 $\boldsymbol{c}^*$ 是 $\mathcal{C}_j$ 中与 $\boldsymbol{x}$ 余弦距离最小的点, 则根据引理 8.2.2 中松弛三角不等式可以得到下述结论:

$$
\begin{aligned}
\hat{d}(\boldsymbol{y}, \mathcal{C}_j) &\leqslant \hat{d}(\boldsymbol{y}, \boldsymbol{c}^*) \\
&\leqslant 2(\hat{d}(\boldsymbol{y}, \boldsymbol{o}_i) + \hat{d}(\boldsymbol{o}_i, \boldsymbol{c}^*)) \\
&\leqslant 2(\hat{d}(\boldsymbol{y}, \boldsymbol{o}_i) + 2\hat{d}(\boldsymbol{x}, \boldsymbol{o}_i) + 2\hat{d}(\boldsymbol{x}, \boldsymbol{c}^*)) \\
&\leqslant 4[\hat{d}(\boldsymbol{y}, \boldsymbol{o}_i) + \hat{d}(\boldsymbol{x}, \boldsymbol{o}_i) + \hat{d}(\boldsymbol{x}, \mathcal{C}_j)].
\end{aligned} \tag{8.2.9}
$$

由推论 8.2.2 可知对任意 $i \in [k]$, 都有 $|X_i| \geqslant |Y_i|$. 因此会存在映射 $\boldsymbol{f}: Y_i \to X_i$ 满足: 对 Y_i 中的每一个点 $\boldsymbol{y}$, 在 X_i 中都会存在一个 $\boldsymbol{f}(y)$ 满足 (8.2.9) 式. 因此

$$
\begin{aligned}
\operatorname{cost}_j(Y_i, \mathcal{C}_j) &= \sum_{\boldsymbol{y} \in Y_i}\hat{d}(\boldsymbol{y}, \mathcal{C}_j) \\
&\leqslant 4[\operatorname{cost}(Y_i, \boldsymbol{o}_i) + \operatorname{cost}(\boldsymbol{f}(Y_i), \boldsymbol{o}_i) + \operatorname{cost}_j(\boldsymbol{f}(Y_i), \mathcal{C}_j)] \\
&\leqslant 4[\operatorname{cost}(Y_i, \boldsymbol{o}_i) + \operatorname{cost}(X_i, \boldsymbol{o}_i) + \operatorname{cost}_j(X_i, \mathcal{C}_j)] \\
&= 4\mathrm{OPT}_1(\mathcal{X}_i^*) + 4\operatorname{cost}_j(X_i, \mathcal{C}_j).
\end{aligned}
$$

上式两边同加 $\operatorname{cost}_j(X_i, \mathcal{C}_j)$, 得到

$$
\operatorname{cost}_j(\mathcal{X}_i^*, \mathcal{C}_j) \leqslant 4\mathrm{OPT}_1(\mathcal{X}_i^*) + 5\operatorname{cost}_j(X_i, \mathcal{C}_j).
$$

对所有的 i 从 j 到 k 进行求和, 则有

$$
\begin{aligned}
\operatorname{cost}_j(\mathcal{X}_{[j+1,k]}, \mathcal{C}_j) &\leqslant 4\mathrm{OPT}_{k-j}(\mathcal{X}_{[j+1,k]}) + 5\operatorname{cost}_j(X_{[j+1,k]}, \mathcal{C}_j) \\
&\leqslant 4\beta\operatorname{cost}_j(\mathcal{X}_{[j+1,k]}, \mathcal{C}_j) + 5\operatorname{cost}_j(X_{[j+1,k]}, \mathcal{C}_j),
\end{aligned}
$$

最后这个不等式根据 (8.2.8) 式可得. 因此

$$
\operatorname{cost}_j(\mathcal{X}_{[j+1,k]}, \mathcal{C}_j) \leqslant \frac{5}{1-4\beta}\operatorname{cost}_j(X_{[j+1,k]}, \mathcal{C}_j).
$$

由此可以证明得到引理的结论:

$$\Pr\left[\boldsymbol{c}_{j+1} \in X_{[j+1,k]} \left| \boldsymbol{c}_i \in X_i, \forall i \in [j], \boldsymbol{c}_{j+1} \in \mathcal{X}_{[j+1,k]} \right.\right] = \frac{\mathrm{cost}_j(X_{[j+1,k]}, \mathcal{C}_j)}{\mathrm{cost}_j(\mathcal{X}_{[j+1,k]}, \mathcal{C}_j)} \geqslant \frac{1-4\beta}{5}.$$

引理证毕. □

对任意 $j \in [k]$, 用 δ_j 表示 $X_1, X_2, \cdots, X_k$ 中有 $\mathcal{C}_j$ 中聚类中心点的子集的个数, 即

$$\delta_j = \left|\{i \,|\mathcal{C}_j \cap X_i \neq \varnothing, i \in [k]\}\right|.$$

如果对于每一个 $j \in [k]$, 都有 $\delta_j = j$, 则表示 $\mathcal{C}$ 与每个 $X_i (i \in [k])$ 的交集都是非空的. 引理 8.2.7 表明, 至少以 $2^{-\Theta(k)}$ 的概率保证算法选取的点分别属于 $X_i (i \in [k])$.

引理 8.2.7

$$\Pr[\delta_j = j] \geqslant 2^{3-4j}, \quad \forall j \in [k]. \tag{8.2.10}$$

证明 对 $j \in [k]$ 进行数学归纳. 首先, 当 $j = 1$ 时, 结论由引理 8.2.4 可得. 假设结论 (8.2.10) 式对所有的 $j \in [t-1]$ 都成立, 这里 $t \leqslant k$. 接下来证明 $P[\delta_{j+1} = j+1] \geqslant 2^{-1-4j}$ 成立. 不失一般性, 假设对于任意 $i \in [j]$, 都有 $\boldsymbol{c}_i \in X_i$. 鉴于

$$\begin{aligned}
\Pr[\delta_{j+1} = j+1] &\geqslant \Pr[\delta_{j+1} = j+1, \delta_j = j] \\
&= \Pr[\delta_{j+1} = j+1 | \delta_j = j] \Pr[\delta_j = j] \\
&\geqslant \Pr[\delta_{j+1} = j+1 | \delta_j = j] 2^{3-4j}.
\end{aligned}$$

因此, 只需要证明 $\Pr[\delta_{j+1} = j+1 | \delta_j = j] \geqslant 1/16$ 就可以证明引理结论成立. 事实上

$$\begin{aligned}
\Pr[\delta_{j+1} = j+1 | \delta_j = j] &\geqslant \Pr[\boldsymbol{c}_{j+1} \in X_{[j+1,k]} | \boldsymbol{c}_i \in X_i, \forall i \in [j]] \\
&\geqslant \Pr[\boldsymbol{c}_{j+1} \in X_{[j+1,k]} | \boldsymbol{c}_i \in X_i, \forall i \in [j], \boldsymbol{c}_{j+1} \in \mathcal{X}_{[j+1,k]}] \cdot \\
&\quad \Pr[\boldsymbol{c}_{j+1} \in \mathcal{X}_{[j+1,k]} | \boldsymbol{c}_i \in X_i, \forall i \in [j]] \\
&\geqslant \frac{1}{5}(1-4\beta)(1-3\beta) \\
&\geqslant \frac{1}{16}.
\end{aligned}$$

引理证毕. □

根据上述引理, 很容易得到下述推论.

推论 8.2.3

$$\Pr\left[\mathcal{C} \cap X_i \neq \varnothing, \forall i \in [k]\right] \geqslant 2^{3-4k}. \tag{8.2.11}$$

最终根据 (8.2.11) 式和 (8.2.6) 式可以得到定理 8.2.1 的结论.

8.2.3 推广的球面 k-均值问题的近似算法

本部分主要介绍 α-球面 k-均值问题的近似算法. 显然, 在 $\alpha=1$ 时, 它就是球面 k-均值问题. 因此, 这部分的研究内容包括了球面 k-均值问题的内容, 主要介绍两个结果. 第一个结果是关于 α-球面可分离 k-均值问题的初始化算法, 这是刚刚讨论的推广. 第二个结果是关于一般 α-球面 k-均值问题的初始化算法. 在给出这些结果之前, 首先通过引理 8.2.8 给出一个巧妙构造的函数, 然后引理 8.2.9 给出 α-余弦距离的松弛三角不等式.

引理 8.2.8 对于任意的 $\alpha>1$ 和实函数 $f:[-1,1]\to\mathbb{R}$, 这里

$$f(t;\alpha)=\frac{\alpha-t}{2\alpha-\sqrt{2+2t}},$$

都有如下结论成立.

(1) $f(t;\alpha)$ 的最大值点 $t_0(\alpha)$ 满足

$$t_0(\alpha)=4\alpha^2-\alpha-2-2\alpha\sqrt{4\alpha^2-2\alpha-2}, \tag{8.2.12}$$

并且最大值为

$$f_{\max}(\alpha)=\sqrt{2}\sqrt{4\alpha^2-\alpha-1-2\alpha\sqrt{4\alpha^2-2\alpha-2}}.$$

(2) 记 (8.2.12) 式的右端为函数

$$h(\alpha)=4\alpha^2-\alpha-2-2\alpha\sqrt{4\alpha^2-2\alpha-2},$$

则 $h(\alpha)$ 是单调不增的.

(3) 特别地, $\lim\limits_{\alpha\to1}f_{\max}(\alpha)=2$, 且

$$h\left(\frac{3}{2}\right)=\frac{1}{2},\ f_{\max}\left(\frac{3}{2}\right)=1. \tag{8.2.13}$$

类似于引理 8.2.2 的证明, 并根据引理 8.2.8 的性质, 可以得到关于松弛的三角不等式的重要结论.

引理 8.2.9 对于任意的 $\alpha\geqslant1$ 和 $\boldsymbol{x},\boldsymbol{y},\boldsymbol{z}\in\mathbb{S}^{d-1}$, 有

$$\hat{d}_\alpha(\boldsymbol{x},\boldsymbol{y})\leqslant c\hat{d}_\alpha(\boldsymbol{x},\boldsymbol{z})+c\hat{d}_\alpha(\boldsymbol{y},\boldsymbol{z}),$$

其中 $c=\max\{1,f_{\max}(\alpha)\}\leqslant2$, 而

$$f_{\max}(\alpha)=\sqrt{2}\sqrt{4\alpha^2-\alpha-1-2\alpha\sqrt{4\alpha^2-2\alpha-2}}\in(0,2].$$

可分离 α-球面 k-均值问题的初始化算法

可分离 α-球面 k-均值问题的初始化算法类似于前述可分离球面 k-均值问题的近似初始化算法, 所以在算法 8.2.2 中, 仅给出了解决可分离 α-球面 k-均值问题的初始化阶段的步骤, 并且主要的不同点是初始点的选取概率不同.

算法 8.2.2 (可分离 α-球面 k-均值问题的 k-均值 ++ 算法)

输入: 正整数 k, 参数 $\alpha \geqslant 1, \beta \in (0, 1/8)$, (k,β)-可分离集合 $\mathcal{X} \subseteq \mathbb{S}^{d-1}, |\mathcal{X}| = n$.

输出: 近似的 α-球面 k-均值 $\mathcal{C}$.

步 1 **(初始化)**

步 1.1 置 $\mathcal{C} := \varnothing$.

步 1.2 从 $\mathcal{X}$ 中随机均匀地选取第一个中心 $\boldsymbol{c}_1$, 置 $\mathcal{C} := \mathcal{C} \cup \{\boldsymbol{c}_1\}, i = 1$.

步 1.3 依概率

$$\frac{\hat{d}_\alpha(\boldsymbol{c}_i, \mathcal{C})}{\sum\limits_{\boldsymbol{x} \in \mathcal{X}} \hat{d}_\alpha(\boldsymbol{x}, \mathcal{C})}$$

选取中心点 $\boldsymbol{c}_i$, 并更新 $\mathcal{C} := \mathcal{C} \cup \{\boldsymbol{c}_i\}$, $i := i + 1$.

步 1.4 重复步 1.3 直至 $i = k$.

步 2 **(基于 Lloyd 算法优化聚类中心 $\mathcal{C}$)**

步 2.1 对于 i 从 1 到 k, 依次置划分为

$$\mathcal{X}_i := \{\boldsymbol{x} \in \mathcal{X} : \hat{d}(\boldsymbol{x}, \boldsymbol{c}_i) \leqslant \hat{d}(\boldsymbol{x}, \boldsymbol{c}_j), \forall j \in [k], j \neq i\}.$$

步 2.2 对于 i 从 1 到 k, 依次更新聚类中心 $\mathcal{C}$ 为 $\boldsymbol{c}_i := \mathrm{scen}(\mathcal{X}_i)$, 这里 $\mathrm{scen}(\mathcal{X}_i)$ 是 $\mathcal{X}_i$ 的球面质心点.

步 2.3 运行步 2.1～ 步 2.2, 直到 $\mathcal{C}$ 不再更新为止, 并输出 $\mathcal{C}$, 算法停止.

下面定理的证明类似于定理 8.2.1 的证明, 请读者自行完成.

定理 8.2.2 假设 $k, n \in \mathbb{N}$, $\alpha \geqslant 1$, 并且 $0 < \beta < 1/8$. 令 $\mathcal{X}$ 是 $\mathbb{S}^{d-1}$ 中 (k,β)-可分离的集合, 其中 $|\mathcal{X}| = n$, $\mathcal{C}$ 是算法 8.2.2 的输出, 则至少以概率 $2^{-\Theta(k)}$, 有

$$\mathrm{cost}(\mathcal{X}, \mathcal{C})_\alpha \leqslant 3\mathrm{OPT}_k(\mathcal{X})_\alpha.$$

α-球面 k-均值问题的初始化算法

这部分的结果是对一般的 α-球面 k-均值问题的讨论 (没有可分离的要求), 主要用的方法是初始化算法. 在算法 8.2.3 中, 主要步骤类似于算法 8.2.2 中的初始化阶段, 不同之处是两个问题的输入不同. 实际上, 算法 8.2.3 中问题的输入包含的问题更广泛, 并且对该算法近似比的分析是确定性的. 因而, 算法 8.2.3 输出的结果可能不是常数近似比.

算法 8.2.3 (α-球面 k-均值问题的 k-均值 ++ 算法)

输入: 正整数 k, 参数 $\alpha \geqslant 1$, $\mathbb{R}^d$ 中具有单位长度的集合 $\mathcal{X}$.

输出: 中心点集合 $\mathcal{C}$.

步 1 **(初始化)**

步 1.1 置 $\mathcal{C} := \varnothing$.

步 1.2 从 $\mathcal{X}$ 中随机均匀地选取第一个中心 $\boldsymbol{c}_1$, 置 $\mathcal{C} := \mathcal{C} \cup \{\boldsymbol{c}_1\}, i = 1$.

步 1.3 依概率

$$\frac{\hat{d}_\alpha(\boldsymbol{c}_i, \mathcal{C})}{\sum\limits_{\boldsymbol{x} \in \mathcal{X}} \hat{d}_\alpha(\boldsymbol{x}, \mathcal{C})}$$

选取中心点 $\boldsymbol{c}_i$, 并更新 $\mathcal{C} := \mathcal{C} \cup \{\boldsymbol{c}_i\}$, $i := i+1$.

步 1.4 重复步 1.3 直至 $i = k$.

步 2 (基于 Lloyd 算法优化聚类中心 $\mathcal{C}$)

步 2.1 对于 i 从 1 到 k, 依次置划分为

$$\mathcal{X}_i := \{\boldsymbol{x} \in \mathcal{X} : \hat{d}(\boldsymbol{x}, \boldsymbol{c}_i) \leqslant \hat{d}(\boldsymbol{x}, \boldsymbol{c}_j), \forall j \in [k], j \neq i\}.$$

步 2.2 对于 i 从 1 到 k, 依次更新聚类中心 $\mathcal{C}$ 为 $\boldsymbol{c}_i := \mathrm{scen}(\mathcal{X}_i)$, 这里 $\mathrm{scen}(\mathcal{X}_i)$ 是 $\mathcal{X}_i$ 的球面质心点.

步 2.3 运行步 2.1~ 步 2.2, 直到 $\mathcal{C}$ 不再更新为止, 并输出 $\mathcal{C}$, 算法停止.

最后, 读者可以参考一般 k-均值问题的初始化算法的近似比分析给出下面定理的证明.

定理 8.2.3 假设 $k, n \in \mathbb{N}$, 且 $\alpha \geqslant 1$. 设 $\mathcal{X}$ 是 $\mathbb{S}^{d-1}$ 中的一个集合, 其中 $|\mathcal{X}| = n$. 并且 $\mathcal{C}$ 是算法 8.2.3 的输出, 则

$$\mathrm{cost}(\mathcal{X}, \mathcal{C})_\alpha \leqslant O(\ln k)\mathrm{OPT}_k(\mathcal{X})_\alpha.$$

8.3 局部搜索算法

从定理 8.1.1可知, 利用 k-均值问题的经典局部搜索 $(9+\varepsilon)$-近似算法 [126], 可以得到球面 k-均值问题的局部搜索 $(18+\varepsilon)$-近似算法. 那么, 是否存在直接针对球面 k-均值问题使用局部搜索方案的近似算法? 本节将介绍两种不借助任何 k-均值问题算法的球面 k-均值问题的局部搜索算法, 并给出相应的性能保证分析. 算法设计思想类似于设施选址, k-中位和 k-均值等问题的局部搜索算法. 由于 k-均值问题[126] 中任意两点之间的距离是平方 Euclidean 距离, 球面 k-均值问题中任意两点之间的距离则是余弦距离, 因此也给球面 k-均值问题的局部搜索算法带来了挑战.

8.3.1 单交换的局部搜索算法

本节介绍使用单交换操作的球面 k-均值问题的局部搜索算法, 并证明它的近似比为 $8(2+\sqrt{3})+\varepsilon$. 已知球面 k-均值问题的任何局部最优解中的每个中心点都是其邻域的球面质心点, 但是这样的球面质心点个数是指数量级的. 为了保证多项式运行时间, 假定所有候选中心点从 $\mathcal{X}$ 中选取.

单交换局部搜索算法的主要思想是: 首先, 在 $\mathcal{X}$ 中选择 k 个点来构造初始可行解 S, 然后, 通过执行单交换运算 $\mathrm{swap}(\boldsymbol{a}, \boldsymbol{b})$, 即从 S 中删除点 $\boldsymbol{a}$, 并将 S 之外的点 $\boldsymbol{b}$ 添加到 S 中, 反复改进当前的解. 令 $S' = S \setminus \{\boldsymbol{a}\} \cup \{\boldsymbol{b}\}$ 为交换运算 $\mathrm{swap}(\boldsymbol{a}, \boldsymbol{b})$ 之后的解. 如果 S' 改进了目标值, 则用 S' 替换 S. 否则, 保持 S 不变. 为方便起见, 使用 $\mathrm{Ngh}_1(S)$ 来表示与交换运算 $\mathrm{swap}(\boldsymbol{a}, \boldsymbol{b})$ 关联的 S 的邻域, 即

$$\mathrm{Ngh}_1(S) := \{S \setminus \{\boldsymbol{a}\} \cup \{\boldsymbol{b}\} | \boldsymbol{a} \in S, \boldsymbol{b} \in \mathcal{X} \setminus S\}.$$

下面给出单交换局部搜索算法.

算法 8.3.1 (单交换局部搜索算法)

输入: 观测集 $\mathcal{X}$, 整数 k.

输出: 中心点集合 S.

步 1 (**初始化**) 从 $\mathcal{X}$ 中任意选择 k 个点作为初始可行解 S.

步 2 (**局部搜索**) 计算

$$S_{\min} := \mathop{\arg\min}_{S' \in \mathrm{Ngh}_1(S)} \mathrm{cost}(\mathcal{X}, S').$$

步 3 (**终止条件**) 如果 $\mathrm{cost}_k(\mathcal{X}, S_{\min}) \geqslant \mathrm{cost}_k(\mathcal{X}, S)$, 输出 S, 算法停止. 否则, 更新 $S := S_{\min}$ 并转到步 2.

在分析算法 8.3.1 的性能保证之前, 给出一些必要的引理. 令 S 和 O 分别表示球面 k-均值问题的局部最优解和全局最优解. 如前所述, 点 $\boldsymbol{x}$ 由最优中心 $\boldsymbol{o}_{\boldsymbol{x}} \in O$ 服务, $\boldsymbol{o}_{\boldsymbol{x}}$ 由中心 $\boldsymbol{s}_{\boldsymbol{o}_{\boldsymbol{x}}} \in S$ 捕获. 因此 $\hat{d}(\boldsymbol{x}, S) = \min_{\boldsymbol{s} \in S} \hat{d}(\boldsymbol{s}, \boldsymbol{x}) = \hat{d}(\boldsymbol{s}_{\boldsymbol{x}}, \boldsymbol{x})$, $\hat{d}(\boldsymbol{x}, O) = \min_{\boldsymbol{o} \in O} \hat{d}(\boldsymbol{o}, \boldsymbol{x}) = \hat{d}(\boldsymbol{o}_{\boldsymbol{x}}, \boldsymbol{x})$. 由 Cauchy-Schwarz 不等式, 得到以下引理.

引理 8.3.1 令 S 和 O 分别表示球面 k-均值问题的局部最优解和全局最优解, 则有

$$\sum_{\boldsymbol{x} \in \mathcal{X}} \sqrt{\hat{d}(\boldsymbol{x}, S)\hat{d}(\boldsymbol{x}, O)} \leqslant \sqrt{\sum_{\boldsymbol{x} \in \mathcal{X}} \hat{d}(\boldsymbol{x}, S)} \sqrt{\sum_{\boldsymbol{x} \in \mathcal{X}} \hat{d}(\boldsymbol{x}, O)}. \tag{8.3.14}$$

基于集合 S 构造聚类的方式, 将观测点 $\boldsymbol{x}$ 连接到 S 中距 $\boldsymbol{o}_{\boldsymbol{x}}$ 最近中心点 $\boldsymbol{s}_{\boldsymbol{o}_{\boldsymbol{x}}}$. 通过下述引理, 给出基于该聚类方式所产生费用的上界估计.

引理 8.3.2 令 S 和 O 分别表示球面 k-均值问题的局部最优解和全局最优解, 则有

$$\sum_{\boldsymbol{x} \in \mathcal{X}} \hat{d}(\boldsymbol{s}_{\boldsymbol{o}_{\boldsymbol{x}}}, \boldsymbol{x}) \leqslant \sum_{\boldsymbol{x} \in \mathcal{X}} \hat{d}(\boldsymbol{x}, S) + 2\sum_{\boldsymbol{x} \in \mathcal{X}} \hat{d}(\boldsymbol{x}, O) + 2\sum_{\boldsymbol{x} \in \mathcal{X}} \sqrt{\hat{d}(\boldsymbol{x}, S)\hat{d}(\boldsymbol{x}, O)}. \tag{8.3.15}$$

证明 根据集合 $\mathcal{X}$ 对应 O 的划分, 有

$$\sum_{\boldsymbol{x} \in \mathcal{X}} \hat{d}(\boldsymbol{s}_{\boldsymbol{o}_{\boldsymbol{x}}}, \boldsymbol{x}) = \sum_{\boldsymbol{o} \in O} \sum_{\boldsymbol{x} \in X_O(\boldsymbol{o})} \hat{d}(\boldsymbol{s}_{\boldsymbol{o}}, \boldsymbol{x}) = \sum_{\boldsymbol{o} \in O} \hat{d}(\boldsymbol{s}_{\boldsymbol{o}}, X_O(\boldsymbol{o})).$$

根据引理 8.1.1 和已知事实 $\boldsymbol{o} = \mathrm{scen}(N^*(\boldsymbol{o}))$, $\left\|\sum_{\boldsymbol{x} \in N^*(\boldsymbol{o})} \boldsymbol{x}\right\| \leqslant |N^*(\boldsymbol{o})|$, 得到

$$\begin{aligned}
\sum_{\boldsymbol{o} \in O} \hat{d}(\boldsymbol{s}_{\boldsymbol{o}}, N^*(\boldsymbol{o})) &= \sum_{\boldsymbol{o} \in O} \left(\hat{d}(\boldsymbol{o}, N^*(\boldsymbol{o})) + \left\| \sum_{\boldsymbol{x} \in N^*(\boldsymbol{o})} \boldsymbol{x} \right\| \hat{d}(\boldsymbol{s}_{\boldsymbol{o}}, \boldsymbol{o}) \right) \\
&\leqslant \sum_{\boldsymbol{o} \in O} \left(\hat{d}(\boldsymbol{o}, N^*(\boldsymbol{o})) + |N^*(\boldsymbol{o})| \hat{d}(\boldsymbol{s}_{\boldsymbol{o}}, \boldsymbol{o}) \right) \\
&= \sum_{\boldsymbol{o} \in O} \sum_{\boldsymbol{x} \in N^*(\boldsymbol{o})} \left(\hat{d}(\boldsymbol{o}, \boldsymbol{x}) + \hat{d}(\boldsymbol{s}_{\boldsymbol{o}}, \boldsymbol{o}) \right)
\end{aligned}$$

$$
\begin{aligned}
&\leqslant \sum_{o\in O}\sum_{x\in N^*(o)}\left(\hat{d}(\boldsymbol{o},\boldsymbol{x})+\hat{d}(\boldsymbol{s_x},\boldsymbol{o})\right)\\
&=\sum_{x\in\mathcal{X}}\left(\hat{d}(\boldsymbol{o_x},\boldsymbol{x})+\hat{d}(\boldsymbol{s_x},\boldsymbol{o_x})\right)\\
&\leqslant \sum_{x\in\mathcal{X}}\left(\hat{d}(\boldsymbol{o_x},\boldsymbol{x})+\left(\sqrt{\hat{d}(\boldsymbol{s_x},\boldsymbol{x})}+\sqrt{\hat{d}(\boldsymbol{o_x},\boldsymbol{x})}\right)^2\right)\\
&=\sum_{x\in\mathcal{X}}\hat{d}(\boldsymbol{s_x},\boldsymbol{x})+2\sum_{x\in\mathcal{X}}\hat{d}(\boldsymbol{o_x},\boldsymbol{x})+2\sum_{x\in\mathcal{X}}\sqrt{\hat{d}(\boldsymbol{x},S)\hat{d}(\boldsymbol{x},O)},
\end{aligned}
$$

证毕. □

为了分析方便, 给出以下定义. 给定可行解 S 和全局最优解 O, 不失一般性, 在后续的讨论中, 假设 $|S|=|O|$. 对于每个最优中心 $\boldsymbol{o}\in O$, 令 $\boldsymbol{s_o}$ 为 S 中离 $\boldsymbol{o}$ 最近的中心, 即 $\boldsymbol{s_o}=\arg\min\limits_{\boldsymbol{s}\in S}\hat{d}(\boldsymbol{o},\boldsymbol{s})$, 称 $\boldsymbol{o}$ 被 $\boldsymbol{s_o}$ 捕获. S 中的某些中心点可能没有捕获 O 中的任何最优中心点. 因此, 将 S 中的所有中心点分为如下两类.

定义 8.3.1 给定球面 k-均值问题的可行解 S 和全局最优解 O, 如果中心点 $\boldsymbol{s}\in S$ 至少捕获一个最优中心点 $\boldsymbol{o}\in O$, 则称 $\boldsymbol{s}$ 为坏中心点, 否则称为好中心点. S 中所有坏中心点的集合记为 $\mathrm{Bad}(S)$.

不失一般性, 假设 $\mathrm{Bad}(S)$ 包含 m 个坏中心点 $\{\boldsymbol{s}_1,\boldsymbol{s}_2,\cdots,\boldsymbol{s}_m\}$. 当然, 每个坏中心 $\boldsymbol{s}_i$ 必须至少捕获一个最优中心点, 其中 $i=1,2,\cdots,m$. 因此, 全局最优解 O 就可以划分为 m 个不相交的子集, 每个 O_i 包含 m_i 个最优中心点, 它们都被坏中心点 $\boldsymbol{s}_i$ 捕获, 即

$$
O_i=\{\boldsymbol{o}\in O|\boldsymbol{s_o}=\boldsymbol{s}_i\}.
$$

对应每个 O_i, 构造子集 $S_i\subseteq S$, 该子集由坏中心点 $\boldsymbol{s}_i$ 和任意 m_i-1 个好中心点组成, 使得 $|S_i|=|O_i|$, 并保持所有子集 S_i 互不相交. 为了便于讨论, 不妨设 S_i 中的中心为 $\{\boldsymbol{s}_i,\boldsymbol{s}_i^2,\cdots,\boldsymbol{s}_i^{m_i}\}$, 其中 $i=1,2,\cdots,m$. 相应地, 子集 O_i 记为 $O_i=\{\boldsymbol{o}_i^1,\boldsymbol{o}_i^2,\cdots,\boldsymbol{o}_i^{m_i}\}$. 基于这些记号, 不难看出每个 $\boldsymbol{o}_i^j$ 都被 s_i 捕获, 并且 $\boldsymbol{s}_i^j$, $j=2,\cdots,m_i$ 都是好的中心点.

之后, 根据 S 中坏中心点和好中心点的类别为球面 k-均值问题引入关于 S 和 O 的划分. 为了估算算法的近似比, 使用局部搜索的通用技术来构建 $(\boldsymbol{s},\boldsymbol{o})$ 对 (参见图 8.3.1), 构建过程如下.

程序 8.3.1

步 1 对每个 $m_i=1$ 的 i, 令 $S_i=\{\boldsymbol{s}_i\}$ 和 $O_i=\{\boldsymbol{o}_i\}$, 构建点对 $(\boldsymbol{s}_i,\boldsymbol{o}_i)$.

步 2 对每个 $m_i\geqslant 2$ 的 i, 记 $S_i:=\{\boldsymbol{s}_i,\boldsymbol{s}_i^2,\cdots,\boldsymbol{s}_i^{m_i}\}$, $O_i:=\{\boldsymbol{o}_i^1,\boldsymbol{o}_i^2,\cdots,\boldsymbol{o}_i^{m_i}\}$. 构建点对

$$
\left(\boldsymbol{s}_i^2,\boldsymbol{o}_i^1\right),\left(\boldsymbol{s}_i^2,\boldsymbol{o}_i^2\right),\left(\boldsymbol{s}_i^3,\boldsymbol{o}_i^3\right),\cdots,\left(\boldsymbol{s}_i^{m_i},\boldsymbol{o}_i^{m_i}\right).
$$

观察程序 8.3.1 中交换点对的构建过程, 可发现如下特征. 如果执行单个交换运算 $\mathrm{swap}(\boldsymbol{s},\boldsymbol{o})$, 则:

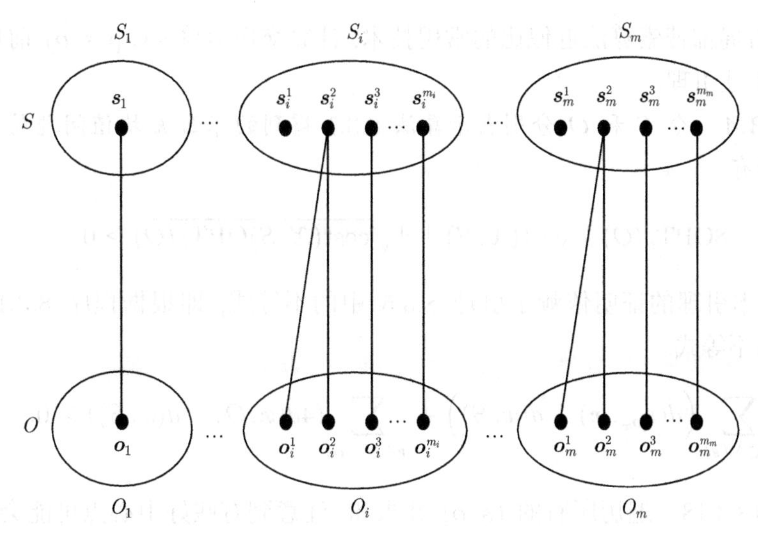

图 8.3.1 单交换下构建 S 和 O 的交换对 $(\boldsymbol{s},\boldsymbol{o})$

(1) 每个最优中心恰好交换一次.

(2) S 中的每个中心最多交换两次.

(3) 对每个点对 $(\boldsymbol{s},\boldsymbol{o})$, $\boldsymbol{s}$ 除 $\boldsymbol{o}$ 以外不能捕获任何最优中心.

由于 S 是从算法 8.3.1 得到的, 满足局部最优性, 即对于任何交换运算 swap $(\boldsymbol{a},\boldsymbol{b})$, 有

$$\operatorname{cost}(\mathcal{X}, S\setminus\{\boldsymbol{a}\}\cup\{\boldsymbol{b}\})\geqslant\operatorname{cost}(\mathcal{X},S),\tag{8.3.16}$$

其中 $\boldsymbol{a}\in S$, $\boldsymbol{b}\in\mathcal{X}-S$.

因此可以考虑利用 O 的总成本和所有交换运算 swap$(\boldsymbol{s},\boldsymbol{o})$ 来估算 $\operatorname{cost}(\mathcal{X},S)$ 的上界. 但是, 这里的困难是最优中心 $\boldsymbol{o}$ 可能不在 $\mathcal{X}$ 中, 使得无法在局部搜索算法中执行 swap$(\boldsymbol{s},\boldsymbol{o})$ 运算. 为了解决该问题, 选用与 $\boldsymbol{o}\in O$ 对应的近似中心 $\hat{\boldsymbol{o}}\in\mathcal{X}$ 来近似 $\boldsymbol{o}$, 执行交换运算 swap$(\hat{\boldsymbol{o}},\boldsymbol{s})$ 而不是交换运算 swap$(\boldsymbol{o},\boldsymbol{s})$. 其中, 与每个 $\boldsymbol{o}\in O$ 对应的近似中心 $\hat{\boldsymbol{o}}$ 定义为

$$\hat{\boldsymbol{o}}:=\underset{\boldsymbol{x}\in N^*(\boldsymbol{o})}{\arg\min}\,\hat{d}(\boldsymbol{o},\boldsymbol{x}).\tag{8.3.17}$$

用 $\hat{\boldsymbol{o}}$ 替换最优中心 $\boldsymbol{o}$, 服务 $N^*(\boldsymbol{o})$ 中所有点, 增加的费用由下面引理给出.

引理 8.3.3 令 $\hat{\boldsymbol{o}}$ 为由 (8.3.17) 式定义的近似中心点, 则 $\hat{d}(\hat{\boldsymbol{o}},N^*(\boldsymbol{o}))\leqslant 4\hat{d}(\boldsymbol{o},N^*(\boldsymbol{o}))$.

证明 根据三角不等式和 $\hat{\boldsymbol{o}}$ 的定义, 有

$$\begin{aligned}\hat{d}(\hat{\boldsymbol{o}},N^*(\boldsymbol{o}))&=\sum_{\boldsymbol{x}\in N^*(\boldsymbol{o})}\hat{d}(\hat{\boldsymbol{o}},\boldsymbol{x})\leqslant\sum_{\boldsymbol{x}\in N^*(\boldsymbol{o})}\left(\sqrt{\hat{d}(\boldsymbol{o},\boldsymbol{x})}+\sqrt{\hat{d}(\boldsymbol{o},\hat{\boldsymbol{o}})}\right)^2\\&\leqslant 2\sum_{\boldsymbol{x}\in N^*(\boldsymbol{o})}\left(\hat{d}(\boldsymbol{o},\boldsymbol{x})+\hat{d}(\boldsymbol{o},\hat{\boldsymbol{o}})\right)\leqslant 4\sum_{\boldsymbol{x}\in X_O(\boldsymbol{o})}\hat{d}(\boldsymbol{o},\boldsymbol{x})\\&=4\hat{d}(\boldsymbol{o},N^*(\boldsymbol{o})).\end{aligned}$$

引理证毕. □

利用分析局部搜索算法近似比的常用技术, 计算交换运算 swap$(\boldsymbol{s},\boldsymbol{o})$ 前后总成本的差异可以得到下述引理.

引理 8.3.4 令 S 和 O 分别表示算法 8.3.1 得到的球面 k-均值问题局部最优解和全局最优解, 则有

$$8\mathrm{OPT}_k(O)-\mathrm{cost}(\mathcal{X},S)+4\sqrt{\mathrm{cost}(\mathcal{X},S)\mathrm{OPT}_k(O)}\geqslant 0.$$

证明 本引理的证明依赖于引理 8.3.5 中的不等式, 即根据程序 8.3.1 构建的点对 $(\boldsymbol{s},\boldsymbol{o})$ 满足的不等式.

$$\sum_{\boldsymbol{x}\in N(\boldsymbol{s})}\left(\hat{d}(\boldsymbol{s}_{\boldsymbol{o}_{\boldsymbol{x}}},\boldsymbol{x})-\hat{d}(\boldsymbol{x},S)\right)+\sum_{\boldsymbol{x}\in N^*(\boldsymbol{o})}(4\hat{d}(\boldsymbol{x},O)-\hat{d}(\boldsymbol{x},S))\geqslant 0. \tag{8.3.18}$$

对于不等式 (8.3.18), 遍历所有的 $(\boldsymbol{s},\boldsymbol{o})$ 并求和, 注意到有些好中心点可能会用到两次, 则有

$$\begin{aligned}0&\leqslant 2\sum_{\boldsymbol{s}\in S}\sum_{\boldsymbol{x}\in N(\boldsymbol{s})}\left(\hat{d}(\boldsymbol{s}_{\boldsymbol{o}_{\boldsymbol{x}}},\boldsymbol{x})-\hat{d}(\boldsymbol{x},S)\right)+\sum_{\boldsymbol{o}\in O}\sum_{\boldsymbol{x}\in N^*(\boldsymbol{o})}(4\hat{d}(\boldsymbol{x},O)-\hat{d}(\boldsymbol{x},S))\\&=2\sum_{\boldsymbol{x}\in\mathcal{X}}\left(\hat{d}(\boldsymbol{s}_{\boldsymbol{o}_{\boldsymbol{x}}},\boldsymbol{x})-\hat{d}(\boldsymbol{x},S)\right)+\sum_{\boldsymbol{x}\in\mathcal{X}}(4\hat{d}(\boldsymbol{x},O)-\hat{d}(\boldsymbol{x},S)).\end{aligned} \tag{8.3.19}$$

结合 (8.3.14) 式和 (8.3.15) 式, 继续放缩 (8.3.19) 式右边的式子如下:

$$\begin{aligned}0&\leqslant 4\sum_{\boldsymbol{x}\in\mathcal{X}}\left(\hat{d}(\boldsymbol{x},O)+\sqrt{\hat{d}(\boldsymbol{x},S)\hat{d}(\boldsymbol{x},O)}\right)+\sum_{\boldsymbol{x}\in\mathcal{X}}(4\hat{d}(\boldsymbol{x},O)-\hat{d}(\boldsymbol{x},S))\\&=8\sum_{\boldsymbol{x}\in\mathcal{X}}\hat{d}(\boldsymbol{x},O)-\sum_{\boldsymbol{x}\in\mathcal{X}}\hat{d}(\boldsymbol{x},S)+4\sum_{\boldsymbol{x}\in\mathcal{X}}\sqrt{\hat{d}(\boldsymbol{x},S)\hat{d}(\boldsymbol{x},O)}\\&\leqslant 8\sum_{\boldsymbol{x}\in\mathcal{X}}\hat{d}(\boldsymbol{x},O)-\sum_{\boldsymbol{x}\in\mathcal{X}}\hat{d}(\boldsymbol{x},S)+4\sqrt{\sum_{\boldsymbol{x}\in\mathcal{X}}\hat{d}(\boldsymbol{x},O)}\sqrt{\sum_{\boldsymbol{x}\in\mathcal{X}}\hat{d}(\boldsymbol{x},S)}\\&=8\mathrm{OPT}_k(O)-\mathrm{cost}(\mathcal{X},S)+4\sqrt{\mathrm{OPT}_k(O)\mathrm{cost}(\mathcal{X},S)}.\end{aligned} \tag{8.3.20}$$

证毕. □

下面证明引理 8.3.4 中的不等式 (8.3.18).

引理 8.3.5 假设 S 是算法 8.3.1 得到的球面 k-均值问题局部最优解, O 是该问题的全局最优解, 对按照程序 8.3.1 构建得到的每个点对 $(\boldsymbol{s},\boldsymbol{o})$, 有

$$\sum_{\boldsymbol{x}\in N(\boldsymbol{s})}\left(\hat{d}(\boldsymbol{s}_{\boldsymbol{o}_{\boldsymbol{x}}},\boldsymbol{x})-\hat{d}(\boldsymbol{x},S)\right)+\sum_{\boldsymbol{x}\in N^*(\boldsymbol{o})}\left(4\hat{d}(\boldsymbol{x},O)-\hat{d}(\boldsymbol{x},S)\right)\geqslant 0.$$

证明 由于最优中心 $\boldsymbol{o}$ 可能不在 $\mathcal{X}$ 中, 因此用近似中心 $\hat{\boldsymbol{o}}$ 代替 $\boldsymbol{o}$, 重新分配 $\mathcal{X}$ 中的点到 $S\setminus\{\boldsymbol{s}\}\cup\{\hat{\boldsymbol{o}}\}$ 中的中心, 分配原则如下:

(1) 所有 $N^*(\boldsymbol{o})$ 中的点都分配给 $\hat{\boldsymbol{o}}$.

(2) 每个点 $\boldsymbol{x} \in N(\boldsymbol{s}) - N^*(\boldsymbol{o})$ 由 $\boldsymbol{s}_{\boldsymbol{o}_{\boldsymbol{x}}}$ 服务, 注意该点不是 $\boldsymbol{s}$ 但在集合 $S \setminus \{\boldsymbol{s}\} \cup \{\hat{\boldsymbol{o}}\}$ 中.

$$\begin{aligned}
&\operatorname{cost}(\mathcal{X}, S \setminus \{\boldsymbol{s}\} \cup \{\hat{\boldsymbol{o}}\}) - \operatorname{cost}(\mathcal{X}, S) \\
\leqslant &\sum_{\boldsymbol{x} \in N(\boldsymbol{s}) \setminus N^*(\boldsymbol{o})} \left(\hat{d}(\boldsymbol{s}_{\boldsymbol{o}_{\boldsymbol{x}}}, \boldsymbol{x}) - \hat{d}(\boldsymbol{x}, S)\right) + \sum_{\boldsymbol{x} \in N^*(\boldsymbol{o})} \left(\hat{d}(\hat{\boldsymbol{o}}, \boldsymbol{x}) - \hat{d}(\boldsymbol{x}, S)\right) \\
\leqslant &\sum_{\boldsymbol{x} \in N(\boldsymbol{s}) \setminus N^*(\boldsymbol{o})} \left(\hat{d}(\boldsymbol{s}_{\boldsymbol{o}_{\boldsymbol{x}}}, \boldsymbol{x}) - \hat{d}(\boldsymbol{x}, S)\right) + \sum_{\boldsymbol{x} \in N^*(\boldsymbol{o})} \left(4\hat{d}(\boldsymbol{o}, \boldsymbol{x}) - \hat{d}(\boldsymbol{x}, S)\right) \\
\leqslant &\sum_{\boldsymbol{x} \in N(\boldsymbol{s})} \left(\hat{d}(\boldsymbol{s}_{\boldsymbol{o}_{\boldsymbol{x}}}, \boldsymbol{x}) - \hat{d}(\boldsymbol{x}, S)\right) + \sum_{\boldsymbol{x} \in N^*(\boldsymbol{o})} \left(4\hat{d}(\boldsymbol{x}, O) - \hat{d}(\boldsymbol{x}, S)\right).
\end{aligned} \tag{8.3.21}$$

接下来, 按照以下三种情况来总结证明 $\operatorname{cost}(\mathcal{X}, S \setminus \{\boldsymbol{s}\} \cup \{\hat{\boldsymbol{o}}\}) - \operatorname{cost}(\mathcal{X}, S) \geqslant 0$:

情形 1. 如果 $\hat{\boldsymbol{o}} \notin S$, 根据局部最优解 S 的性质, 有 $\operatorname{cost}(\mathcal{X}, S \setminus \{\boldsymbol{s}\} \cup \{\hat{\boldsymbol{o}}\}) - \operatorname{cost}(\mathcal{X}, S) \geqslant 0$.

情形 2. 如果 $\hat{\boldsymbol{o}} = \boldsymbol{s}$, 有 $S \setminus \{\boldsymbol{s}\} \cup \{\hat{\boldsymbol{o}}\} = S$. 因此, $\operatorname{cost}(\mathcal{X}, S \setminus \{\boldsymbol{s}\} \cup \{\hat{\boldsymbol{o}}\}) - \operatorname{cost}(\mathcal{X}, S) = 0$.

情形 3. 如果 $\hat{\boldsymbol{o}} \in S$ 并且 $\hat{\boldsymbol{o}} \neq \boldsymbol{s}$, 那么 $S \setminus \{\boldsymbol{s}\} \cup \{\hat{\boldsymbol{o}}\} \subset S$, 并且 $\operatorname{cost}(\mathcal{X}, S \setminus \{\boldsymbol{s}\} \cup \{\hat{\boldsymbol{o}}\}) - \operatorname{cost}(\mathcal{X}, S) \geqslant 0$.

综上, 整合这些不等式 (8.3.21), 结论成立. □

下面的定理给出本节的主要结果.

定理 8.3.1 *算法 8.3.1 得到局部最优解 S 满足*

$$\operatorname{cost}(\mathcal{X}, S) \leqslant 8\left(2 + \sqrt{3}\right) \operatorname{OPT}_k(O).$$

证明 因为

$$\begin{aligned}
&8\operatorname{OPT}_k(O) - \operatorname{cost}(\mathcal{X}, S) + 4\sqrt{\operatorname{OPT}_k(O)\operatorname{cost}(\mathcal{X}, S)} \\
=&8\left(\sqrt{\operatorname{OPT}_k(O)} - \frac{\sqrt{3}-1}{4}\sqrt{\operatorname{cost}(\mathcal{X}, S)}\right)\left(\sqrt{\operatorname{OPT}_k(O)} + \frac{\sqrt{3}+1}{4}\sqrt{\operatorname{cost}(\mathcal{X}, S)}\right),
\end{aligned}$$

以及

$$\sqrt{\operatorname{OPT}_k(O)} + \frac{\sqrt{3}+1}{4}\sqrt{\operatorname{cost}(\mathcal{X}, S)} \geqslant 0,$$

则根据 (8.3.20) 式, 有

$$\operatorname{cost}(\mathcal{X}, S) \leqslant \left(\frac{4}{\sqrt{3}-1}\right)^2 \operatorname{OPT}_k(O) = 8\left(2 + \sqrt{3}\right) \operatorname{OPT}_k(O).$$

证毕. □

通过应用文献 [19,126] 中的标准技术, 可以类似地得到多项式时间的局部搜索算法, 只是在近似比中损失任意给定的 $\varepsilon > 0$.

8.3.2 多交换的局部搜索算法

本小节利用多交换操作给出球面 k-均值问题改进的局部搜索近似算法, 并证明其在多交换时近似比为 $2(4+\sqrt{7})+\varepsilon$.

与单交换不同, 给定整数 $p \leqslant k$, 多交换操作在大小为 $|A|=p' \leqslant p$ 的任意集合 $A \subseteq S$ 和任意相同大小的集合 $B \subseteq \mathcal{X} \setminus S$ 之间同时进行交换. 令 $S'=(S \setminus A) \cup B$ 为交换运算 $\mathrm{swap}(A,B)$ 之后的解. 类似地, 如果 S' 的总费用小于 S 的总费用, 则用 S' 代替 S, 否则 S 不变. 对于上述多交换操作, 定义 S 的邻域如下:

$$\mathrm{Ngh}_p(S) := \{(S \setminus A) \cup B | A \subseteq S, B \subseteq \mathcal{X} \setminus S, |A|=|B| \leqslant p\}.$$

对任意给定的 $\varepsilon>0$, 算法 8.3.2 给出了球面 k-均值问题的多交换局部搜索算法.

算法 8.3.2 (多交换局部搜索算法)

输入: 观测集 $\mathcal{X}$, 整数 k, 参数 ε.

输出: 中心点集合 S.

步 1 (**初始化**) 令 $p := \left\lceil \frac{18}{\varepsilon} \right\rceil$, 从 $\mathcal{X}$ 中任意选取 k 个点作为初始可行解 S.

步 2 (**局部搜索**) 计算

$$S_{\min} := \underset{S' \in \mathrm{Ngh}_p(S)}{\arg\min}\ \mathrm{cost}(\mathcal{X}, S').$$

步 3 (**终止条件**) 如果 $\mathrm{cost}(\mathcal{X}, S_{\min}) \geqslant \mathrm{cost}(\mathcal{X}, S)$, 输出 S, 算法停止. 否则, 更新 $S := S_{\min}$ 并转步 2.

下面定理给出了本节的另一个主要结论.

定理 8.3.2 对任意给定的 $\varepsilon>0$, 算法 8.3.2 给出的局部最优解 S 满足

$$\mathrm{cost}(\mathcal{X}, S) \leqslant \left(2\left(4+\sqrt{7}\right)+\varepsilon\right)\mathrm{OPT}_k(O).$$

证明 为了得到预期的结果, 需要首先按照程序 8.3.2 所示过程构造 (S_i, O_i) 或点对 $(\boldsymbol{s}, \boldsymbol{o})$ (见图 8.3.2), 然后根据不同情况, 分析每个 (S_i, O_i) 或点对 $(\boldsymbol{s}, \boldsymbol{o})$ 多交换操作前后总费用的差异.

基于前面介绍的 S 和 O 的划分, 我们按照程序 8.3.2 所示过程构造 (S_i, O_i) 或点对 $(\boldsymbol{s}, \boldsymbol{o})$.

程序 8.3.2

步 1 对每个满足 $|S_i|=|O_i| \leqslant p$ 的 i, 构建 (S_i, O_i) 对.

步 2 对每个满足 $|S_i|=|O_i|=m_i>p$ 的 i, 构建 $m_i(m_i-1)$ 个点对 $(\boldsymbol{s}, \boldsymbol{o})$, 这里 $\boldsymbol{s} \in S_i \backslash \{\boldsymbol{s}_i\}$ 并且 $\boldsymbol{o} \in O_i$.

下面分别讨论程序 8.3.2 构建过程中的两种情况, 以及相应的多交换.

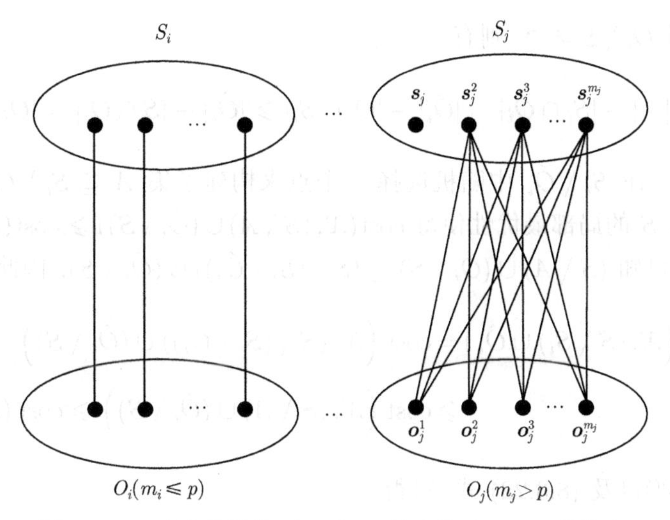

图 8.3.2 多交换操作下 S 和 O 的交换对 $(\boldsymbol{s}, \boldsymbol{o})$ 的构建

情形 1 对每个满足 $|S_i| = |O_i| \leqslant p$ 的 i, 刻画交换运算 $\operatorname{swap}(S_i, O_i)$ 前后总成本的差异. 当然, O_i 中的一些最优中心可能不在 $\mathcal{X}$ 中. 与分析单交换操作中应用的技巧类似, 利用与每个 $\boldsymbol{o} \in O$ 对应的近似中心 $\hat{\boldsymbol{o}} := \underset{\boldsymbol{x} \in N^*(\boldsymbol{o})}{\arg\min}\, \hat{d}(\boldsymbol{o}, \boldsymbol{x})$. 近似中心集 $\hat{O}_i = \left\{\hat{\boldsymbol{o}} \middle| \hat{\boldsymbol{o}} = \underset{\boldsymbol{x} \in N^*(\boldsymbol{o})}{\arg\min}\, \hat{d}(\boldsymbol{o}, \boldsymbol{x}), \boldsymbol{o} \in O_i\right\}$, 从而使用 $\operatorname{swap}(S_i, \hat{O}_i)$ 代替 $\operatorname{swap}(S_i, O_i)$. 执行 $\operatorname{swap}(S_i, \hat{O}_i)$ 之后, $\mathcal{X}$ 中的点按如下规则被重新分配: (1) 对每个 $\boldsymbol{o} \in O_i$, $N^*(\boldsymbol{o})$ 中的所有点被分配到 $\hat{\boldsymbol{o}}$; (2) 每个 $\boldsymbol{x} \in \left(\bigcup_{\boldsymbol{s} \in S_i} N(\boldsymbol{s})\right) \setminus \left(\bigcup_{\boldsymbol{o} \in O_i} N^*(\boldsymbol{o})\right)$ 被分配到 $\boldsymbol{s}_{\boldsymbol{o}_{\boldsymbol{x}}}$. 所以, 根据引理 8.3.3, 有

$$
\begin{aligned}
& \operatorname{cost}(\mathcal{X}, (S \setminus S_i) \cup \hat{O}_i) - \operatorname{cost}(\mathcal{X}, S) \\
\leqslant & \sum_{\boldsymbol{s} \in S_i} \sum_{\boldsymbol{x} \in N(\boldsymbol{s}) \setminus \left(\bigcup_{\boldsymbol{o} \in O_i} N^*(\boldsymbol{o})\right)} \left(\hat{d}(\boldsymbol{s}_{\boldsymbol{o}_{\boldsymbol{x}}}, \boldsymbol{x}) - \hat{d}(\boldsymbol{x}, S)\right) + \\
& \sum_{\boldsymbol{o} \in O_i} \sum_{\boldsymbol{x} \in N^*(\boldsymbol{o})} \left(\hat{d}(\hat{\boldsymbol{o}}, \boldsymbol{x}) - \hat{d}(\boldsymbol{x}, S)\right) \\
\leqslant & \sum_{\boldsymbol{s} \in S_i} \sum_{\boldsymbol{x} \in N(\boldsymbol{s})} \left(\hat{d}(\boldsymbol{s}_{\boldsymbol{o}_{\boldsymbol{x}}}, \boldsymbol{x}) - \hat{d}(\boldsymbol{x}, S)\right) + \sum_{\boldsymbol{o} \in O_i} \sum_{\boldsymbol{x} \in N^*(\boldsymbol{o})} \left(4\hat{d}(\boldsymbol{o}, \boldsymbol{x}) - \hat{d}(\boldsymbol{x}, S)\right) \\
\leqslant & \sum_{\boldsymbol{s} \in S_i} \sum_{\boldsymbol{x} \in N(\boldsymbol{s})} \left(\hat{d}(\boldsymbol{s}_{\boldsymbol{o}_{\boldsymbol{x}}}, \boldsymbol{x}) - \hat{d}(\boldsymbol{x}, S)\right) + \\
& \sum_{\boldsymbol{o} \in O_i} \sum_{\boldsymbol{x} \in N^*(\boldsymbol{o})} \left(4\hat{d}(\boldsymbol{x}, O) - \hat{d}(\boldsymbol{x}, S)\right).
\end{aligned} \tag{8.3.22}
$$

如果 $\hat{O}_i \subseteq \mathcal{X} - S$, 根据 S 的局部最优性有 $\operatorname{cost}(\mathcal{X}, (S \setminus S_i) \cup \hat{O}_i) - \operatorname{cost}(\mathcal{X}, S) \geqslant 0$. 如果 $\hat{O}_i \subseteq S$, 则有 $(S \setminus S_i) \cup \hat{O}_i \subseteq S$ 和 $\operatorname{cost}(\mathcal{X}, (S \setminus S_i) \cup \hat{O}_i) - \operatorname{cost}(\mathcal{X}, S) \geqslant 0$. 如果

$\hat{O}_i \cap S \neq \varnothing$ 并且 $\hat{O}_i \setminus S \neq \varnothing$, 则有

$$|S_i \setminus \hat{O}_i| = |S_i| - |S_i \cap \hat{O}_i| = |\hat{O}_i| - |\hat{O}_i \cap S_i| \geqslant |\hat{O}_i| - |S \cap \hat{O}_i| = |\hat{O}_i \setminus S|. \tag{8.3.23}$$

记 $|\hat{O}_i \setminus S| = \ell$. 在 $S_i \setminus \hat{O}_i$ 中随机选择 ℓ 个点来构建子集 $A \subseteq S_i \setminus \hat{O}_i \subseteq S$, 并且执行 $\mathrm{swap}(A, \hat{O}_i \setminus S)$. S 的局部最优性使得 $\mathrm{cost}(\mathcal{X}, (S \setminus A) \cup (\hat{O}_i \setminus S)) \geqslant \mathrm{cost}(\mathcal{X}, S)$ 成立. 另外, 由 $A \subseteq S_i \setminus \hat{O}_i$, 可知 $(S \setminus A) \cup (\hat{O}_i \setminus S) \supseteq (S \setminus (S_i \setminus \hat{O}_i)) \cup (\hat{O}_i \setminus S)$. 因此

$$\begin{aligned}\mathrm{cost}\left(\mathcal{X}, (S \setminus S_i) \cup \hat{O}_i\right) &= \mathrm{cost}\left(\mathcal{X}, (S \setminus (S_i \setminus \hat{O}_i)) \cup (\hat{O}_i \setminus S)\right) \\ &\geqslant \mathrm{cost}\left(\mathcal{X}, (S \setminus A) \cup (\hat{O}_i \setminus S)\right) \geqslant \mathrm{cost}\left(\mathcal{X}, S\right).\end{aligned}$$

整合上面三种情形以及 (8.3.22) 式, 可得

$$\sum_{\boldsymbol{s} \in S_i} \sum_{\boldsymbol{x} \in N(\boldsymbol{s})} \left(\hat{d}(\boldsymbol{s}_{\boldsymbol{o}_{\boldsymbol{x}}}, \boldsymbol{x}) - \hat{d}(\boldsymbol{x}, S)\right) + \sum_{\boldsymbol{o} \in O_i} \sum_{\boldsymbol{x} \in N^*(\boldsymbol{o})} \left(4\hat{d}(\boldsymbol{x}, O) - \hat{d}(\boldsymbol{x}, S)\right) \geqslant 0. \tag{8.3.24}$$

情形 2 对满足 $|S_i| = |O_i| = m_i > p$ 的每个 i, 对每个点对 $(\boldsymbol{s}, \boldsymbol{o}) \in (S_i \setminus \{\boldsymbol{s}_i\}) \times O_i$ 考虑 $\mathrm{swap}(\boldsymbol{s}, \hat{\boldsymbol{o}})$, 其中 $\hat{\boldsymbol{o}}$ 为 $\boldsymbol{o}$ 的近似中心. 可得到引理 8.3.5中的不等式 (8.3.21)

$$\sum_{\boldsymbol{x} \in N(\boldsymbol{s})} \left(\hat{d}(\boldsymbol{s}_{\boldsymbol{o}_{\boldsymbol{x}}}, \boldsymbol{x}) - \hat{d}(\boldsymbol{x}, S)\right) + \sum_{\boldsymbol{x} \in N^*(\boldsymbol{o})} \left(4\hat{d}(\boldsymbol{x}, O) - \hat{d}(\boldsymbol{x}, S)\right) \geqslant 0.$$

以权重 1 对满足 $|S_i| = |O_i| \leqslant p$ 的每对 (S_i, O_i) 累加不等式 (8.3.24), 同时以权重 $1/(m_i - 1)$ 对满足 $|S_i| = |O_i| = m_i > p$ 的每对 $(\boldsymbol{s}, \boldsymbol{o}) \in (S_i \setminus \{\boldsymbol{s}_i\}) \times O_i$ 累加不等式 (8.3.21).

结合 $m_i/(m_i - 1) \leqslant (p+1)/p$, 引理 8.3.2 和引理 8.3.1, 有

$$\begin{aligned} 0 &\leqslant \left(1 + \frac{1}{p}\right) \sum_{\boldsymbol{s} \in S} \sum_{\boldsymbol{x} \in N(\boldsymbol{s})} \left(\hat{d}(\boldsymbol{s}_{\boldsymbol{o}_{\boldsymbol{x}}}, \boldsymbol{x}) - \hat{d}(\boldsymbol{x}, S)\right) + \sum_{\boldsymbol{o} \in O} \sum_{\boldsymbol{x} \in N^*(\boldsymbol{o})} \left(4\hat{d}(\boldsymbol{x}, O) - \hat{d}(\boldsymbol{x}, S)\right) \\ &\leqslant 2\left(1 + \frac{1}{p}\right) \sum_{\boldsymbol{x} \in \mathcal{X}} \left(\hat{d}(\boldsymbol{x}, O) + \sqrt{\hat{d}(\boldsymbol{x}, S)\hat{d}(\boldsymbol{x}, O)}\right) + \sum_{\boldsymbol{x} \in \mathcal{X}} \left(4\hat{d}(\boldsymbol{x}, O) - \hat{d}(\boldsymbol{x}, S)\right) \\ &\leqslant 2\left(3 + \frac{1}{p}\right) \sum_{\boldsymbol{x} \in \mathcal{X}} \hat{d}(\boldsymbol{x}, O) - \sum_{\boldsymbol{x} \in \mathcal{X}} \hat{d}(\boldsymbol{x}, S) + 2\left(1 + \frac{1}{p}\right) \sum_{\boldsymbol{x} \in \mathcal{X}} \sqrt{\hat{d}(\boldsymbol{x}, S)\hat{d}(\boldsymbol{x}, O)} \\ &\leqslant 2\left(3 + \frac{1}{p}\right) \sum_{\boldsymbol{x} \in \mathcal{X}} \hat{d}(\boldsymbol{x}, O) - \sum_{\boldsymbol{x} \in \mathcal{X}} \hat{d}(\boldsymbol{x}, S) + \\ &\quad 2\left(1 + \frac{1}{p}\right) \sqrt{\sum_{\boldsymbol{x} \in \mathcal{X}} \hat{d}(\boldsymbol{x}, O)} \sqrt{\sum_{\boldsymbol{x} \in \mathcal{X}} \hat{d}(\boldsymbol{x}, S)} \\ &= 2\left(3 + \frac{1}{p}\right) \mathrm{OPT}_k(O) - \mathrm{cost}(\mathcal{X}, S) + 2\left(1 + \frac{1}{p}\right) \sqrt{\mathrm{OPT}_k(O)\mathrm{cost}(\mathcal{X}, S)} \end{aligned}$$

$$=2\left(3+\frac{1}{p}\right)\left(\sqrt{\mathrm{OPT}_k(O)}+\frac{\sqrt{7+\frac{4}{p}+\frac{1}{p^2}}+\left(1+\frac{1}{p}\right)}{6+\frac{2}{p}}\sqrt{\mathrm{cost}(\mathcal{X},S)}\right)\cdot$$

$$\left(\sqrt{\mathrm{OPT}_k(O)}-\frac{\sqrt{7+\frac{4}{p}+\frac{1}{p^2}}-\left(1+\frac{1}{p}\right)}{6+\frac{2}{p}}\sqrt{\mathrm{cost}(\mathcal{X},S)}\right).$$

因为

$$\sqrt{\mathrm{OPT}_k(O)}+\frac{\sqrt{7+\frac{4}{p}+\frac{1}{p^2}}+\left(1+\frac{1}{p}\right)}{6+\frac{2}{p}}\sqrt{\mathrm{cost}(\mathcal{X},S)}\geqslant 0,$$

所以有

$$\begin{aligned}\mathrm{cost}(\mathcal{X},S)&\leqslant\left(\frac{6+\frac{2}{p}}{\sqrt{7+\frac{4}{p}+\frac{1}{p^2}}-\left(1+\frac{1}{p}\right)}\right)^2\mathrm{OPT}_k(O)\\&=\left(\sqrt{7+\frac{4}{p}+\frac{1}{p^2}}+\left(1+\frac{1}{p}\right)\right)^2\mathrm{OPT}_k(O)\\&=\left(8+\frac{6}{p}+\frac{2}{p^2}+2\left(1+\frac{1}{p}\right)\sqrt{7+\frac{4}{p}+\frac{1}{p^2}}\right)\mathrm{OPT}_k(O)\\&\leqslant\left(8+\frac{8}{p}+2\left(1+\frac{1}{p}\right)\left(\sqrt{7}+\frac{1}{p}\right)\right)\mathrm{OPT}_k(O)\\&\leqslant\left(2\left(4+\sqrt{7}\right)+\frac{18}{p}\right)\mathrm{OPT}_k(O)\leqslant\left(2\left(4+\sqrt{7}\right)+\varepsilon\right)\mathrm{OPT}_k(O).\end{aligned}$$

设定 $p=\lceil 18/\varepsilon\rceil$, 定理得证. □

同前面类似, 通过利用标准的大步长技术, 得到多项式时间运行的局部搜索算法, 仅在最终近似比中增加 $\varepsilon>0$.

第9章

鲁棒k–均值问题

现实世界的数据集往往包含异常点, 即数据出现缺失或失真. 这可能完全破坏了 k-中位/均值聚簇的结果, 为此需要更稳定的聚类技术来处理这类问题. 鲁棒 (robust)k-聚类问题正是对带噪声的观测点聚类问题的研究. 在鲁棒 k-聚类问题中, 并不是将所有的观测点都进行聚类, 只需要对观测点作出适当的"取舍". 常见的两类鲁棒 k-聚类问题是**带异常点的 k-中位/均值问题** (k-median/means problem with outliers, 简记为 k-MedO/k-MeaO) 和**带惩罚的 k-中位/均值问题** (k-median/means problem with penalties, 简记为 k-MedP/k-MeaP). 本章主要考虑上述两类问题. 9.1 节概述了惩罚聚类问题的研究进展, 并给出 k-MeaP 的两种局部搜索算法, 通过对单点形式分析可得到 $(25+\varepsilon)$-近似算法, 主要内容取材于文献 [194]. 为了更好地识别异常点信息, 我们在 9.2 节 ~ 9.3 节通过使用聚簇形式分析技巧, 分别给出 k-MedO/k-MeaO 和 k-MedP/k-MeaP 局部搜索算法更紧的分析结果. 9.2节 ~ 9.3节主要内容取材于文献 [181].

9.1 带惩罚的 k-均值问题

9.1.1 概述

本节介绍带惩罚的 k-均值问题 (k-MeaP), 它是经典 k-均值问题的自然推广. 在 k-MeaP 中, 给定正整数 $k \leqslant n$ 和大小为 n 的观测集 $\mathcal{X} \subset \mathbb{R}^d$, 每个观测点 $\boldsymbol{x} \in \mathcal{X}$ 对应惩罚费用 $p_{\boldsymbol{x}} > 0$, 目标是寻找基数不超过 k 的中心点集 $S \subset \mathbb{R}^d$, 以及惩罚集 $P \subseteq \mathcal{X}$, 使得 $\mathcal{X} \setminus P$ 中观测点到其最近中心点的距离平方和以及 P 中观测点的惩罚之和的总费用最小.

已有文献中, Tseng[178] 引入带惩罚和加权的 k-均值问题, 它类似于 k-MeaP, 但它考虑了所有点的惩罚费用都相同的情况. Charikar 等[53] 提出了经典设施选址问题和 k-中位问题的惩罚版本. Li 等[137] 给出了带线性/次模惩罚的设施选址问题的已知最好近似比.

9.1.2 节首先介绍 k-MeaP 基于单交换的局部搜索 $(81+\varepsilon)$-近似算法, 然后 9.1.3节给出利用多交换改进的 $(25+\varepsilon)$-近似算法.

9.1.2 单交换局部搜索算法

令 S 和 O 分别是 k-MeaP 问题的可行解和全局最优解, 两者对应的惩罚集分别为 P 和 P^*. 为了叙述简洁, 定义如下三种映射:

- 对每个观测点 $\boldsymbol{x} \in \mathcal{X} \setminus P$, 记
  $S_{\boldsymbol{x}} := \min\limits_{\boldsymbol{s} \in S} \Delta(\boldsymbol{x}, \boldsymbol{s})$, 表示 $\boldsymbol{x}$ 到 S 中最近中心点的距离;

$\boldsymbol{s}_{\boldsymbol{x}} := \arg\min_{\boldsymbol{s}\in S} \Delta(\boldsymbol{x},\boldsymbol{s})$, 表示在 S 中离 $\boldsymbol{x}$ 最近的中心点.

- 对每个观测点 $\boldsymbol{x} \in \mathcal{X} \setminus P^*$, 记

  $O_{\boldsymbol{x}} := \min_{\boldsymbol{o}\in O} \Delta(\boldsymbol{x},\boldsymbol{o})$, 表示 $\boldsymbol{x}$ 到 O 中最近中心点的距离;

  $\boldsymbol{o}_{\boldsymbol{x}} := \arg\min_{\boldsymbol{o}\in O} \Delta(\boldsymbol{x},\boldsymbol{o})$, 表示在 O 中离 $\boldsymbol{x}$ 最近的中心点.

- 对每个中心点 $\boldsymbol{o} \in O$, 记

  $\boldsymbol{s}_{\boldsymbol{o}} := \arg\min_{\boldsymbol{s}\in S} \Delta(\boldsymbol{o},\boldsymbol{s})$, 表示在 S 中离 $\boldsymbol{o}$ 最近的中心点, 并称 $\boldsymbol{o}$ 被 $\boldsymbol{s}_{\boldsymbol{o}}$ 捕获;

  若 $\boldsymbol{s}$ 没有捕获任意中心 $\boldsymbol{o} \in O$, 则称 $\boldsymbol{s}$ 是孤立的.

对于给定的可行解 S 与全局最优解 O, 给出关于总费用与邻域的记号如下.

- $N(\boldsymbol{s}) := \{\boldsymbol{x} \in \mathcal{X} \setminus P | \boldsymbol{s}_{\boldsymbol{x}} = \boldsymbol{s}\}, \forall \boldsymbol{s} \in S$, 表示距离中心 $\boldsymbol{s}$ 最近的观测点构成的集合.
- $N^*(\boldsymbol{o}) := \{\boldsymbol{x} \in \mathcal{X} \setminus P^* | \boldsymbol{o}_{\boldsymbol{x}} = \boldsymbol{o}\}, \forall \boldsymbol{o} \in O$, 表示距离中心 $\boldsymbol{o}$ 最近的观测点构成的集合.
- $C_s := \sum_{\boldsymbol{x}\in\mathcal{X}\setminus P} S_{\boldsymbol{x}} = \sum_{\boldsymbol{s}\in S} \Delta(\boldsymbol{s}, N(\boldsymbol{s}))$, 表示 $\mathcal{X} \setminus P$ 中每个观测点到 S 中最近中心点的距离平方和.
- $C_p := \sum_{\boldsymbol{x}\in P} p_{\boldsymbol{x}}$, 表示 P 中每个观测点的惩罚费用之和.
- $\text{cost}(S) := C_s + C_p$, 表示可行解 S 的总费用.
- $C_s^* := \sum_{\boldsymbol{x}\in\mathcal{X}\setminus P^*} O_{\boldsymbol{x}} = \sum_{\boldsymbol{o}\in O} \Delta(\boldsymbol{o}, N^*(\boldsymbol{o}))$, 表示 $\mathcal{X} \setminus P$ 中每个观测点到 O 中最近中心点的距离平方和.
- $C_p^* := \sum_{\boldsymbol{x}\in P^*} p_{\boldsymbol{x}}$, 表示最优惩罚集 P^* 中每个观测点的惩罚费用之和.
- $\text{cost}(O) := C_s^* + C_p^*$, 表示全局最优解 O 的总费用, 简记为 $\text{OPT}_k(\mathcal{X})$.

定义两种交换运算.

- $\text{swap}(\boldsymbol{a},\boldsymbol{b})$ 表示点对 $(\boldsymbol{a},\boldsymbol{b})$ 的交换运算.
- $\text{swap}(A,B)$ 表示集合对 (A,B) 的交换运算.

注意, 对每个 $\boldsymbol{o} \in O$ 有 $\boldsymbol{o} = \text{cen}(N^*(\boldsymbol{o}))$.

定义 4.2.1 给出 Matoušek[156] 提出的近似质心集概念, Matoušek[156] 证明可以在多项式时间内计算得到 $\mathcal{X}$ 的多项式大小的 $\hat{\varepsilon}$-近似质心集 $\mathcal{C}$ (证明参见定理 4.2.4). 基于这个结果, 假设 k-MeaP 的所有候选中心点都是从 $\mathcal{C}$ 中选取的.

k-MeaP 单交换局部搜索算法的主要思想是: 在近似质心集 $\mathcal{C}$ 中任意选择 k 个点构造初始可行解 S, 然后通过构造关于点 $\boldsymbol{a} \in S$ 和 $\boldsymbol{b} \in \mathcal{C} \setminus S$ 的单交换运算 $\text{swap}(\boldsymbol{a},\boldsymbol{b})$, 反复迭代单交换操作过程, 直到算法不能改进当前解的质量, 当前解即为局部最优解. 算法得到的解 S 具有局部最优性, 即对任意 $(\boldsymbol{a},\boldsymbol{b})$, 总有

$$0 \leqslant \text{cost}(S \setminus \{\boldsymbol{a}\} \cup \{\boldsymbol{b}\}) - \text{cost}(S), \quad \forall \boldsymbol{a} \in S, \forall \boldsymbol{b} \in \mathcal{C} \setminus S. \tag{9.1.1}$$

通过构造单交换运算 $\text{swap}(\boldsymbol{a},\boldsymbol{b})$, 得到类似于 (9.1.1) 式的不等式. 利用相应不等式, 进而分析局部最优值与全局最优值之间的关系.

在交换运算 swap$(\boldsymbol{a},\boldsymbol{b})$ 中, 从 S 中删除点 $\boldsymbol{a}\in S$, 并将 S 之外的点 $\boldsymbol{b}\in\mathcal{C}\setminus S$ 添加到 S 中. 若进行交换操作后的解能得到改进的目标值, 则更新当前解为 $S\setminus\{\boldsymbol{a}\}\cup\{\boldsymbol{b}\}$, 否则保持不变. 针对单交换运算, 我们定义 S 的邻域为 $\mathrm{Ngh}_1(S):=\{S\setminus\{\boldsymbol{a}\}\cup\{\boldsymbol{b}\}|\boldsymbol{a}\in S,\boldsymbol{b}\in\mathcal{C}\setminus S\}$.

任意给定 $\varepsilon>0$, 给出 k-MeaP 问题的单交换局部搜索算法如下.

算法 9.1.1 (单交换局部搜索算法)

输入 观测集 $\mathcal{X}$, 候选中心点集 $\mathcal{C}$, 点 $\boldsymbol{x}\in\mathcal{X}$ 的惩罚费用 $p_{\boldsymbol{x}}$, 正整数 k.

输出 中心点集 $S\subseteq\mathcal{C}$ 和惩罚集 $P\subseteq\mathcal{X}$.

步 1 **(初始化)** 令

$$\hat{\varepsilon}:=72+\varepsilon-\sqrt{72^2+64\varepsilon},$$

构建 $\hat{\varepsilon}$-近似质心集合 $\mathcal{C}$. 任意选取 k 个点作为初始可行解, 记为 S.

步 2 **(局部搜索)** 计算

$$S_{\min}:=\arg\min_{S'\in\mathrm{Ngh}_1(S)}\mathrm{cost}(S').$$

步 3 **(终止条件)** 如果 $\mathrm{cost}(S_{\min})\geqslant\mathrm{cost}(S)$, 输出 S, 算法停止. 否则, 更新 $S:=S_{\min}$ 并转到步 2.

算法分析

需要用到如下引理分析上述算法.

引理 9.1.1 令 S 和 O 分别是 k-MeaP 的局部最优解和全局最优解, 则有

$$\sum_{\boldsymbol{x}\in\mathcal{X}\setminus(P\cup P^*)}\sqrt{S_{\boldsymbol{x}}O_{\boldsymbol{x}}}\leqslant\sqrt{\sum_{\boldsymbol{x}\in\mathcal{X}\setminus(P\cup P^*)}S_{\boldsymbol{x}}}\cdot\sqrt{\sum_{\boldsymbol{x}\in\mathcal{X}\setminus(P\cup P^*)}O_{\boldsymbol{x}}},\tag{9.1.2}$$

$$\sqrt{\Delta(\boldsymbol{s}_{\boldsymbol{o}_{\boldsymbol{x}}},\boldsymbol{x})}\leqslant\sqrt{S_{\boldsymbol{x}}}+2\sqrt{O_{\boldsymbol{x}}},\qquad\forall\boldsymbol{x}\in\mathcal{X}\setminus(P\cup P^*).\tag{9.1.3}$$

证明 利用 Cauchy-Schwarz 不等式, 直接得到 (9.1.2) 式. 接下来证明 (9.1.3) 式. 考虑到每个点 $\boldsymbol{x}\in\mathcal{X}\setminus(P\cup P^*)$ 满足 $\sqrt{\Delta(\cdot,\cdot)}$ 的三角不等式以及 $\boldsymbol{s}_{\boldsymbol{o}}$ 的定义, 有

$$\begin{aligned}\sqrt{\Delta(\boldsymbol{s}_{\boldsymbol{o}_{\boldsymbol{x}}},\boldsymbol{x})}&\leqslant\sqrt{\Delta(\boldsymbol{s}_{\boldsymbol{o}_{\boldsymbol{x}}},\boldsymbol{o}_{\boldsymbol{x}})}+\sqrt{\Delta(\boldsymbol{o}_{\boldsymbol{x}},\boldsymbol{x})}\\&\leqslant\sqrt{\Delta(\boldsymbol{s}_{\boldsymbol{x}},\boldsymbol{o}_{\boldsymbol{x}})}+\sqrt{\Delta(\boldsymbol{o}_{\boldsymbol{x}},\boldsymbol{x})}\\&\leqslant\sqrt{\Delta(\boldsymbol{s}_{\boldsymbol{x}},\boldsymbol{x})}+2\sqrt{\Delta(\boldsymbol{o}_{\boldsymbol{x}},\boldsymbol{x})}\\&=\sqrt{S_{\boldsymbol{x}}}+2\sqrt{O_{\boldsymbol{x}}}.\end{aligned}$$

引理得证. □

为便于分析, 引入与中心点 $\boldsymbol{o}\in O$ 关联的点 $\hat{\boldsymbol{o}}\in\mathcal{C}$, 定义 $\hat{o}:=\arg\min\limits_{\boldsymbol{c}\in\mathcal{C}}\Delta(\boldsymbol{c},N^*(\boldsymbol{o}))$. 再结合定义 4.2.1, 可以得到

$$\begin{aligned}\sum_{\boldsymbol{x}\in N^*(\boldsymbol{o})}\Delta(\hat{\boldsymbol{o}},\boldsymbol{x})&=\Delta(\hat{\boldsymbol{o}},N^*(\boldsymbol{o}))\\&=\min_{\boldsymbol{c}\in\mathcal{C}}\Delta\left(\boldsymbol{c},N^*(\boldsymbol{o})\right)\end{aligned}$$

$$
\begin{aligned}
&\leqslant (1+\hat{\varepsilon})\min_{\boldsymbol{c}\in\mathbb{R}^d}\Delta(\boldsymbol{c},N^*(\boldsymbol{o}))\\
&=(1+\hat{\varepsilon})\Delta(\boldsymbol{o},N^*(\boldsymbol{o}))\\
&=(1+\hat{\varepsilon})\sum_{\boldsymbol{x}\in N^*(o)}\Delta(\boldsymbol{o},\boldsymbol{x}).
\end{aligned}\tag{9.1.4}
$$

接下来的定理用于估计 S 的费用.

定理 9.1.1 对任意给定 $\varepsilon>0$, 算法 9.1.1得到的局部最优解 S 满足

$$C_s+C_p\leqslant(81+\varepsilon)C_s^*+18C_p^*.$$

证明 如果中心点 $\boldsymbol{s}\in S$ 捕获了最优中心点 $\boldsymbol{o}\in O$, 将 $\boldsymbol{s}$ 称为“坏”中心点, 否则称为“好”中心点. 所有坏中心点构成集合 $\mathrm{Bad}(S)$, 记 $m:=|\mathrm{Bad}(S)|$, $\mathrm{Bad}(S)=\{\boldsymbol{s}_1,\boldsymbol{s}_2,\cdots,\boldsymbol{s}_m\}$. 令 $S_i:=\{\boldsymbol{s}_i\}$, $O_i:=\{\boldsymbol{o}\in O|\boldsymbol{s}_i\text{捕获}\boldsymbol{o}\}$, $i\in\{1,2,\cdots,m\}$.

首先, 将 S 和 O 划分成 $S_1,S_2,\cdots,S_m$ 和 $O_1,O_2,\cdots,O_m$ 两组子集: 从 $S\backslash\bigcup_{i=1}^m S_i$ 中增加任意 $|O_i|-1$ 个好中心点到 S_i, 使得 $|S_i|=|O_i|$. 然后通过如下过程构建点对 $(\boldsymbol{s},\boldsymbol{o})$ (参见图 9.1.1).

(1) 对任意 $i\in\{1,2,\cdots,m\}$, 若 $|S_i|=|O_i|=1$, 用 $S_i=\{\boldsymbol{s}_i\}$ 和 $O_i=\{\boldsymbol{o}_i\}$ 构建点对 $(\boldsymbol{s}_i,\boldsymbol{o}_i)$.

(2) 对任意 $i\in\{1,2,\cdots,m\}$, 若 $|S_i|=|O_i|=m_i\geqslant2$, 令 $S_i:=\{\boldsymbol{s}_i,\boldsymbol{s}_i^2,\cdots,\boldsymbol{s}_i^{m_i}\}$ 以及 $O_i:=\{\boldsymbol{o}_i^1,\boldsymbol{o}_i^2,\cdots,\boldsymbol{o}_i^{m_i}\}$. 构建点对 $(\boldsymbol{s}_i^2,\boldsymbol{o}_i^1),(\boldsymbol{s}_i^2,\boldsymbol{o}_i^2),(\boldsymbol{s}_i^3,\boldsymbol{o}_i^3),\cdots,(\boldsymbol{s}_i^{m_i},\boldsymbol{o}_i^{m_i})$.

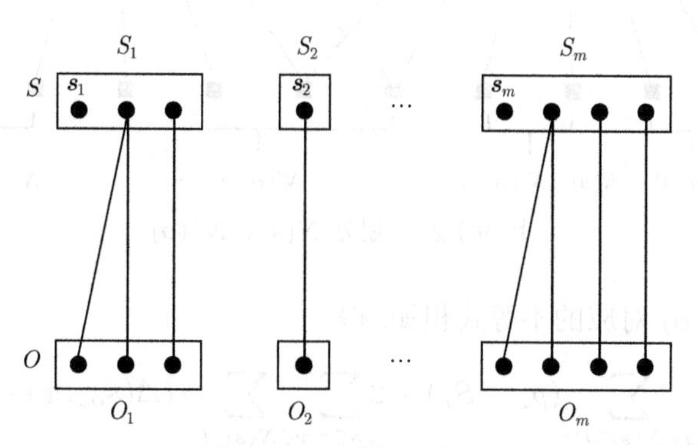

图 9.1.1 划分 S 和 O

根据上述点对构建过程, 从以下三种情况考虑交换运算 $\mathrm{swap}(\boldsymbol{s},\boldsymbol{o})$.

情形 1. 若 $\hat{\boldsymbol{o}}\notin S$. 考虑交换运算 $\mathrm{swap}(\boldsymbol{s},\hat{\boldsymbol{o}})$(参见图 9.1.2). 利用局部最优性和 (9.1.4) 式, 有

$$
\begin{aligned}
0&\leqslant\mathrm{cost}(S\setminus\{\boldsymbol{s}\}\cup\{\hat{\boldsymbol{o}}\})-\mathrm{cost}(S) \qquad (9.1.5)\\
&\leqslant\sum_{\boldsymbol{x}\in N(\boldsymbol{s})\cap P^*}(p_{\boldsymbol{x}}-S_{\boldsymbol{x}})+\sum_{\boldsymbol{x}\in N(\boldsymbol{s})\backslash(N^*(\boldsymbol{o})\cup P^*)}(\Delta(\boldsymbol{s}_{\boldsymbol{o}_{\boldsymbol{x}}},\boldsymbol{x})-S_{\boldsymbol{x}})+
\end{aligned}
$$

$$
\begin{aligned}
&\sum_{x\in N^*(o)\setminus P}(\Delta(\hat{o},x)-S_x)+\sum_{x\in N^*(o)\cap P}(\Delta(\hat{o},x)-p_x)\\
\leqslant&\sum_{x\in N(s)\cap P^*}(p_x-S_x)+\sum_{x\in N(s)\setminus(N^*(o)\cup P^*)}(\Delta(s_{o_x},x)-S_x)+\\
&\sum_{x\in N^*(o)\setminus P}((1+\hat{\varepsilon})\Delta(o,x)-S_x)+\sum_{x\in N^*(o)\cap P}((1+\hat{\varepsilon})\Delta(o,x)-p_x)\\
\leqslant&\sum_{x\in N(s)\cap P^*}(p_x-S_x)+\sum_{x\in N(s)\setminus P^*}(\Delta(s_{o_x},x)-S_x)+\\
&\sum_{x\in N^*(o)\setminus P}((1+\hat{\varepsilon})O_x-S_x)+\sum_{x\in N^*(o)\cap P}((1+\hat{\varepsilon})O_x-p_x).
\end{aligned}
\tag{9.1.6}
$$

情形 2. 若 $\hat{o}\in S$, $\hat{o}=s$. 这时有 $S\setminus\{s\}\cup\{\hat{o}\}=S$, 或者 $\text{cost}(S\setminus\{s\}\cup\{\hat{o}\})=\text{cost}(S)$, 由此可得 (9.1.5) 式.

情形 3. 若 $\hat{o}\in S$ 并且 $\hat{o}\neq s$. 这时有 $S\setminus\{s\}\cup\{\hat{o}\}=S\setminus\{s\}$, 或者 $\text{cost}(S\setminus\{s\}\cup\{\hat{o}\})=\text{cost}(S\setminus\{s\})\geqslant\text{cost}(S)$, 因此, (9.1.5) 式成立.

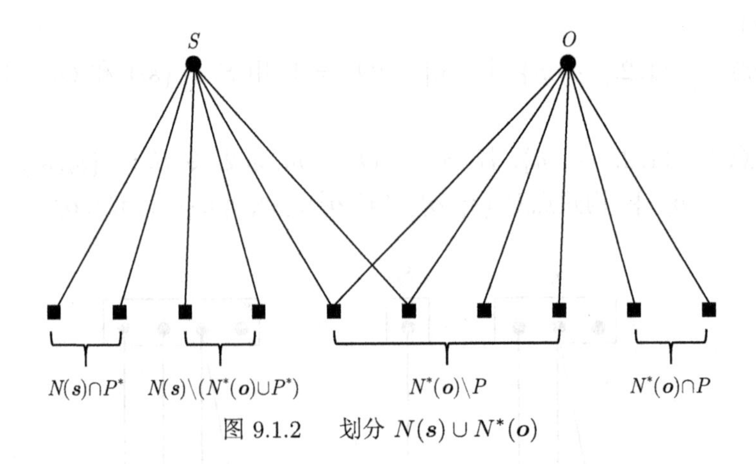

图 9.1.2 划分 $N(s)\cup N^*(o)$

将所有点对 (s,o) 对应的不等式相加, 得

$$
\begin{aligned}
0\leqslant&2\sum_{s\in S}\sum_{x\in N(s)\cap P^*}(p_x-S_x)+2\sum_{s\in S}\sum_{x\in N(s)\setminus P^*}(\Delta(s_{o_x},x)-S_x)+\\
&\sum_{o\in O}\sum_{x\in N^*(o)\setminus P}((1+\hat{\varepsilon})O_x-S_x)+\sum_{o\in O}\sum_{x\in N^*(o)\cap P}((1+\hat{\varepsilon})O_x-p_x)\\
=&2\sum_{x\in(\mathcal{X}\setminus P)\cap P^*}(p_x-S_x)+2\sum_{x\in\mathcal{X}\setminus(P\cup P^*)}(\Delta(s_{o_x},x)-S_x)+\\
&\sum_{x\in\mathcal{X}\setminus(P\cup P^*)}((1+\hat{\varepsilon})O_x-S_x)+\sum_{x\in(\mathcal{X}\setminus P^*)\cap P}((1+\hat{\varepsilon})O_x-p_x)+\\
&\sum_{x\in P^*\cap P}(p_x-p_x).
\end{aligned}
$$

结合引理 9.1.1, 进一步得到

$$
\begin{aligned}
0 \leqslant & 2 \sum_{\boldsymbol{x} \in (\mathcal{X} \backslash P) \cap P^*} (p_{\boldsymbol{x}} - S_{\boldsymbol{x}}) + 8 \sum_{\boldsymbol{x} \in \mathcal{X} \backslash (P \cup P^*)} (O_{\boldsymbol{x}} + \sqrt{S_{\boldsymbol{x}} O_{\boldsymbol{x}}}) + \\
& \sum_{\boldsymbol{x} \in \mathcal{X} \backslash (P \cup P^*)} ((1+\hat{\varepsilon}) O_{\boldsymbol{x}} - S_{\boldsymbol{x}}) + \sum_{\boldsymbol{x} \in (\mathcal{X} \backslash P^*) \cap P} ((1+\hat{\varepsilon}) O_{\boldsymbol{x}} - p_{\boldsymbol{x}}) + \sum_{\boldsymbol{x} \in P^* \cap P} (p_{\boldsymbol{x}} - p_{\boldsymbol{x}}) \\
\leqslant & (9+\hat{\varepsilon}) \sum_{\boldsymbol{x} \in \mathcal{X} \backslash (P \cup P^*)} O_{\boldsymbol{x}} - \sum_{\boldsymbol{x} \in \mathcal{X} \backslash (P \cup P^*)} S_{\boldsymbol{x}} + 8 \sum_{\boldsymbol{x} \in \mathcal{X} \backslash (P \cup P^*)} \sqrt{S_{\boldsymbol{x}} O_{\boldsymbol{x}}} + \\
& (1+\hat{\varepsilon}) \sum_{\boldsymbol{x} \in (\mathcal{X} \backslash P^*) \cap P} O_{\boldsymbol{x}} + 2 \sum_{\boldsymbol{x} \in P^*} p_{\boldsymbol{x}} - 2 \sum_{\boldsymbol{x} \in (\mathcal{X} \backslash P) \cap P^*} S_{\boldsymbol{x}} - \sum_{\boldsymbol{x} \in P} p_{\boldsymbol{x}} \\
\leqslant & (9+\hat{\varepsilon}) \sum_{\boldsymbol{x} \in \mathcal{X} \backslash P^*} O_{\boldsymbol{x}} - \sum_{\boldsymbol{x} \in \mathcal{X} \backslash P} S_{\boldsymbol{x}} + 8 \sqrt{\sum_{\boldsymbol{x} \in \mathcal{X} \backslash (P \cup P^*)} O_{\boldsymbol{x}}} \sqrt{\sum_{\boldsymbol{x} \in \mathcal{X} \backslash (P \cup P^*)} S_{\boldsymbol{x}}} + \\
& 2 \sum_{\boldsymbol{x} \in P^*} p_{\boldsymbol{x}} - \sum_{\boldsymbol{x} \in P} p_{\boldsymbol{x}} \\
\leqslant & (9+\hat{\varepsilon}) \sum_{\boldsymbol{x} \in \mathcal{X} \backslash P^*} O_{\boldsymbol{x}} - \sum_{\boldsymbol{x} \in \mathcal{X} \backslash P} S_{\boldsymbol{x}} + 8 \sqrt{\sum_{\boldsymbol{x} \in \mathcal{X} \backslash P^*} O_{\boldsymbol{x}}} \sqrt{\sum_{\boldsymbol{x} \in \mathcal{X} \backslash P} S_{\boldsymbol{x}}} + 2 \sum_{\boldsymbol{x} \in P^*} p_{\boldsymbol{x}} - \sum_{\boldsymbol{x} \in P} p_{\boldsymbol{x}} \\
\leqslant & (9+\hat{\varepsilon}) C_s^* - C_s + 8\sqrt{C_s^* C_s} + 2C_p^* - C_p \\
\leqslant & ((9+\hat{\varepsilon}) C_s^* + 2C_p^*) - (C_s + C_p) + \frac{8}{\sqrt{9+\hat{\varepsilon}}} \sqrt{((9+\hat{\varepsilon}) C_s^* + 2C_p^*)(C_s + C_p)} \\
= & \frac{1}{\sqrt{9+\hat{\varepsilon}}} \Big(\sqrt{9+\hat{\varepsilon}} ((9+\hat{\varepsilon}) C_s^* + 2C_p^*) - \sqrt{9+\hat{\varepsilon}} (C_s + C_p) + \\
& 8\sqrt{((9+\hat{\varepsilon}) C_s^* + 2C_p^*)(C_s + C_p)} \Big) \\
= & \frac{1}{\sqrt{9+\hat{\varepsilon}}} \left(\sqrt{\frac{9+\hat{\varepsilon}}{\sqrt{25+\hat{\varepsilon}}-4}} \sqrt{(9+\hat{\varepsilon}) C_s^* + 2C_p^*} - \sqrt{\sqrt{25+\hat{\varepsilon}}-4} \sqrt{C_s + C_p} \right) \cdot \\
& \left(\sqrt{\sqrt{25+\hat{\varepsilon}}-4} \sqrt{(9+\hat{\varepsilon}) C_s^* + 2C_p^*} + \sqrt{\frac{9+\hat{\varepsilon}}{\sqrt{25+\hat{\varepsilon}}-4}} \sqrt{C_s + C_p} \right).
\end{aligned} \tag{9.1.7}
$$

由于

$$
\sqrt{\sqrt{25+\hat{\varepsilon}}-4} \sqrt{(9+\hat{\varepsilon}) C_s^* + 2C_p^*} + \sqrt{\frac{9+\hat{\varepsilon}}{\sqrt{25+\hat{\varepsilon}}-4}} \sqrt{C_s + C_p} \geqslant 0,
$$

再结合 (9.1.7) 式, 得

$$
\sqrt{\sqrt{25+\hat{\varepsilon}}-4} \sqrt{C_s + C_p} \leqslant \sqrt{\frac{9+\hat{\varepsilon}}{\sqrt{25+\hat{\varepsilon}}-4}} \sqrt{(9+\hat{\varepsilon}) C_s^* + 2C_p^*},
$$

由此推出

$$\begin{aligned}
C_s+C_p &\leqslant \frac{9+\hat{\varepsilon}}{(\sqrt{25+\hat{\varepsilon}}-4)^2}\left((9+\hat{\varepsilon})C_s^*+2C_p^*\right)\\
&=\frac{(\sqrt{25+\hat{\varepsilon}}+4)^2}{9+\hat{\varepsilon}}\left((9+\hat{\varepsilon})C_s^*+2C_p^*\right)\\
&=(\sqrt{25+\hat{\varepsilon}}+4)^2C_s^*+2\frac{(\sqrt{25+\hat{\varepsilon}}+4)^2}{9+\hat{\varepsilon}}C_p^*\\
&=\left(81+\hat{\varepsilon}+8(\sqrt{25+\hat{\varepsilon}}-5)\right)C_s^*+2\left(9-8\frac{5+\hat{\varepsilon}-\sqrt{25+\hat{\varepsilon}}}{9+\hat{\varepsilon}}\right)C_p^*\\
&\leqslant\left(81+\hat{\varepsilon}+8(\sqrt{25+\hat{\varepsilon}}-5)\right)C_s^*+18C_p^*. \qquad (9.1.8)
\end{aligned}$$

回顾算法 9.1.1 步 1 中 $\hat{\varepsilon}$ 的定义, 有

$$\varepsilon=\hat{\varepsilon}+8(\sqrt{25+\hat{\varepsilon}}-5).$$

结合 (9.1.8) 式可以得到

$$C_s+C_p\leqslant(81+\varepsilon)C_s^*+18C_p^*.$$ □

使用文献 [19,50] 中所述的“充分下降性”技术, 可以得到多项式时间局部搜索算法, 而近似比只损失任意给定的 $\varepsilon'>0$.

9.1.3 多交换局部搜索算法

对任意可行解 S, 定义关于子集 $A\subseteq S$ 和 $B\subseteq\mathcal{C}\setminus S$ 满足 $|A|=|B|\leqslant p$ 的多交换运算 swap(A, B), 其中 p 是固定整数. 在多交换运算 swap(A, B) 中, 将 A 中的所有点从 S 中删除, 同时将 B 中的所有点都添加到 S. 针对多交换运算, 定义可行解 S 关于正整数 p 的邻域

$$\mathrm{Ngh}_p(S):=\{S\setminus A\cup B|A\subseteq S,B\subseteq\mathcal{C}\setminus S,|A|=|B|\leqslant p\}.$$

任意给定 $\varepsilon>0$, 给出 k-MeaP 问题的多交换局部搜索算法如下.

算法 9.1.2 (多交换局部搜索算法)

输入: 观测集 $\mathcal{X}$, 候选中心点集 $\mathcal{C}$, 点 $\boldsymbol{x}\in\mathcal{X}$ 的惩罚费用 $p_{\boldsymbol{x}}$, 正整数 k 和 $p\leqslant k$.

输出: 中心点集 $S\subseteq\mathcal{C}$ 和惩罚集 $P\subseteq\mathcal{X}$.

步 1 (**初始化**) 令

$$p:=\left\lceil\frac{5}{\sqrt{25+\varepsilon}-5}\right\rceil,\qquad \hat{\varepsilon}:=\frac{6}{p}+\frac{5}{p^2},$$

构建 $\hat{\varepsilon}$-近似质心集合 $\mathcal{C}$. 从中任意选取 k 个点作为初始可行解, 记为 S.

步 2 (**局部搜索**) 计算

$$S_{\min}:=\arg\min_{S'\in\mathrm{Ngh}_p(S)}\mathrm{cost}(S').$$

步 3 (终止条件) 如果 $\text{cost}(S_{\min}) \geqslant \text{cost}(S)$, 输出 S, 算法停止. 否则, 更新 $S := S_{\min}$ 并转到步 2.

定理 9.1.2 对任意给定 $\varepsilon > 0$, 算法 9.1.2给出的局部最优解 S 满足

$$C_s + C_p \leqslant (25+\varepsilon)\, C_s^* + \left(5+\frac{\varepsilon}{5}\right) C_p^*.$$

证明 参照定理 9.1.1证明中的划分 S 和 O, 构建点对 (S_i, O_i) 或 $(\boldsymbol{s}, \boldsymbol{o})$ 如下 (参见图 9.1.3 中 $p=3$ 的情形).

(1) 对每个满足 $|S_i| = |O_i| \leqslant p$ 的 i, 构建点对 (S_i, O_i).

(2) 对每个满足 $|S_i| = |O_i| = m_i > p$ 的 i, 用 $\boldsymbol{s} \in S_i \backslash \{\boldsymbol{s}_i\}$ 和 $\boldsymbol{o} \in O_i$ 构建 $(m_i-1)m_i$ 个点对 $(\boldsymbol{s}, \boldsymbol{o})$.

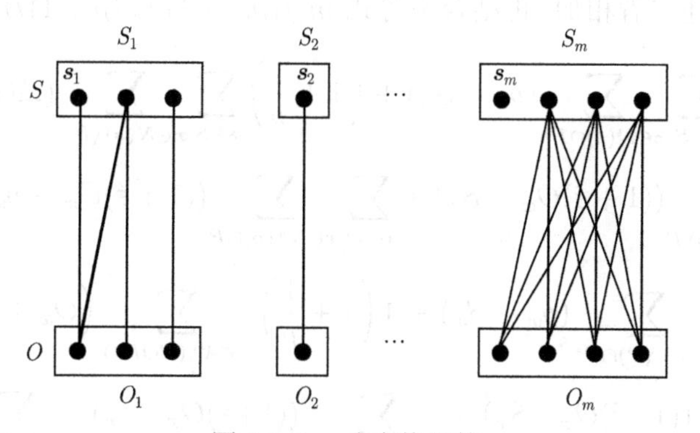

图 9.1.3 多交换运算

进一步考虑上述两种情况以及相应的多交换运算, 具体如下.

(1) 对每个满足 $|S_i| = |O_i| \leqslant p$ 的 i, 分以下三种情形考虑 (S_i, O_i) 对.

情形 1. 若 $\hat{O}_i \subseteq \mathcal{C} \setminus S$. 考虑交换运算 $\text{swap}(S_i, \hat{O}_i)$, 则有

$$\begin{aligned}
0 \leqslant\, & \text{cost}(S \setminus S_i \cup \hat{O}_i) - \text{cost}(S) \qquad (9.1.9)\\
\leqslant & \sum_{\boldsymbol{s}\in S_i} \sum_{\boldsymbol{x}\in N(\boldsymbol{s})\cap P^*} (p_{\boldsymbol{x}} - S_{\boldsymbol{x}}) + \sum_{\boldsymbol{s}\in S_i} \sum_{\boldsymbol{x}\in N(\boldsymbol{s})\backslash\left(\bigcup\limits_{\boldsymbol{o}\in O_i} N^*(\boldsymbol{o})\cup P^*\right)} (\Delta(\boldsymbol{s}_{\boldsymbol{o}_{\boldsymbol{x}}}, \boldsymbol{x}) - S_{\boldsymbol{x}}) + \\
& \sum_{\boldsymbol{o}\in O_i} \sum_{\boldsymbol{x}\in N^*(\boldsymbol{o})\backslash P} (\Delta(\hat{\boldsymbol{o}}, \boldsymbol{x}) - S_{\boldsymbol{x}}) + \sum_{\boldsymbol{o}\in O_i} \sum_{\boldsymbol{x}\in N^*(\boldsymbol{o})\cap P} (\Delta(\hat{o}, \boldsymbol{x}) - p_{\boldsymbol{x}})\\
\leqslant & \sum_{\boldsymbol{s}\in S_i} \sum_{\boldsymbol{x}\in N(\boldsymbol{s})\cap P^*} (p_{\boldsymbol{x}} - S_{\boldsymbol{x}}) + \sum_{\boldsymbol{o}\in O_i} \sum_{\boldsymbol{x}\in N^*(\boldsymbol{o})\backslash P} ((1+\hat{\varepsilon})\Delta(\boldsymbol{o}, \boldsymbol{x}) - S_{\boldsymbol{x}}) + \\
& \sum_{\boldsymbol{s}\in S_i} \sum_{\boldsymbol{x}\in N(\boldsymbol{s})\backslash P^*} (\Delta(\boldsymbol{s}_{\boldsymbol{o}_{\boldsymbol{x}}}, \boldsymbol{x}) - S_{\boldsymbol{x}}) + \sum_{\boldsymbol{o}\in O_i} \sum_{\boldsymbol{x}\in N^*(\boldsymbol{o})\cap P} ((1+\hat{\varepsilon})\Delta(\boldsymbol{o}, \boldsymbol{x}) - p_{\boldsymbol{x}})\\
\leqslant & \sum_{\boldsymbol{s}\in S_i} \sum_{\boldsymbol{x}\in N(s)\cap P^*} (p_{\boldsymbol{x}} - S_{\boldsymbol{x}}) + \sum_{\boldsymbol{s}\in S_i} \sum_{\boldsymbol{x}\in N(\boldsymbol{s})\backslash P^*} (\Delta(\boldsymbol{s}_{\boldsymbol{o}_{\boldsymbol{x}}}, \boldsymbol{x}) - S_{\boldsymbol{x}}) + \\
& \sum_{\boldsymbol{o}\in O_i} \sum_{\boldsymbol{x}\in N^*(\boldsymbol{o})\backslash P} ((1+\hat{\varepsilon})O_{\boldsymbol{x}} - S_{\boldsymbol{x}}) + \sum_{\boldsymbol{o}\in O_i} \sum_{\boldsymbol{x}\in N^*(\boldsymbol{o})\cap P} ((1+\hat{\varepsilon})O_{\boldsymbol{x}} - p_{\boldsymbol{x}}). \qquad (9.1.10)
\end{aligned}$$

情形 2. 若 $\hat{O}_i \subseteq S$. 这时有 $S \setminus S_i \cup \hat{O}_i \subseteq S$, 或者 $\mathrm{cost}(S \setminus S_i \cup \hat{O}_i) \geqslant \mathrm{cost}(S)$, 因此可以得到 (9.1.9) 式.

情形 3. 若 $\hat{O}_i \cap S \neq \varnothing$, $\hat{O}_i \setminus S \neq \varnothing$. 由于

$$|S_i \setminus \hat{O}_i| = |S_i| - |S_i \cap \hat{O}_i| = |\hat{O}_i| - |S_i \cap \hat{O}_i| \geqslant |\hat{O}_i| - |S \cap \hat{O}_i| = |\hat{O}_i \setminus S|,$$

因此, $\mathrm{cost}(S) \leqslant \mathrm{cost}(S \setminus (S_i \setminus \hat{O}_i) \cup (\hat{O}_i \setminus S)) = \mathrm{cost}(S \setminus S_i \cup \hat{O}_i)$. 所以 (9.1.9) 式成立.

(2) 对每个满足 $|S_i| = |O_i| = m_i > p$ 的 i, 类似单交换运算过程, 对每个点对 $(\boldsymbol{s}, \boldsymbol{o}) \in (S_i \backslash \{\boldsymbol{s}_i\}) \times O_i$ 考虑交换运算 $\mathrm{swap}(\boldsymbol{s}, \hat{\boldsymbol{o}})$, 有 (9.1.5) 式成立.

针对满足 $|S_i| = |O_i| \leqslant p$ 的点对 (S_i, O_i), 以权重 1 对所有不等式 (9.1.10) 求和; 满足 $|S_i| = |O_i| = m_i > p$ 的点对 $(s, o) \in (S_i \backslash \{s_i\}) \times O_i$, 以权重 $1/(m_i - 1)$ 对所有不等式 (9.1.6) 求和. 将上述二者相加, 再结合不等式 $m_i/(m_i - 1) \leqslant (p+1)/p$ 和引理 9.1.1, 有

$$\begin{aligned}
0 \leqslant & \left(1+\frac{1}{p}\right) \sum_{\boldsymbol{s} \in S} \sum_{\boldsymbol{x} \in N(\boldsymbol{s}) \cap P^*} (p_{\boldsymbol{x}} - S_{\boldsymbol{x}}) + \left(1+\frac{1}{p}\right) \sum_{\boldsymbol{s} \in S} \sum_{\boldsymbol{x} \in N(\boldsymbol{s}) \backslash P^*} (\Delta(\boldsymbol{s}_{\boldsymbol{o}_{\boldsymbol{x}}}, \boldsymbol{x}) - S_{\boldsymbol{x}}) + \\
& \sum_{\boldsymbol{o} \in O} \sum_{\boldsymbol{x} \in N^*(\boldsymbol{o}) \backslash P} ((1+\hat{\varepsilon}) O_{\boldsymbol{x}} - S_{\boldsymbol{x}}) + \sum_{\boldsymbol{o} \in O} \sum_{\boldsymbol{x} \in N^*(\boldsymbol{o}) \cap P} ((1+\hat{\varepsilon}) O_{\boldsymbol{x}} - p_{\boldsymbol{x}}) \\
\leqslant & \left(1+\frac{1}{p}\right) \sum_{\boldsymbol{x} \in (\mathcal{X} \backslash P) \cap P^*} (p_{\boldsymbol{x}} - S_{\boldsymbol{x}}) + 4\left(1+\frac{1}{p}\right) \sum_{\boldsymbol{x} \in \mathcal{X} \backslash (P \cup P^*)} \left(O_{\boldsymbol{x}} + \sqrt{S_{\boldsymbol{x}} O_{\boldsymbol{x}}}\right) + \\
& \sum_{\boldsymbol{x} \in \mathcal{X} \backslash (P \cup P^*)} ((1+\hat{\varepsilon}) O_{\boldsymbol{x}} - S_{\boldsymbol{x}}) + \sum_{\boldsymbol{x} \in (\mathcal{X} \backslash P^*) \cap P} ((1+\hat{\varepsilon}) O_{\boldsymbol{x}} - p_{\boldsymbol{x}}) + \sum_{\boldsymbol{x} \in P^* \cap P} (p_{\boldsymbol{x}} - p_{\boldsymbol{x}}) \\
\leqslant & \left(5+\frac{4}{p}+\hat{\varepsilon}\right) \sum_{\boldsymbol{x} \in \mathcal{X} \backslash (P \cup P^*)} O_{\boldsymbol{x}} - \sum_{\boldsymbol{x} \in \mathcal{X} \backslash (P \cup P^*)} S_{\boldsymbol{x}} + 4\left(1+\frac{1}{p}\right) \sum_{\boldsymbol{x} \in \mathcal{X} \backslash (P \cup P^*)} \sqrt{S_{\boldsymbol{x}} O_{\boldsymbol{x}}} + \\
& (1+\hat{\varepsilon}) \sum_{\boldsymbol{x} \in (\mathcal{X} \backslash P^*) \cap P} O_{\boldsymbol{x}} - \left(1+\frac{1}{p}\right) \sum_{\boldsymbol{x} \in (\mathcal{X} \backslash P) \cap P^*} S_{\boldsymbol{x}} + \left(1+\frac{1}{p}\right) \sum_{\boldsymbol{x} \in P^*} p_{\boldsymbol{x}} - \sum_{\boldsymbol{x} \in P} p_{\boldsymbol{x}} \\
\leqslant & \left(5+\frac{4}{p}+\hat{\varepsilon}\right) \sum_{\boldsymbol{x} \in \mathcal{X} \backslash P^*} O_{\boldsymbol{x}} - \sum_{\boldsymbol{x} \in \mathcal{X} \backslash P} S_{\boldsymbol{x}} + \\
& 4\left(1+\frac{1}{p}\right) \sqrt{\sum_{\boldsymbol{x} \in \mathcal{X} \backslash (P \cup P^*)} O_{\boldsymbol{x}}} \sqrt{\sum_{\boldsymbol{x} \in \mathcal{X} \backslash (P \cup P^*)} S_{\boldsymbol{x}}} + \left(1+\frac{1}{p}\right) \sum_{\boldsymbol{x} \in P^*} p_{\boldsymbol{x}} - \sum_{\boldsymbol{x} \in P} p_{\boldsymbol{x}} \\
\leqslant & \left(5+\frac{4}{p}+\hat{\varepsilon}\right) \sum_{\boldsymbol{x} \in \mathcal{X} \backslash P^*} O_{\boldsymbol{x}} - \sum_{\boldsymbol{x} \in \mathcal{X} \backslash P} S_{\boldsymbol{x}} + 4\left(1+\frac{1}{p}\right) \sqrt{\sum_{\boldsymbol{x} \in \mathcal{X} \backslash P^*} O_{\boldsymbol{x}}} \sqrt{\sum_{\boldsymbol{x} \in \mathcal{X} \backslash P} S_{\boldsymbol{x}}} + \\
& \left(1+\frac{1}{p}\right) \sum_{\boldsymbol{x} \in P^*} p_{\boldsymbol{x}} - \sum_{\boldsymbol{x} \in P} p_{\boldsymbol{x}} \\
= & \left(5+\frac{4}{p}+\hat{\varepsilon}\right) C_s^* - C_s + 4\left(1+\frac{1}{p}\right) \sqrt{C_s^* C_s} + \left(1+\frac{1}{p}\right) C_p^* - C_p \\
\leqslant & \left(\left(5+\frac{4}{p}+\hat{\varepsilon}\right) C_s^* + \left(1+\frac{1}{p}\right) C_p^*\right) - (C_s + C_p) +
\end{aligned}$$

$$\frac{4\left(1+\frac{1}{p}\right)}{\sqrt{5+\frac{4}{p}+\hat{\varepsilon}}}\sqrt{\left(\left(5+\frac{4}{p}+\hat{\varepsilon}\right)C_s^*+\left(1+\frac{1}{p}\right)C_p^*\right)(C_s+C_p)}. \tag{9.1.11}$$

记

$$t(p,\hat{\varepsilon}):=\sqrt{9+\frac{12}{p}+\frac{4}{p^2}+\hat{\varepsilon}}-2\left(1+\frac{1}{p}\right). \tag{9.1.12}$$

利用因式分解, 再结合 (9.1.11) 式及 (9.1.12) 式, 得

$$0\leqslant\frac{1}{\sqrt{5+\frac{4}{p}+\hat{\varepsilon}}}\cdot$$

$$\left(\sqrt{\frac{5+\frac{4}{p}+\hat{\varepsilon}}{t(p,\hat{\varepsilon})}}\sqrt{\left(5+\frac{4}{p}+\hat{\varepsilon}\right)C_s^*+\left(1+\frac{1}{p}\right)C_p^*}-\sqrt{t(p,\hat{\varepsilon})}\sqrt{C_s+C_p}\right)\cdot$$

$$\left(\sqrt{t(p,\hat{\varepsilon})}\sqrt{\left(5+\frac{4}{p}+\hat{\varepsilon}\right)C_s^*+\left(1+\frac{1}{p}\right)C_p^*}+\sqrt{\frac{5+\frac{4}{p}+\hat{\varepsilon}}{t(p,\hat{\varepsilon})}}\sqrt{C_s+C_p}\right).$$

由

$$\sqrt{t(p,\hat{\varepsilon})}\sqrt{\left(5+\frac{4}{p}+\hat{\varepsilon}\right)C_s^*+\left(1+\frac{1}{p}\right)C_p^*}+\sqrt{\frac{5+\frac{4}{p}+\hat{\varepsilon}}{t(p,\hat{\varepsilon})}}\sqrt{C_s+C_p}\geqslant 0,$$

可以得到

$$\sqrt{t(p,\hat{\varepsilon})}\sqrt{C_s+C_p}\leqslant\sqrt{\frac{5+\frac{4}{p}+\hat{\varepsilon}}{t(p,\hat{\varepsilon})}}\sqrt{\left(5+\frac{4}{p}+\hat{\varepsilon}\right)C_s^*+\left(1+\frac{1}{p}\right)C_p^*},$$

因此

$$\begin{aligned}C_s+C_p&\leqslant\left(\frac{5+\frac{4}{p}+\hat{\varepsilon}}{t(p,\hat{\varepsilon})}\right)^2C_s^*+\frac{\left(5+\frac{4}{p}+\hat{\varepsilon}\right)\left(1+\frac{1}{p}\right)}{(t(p,\hat{\varepsilon}))^2}C_p^*\\&=\left(\frac{5+\frac{4}{p}+\hat{\varepsilon}}{\sqrt{9+\frac{12}{p}+\frac{4}{p^2}+\hat{\varepsilon}}-2\left(1+\frac{1}{p}\right)}\right)^2C_s^*+\end{aligned}$$

$$
\begin{aligned}
&\frac{\left(5+\frac{4}{p}+\hat{\varepsilon}\right)\left(1+\frac{1}{p}\right)}{\left(\sqrt{9+\frac{12}{p}+\frac{4}{p^2}+\hat{\varepsilon}}-2\left(1+\frac{1}{p}\right)\right)^2}C_p^* \\
=&\left(\sqrt{9+\frac{12}{p}+\frac{4}{p^2}+\hat{\varepsilon}}+2\left(1+\frac{1}{p}\right)\right)^2 C_s^* + \\
&\frac{\left(1+\frac{1}{p}\right)\left(\sqrt{9+\frac{12}{p}+\frac{4}{p^2}+\hat{\varepsilon}}+2\left(1+\frac{1}{p}\right)\right)^2}{5+\frac{4}{p}+\hat{\varepsilon}}C_p^*. \qquad (9.1.13)
\end{aligned}
$$

根据 $\hat{\varepsilon}$ 和 p 的定义, 可以得到

$$
\begin{aligned}
\left(\sqrt{9+\frac{12}{p}+\frac{4}{p^2}+\hat{\varepsilon}}+2\left(1+\frac{1}{p}\right)\right)^2 &= \left(\sqrt{9+\frac{18}{p}+\frac{9}{p^2}}+2\left(1+\frac{1}{p}\right)\right)^2 \\
&= \left(3+\frac{3}{p}+2\left(1+\frac{1}{p}\right)\right)^2 = 25\left(1+\frac{1}{p}\right)^2 \\
&= 25\left(1+\frac{1}{\left\lceil \frac{5}{\sqrt{25+\varepsilon}-5} \right\rceil}\right)^2 \\
&\leqslant 25\left(1+\frac{\sqrt{25+\varepsilon}-5}{5}\right)^2 \\
&= 25+\varepsilon, \qquad (9.1.14)
\end{aligned}
$$

以及

$$
\frac{\left(1+\frac{1}{p}\right)\left(\sqrt{9+\frac{12}{p}+\frac{4}{p^2}+\hat{\varepsilon}}+2\left(1+\frac{1}{p}\right)\right)^2}{5+\frac{4}{p}+\hat{\varepsilon}} = 5\left(1+\frac{1}{p}\right)^2 \leqslant 5+\frac{\varepsilon}{5}. \qquad (9.1.15)
$$

由 (9.1.13) 式 $\sim$ (9.1.15) 式, 定理得证. □

9.2 带惩罚 k-中位/均值问题局部搜索算法

本节通过使用自适应聚簇 (参见定义 9.2.1), 基于局部搜索算法, 给出 k-MedP/k-MeaP 的改进算法. 对于 k-MedP, 给出当前最好的 $(3+\varepsilon)$-近似. 对于 k-MeaP, 将近似比从 $(25+\varepsilon)$ 降低到 $(9+\varepsilon)$.

9.2.1 问题描述

在 k-MedP 中, 给定正整数 $k(k < m)$ 和客户集 $\mathcal{X} = \{\boldsymbol{x}_1, \boldsymbol{x}_2, \cdots, \boldsymbol{x}_n\}$, 设施集 $\mathcal{F} = \{\boldsymbol{s}_1, \boldsymbol{s}_2, \cdots, \boldsymbol{s}_m\}$, 每个客户 $\boldsymbol{x} \in \mathcal{X}$ 对应的惩罚费用 $p_{\boldsymbol{x}} > 0$, 目标是寻找基数不超过 k 的设施子集 $S \subseteq \mathcal{F}$ 以及惩罚集 $P \subseteq \mathcal{X}$, 最小化总费用 $\sum_{\boldsymbol{x} \in \mathcal{X} \setminus P} \min_{\boldsymbol{s} \in S} d(\boldsymbol{x}, \boldsymbol{s}) + \sum_{\boldsymbol{x} \in P} p_{\boldsymbol{x}}$. 这里, $\min_{\boldsymbol{s} \in S} d(\boldsymbol{x}, \boldsymbol{s})$ 表示点 $\boldsymbol{x}$ 到其最近设施 $\boldsymbol{s} \in S$ 的连接费用. 为便于读者理解, 在不引起混淆的情况下, 将 k-中位问题中的"设施"看作"中心点", 将"客户"看作"观测点".

在 k-MeaP 中, 给定正整数 $k(k < m)$ 和观测集 $\mathcal{X} = \{\boldsymbol{x}_1, \boldsymbol{x}_2, \cdots, \boldsymbol{x}_n\} \subseteq \mathbb{R}^d$, 每个点 $\boldsymbol{x} \in \mathcal{X}$ 对应的惩罚费用 $p_{\boldsymbol{x}} > 0$, 目标是寻找基数不超过 k 的中心点集 $S \subseteq \mathbb{R}^d$ 以及惩罚集 $P \subseteq \mathcal{X}$, 最小化总费用 $\sum_{\boldsymbol{x} \in \mathcal{X} \setminus P} \min_{\boldsymbol{s} \in S} d^2(\boldsymbol{x}, \boldsymbol{s}) + \sum_{\boldsymbol{x} \in P} p_{\boldsymbol{x}}$. 这里 $\min_{\boldsymbol{s} \in S} d^2(\boldsymbol{x}, \boldsymbol{s})$ 表示点 $\boldsymbol{x}$ 到其最近中心点 $\boldsymbol{s} \in S$ 的连接费用.

为了叙述简便, 后文沿用 9.1 中的符号. 为简化 k-MedP 和 k-MeaP 描述, 需要对符号进行统一. 令 $\mathcal{C}$ 表示候选中心点集, $\Delta(\cdot, \cdot)$ 表示任意两点间的距离. 对应 k-MedP, 有 $\mathcal{C} := \mathcal{F}$ 和 $\Delta(\boldsymbol{a}, \boldsymbol{b}) := d(\boldsymbol{a}, \boldsymbol{b})$; 对应 k-MeaP, 有 $\mathcal{C} := \mathcal{X}$ 和 $\Delta(\boldsymbol{a}, \boldsymbol{b}) := d^2(\boldsymbol{a}, \boldsymbol{b})$. 据此, 惩罚版本的鲁棒聚类问题 ($k$-MedP 和 k-MeaP) 的目标可重新表述为

$$\operatorname{cost}(S) = \min_{S \subseteq \mathcal{C}, P \subseteq \mathcal{X}} \sum_{\boldsymbol{x} \in \mathcal{X} \setminus P} \min_{\boldsymbol{s} \in S} \Delta(\boldsymbol{s}, \boldsymbol{x}) + \sum_{\boldsymbol{x} \in P} p_{\boldsymbol{x}}.$$

其中, 集合 S 是局部最优解, 由 k 个中心点组成. 显然, 在 k-MedP 中关于 S 的惩罚集为 $P = \{\boldsymbol{x} \in \mathcal{X} | p_{\boldsymbol{x}} \leqslant \min_{\boldsymbol{s} \in S} \Delta(\boldsymbol{s}, \boldsymbol{x})\}$, 这意味着集合 S 确定了相应的 k 个聚簇 $N(\boldsymbol{s}) := \{\boldsymbol{x} \in \mathcal{X} \setminus P | \boldsymbol{s}_{\boldsymbol{x}} = \boldsymbol{s}\}$, 这里 $\boldsymbol{s}_{\boldsymbol{x}} := \arg\min_{\boldsymbol{s} \in S} d(\boldsymbol{s}, \boldsymbol{x})$.

类似地, 定义 $P^*, N^*(\boldsymbol{o}), \boldsymbol{o}_{\boldsymbol{x}}$ 等符号. 对任意集合 $D \subseteq \mathcal{X}$, 其质心表示为 $\operatorname{cen}_{\mathcal{C}}(D) := \arg\min_{\boldsymbol{s} \in \mathcal{C}} \Delta(\boldsymbol{s}, D)$, 其中 $\Delta(\boldsymbol{s}, D) := \sum_{\boldsymbol{x} \in D} \Delta(\boldsymbol{s}, \boldsymbol{x})$. 由 k-均值问题的质心引理[126] 知, 在 k-MeaP 中, $\operatorname{cen}_{\mathcal{C}}(D) = \operatorname{cen}(D)$, 其中 $\operatorname{cen}(D) := \sum_{\boldsymbol{x} \in D} \boldsymbol{x}/|D|$ 是集合 D 的质心.

9.2.2 算法及分析

对任意可行解 S, 定义关于 $A \subseteq S$ 和 $B \subseteq \mathcal{C} \setminus S$ 的多交换运算 swap(A, B) 满足 $|A| = |B| \leqslant \rho$, 其中 ρ 是固定整数. 在该运算中, 将 A 中的所有中心点从 S 中删除, 同时将 B 中的所有中心都添加到 S. 带惩罚的鲁棒聚类多交换局部搜索算法如下.

算法 9.2.1 (**多交换局部搜索算法**, LS-Multi-Swap($\mathcal{X}, \mathcal{C}, k, \{p_{\boldsymbol{x}}\}_{\boldsymbol{x} \in \mathcal{X}}, \rho$))

输入: 观测集 $\mathcal{X}$, 候选中心点集 $\mathcal{C}$, 点 $\boldsymbol{x} \in \mathcal{X}$ 的惩罚费用 $p_{\boldsymbol{x}}$, 正整数 k 和 $\rho \leqslant k$.

输出: 中心点集 $S \subseteq \mathcal{C}$.

步 1 (**初始化**) 任意选取 k 个点作为初始可行解 $S \subseteq \mathcal{C}$.

步 2 (**局部搜索**) 计算 $(A, B) := \arg \min_{A \subseteq S, B \subseteq \mathcal{C} \setminus S, |A| = |B| \leqslant \rho} \operatorname{cost}(S \setminus A \cup B)$.

步 3 (**终止条件**) 如果$\text{cost}(S \setminus A \cup B) \geqslant \text{cost}(S)$, 输出 S, 算法停止. 否则, 更新 $S := S \setminus A \cup B$ 并转到步 2.

对 k-MedP, 运行算法 LS-Multi-Swap$(\mathcal{X}, \mathcal{F}, k, \{p_{\boldsymbol{x}}\}_{\boldsymbol{x}\in\mathcal{X}}, \rho)$; 先调用文献 [153] 中的算法构造 $\hat{\varepsilon}$-近似质心点集 $\mathcal{C}' \subseteq \mathcal{X}$, 然后运行算法 LS-Multi-Swap$(\mathcal{X}, \mathcal{C}', k, \{p_{\boldsymbol{x}}\}_{\boldsymbol{x}\in\mathcal{X}}, \rho)$. 参数 $\rho, \hat{\varepsilon}$ 的取值将由算法分析中确定.

为识别观测集合中的异常点信息, Wang 等[181] 基于局部搜索技术提出了自适应聚簇 (adapted cluster) 的概念, 用于捕获局部最优解和全局最优解中关于异常点的有效信息.

定义 9.2.1 设鲁棒 k-均值或 k-中位问题的全局最优解为 O, 局部最优解 S 对应的惩罚集为 $P = \{\boldsymbol{x} \in \mathcal{X} | p_{\boldsymbol{x}} \leqslant \min_{\boldsymbol{s}\in S} \Delta(\boldsymbol{s}, \boldsymbol{x})\}$. 对于任意点 $\boldsymbol{o} \in O$, 定义 $\boldsymbol{o}$ 的自适应聚簇为

$$N_q^*(\boldsymbol{o}) := N^*(\boldsymbol{o}) \setminus P, \qquad \forall \boldsymbol{o} \in O. \tag{9.2.16}$$

接下来, 通过使用上述定义的自适应聚簇, 基于算法 9.2.1对带惩罚鲁棒聚类问题进行分析.

首先, 对任意点 $\boldsymbol{o} \in O$, 有 $N_q^*(\boldsymbol{o}) := N^*(\boldsymbol{o}) \setminus P$. 令 $\tilde{O} := \{\text{cen}_{\mathcal{C}}(N_q^*(\boldsymbol{o})) | \boldsymbol{o} \in O\}$. 值得注意的是, 在执行步 2 中交换运算 (A, B) 后, 若当前解发生变化, 需要将点重新指派到 $S \setminus A \cup B$ 中最近的中心点上. 定义映射 $\boldsymbol{\phi} : \tilde{O} \to S$, 将中心点 $\boldsymbol{c} \in \tilde{O}$ 映射到点 $\boldsymbol{\phi}(\boldsymbol{c}) := \arg\min_{\boldsymbol{s}\in S} d(\boldsymbol{c}, \boldsymbol{s})$ 上. 所以, 通过映射 $\boldsymbol{\phi}$ 可以将点重新指派到由 $\boldsymbol{\phi}$ 确定的中心点上, 并且称中心点 $\boldsymbol{o}$ 被 $\boldsymbol{\phi}(\text{cen}_{\mathcal{C}}(N_q^*(\boldsymbol{o}))$ 捕获.

结合所有交换运算的费用变化之和会出现在由 S 的局部最优性得到的不等式右式. 在 k-MeaP 中, 用 S 和 O 的连接费用约束不等式 (见引理 9.2.1). 由于集合 S 和 O 中不包含任何异常点, 这本质上解释了使用自适应聚簇 $N_q^*(\boldsymbol{o})$ 而不是聚簇 $N^*(\boldsymbol{o})$[103] 的主要原因. 为证明引理 9.2.1, 先将集合 $\mathcal{X} \setminus (P \cup P^*)$ 划分为关于任意最优点 $\boldsymbol{o} \in O$ 的聚簇, 并将质心引理应用到每个自适应聚簇. 然后, 通过自适应聚簇质心点 $\boldsymbol{c}$ 与其映射中心点 $\boldsymbol{\phi}(\boldsymbol{c})$ 的距离平方估计重新指派后连接费用的上界.

引理 9.2.1 令 S 和 O 分别为 k-MeaP 的局部最优解和全局最优解, 则

$$\begin{aligned}\sum_{\boldsymbol{x}\in\mathcal{X}\setminus(P\cup P^*)} \Delta(\boldsymbol{\phi}(\text{cen}(N_q^*(\boldsymbol{o_x}))), \boldsymbol{x}) \leqslant 2\sqrt{\sum_{\boldsymbol{x}\in\mathcal{X}\setminus(P\cup P^*)} O_{\boldsymbol{x}}} \cdot \sqrt{\sum_{\boldsymbol{x}\in\mathcal{X}\setminus(P\cup P^*)} S_{\boldsymbol{x}}} + \\ \sum_{\boldsymbol{x}\in\mathcal{X}\setminus(P\cup P^*)} (2O_{\boldsymbol{x}} + S_{\boldsymbol{x}}).\end{aligned} \tag{9.2.17}$$

证明 利用 Cauchy-Schwarz 不等式, 有

$$\begin{aligned}&\sum_{\boldsymbol{o}\in O} \sum_{\boldsymbol{x}\in N_q^*(\boldsymbol{o})} d(\boldsymbol{x}, \text{cen}_{\mathcal{C}}(N_q^*(\boldsymbol{o}))) \cdot d(\boldsymbol{x}, \boldsymbol{s_x}) \\ \leqslant &\sqrt{\sum_{\boldsymbol{o}\in O} \sum_{\boldsymbol{x}\in N_q^*(\boldsymbol{o})} d^2(\boldsymbol{x}, \text{cen}_{\mathcal{C}}(N_q^*(\boldsymbol{o})))} \cdot \sqrt{\sum_{\boldsymbol{o}\in O} \sum_{\boldsymbol{x}\in N_q^*(\boldsymbol{o})} d^2(\boldsymbol{x}, \boldsymbol{s_x})}.\end{aligned} \tag{9.2.18}$$

利用质心引理 2.1.1 和 $\phi(\cdot)$ 的定义, 可以得到

$$
\begin{aligned}
&\sum_{\boldsymbol{x}\in\mathcal{X}\backslash(P\cup P^*)} d^2\left(\boldsymbol{\phi}(\mathrm{cen}_{\mathcal{C}}(N_q^*(\boldsymbol{o}_{\boldsymbol{x}}))),\boldsymbol{x}\right)\\
=&\sum_{\boldsymbol{o}\in O}\sum_{\boldsymbol{x}\in N_q^*(\boldsymbol{o})} d^2\left(\boldsymbol{\phi}(\mathrm{cen}_{\mathcal{C}}(N_q^*(\boldsymbol{o}))),x\right)\\
=&\sum_{\boldsymbol{o}\in O}\left[d^2\left(\mathrm{cen}_{\mathcal{C}}(N_q^*(\boldsymbol{o})),N_q^*(\boldsymbol{o})\right)+|N_q^*(\boldsymbol{o})|\cdot d^2\left(\mathrm{cen}_{\mathcal{C}}(N_q^*(\boldsymbol{o})),\boldsymbol{\phi}(\mathrm{cen}_{\mathcal{C}}(N_q^*(\boldsymbol{o})))\right)\right]\\
=&\sum_{\boldsymbol{o}\in O} d^2\left(\mathrm{cen}_{\mathcal{C}}(N_q^*(\boldsymbol{o})),N_q^*(\boldsymbol{o})\right)+\sum_{\boldsymbol{o}\in O}\sum_{\boldsymbol{x}\in N_q^*(\boldsymbol{o})} d^2\left(\mathrm{cen}_{\mathcal{C}}(N_q^*(\boldsymbol{o})),\boldsymbol{\phi}(\mathrm{cen}_{\mathcal{C}}(N_q^*(\boldsymbol{o})))\right)\\
\leqslant&\sum_{\boldsymbol{o}\in O} d^2\left(\mathrm{cen}_{\mathcal{C}}(N_q^*(\boldsymbol{o})),N_q^*(\boldsymbol{o})\right)+\sum_{\boldsymbol{o}\in O}\sum_{\boldsymbol{x}\in N_q^*(\boldsymbol{o})} d^2\left(\mathrm{cen}_{\mathcal{C}}(N_q^*(\boldsymbol{o})),\boldsymbol{s}_{\boldsymbol{x}}\right).
\end{aligned}
\tag{9.2.19}
$$

利用 $d(\cdot,\cdot)$ 的三角不等式, 得

$$
\begin{aligned}
&\sum_{\boldsymbol{o}\in O}\sum_{\boldsymbol{x}\in N_q^*(\boldsymbol{o})} d^2\left(\mathrm{cen}_{\mathcal{C}}(N_q^*(\boldsymbol{o})),\boldsymbol{s}_{\boldsymbol{x}}\right)\\
\leqslant&\sum_{\boldsymbol{o}\in O}\sum_{\boldsymbol{x}\in N_q^*(\boldsymbol{o})}\left(d(\boldsymbol{x},\mathrm{cen}_{\mathcal{C}}(N_q^*(\boldsymbol{o})))+d(\boldsymbol{x},\boldsymbol{s}_{\boldsymbol{x}})\right)^2\\
=&\sum_{\boldsymbol{o}\in O} d^2\left(\mathrm{cen}_{\mathcal{C}}(N_q^*(\boldsymbol{o})),N_q^*(\boldsymbol{o})\right)+\sum_{\boldsymbol{o}\in O}\sum_{\boldsymbol{x}\in N_q^*(\boldsymbol{o})} d^2(\boldsymbol{x},\boldsymbol{s}_{\boldsymbol{x}})+\\
&2\sum_{\boldsymbol{o}\in O}\sum_{\boldsymbol{x}\in N_q^*(\boldsymbol{o})} d\left(\boldsymbol{x},\mathrm{cen}_{\mathcal{C}}(N_q^*(\boldsymbol{o}))\right)\cdot d(\boldsymbol{x},\boldsymbol{s}_{\boldsymbol{x}}).
\end{aligned}
\tag{9.2.20}
$$

整合 (9.2.18) 式 ∼ (9.2.20) 式并结合定义 $\mathrm{cen}_{\mathcal{C}}(\cdot)$, 有

$$
\begin{aligned}
&\sum_{\boldsymbol{x}\in\mathcal{X}\backslash(P\cup P^*)} d^2\left(\boldsymbol{\phi}(\mathrm{cen}_{\mathcal{C}}(N_q^*(\boldsymbol{o}_{\boldsymbol{x}}))),\boldsymbol{x}\right)\\
\leqslant&2\sum_{\boldsymbol{o}\in O} d^2\left(\mathrm{cen}_{\mathcal{C}}(N_q^*(\boldsymbol{o})),N_q^*(\boldsymbol{o})\right)+\sum_{\boldsymbol{o}\in O}\sum_{\boldsymbol{x}\in N_q^*(\boldsymbol{o})} d^2(\boldsymbol{x},\boldsymbol{s}_{\boldsymbol{x}})+\\
&2\sqrt{\sum_{\boldsymbol{o}\in O}\sum_{\boldsymbol{x}\in N_q^*(\boldsymbol{o})} d^2\left(\boldsymbol{x},\mathrm{cen}_{\mathcal{C}}(N_q^*(\boldsymbol{o}))\right)}\cdot\sqrt{\sum_{\boldsymbol{o}\in O}\sum_{\boldsymbol{x}\in N_q^*(\boldsymbol{o})} d^2(\boldsymbol{x},\boldsymbol{s}_{\boldsymbol{x}})}\\
\leqslant&2\sum_{\boldsymbol{o}\in O} d^2\left(\boldsymbol{o},N_q^*(\boldsymbol{o})\right)+\sum_{\boldsymbol{o}\in O}\sum_{\boldsymbol{x}\in N_q^*(\boldsymbol{o})} d^2(\boldsymbol{x},\boldsymbol{s}_{\boldsymbol{x}})+\\
&2\sqrt{\sum_{\boldsymbol{o}\in O}\sum_{\boldsymbol{x}\in N_q^*(\boldsymbol{o})} d^2(\boldsymbol{x},\boldsymbol{o})}\cdot\sqrt{\sum_{\boldsymbol{o}\in O}\sum_{\boldsymbol{x}\in N_q^*(\boldsymbol{o})} d^2(\boldsymbol{x},\boldsymbol{s}_{\boldsymbol{x}})}\\
=&\sum_{\boldsymbol{x}\in\mathcal{X}\backslash(P\cup P^*)}(2O_{\boldsymbol{x}}+S_{\boldsymbol{x}})+2\sqrt{\sum_{\boldsymbol{x}\in\mathcal{X}\backslash(P\cup P^*)} O_{\boldsymbol{x}}}\cdot\sqrt{\sum_{\boldsymbol{x}\in\mathcal{X}\backslash(P\cup P^*)} S_{\boldsymbol{x}}}.
\end{aligned}
$$

需要注意, 在 k-MeaP 中, $\text{cen}_{\mathcal{C}}(\cdot) = \text{cen}(\cdot)$. $\square$

接下来考虑 $\phi(\tilde{O})$, 即在映射 ϕ 下 $\tilde{O}$ 的像集. $\phi(\tilde{O})$ 中所有的元素表示为 $\phi(\tilde{O}) = \{\boldsymbol{s}_1, \boldsymbol{s}_2, \cdots, \boldsymbol{s}_m\}$, 其中 $m := |\phi(\tilde{O})|$. 对任意 $l \in \{1, 2, \cdots, m\}$, 令 $S_l := \{\boldsymbol{s}_l\}$, $O_l := \{\boldsymbol{o} \in O | \phi(\text{cen}_{\mathcal{C}}(N_q^*(\boldsymbol{o}))) = \boldsymbol{s}_l\}$. 因此, 集合 O 被划分成子集 $O_1, O_2, \cdots, O_m$. 注意到 $|S| = |O| = k$, 可以扩充 S_l 使得 $S_1, S_2, \cdots, S_m$ 恰好是 S 的划分, 并且满足 $|S_l| = |O_l|$, $l \in \{1, 2, \cdots, m\}$.

构造点对 (S_l, O_l), 并对集合 S_l 和 O_l 中的点进行交换运算. 在此之前, 需要在 k-MeaP 引入与中心点 $\boldsymbol{o} \in O$ 相邻的点 $\hat{\boldsymbol{o}} \in \mathcal{C}$, 以确保涉及点 $\boldsymbol{o}$ 的交换运算得以在算法 9.2.1中实现. 这是因为在 k-MeaP 中 (见 §5.2), 最优中心点不一定在 $\hat{\varepsilon}$-近似质心集 $\mathcal{C}$ 中. 令 $\hat{\boldsymbol{o}} := \arg\min_{\boldsymbol{c} \in \mathcal{C}'} d(\boldsymbol{c}, N^*(\boldsymbol{o}))$, 任意点 $\boldsymbol{x} \in N^*(\boldsymbol{o})$ 到点 $\boldsymbol{o}$ 和到点 $\hat{\boldsymbol{o}}$ 的距离关系满足下式:

$$\sum_{\boldsymbol{x} \in N^*(\boldsymbol{o})} d^2(\hat{\boldsymbol{o}}, \boldsymbol{x}) \leqslant (1 + \hat{\varepsilon}) \sum_{\boldsymbol{x} \in N^*(\boldsymbol{o})} d^2(\boldsymbol{o}, \boldsymbol{x}). \tag{9.2.21}$$

该算法在一次交换运算中最多允许交换 ρ 个点. 为此, 考虑 $|S_l| = |O_l| \leqslant \rho$ 和 $|S_l| = |O_l| > \rho$ 两种情况构造交换运算 (参考图 9.2.1, $\rho = 3$ 的情况).

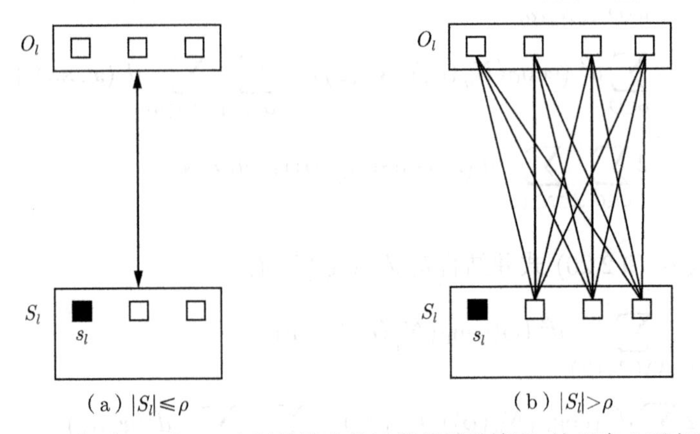

图 9.2.1　当 $\rho = 3$ 时, 在 S_l 和 O_l 之间构造交换运算的两种情况, 这里实心正方形属于 $\phi(\tilde{S}^*)$

情形 1 (图 9.2.1(a)). 若 $|S_l| = |O_l| \leqslant \rho$, $l \in \{1, 2, \cdots, m\}$, 考虑点对 (S_l, O_l). 令 $\hat{O}_l := \{\hat{\boldsymbol{o}} | \boldsymbol{o} \in O_l\}$. 不失一般性, 假设 $\hat{O}_l \subseteq \mathcal{X} \setminus S$. 对 k-MedP, 考虑交换运算 $\text{swap}(S_l, O_l)$; 对 k-MeaP, 考虑交换运算 $\text{swap}(S_l, \hat{O}_l)$.

情形 2 (图 9.2.1(b)). 若 $|S_l| = |O_l| = m_l > \rho$, $l \in \{1, 2, \cdots, m\}$, 考虑 $(m_l - 1)m_l$ 个点对 $(\boldsymbol{s}, \boldsymbol{o})$, 其中 $\boldsymbol{s} \in S_l \backslash \{\boldsymbol{s}_l\}$, $\boldsymbol{o} \in O_l$. 在 k-MedP 中, 考虑交换运算 $\text{swap}(\boldsymbol{s}, \boldsymbol{o})$; 在 k-MeaP 中, 考虑交换运算 $\text{swap}(\boldsymbol{s}, \hat{\boldsymbol{o}})$.

利用情形 1 中交换运算, 可得到下面引理 9.2.2. 该引理揭示了集合 S_l 与集合 O_l 之间的关系.

引理 9.2.2 如果 $|S_l|=|O_l|\leqslant\rho$, $l\in\{1,2,\cdots,m\}$, 则对 k-MedP, 有

$$0\leqslant\sum_{\boldsymbol{s}\in S_l}\sum_{\boldsymbol{x}\in N(\boldsymbol{s})\cap P^*}(p_{\boldsymbol{x}}-S_{\boldsymbol{x}})+\sum_{\boldsymbol{s}\in S_l}\sum_{\boldsymbol{x}\in N(\boldsymbol{s})\setminus P^*}(d(\boldsymbol{\phi}(\text{cen}_{\mathcal{C}}(N_q^*(\boldsymbol{o}_{\boldsymbol{x}}))),\boldsymbol{x})-S_{\boldsymbol{x}})+$$
$$\sum_{\boldsymbol{o}\in O_l}\sum_{\boldsymbol{x}\in N^*(\boldsymbol{o})\setminus P}(O_{\boldsymbol{x}}-S_{\boldsymbol{x}})+\sum_{\boldsymbol{o}\in O_l}\sum_{\boldsymbol{x}\in N^*(\boldsymbol{o})\cap P}(O_{\boldsymbol{x}}-p_{\boldsymbol{x}}). \tag{9.2.22}$$

对 k-MeaP, 有

$$0\leqslant\sum_{s\in S_l}\sum_{\boldsymbol{x}\in N(s)\cap P^*}(p_{\boldsymbol{x}}-S_{\boldsymbol{x}})+\sum_{s\in S_l}\sum_{\boldsymbol{x}\in N(s)\setminus P^*}\left(d^2(\boldsymbol{\phi}(\text{cen}_{\mathcal{C}}(N_q^*(\boldsymbol{o}_{\boldsymbol{x}}))),\boldsymbol{x})-S_{\boldsymbol{x}}\right)+$$
$$\sum_{\boldsymbol{o}\in O_l}\sum_{\boldsymbol{x}\in N^*(\boldsymbol{o})\setminus P}((1+\hat{\varepsilon})O_{\boldsymbol{x}}-S_{\boldsymbol{x}})+\sum_{\boldsymbol{o}\in O_l}\sum_{\boldsymbol{x}\in N^*(\boldsymbol{o})\cap P}((1+\hat{\varepsilon})O_{\boldsymbol{x}}-p_{\boldsymbol{x}}). \tag{9.2.23}$$

证明 仅给出针对 k-MeaP 的证明, 类似地可得 k-MedP 的证明. 执行交换运算 $\text{swap}(S_l,\hat{O}_l)$ 后, 对任意 $\boldsymbol{s}\in S_l$ 需要惩罚集合 $N(\boldsymbol{s})\cap P^*$ 中的所有点. 然后将集合 $\mathcal{X}\setminus P$ 中的点进行重新指派: 若 $\boldsymbol{o}\in O_l$, 将点 $\boldsymbol{x}\in N^*(\boldsymbol{o})$ 重新分配给 $\hat{\boldsymbol{o}}$; 由 $\boldsymbol{o}_x\notin O_l$, 有 $\boldsymbol{\phi}(\text{cen}_{\mathcal{C}}(N_q^*(\boldsymbol{o}_{\boldsymbol{x}})))\notin S_l)$, 因此, 若 $\boldsymbol{s}\in S_l$, 将点 $\boldsymbol{x}\in N(\boldsymbol{s})\setminus(\bigcup\limits_{\boldsymbol{o}\in O_l}N^*(\boldsymbol{o})\cup P^*)$ 重新分配给 $\boldsymbol{\phi}(\text{cen}_{\mathcal{C}}(N_q^*(\boldsymbol{o}_{\boldsymbol{x}})))$. 根据局部最优性, 有

$$\begin{aligned}0\leqslant&\,\text{cost}(S\setminus\{S_l\}\cup\{\hat{O}_l\})-\text{cost}(S)\\ \leqslant&\sum_{\boldsymbol{s}\in S_l}\sum_{\boldsymbol{x}\in N(\boldsymbol{s})\cap P^*}(p_{\boldsymbol{x}}-S_{\boldsymbol{x}})+\\ &\sum_{\boldsymbol{s}\in S_l}\sum_{\boldsymbol{x}\in N(\boldsymbol{s})\setminus\left(\bigcup\limits_{\boldsymbol{o}\in O_l}N^*(\boldsymbol{o})\cup P^*\right)}\left(d^2(\boldsymbol{\phi}(\text{cen}_{\mathcal{C}}(N_q^*(\boldsymbol{o}_{\boldsymbol{x}}))),\boldsymbol{x})-S_{\boldsymbol{x}}\right)+\\ &\sum_{\boldsymbol{o}\in O_l}\sum_{\boldsymbol{x}\in N^*(\boldsymbol{o})\setminus P}\left(d^2(\hat{\boldsymbol{o}},\boldsymbol{x})-S_{\boldsymbol{x}}\right)+\sum_{\boldsymbol{o}\in O_l}\sum_{\boldsymbol{x}\in N^*(\boldsymbol{o})\cap P}\left(d^2(\hat{\boldsymbol{o}},\boldsymbol{x})-p_{\boldsymbol{x}}\right).\end{aligned}$$

结合 $\sum\limits_{\boldsymbol{x}\in N^*(\boldsymbol{o})}=\sum\limits_{\boldsymbol{x}\in N^*(\boldsymbol{o})\setminus P}+\sum\limits_{\boldsymbol{x}\in N^*(\boldsymbol{o})\cap P}$ 和 (9.2.21) 式引理得证. □

利用情形 2 中交换运算, 可得到下面引理 9.2.3. 该引理表明集合 S_l 中的点与集合 O_l 中的点之间的关系.

引理 9.2.3 任意 $\boldsymbol{s}\in S_l\setminus\{\boldsymbol{s}_l\}$, $o\in O_l$, $l\in\{1,2,\cdots,m\}$. 如果 $|S_l|=|O_l|=m_l>\rho$, 那么在 k-MedP 中, 有

$$0\leqslant\sum_{\boldsymbol{x}\in N(\boldsymbol{s})\cap P^*}(p_{\boldsymbol{x}}-S_{\boldsymbol{x}})+\sum_{\boldsymbol{x}\in N(\boldsymbol{s})\setminus P^*}\left(d(\boldsymbol{\phi}(\text{cen}_{\mathcal{C}}(N_q^*(\boldsymbol{o}_{\boldsymbol{x}}))),\boldsymbol{x})-S_{\boldsymbol{x}}\right)+$$
$$\sum_{\boldsymbol{x}\in N^*(\boldsymbol{o})\setminus P}(O_{\boldsymbol{x}}-S_{\boldsymbol{x}})+\sum_{\boldsymbol{x}\in N^*(\boldsymbol{o})\cap P}(O_{\boldsymbol{x}}-p_{\boldsymbol{x}}). \tag{9.2.24}$$

在 k-MeaP 中, 有

$$0 \leqslant \sum_{\boldsymbol{x} \in N(\boldsymbol{s}) \cap P^*} (p_{\boldsymbol{x}} - S_{\boldsymbol{x}}) + \sum_{\boldsymbol{x} \in N(\boldsymbol{s}) \setminus P^*} \left(d^2(\boldsymbol{\phi}(\mathrm{cen}_{\mathcal{C}}(N_q^*(o_{\boldsymbol{x}}))), \boldsymbol{x}) - S_{\boldsymbol{x}}\right) + \sum_{\boldsymbol{x} \in N^*(\boldsymbol{o}) \setminus P} ((1+\hat{\varepsilon})O_{\boldsymbol{x}} - S_{\boldsymbol{x}}) + \sum_{\boldsymbol{x} \in N^*(\boldsymbol{o}) \cap P} ((1+\hat{\varepsilon})O_{\boldsymbol{x}} - p_{\boldsymbol{x}}). \tag{9.2.25}$$

证明 仅给出针对 k-MeaP 的证明, 类似可得 k-MedP 的证明. 回顾定义 $\hat{\boldsymbol{o}}$. 不失一般性, 假设 $\hat{\boldsymbol{o}} \notin S$. 当 $\boldsymbol{x} \in N(\boldsymbol{s}) \setminus (N^*(\boldsymbol{o}) \cup P^*)$ 时, 由 $\boldsymbol{s} \neq \boldsymbol{s}_l$ 和 $\boldsymbol{\phi}(\mathrm{cen}_{\mathcal{C}}(N_q^*(\boldsymbol{o}))) = \boldsymbol{s}_l$, 可得 $\boldsymbol{\phi}(\mathrm{cen}_{\mathcal{C}}(N_q^*(\boldsymbol{o}_{\boldsymbol{x}}))) \neq \boldsymbol{s}$. 根据局部最优性, 有

$$\begin{aligned}
0 \leqslant\ & \mathrm{cost}(S \setminus \{\boldsymbol{s}\} \cup \{\hat{\boldsymbol{o}}\}) - \mathrm{cost}(S) \\
\leqslant\ & \sum_{\boldsymbol{x} \in N(\boldsymbol{s}) \cap P^*} (p_{\boldsymbol{x}} - S_{\boldsymbol{x}}) + \sum_{\boldsymbol{x} \in N(\boldsymbol{s}) \setminus (N^*(\boldsymbol{o}) \cup P^*)} \left(d^2(\boldsymbol{\phi}(\mathrm{cen}_{\mathcal{C}}(N_q^*(\boldsymbol{o}_{\boldsymbol{x}}))), \boldsymbol{x}) - S_{\boldsymbol{x}}\right) + \\
& \sum_{\boldsymbol{x} \in N^*(\boldsymbol{o}) \setminus P} (d^2(\hat{\boldsymbol{o}}, \boldsymbol{x}) - S_{\boldsymbol{x}}) + \sum_{\boldsymbol{x} \in N^*(\boldsymbol{o}) \cap P} (d^2(\hat{o}, \boldsymbol{x}) - p_{\boldsymbol{x}}) \\
\leqslant\ & \sum_{\boldsymbol{x} \in N(\boldsymbol{s}) \cap P^*} (p_{\boldsymbol{x}} - S_{\boldsymbol{x}}) + \sum_{\boldsymbol{x} \in N(\boldsymbol{s}) \setminus P^*} \left(d^2(\boldsymbol{\phi}(\mathrm{cen}_{\mathcal{C}}(N_q^*(\boldsymbol{o}_{\boldsymbol{x}}))), \boldsymbol{x}) - S_{\boldsymbol{x}}\right) + \\
& \sum_{\boldsymbol{x} \in N^*(\boldsymbol{o}) \setminus P} ((1+\hat{\varepsilon})O_{\boldsymbol{x}} - S_{\boldsymbol{x}}) + \sum_{\boldsymbol{x} \in N^*(\boldsymbol{o}) \cap P} ((1+\hat{\varepsilon})O_{\boldsymbol{x}} - p_{\boldsymbol{x}}).
\end{aligned}$$

□

结合引理 9.2.2 和引理 9.2.3, 分别对 k-MedP 和 k-MeaP 两问题估计局部最优解 S 产生的费用.

定理 9.2.1 对于 k-MedP, 算法 9.2.1 产生的局部最优解 S 满足

$$C_s + C_p \leqslant \left(3 + \frac{2}{\rho}\right) C_s^* + \left(1 + 1\frac{1}{\rho}\right) C_p^*.$$

证明 对于任意的 $\boldsymbol{c} \in \tilde{O}$ 和 $\boldsymbol{x} \in \mathcal{X}$, $d(\boldsymbol{\phi}(\boldsymbol{c}), \boldsymbol{x}) \geqslant S_{\boldsymbol{x}}$, 并且 $m_l/(m_l-1) \leqslant (\rho+1)/\rho$. 分别以权重为 1 和权重为 $1/(m_l-1)$ 对不等式 (9.2.22) 和不等式 (9.2.24) 加权, 遍历所有的交换操作并求和, 有

$$\begin{aligned}
0 \leqslant\ & \left(1 + \frac{1}{\rho}\right) \sum_{\boldsymbol{s} \in S} \sum_{\boldsymbol{x} \in N(\boldsymbol{s}) \cap P^*} (p_{\boldsymbol{x}} - S_{\boldsymbol{x}}) + \\
& \left(1 + \frac{1}{\rho}\right) \sum_{\boldsymbol{s} \in S} \sum_{\boldsymbol{x} \in N(\boldsymbol{s}) \setminus P^*} \left(d(\boldsymbol{\phi}(\mathrm{cen}_{\mathcal{C}}(N_q^*(\boldsymbol{o}_{\boldsymbol{x}}))), \boldsymbol{x}) - S_{\boldsymbol{x}}\right) + \\
& \sum_{\boldsymbol{o} \in O} \sum_{\boldsymbol{x} \in N^*(\boldsymbol{o}) \setminus P} (O_{\boldsymbol{x}} - S_{\boldsymbol{x}}) + \sum_{\boldsymbol{o} \in O} \sum_{\boldsymbol{x} \in N^*(\boldsymbol{o}) \cap P} (O_{\boldsymbol{x}} - p_{\boldsymbol{x}}).
\end{aligned} \tag{9.2.26}$$

由三角形不等式和映射 $\boldsymbol{\phi}(\cdot)$, 有

$$d(\boldsymbol{\phi}(\mathrm{cen}_{\mathcal{C}}(N_q^*(\boldsymbol{o}_{\boldsymbol{x}}))), \boldsymbol{x}) \leqslant d(\boldsymbol{\phi}(\mathrm{cen}_{\mathcal{C}}(N_q^*(\boldsymbol{o}_{\boldsymbol{x}}))), \mathrm{cen}_{\mathcal{C}}(N_q^*(\boldsymbol{o}_{\boldsymbol{x}}))) + d(\mathrm{cen}_{\mathcal{C}}(N_q^*(\boldsymbol{o}_{\boldsymbol{x}})), \boldsymbol{x})$$

$$
\begin{aligned}
&\leqslant d(\boldsymbol{s}_{\boldsymbol{x}}, \mathrm{cen}_{\mathcal{C}}(N_q^*(\boldsymbol{o}_{\boldsymbol{x}}))) + d(\mathrm{cen}_{\mathcal{C}}(N_q^*(\boldsymbol{o}_{\boldsymbol{x}})), \boldsymbol{x}) \\
&\leqslant d(\boldsymbol{s}_{\boldsymbol{x}}, \boldsymbol{x}) + d(\mathrm{cen}_{\mathcal{C}}(N_q^*(\boldsymbol{o}_{\boldsymbol{x}})), \boldsymbol{x}) + d(\mathrm{cen}_{\mathcal{C}}(N_q^*(\boldsymbol{o}_{\boldsymbol{x}})), \boldsymbol{x}) \\
&= S_{\boldsymbol{x}} + 2d(\mathrm{cen}_{\mathcal{C}}(N_q^*(\boldsymbol{o}_{\boldsymbol{x}})), \boldsymbol{x}).
\end{aligned} \tag{9.2.27}
$$

结合不等式 (9.2.26) 和 (9.2.27) 式, 有

$$
\begin{aligned}
0\leqslant&\left(1+\frac{1}{\rho}\right)\sum_{\boldsymbol{s}\in S}\sum_{\boldsymbol{x}\in N(\boldsymbol{s})\cap P^*}(p_{\boldsymbol{x}}-S_{\boldsymbol{x}})+\left(1+\frac{1}{\rho}\right)\sum_{\boldsymbol{s}\in S}\sum_{\boldsymbol{x}\in N(\boldsymbol{s})\setminus P^*}2d(\mathrm{cen}_{\mathcal{C}}(N_q^*(\boldsymbol{o}_{\boldsymbol{x}})), \boldsymbol{x})+ \\
&\sum_{\boldsymbol{o}\in O}\sum_{\boldsymbol{x}\in N^*(\boldsymbol{o})\setminus P}(O_{\boldsymbol{x}}-S_{\boldsymbol{x}})+\sum_{\boldsymbol{o}\in O}\sum_{\boldsymbol{x}\in N^*(o)\cap P}(O_{\boldsymbol{x}}-p_{\boldsymbol{x}}) \\
\leqslant&\left(1+\frac{1}{\rho}\right)\sum_{\boldsymbol{x}\in P^*}p_{\boldsymbol{x}}+\left(1+\frac{1}{\rho}\right)\sum_{\boldsymbol{o}\in O}\sum_{\boldsymbol{x}\in N_q^*(\boldsymbol{o})}2d(\mathrm{cen}_{\mathcal{C}}(N_q^*(\boldsymbol{o}_{\boldsymbol{x}})), \boldsymbol{x})+ \\
&\sum_{\boldsymbol{x}\in\mathcal{X}\setminus P^*}O_{\boldsymbol{x}}-\sum_{\boldsymbol{x}\in\mathcal{X}\setminus P}S_{\boldsymbol{x}}-\sum_{\boldsymbol{x}\in P}p_{\boldsymbol{x}} \\
=&\left(1+\frac{1}{\rho}\right)C_p^*+\left(1+\frac{1}{\rho}\right)\sum_{\boldsymbol{o}\in O}\sum_{\boldsymbol{x}\in N_q^*(\boldsymbol{o})}2d(\mathrm{cen}_{\mathcal{C}}(N_q^*(\boldsymbol{o}_{\boldsymbol{x}})), \boldsymbol{x})+C_s^*-C_s-C_p.
\end{aligned} \tag{9.2.28}
$$

再由 $N_q^*(\cdot)$ 和 $\mathrm{cen}_{\mathcal{C}}(\cdot)$ 的定义知

$$
\sum_{\boldsymbol{o}\in O}\sum_{\boldsymbol{x}\in N_q^*(\boldsymbol{o})}2d(\mathrm{cen}_{\mathcal{C}}(N_q^*(\boldsymbol{o}_{\boldsymbol{x}})), \boldsymbol{x})\leqslant\sum_{\boldsymbol{o}\in O}\sum_{\boldsymbol{x}\in N_q^*(\boldsymbol{o})}2d(\boldsymbol{o}_{\boldsymbol{x}}, \boldsymbol{x})\leqslant 2C_s^*. \tag{9.2.29}
$$

最后, 取 $\rho = 2/\varepsilon$, 结合不等式 (9.2.28) 和 (9.2.29) 式定理得证. □

定理 9.2.2 令 $\mathcal{C}$ 是观测集 $\mathcal{X}$ 的 $\hat{\varepsilon}$-近似质心集. 对于 k-MeaP, 算法 9.2.1产生的局部最优解 S 满足

$$
C_s + C_p \leqslant \left(3+\frac{2}{\rho}+\hat{\varepsilon}\right)^2 C_{\boldsymbol{s}}^* + \left(3+\frac{2}{\rho}+\hat{\varepsilon}\right)\left(1+\frac{1}{\rho}\right)C_p^*.
$$

证明 与定理 9.2.1证明类似. 对任意 $l \in \{1, 2, \cdots, m\}$, 遍历所有交换运算. 将不等式 (9.2.23) 加权为 1, 将不等式 (9.2.25) 加权为 $1/(m_l-1)$, 然后对所有不等式求和, 得

$$
\begin{aligned}
0\leqslant\ &\left(1+\frac{1}{\rho}\right)\sum_{\boldsymbol{s}\in S}\sum_{\boldsymbol{x}\in N(\boldsymbol{s})\cap P^*}(p_{\boldsymbol{x}}-S_{\boldsymbol{x}})+ \\
&\left(1+\frac{1}{\rho}\right)\sum_{\boldsymbol{s}\in S}\sum_{\boldsymbol{x}\in N(\boldsymbol{s})\setminus P^*}(d^2(\boldsymbol{\phi}(\mathrm{cen}_{\mathcal{C}}(N_q^*(\boldsymbol{o}_{\boldsymbol{x}}))), \boldsymbol{x})-S_{\boldsymbol{x}})+ \\
&\sum_{\boldsymbol{o}\in O}\sum_{\boldsymbol{x}\in N^*(\boldsymbol{o})\setminus P}((1+\hat{\varepsilon})O_{\boldsymbol{x}}-S_{\boldsymbol{x}})+\sum_{\boldsymbol{o}\in O}\sum_{\boldsymbol{x}\in N^*(o)\cap P}((1+\hat{\varepsilon})O_{\boldsymbol{x}}-p_{\boldsymbol{x}}).
\end{aligned} \tag{9.2.30}
$$

由于 $\sum_{\boldsymbol{s}\in S}\sum_{\boldsymbol{x}\in N(\boldsymbol{s})\setminus P^*}=\sum_{\boldsymbol{x}\in\mathcal{X}\setminus(P\cup P^*)}$ 和引理 9.2.1, 不等式 (9.2.30) 右式不超过

$$\begin{aligned}
&\left(3+\frac{2}{\rho}+\hat{\varepsilon}\right)\sum_{\boldsymbol{x}\in\mathcal{X}\setminus P^*}O_{\boldsymbol{x}}-\sum_{\boldsymbol{x}\in\mathcal{X}\setminus P}S_{\boldsymbol{x}}+\\
&2\left(1+\frac{1}{\rho}\right)\sqrt{\sum_{\boldsymbol{x}\in\mathcal{X}\setminus P^*}O_{\boldsymbol{x}}}\sqrt{\sum_{\boldsymbol{x}\in\mathcal{X}\setminus P}S_{\boldsymbol{x}}}+\left(1+\frac{1}{\rho}\right)\sum_{\boldsymbol{x}\in P^*}p_{\boldsymbol{x}}-\sum_{\boldsymbol{x}\in P}p_{\boldsymbol{x}}\\
=&\left(3+\frac{2}{\rho}+\hat{\varepsilon}\right)C_s^*-C_s+2\left(1+\frac{1}{\rho}\right)\sqrt{C_s^*C_s}+\left(1+\frac{1}{\rho}\right)C_p^*-C_p\\
\leqslant&\left(\left(3+\frac{2}{\rho}+\hat{\varepsilon}\right)C_s^*+\left(1+\frac{1}{\rho}\right)C_p^*\right)-(C_s+C_p)+\\
&\frac{2\left(1+\frac{1}{\rho}\right)}{\sqrt{3+\frac{2}{\rho}+\hat{\varepsilon}}}\sqrt{\left(\left(3+\frac{2}{\rho}+\hat{\varepsilon}\right)C_s^*+\left(1+\frac{1}{\rho}\right)C_p^*\right)(C_s+C_p)}.
\end{aligned}\tag{9.2.31}$$

不等式 (9.2.31) 右式等于

$$\begin{aligned}
&\left(\sqrt{\left(3+\frac{2}{\rho}+\hat{\varepsilon}\right)C_s^*+\left(1+\frac{1}{\rho}\right)C_p^*}+\alpha\sqrt{C_s+C_p}\right)\cdot\\
&\left(\sqrt{\left(3+\frac{2}{\rho}+\hat{\varepsilon}\right)C_s^*+\left(1+\frac{1}{\rho}\right)C_p^*}-\beta\sqrt{C_s+C_p}\right),
\end{aligned}$$

其中

$$\begin{aligned}
\alpha&=\frac{1+1/\rho}{\sqrt{3+2/\rho+\hat{\varepsilon}}}+\sqrt{\frac{(1+1/\rho)^2}{3+2/\rho+\hat{\varepsilon}}+1-\varepsilon},\\
\beta&=-\frac{1+1/\rho}{\sqrt{3+2/\rho+\hat{\varepsilon}}}+\sqrt{\frac{(1+1/\rho)^2}{3+2/\rho+\hat{\varepsilon}}+1-\varepsilon}.
\end{aligned}$$

这意味着

$$\sqrt{\left(3+\frac{2}{\rho}+\hat{\varepsilon}\right)C_s^*+\left(1+\frac{1}{\rho}\right)C_p^*}-\beta\sqrt{C_s+C_p}\geqslant 0,$$

等价于

$$C_s+C_p\leqslant\frac{1}{\beta^2}\left(3+\frac{2}{\rho}+\hat{\varepsilon}\right)C_s^*+\frac{1}{\beta^2}\left(1+\frac{1}{\rho}\right)C_p^*.$$

由于 $1/\beta^2\leqslant 3+2/\rho+\hat{\varepsilon}$. 所以

$$C_s + C_p \leqslant \left(3 + \frac{2}{\rho} + \hat{\varepsilon}\right)^2 C_s^* + \left(3 + \frac{2}{\rho} + \hat{\varepsilon}\right)\left(1 + \frac{1}{\rho}\right) C_p^*. \tag{9.2.32}$$

取 $\hat{\varepsilon} = 1/\rho$ 并代入上式, 定理得证. □

事实上, 算法 9.2.1可以通过设置迭代步长, 利用充分下降性, 得到多项式时间算法[19], 且近似比只损失 ε. 改编为多项式时间算法: 通过在算法 9.2.1中设置迭代步长, 利用充分下降性, 可得多项式时间算法, 并且近似比仅牺牲 ε. 如果 ρ 足够大, $\hat{\varepsilon}$ 足够小, 结合上述思路与定理 9.2.1, 定理 9.2.2, 可以分别得到 k-MedP 和 k-MeaP 的 $(3+\varepsilon)$-近似算法以及 $(9+\varepsilon)$-近似算法.

9.3 带异常点 k-中位/均值问题局部搜索算法

目前关于带异常点基于局部搜索的双准则算法有两种形式: 一种是违反异常点约束 (即异常点数量限制), 另一种是违反基数约束 (即聚簇数量限制), 本节考虑前者. 将文献 [103] 在局部搜索算法中处理异常点的方法应用于 k-MedO 和 k-MeaO, 利用自适应聚簇分析技术, 给出了 k-MedO/k-MeaO 的改进算法. 将 k-MedO 的近似比从 $17+\varepsilon$ 改进到 $3+\varepsilon$, 将 k-MeaO 的近似比从 $274+\varepsilon$ 改进到 $9+\varepsilon$.

9.3.1 问题描述

在 k-MedO 中, 给定客户集 $\mathcal{X} = \{\boldsymbol{x}_1, \boldsymbol{x}_2, \cdots, \boldsymbol{x}_n\}$, 设施集 $\mathcal{F} = \{\boldsymbol{s}_1, \boldsymbol{s}_2, \cdots, \boldsymbol{s}_m\}$ 两个正整数 k 和 z, 其中 $k < m$, $z < n$. 目标是寻找基数不超过 k 的设施子集 $S \subseteq \mathcal{F}$ 以及基数不超过 z 的异常点集 $P \subseteq \mathcal{X}$, 最小化总费用 $\sum\limits_{\boldsymbol{x}\in\mathcal{X}\setminus P} \min\limits_{\boldsymbol{s}\in S} d(\boldsymbol{x}, \boldsymbol{s})$. 这里 $\min\limits_{\boldsymbol{s}\in S} d(\boldsymbol{x}, \boldsymbol{s})$ 表示点 $\boldsymbol{x}$ 到其最近设施 $\boldsymbol{s} \in S$ 的连接费用.

在 k-MeaO 中, 给定观测集 $\mathcal{X} = \{\boldsymbol{x}_1, \boldsymbol{x}_2, \cdots, \boldsymbol{x}_n\} \subseteq \mathbb{R}^d$, 正整数 k 和 $z < n$. 目标是寻找基数不超过 k 的中心点集 $S \subseteq \mathbb{R}^d$ 以及基数不超过 z 的异常点集 $P \subseteq \mathcal{X}$, 最小化总费用 $\sum\limits_{\boldsymbol{x}\in\mathcal{X}\setminus P} \min\limits_{\boldsymbol{s}\in S} d^2(\boldsymbol{x}, \boldsymbol{s})$. 这里 $d^2(\boldsymbol{x}, \boldsymbol{s})$ 表示点 $\boldsymbol{x}$ 到其最近中心点 $\boldsymbol{s}$ 的连接费用.

为叙述简便, 类似于 9.2.1 节, 需要对符号进行统一. 带异常点鲁棒聚类问题 (k-MedO 和 k-MeaO) 的目标可重新表述为

$$\mathrm{cost}(S, P) = \min_{S\subseteq\mathcal{C}, P\subseteq\mathcal{X}:|P|\leqslant z} \sum_{\boldsymbol{x}\in\mathcal{X}\setminus P} \min_{\boldsymbol{s}\in S} \varDelta(\boldsymbol{s}, \boldsymbol{x}).$$

给定中心点集 S 和子集 $R \subseteq \mathcal{X}$, 假设 $\mathcal{X} \setminus R = \{\boldsymbol{x}_1, \boldsymbol{x}_2, \cdots, \boldsymbol{x}_{|\mathcal{X}\setminus R|}\}$ 满足 $d(\boldsymbol{s}_{\boldsymbol{x}_1}, \boldsymbol{x}_1) \geqslant d(\boldsymbol{s}_{\boldsymbol{x}_2}, \boldsymbol{x}_2) \geqslant \cdots \geqslant d(\boldsymbol{s}_{\boldsymbol{x}_{|\mathcal{X}\setminus R|}}, \boldsymbol{x}_{|\mathcal{X}\setminus R|})$. 若 $|\mathcal{X} \setminus R| \geqslant z$, 则异常点集记为 $\mathrm{outlier}(S, R) := \{\boldsymbol{x}_1, \boldsymbol{x}_2, \cdots, \boldsymbol{x}_z\}$; 否则, $\mathrm{outlier}(S, R) := \mathcal{X} \setminus R$. 在不引起混淆的情况下, $\mathrm{outlier}(S, \cdot)$ 可简记为 $\mathrm{outlier}(S)$. 关于 S 的最优异常点集是 $\mathrm{outlier}(S)$, 这意味着集合 S 可以被看作可行解. 有时也用 (S, P) 表示该问题的解 (不一定是可行解), 其中 S 是中心点集, P 是对应的异常点集.

9.3.2 算法描述

基于异常点的多交换局部搜索算法的迭代过程包含两种操作: 无交换操作和交换操作. 假设当前解是 (S,P), 无交换操作实现了"添加异常点"运算, 该运算将 outlier(S,P) 中的点添加到 P 中, 前提是执行该运算可以降低给定因子的费用. 然后, 交换操作通过多交换运算和"添加异常点"运算在邻域内搜索更好的解. 当不交换操作和交换操作都不能降低给定因子的费用时, 算法终止.

算法 9.3.1 给出了基于异常点的局部搜索算法的详细描述. 该算法包含三个参数: ρ 是当前解允许交换点的数量, q 和 ε 用于控制费用的下降步长. 在文献 [103] 中, 参数 q 固定为 k. 但是在算法 9.3.1 中, q 作为输入参数, 且近似比与该参数取值有关. 命题 9.3.1 同样适用于该算法.

命题 9.3.1 [103] 设 (S,P) 为算法 9.3.1产生的解, 如果 $\rho=1$, 则令 $q=k$; 否则, $q=k^2-k$. 解 (S,P) 满足下述性质:

(1) $\operatorname{cost}(S,P\cup\operatorname{outlier}(S,P))\geqslant(1-\varepsilon/q)\operatorname{cost}(S,P)$;

(2) 对任意 $A\subseteq S$ 和 $B\subseteq C$,

$\operatorname{cost}(S\setminus A\cup B,P\cup\operatorname{outlier}(S\setminus A\cup B,P))\geqslant(1-\varepsilon/q)\operatorname{cost}(S,P)$.

算法 9.3.1 (基于异常点的局部搜索算法)

输入: 观测集 $\mathcal{X}$, 候选中心点集 C, 正整数 $z<n$, $k<m$, q 和 $\rho\leqslant k$, 实数 $\varepsilon>0$.

输出: 中心点集 $S\subseteq C$ 和异常点集 $P\subseteq\mathcal{X}$.

步 1 从 C 中任意选取 k 个点作为初始可行解, 记为 S.

步 2 $P:=\operatorname{outlier}(C)$.

步 3 $\alpha:=+\infty$.

步 4 当$\operatorname{cost}(S,P)<\alpha$ 时

步 4.1 $\alpha\leftarrow\operatorname{cost}(S,P)$

步 4.2 如果$\operatorname{cost}(S,P\cup\operatorname{outlier}(S,P))<\left(1-\dfrac{\varepsilon}{q}\right)\operatorname{cost}(S,P)$, 则令

$P:=P\cup\operatorname{outlier}(S,P)$.

步 4.3 否则

步 4.4 计算

$$(A,B):=\arg\min_{A\subseteq S,B\subseteq C\setminus S,|A|=|B|\leqslant\rho}\operatorname{cost}(S\setminus A\cup B,P\cup\operatorname{outlier}(S\setminus A\cup B,P)).$$

步 4.5 $S':=S\setminus A\cup B$, $P':=P\cup\operatorname{outlier}(S\setminus A\cup B,P)$.

步 4.6 如果$\operatorname{cost}(S',P')<\left(1-\dfrac{\varepsilon}{q}\right)\operatorname{cost}(S,P)$, 则令 $S:=S'$, $P:=P'$.

步 5 输出 S 和 P, 算法停止.

对 k-MedO, 运行 LS-Multi-Swap-Oultier$(\mathcal{X},\mathcal{F},z,k,\rho,q,\varepsilon)$. 对 k-MeaO, 运行 LS-Multi-Swap-Oultier $(\mathcal{X},\mathcal{C},z,k,\rho,q,\varepsilon)$, 其中 $\mathcal{C}$ 是 $\mathcal{X}$ 的 $\hat{\varepsilon}$-近似质心集. 参数 ρ, ε, $\hat{\varepsilon}$ 的取值将在算法分析中确定.

9.3.3 近似比分析

首先分析算法 9.3.1的时间复杂度.

定理 9.3.1 LS-Multi-Swap-Outlier $(\mathcal{X}, \mathcal{C}, z, k, \rho, q, \varepsilon)$ 的运行时间为 $O(k^{\rho}n^{\rho}q\varepsilon^{-1}\cdot\log(n\delta))$.

证明 该证明与文献 [103] 中的证明类似. 不失一般性, 除 $k=n-z$ 外, 假设问题的最优值在距离缩放后至少是 1. 在此假设下, 任意解的费用都不超过 $n\delta\geqslant 1$. 每次迭代, 费用最多降低至交换运算前的 $1-\varepsilon/q$ 倍, 因此, 迭代次数最多为 $O(-\log_{1-\varepsilon/q}(n\delta))=O(q\varepsilon^{-1}\log(n\delta))$ 次. 由于 $|A|=|B|\leqslant\rho$, 所以, 通过交换运算得到局部搜索解的数量至多为 $O((kn)^{\rho})$. □

为了找到有界近似比, 该算法可能会违反异常点约束. 这里, 通过引入合适的因子约束异常点的数量.

定理 9.3.2 算法 LS-Multi-Swap-Outlier$(\mathcal{X}, \mathcal{C}, z, k, \rho, q, \varepsilon)$ 返回异常点的数量为 $O(zq\varepsilon^{-1}\log(n\delta))$.

证明 由定理 9.3.1知, 算法 LS-Multi-Swap-Outlier$(\mathcal{X}, \mathcal{C}, z, k, \rho, q, \varepsilon)$ 的迭代次数至多为 $O(q\varepsilon^{-1}\cdot\log(n\delta))$. 在每次迭代中, 该算法最多删除 $2z$ 个异常点. 得证. □

假设算法 9.3.1返回解为 (S,P), 全局最优解是 (O,P^*). 使用与 9.2.2 节惩罚版本相同的符号, 对 S 和 O 采用相同的划分 $(S=\bigcup\limits_{l}S_l,\ O=\bigcup\limits_{l}O_l,\ l\in\{1,2,\cdots,m\})$. 类似引理 9.2.2和引理 9.2.3, 得到以下结论.

引理 9.3.1 如果 $|S_l|=|O_l|\leqslant\rho,\ l\in\{1,2,\cdots,m\}$, 对 k-MedO, 有

$$
\begin{aligned}
-\frac{\varepsilon}{q}\cdot\mathrm{cost}(S,P)\leqslant&\sum_{\boldsymbol{s}\in S_l}\sum_{\boldsymbol{x}\in N(\boldsymbol{s})\setminus P^*}\left(d^2(\phi(\mathrm{cen}_{\mathcal{C}}(N_q^*(\boldsymbol{o}_{\boldsymbol{x}}))),\boldsymbol{x})-S_{\boldsymbol{x}}\right)+\\
&\sum_{\boldsymbol{o}\in O_l}\sum_{\boldsymbol{x}\in N^*(\boldsymbol{o})}O_{\boldsymbol{x}}-\sum_{\boldsymbol{o}\in O_l}\sum_{\boldsymbol{x}\in N^*(\boldsymbol{o})\setminus P}S_{\boldsymbol{x}};
\end{aligned}\tag{9.3.33}
$$

对 k-MeaO, 有

$$
\begin{aligned}
-\frac{\varepsilon}{q}\cdot\mathrm{cost}(S,P)\leqslant&\sum_{\boldsymbol{s}\in S_l}\sum_{\boldsymbol{x}\in N(\boldsymbol{s})\setminus P^*}\left(d^2(\phi(\mathrm{cen}_{\mathcal{C}}(N_q^*(\boldsymbol{o}_{\boldsymbol{x}}))),\boldsymbol{x})-S_{\boldsymbol{x}}\right)+\\
&\sum_{\boldsymbol{o}\in O_l}\sum_{\boldsymbol{x}\in N^*(\boldsymbol{o})}(1+\hat{\varepsilon})O_{\boldsymbol{x}}-\sum_{\boldsymbol{o}\in O_l}\sum_{\boldsymbol{x}\in N^*(\boldsymbol{o})\setminus P}S_{\boldsymbol{x}}.
\end{aligned}\tag{9.3.34}
$$

证明 仅考虑 k-MeaO 的证明, k-MedO 的证明与之相似. 考虑交换运算 $\mathrm{swap}(S_l,\hat{O}_l)$. 由于算法每次迭代, 交换操作最多识别 z 个额外的异常点, $|P\setminus\bigcup\limits_{\boldsymbol{o}\in O_l}N^*(\boldsymbol{o})\cup P^*|\leqslant|P|+z$. 令集合 $P\setminus\bigcup\limits_{\boldsymbol{o}\in O_l}N^*(\boldsymbol{o})\cup P^*$ 为完成交换运算后识别的异常点. 此外, 剩余的非异常点需要重新指派给新的中心点, 显然可以应用引理 9.2.2完成. 由命题 9.3.1, 有

$$
-\frac{\varepsilon}{q}\cdot\mathrm{cost}(S,P)\leqslant\mathrm{cost}(S\setminus S_l\cup\hat{O}_l,P\cup\mathrm{outlier}(S\setminus S_l\cup\hat{O}_l,P))-\mathrm{cost}(S,P)
$$

$$
\begin{aligned}
&\leqslant -\sum_{s\in S_l}\sum_{x\in N(s)\cap P^*} S_x + \\
&\sum_{s\in S_l}\sum_{x\in N(s)\setminus\left(\bigcup_{o\in O_l} N^*(o)\cup P^*\right)} \left(d^2(\phi(\mathrm{cen}_{\mathcal{C}}(N_q^*(o_x))),x)-S_x\right)+ \\
&\sum_{o\in O_l}\sum_{x\in N^*(o)\setminus P}(d^2(\hat{o},x)-S_x)+\sum_{o\in O_l}\sum_{x\in N^*(o)\cap P} d^2(\hat{o},x) \\
&\leqslant -\sum_{s\in S_l}\sum_{x\in N(s)\cap P^*} S_x + \sum_{o\in O_l}\sum_{x\in N^*(o)\cap P}(1+\hat{\varepsilon})O_x + \\
&\sum_{s\in S_l}\sum_{x\in N(s)\setminus P^*}\left(d^2(\phi(\mathrm{cen}_{\mathcal{C}}(N_q^*(o_x))),x)-S_x\right)+ \\
&\sum_{o\in O_l}\sum_{x\in N^*(o)\setminus P}((1+\hat{\varepsilon})O_x-S_x) \\
&\leqslant \sum_{s\in S_l}\sum_{x\in N(s)\setminus P^*}\left(d^2(\phi(\mathrm{cen}_{\mathcal{C}}(N_q^*(o_x))),x)-S_x\right)+ \\
&\sum_{o\in O_l}\sum_{x\in N^*(o)}(1+\hat{\varepsilon})O_x-\sum_{o\in O_l}\sum_{x\in N^*(o)\setminus P} S_x.
\end{aligned}
$$

引理得证. □

引理 9.3.2 任意点 $s\in S_l\setminus\{s_l\}$, $o\in O_l$, $l\in\{1,2,\cdots,m\}$. 对 k-MedO, 有

$$
\begin{aligned}
-\frac{\varepsilon}{q}\cdot\mathrm{cost}(S,P)\leqslant &\sum_{x\in N(s)\setminus P^*}\left(d(\phi(\mathrm{cen}_{\mathcal{C}}(N_q^*(o_x))),x)-S_x\right)+ \\
&\sum_{x\in N^*(o)} O_x-\sum_{x\in N^*(o)\setminus P} S_x;
\end{aligned}
\tag{9.3.35}
$$

对 k-MeaO, 有

$$
\begin{aligned}
-\frac{\varepsilon}{q}\cdot\mathrm{cost}(S,P)\leqslant &\sum_{x\in N(s)\setminus P^*}\left(d^2(\phi(\mathrm{cen}_{\mathcal{C}}(N_q^*(o_x))),x)-S_x\right)+ \\
&\sum_{x\in N^*(o)}(1+\hat{\varepsilon})O_x-\sum_{x\in N^*(o)\setminus P} S_x.
\end{aligned}
\tag{9.3.36}
$$

证明 证明过程与引理 9.2.3 和引理 9.3.1 类似. □

接下来, 针对点对 (S_l,O_l) 构造交换运算, 然后将引理 9.3.1和引理 9.3.2应用于这些交换. 类似惩罚版本的分析, 根据 S_l 的大小考虑 $|S_l|\leqslant\rho$ 和 $|S_l|=m_l>\rho$ 两种情况. 注意, 所构造交换运算的次数将出现在对引理 9.3.1和引理 9.3.2求和之后的 $\mathrm{cost}(S,P)$ 的系数中. 由于该次数与后文中分析得到的近似比成正比, 因此越小越好. 另一方面, 为得到解 (S,P) 的全部费用, 集合 S 中的所有点至少需要被交换一次.

若 $|S_l| \leqslant \rho$, S_l 中的每个中心点恰好交换一次, 考虑与惩罚版本分析中相同的交换运算. 若 $|S_l| = m_l > \rho$, 在惩罚版本的分析中有 $m_l(m_l-1)$ 次单交换运算. 当 $m_l \to +\infty$ 时, $m_l/(m_l-1) \to 1$. 这使得 (O, P^*) 的费用系数很小, 但交换次数很多. 针对这一情况, 考虑两种方法构建异常点版本的交换点对.

情形 1 (图 9.2.1(a), $\rho = 3$). 如果 $|S_l| = |O_l| \leqslant \rho$, $l \in \{1, 2, \cdots, m\}$, 令 $S_l = \{\boldsymbol{s}_l\}$, $O_l = \{\boldsymbol{o}_l\}$. 分别构造 k-MedO 和 k-MeaO 的交换运算: $\text{swap}(\boldsymbol{s}_l, \boldsymbol{o})$ 和 $\text{swap}(\boldsymbol{s}_l, \hat{\boldsymbol{o}}_l)$.

情形 2 如果 $|S_l| = |O_l| = m_l > 1$, $l \in \{1, 2, \cdots, m\}$, 令 $S_l = \{\boldsymbol{s}_l, \boldsymbol{s}_{l,2}, \cdots, \boldsymbol{s}_{l,m_l}\}$, $O_l = \{\boldsymbol{o}_{l,1}, \boldsymbol{o}_{l,2}, \cdots, \boldsymbol{o}_{l,m_l}\}$. 通过两种方法构造交换运算.

方法 1 (参见图 9.3.1). 设

$$\psi(\boldsymbol{o}) := \begin{cases} \boldsymbol{s}_{l,2}, & 若\ \boldsymbol{o} = \boldsymbol{o}_{l,1}; \\ \boldsymbol{s}_{l,2}, & 若\ \boldsymbol{o} = \boldsymbol{o}_{l,2}; \\ \boldsymbol{s}_{l,3}, & 若\ \boldsymbol{o} = \boldsymbol{o}_{l,3}; \\ \vdots & \\ \boldsymbol{s}_{l,m_l}, & 若\ \boldsymbol{o} = \boldsymbol{o}_{l,m_l}. \end{cases}$$

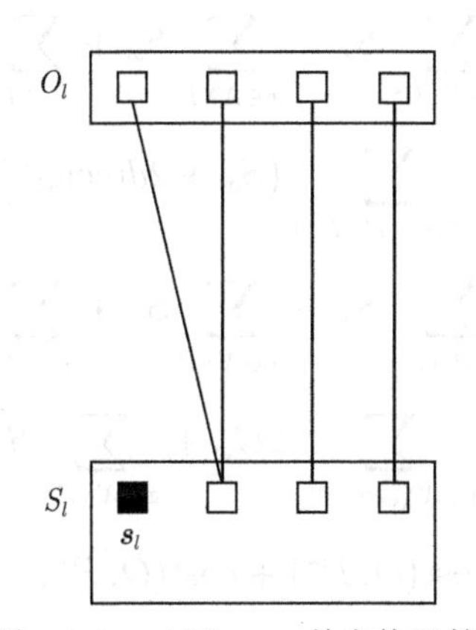

图 9.3.1 $|S_l| > \rho$, 单交换运算

对 $\boldsymbol{o} \in O_l$, 构造 k-MedO 的交换运算 $\text{swap}(\psi(\boldsymbol{o}), \boldsymbol{o})$, 构造 k-MeaO 的交换运算 $\text{swap}(\psi(\boldsymbol{o}), \hat{\boldsymbol{o}})$.

方法 2 (图 9.2.1(b)). 考虑 $(m_l-1)m_l$ 个点对 $(\boldsymbol{s}, \boldsymbol{o})$, 其中 $\boldsymbol{s} \in S_l \backslash \{\boldsymbol{s}_l\}$, $\boldsymbol{o} \in O_l$. 对 k-MedO, 构造点对 $(\boldsymbol{s}, \boldsymbol{o})$ 的交换运算 $\text{swap}(\boldsymbol{s}, \boldsymbol{o})$; 对 k-MeaO, 构造点对 $(\boldsymbol{s}, \boldsymbol{o})$ 的交换运算 $\text{swap}(\boldsymbol{s}, \hat{\boldsymbol{o}})$.

结合这些交换运算, 得到算法 9.3.1的主要结果.

定理 9.3.3 对 k-MedO, 设算法 LS-Multi-Swap-Outlier$(\mathcal{X}, \mathcal{F}, z, k, \rho, q, \varepsilon)$ 的返回解是 (S, P). 若 $(1+k)\varepsilon < q$, 有

$$\text{cost}(S, P) \leqslant \frac{5}{1-(1+k)\varepsilon/q} \cdot \text{cost}(O, P^*). \tag{9.3.37}$$

若 $(1+k^2-k)\varepsilon < q$, 有

$$\text{cost}(S,P) \leqslant \frac{3+2/\rho}{1-(1+k^2-k)\varepsilon/q} \cdot \text{cost}(O,P^*). \tag{9.3.38}$$

证明 先证明不等式 (9.3.37). 对情形 2, 利用方法 1 构造交换运算. 注意到, 集合 S 中的每个点最多会被交换两次, 集合 O 中的每个点恰好交换一次, 因此, 所构造交换运算的次数为 $|O|=k$. 利用局部最优性, k 次交换运算对应 k 个不等式. 遍历所有交换运算, 对不等式 (9.3.35) 相加, 再利用命题 9.3.1, 可得

$$\begin{aligned}
-\frac{k\varepsilon}{q} \cdot \text{cost}(S,P) \leqslant & 2\sum_{\boldsymbol{s}\in S}\sum_{\boldsymbol{x}\in N(\boldsymbol{s})\setminus P^*} \big(d(\boldsymbol{\phi}(\text{cen}_{\mathcal{C}}(N_q^*(\boldsymbol{o}_{\boldsymbol{x}}))),\boldsymbol{x}) - S_{\boldsymbol{x}}\big) + \\
& \sum_{\boldsymbol{o}\in O}\left(\sum_{\boldsymbol{x}\in N^*(\boldsymbol{o})} O_{\boldsymbol{x}} - \sum_{\boldsymbol{x}\in N^*(\boldsymbol{o})\setminus P} S_{\boldsymbol{x}}\right) \\
\leqslant & 2\sum_{\boldsymbol{x}\in\mathcal{X}\setminus(P\cup P^*)} \big(d(\boldsymbol{\phi}(\text{cen}_{\mathcal{C}}(N_q^*(\boldsymbol{o}_{\boldsymbol{x}}))),\boldsymbol{x}) - S_{\boldsymbol{x}}\big) + \\
& \sum_{\boldsymbol{x}\in\mathcal{X}\setminus P^*} S_{\boldsymbol{x}} - \sum_{\boldsymbol{x}\in\mathcal{X}\setminus P} S_{\boldsymbol{x}} + \sum_{P^*\setminus P} S_{\boldsymbol{x}} \\
\leqslant & 2\sum_{\boldsymbol{x}\in\mathcal{X}\setminus(P\cup P^*)} \big(S_{\boldsymbol{x}} + 2d(\text{cen}_{\mathcal{C}}(N_q^*(\boldsymbol{o}_{\boldsymbol{x}})),\boldsymbol{x}) - S_{\boldsymbol{x}}\big) + \\
& \sum_{\boldsymbol{x}\in\mathcal{X}\setminus P^*} S_{\boldsymbol{x}} - \sum_{\boldsymbol{x}\in\mathcal{X}\setminus P} S_{\boldsymbol{x}} + \sum_{P^*\setminus P} S_{\boldsymbol{x}} \\
\leqslant & 2\sum_{\boldsymbol{x}\in\mathcal{X}\setminus(P\cup P^*)} 2O_{\boldsymbol{x}} + \sum_{\boldsymbol{x}\in\mathcal{X}\setminus P^*} S_{\boldsymbol{x}} - \sum_{\boldsymbol{x}\in\mathcal{X}\setminus P} S_{\boldsymbol{x}} + \sum_{P^*\setminus P} S_{\boldsymbol{x}} \\
\leqslant & 4\text{cost}(O,P^*) + \text{cost}(O,P^*) - \text{cost}(S,P) + \sum_{P^*\setminus P} S_{\boldsymbol{x}} \\
= & 5\text{cost}(S^*,P^*) - \text{cost}(S,P) + \sum_{P^*\setminus P} S_{\boldsymbol{x}},
\end{aligned} \tag{9.3.39}$$

其中, 第三个不等式由 (9.2.27) 式得到, 第四个不等式由 (9.2.29) 式得到.

根据 outlier$(\cdot,\cdot)$ 的定义, 有

$$\begin{aligned}
\sum_{\boldsymbol{x}\in P^*\setminus P} S_{\boldsymbol{x}} \leqslant & \sum_{\boldsymbol{x}\in \text{outlier}(S,P)} S_{\boldsymbol{x}} \\
= & \text{cost}(S,P) - \text{cost}(S,P\cup\text{outlier}(S,P)) \\
\leqslant & \frac{\varepsilon}{q} \cdot \text{cost}(S,P).
\end{aligned} \tag{9.3.40}$$

结合不等式 (9.3.39) 及不等式 (9.3.40), 有

$$0 \leqslant 5\text{cost}(S^*, P^*) - \left(1 - \frac{(1+k)\varepsilon}{q}\right)\text{cost}(S, P),$$

在 $(1+k)\varepsilon < q$ 条件下, 上式等价于 (9.3.37) 式.

接下来, 证明不等式 (9.3.38) 式.

对情形 2, 利用方法 2 来构造交换运算. 令 $L_1 := \{l \mid |S_l| \leqslant \rho\}$, $L_2 := \{l \mid |S_l| > \rho\}$. 已知 $m_l/(m_l-1) \leqslant (\rho+1)/\rho$, 考虑构造的所有交换运算, 并对所有不等式加权求和: 以权重 1 对不等式 (9.3.33) 加权, 以权重 $1/(m_l-1)$ 对不等式 (9.3.35) 加权. 累加求和, 得

$$\begin{aligned}&-\sum_{l\in L_1}\frac{\varepsilon}{q}\cdot\text{cost}(S,P) - \sum_{l\in L_2}\frac{1}{m_l-1}\cdot m_l(m_l-1)\cdot\frac{\varepsilon}{q}\cdot\text{cost}(S,P)\\ \leqslant&\left(1+\frac{1}{\rho}\right)\sum_{\boldsymbol{s}\in S}\sum_{\boldsymbol{x}\in N(\boldsymbol{s})\setminus P^*}\left(d^2(\boldsymbol{\phi}(\text{cen}_{\mathcal{C}}(N_q^*(\boldsymbol{o_x}))),\boldsymbol{x}) - S_{\boldsymbol{x}}\right) + \\ &\sum_{\boldsymbol{o}\in S^*}\sum_{\boldsymbol{x}\in N^*(\boldsymbol{o})} O_{\boldsymbol{x}} - \sum_{\boldsymbol{o}\in O}\sum_{\boldsymbol{x}\in N^*(\boldsymbol{o})\setminus P} S_{\boldsymbol{x}}.\end{aligned} \tag{9.3.41}$$

由 $1/(m_l-1) \leqslant 1$ 知, 不等式 (9.3.41) 的左式大于等于

$$-\left(|L_1| + \sum_{l\in L_2} m_l(m_l-1)\right)\cdot\frac{\varepsilon}{q}\cdot\text{cost}(S,P) \geqslant \frac{(k^2-k)\varepsilon}{q}\cdot\text{cost}(S,P). \tag{9.3.42}$$

上式中 $|L_1| + \sum\limits_{l\in L_2} m_l(m_l-1)$ 即为构造交换运算的数量, 最多为 $k(k-1)$ 次.

由不等式 (9.2.27) 可以得到 (9.3.41) 式的上界.

$$\left(3+\frac{2}{\rho}\right)\sum_{\boldsymbol{x}\in\mathcal{X}\setminus P^*} O_{\boldsymbol{x}} - \sum_{\boldsymbol{x}\in\mathcal{X}\setminus P} S_{\boldsymbol{x}} + \sum_{\boldsymbol{x}\in P^*\setminus P} S_{\boldsymbol{x}} = \left(3+\frac{2}{\rho}\right)C_{\boldsymbol{s}}^* - C_{\boldsymbol{s}} + \sum_{\boldsymbol{x}\in P^*\setminus P} S_{\boldsymbol{x}}. \tag{9.3.43}$$

结合不等式 (9.3.40) 至 (9.3.43) 式, 有

$$0 \leqslant \left(3+\frac{2}{\rho}\right)\text{cost}(O,P^*) - \left(1 - \frac{(1+k^2-k)\varepsilon}{q}\right)\text{cost}(S,P),$$

因此, $(1+k^2-k)\varepsilon < q$, 不等式 (9.3.38) 成立. □

定理 9.3.4 对 k-MeaO, $\mathcal{C}$ 是观测集 $\mathcal{X}$ 的 $\hat{\varepsilon}$-近似质心集, 算法 LS-Multi-Swap-Outlier($\mathcal{X}$,$\mathcal{C}$, z, k, ρ, q, ε) 返回的解是 (S, P). 若 $(5+\hat{\varepsilon})(1+k)\varepsilon<(9+\hat{\varepsilon})q$, 有

$$\text{cost}(S,P) \leqslant \frac{5+\hat{\varepsilon}}{\beta_1^2}\cdot\text{cost}(O,P^*); \tag{9.3.44}$$

若 $(1+k^2-k)\varepsilon/q < (1+1/\rho)^2/(3+2/\rho+\hat{\varepsilon})+1$, 有

$$\text{cost}(S,P) \leqslant \frac{3+2/\rho+\hat{\varepsilon}}{\beta_2^2}\cdot\text{cost}(O,P^*). \tag{9.3.45}$$

其中

$$\beta_1 = -\frac{2}{\sqrt{5+\hat{\varepsilon}}} + \sqrt{\frac{4}{5+\hat{\varepsilon}} + 1 - \frac{(1+k)\varepsilon}{q}},$$

$$\beta_2 = -\frac{1+1/\rho}{\sqrt{3+2/\rho+\hat{\varepsilon}}} + \sqrt{\frac{(1+1/\rho)^2}{3+2/\rho+\hat{\varepsilon}} + 1 - \frac{(1+k^2-k)\varepsilon}{q}}.$$

基于算法 9.3.1, 定理 9.3.3 和定理 9.3.4 分别给出了 k-MedO 和 k-MeaO 的两个近似比. 其中, 第一个由方法 1 得到的, 第二个由方法 2 得到的.

证明 先利用情形 2 中方法 1 证明 (9.3.44) 式. 与 k-MedO 的证明类似, 有

$$\begin{aligned}
-\frac{k\varepsilon}{q}\cdot \text{cost}(S,P) \leqslant & 2\sum_{\boldsymbol{x}\in\mathcal{X}\setminus(P\cup P^*)} (d^2(\phi(\text{cen}_{\mathcal{C}}(N_q^*(\boldsymbol{o_x}))),\boldsymbol{x}) - S_{\boldsymbol{x}}) + \\
& \sum_{\boldsymbol{x}\in\mathcal{X}\setminus P^*} (1+\hat{\varepsilon})S_{\boldsymbol{x}} - \sum_{\boldsymbol{x}\in\mathcal{X}\setminus P} S_{\boldsymbol{x}} + \sum_{P^*\setminus P} S_{\boldsymbol{x}} \\
\leqslant & 4\sum_{\boldsymbol{x}\in\mathcal{X}\setminus(P\cup P^*)} O_{\boldsymbol{x}} + 4\sqrt{\sum_{\boldsymbol{x}\in\mathcal{X}\setminus(P\cup P^*)} O_{\boldsymbol{x}}}\cdot\sqrt{\sum_{\boldsymbol{x}\in\mathcal{X}\setminus(P\cup P^*)} S_{\boldsymbol{x}}} + \\
& \sum_{\boldsymbol{x}\in\mathcal{X}\setminus P^*} (1+\hat{\varepsilon})S_{\boldsymbol{x}} - \sum_{\boldsymbol{x}\in\mathcal{X}\setminus P} S_{\boldsymbol{x}} + \sum_{P^*\setminus P} S_{\boldsymbol{x}} \\
\leqslant & 4\sqrt{\text{cost}(O,P^*)}\cdot\sqrt{\text{cost}(S,P)} + \\
& (5+\hat{\varepsilon})\text{cost}(O,P^*) - \text{cost}(S,P) + \frac{\varepsilon}{q}\cdot\text{cost}(S,P),
\end{aligned} \tag{9.3.46}$$

其中, 第二个不等式由引理 9.2.1(该引理同样适用于 k-均值异常点版本) 可以得到, 第三个不等式由 (9.3.40) 式得到.

当 $(5+\hat{\varepsilon})(1+k)\varepsilon < (9+\hat{\varepsilon})q$ 时, 通过因式分解, 不等式 (9.3.46) 等价于

$$\begin{aligned}
0 \leqslant & \left(\sqrt{(5+\hat{\varepsilon})\,\text{cost}(O,P^*)} + \alpha\sqrt{\text{cost}(S,P)}\right)\cdot \\
& \left(\sqrt{(5+\hat{\varepsilon})\,\text{cost}(O,P^*)} - \beta_1\sqrt{\text{cost}(S,P)}\right),
\end{aligned} \tag{9.3.47}$$

其中

$$\alpha = \frac{2}{\sqrt{5+\hat{\varepsilon}}} + \sqrt{\frac{4}{5+\hat{\varepsilon}} + 1 - \frac{(1+k)\varepsilon}{q}},$$

$$\beta_1 = -\frac{2}{\sqrt{5+\hat{\varepsilon}}} + \sqrt{\frac{4}{5+\hat{\varepsilon}} + 1 - \frac{(1+k)\varepsilon}{q}}.$$

由于不等式 (9.3.47) 右式第一项是非负的, 故

$$\sqrt{(5+\hat{\varepsilon})\,\text{cost}(O,P^*)} - \beta_1\sqrt{\text{cost}(S,P)} \geqslant 0,$$

综上, (9.3.44) 式成立.

再证不等式 (9.3.45).

对情形 2, 使用方法 2 构造交换运算. 类似于定理 9.3.3的证明, 分别对不等式 (9.3.34) 和 (9.3.36) 式加权 1 和 $1/(m_l-1)$, 考虑所有交换运算, 并将加权不等式累加求和, 有

$$
\begin{aligned}
&-\sum_{l\in L_1}\frac{\varepsilon}{q}\cdot\text{cost}(S,P)-\sum_{l\in L_2}\frac{1}{m_l-1}\cdot m_l(m_l-1)\cdot\frac{\varepsilon}{q}\cdot\text{cost}(S,P)\\
\leqslant&\left(1+\frac{1}{\rho}\right)\sum_{\boldsymbol{s}\in S}\sum_{\boldsymbol{x}\in N(\boldsymbol{s})\backslash P^*}\left(d^2(\boldsymbol{\phi}(\text{cen}_{\mathcal{C}}(N_q^*(\boldsymbol{o}_{\boldsymbol{x}}))),\boldsymbol{x})-S_{\boldsymbol{x}}\right)+\\
&\sum_{\boldsymbol{o}\in O}\sum_{\boldsymbol{x}\in N^*(\boldsymbol{o})}(1+\hat{\varepsilon})O_{\boldsymbol{x}}-\sum_{\boldsymbol{s}^*\in O}\sum_{\boldsymbol{x}\in N^*(\boldsymbol{o})\backslash P}S_{\boldsymbol{x}}.
\end{aligned}\tag{9.3.48}
$$

由引理 9.2.1, 可得不等式 (9.3.48) 的上界

$$
\left(3+\frac{2}{\rho}+\hat{\varepsilon}\right)\sum_{\boldsymbol{x}\in\mathcal{X}\backslash P^*}O_{\boldsymbol{x}}-\sum_{\boldsymbol{x}\in\mathcal{X}\backslash P}S_{\boldsymbol{x}}+\sum_{\boldsymbol{x}\in P^*\backslash P}S_{\boldsymbol{x}}+2\left(1+\frac{1}{\rho}\right)\sqrt{\sum_{\boldsymbol{x}\in\mathcal{X}\backslash P^*}O_{\boldsymbol{x}}}\sqrt{\sum_{\boldsymbol{x}\in\mathcal{X}\backslash P}S_{\boldsymbol{x}}},
$$

即

$$
\left(3+\frac{2}{\rho}+\hat{\varepsilon}\right)\text{cost}(O,P^*)-\text{cost}(S,P)+\sum_{\boldsymbol{x}\in P^*\backslash P}S_{\boldsymbol{x}}+2\left(1+\frac{1}{\rho}\right)\sqrt{\text{cost}(O,P^*)\text{cost}(S,P)}.\tag{9.3.49}
$$

结合不等式 (9.3.40), (9.3.42), (9.3.48) 和 (9.3.49) 式, 有

$$
\begin{aligned}
0\leqslant&\left(3+\frac{2}{\rho}+\hat{\varepsilon}\right)\text{cost}(O,P^*)-\left(1-\frac{(1+k^2-k)\varepsilon}{q}\right)\text{cost}(S,P)+\\
&2\left(1+\frac{1}{\rho}\right)\sqrt{\text{cost}(O,P^*)\text{cost}(S,P)}.
\end{aligned}
$$

将上式因式分解, 再结合 β_2 取值, 可得不等式 (9.3.45).

通过上述分析, 容易得到推论 9.3.1和推论 9.3.2. 两个推论具体说明了异常点版本中近似比与违反异常点约束之间的平衡, 从而得到问题的双准则近似.

推论 9.3.1 对于 k-MedO, 存在 $(5+\varepsilon,O(k\varepsilon^{-1}\log(n\delta)))$-双准则近似算法和 $(3+\varepsilon,O(k^2\varepsilon^{-1}\log(n\delta)))$-双准则近似算法.

证明 如果 $q\geqslant k+1$, 那么

$$
\frac{5}{1-(1+k)\varepsilon/q}\leqslant\frac{5}{1-\varepsilon}\sim5+O(\varepsilon).
$$

如果 $q\geqslant k^2-k+1$, $\rho\geqslant2/O(\varepsilon)$, 那么

$$
\frac{3+2/\rho}{1-(1+k^k-k)\varepsilon/q}\leqslant\frac{3+O(\varepsilon)}{1-\varepsilon}\sim3+O(\varepsilon).
$$

结合上述结果, 定理 9.3.2 和定理 9.3.3, 推论得证. □

推论 9.3.2 对于 k-MeaO, 存在 $(25+\varepsilon, O(k\varepsilon^{-1}\log(n\delta)))$-双准则近似算法和 $(9+\varepsilon, O(k^2\varepsilon^{-1}\log(n\delta)))$-双准则近似算法.

证明 回顾定理 9.3.4中 β_1 和 β_2 的定义, 当 $q=k+1$ 时, 有

$$\frac{5+\hat{\varepsilon}}{\beta_1^2} \sim 25 + O(\varepsilon+\hat{\varepsilon}).$$

当 $q=k^2-k+1$, ρ 足够大时, 有

$$\frac{3+2/\rho+\hat{\varepsilon}}{\beta_2^2} \sim 9 + O(\varepsilon+\hat{\varepsilon}).$$

结合以上结果, 以及定理 9.3.2和定理 9.3.4, 推论得证. □

第10章

带约束k–均值问题

k-均值问题中观测集元素之间互相独立, 但是在关联聚类、色谱聚类、容量约束聚类等问题中观测点存在额外约束, 这会改变聚类问题的性质. 因此需要重新研究相应的算法. 本章介绍求解带约束 k-均值问题的统一框架. 10.1 节介绍带约束 k-均值问题及其性质. 10.2 节利用剥离封闭算法构造 $O\left((\log n)^k\right)$ 个 k-元组. 在 10.3 节, 根据不同约束问题的结构, 基于上述候选 k-元组设计选择算法, 得到带约束 k-均值问题的 $(1+\varepsilon)$-近似算法. 本章内容取材于文献 [78].

10.1 问题描述

本节首先介绍约束聚类及相关文献, 然后介绍带约束 k-均值问题及其性质.

大多数现有的聚类技术需假设观测点之间互相独立, 因此每一簇可“自由”选择成员, 即决定观测点是否属于某一簇时, 不需考虑该簇中其他元素. 然而许多实际问题中, 观测点是相关的或存在额外约束, 带不同约束的聚类问题受到广泛关注.

一般来讲, 额外约束分为两类:

(a) 对簇的约束, 如对簇大小的限制等;

(b) 对元素的约束, 如带有相同颜色元素不能同属于一簇等.

常见的带约束聚类问题有:

- l-多样性聚类 (l-diversity clustering): 给定元素标色的观测集, 每个簇中相同颜色点所占比例不超过 $1/l$, 其中 $l \geqslant 1$.
- 下界约束聚类 (r-gather clustering): 每个簇至少包含 r 个元素.
- 容量约束聚类 (capacitated clustering): 每个簇至多包含 L 个元素.
- 色谱聚类 (chromatic clustering): 赋予观测集中各点颜色, 相同颜色的元素不能属于同一簇.
- 半监督聚类 (semi-supervised clustering): 给定观测集并依据先验知识给出该观测集的一种聚类, 将观测集划分到簇中, 使得该划分与已给聚类差异性及其几何费用 (如 k-均值问题的势函数) 最小.

l-多样性聚类问题的研究源于数据管理中的隐私保护原则——l-多样性. 该原则要求每个集群中最多 $1/l$ 的元素具有相同敏感属性. 因此, 攻击者计算出个体真实敏感属性的概率不超过 $1/l$, 将敏感属性用颜色表示即为 l-多样性聚类问题. l-多样性原则简单且具有良好的性质, 在隐私保护中应用十分广泛. Li 等[142] 给出带 l-多样约束度量 k-中心问题的 2-近似算法.

下界约束聚类基于隐私保护的 k-匿名模型, 限制每个簇必须包含不少于 r 个数据. 公布数据时仅提供中心点集及部分簇的大小、半径信息, 其中每个发布的中心点至少代表 r 个数据, 在保护单条数据隐私的同时允许数据挖掘工具从数据库中进行宏观推断. Aggarwal 等[5] 给出下界约束度量 k-中心问题的 2-近似算法.

容量约束聚类在数据挖掘、资源分配等方面应用广泛. 如设施选址中的经典问题——带容量约束的 k-中心问题, 在给定图中选择 k 个设施开设, 并将顶点分配至最近的开设设施, 要求每个设施最多只能分配 l 个顶点, 使得顶点至设施集的最大距离最小. Cygan 等[70] 提出带单位容量约束度量 k-中心问题 6-近似算法. Khuller 和 Sussmann[127] 针对非单位容量约束的度量 k-中心问题提出 7-近似算法.

色谱聚类的研究源于生物学中染色体拓扑结构, 对染色体沿 DNA 链用 BAC 探针进行标记, 研究探针在细胞群中是否存在某种共同分布模式, 来自同一细胞的同源物应该被聚类成不同的簇. 该问题在模式识别、机器学习、数据挖掘等领域存在广泛应用. Ding 和 Hu[76] 提出色谱 k-cones 聚类问题的 $(1+\varepsilon)$-近似算法. 针对色谱 2-中心问题, Arkin 等[12] 提出 $(1+\varepsilon)$-近似算法.

半监督聚类是机器学习的核心问题之一. 传统无监督聚类在划分数据时并不需要任何数据属性, 而在实际应用中存在少量带有监督信息的数据样本. 半监督聚类同时考虑几何成本与先验知识, 将监督信息运用于聚类, 以得到更优聚类结果. 给定观测集及依据先验知识给出该观测集的聚类, 将观测集元素划分到簇中, 使得该划分与已给聚类间差异性以及其自身几何费用之和最小. 针对半监督聚类问题, 文献 [34, 98] 等给出启发式算法.

在了解约束聚类问题后, 本节详细讨论带约束 k-均值问题, 该问题是在经典 k-均值问题上增加额外约束, 问题描述如下.

定义 10.1.1 给定观测集 $\mathcal{X}=\{\boldsymbol{x}_1,\boldsymbol{x}_2,\cdots,\boldsymbol{x}_n\}\subseteq\mathbb{R}^d$, 关于点集 $\mathcal{X}$ 的约束 P 和整数 k. 带约束 k-均值问题的目标是选取 k 个中心点 $\{\boldsymbol{c}_1,\boldsymbol{c}_2,\cdots,\boldsymbol{c}_k\}\subseteq\mathbb{R}^d$, 并将点集划分为满足约束 P 的 k 类, 使得以下函数值达到最小

$$\sum_{i=1}^{n}\min_{j\in\{1,2,\cdots,k\}}||\boldsymbol{x}_i-\boldsymbol{c}_j||^2. \tag{10.1.1}$$

注记 10.1.1 为方便叙述, 在本章中重新定义

$$\mathrm{OPT}_k(\mathcal{X}):=\frac{1}{n}\sum_{i=1}^{n}\min_{j\in\{1,2,\cdots,k\}}||\boldsymbol{x}_i-\boldsymbol{c}_j||^2,$$

最优簇记为 $X_1^*,X_2^*,\cdots,X_k^*$. 若无特殊说明, 本章中假设 Euclidean 空间 $\mathbb{R}^d$ 的维数 d 固定.

增加额外约束后, 问题性质会发生改变, 对问题求解提出新挑战. 现有的 k-均值算法依赖两个步骤迭代: (1) 确定 k 个质心点; (2) 划分, 即根据质心点将观测集中元素划分为 k 个簇.

步骤 (1) 依赖于簇的重要性质——局部性质, 即每一簇完全位于其质心点对应的维诺图单位元内部, 如图 10.1.1(a) 所示. 然而由于约束的添加, 局部性质不再存在, 如图 10.1.1(b) 所示, 从而导致已有聚类算法失效; 步骤 (2), 在经典 k-均值问题中, 元素聚簇时只需考虑元素与中心点的距离. 添加约束后, 聚簇需考虑其他因素, 分配步骤较为复杂, 如图 10.1.1(b) 中色谱聚类.

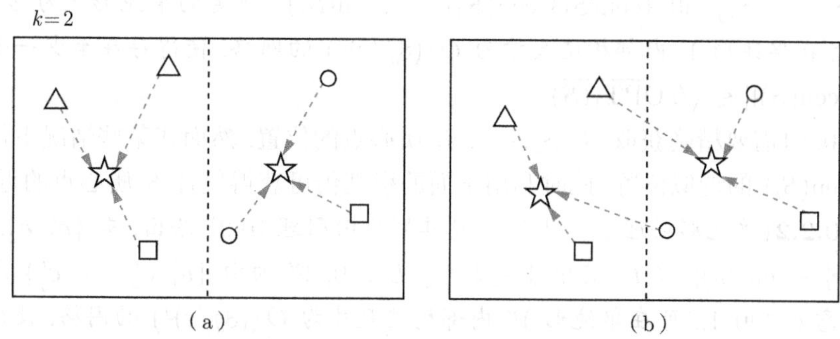

图 10.1.1 (a) k-均值问题质心点构造的维诺图; (b) 色谱 k-均值问题质心点构造的维诺图, 其中形状代表不同颜色

为解决带各种约束的 k-均值问题, 本章介绍一种统一方法, 该方法同样分为以下两步:

(1) 确定候选质心点.

通过统一的剥离封闭 (peeling-and-enclosing) 框架, 在近线性时间 $O(n(\log n)^{k+1}d)$ 内, 算法输出 $O((\log n)^k)$ 个候选 k-元组. 可以证明候选 k-元组中存在一组点为带约束 k-均值问题的 $(1+\varepsilon)$-近似解, 具体实现在 10.2节给出.

(2) 选取最佳 k-元组.

针对不同问题不同约束, 给出相应特定的分配方式并计算目标函数值, 选择使得目标函数值最小的 k-元组即为算法输出解, 具体实现在 10.3节给出.

10.2 带约束 k-均值问题的剥离封闭算法

本节介绍确定候选 k-元组集合的剥离封闭算法, 该算法基于单纯形引理, 将 Kumar 等[132] 关于无约束 k-均值问题的方法推广到约束 k-均值问题.

剥离封闭算法采用剥离球和单纯形引理迭代进行, 算法运行至第 j 轮时, 剥离步的实现过程概括如下. 首先, 将最优簇 X_j^* 划分为 $\{S_1, S_2, \cdots, S_j\}$, 其中 S_i $(i \in \{1, 2, \cdots, j-1\})$ 是以第 i 轮选择的质心点为球心构造的剥离球与 X_j^* 的交, $S_j = S \setminus \left(\bigcup_{i=1}^{j-1} S_i\right)$. 其次, 将前 $j-1$ 轮中选择的质心点分别看作 $S_1, S_2, \cdots, S_{j-1}$ 的近似质心点, 利用随机采样选取 S_j 的近似质心点. 利用近似质心点构造单纯形, 要求其范围包含 X_j^* 的质心点. 最后, 利用单纯形引理, 在单纯形内进行搜索, 得到关于 X_j^* 质心点的较好近似.

10.2.1 单纯形引理

给出剥离封闭算法之前, 首先介绍解决带约束 k-均值问题的关键——单纯形引理. 仅需已知 S 中 j 个子集的质心点, 利用该引理就可以近似求解 S 的质心点. 对任意集合 S, $\text{cen}(S)$ 表示 S 的质心点.

引理 10.2.1 (单纯形引理 1) 设 S 为 $\mathbb{R}^d$ 空间中的点集, 且点集 S 存在两两不交的划分 $\{S_1, S_2, \cdots, S_j\}$, 由 $\{\text{cen}(S_1), \text{cen}(S_2), \cdots, \text{cen}(S_j)\}$ 决定的单纯形记为 $\mathcal{V}$, 则对任意 $\varepsilon \in [0,1]$, 可在单纯形 $\mathcal{V}$ 内部构造尺寸为 $O\left((8j/\varepsilon)^j\right)$ 的网格, 使得存在至少一个网格点 $\boldsymbol{\tau}$ 满足 $||\boldsymbol{\tau} - \text{cen}(S)|| \leqslant \sqrt{\varepsilon \text{OPT}_1(S)}$.

引理 10.2.1需要精确获取 $S_1, S_2, \cdots, S_j$ 质心点的位置, 然而在某些情况下仅能获取每个质心点 $\text{cen}(S_i)$ 的近似位置, 此时利用下面的引理仍可获得集合 S 质心点的近似位置.

引理10.2.2(单纯形引理 2) 点集 S 及其划分由引理 10.2.1给出. 若 $\{\boldsymbol{c}'_1, \boldsymbol{c}'_2, \cdots, \boldsymbol{c}'_j\} \subseteq \mathbb{R}^d$ 满足 $||\boldsymbol{c}'_l - \text{cen}(S_l)|| \leqslant L$, 其中 $1 \leqslant l \leqslant j, L > 0$, $\mathcal{V}'$ 为由 $\{\boldsymbol{c}'_1, \boldsymbol{c}'_2, \cdots, \boldsymbol{c}'_j\}$ 决定的单纯形, 则对任意 $\varepsilon \in [0,1]$, 可在单纯形 $\mathcal{V}'$ 内部构造尺寸为 $O\left((8j/\varepsilon)^j\right)$ 的网格, 使得存在至少一个网格点 $\boldsymbol{\tau}$ 满足

$$||\boldsymbol{\tau} - \text{cen}(S)|| \leqslant \sqrt{\varepsilon \text{OPT}_1(S)} + (1+\varepsilon)L.$$

图 10.2.1 及图 10.2.2 分别给出引理 10.2.1 和引理 10.2.2 的示意图. 为证明引理 10.2.1, 首先给出如下引理, 用以描述集合质心点与集合子集质心点间的距离关系, 将在引理 10.2.1 及引理 10.2.7 证明过程中发挥作用.

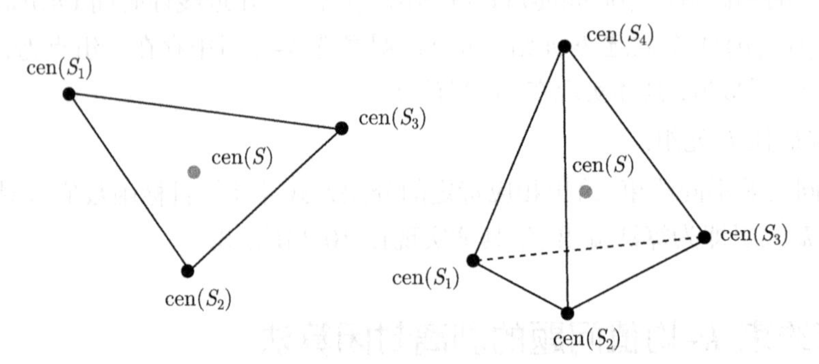

图 10.2.1 $j=3$, $j=4$ 时, 引理 10.2.1示意图

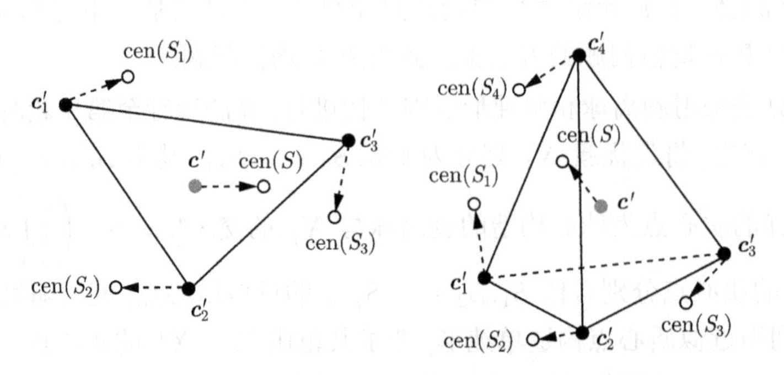

图 10.2.2 $j=3$, $j=4$ 时, 引理 10.2.2示意图

引理 10.2.3 设 S 为 $\mathbb{R}^d$ 空间中的点集, $S_1 \subseteq S$ 且 $|S_1| = \alpha|S|$, 其中 $0 \leqslant \alpha \leqslant 1$, 则有

$$||\text{cen}(S_1) - \text{cen}(S)|| \leqslant \sqrt{\frac{1-\alpha}{\alpha}\text{OPT}_1(S)}.$$

证明 参见图 10.2.3, 记 $S_2 := S \setminus S_1$, $L := ||\text{cen}(S_1) - \text{cen}(S_2)||$. 由质心点的定义

$$\text{cen}(S) = \frac{1}{|S|}\sum_{s \in S} \boldsymbol{s} = \frac{1}{|S|}\left[|S_1|\text{cen}(S_1) + |S_2|\text{cen}(S_2)\right],$$

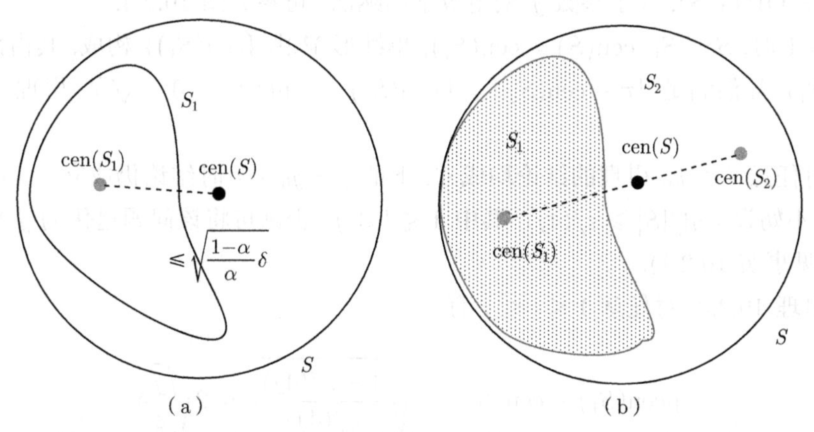

图 10.2.3 (a) 引理 10.2.3 示意图; (b) 引理 10.2.3 证明过程示意图

可知 $\text{cen}(S)$, $\text{cen}(S_1)$, $\text{cen}(S_2)$ 三点共线, 且

$$||\text{cen}(S_1) - \text{cen}(S)|| = (1-\alpha)L, \qquad ||\text{cen}(S_2) - \text{cen}(S)|| = \alpha L. \tag{10.2.2}$$

根据质心引理有以下两式成立:

$$\sum_{s \in S_1} ||\boldsymbol{s} - \text{cen}(S)||^2 = \sum_{s \in S_1} ||\boldsymbol{s} - \text{cen}(S_1)||^2 + |S_1| \cdot ||\text{cen}(S_1) - \text{cen}(S)||^2, \tag{10.2.3}$$

$$\sum_{s \in S_2} ||\boldsymbol{s} - \text{cen}(S)||^2 = \sum_{s \in S_2} ||\boldsymbol{s} - \text{cen}(S_2)||^2 + |S_2| \cdot ||\text{cen}(S_2) - \text{cen}(S)||^2. \tag{10.2.4}$$

结合 (10.2.2) 式, (10.2.3) 式和 (10.2.4) 式可得

$$\begin{aligned}
\text{OPT}_1(S) &= \frac{1}{|S|}\sum_{s \in S} ||\boldsymbol{s} - \text{cen}(S)||^2 \\
&\geqslant \frac{1}{|Q|}\left(|Q_1| \cdot ||\text{cen}(S_1) - \text{cen}(S)||^2 + |Q_2| \cdot ||\text{cen}(S_2) - \text{cen}(S)||^2\right) \\
&= \alpha((1-\alpha)L)^2 + (1-\alpha)(\alpha L)^2 \\
&= \alpha(1-\alpha)L^2.
\end{aligned}$$

从而有 $L \leqslant \sqrt{\mathrm{OPT}_1(S)/\alpha(1-\alpha)}$, 结合 (10.2.2) 式可得

$$||\mathrm{cen}(S_1) - \mathrm{cen}(S)|| = (1-\alpha)L \leqslant \sqrt{\frac{1-\alpha}{\alpha}\mathrm{OPT}_1(S)}.$$

引理证毕. □

基于上述引理给出引理 10.2.1 的证明.

证明 证明的关键在于证明质心点在单纯形内部, 并且证明在单纯形内部搜索可找到满足条件的 $\boldsymbol{\tau}$.

记 $\delta^2 = \mathrm{OPT}_1(S)$, 关于参数 j 采用数学归纳法. 可参见图 10.2.4.

当 $j=1$ 时, $S=S_1$, $\mathrm{cen}(S)=\mathrm{cen}(S_1)$, 单纯形 $\mathcal{V}$ 由 $\{\mathrm{cen}(S_1)\}$ 构成, 其内部网格点 $\boldsymbol{\tau}$ 取为 $\mathrm{cen}(S_1)$, 显然满足 $||\boldsymbol{\tau} - \mathrm{cen}(S)|| = ||\mathrm{cen}(S_1) - \mathrm{cen}(S)|| = 0 \leqslant \sqrt{\varepsilon}\delta$, 引理 10.2.1 结论成立.

假设对任意 $j \leqslant j_0$, 引理的结论均成立, 下证 $j = j_0 + 1$ 时结论仍成立.

首先, 不妨设 $|S_l|/|S| \geqslant \varepsilon/(4j)$, 其中 $1 \leqslant l \leqslant j$. 否则可将该问题退化为 j 更小的情况 (详细证明见事实 10.2.1).

根据引理 10.2.3, 对任意 $1 \leqslant l \leqslant j$ 有

$$||\mathrm{cen}(S_1) - \mathrm{cen}(S)|| \leqslant \sqrt{\frac{1-\varepsilon/(4j)}{\varepsilon/(4j)}}\delta \leqslant 2\sqrt{\frac{j}{\varepsilon}}\delta. \tag{10.2.5}$$

利用三角不等式及 (10.2.5) 式可得对任意 $1 \leqslant l, l' \leqslant j$ 有

$$||\mathrm{cen}(S_l) - \mathrm{cen}(S_{l'})|| \leqslant ||\mathrm{cen}(S_l) - \mathrm{cen}(S)|| + ||\mathrm{cen}(S_{l'}) - \mathrm{cen}(S)|| \leqslant 4\sqrt{\frac{j}{\varepsilon}}\delta. \tag{10.2.6}$$

任取指标 l_0, 以 $\mathrm{cen}(S_{l_0})$ 为球心, $r = \max\limits_{1\leqslant l\leqslant j}\{||\mathrm{cen}(S_l) - \mathrm{cen}(S_{l_0})||\}$ 为半径构造球 $\mathcal{B}$. 由 (10.2.6) 式可知 $r \leqslant 4\sqrt{j/\varepsilon}\delta$, 显然有 $\mathrm{cen}(S_l) \in \mathcal{B}$, 其中 $1 \leqslant l \leqslant j$, 则单纯形 $\mathcal{V}$ 在球 $\mathcal{B}$ 内部. 进一步, 由质心点定义及单纯形构造方式可知 $\mathrm{cen}(S) \in \mathcal{V}$, 从而 $\mathrm{cen}(S) \in \mathcal{B}$. 因此构造球 $\mathcal{B}$ 只需在 $\{\mathrm{cen}(S_1), \mathrm{cen}(S_2), \cdots, \mathrm{cen}(S_j)\}$ 张成的 $(j-1)$-维空间上.

在球 $\mathcal{B}$ 内部构造边长 $\varepsilon r/(4j)$ 的网格, 网格点数至多 $O((8j/\varepsilon)^j)$. 在该网格下, 任意 $\boldsymbol{p} \in \mathcal{V}$, 总存在网格点 $\boldsymbol{g}$ 满足

$$||\boldsymbol{g} - \boldsymbol{p}|| \leqslant \sqrt{j\left(\frac{\varepsilon r}{4j}\right)^2} = \frac{\varepsilon}{4\sqrt{j}} \leqslant \sqrt{\varepsilon}\delta, \tag{10.2.7}$$

由于 $\mathrm{cen}(S) \in \mathcal{V}$, 根据 (10.2.7) 式知在 $\mathcal{V}$ 中存在网格点 $\boldsymbol{\tau}$, 满足

$$||\boldsymbol{\tau} - \mathrm{cen}(S)|| \leqslant \sqrt{\varepsilon}\delta = \sqrt{\varepsilon \mathrm{OPT}_1(S)}.$$

引理证毕. □

引理 10.2.2的证明与引理 10.2.1的证明相似, 本节不再赘述.

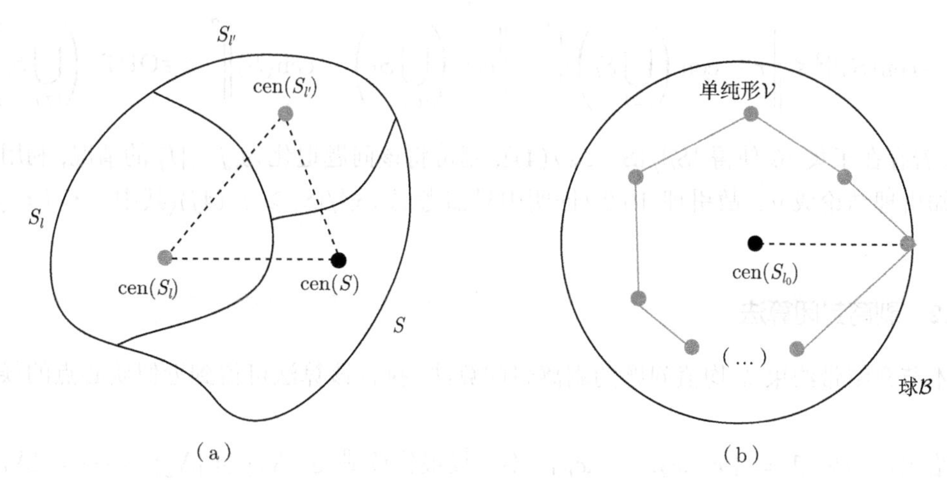

图 10.2.4 引理 10.2.1证明过程示意图

为保证引理 10.2.1证明的完整性, 需要说明下述事实.

事实 10.2.1 *若存在子集 S_l 使得 $|S_l|/|S| < \varepsilon/(4j)$, 其中 $1 \leqslant l \leqslant j$, 则可将问题退化为 j 更小的情况.*

证明 令

$$I := \left\{ l \,\middle|\, 1 \leqslant l \leqslant j,\ \frac{|S_l|}{|S|} < \frac{\varepsilon}{4j} \right\},$$

显然有

$$\frac{\sum\limits_{l\in I}|S_l|}{|S|} < \frac{|I|\varepsilon}{4j} < \frac{\varepsilon}{4}, \qquad \frac{\sum\limits_{l\notin I}|S_l|}{|S|} \geqslant 1 - \frac{\varepsilon}{4}. \tag{10.2.8}$$

结合引理 10.2.3和 (10.2.8) 式可得

$$\left\| \operatorname{cen}\left(\bigcup_{l\notin I} S_l\right) - \operatorname{cen}(S) \right\| \leqslant \sqrt{\frac{\varepsilon/4}{1-\varepsilon/4}}\delta. \tag{10.2.9}$$

此外, 由 $\mathrm{OPT}_1(\bigcup\limits_{l\notin I} S_l)$ 的定义和 (10.2.8) 式, 有

$$\mathrm{OPT}_1\left(\bigcup_{l\notin I} S_l\right) \leqslant \frac{|S|}{\left|\bigcup\limits_{l\notin I} S_l\right|}\delta^2 \leqslant \frac{1}{1-\varepsilon/4}\delta^2. \tag{10.2.10}$$

将 S 替换为 $\bigcup\limits_{l\notin I} S_l$, ε 替换为 $\varepsilon/16$, 由归纳假设和 (10.2.10) 式知, 单纯形内存在点 $\boldsymbol{\tau}$ 满足

$$\left\| \boldsymbol{\tau} - \operatorname{cen}\left(\bigcup_{l\notin I} S_l\right) \right\|^2 \leqslant \frac{\varepsilon}{16}\mathrm{OPT}_1\left(\bigcup_{l\notin I} S_l\right) \leqslant \frac{\varepsilon/16}{1-\varepsilon/4}\delta^2. \tag{10.2.11}$$

结合 (10.2.9) 式和 (10.2.11) 式, 可得

$$||\boldsymbol{\tau} - \text{cen}(S)||^2 \leqslant \left\|\boldsymbol{\tau} - \text{cen}\left(\bigcup_{l\notin I} S_l\right)\right\|^2 + \left\|\text{cen}\left(\bigcup_{l\notin I} S_l\right) - \text{cen}(S)\right\|^2 \leqslant \varepsilon\text{OPT}_1\left(\bigcup_{l\notin I} S_l\right).$$

因此, 若存在子集 S_l 使得 $|S_l|/|S| < \varepsilon/(4j)$, 则可将该问题退化为 $j-|I|$ 的情况, 利用归纳假设知引理结论成立. 故引理 10.2.1证明中只需考虑 $|S_l|/|S| \geqslant \varepsilon/(4j)$(其中 $1 \leqslant l \leqslant j$) 的情形. □

10.2.2 剥离封闭算法

本节介绍带约束 k-均值问题的剥离封闭算法, 执行该算法可得到近似质心点的候选集合.

给定观测集 $\mathcal{X} = \{\boldsymbol{x}_1, \boldsymbol{x}_2, \cdots, \boldsymbol{x}_n\}$, 不妨设最优簇满足 $|X_1^*| \geqslant |X_2^*| \geqslant \cdots \geqslant |X_k^*|$, 记 $\beta_j = |X_j^*|/n$. 算法利用剥离球和单纯形引理迭代地生成 k 个近似质心点, 下面给出算法的直观思想, 更具体的描述由算法 10.2.1给出.

程序 10.2.1

步 1 (**估计最优值范围**) 计算最优值 $\text{OPT}_k(\mathcal{X})$ 的上界 Δ. 利用无约束 k-均值算法及约束问题相应选择算法构造上界候选集, 并通过枚举寻找满足 $\Delta/2 \leqslant \text{OPT}_k(\mathcal{X}) \leqslant \Delta$ 的上界, 具体实现过程参见文献 [78].

步 2 (**估计最优值**) 按照小区间长度为 ε 划分 $[\Delta/2, \Delta]$. 上述划分中存在包含 $\text{OPT}_k(\mathcal{X})$ 的小区间, 从而得到 $\text{OPT}_k(\mathcal{X})$ 的 $(1+\varepsilon)-$ 近似值 δ^2.

步 3 (**构造 k-元组**) 对每个小区间进行如下操作. 在观测集中随机选取点作为 X_1^* 的近似质心点. 如果有 X_j^* 的近似质心点, 这里 $j \geqslant 2$, 用球剥离操作划分 X_j^*, 然后用单纯形封闭操作寻找 X_{j+1}^* 的近似质心点.

步 3.1 (**选取初始点**) 在观测集 $\mathcal{X}$ 中随机选择点作为初始点, 作为 X_1^* 的近似质心点, 记为 $\boldsymbol{y}_{v_1}$. 对每个 $1 \leqslant j \leqslant k-1$, 运行步 3.2~ 步 3.3.

步 3.2 (**球剥离操作**) 算法运行至 $j+1$ 轮时, 前 j 轮已选择 $X_1^*, X_2^*, \cdots, X_j^*$ 近似质心点 $\boldsymbol{y}_{v_1}, \boldsymbol{y}_{v_2}, \cdots, \boldsymbol{y}_{v_j}$, 对任意 $1 \leqslant i \leqslant j$, 仔细选取半径, 以 $\boldsymbol{y}_{v_i}$ 为球心构造剥离球 $\mathcal{B}_{j+1,i}$, 则 $X_{j+1}^* \setminus \left(\bigcup\limits_{i=1}^{j} \mathcal{B}_{j+1,i}\right)$ 与 $X_{j+1}^* \cap \mathcal{B}_{j+1,i}$ 构成 X_{j+1}^* 的划分, 其中 $1 \leqslant i \leqslant j$.

步 3.3 (**单纯形封闭操作**)

- 当 $\left|X_{j+1}^* \setminus \left(\bigcup\limits_{i=1}^{j} \mathcal{B}_{j+1,i}\right)\right|$ 超过某阈值时, 通过随机采样得到 $X_{j+1}^* \setminus \left(\bigcup\limits_{i=1}^{j} \mathcal{B}_{j+1,i}\right)$ 的近似质心点 $\boldsymbol{\pi}$. 构造由 $\boldsymbol{\pi}, \boldsymbol{y}_{v_1}, \boldsymbol{y}_{v_2}, \cdots, \boldsymbol{y}_{v_j}$ 决定的单纯形, 利用单纯形引理在其内部构造网格, 通过搜索得到 X_{j+1}^* 的近似质心点.
- 当 $\left|X_{j+1}^* \setminus \left(\bigcup\limits_{i=1}^{j} \mathcal{B}_{j+1,i}\right)\right|$ 小于某阈值时, 仅用 $\boldsymbol{y}_{v_1}, \boldsymbol{y}_{v_2}, \cdots, \boldsymbol{y}_{v_j}$ 构造单纯形, 同样利用单纯形引理寻找 X_{j+1}^* 的近似质心点.

步 4 输出所有 k-元组.

图 10.2.5 给出 $k=3$ 的实例, 直观展示了近似质心点的选择过程. 在图 10.2.5 中, 具体过程如下:

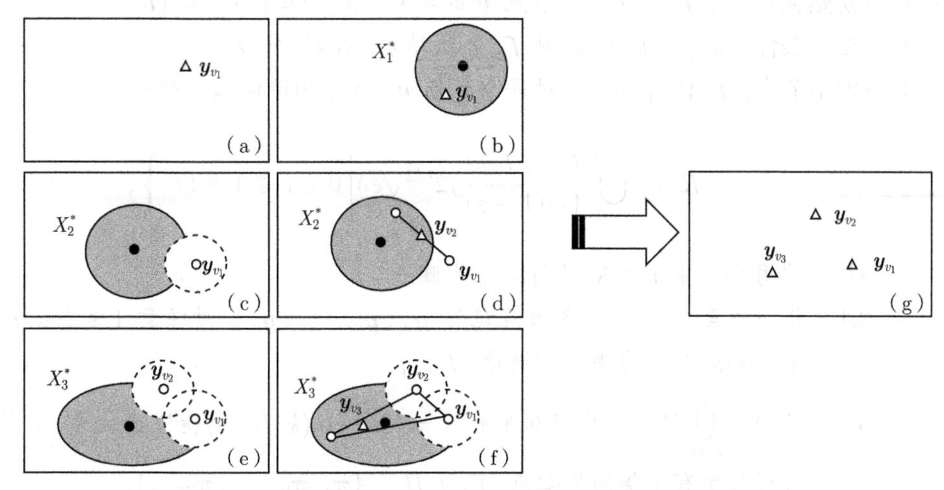

图 10.2.5　$k=3$ 时剥离封闭示意图

(a)~(b) 随机选择第一个质心点 $\boldsymbol{y}_{v_1}$;

(c) 第二轮迭代构造剥离球 (虚线围成的部分);

(d) 构造单纯形寻找第二个近似质心点 $\boldsymbol{y}_{v_2}$;

(e) 第三轮迭代构造剥离球 (虚线围成的部分);

(f) 构造单纯形寻找第三个近似质心点 $\boldsymbol{y}_{v_3}$;

(g) 输出点集.

由于实际上最优簇 $X_1^*, X_2^*, \cdots, X_k^*$ 是未知的, 各最优簇划分子集的质心点也是未知的, 算法 10.2.1无法利用上述信息. 为克服这一困难, 可以用已选择的 j 个质心点作为 X_{j+1}^* 划分子集质心点的近似. 此外, 算法 10.2.1中没有给出半径和阈值的选取方法, 其实现方式是枚举半径候选集, 并巧妙刻画剥离球外 X_{j+1}^* 中点的数目设置阈值, 从而保证算法输出中存在该问题的 $(1+\varepsilon)$-近似解. 具体细节在下述两个算法给出. 算法 10.2.1是主算法, 调用算法 10.2.2构造剥离封闭树, 对应根与叶节点之间的路对应 k-元组.

算法 10.2.1 (剥离封闭算法)

输入: 观测集 $\mathcal{X}=\{\boldsymbol{x}_1, \boldsymbol{x}_2, \cdots, \boldsymbol{x}_n\} \subseteq \mathbb{R}^d$, $k \geqslant 2$, 参数 $\varepsilon>0$, 最优值上界 $\Delta \in [\mathrm{OPT}_k(\mathcal{X}), 2\mathrm{OPT}_k(\mathcal{X})]$.

输出: 约束 k-均值问题质心点的候选 k-元组集合.

步 1 对 i 从 0 到 $\lceil 1/\varepsilon \rceil$, 令 $\delta := \sqrt{\Delta/2+(i\varepsilon\Delta)/2}$, 并将 δ 作为输入运行算法 10.2.2, 输出树为 $\mathcal{T}_i$.

步 2 对所有输出树 $\mathcal{T}_i$ 的全部根节点至叶子节点的路, 利用路上节点关联的观测集中元素构造 k-元组.

算法 10.2.2 (剥离封闭树算法)

输入: 参数 $\delta > 0$, $k \geqslant 2$, 观测集 $\mathcal{X}$.

输出: 树 $\mathcal{T}$.

步 1 (**初始化**) 令树 $\mathcal{T}$ 为仅有根节点 $\boldsymbol{v}$ 的单点. 置 $j := 1$, $V_j := \{\boldsymbol{v}\}$.

步 2 (**终止条件**) 若 $j = k$, 输出树 $\mathcal{T}$, 算法结束. 否则, 转步 3.

步 3 (**增加节点**) 置 $V_{j+1} := \varnothing$. 对每个节点 $\boldsymbol{v} \in V_j$, 构造候选半径集

$$\mathcal{R} := \bigcup_{t=0}^{\log n} \left\{ \frac{1 + l\varepsilon/2}{2(1+\varepsilon)} j 2^{t/2} \sqrt{\varepsilon}\delta \,\middle|\, 0 \leqslant l \leqslant 4 + 1/\varepsilon \right\},$$

对 $\mathcal{R}$ 中每个元素 $r \in \mathcal{R}$ 执行以下步骤.

步 3.1 根节点至 $\boldsymbol{v}$ 的路上各节点记为 $\boldsymbol{y}_{v_1}, \boldsymbol{y}_{v_2}, \cdots, \boldsymbol{y}_{v_j}$. 对任意 $1 \leqslant l \leqslant j$, 以点 $\boldsymbol{y}_{v_l}$ 为球心, r 为半径构造球 $B_{j+1,l}$.

步 3.2 从 $\mathcal{X} \setminus \bigcup_{l=1}^{j} B_{j+1,l}$ 中随机采样 $s = (8k^3 \cdot \ln(k^2/\varepsilon^6))/(\varepsilon^9)$ 个元素, 并计算该采样集所有子集的质心点, 记为 $\Pi = \{\boldsymbol{\pi}_1, \boldsymbol{\pi}_2, \cdots, \boldsymbol{\pi}_{2^s-1}\}$.

步 3.3 对 Π 中所有元素 $\boldsymbol{\pi}_i$, 分别以 $\{\boldsymbol{y}_{v_1}, \boldsymbol{y}_{v_2}, \cdots, \boldsymbol{y}_{v_j}, \boldsymbol{\pi}_i\}$ 和 $\{\boldsymbol{y}_{v_1}, \boldsymbol{y}_{v_2}, \cdots, \boldsymbol{y}_{v_j}\}$ 为顶点构造单纯形, 在每一单纯形及其 2^j 个 (可能退化的) 子单纯形中构造尺寸为 $O((32j/\varepsilon^2)^j)$ 的网格, 每个网格点对应构造 $\boldsymbol{v}$ 的子节点. 将这些子节点增加到 V_{j+1} 中.

步 4 置 $j := j + 1$. 转步 2.

需要强调的是, 步 3.1 中根节点至 $\boldsymbol{v}$ 的路上各节点 $\boldsymbol{y}_{v_1}, \boldsymbol{y}_{v_2}, \cdots, \boldsymbol{y}_{v_j}$ 是在步 3.3 中网格点对应子节点在 $\mathbb{R}^d$ 的位置向量.

10.2.3 剥离封闭算法分析

注意到算法中选择近似质心点时用到随机采样, 下面给出两个关于随机采样的引理 (参见文献 [77,116]), 用于刻画选择点的性质.

引理 10.2.4 [116] 点集 $S \subseteq \mathbb{R}^d$, T 为 S 中随机选取的大小为 t 的子集, 则以 $1 - \eta$ 的概率满足

$$||\text{cen}(S) - \text{cen}(T)||^2 < \frac{1}{\eta t}\text{OPT}_1(S), \qquad 0 < \eta < 1.$$

引理 10.2.5 [77] 设 S 为任意元素构成集合, $T \subseteq S$ 且满足 $|T| = \alpha|S|$, $\alpha \in (0, 1)$. 若从 S 中随机选取

$$\frac{t\ln(t/\eta)}{\ln(1+\alpha)} = O\left(\frac{t}{\alpha}\ln\frac{t}{\eta}\right)$$

个元素, 则采样元素中至少包含 t 个 T 中元素的概率超过 $1 - \eta$, 其中 $0 < \eta < 1$, $t \in \mathbb{Z}^+$.

构造剥离球时半径的选取十分关键, 算法采用的方法是构造半径候选集合并在其中进行枚举, 下述引理描述了算法 10.2.2中定义半径候选集合 $\mathcal{R}$ 的性质.

引理 10.2.6 若 $\delta \in \left[\sqrt{\mathrm{OPT}_k(\mathcal{X})}, (1+\varepsilon)\sqrt{\mathrm{OPT}_k(\mathcal{X})}\right]$, 算法 10.2.2 半径候选集 $\mathcal{R}$ 中存在 r_j 满足

$$j\sqrt{\frac{\varepsilon \mathrm{OPT}_k(\mathcal{X})}{\beta_j}} \leqslant r_j \leqslant (1+\varepsilon/2)j\sqrt{\frac{\varepsilon \mathrm{OPT}_k(\mathcal{X})}{\beta_j}}, \tag{10.2.12}$$

其中 $1 \leqslant j \leqslant k$.

证明 由 $1/n \leqslant \beta_j \leqslant 1$ 知, 存在整数 $t \in [1, \log n]$, 使得 $2^{t-1} \leqslant 1/\beta_j \leqslant 2^t$. 由 δ 取值范围有下式成立

$$2^{t/2-1}\sqrt{\varepsilon}\frac{\delta}{1+\varepsilon} \leqslant \sqrt{\frac{\varepsilon \mathrm{OPT}_k(\mathcal{X})}{\beta_j}} \leqslant 2^{t/2}\sqrt{\varepsilon \mathrm{OPT}_k(\mathcal{X})}. \tag{10.2.13}$$

记

$$r_j' := 2^{t/2}\sqrt{\varepsilon}\delta, \qquad z := \frac{r_j'}{\sqrt{\frac{\varepsilon \mathrm{OPT}_k(\mathcal{X})}{\beta_j}}}.$$

结合 (10.2.13) 式可得

$$\sqrt{\frac{\varepsilon \mathrm{OPT}_k(\mathcal{X})}{\beta_j}} \leqslant r_j' \leqslant 2(1+\varepsilon)\sqrt{\frac{\varepsilon \mathrm{OPT}_k(\mathcal{X})}{\beta_j}}.$$

因此

$$1 \leqslant z \leqslant 2(1+\varepsilon). \tag{10.2.14}$$

在区间 $[z/(2(1+\varepsilon)), z]$ 内构造长度为 $\varepsilon z/(4(1+\varepsilon))$ 的网格, 记网格点集合

$$N := \left\{ \frac{1+l\varepsilon/2}{2(1+\varepsilon)}z \,\middle|\, 0 \leqslant l \leqslant 4+2/\varepsilon \right\}.$$

若 $z \leqslant 1+\varepsilon/2$, 则 $z \in [1, 1+\varepsilon/2]$. 否则由 (10.2.14) 式知, $[1, 1+\varepsilon/2] \subseteq [z/(2(1+\varepsilon)), z]$. 根据网格长度选取 $\varepsilon z/(4(1+\varepsilon)) \leqslant \varepsilon/2$, 可知存在某网格点 z_0 落入区间 $[1, 1+\varepsilon/2]$. 因此, 总存在 $z_0 \in \mathbb{N}$, 满足 $z_0 \in [1, 1+\varepsilon/2]$. 令

$$R_j := \left\{ \frac{1+l\varepsilon/2}{2(1+\varepsilon)}jr_j' \,\middle|\, 0 \leqslant l \leqslant 4+2/\varepsilon \right\}.$$

显然 $R_j \subset \mathcal{R}$. 由 z 的定义及 z_0 的存在性知, 存在 $r_j \in R_j \subset \mathcal{R}$ 满足 (10.2.12) 式, 引理证毕. □

下述引理说明算法输出的所有树中, 至少存在一条从根节点至叶节点的路, 满足对应点 $\boldsymbol{y}_{v_1}, \boldsymbol{y}_{v_2}, \cdots, \boldsymbol{y}_{v_k}$ 与最优解 $\mathrm{cen}(X_1^*), \mathrm{cen}(X_2^*), \cdots, \mathrm{cen}(X_k^*)$ 足够接近, 且误差满足下面的 (10.2.15) 式. 引理证明采用数学归纳法, 每步都需构造单纯形并利用引理 10.2.2 估计误差. 引理 10.2.2 说明, 对误差的估计既包含局部信息 $\mathrm{OPT}_1(X_j^*)$, 也包含全局信息 $\mathrm{OPT}_k(\mathcal{X})$. 与只考虑局部信息的估计 (参见引理 10.2.4) 相比, 该引理的估计更为准确.

引理 10.2.7 记下述事件为 $\mathcal{A}$: 剥离封闭算法输出的所有树中, 至少存在一棵树 $\mathcal{T}$ 包含从根节点至叶子节点的路, 该路上各节点对应点 $\boldsymbol{y}_{v_j}$ 满足

$$||\boldsymbol{y}_{v_j} - \text{cen}(X_j^*)|| \leqslant \varepsilon\sqrt{\text{OPT}_1(X_j^*)} + (1+\varepsilon)j\sqrt{\frac{\varepsilon\text{OPT}_k(\mathcal{X})}{\beta_j}}, \quad 1 \leqslant j \leqslant k. \tag{10.2.15}$$

则有事件 $\mathcal{A}$ 以常数概率发生.

证明 记算法 10.2.2 的输入 $\delta \in \left[\sqrt{\text{OPT}_k(\mathcal{X})}, (1+\varepsilon)\sqrt{\text{OPT}_k(\mathcal{X})}\right]$ 时所得树为 $\mathcal{T}$. 关于 j 采用数学归纳法, 证明 $\mathcal{T}$ 中存在满足 (10.2.15) 式的路.

(1) 当 $j=1$ 时, $\beta_1 = \max\{\beta_j | 1 \leqslant j \leqslant k\} \geqslant 1/k$. 注意到 $\boldsymbol{y}_{v_1}$ 为随机采样所得, 由引理 10.2.4 及引理 10.2.5 得

$$||\boldsymbol{y}_{v_1} - \text{cen}(X_1^*)|| \leqslant \varepsilon\sqrt{\text{OPT}_1(X_1^*)} \leqslant \varepsilon\sqrt{\text{OPT}_1(X_1^*)} + (1+\varepsilon)\sqrt{\frac{\varepsilon\text{OPT}_k(\mathcal{X})}{\beta_1}}.$$

引理结论成立.

(2) 假设从根节点至第 j_0 层的路上, 各节点对应点 $\boldsymbol{y}_{v_i}$ 均满足

$$||\boldsymbol{y}_{v_i} - \text{cen}(X_i^*)|| \leqslant \varepsilon\sqrt{\text{OPT}_1(X_i^*)} + (1+\varepsilon)i\sqrt{\frac{\varepsilon\text{OPT}_k(\mathcal{X})}{\beta_i}},$$

其中 $1 \leqslant i \leqslant j_0$. 下证节点 $\boldsymbol{v}_{j_0}$ 存在子节点 $\boldsymbol{v}_{j_0+1}$, 其对应点 $\boldsymbol{y}_{v_{j_0+1}}$ 同样满足引理结论. 为方便叙述, 记 $j = j_0+1$.

首先, 将 X_j^* 进行划分. 构造剥离球 $\mathcal{B}_{j,1}, \mathcal{B}_{j,2}, \cdots, \mathcal{B}_{j,j-1}$, 其中 $\mathcal{B}_{j,l}$ 是以 $\boldsymbol{y}_{v_l}$ 为球心, r_j 为半径的球. 记 $C_l := X_j^* \cap \mathcal{B}_{j,l}$, 其中 $1 \leqslant l \leqslant j-1$, $C_j := X_j^* \setminus \left(\bigcup_{l=1}^{j-1} \mathcal{B}_{j,l}\right)$. 剥离球满足如下事实 (性质详细证明见事实 10.2.2):

$$\left|X_l^* \setminus \left(\bigcup_{u=1}^{j-1} \mathcal{B}_{j,u}\right)\right| \leqslant \frac{(4\beta_j n)}{\varepsilon}, \quad 1 \leqslant l \leqslant j-1. \tag{10.2.16}$$

其次, 考虑 $|C_j|$ 的大小.

情形 1 当 $|C_j| \geqslant (\varepsilon^3\beta_j n)/j$, 时, 有

$$\begin{aligned}\frac{|C_j|}{\sum\limits_{1\leqslant l\leqslant k}\left|X_l^* \setminus \left(\bigcup\limits_{u=1}^{j-1} \mathcal{B}_{j,u}\right)\right|} &\geqslant \frac{|C_j|}{\dfrac{4(j-1)\beta_j}{\varepsilon}n + |C_j| + (k-j)\beta_j n} \\ &\geqslant \frac{\dfrac{\varepsilon^3\beta_j}{j}}{\dfrac{4(j-1)\beta_j}{\varepsilon}n + \dfrac{\varepsilon^3\beta_j}{j} + (k-j)\beta_j n}\end{aligned}$$

$$> \frac{\varepsilon^4}{8kj} \geqslant \frac{\varepsilon^4}{8k^2}.$$

第一个不等号成立的依据是 (10.2.16) 式, 第二个不等号成立的原因是 $f(x) = x/(x+h)$ 在 $[0, +\infty)$ 内为增函数且假设 $|C_j| \geqslant (\varepsilon^3\beta_j n)/j$. 由上述不等式知, 剥离球外属于 X_j^* 的点较多, 因此在构造单纯形时需利用 C_j 的近似质心点.

接下来的证明分为两步, 首先寻找 C_j 合适的近似质心点, 其次利用近似质心点构造单纯形, 在其内部构造网格搜索获得满足性质的网格点.

第 1 步, 求 C_j 的近似质心点. 令 $t := k/\varepsilon^5$, $\eta := \varepsilon/k$. 从 $\mathcal{X}$ 中随机采样大小为

$$s = \frac{8k^3}{\varepsilon^9} \ln \frac{k^2}{\varepsilon^6}$$

的子集, 由引理 10.2.5知道, 以 $1 - \varepsilon/k$ 的概率保证随机采样点中包含 k/ε^5 个 C_j 中的点. 记采样点的质心点为 $\boldsymbol{\pi}$, 由引理 10.2.4知, 以 $1 - \varepsilon/k$ 的概率下式成立

$$||\boldsymbol{\pi} - \text{cen}(C_j)||^2 \leqslant \varepsilon j \text{OPT}_1(X_j^*). \tag{10.2.17}$$

第 2 步, 构造恰当的单纯形. 记 $\mathcal{V}$ 为由 $\{\boldsymbol{y}_{v_1}, \boldsymbol{y}_{v_2}, \cdots, \boldsymbol{y}_{v_{j-1}}, \boldsymbol{\pi}\}$ 构造的单纯形. 注意到 $X_j^* = \bigcup\limits_{l=1}^{j} C_j$. 因此为利用引理 10.2.2, 只需证明 C_j 的近似质心点与真正质心点之间的关系满足引理 10.2.2 的条件.

考虑 $\{C_1, C_2, \cdots, C_{j-1}\}$, 对任意 $1 \leqslant l \leqslant j-1$, 显然有 $C_l \subseteq \mathcal{B}_{j,l}$. 因此 C_l 的质心点 $\text{cen}(C_l)$ 也属于 $\mathcal{B}_{j,l}$. 同时, 由引理 10.2.6可得

$$||\boldsymbol{y}_{v_l} - \text{cen}(C_l)|| \leqslant r_j \leqslant (1 + \varepsilon/2) j \sqrt{\frac{\varepsilon \text{OPT}_k(\mathcal{X})}{\beta_j}}. \tag{10.2.18}$$

因此可选择 $\boldsymbol{y}_{v_l}$ 作为 C_l 的近似质心点.

考虑 C_j, 由 (10.2.17) 式及 $\beta_j \text{OPT}_1(X_j^*) \leqslant \text{OPT}_k(\mathcal{X})$ 可得

$$||\boldsymbol{\pi} - \text{cen}(C_j)|| \leqslant \sqrt{\frac{\varepsilon j \text{OPT}_k(\mathcal{X})}{\beta_j}}. \tag{10.2.19}$$

因此可选择 $\boldsymbol{\pi}$ 作为 C_j 的近似质心点.

记 $\varepsilon_0 := \varepsilon^2/4$, $L := \max\{r_j, ||\boldsymbol{\pi} - \text{cen}(C_j)||\}$. 结合 (10.2.18) 式和 (10.2.19) 式及引理 10.2.2, 在单纯形 $\mathcal{V}$ 内构造大小为 $O((8j/\varepsilon_0)^j)$ 的网格, 存在网格点 $\boldsymbol{\tau}$ 满足

$$||\boldsymbol{\tau} - \text{cen}(X_j^*)|| \leqslant \sqrt{\varepsilon_0 \text{OPT}_1(X_j^*)} + (1 + \varepsilon_0) L$$

$$\leqslant \varepsilon\sqrt{\mathrm{OPT}_1(X_j^*)}+\left(1+\frac{\varepsilon}{2}\right)j\sqrt{\frac{\varepsilon\mathrm{OPT}_k(\mathcal{X})}{\beta_j}}.$$

情形 1 时结论成立.

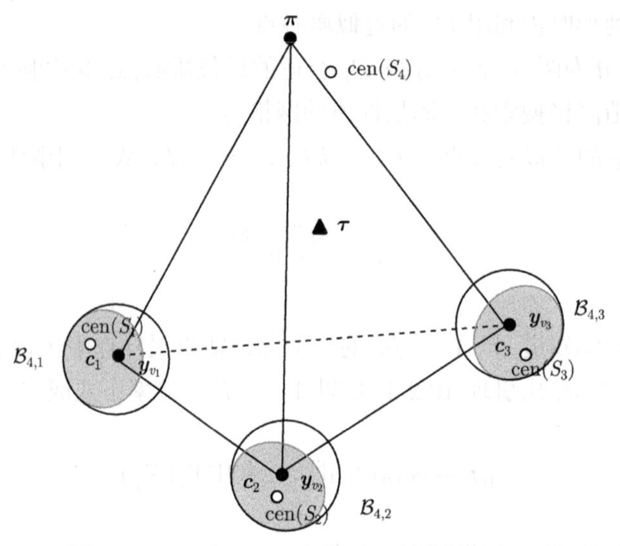

图 10.2.6 引理 10.2.7 情形 1 示意图 ($j=4$)

情形 2 当 $|C_j|\leqslant(\varepsilon^3\beta_j n)/j$, 即 $|C_j|$ 较小时, 由引理 10.2.3知, X_j^* 与 $X_j^*\setminus C_j$ 的质心点充分接近. 因此只需利用 $\{\boldsymbol{y}_{v_1},\boldsymbol{y}_{v_2},\cdots,\boldsymbol{y}_{v_{j-1}}\}$ 构造单纯形, 该情形结论同样成立.

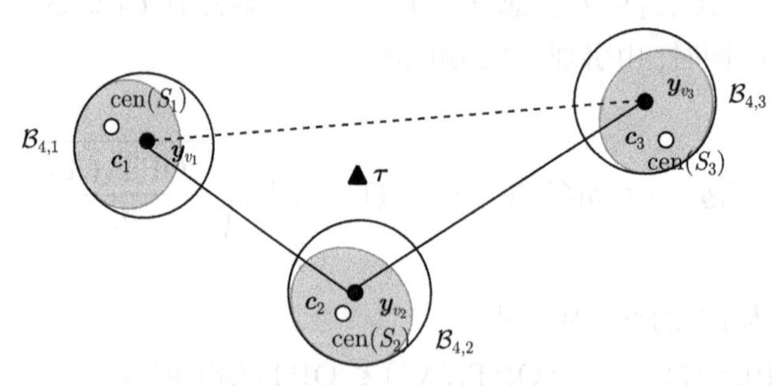

图 10.2.7 引理 10.2.7 情形 2 示意图 ($j=4$)

最后, 给出概率分析. 上述分析中, 只有情形 1 中需考虑成功概率, 其他分析中无采样过程故不需考虑. 从 $\mathcal{X}$ 中随机采样大小为 $(8k^3/\varepsilon^9)\ln(k^2/\varepsilon^6)$ 的子集, 以 $1-\varepsilon/k$ 的概率保证随机采样点中包含 k/ε^5 个 C_j 中的点. 又由引理 10.2.4知, 以 $1-\varepsilon/k$ 的概率有 $||\boldsymbol{\pi}-\mathrm{cen}(C_j)||^2\leqslant\varepsilon^4c^2\leqslant\varepsilon j\mathrm{OPT}_1(X_j^*)$ 成立. 因此第 j 轮所得解满足质量保证的概率为 $(1-\varepsilon/k)^2$, 算法共运行 k 轮, 则事件 $\mathcal{A}$ 发生的概率为 $(1-\varepsilon/(2k))^{2k}\geqslant 1-2\varepsilon$. 引理得证.

□

图 10.2.6 和图 10.2.7 分别给出 $j=4$ 时, 上述引理证明中情形 1 和情形 2 的示意图.

事实 10.2.2 上述证明中构造的剥离球满足 (10.2.16) 式, 即

$$\left|X_l^* \setminus \left(\bigcup_{u=1}^{j-1} \mathcal{B}_{j,u}\right)\right| \leqslant \frac{4\beta_j n}{\varepsilon}, \quad 1 \leqslant l \leqslant j-1.$$

证明 首先显然有 $\left|X_l^* \setminus \left(\bigcup_{u=1}^{j-1}\right) \mathcal{B}_{j,u}\right| \leqslant |X_l^* \setminus \mathcal{B}_{j,l}|$, 由 Markov 不等式可得

$$|X_l^* \setminus \mathcal{B}_{j,l}| \leqslant \frac{\mathrm{OPT}_1(X_l^*)|X_l^*|}{(r_j - ||\boldsymbol{y}_{v_l} - \mathrm{cen}(X_l^*)||)^2}, \tag{10.2.20}$$

其中 $1 \leqslant l \leqslant j-1$. 当 $l < j$ 时, $\beta_j \leqslant \beta_l$. 因此

$$\mathrm{OPT}_1(X_l^*) \leqslant \sqrt{\frac{\mathrm{OPT}_k(\mathcal{X})}{\beta_l}} \leqslant \sqrt{\frac{\mathrm{OPT}_k(\mathcal{X})}{\beta_j}}. \tag{10.2.21}$$

由引理 10.2.6, (10.2.21) 式, 及 $||\boldsymbol{y}_{v_i} - \mathrm{cen}(X_i^*)||$ 的归纳假设, 可得

$$\begin{aligned}
&r_j - ||\boldsymbol{y}_{v_i} - \mathrm{cen}(X_j^*)|| \\
\geqslant& j\sqrt{\frac{\varepsilon \mathrm{OPT}_k(\mathcal{X})}{\beta_j}} - \left(\varepsilon\sqrt{\mathrm{OPT}_1(X_l^*)} + (1+\varepsilon)(j-1)\sqrt{\frac{\varepsilon \mathrm{OPT}_k(\mathcal{X})}{\beta_l}}\right) \\
=& (1-(j-1)\varepsilon)\sqrt{\frac{\varepsilon \mathrm{OPT}_k(\mathcal{X})}{\beta_j}} - \varepsilon\sqrt{\mathrm{OPT}_1(X_l^*)} \\
\geqslant& (1-(j-1)\varepsilon - \sqrt{\varepsilon})\sqrt{\frac{\varepsilon \mathrm{OPT}_k(\mathcal{X})}{\beta_j}}.
\end{aligned} \tag{10.2.22}$$

将不等式 (10.2.22) 代入 (10.2.20) 式, 可化简为

$$\begin{aligned}
|X_l^* \setminus \mathcal{B}_{j,l}| \leqslant& \frac{\beta_j \mathrm{OPT}_1(X_l^*)}{(1-(j-1)\varepsilon - \sqrt{\varepsilon})^2 \varepsilon \mathrm{OPT}_k(\mathcal{X})}|X_l^*| \\
\leqslant& \frac{\beta_j \mathrm{OPT}_1(X_l^*)}{(1-(j-1)\varepsilon - \sqrt{\varepsilon})^2 \varepsilon \beta_l \mathrm{OPT}_1(X_l^*)}|X_l^*| \\
=& \frac{\beta_j}{(1-(j-1)\varepsilon - \sqrt{\varepsilon})^2 \beta_l \varepsilon}|X_l^*| \\
=& \frac{\beta_j n}{(1-(j-1)\varepsilon - \sqrt{\varepsilon})^2 \varepsilon} \\
\leqslant& \frac{\beta_j n}{(1-j\sqrt{\varepsilon})^2 \varepsilon}.
\end{aligned} \tag{10.2.23}$$

不妨设 $\varepsilon \leqslant 1/(4j^2)$, 否则可把算法输入 ε 改为 $\varepsilon/(4j^2)$, 故由 (10.2.23) 式可得

$$|X_l^* \setminus \mathcal{B}_{j,l}| \leqslant \frac{4\beta_j n}{\varepsilon},$$

即 (10.2.16) 式成立. □

基于引理 10.2.7给出算法 10.2.1的性能比分析.

定理 10.2.1 输入观测集 $\mathcal{X} = \{\boldsymbol{x}_1, \boldsymbol{x}_2, \cdots, \boldsymbol{x}_n\} \subseteq \mathbb{R}^d$, 上述剥离封闭算法在 $O(2^{\text{poly}(k/\varepsilon)} n(\log n)^{k+1} d)$ 时间内输出 $O(2^{\text{poly}(k/\varepsilon)}(\log n)^k)$ 个 k-元组候选质心点, 且以常数概率保证其中存在一组候选质心点为带约束 k-均值的 $(1+\varepsilon)$-近似解.

证明 首先, 证明算法的近似比.

由引理 10.2.7 知常数概率下, 剥离封闭算法输出的所有树中, 至少存在一棵树 $\mathcal{T}$ 存在一条从根节点至叶节点的路, 该路上各节点对应点 $\boldsymbol{y}_{v_j}$ 满足

$$||\boldsymbol{y}_{v_j} - \text{cen}(X_j^*)|| \leqslant \varepsilon\sqrt{\text{OPT}_1(X_j^*)} + (1+\varepsilon)j\sqrt{\frac{\varepsilon \text{OPT}_k(\mathcal{X})}{\beta_j}}, \tag{10.2.24}$$

其中 $1 \leqslant j \leqslant k$. 若满足 (10.2.24) 式的路存在, 则对任意 $1 \leqslant j \leqslant k$ 有

$$\begin{aligned}
\sum_{\boldsymbol{x}\in X_j^*} ||\boldsymbol{x} - \boldsymbol{y}_{v_j}||^2 &= \sum_{\boldsymbol{x}\in X_j^*} ||\boldsymbol{x} - \text{cen}(X_j^*)||^2 + |X_j^*| \cdot ||\text{cen}(X_j^*) - \boldsymbol{y}_{v_j}||^2 \\
&\leqslant \sum_{\boldsymbol{x}\in X_j^*} ||\boldsymbol{x} - \text{cen}(X_j^*)||^2 + |X_j^*| \cdot 2\left(\varepsilon^2 + (1+\varepsilon)^2 j^2 \frac{\varepsilon}{\beta_j} \text{OPT}_k(\mathcal{X})\right) \\
&= (1+2\varepsilon^2)|X_j^*|\text{OPT}_1(X_j^*) + 2(1+\varepsilon)^2 j^2 \varepsilon n \text{OPT}_k(\mathcal{X}).
\end{aligned}$$

第一个等式成立的依据是质心引理, 第二个不等式成立的依据是引理 10.2.7, 最后等式成立的依据是 $|X_j^*|/\beta_j = n$. 不等式左右两端关于 j 相加得

$$\begin{aligned}
\sum_{j=1}^{k}\sum_{\boldsymbol{x}\in X_j^*} ||\boldsymbol{x} - \boldsymbol{y}_{v_j}||^2 &\leqslant \sum_{j=1}^{k}\left((1+2\varepsilon^2)|X_j^*|\text{OPT}_1(X_j^*) + 2(1+\varepsilon)^2 j^2 \varepsilon n \text{OPT}_k(\mathcal{X})\right) \\
&\leqslant (1+2\varepsilon^2)\sum_{j=1}^{k}|X_j^*|\text{OPT}_1(X_j^*) + 2(1+\varepsilon)^2 k^3 \varepsilon n \text{OPT}_k(\mathcal{X}) \\
&= (1+O(k^3)\varepsilon) n \text{OPT}_k(\mathcal{X}),
\end{aligned}$$

即 $\boldsymbol{y}_{v_1}, \boldsymbol{y}_{v_2}, \cdots, \boldsymbol{y}_{v_k}$ 为带约束 k-均值问题的 $(1+O(k^3)\varepsilon)$-近似解. 又因 k 为常数, 则 $\boldsymbol{y}_{v_1}, \boldsymbol{y}_{v_2}, \cdots, \boldsymbol{y}_{v_k}$ 为带约束 k-均值问题的 $(1+O(\varepsilon))$-近似解.

其次, 分析算法输出 k-元组候选质心点个数及算法时间复杂度.

算法输出树中第 j 层各节点的子节点数为

$$|\mathcal{R}|2^{s+j}\left(\frac{32j}{\varepsilon^2}\right)^j,$$

其中

$$|\mathcal{R}| = O\left(\frac{\log kn}{\varepsilon}\right), \qquad s = \frac{8k^3}{\varepsilon^9}\ln\frac{k^2}{\varepsilon^6}.$$

又因输出树的高度为 k, 则该树的复杂度为 $O(2^{\text{poly}(k/\varepsilon)}(\log n)^k)$, 即为 k-元组候选质心点个数. 此外, 构造树上单个节点需花费时间为

$$O\left(|\mathcal{R}|2^{s+j}\left(\frac{32j}{\varepsilon^2}\right)^j nd\right).$$

因此算法时间复杂度为

$$O\left(2^{\text{poly}\left(\frac{k}{\varepsilon}\right)}n(\log n)^{k+1}d\right).$$

定理证毕. □

注记 10.2.1 *若将算法运行 $O(\log n)$ 次, 定理 10.2.1 中以常数概率成立可提升为以高概率 $1-1/n$ 成立. 相应地, 时间复杂度及候选点 k-元组数增加 $O(\log n)$ 倍.*

10.3 带约束 k-均值问题的选择算法

通过执行 10.2节剥离封闭算法已经得到带约束 k-均值问题的候选 k-元组, 且证明以一定的概率保证其中存在一组候选质心点为该问题的 $(1+\varepsilon)$-近似解. 为从中确定最佳质心点集, 需设计选择算法获得每个候选 k-元组对应的聚类结果, 并输出目标函数值最小的解.

选择算法设计的难点在于满足问题约束, 即给定质心点集合后如何将观测集中各元素分配到簇中使得目标函数值最小的同时满足额外约束, 因此对每个问题都需要设计定制化的算法. 本节以下界约束 k-均值问题、r-容量约束 k-均值问题、色谱 k-均值问题为例, 给出其相应选择算法及解的性质.

10.3.1 下界约束 k-均值问题的选择算法

设 $\mathcal{X} = \{\boldsymbol{x}_1, \boldsymbol{x}_2, \cdots, \boldsymbol{x}_n\} \subseteq \mathbb{R}^d$ 为包含 n 个元素的观测集, 下界约束 k-均值问题是将观测集聚为 k 类, 且簇大小至少为 r, 使得 $\mathcal{X}$ 中各点到其簇均值点的平均平方 Euclidean 距离最小.

对每个候选 k-元组 $Y_v = \{\boldsymbol{y}_{v_1}, \boldsymbol{y}_{v_2}, \cdots, \boldsymbol{y}_{v_k}\}$ 进行如下操作将观测点分配到不同簇中, 构造二部图 $G(V_X, V_{Y_v})$(如图 10.3.1(a) 所示).

集合 V_X 对应观测集 $\mathcal{X}$, V_{Y_v} 对应候选质心点 Y_v, V_{Y_v} 中每个顶点容量为 n, 需求为 r, 边权重为两点间的 Euclidean 距离. 通过寻找二部图 G 的最小费用匹配即可解决观测集 $\mathcal{X}$ 的分配. 在图 $G(V_X, V_{Y_v})$ 上增加源点 $\boldsymbol{s}$, 汇点 $\boldsymbol{t}$ 并分别与 V_X、V_{Y_v} 中顶点构造边 (如图 10.3.1(b) 所示), 则可将问题化简为解决最小费用循环流问题. 结合文献 [83] 中最小费用循环流问题的算法有如下结论成立.

定理 10.3.1 *针对下界约束 k-均值问题, 存在算法以常数概率保证输出 $(1+\varepsilon)$-近似解, 算法时间复杂度为 $O\left(n^2(\log n)^{k+2}d\right)$.*

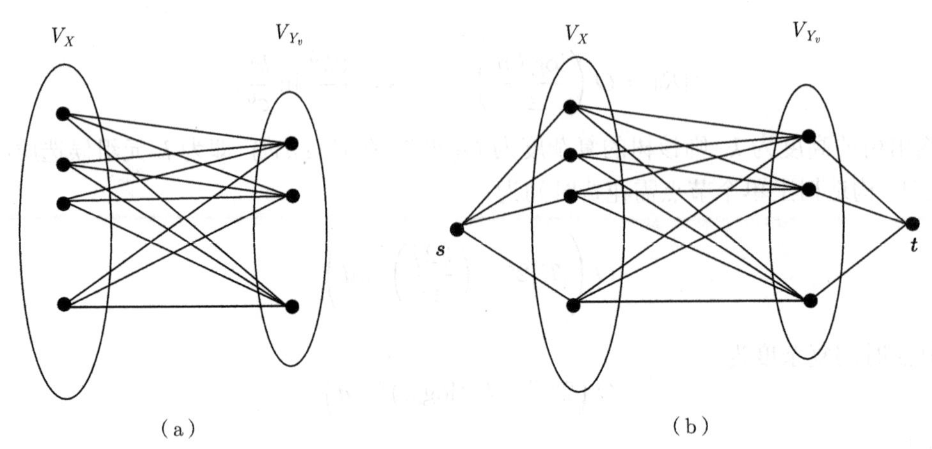

图 10.3.1 (a) 二部图 $G(V_X, V_{Y_v})$; (b) 下界约束 k-均值聚类问题最小费用循环流

10.3.2 r-容量约束 k-均值问题的选择算法

给定观测集 $\mathcal{X} = \{\boldsymbol{x}_1, \boldsymbol{x}_2, \cdots, \boldsymbol{x}_n\} \subseteq \mathbb{R}^d$, r-容量约束 k-均值问题同样是将观测集聚为 k 类, 使得 $\mathcal{X}$ 中各点到其簇均值点的平均平方 Euclidean 距离最小, 且簇大小至多为 r. 为解决分配步骤, 只需将图 10.3.1 中 G 的构造稍加修改, 点集 V_{Y_v} 中每个顶点容量 n 改为 r, 无需求限制, 可得如下结论.

定理 10.3.2 针对 r-容量约束 k-均值问题, 存在算法以常数概率保证输出 $(1+\varepsilon)$-近似解, 算法时间复杂度为 $O\left(n^2(\log n)^{k+2}d\right)$.

10.3.3 色谱 k-均值问题的选择算法

记 $\mathcal{X} = \{\boldsymbol{x}_1, \boldsymbol{x}_2, \cdots, \boldsymbol{x}_n\} \subseteq \mathbb{R}^d$ 为包含 n 个已标颜色元素的观测集, 并且 $\mathcal{X} = \bigcup_{i=1}^{n'} \mathcal{X}_i$, 其中每个 $\mathcal{X}_i$ 中各点颜色相同. 色谱 k-均值问题是将观测集聚为 k 类, 要求标有相同颜色的点不能同时出现在某一簇中且使得 $\mathcal{X}$ 中各点到其簇均值点的平均平方 Euclidean 距离最小.

给定候选 k-元组 $Y_v = \{\boldsymbol{y}_{v_1}, \boldsymbol{y}_{v_2}, \cdots, \boldsymbol{y}_{v_k}\}$, 对每个 $\mathcal{X}_i$ $(1 \leqslant i \leqslant n')$ 分别进行处理. 分配 $\mathcal{X}_i$ 中的元素可通过解决点集 $\mathcal{X}_i$ 与 Y_v 的最小匹配问题实现, 其中任意点对 $(\boldsymbol{p}, \boldsymbol{q})$, $\boldsymbol{p} \in \mathcal{X}_i$, $\boldsymbol{q} \in Y_v$ 的费用为两点间的 Euclidean 距离, 结合匈牙利算法 (hungarian algorithm)[130] 处理最小匹配问题即可得到如下结论.

定理 10.3.3 针对色谱 k-均值问题, 存在算法以常数概率保证输出 $(1+\varepsilon)$-近似解, 算法时间复杂度为 $O\left(n(\log n)^{k+1}d\right)$.

第11章 其他变形

本章介绍 k-均值问题的其他变形. 11.1 节介绍隐私保护 k-均值问题, 取材于文献 [27]; 11.2 节介绍泛函 k-均值问题的初始化算法, 取材于文献 [139]; 11.3 节介绍聚类 C-均值问题的初始化算法, 取材于文献 [145]; 11.4 节介绍平方和设施选址问题, 取材于文献 [196]; 11.5 节介绍带惩罚 μ-相似 Bregman 散度 k-均值问题, 取材于文献 [146].

11.1 隐私保护 k-均值

由于 k-均值问题是目前应用最广泛的聚类问题之一, 随着人们对用户隐私保护的日益增长的认识和需求, 从而激发了对可保护隐私的 k-均值问题算法的研究. 带差分隐私的组合优化问题的研究始于 2010 年 Gupta[104] 的工作, 是机器学习和组合优化领域的前沿方向. 在本节中我们对高维、大数据情况下的隐私 k-均值聚类算法进行介绍. 首先介绍差分隐私的概念, 其次介绍差分隐私 k-均值问题, 最后对高维 Euclidean 空间中的隐私聚类问题进行分析.

11.1.1 差分隐私概念

利用经典算法处理数据时, 无法保证数据的安全性. 假设有 n 个点 $\boldsymbol{c}_1, \boldsymbol{c}_2, \cdots, \boldsymbol{c}_n$, 根据不带隐私保护的算法, 其中心的计算方式为

$$\boldsymbol{s} = \frac{\sum\limits_{j=1}^{n} \boldsymbol{c}_j}{n}.$$

此时如果存在攻击者拥有最大限度的额外信息, 即知道 $\boldsymbol{c}_1, \boldsymbol{c}_2, \cdots, \boldsymbol{c}_{n-1}$ 个点的位置, 那么可以很轻松地通过调用算法两次得到 $\boldsymbol{s}$ 和 $\boldsymbol{s}_1$, 其中

$$\boldsymbol{s}_1 = \frac{\sum\limits_{j=1}^{n-1} \boldsymbol{c}_j}{n-1}.$$

再通过 $\boldsymbol{s}$ 和 $\boldsymbol{s}_1$ 之间的差距得到 $\boldsymbol{c}_n$ 的位置为

$$\boldsymbol{c}_n = \boldsymbol{s}n - \boldsymbol{s}_1(n-1).$$

由此可见在算法设计时需要考虑隐私保护, 下面给出差分隐私的定义.

定义 11.1.1 [81] 给定随机算法 $\mathcal{M}$, 记算法的输出空间为 Range($\mathcal{M}$), 当算法的输入是两个只相差一个元素的数据 $A=\{\boldsymbol{x}_1,\boldsymbol{x}_2,\cdots,\boldsymbol{x}_n,\boldsymbol{x}_{n+1}\}$ 和 $B=\{\boldsymbol{x}_1,\boldsymbol{x}_2,\cdots,\boldsymbol{x}_n\}$ 时, 对于任意输出集合 $S\subseteq \text{Range}(\mathcal{M})$, 总有下式成立, 则称这个随机算法 $\mathcal{M}$ 满足 ε-差分隐私:

$$\Pr[\mathcal{M}(A)\in S]\leqslant \exp(\varepsilon)\cdot\Pr[\mathcal{M}(B)\in S].$$

其中, $\mathcal{M}(A)$ 表示输入为 A 的算法 $\mathcal{M}$ 的输出, $\mathcal{M}(B)$ 表示输入为 B 的算法 $\mathcal{M}$ 的输出.

简单来说, 满足差分隐私的算法保证当输入只有一个元素发生改变时, 算法输出的分布不会发生明显变化. 差分隐私算法可以保证即使攻击者拥有除用户位置 $\boldsymbol{x}_{n+1}$ 以外的所有信息 (如算法每次的输出, 其他用户的信息等), 也得不到用户 $\boldsymbol{x}_{n+1}$ 的真实信息. 攻击者甚至不知道用户 $\boldsymbol{x}_{n+1}$ 是否在数据库中, 因为差分隐私定义下的算法对于个人信息的保护是十分严密的. 这个定义一方面保证了个人敏感数据的隐私, 防止了差分攻击的发生, 另一方面允许算法在大量数据发生改变做出相应的调整. 这保证了算法的灵敏性和有效性, 使得算法在隐私保护和算法的性能两方面取得了平衡.

对于复杂的隐私保护问题, 可能会多次应用差分隐私保护算法以得到更好的隐私保护效果. Mcsherry 等[157,158] 提出了隐私保护算法的两个组合性质: 序列组合性与并行组合性.

性质 11.1.1 (序列组合性)[158] 设有 t 个差分隐私算法 $\mathcal{M}_1,\mathcal{M}_2,\cdots,\mathcal{M}_t$, 其中算法 $\mathcal{M}_i(i=1,2,\cdots,t)$ 满足 ε_i-差分隐私. 对于同一个数据集 $\mathcal{C}$, 依次使用这些算法 $\mathcal{M}_i$ 所构成的组合算法

$$\mathcal{M}(\mathcal{C})=\{\mathcal{M}_1(\mathcal{C}),\mathcal{M}_2(\mathcal{C}),\cdots,\mathcal{M}_t(\mathcal{C})\}$$

满足 $\left(\sum\limits_{i=1}^{t}\varepsilon_i\right)$-差分隐私.

性质 11.1.2 (并行组合性)[157] 设有 t 个差分隐私算法 $\mathcal{M}_1,\mathcal{M}_2,\cdots,\mathcal{M}_t$, 其中算法 $\mathcal{M}_i(i=1,2,\cdots,t)$ 满足 ε_i-差分隐私. 对于不相交的数据集 $\mathcal{C}_1,\mathcal{C}_2,\cdots,\mathcal{C}_t$, 分别使用这些算法所构成的组合算法

$$\mathcal{M}(\mathcal{C}_1,\mathcal{C}_2,\cdots,\mathcal{C}_t)=\{\mathcal{M}_1(\mathcal{C}_1),\mathcal{M}_2(\mathcal{C}_2),\cdots,\mathcal{M}_t(\mathcal{C}_t)\}$$

满足 $(\max\{\varepsilon_i\})$-差分隐私.

11.1.2 差分隐私 k-均值问题描述

差分隐私 k-均值问题是指输入 d 维 Euclidean 空间 $\mathbb{R}^d$ 上的数据点集合 $\mathcal{X}=\{\boldsymbol{x}_1,\boldsymbol{x}_2,\cdots,\boldsymbol{x}_n\}\subseteq\mathbb{R}^d$, 以及正整数 k. 我们希望设计算法从 $\mathbb{R}^d$ 选出 k 个点的中心点集合 $Z=\{\boldsymbol{z}_1,\boldsymbol{z}_2,\cdots,\boldsymbol{z}_k\}$, 算法满足 ε-**差分隐私**, 且使得下式取得最小:

$$\mathcal{L}(Z)=\mathcal{L}(\boldsymbol{z}_1,\boldsymbol{z}_2,\cdots,\boldsymbol{z}_k)=\sum_{i=1}^{n}\min_j\|\boldsymbol{x}_i-\boldsymbol{z}_j\|^2. \tag{11.1.1}$$

由于差分隐私 k-均值问题是 NP-难问题[72], 可以使用近似算法找到形式为 $\alpha\text{OPT}+\beta$ 的解, 其中 OPT 表示问题的最优解的值. $\alpha\text{OPT}+\beta$ 中的 αOPT 称为乘法项误差, α 称为乘法项误差的系数, β 称为加法项误差. 根据 Bassily 等[33] 的结果可知, 与不带隐私的聚类问题不同的是, 任何差分隐私聚类算法的近似比中的 β 均不为 0. 注意在差分隐私下的 k-均值问题中想要保护的是用户点集合 $\mathcal{X}$ 的位置信息.

11.1.3 差分隐私常用的机制

设计出满足差分隐私的 k-均值问题的算法的一般思路是对于传统的 k-均值问题的算法进行随机化, 在传统的局部搜索、k-均值 ++ 等 k-均值问题算法的基础上, 运用隐私保护中的指数机制和 Laplace 机制对其进行改造, 从而设计出合适的满足差分隐私的 k-均值问题的算法. 下面介绍指数机制和 Laplace 机制.

McSherry 等[158] 于 2007 年提出了**指数机制** (exponential mechanism). 对于问题输入域 D 的一组数量为 n 的输入 N, 隐私机制的目标是随机地将 N 映射到输出域 P 中的某个输出. 在指数机制中存在函数 $q: D^n \times P \to \mathbb{R}$, 此函数对于任意的 $D^n \times P$ 中的一对 (N, r) 都会给出一个分数, 可以粗超地理解为分数越高, r 越好. 给定输入 $N \in D^n$, 指数机制的目标是返回一个 $r \in P$, 使得满足差分隐私的前提下, $q(N, r)$ 的分数越高越好. 指数机制如下式所示：当给定一个输入 $N \in D^n$ 和一个参数 ε 时, 指数机制选择 P 中的值 r 的概率正比于 $\exp(\varepsilon q(N, r))$.

Dwork 和 Roth 在文献 [82] 中详细介绍了 **Laplace 机制** (Laplace mechanism). 如果随机变量的概率密度函数分布为

$$f(x;\mu,b)=\frac{1}{2b}\exp\left(-\frac{|x-\mu|}{b}\right)=\begin{cases}\dfrac{1}{2}\exp\left(-\dfrac{\mu-x}{b}\right), & \text{若}x\leqslant\mu;\\[2ex] 1-\dfrac{1}{2}\exp\left(-\dfrac{x-\mu}{b}\right), & \text{若}x>\mu.\end{cases}$$

则它是 Laplace 分布. 其中 μ 为位置参数, $b>0$ 是尺度参数. 有时用 $\text{Lap}(b)$ 代表尺度参数为 b 的 Laplace 分布. 基于 Laplace 分布的概念下面介绍 Laplace 机制.

定义 11.1.2 [82] *对于函数 $f: D \to \mathbb{R}$, 用 $\Delta(f)=\max_{\boldsymbol{d}_1,\boldsymbol{d}_2\in D}|f(\boldsymbol{d}_1)-f(\boldsymbol{d}_2)|_1$ 表示函数的最大改变量, Laplace 机制是指:*

$$\widehat{f(D)}=f(D)+\text{Lap}(\Delta(f)/\varepsilon).$$

Laplace 机制通过向算法结果中加入服从 Laplace 分布的随机噪声来实现 ε-差分隐私保护. 如果把加入服从 Laplace 分布的随机噪声改成服从 Gauss 分布的随机噪声, 则为 Gauss 机制. Laplace 机制更加适合连续的问题和算法, 对于算法的中间过程或者结果中加入微小的随机噪声以获得算法性能和隐私保护的平衡. 噪声越小, 输出的质量越好, 噪声越大, 用户的隐私保护效果越好, 但算法输出的质量可能受到较大影响从而不太准确.

11.1.4 高维差分隐私 k-均值问题

以下给出高维 Euclidean 空间中的隐私聚类的定义.

定义 11.1.3 设 $d = \Omega(\text{polylog}(n))$ 是 Euclidean 空间的维度. 数据点 $\boldsymbol{x}_1, \boldsymbol{x}_2, \cdots, \boldsymbol{x}_n \in \mathbb{R}^d$ 是问题的输入数据集, 高维 Euclidean 空间中的隐私聚类是考虑如何有效地从 $\mathbb{R}^d$ 中找出 k 个中心点 $\boldsymbol{z}_1, \boldsymbol{z}_2, \cdots, \boldsymbol{z}_k$ 使得算法满足 ε-差分隐私, 并且这 n 个点的聚类费用不超过 $\text{polylog}(n) \cdot \text{OPT}_k(\mathcal{X}) + \text{poly}(d, \log n, k, 1/\varepsilon)$, 其中 $\text{OPT}_k(\mathcal{X})$ 为该问题最优值, polylog(n) 表示 log(n) 的多项式量级.

下面给出剩下内容用到的记号和预备知识.

- d: 表示输入空间的维度.
- t: 表示经过 JL 引理映射后的新空间的维度.
- $v[i]$: 表示向量 $\boldsymbol{v}$ 的第 i 个分量.
- Λ: 表示输入数据的半径, 即输入空间中两点间的最大距离.
- $\|\cdot\|$: 表示向量的 2 范数.
- $\|\cdot\|_0$: 表示向量中非零元素的个数.
- $\|\cdot\|_\infty$: 表示向量中所有元素的绝对值的最大值.
- $\mathcal{B}(\boldsymbol{x}, \Lambda) = \{\boldsymbol{y} : \|\boldsymbol{x} - \boldsymbol{y}\| \leqslant \Lambda\}$: 表示以点 $\boldsymbol{x}$ 为中心, 以 Λ 为半径的球.
- $\mathcal{U}([-\Lambda, \Lambda]^t)$: 表示在 t 维空间中的立方体 $[-\Lambda, \Lambda]^t$ 上的均匀分布.
- $|V|$: 表示集合 V 的基, 即集合 V 所含元素的数量.

针对隐私 k-均值问题, Balcan 等[27] 提出基于局部搜索技巧的算法, 主要分为以下四步.

(1) 使用 JL 引理把高维空间的观测点映射到 t 维空间上, 其中 $t = O(\log n)$.

(2) 利用差分隐私算法 11.1.1, 构造候选中心集合 $\mathcal{C}$.

(3) 利用差分隐私算法 11.1.2, 在候选中心集合 $\mathcal{C}$ 中找中心集合.

(4) 利用算法 11.1.4 求得原空间上的中心点集合 Z.

下面对算法进行相关详细介绍.

第 1 步 使用 JL 引理对问题输入空间的数据进行降维, 将原始数据映射到 t 维空间上, 其中 $t = 8\log n$.

第 2 步 利用差分隐私算法 11.1.1, 构造候选中心集合 $\mathcal{C}$.

算法 11.1.2 在维度为 $t = 8\log n$ 的低维空间 $\mathbb{R}^t$ 中构造满足隐私保护多项式大小的候选中心集. 算法的主要思想是对空间进行随机的递归划分. 值得注意的是, 直接利用已有的方法, 例如 Matoušek[156] 的层次划分算法, 将会导致任意差的近似比.

下面给出算法的子程序算法 11.1.1, 即隐私递归划分过程. 该算法是 Matoušek[156] 的层次划分算法的变形, 同时设置适当的停止概率可以使算法满足差分隐私.

算法 11.1.1 (private partition($\{\boldsymbol{x}_i\}_{i=1}^n, \varepsilon, \delta, Q$))

输入: $\mathcal{X} = \{\boldsymbol{x}_1, \boldsymbol{x}_2, \cdots, \boldsymbol{x}_n\} \subseteq \mathcal{B}(\boldsymbol{0}, \boldsymbol{\Lambda}) \subseteq \mathbb{R}^t$, 参数 $\varepsilon \geqslant 0, \delta \geqslant 0$, 初始立方体 Q 满足 $\{\boldsymbol{x}_i\}_{i=1}^n \subseteq Q$.

输出: 满足隐私的集合 $\mathcal{C} \subseteq \mathbb{R}^t$.

步 1 深度 $a = 0$, 处于活跃状态的立方体集合 $\mathcal{A} = \{Q_0\}$, 集合 $\mathcal{C} = \varnothing$.

步 2 当 $a \leqslant \log n$ 且 $\mathcal{A} \neq \varnothing$ 时

步 2.1 更新 $a := a + 1$, $\mathcal{C} := \mathcal{C} \cup (\cup_{Q_i \in \mathcal{A}} \text{cen}(Q_i))$.

步 2.2 对于$Q_i \in \mathcal{A}$,

步 2.2.1 将 Q_i 从 $\mathcal{A}$ 中移除.

步 2.2.2 将 Q_i 从各个维度均匀地分解, 得到 2^t 个小的立方体 $\left\{Q_i^{(l)}\right\}_{l=1}^{2^t}$.

步 2.2.3 对于$l \in 1, 2, \cdots, 2^t$, 以概率 $f(|Q_i^{(l)} \cap \mathcal{X}|)$ 将 $Q_i^{(l)}$ 加入到集合 $\mathcal{A}$ 中, 函数 f 为

$$f(m) = \begin{cases} \dfrac{1}{2}\exp(-\varepsilon'(\gamma - m)), & 若m \leqslant \gamma; \\ 1 - \dfrac{1}{2}\exp(\varepsilon'(\gamma - m)), & 若m > \gamma. \end{cases}$$

其中, 参数 ε', γ 分别为

$$\varepsilon' = \frac{\varepsilon}{2\log n}, \gamma = \frac{20}{\varepsilon'} \log \frac{n}{\delta}.$$

步 3 输出满足隐私的集合 $\mathcal{C}$, 算法结束.

算法 11.1.1 从包含所有数据点的立方体 Q 开始, 根据当前立方体内所包含数据点的数量决定是否对该立方体进行划分, 而在所有立方体内包含的数据点都“很少”的情况下终止算法. 如果某立方体在算法的下一轮继续划分为多个小的立方体, 则称其为活跃立方体. 图 11.1.1 描述了算法的划分过程, 通过算法 11.1.1 构建候选中心集. 通过递归地将每个活跃立方体划分为多个子立方体, 并输出每个活跃立方体的质心点作为候选中心点.

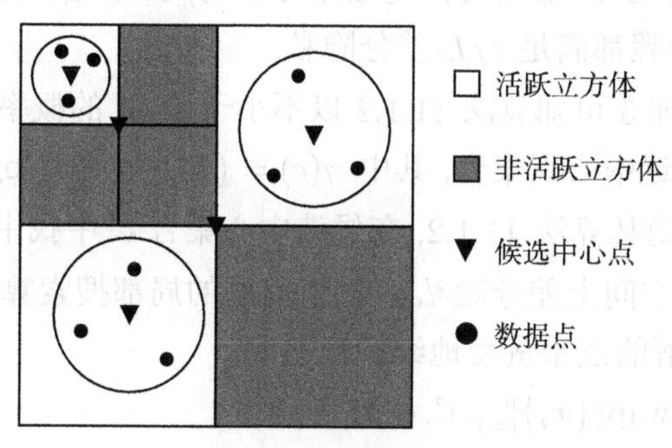

图 11.1.1 构建候选中心集

为了表明算法的有效性, 需要证明由算法 11.1.1 产生的候选中心点集合的大小为 poly(n). 通过文献 [27] 中的定理 1 可知, 算法 11.1.1 以不小于 $1 - \delta$ 的概率可得到大小不超过 $n \log n$ 的候选中心点集合 $\mathcal{C}$. 固定 $\mathcal{C}$ 和 $\mathcal{A}$, 可知对两个相差一个元素的集合 A 和

B 执行算法 11.1.1 最多影响两个活跃立方体的点数. 根据 ε-差分隐私的定义可知, 函数 f 满足构造需求, 因此算法 11.1.1 满足 ε-差分隐私.

接下来估计未被算法 11.1.1 继续划分的立方体中数据点的上界.

定理 11.1.1 在算法 11.1.1 中, 若立方体 Q_i 从 $\mathcal{A}$ 中被删除且其划分的立方体没加入到 $\mathcal{A}$ 中, 则以至少 $1-\delta$ 的概率保证, 要么 $|Q_i \cap X| \leqslant O(\gamma \log(n/\delta))$, 要么立方体 Q_i 的边长最大为 Λ/n.

上述定理的证明详见文献 [27] 中定理 3 的证明.

候选中心点集合应该包含 k 个潜在的中心点, 且数据点的聚类费用应当比较小. 下面给出近似候选中心集合的定义.

定义 11.1.4((α,β)-近似候选中心点集合) 对于数据点 $S=\{\boldsymbol{x}_1,\boldsymbol{x}_2,\cdots,\boldsymbol{x}_n\}\subseteq\mathbb{R}^t$, 数据点 $\mathcal{C}\subseteq\mathbb{R}^t$ 被称为 (α,β)-近似候选中心点集合, 如果存在 $Z=\{\boldsymbol{z}_1,\boldsymbol{z}_2,\cdots,\boldsymbol{z}_k\}\subseteq\mathcal{C}$ 使得数据点的费用不会超过 $\alpha\mathrm{OPT}_k(\mathcal{X})+\beta$.

下面给出寻找近似候选中心集合 $\mathcal{C}$ 的算法 11.1.2.

算法 11.1.2 (candidate$(\{x_i\}_{i=1}^n,\varepsilon,\delta)$)

输入: $\mathcal{X}=\{\boldsymbol{x}_1,\boldsymbol{x}_2,\cdots,\boldsymbol{x}_n\}\subseteq\mathcal{B}(\boldsymbol{0},\boldsymbol{\Lambda})\subseteq\mathbb{R}^t$, 参数 $\varepsilon\geqslant 0,\delta\geqslant 0$.

输出: 候选中心点集合 $\mathcal{C}$.

步 1 $\mathcal{C}=\varnothing$.

步 2 对于 $l=1,2,\cdots,L$, 其中 $L=27k\log(n/\delta)$

步 2.1 选择随机位移向量 $\boldsymbol{v}\sim\mathcal{U}([-\Lambda,\Lambda]^t)$, 令 $Q_{\boldsymbol{v}}=[-\Lambda,\Lambda]^d+\boldsymbol{v}$.

步 2.2 $\mathcal{C}=\mathcal{C}\cup\mathrm{private\ partition}(\{x_i\}_{i=1}^n,\varepsilon/L,\delta/L,Q_{\boldsymbol{v}})$.

步 3 候选中心点集合 $\mathcal{C}$, 算法结束.

算法 11.1.2 可以有效地构造出 $(O(\log^3 n), O(k\gamma(\varepsilon/L)\log(n/\delta)))$-近似候选中心点集合. 由于算法 11.1.2 仅重复调用算法 11.1.1, 因此引用性质 11.1.2 可得到算法 11.1.2 满足 ε-差分隐私. 简单地通过 L 次隐私组合定理即可证明, 在带隐私保护的划分过程中共有 L 步独立步骤, 其中每个步骤都满足 ε/L-差分隐私.

通过文献 [27] 中定理 5 可知算法 11.1.2 以不小于 $1-\delta$ 的概率输出 $(O(\log^3 n), O(k\cdot\gamma\cdot(\varepsilon/L)\log(n/\delta)))$-近似候选中心点集合, 其中 $\gamma(c)=(40\log(n/\delta)\log n)/c$, $L=k\log(n/\delta)$.

第 3 步 利用差分隐私算法 11.1.2, 在候选中心集合 $\mathcal{C}$ 中找中心集合.

算法 11.1.3 是离散空间上差分隐私 k-均值问题的局部搜索算法. 在每一轮中, 算法通过用更好的点替换当前解的点来贪婪地维护当前解.

算法 11.1.3 (localswap$(\{\boldsymbol{x}_i\}_{i=1}^n,\mathcal{C},\varepsilon,\delta)$)

输入: 隐私数据点集合 $\{\boldsymbol{x}_i\}_{i=1}^n\subseteq\mathbb{R}^t$, 其中 $\|\boldsymbol{x}_i\|\leqslant\Lambda$, 参数 $\varepsilon\geqslant 0,\delta\geqslant 0$, 候选中心点集合 $\mathcal{C}$.

输出: 聚类中心点 $Z=\{\boldsymbol{z}_1,\boldsymbol{z}_2,\cdots,\boldsymbol{z}_k\}\subseteq\mathcal{C}$.

步 1 从 $\mathcal{C}$ 中独立均匀地取样 k 个中心点构成集合 $Z^{(0)}$.

步 2 $L\leftarrow 100k\log(n/\delta)$.

步 3 对于 $l=1,2,\cdots,L$,

步 3.1 令 $Z'=Z^{(l-1)}-\{\boldsymbol{x}\}+\{\boldsymbol{y}\}$, 以正比于

$$\exp\left(-\varepsilon\frac{\mathcal{L}(Z')-\mathcal{L}(Z^{(l-1)})}{8\Lambda^2(L+1)}\right)$$

的概率选择 $(\boldsymbol{x}\in Z^{(l-1)},\boldsymbol{y}\in\mathcal{C}\setminus Z^{(t-1)})$.

步 3.2 更新 $Z^{(L)}\leftarrow Z^{(l-1)}-\{\boldsymbol{x}\}+\{\boldsymbol{y}\}$.

步 4 以正比于

$$\exp\left(-\frac{\varepsilon\mathcal{L}(Z^{(l)})}{8(L+1)\Lambda^2}\right)$$

的概率选择 $l\in\{1,2,\cdots,L\}$.

步 5 输出 $Z^{(l)}$.

利用性质 11.1.1 和性质 11.1.2 可以证明算法 11.1.3 满足 ε-差分隐私. 根据算法进行了 L 轮, 以及指数机制每次都选择最好的解, 很容易验证目标函数 $\mathcal{L}(Z-\{\boldsymbol{x}\}+\{\boldsymbol{y}\})-\mathcal{L}(Z)$ 对于单个元素改变的最大变化量为 $8\Lambda^2$, 每轮指数机制所满足的隐私保护也是如此.

通过文献 [27] 中定理 7 可知算法 11.1.3 以不小于 $1-\delta$ 的概率的输出满足

$$\mathcal{L}(Z)\leqslant 30\mathrm{OPT}_k(\mathcal{X})+O\left(\frac{k^2\Lambda^2}{\varepsilon}\log^2\left(\frac{n|\mathcal{C}|}{\delta}\right)\right).$$

第 4 步　利用算法 11.1.4 求得原空间上的中心点集合 Z.

下面介绍算法 11.1.4, 该算法可以在原始的高维输入空间中找到 k 个中心点. 算法 11.1.4 以算法 11.1.2 和算法 11.1.3 作为其两个子程序. 算法 11.1.2 接收投影后的低维空间的一系列点作为输入, 输出候选中心点集合. 算法 11.1.3 以算法 11.1.2 的输出作为输入, 并且输出中心点集合.

算法 11.1.4 (中心点还原算法)

输入: $\boldsymbol{x}_1,\boldsymbol{x}_2,\cdots,\boldsymbol{x}_n\in\mathcal{B}(\boldsymbol{0},\boldsymbol{\Lambda})$, 整数 $k,\varepsilon\geqslant 0,\delta\geqslant 0$.

输出: 聚类中心点 $Z=\{\boldsymbol{z}_1,\boldsymbol{z}_2,\cdots,\boldsymbol{z}_k\}\subseteq\mathcal{C}$.

步 1 空间维度 $t=8\log(n)$, 迭代次数 $L=2\log(1/\delta)$.

步 2 对于 $l=1,2,\cdots,L$ 依次执行下述操作:

步 2.1 随机抽样向量 $\boldsymbol{G}\sim\mathcal{N}(0,1)^{t\times d}$.

步 2.2 令 $\{\boldsymbol{y}_1,\boldsymbol{y}_2,\cdots,\boldsymbol{y}_n\}:=(\boldsymbol{G}\{\boldsymbol{x}_1,\boldsymbol{x}_2,\cdots,\boldsymbol{x}_n\})/\sqrt{d}$.

步 2.3 $\mathcal{C}:=\mathtt{candidate}(\{\boldsymbol{y}_i\}_{i=1}^n,\varepsilon/(6L),\delta)$.

步 2.4 $\{\boldsymbol{u}_1,\boldsymbol{u}_2,\cdots,\boldsymbol{u}_k\}:=\mathtt{localswap}(\{\boldsymbol{y}_i\}_{i=1}^n,\mathcal{C},\varepsilon/(6L),\delta)$.

步 2.5 $S_j:=\{i:j=\mathrm{argmin}_l\|\boldsymbol{y}_i-\boldsymbol{u}_l\|\},j=1,2,\cdots,k$.

步 2.6 $s_j:=\max\{|S_j|+\mathtt{Lap}((24L)/\varepsilon),1\},\forall j$.

步 2.7 $\boldsymbol{z}_j^{(l)}:=\sum\limits_{i\in S_j}\boldsymbol{x}_i/s_j+\mathtt{Lap}((24L\Lambda)/(\varepsilon s_j))^d,\forall j$.

步 3 以正比于

$$\exp\left(-\frac{\varepsilon\mathcal{L}(Z^{(l)})}{24\Lambda^2}\right)$$

的概率从 $Z^{(1)}, Z^{(2)}, \cdots, Z^{(L)}$ 中选出 Z.

通过文献 [27] 中定理 8 可知, 算法 11.1.4 满足 ε-差分隐私.

接下来, 考虑算法 11.1.4 的近似比. 证明中的关键在于将 JL 引理中保持成对距离的结论转换为聚类损失的界限. 这是由于一个简单的观察, 即任何聚类问题中的最优解的目标函数仅取决于其数据点之间的成对距离.

定理 11.1.2 假设算法 11.1.2 以至少 2/3 概率输出 $(\alpha, \sigma_1(\varepsilon))$-近似候选集合, 算法 11.1.3 以至少 2/3 概率输出费用为 $c\mathrm{OPT}_k(\mathcal{X})_{\mathcal{C}} + \sigma_2(\varepsilon)$ 的解, 其中 $\mathrm{OPT}_k(\mathcal{X})_{\mathcal{C}}$ 是候选中心集 $\mathcal{C}$ 中的最优聚类中心. 那么至少以 $1-\delta$ 的概率, 算法 11.1.4 的输出解的费用为

$$3c\alpha\mathrm{OPT}_k(\mathcal{X}) + 3c\sigma_1' + 3\sigma_2' + O\left(\frac{d\Lambda^2\log^3\frac{1}{\delta}}{\varepsilon^2}\right),$$

其中

$$\sigma_i' = \sigma_i\left(\frac{\varepsilon}{2\log 1/\delta}\right), \quad i = 1, 2.$$

上述定理证明详见文献 [27] 中定理 9 的证明.

通过上述分析, 可得以下推论.

推论 11.1.1 存在一个 ε-差分隐私算法, 运行时间为 $\mathrm{poly}(k, d, n)$, 以不低于 $1-\delta$ 的概率输出一个中心点集合 $\widetilde{z}_1, \widetilde{z}_2, \cdots, \widetilde{z}_k$, 且这些中心点的费用为

$$\mathcal{L}\left(\{\widetilde{z}_j\}_{j=1}^k\right) \leqslant O(\log^3 n)\mathrm{OPT}_k(\mathcal{X}) + O\left(\frac{k^2\varepsilon + d}{\varepsilon^2}\Lambda^2\log^5\frac{n}{\delta}\right).$$

最后, 值得指出的是, 通过降维技巧并结合两种隐私机制, 利用集合覆盖问题的算法构造出更好的隐私候选中心点集合, 可以将隐私保护 k-均值问题的近似比乘法项误差系数改进到 $O(1)$[125, 160].

11.2 泛函 k-均值问题

11.2.1 问题描述

随着数据采集技术的逐步发展, 原来静态数据向动态数据演变. 例如, 特定时间段内某一区域的温度是一种动态数据, 类似的情况还在医学、经济学、金融、化学计量学和生物学等不同领域内出现, 这种动态数据又称为函数性数据. 当 " 观测点" 是函数性数据时, **泛函 k-均值问题** (functional k-means problem) 便成了重点研究对象. 本节将介绍如何结合函数的

特点, 将梯度信息引入“距离”中, 得到类似于一般 k-均值问题的质心引理. 并将 Lloyd 算法, 初始化算法成功地应用到该问题中. 本节算法和分析主要取材于文献 [96,139,159,163].

通常, $\boldsymbol{X}(t)=(x_1(t),x_2(t),\cdots,x_d(t))^{\mathrm{T}}$ 称为样本函数, 其中 $x_1(t),x_2(t),\cdots,x_d(t)$ 都是定义在同一个实数区间 I 上的连续实值函数. 集合 $\mathcal{F}^d(t)$ 表示具有相同定义区间且都含 d 个一元函数的样本函数的全体. 因此, 给定 $\mathcal{F}^d(t)$ 中的两个样本函数 $\boldsymbol{X}^i(t)=(x_1^i(t),x_2^i(t),\cdots,x_d^i(t))^{\mathrm{T}}$ 和 $\boldsymbol{X}^j(t)=(x_1^j(t),x_2^j(t),\cdots,x_d^j(t))^{\mathrm{T}}$, 它们的相似性度量定义为

$$d(\boldsymbol{X}^i(t),\boldsymbol{X}^j(t))=\sqrt{\sum_{p=1}^{d}\left(\int_I\left(x_p^i(t)-x_p^j(t)\right)^2\mathrm{d}t+\int_I\left(\mathrm{D}x_p^i(t)-\mathrm{D}x_p^j(t)\right)^2\mathrm{d}t\right)}. \quad (11.2.2)$$

这里 $\mathrm{D}x_p^i(t)$ 表示样本函数 $\boldsymbol{X}^i(t)$ 中第 p 个分量函数 $x_p^i(t)$ 的导函数. 很容易证明该定义满足度量的三条性质.

引理 11.2.1 相似性度量 (11.2.2) 是一种度量, 即对任意的样本函数 $\boldsymbol{X}^i(t),\boldsymbol{X}^j(t),\boldsymbol{X}^k(t)\in\mathcal{F}^d(t)$ 都满足

(1) 非负性: $d(\boldsymbol{X}^i(t),\boldsymbol{X}^j(t))\geqslant 0$, 当且仅当 $\boldsymbol{X}^i(t)=\boldsymbol{X}^j(t)$ 时, $d(\boldsymbol{X}^i(t),\boldsymbol{X}^j(t))=0$.

(2) 对称性: $d(\boldsymbol{X}^i(t),\boldsymbol{X}^j(t))=d(\boldsymbol{X}^j(t),\boldsymbol{X}^i(t))$.

(3) 三角不等式: $d(\boldsymbol{X}^i(t),\boldsymbol{X}^j(t))\leqslant d(\boldsymbol{X}^i(t),\boldsymbol{X}^k(t))+d(\boldsymbol{X}^k(t),\boldsymbol{X}^j(t))$.

证明 (1) 首先证明非负性. 根据相似性度量的定义, 它本质上是一个数的算术平方根, 显然满足 $d(\boldsymbol{X}^i(t),\boldsymbol{X}^j(t))\geqslant 0$. 如果 $d(\boldsymbol{X}^i(t),\boldsymbol{X}^j(t))=0$, 则对任意的 $p\in[d]$, 有 $\int_I(x_p^i(t)-x_p^j(t))^2\mathrm{d}t=0$. 又因为 $x_p^i(t)$ 和 $x_p^j(t)$ 都是连续函数, 从而 $x_p^i(t)=x_p^j(t)$, 进而 $\boldsymbol{X}^i(t)=\boldsymbol{X}^j(t)$. 反过来, 如果 $\boldsymbol{X}^i(t)=\boldsymbol{X}^j(t)$, 显然 $d(\boldsymbol{X}^i(t),\boldsymbol{X}^i(t))=0$.

(2) 根据相似性度量的定义, 对称性是显然的.

(3) 三角不等式的证明, 根据度量相似性度量的定义, 即证明下列不等式成立.

$$\begin{aligned}&\sqrt{\sum_{p=1}^{d}\left(\int_I\left(x_p^i(t)-x_p^j(t)\right)^2\mathrm{d}t+\int_I\left(\mathrm{D}x_p^i(t)-\mathrm{D}x_p^j(t)\right)^2\mathrm{d}t\right)}\\ \leqslant&\sqrt{\sum_{p=1}^{d}\left(\int_I\left(x_p^i(t)-x_p^k(t)\right)^2\mathrm{d}t+\int_I\left(\mathrm{D}x_p^i(t)-\mathrm{D}x_p^k(t)\right)^2\mathrm{d}t\right)}+\\ &\sqrt{\sum_{p=1}^{d}\left(\int_I\left(x_p^k(t)-x_p^j(t)\right)^2\mathrm{d}t+\int_I\left(\mathrm{D}x_p^k(t)-\mathrm{D}x_p^j(t)\right)^2\mathrm{d}t\right)}. \quad (11.2.3)\end{aligned}$$

如果规定 $g_p(t)=x_p^i(t)-x_p^k(t)$, $h_p(t)=x_p^k(t)-x_p^j(t)$, 则 $x_p^i(t)-x_p^j(t)=g_p(t)+h_p(t)$. 从而 (11.2.3) 式可以等价地记为

$$\sqrt{\sum_{p=1}^{d}\left(\int_I\left(g_p(t)+h_p(t)\right)^2\mathrm{d}t+\int_I\left(\mathrm{D}g_p(t)+\mathrm{D}h_p(t)\right)^2\mathrm{d}t\right)}$$

$$\leqslant \sqrt{\sum_{p=1}^{d}\left(\int_I g_p^2(t)\mathrm{d}t+\int_I (\mathrm{D}g_p(t))^2\mathrm{d}t\right)}+\sqrt{\sum_{p=1}^{d}\left(\int_I h_p^2(t)\mathrm{d}t+\int_I (\mathrm{D}h_p(t))^2\mathrm{d}t\right)}. \tag{11.2.4}$$

因为不等式两端都是非负数, 通过平方 (11.2.4) 式又等价于

$$\begin{aligned}&\sum_{p=1}^{d}\int_I g_p(t)h_p(t)\mathrm{d}t+\sum_{p=1}^{d}\int_I \mathrm{D}g_p(t)\mathrm{D}h_p(t)\mathrm{d}t\\ \leqslant &\sqrt{\sum_{p=1}^{d}\left(\int_I g_p^2(t)\mathrm{d}t+\int_I (\mathrm{D}g_p(t))^2\mathrm{d}t\right)}\cdot\sqrt{\sum_{p=1}^{d}\left(\int_I h_p^2(t)\mathrm{d}t+\int_I (\mathrm{D}h_p(t))^2\mathrm{d}t\right)}.\end{aligned} \tag{11.2.5}$$

记

$$\begin{aligned}&\boldsymbol{G}(t)=(g_1(t),g_2(t),\cdots,g_d(t),\mathrm{D}g_1(t),\mathrm{D}g_2(t),\cdots,\mathrm{D}g_d(t))^{\mathrm{T}},\\ &\boldsymbol{H}(t)=(h_1(t),h_2(t),\cdots,h_d(t),\mathrm{D}h_1(t),\mathrm{D}h_2(t),\cdots,\mathrm{D}h_d(t))^{\mathrm{T}},\end{aligned}$$

根据积分运算的线性性, (11.2.5) 式的左边可以写为

$$\begin{aligned}\sum_{p=1}^{d}\int_I g_p(t)h_p(t)\mathrm{d}t+\sum_{p=1}^{d}\int_I \mathrm{D}g_p(t)\mathrm{D}h_p(t)\mathrm{d}t&=\int_I\sum_{p=1}^{d}(g_p(t)h_p(t)+\mathrm{D}g_p(t)\mathrm{D}h_p(t))\,\mathrm{d}t\\ &=\int_I \boldsymbol{G}(t)\cdot\boldsymbol{H}(t)\mathrm{d}t.\end{aligned} \tag{11.2.6}$$

类似地, (11.2.5) 式的右边可以写为

$$\begin{aligned}&\sqrt{\sum_{p=1}^{d}\left(\int_I g_p^2(t)\mathrm{d}t+\int_I (\mathrm{D}g_p(t))^2\mathrm{d}t\right)}\cdot\sqrt{\sum_{p=1}^{d}\left(\int_I h_p^2(t)\mathrm{d}t+\int_I (\mathrm{D}h_p(t))^2\mathrm{d}t\right)}\\ =&\sqrt{\int_I\left(\sum_{p=1}^{d}g_p^2(t)\mathrm{d}t+\sum_{p=1}^{d}(\mathrm{D}g_p(t))^2\right)\mathrm{d}t}\cdot\sqrt{\int_I\left(\sum_{p=1}^{d}h_p^2(t)\mathrm{d}t+\sum_{p=1}^{d}(\mathrm{D}h_p(t))^2\right)\mathrm{d}t}\\ =&\sqrt{\int_I \boldsymbol{G}^2(t)\mathrm{d}t}\cdot\sqrt{\int_I \boldsymbol{H}^2(t)\mathrm{d}t}\\ =&\|\boldsymbol{G}\|\cdot\|\boldsymbol{H}\|.\end{aligned} \tag{11.2.7}$$

根据 Hölder 不等式, 有 $\int_I \boldsymbol{G}(t)\cdot\boldsymbol{H}(t)\mathrm{d}t\leqslant\int_I|\boldsymbol{G}(t)|\cdot|\boldsymbol{H}(t)|\mathrm{d}t\leqslant\|\boldsymbol{G}\|\cdot\|\boldsymbol{H}\|$, 再结合以上分析, 三角不等式结论得证. 从而 (11.2.2) 式给出的定义是度量. □

基于以上结论, 我们得到两个样本函数之间距离的概念. 接下来继续介绍样本函数与样本函数集之间的距离. 设 $\boldsymbol{X}(t) \in \mathcal{F}^d(t)$ 是样本函数, 并记 $\Gamma(t) \subseteq \mathcal{F}^d(t)$ 为样本函数的集合, 如果 $\boldsymbol{X}(t)_{\Gamma(t)}$ 是 $\Gamma(t)$ 中到 $\boldsymbol{X}(t)$ 距离最近的样本函数, 即

$$\boldsymbol{X}(t)_{\Gamma(t)} \in \underset{\boldsymbol{Y}(t)\in\Gamma(t)}{\operatorname{argmin}}\ d(\boldsymbol{X}(t), \boldsymbol{Y}(t)).$$

样本函数 $\boldsymbol{X}(t)$ 与样本函数集 $\Gamma(t)$ 之间的距离也简写为

$$d(\boldsymbol{X}(t), \Gamma(t)) = d(\boldsymbol{X}(t), \boldsymbol{X}(t)_{\Gamma(t)}).$$

以下介绍泛函 k-均值问题. 假设观测集是包含 n 个样本函数的集合 $\Gamma(t) \subseteq \mathcal{F}^d(t)$, 样本函数中心集 $C(t) \subseteq \mathcal{F}^d(t)$ 是包含 k 个样本函数的集合, $\Gamma(t)$ 在 $C(t)$ 上的损失函数或势函数 $\Phi(\Gamma(t), C(t))$ 定义为观测集中每个样本函数与中心集距离的平方和, 即

$$\Phi(\Gamma(t), C(t)) = \sum_{\boldsymbol{X}(t)\in\Gamma(t)} d^2(\boldsymbol{X}(t), C(t)).$$

泛函 k-均值问题就是寻找使得势函数最小的样本中心集 $C(t)^*_{\Gamma(t)}$:

$$C(t)^*_{\Gamma(t)} \in \underset{|C(t)|=k, C(t)\subseteq\mathcal{F}^d(t)}{\operatorname{argmin}} \left(\sum_{\boldsymbol{X}(t)\in\Gamma(t)} d^2(\boldsymbol{X}(t), C(t)) \right).$$

该问题的最优值记为 $\Phi^*(\Gamma(t)) = \Phi(\Gamma(t), C(t)^*_{\Gamma(t)})$.

11.2.2 泛函 k-均值问题的初始化算法

当 $k = 1$ 时, $\Gamma(t)$ 的聚类中心样本集满足与经典 k-均值问题类似的性质, 即“质心引理”, 从而可以类似地基于初始化算法设计泛函 k-均值问题的近似算法.

引理 11.2.2 给定含有 n 个样本函数的观测集 $\Gamma(t) = \{\boldsymbol{X}^1(t), \boldsymbol{X}^2(t), \cdots, \boldsymbol{X}^n(t)\} \subseteq \mathcal{F}^d(t)$, 则对任意的样本函数 $\boldsymbol{X}(t) \in \mathcal{F}^d(t)$, 都有

$$\sum_{i=1}^{n} d^2(\boldsymbol{X}^i(t), \boldsymbol{X}(t)) = \sum_{i=1}^{n} d^2(\boldsymbol{X}^i(t), \boldsymbol{\mu}(\Gamma(t))) + nd^2(\boldsymbol{\mu}(\Gamma(t)), \boldsymbol{X}(t)),$$

这里

$$\boldsymbol{\mu}(\Gamma(t)) = \frac{1}{n} \sum_{\boldsymbol{X}(t)\in\Gamma(t)} \boldsymbol{X}(t).$$

证明 首先根据两个样本函数之间距离的定义, 并利用积分的性质得到

$$\sum_{i=1}^{n} d^2(\boldsymbol{X}^i(t), \boldsymbol{X}(t)) = \sum_{i=1}^{n}\sum_{l=1}^{d} \left[\int_I \left(x_l^i(t) - x_l(t)\right)^2 \mathrm{d}t + \int_I \left(\mathrm{D}x_l^i(t) - \mathrm{D}x_l(t)\right)^2 \mathrm{d}t \right]$$

$$
\begin{aligned}
=&\sum_{i=1}^{n}\sum_{l=1}^{d}\left[\int_I\left(x_l^i(t)-\mu_l(\Gamma(t))+\mu_l(\Gamma(t))-x_l(t)\right)^2\mathrm{d}t+\right.\\
&\left.\int_I\left(\mathrm{D}x_l^i(t)-\mathrm{D}\mu_l(\Gamma(t))+\mathrm{D}\mu_l(\Gamma(t))-\mathrm{D}x_l(t)\right)^2\mathrm{d}t\right]\\
=&\sum_{i=1}^{n}d^2\left(\boldsymbol{X}^i(t),\boldsymbol{\mu}(\Gamma(t))\right)+nd^2\left(\boldsymbol{\mu}(\Gamma(t)),\boldsymbol{X}(t)\right)+\\
&2\sum_{i=1}^{n}\sum_{l=1}^{d}\left[\int_I\left(x_l^i(t)-\mu_l(\Gamma(t))\right)\left(\mu_l(\Gamma(t))-x_l(t)\right)\mathrm{d}t+\right.\\
&\left.\int_I\left(\mathrm{D}x_l^i(t)-\mathrm{D}\mu_l(\Gamma(t))\right)\left(\mathrm{D}\mu_l(\Gamma(t))-\mathrm{D}x_l(t)\right)\mathrm{d}t\right].
\end{aligned}
\tag{11.2.8}
$$

接下来只需要证明上式右边的最后两项都为零即可. 实际上, 根据 $\boldsymbol{\mu}(\Gamma(t))$ 的定义, 对任意的 $l\in\{1,2,\cdots,d\}$, 有

$$
\mu_l(\Gamma(t))=\frac{1}{n}\sum_{j=1}^{n}x_l^j(t).
$$

因此

$$
\sum_{i=1}^{n}\left(x_l^i(t)-\mu_l(\Gamma(t))\right)=\sum_{i=1}^{n}\left(x_l^i(t)-\frac{1}{n}\sum_{j=1}^{n}x_l^j(t)\right)=0
$$

和

$$
\sum_{i=1}^{n}\mathrm{D}\left(x_l^i(t)-\mu_l(\Gamma(t))\right)=\mathrm{D}\sum_{i=1}^{n}\left(x_l^i(t)-\mu_l(\Gamma(t))\right)=0
$$

成立. 从而 (11.2.8) 式右边的最后两项都为零, 所以结论成立.

在该引理的基础上, 可类似于基于 Lloyd 算法并利用初始化技巧对泛函 k-均值问题设计近似算法, 并类似地得到以下结论 (读者可参考上述内容完成定理 11.2.1 的证明过程).

算法 11.2.1

输入: 样本函数的集合 $\Gamma(t)\subseteq\mathcal{F}^d(t)$.

输出: $C(t)$ 中心点集合.

步 1 (**初始化阶段**)

算法开始时, 令 $C(t):=\varnothing$.

步 1.1 从 $\Gamma(t)$ 中随机均匀地选取样本函数 $\boldsymbol{C}^1(t)$, 置 $C(t):=C(t)\cup\{\boldsymbol{C}^1(t)\}$.

步 1.2 中依概率

$$
\frac{d^2(\boldsymbol{C}^i(t),C(t))}{\sum\limits_{\boldsymbol{X}(t)\in\Gamma(t)}d^2(\boldsymbol{X}(t),C(t))}
$$

从 $\Gamma(t)$ 选取样本函数 $\boldsymbol{C}^i(t)$, 并更新 $C(t):=C(t)\cup\{\boldsymbol{C}^i(t)\}$.

步 1.3 重复步 1.2 直至选出 k 个样本函数.

步 2 (**基于 Lloyd 算法优化 $C(t)$ 阶段**)

步 2.1 对于 i 从 1 到 k, 依次令离聚类中心 $\boldsymbol{C}^i(t)$ 最近的观测点集合为 $\Gamma^i_{C(t)}(t) := \{\boldsymbol{X}(t) \in \Gamma(t) : d^2(\boldsymbol{X}(t), C(t)) = d^2(\boldsymbol{X}(t), \boldsymbol{C}^i(t))\}$.

步 2.2 对于 i 从 1 到 k, 依次通过 $\boldsymbol{C}^i(t) := \boldsymbol{\mu}(\Gamma^i_{C(t)}(t))$ 更新样本函数中心集 $C(t)$.

步 2.3 交替更新步 2 中步 2.1 和步 2.2, 直到 $C(t)$ 不再更新为止, 并输出 $C(t)$, 算法停止.

定理 11.2.1 给定 $\Gamma(t) \subseteq \mathcal{F}^d$, 假设 $C(t)$ 是算法 11.2.1 输出的样本函数中心集, 则 $E[\Phi(\Gamma(t), C(t))] \leqslant 8(\ln\ k + 2)\Phi^*(\Gamma(t))$.

11.3 模糊 C-均值问题

11.3.1 问题描述

在目前介绍的聚类问题中, 每个观测点都被严格地划分到某个聚类中, 即任意两个聚类的交集是空集, 具有非此即彼的特点. 然而在实际问题中, 大多数研究对象并不一定具有严格的界限, 即观测点可以同时属于多个聚类, 具有亦此亦彼的特点, 这称为软性划分. 比如在城市中选择一些位置建立超市服务周边市民, 市民到超市的最短距离是硬聚类问题考察的主要因素, 但是实际中每个市民不一定只到最近超市购物, 有时是根据所选物品的性价比去多家超市. 因此实际中的实例更适合用软性划分. 模糊 C-均值问题 (fuzzy C-means problem) 就是基于这种理念提出的[37]. 该问题中聚类的定义 (界限) 是模糊的, 每个观测点到每个簇都存在隶属度 (在区间 $[0,1]$ 里面取值), 要求每个观测点到所有簇的隶属度之和为 1. 在 k-均值问题中, 簇是确定的并以质心点为中心, 显然每个观测点到每个簇的隶属度是 0 或 1.

给定 n 个元素的观测集 $\mathcal{X} = \{\boldsymbol{x}_1, \boldsymbol{x}_2, \cdots, \boldsymbol{x}_n\} \subseteq \mathbb{R}^d$, 正整数 k 和正数 m. **模糊 C-均值问题**的目标是选取中心点集合 $\mathcal{C} = \{\boldsymbol{c}_1, \boldsymbol{c}_2, \cdots, \boldsymbol{c}_k\} \subseteq \mathbb{R}^d$, 隶属度 $\mu_{ij} \in [0,1] (i = 1, 2, \cdots, n; j = 1, 2, \cdots, k)$ 满足 $\sum\limits_{j=1}^{k} \mu_{ij} = 1 (i = 1, 2, \cdots, n)$, 并使得下面的势函数值达到最小.

$$\mathrm{cost}_k^m(\mathcal{X}, \mathcal{C}) = \sum_{i=1}^{n} \sum_{j=1}^{k} \mu_{ij}^m ||\boldsymbol{x}_i - \boldsymbol{c}_j||^2, \tag{11.3.9}$$

其中 m 称为模糊参数. 该问题的最优值简记为 $\mathrm{OPT}_k^m(\mathcal{X})$.

容易看出, 当 $m = 1$ 时, 模糊 C-均值问题退化为经典的 k-均值问题. 但是当 $m > 1$ 时, 模糊 C-均值问题与经典的 k-均值问题会存在很大差距, 将用图 11.3.1 和两个实例对它们之间的差异进行解释. 图 11.3.1 中给出在 $m = 2$ 时模糊聚类问题与一般 k-均值问题在关联聚类中心时的不同; 实例 11.3.1 表明, 即使观测点和聚类中心是一致的, 但两个问题的势函数值可能也会不同; 实例 11.3.2 表明同一组观测点在两类问题中可能有不同的最优解 (最优值).

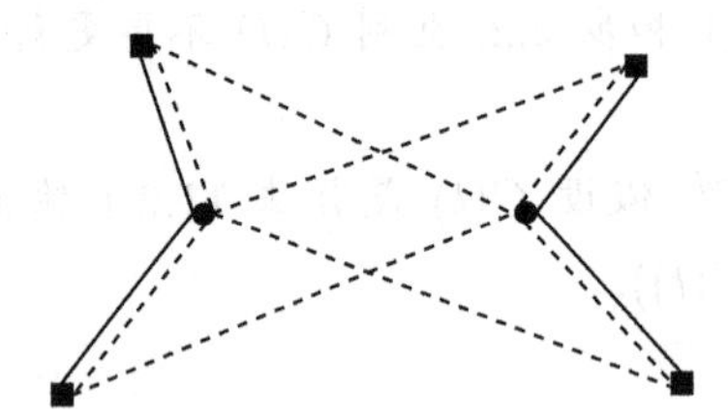

图 11.3.1 模糊聚类问题与一般 k-均值问题在关联聚类中心时的对比

实例11.3.1 观测集中只有一个观测点 $\boldsymbol{x}$, 中心点集合为 $\mathcal{C}=\{\boldsymbol{c}_1,\boldsymbol{c}_2\}$, 并且 $d(\boldsymbol{x},\boldsymbol{c}_1)=1$, $d(\boldsymbol{x},\boldsymbol{c}_2)=2$, 则 k-均值问题的最优值是 1, 模糊 C-均值问题 (假设 $m=2$) 的最优值是 4/5.

实例 11.3.2 观测集为实数集中的 4 个点 $\mathcal{X}=\{0.0153,0.2110,0.7353,0.4143\}$, 假设 $k=2$. 很容易得出 k-均值问题的最优解为 $\{0.1132,0.5748\}$; 模糊 C-均值问题 (假设 $m=2$) 对应于聚类中心 $\{0.1132,0.5748\}$ 的势函数值是 0.0624, 而对应于聚类中心 $\{0.1414,0.6533\}$ 可得到更好的势函数值: 0.0590, 所以 $\{0.1132,0.5748\}$ 不是模糊 C-均值问题的最优解.

接下来要介绍的两条性质表明, 模糊 C-均值问题中聚类中心和隶属度之间是可以相互确定的 (在观测点和聚类中心不重合的条件下).

性质 11.3.1 给定 $\mathcal{C}=\{\boldsymbol{c}_1,\boldsymbol{c}_2,\cdots,\boldsymbol{c}_k\}$ 及 $m>1$, 使得势函数 (11.3.9) 达到最小的 $\{\mu_{ij}\}$ 为

$$\mu_{ij}=\frac{1}{\sum\limits_{l=1}^{k}\left(\frac{\|\boldsymbol{x}_i-\boldsymbol{c}_j\|}{\|\boldsymbol{x}_i-\boldsymbol{c}_l\|}\right)^{\frac{2}{m-1}}}, \tag{11.3.10}$$

其中 $i=1,2,\cdots,n$, $j=1,2,\cdots,k$.

证明 在 $\mathcal{C}=\{\boldsymbol{c}_1,\boldsymbol{c}_2,\cdots,\boldsymbol{c}_k\}$ 给定后, 模糊 C-均值问题变为只含变量 μ_{ij} 的问题, 可以构造 Lagrange 函数

$$\begin{aligned}&L(\mu_{11},\cdots,\mu_{1k},\mu_{21},\cdots,\mu_{2k},\mu_{n1},\cdots,\mu_{nk};\lambda_1,\cdots,\lambda_n)\\&=\sum_{i=1}^{n}\sum_{j=1}^{k}\mu_{ij}^m\|\boldsymbol{x}_i-\boldsymbol{c}_j\|^2+\sum_{i=1}^{n}\lambda_i\left(\sum_{j=1}^{k}\mu_{ij}-1\right).\end{aligned}$$

对该函数分别关于 $\mu_{ij}(i=1,2,\cdots,n,\ j=1,2,\cdots,k)$ 和 $\lambda_i(i=1,2,\cdots,n)$ 求偏导并令其

为 0, 可以得到

$$L_{\mu_{ij}} = m\mu_{ij}^{m-1}\|\boldsymbol{x}_i - \boldsymbol{c}_j\|^2 + \lambda_i = 0, i = 1, 2, \cdots, n; j = 1, 2, \cdots, k. \tag{11.3.11}$$

$$L_{\lambda_i} = \sum_{l=1}^{k} \mu_{il} - 1 = 0, i = 1, 2, \cdots, n. \tag{11.3.12}$$

由 (11.3.11) 式得

$$\mu_{ij} = \left(\frac{-\lambda_i}{m\|\boldsymbol{x}_i - \boldsymbol{c}_j\|^2}\right)^{\frac{1}{m-1}}, \tag{11.3.13}$$

逐一将其代入 (11.3.12) 式中, 可解得

$$\lambda_i = -m\left(\frac{1}{\sum\limits_{l=1}^{k} \dfrac{1}{\|\boldsymbol{x}_i - \boldsymbol{c}_l\|^{\frac{2}{m-1}}}}\right)^{m-1}. \tag{11.3.14}$$

将 (11.3.14) 式代入 (11.3.13) 式中解得

$$\mu_{ij} = \frac{1}{\sum\limits_{l=1}^{k}\left(\dfrac{\|\boldsymbol{x}_i - \boldsymbol{c}_j\|}{\|\boldsymbol{x}_i - \boldsymbol{c}_l\|}\right)^{\frac{2}{m-1}}}, \qquad i = 1, 2, \cdots, n, j = 1, 2, \cdots, k.$$

证毕. □

注记 11.3.1 (11.3.10) 式可以等价地描述为

$$\mu_{ij} = \frac{\dfrac{1}{\|\boldsymbol{x}_i - \boldsymbol{c}_j\|^{\frac{2}{m-1}}}}{\sum\limits_{l=1}^{k}\dfrac{1}{\|\boldsymbol{x}_i - \boldsymbol{c}_l\|^{\frac{2}{m-1}}}}. \tag{11.3.15}$$

该式可以更清晰地表明隶属度相当于是"距离的倒数"诱导出的权重.

性质 11.3.2 给定 $\{\mu_{ij}\}$, 使得势函数 (11.3.9) 达到最小的 $\mathcal{C} = \{\boldsymbol{c}_1, \boldsymbol{c}_2, \cdots, \boldsymbol{c}_k\}$ 为

$$\boldsymbol{c}_j = \frac{\sum\limits_{i=1}^{n} \mu_{ij}^m \boldsymbol{x}_i}{\sum\limits_{i=1}^{n} \mu_{ij}^m}, j = 1, 2, \cdots, k.$$

证明 这是一个简单的无约束优化问题, 可以直接对目标函数关于 $\boldsymbol{c}_j$ 求偏导并令其为 0 求解, 即

$$\sum_{i=1}^{n}\sum_{j=1}^{k} \mu_{ij}^m 2(\boldsymbol{x}_i - \boldsymbol{c}_j) = \boldsymbol{0}.$$

整理可得

$$\boldsymbol{c}_j = \frac{\sum_{i=1}^{n} \mu_{ij}^m \boldsymbol{x}_i}{\sum_{i=1}^{n} \mu_{ij}^m}, \qquad j = 1, 2, \cdots, k.$$

证毕. □

11.3.2 模糊 C-均值问题的初始化算法

基于性质 11.3.1 和性质 11.3.2, 很容易想到将 Lloyd 算法的思想用于设计模糊 C-均值问题的启发式算法 [38]. Stetco 等[173] 结合 k-均值问题的初始化算法进一步设计了模糊 C-均值问题的启发式算法 (fuzzy C-means++, 简记为 FCM++), 并给出有效的数值运算. 有关 FCM++ 算法的近似比以及根据模糊 C-均值问题的信息设计的近似算法 (NFCM) 见文献 [145]. 更多关于模糊 C-均值问题及推广问题的研究和应用可以参考文献 [95,169]. 本节中记观测集 $\mathcal{X}$ 关于聚类中心 $\mathcal{C}$ 的 k-均值问题的目标函数为

$$\text{cost}_k(\mathcal{X}, \mathcal{C}) := \sum_{\boldsymbol{x}_i \in \mathcal{X}} \min_{\boldsymbol{c}_j \in \mathcal{C}} \| \boldsymbol{x}_i - \boldsymbol{c}_j \|^2,$$

目标是使得上述目标函数达到最小. 该问题的最优值简记为 $\text{OPT}_k(\mathcal{X})$.

算法 11.3.1 (**模糊 C-均值问题的** FCM++ **算法**)

步 1 (**初始化**)

算法开始时, 令 $\mathcal{C} := \varnothing$.

步 1.1 从 $\mathcal{X}$ 中随机均匀地选取第一个中心 $\boldsymbol{c}_1$, 置 $\mathcal{C} := \mathcal{C} \cup \{\boldsymbol{c}_1\}, i = 1$.

步 1.2 依概率

$$\frac{\min_{\boldsymbol{c}_j \in \mathcal{C}} \| \boldsymbol{x}' - \boldsymbol{c}_j \|^2}{\sum_{\boldsymbol{x}_i \in \mathcal{X}} \min_{\boldsymbol{c}_j \in \mathcal{C}} \| \boldsymbol{x}_i - \boldsymbol{c}_j \|^2}$$

选取中心点 $\boldsymbol{c}_i = \boldsymbol{x}' \in \mathcal{X}$, 并更新 $\mathcal{C} := \mathcal{C} \cup \{\boldsymbol{c}_i\}$.

步 1.3 重复步 1.2 直至选出 k 个中心点.

步 2 (**基于** FCM **算法优化** C **和** $\mu_{ij}, i = 1, 2, \cdots, n, j = 1, 2, \cdots, k$)

步 2.1 对于 i 从 1 到 n, j 从 1 到 k 依次更新隶属度为

$$\mu_{ij} = \frac{1}{\sum_{l=1}^{k} \left(\frac{\|\boldsymbol{x}_i - \boldsymbol{c}_j\|}{\|\boldsymbol{x}_i - \boldsymbol{c}_l\|} \right)^{\frac{2}{m-1}}}.$$

步 2.2 对于 j 从 1 到 k, 依次再更新中心点集

$$\boldsymbol{c}_j = \frac{\sum_{i=1}^{n} \mu_{ij}^m \boldsymbol{x}_i}{\sum_{i=1}^{n} \mu_{ij}^m}.$$

步 2.3 交替更新步 2.1 和步 2.2, 至 $\mathcal{C}$ 和 $\mu_{ij}, i=1,2,\cdots,n, j=1,2,\cdots,k$ 不再更新为止, 并输出 $\mathcal{C}$ 和 μ_{ij}, 算法停止.

定理 11.3.1 假设 $\mathcal{C}$ 是算法 11.3.1 输出的中心集, 则

$$E[\text{cost}_k^m(\mathcal{X},\mathcal{C})] \leqslant 16k^m(\ln k+2)\text{OPT}_k^m(\mathcal{X}).$$

算法 11.3.2 (**模糊 C-均值问题的 NFCM 算法**)

步 1 (**初始化, 加入模糊聚类问题的信息**)

算法开始时, 令 $\mathcal{C} := \varnothing$.

步 1.1 从 $\mathcal{X}$ 中随机均匀地选取第一个中心 $\boldsymbol{c}_1$, 置 $\mathcal{C} := \mathcal{C} \cup \{\boldsymbol{c}_1\}, i=1$.

步 1.2 依概率

$$\frac{\sum\limits_{j=1}^{k}\mu_{ij}^m||\boldsymbol{x}'-\boldsymbol{c}_j||^2}{\sum\limits_{i=1}^{n}\sum\limits_{j=1}^{k}\mu_{ij}^m||\boldsymbol{x}_i-\boldsymbol{c}_j||^2}$$

选取中心点 $\boldsymbol{c}_i = \boldsymbol{x}' \in \mathcal{X}$, 并更新 $\mathcal{C} := \mathcal{C} \cup \{\boldsymbol{c}_i\}$.

步 1.3 重复步 1.2 直至选出 k 个中心点.

步 2 (**基于 FCM 算法优化 $\mathcal{C}$ 和 $\mu_{ij}, i=1,2,\cdots,n, j=1,2,\cdots,k$**)

步 2.1 对于 i 从 1 到 n, j 从 1 到 k 依次更新隶属度为

$$\mu_{ij} = \frac{1}{\sum\limits_{l=1}^{k}\left(\frac{\|\boldsymbol{x}_i-\boldsymbol{c}_j\|}{\|\boldsymbol{x}_i-\boldsymbol{c}_l\|}\right)^{\frac{2}{m-1}}}.$$

步 2.2 对于 j 从 1 到 k, 依次再更新中心点集

$$\boldsymbol{c}_j = \frac{\sum\limits_{i=1}^{n}\mu_{ij}^m\boldsymbol{x}_i}{\sum\limits_{i=1}^{n}\mu_{ij}^m}.$$

步 2.3 交替更新步 2.1 和步 2.2, 直到 $\mathcal{C}$ 和 $\mu_{ij}, i=1,2,\cdots,n, j=1,2,\cdots,k$ 不再更新为止, 并输出 $\mathcal{C}$ 和 μ_{ij}.

定理 11.3.2 假设 $\mathcal{C}$ 是算法 11.3.2 输出的中心集, 则

$$E[\text{cost}_k^m(\mathcal{X},\mathcal{C})] \leqslant 16k^{m-1}(\ln k+2)\text{OPT}_k^m(\mathcal{X}).$$

以 $m=2$ 为例给出证明定理 11.3.1 和定理 11.3.2 所需的三个重要引理, 具体如下.

引理 11.3.1 假设 A 是任意集合且 $\mathcal{C} = \{\boldsymbol{c}_1,\boldsymbol{c}_2,\cdots,\boldsymbol{c}_t\}$ 是当前中心点集, 那么有以下两个不等式成立:

(1) $\text{cost}_k^m(A,\mathcal{C}) \leqslant \text{cost}_k(A,\mathcal{C}) \leqslant k\text{cost}_k^m(A,\mathcal{C})$;

(2) $\text{OPT}_k(A) \leqslant k\text{OPT}_k^m(A)$.

证明 (1) 显然成立. 下面证明 (2). 设 cen(A) 为 A 的质心, 则有

$$
\begin{aligned}
\mathrm{OPT}_k(A) &= \sum_{\boldsymbol{x}_i\in A}\|\boldsymbol{x}_i-\mathrm{cen}(A)\|^2\\
&= \sum_{\boldsymbol{x}_i\in A}(\mu_{i1}^*+\mu_{i2}^*+\cdots+\mu_{ik}^*)^2\|\boldsymbol{x}_i-\mathrm{cen}(A)\|^2\\
&\leqslant k\sum_{\boldsymbol{x}_i\in A}\sum_{l=1}^{k}{\mu_{il}^*}^2\|\boldsymbol{x}_i-\mathrm{cen}(A)\|^2\\
&\leqslant k\sum_{\boldsymbol{x}_i\in A}\sum_{l=1}^{k}{\mu_{il}^*}^2\|\boldsymbol{x}_i-\boldsymbol{c}_l^*\|^2\\
&= k\mathrm{OPT}_k^m(A).
\end{aligned}
$$

□

引理 11.3.2 对任意常数 $A, B>0$ 和 $a\geqslant 0$, 有

$$
\frac{1}{\frac{1}{A}+a}+\frac{1}{\frac{1}{B}+a}\geqslant\frac{1}{\frac{1}{A+B}+a}.
$$

证明

$$
\frac{1}{\frac{1}{A}+a}+\frac{1}{\frac{1}{B}+a}\geqslant\frac{A}{1+aA+aB}+\frac{B}{1+aA+aB}=\frac{1}{\frac{1}{A+B}+a}.
$$

引理证毕. □

引理 11.3.3 对任意正常数 b_i, $i=1,2,\cdots,n$ 和 $a\geqslant 0$, 有

$$
\frac{1}{\frac{1}{b_1+a}+\frac{1}{b_2+a}+\cdots+\frac{1}{b_n+a}}\leqslant\frac{1}{\frac{1}{b_1}+\frac{1}{b_2}+\cdots+\frac{1}{b_n}}+a,
$$

即

$$
\frac{1}{b_1+a}+\frac{1}{b_2+a}+\cdots+\frac{1}{b_n+a}\geqslant\frac{1}{\frac{1}{\frac{1}{b_1}+\frac{1}{b_2}+\cdots+\frac{1}{b_n}}+a}.
$$

证明 用数学归纳法进行证明. 首先, $n=1$ 时不等式显然成立. 假设不等式在 $n-1$ 的情况下成立, 即

$$
\frac{1}{b_1+a}+\frac{1}{b_2+a}+\cdots+\frac{1}{b_{n-1}+a}\geqslant\frac{1}{\frac{1}{\frac{1}{b_1}+\frac{1}{b_2}+\cdots+\frac{1}{b_{n-1}}}+a}.
$$

接下来证明 n 的情况, 根据归纳假设和引理 11.3.2 可得

$$\frac{1}{b_1+a}+\frac{1}{b_2+a}+\cdots+\frac{1}{b_{n-1}+a}+\frac{1}{b_n+a}$$
$$\geqslant \frac{1}{\dfrac{1}{\dfrac{1}{b_1}+\dfrac{1}{b_2}+\cdots+\dfrac{1}{b_{n-1}}}+a}+\frac{1}{b_n+a} \geqslant \frac{1}{\dfrac{1}{\dfrac{1}{b_1}+\dfrac{1}{b_2}+\cdots+\dfrac{1}{b_n}}+a}.$$

引理证毕. □

在这些引理的基础上, 借鉴经典 k-均值问题初始化算法近似比的分析技巧, 可以得到定理 11.3.1 和定理 11.3.2, 具体证明过程见文献 [145].

11.4 平方和设施选址问题

本节首先介绍平方和设施选址问题 (sum of squares facility location problem, 简记为 SOS-FLP) 的定义和预备知识, 然后给出连续 SOS-FLP 的局部搜索 $(13+\varepsilon)$-近似算法以及改进的 $(7.7721+\varepsilon)$-近似算法, 最后给出离散 SOS-FLP 的局部搜索 $(9+\varepsilon)$-近似算法.

11.4.1 问题描述

k-均值聚类在机器学习领域被广泛研究, 而设施选址问题 (facility location problem, 简记为 FLP) 则在理论计算机科学领域中得到深入研究. 这两个问题都是 NP 难的[101, 151]. 平方度量设施选址问题 (square metric facility location problem, 简记为 SMFLP) 和连续/离散 SOS-FLP 的定义及其变形, 具体如下.

- 在 k-均值问题中, 给定 $\mathbb{R}^d$ 中大小为 n 的客户集 $\mathcal{X}$ 和正整数 k. 目的是将这 n 个客户划分为 k 簇, 并为每个簇分配中心, 使得每个客户到其中心的距离平方和最小化.
- 在 **(度量)FLP** 中, 给定客户集 $\mathcal{X}$ 和设施集 $\mathcal{F}$, 其中每个设施 $\boldsymbol{s} \in \mathcal{F}$ 有非负的开设费用 $f_{\boldsymbol{s}}$. 每个设施客户对 $(\boldsymbol{s}, \boldsymbol{x})$, $\boldsymbol{s} \in \mathcal{F}$, $\boldsymbol{x} \in \mathcal{X}$ 有对应的连接费用 $c_{\boldsymbol{s}\boldsymbol{x}}$. 这里假设连接费用 $c_{\boldsymbol{s}\boldsymbol{x}}$ 是非负、对称且满足三角不等式, 即度量的. 问题的目标是选择 $\mathcal{F}$ 的子集开设, 并将每个客户连接到最近的开设设施, 以最小化包括设施的开设费用和连接费用在内的总费用.
- SMFLP 与 FLP 的唯一区别是连接费用是平方度量, 即 $c_{\boldsymbol{s}\boldsymbol{x}}$ 是非负、对称且 $\sqrt{c_{\boldsymbol{s}\boldsymbol{x}}}$ 满足三角不等式.
- 在**连续 SOS-FLP** 中, 给定客户集 $\mathcal{X} \subset \mathbb{R}^d$ 和相同的设施开设费用 $f > 0$. 目标是选择 $\mathcal{F}$ 的子集来开设并将每个客户连接到最近的开设设施, 以使包括设施开设费用和平方距离之和在内的总费用最小化.
- 在**离散型 SOS-FLP** 中, 给定的是离散候选设施 (中心) 集合 $\mathcal{F}$, 不同于 (连续)SOS-FLP 的不同开设费用.

可以看到离散 SOS-FLP 是 SMFLP 的特例.

Jain 和 Vazirani 在文献 [120] 中, 将 k-均值聚类称为 l_2^2 聚类. 利用 FLP 的原始对偶 3-近似算法, 给出了 SMFLP 的 9-近似算法. 进一步, 使用 Lagrange 松弛方法, 得到了 k-SMFLP 的 54-近似算法, 其中开设设施的数量上界为 k. 还证明了以大小为 n 的客户集作为候选设施集时, 最优聚类费用不超过原始最优聚类的 2 倍. 基于这个观察, 他们给出了 k-均值聚类的第一个常数 108-近似算法. 基于 Matoušek[156] 提出的近似质心集. Kanungo 等利用这个概念[126] 给出了局部搜索 $(9+\varepsilon)$-近似算法. Zhang 等[194] 给出了带惩罚 k-均值聚类的第一个常数近似算法. SOS-FLP 则由 Bandyapadhyay 和 Varadarajan[29] 提出并给出了维数固定时的 PTAS.

对于 FLP, Shmoys 等[168] 给出第一个常数 3.16-近似算法. Li[136] 给出了目前最好的 1.488-近似比算法. Guha 和 Khuller[101] 则证明了在 NP $\not\subseteq$ DTIME $[n^{O(\log\log n)}]$ 的假设下, 问题近似比的下界是 1.463. 对于 SMFLP, Fernandes 等[90] 指出, 如果 P $\neq$ NP, 则不可能存在小于 2.04 的近似算法, 并进一步给出了最好的 LP 舍入 2.04-近似算法.

本节讨论连续和离散 SOS-FLP. 首先介绍使用局部搜索和缩放技术给出的一般维数 (连续)SOS-FLP 的第一个常数 $(7.7721+\varepsilon)$-近似算法. 然后介绍离散 SOS-FLP 的局部搜索 $(9+\varepsilon)$-近似算法. 这个结果也适用于 SMFLP.

连续/离散 SOS-FLP 和 FLP 最大的区别在于前者的连接费用是平方度量, 而后者是度量的. 这种区别使得在设施连接费用的估计中产生了平方根 (参见引理 11.4.3). 除此之外, 连续 SOS-FLP 和 FLP 在局部搜索技术上也有显著区别. 对于连续 SOS-FLP, 著名的 Matoušek [156] 质心方法构造了多项式大小的候选中心集. 进行局部搜索时, 限制从构建的候选中心集中选择中心. 在分析过程中, 需要将构建的候选中心集上的局部最优解与整个空间 $\mathbb{R}^d$ 上的全局最优解进行比较. 在获得设施开设费用和连接费用的估计值时, FLP 的缩放技术可以直接适用于连续/离散 SOS-FLP.

下面首先回顾 Euclidean 距离和质心的定义.

对任意两点 $\boldsymbol{a},\boldsymbol{b}\in\mathbb{R}^d$ 间的平方距离定义为

$$\Delta(\boldsymbol{a},\boldsymbol{b}) := ||\boldsymbol{a}-\boldsymbol{b}||^2.$$

给定客户集合 $U\subseteq\mathcal{X}$, 点 $\boldsymbol{c}\in\mathbb{R}^d$, 定义 $\boldsymbol{c}$ 到 U 的总的平方距离之和以及 U 的质心分别为

$$\Delta(\boldsymbol{c},U) := \sum_{\boldsymbol{x}\in U}\Delta(\boldsymbol{c},\boldsymbol{x}) = \sum_{\boldsymbol{x}\in U}||\boldsymbol{c}-\boldsymbol{x}||^2, \quad \mathrm{cen}(U) := \frac{1}{|U|}\sum_{\boldsymbol{x}\in U}\boldsymbol{x}.$$

以下引理给出了质心解的重要性质.

引理 11.4.1 [126] 对任意子集 $U\subseteq\mathcal{X}$ 和点 $\boldsymbol{c}\in\mathbb{R}^d$, 有

$$\Delta(\boldsymbol{c},U) = \Delta(\mathrm{cen}(U),U) + |U|\Delta(\mathrm{cen}(U),\boldsymbol{c}). \tag{11.4.16}$$

下文中所出现 $S_{\boldsymbol{x}}, s_{\boldsymbol{x}}, O_{\boldsymbol{x}}, o_{\boldsymbol{x}}, s_{\boldsymbol{o}}$, swap$(\boldsymbol{a},\boldsymbol{b})$, swap$(A,B)$ 的记法和解释沿用 9.1 节的记法和解释. 下面对本节特有的符号进行说明. 对于给定的可行解 S 与全局最优解 O, 我们给出关于总费用与邻域的记号如下:

- $N(\boldsymbol{s}) := \{\boldsymbol{x} \in \mathcal{X} | \boldsymbol{s}_{\boldsymbol{x}} = \boldsymbol{s}\}, \forall \boldsymbol{s} \in S$, 表示设施 $\boldsymbol{s} \in S$ 服务的所有客户集合.
- $N^*(\boldsymbol{o}) := \{\boldsymbol{x} \in \mathcal{X} | \boldsymbol{o}_{\boldsymbol{x}} = \boldsymbol{o}\}, \forall \boldsymbol{o} \in O$, 表示设施 $\boldsymbol{o} \in O$ 服务的所有客户集合.
- $C_s := \sum\limits_{\boldsymbol{x} \in \mathcal{X}} S_{\boldsymbol{x}} = \sum\limits_{\boldsymbol{s} \in S} \Delta(\boldsymbol{x}, N(\boldsymbol{s})) = \sum\limits_{\boldsymbol{s} \in S} \sum\limits_{\boldsymbol{x} \in N(\boldsymbol{s})} \Delta(\boldsymbol{x}, \boldsymbol{s})$, 表示 S 中设施服务所有客户 $\mathcal{X}$ 的总费用.
- $C_f := \sum\limits_{\boldsymbol{s} \in S} f_{\boldsymbol{s}}$, 表示 S 中所有设施开设总费用, 其中 $f_{\boldsymbol{s}}$ 表示设施 $\boldsymbol{s} \in S$ 的非负开设费用.
- $\text{cost}(\mathcal{X}, S) := C_f + C_s$, 可行解 S 的总费用.
- $C_s^* := \sum\limits_{\boldsymbol{x} \in \mathcal{X}} O_{\boldsymbol{x}} = \sum\limits_{\boldsymbol{o} \in O} \Delta(\boldsymbol{x}, N^*(\boldsymbol{o})) = \sum\limits_{\boldsymbol{o} \in \boldsymbol{O}} \sum\limits_{\boldsymbol{x} \in N^*(\boldsymbol{o})} \Delta(\boldsymbol{x}, \boldsymbol{o})$ 表示 O 中设施服务所有客户 $\mathcal{X}$ 的总费用.
- $C_f^* := \sum\limits_{\boldsymbol{o} \in O} f_{\boldsymbol{o}}$, 表示 O 中所有设施开设总费用, 其中 $f_{\boldsymbol{o}}$ 表示设施 $\boldsymbol{o} \in O$ 的非负开设费用.
- $\text{cost}(\mathcal{X}, O) := C_f^* + C_s^*$, 全局最优解 O 的总费用, 简记为 $\text{OPT}_k(\mathcal{X})$.

注意, 对每个 $\boldsymbol{o} \in O$ 有 $\boldsymbol{o} = \text{cen}(N^*(\boldsymbol{o}))$.

Matoušek[156] 引入了下面近似质心集合的概念. $\hat{\varepsilon}$-近似质心集详细证明参见定义 4.2.1.

定义 11.4.1 集合 $\mathcal{F} \subset \mathbb{R}^d$ 称为集合 $\mathcal{X} \subset \mathbb{R}^d$ 的 $\hat{\varepsilon}$-近似质心集合, 如果对任意的 $U \subseteq \mathcal{X}$, 有

$$\min_{\boldsymbol{c} \in \mathcal{F}} \sum_{\boldsymbol{x} \in U} \Delta(\boldsymbol{c}, \boldsymbol{x}) \leqslant (1 + \hat{\varepsilon}) \min_{\boldsymbol{c} \in \mathbb{R}^d} \sum_{\boldsymbol{x} \in U} \Delta(\boldsymbol{c}, \boldsymbol{x}).$$

对大小为 n 的客户集合 $\mathcal{X} \subset \mathbb{R}^d$ 中每个客户和 $\hat{\varepsilon} > 0$, $\mathcal{X}$ 的大小为 $O(n(1/\hat{\varepsilon})^d \log(1/\hat{\varepsilon}))$ 的 $\hat{\varepsilon}$-近似质心集合可以在 $O(n \log n + n(1/\hat{\varepsilon})^d \log(1/\hat{\varepsilon}))$ 时间内得到 (参见文献 [156] 中定理 4.4, 本书参见定理 4.2.4). 鉴于维数 d 有可能跟 n 一样大, 候选中心点的数量级也可以通过降维来降低, 如利用 JL 引理 (具体原理参见定理 3.3.2). JL 引理将高维 Euclidean 空间中的观测集映射到低维 Euclidean 空间并且近似保持任意两点之间的距离, 使其偏差不超过 $1 + \varepsilon_1, \varepsilon_1 \in [0, 1]$.

对集合 $\mathcal{X}$ 使用 JL 引理, 可以从连续 SOS-FLP 降维到离散 SOS-FLP. 下面定理和文献 [153] 中关于 k-均值的定理 7 本质相同, 这里我们在 SOS-FLP 中重新声明.

定理 11.4.1 对任意 $\varepsilon_2 \in (0, 1/2)$, 可以在多项式时间 $n^{O(\log(1/\varepsilon_2)/\varepsilon_2^2)}$ 内将连续 SOS-FLP 降维到离散 SOS-FLP.

特别地, 给定大小为 n 的客户集 $\mathcal{X} \subset \mathbb{R}^d$ 的连续 SOS-FLP 的实例, 定理 11.4.1 降维可以得到大小为 n 的客户集合 $\tilde{\mathcal{X}}$ 和 $\mathbb{R}^t$ 中的候选中心集合 $\tilde{\mathcal{F}}$ 的实例 (这里 $t = O(\log n/\varepsilon_2^2)$, $|\tilde{\mathcal{F}}| = n^{O(\log(1/\varepsilon_2)/\varepsilon_2^2)}$), 并满足

$$\text{OPT}_k(\mathcal{X}) \leqslant \text{OPT}_k(\tilde{\mathcal{X}}, \tilde{\mathcal{F}}) \leqslant (1 + \varepsilon_2)\text{OPT}_k(\mathcal{X}),$$

其中 $\text{OPT}_k(\mathcal{X})$ 和 $\text{OPT}_k(\tilde{\mathcal{X}}, \tilde{\mathcal{F}})$ 分别是前述连续和离散 SOS-FLP 的最优值. 这个降维也

给出了映射 $\psi:\tilde{\mathcal{X}}\to\mathcal{X}$ 使得

$$\operatorname{cost}(\mathcal{X},\psi(\tilde{S}))\leqslant\operatorname{cost}((\tilde{\mathcal{X}},\tilde{\mathcal{F}}),\tilde{S})\leqslant(1+\varepsilon_2)\operatorname{cost}(\mathcal{X},\psi(\tilde{S})),$$

这里 $\operatorname{cost}(\mathcal{X},\cdot)$(或 $\operatorname{cost}((\tilde{\mathcal{X}},\tilde{\mathcal{F}}),\cdot)$ 是连续 (或离散)SOS-FLP 对于指定的中心集合的目标值, 而 $\tilde{S}$(或 $\psi(\tilde{S})$) 是与 $\tilde{\mathcal{X}}$(或 $\mathcal{X}$)) 的划分有关的中心集合. 另外, $\tilde{\mathcal{F}}$ 是 $\tilde{\mathcal{X}}$ 的 $(\varepsilon_2/3)$-近似质心集合.

为了将定理 11.4.1 和 SOS-FLP 局部搜索算法相结合, 给出以下几个参数以及一些估计. 记

$$\alpha:=\frac{\sqrt{73}+7}{2}=7.772001873\cdots. \tag{11.4.17}$$

对任意给定 $\varepsilon\in(0,1)$, 令

$$\varepsilon:=\frac{\varepsilon}{4},\quad \hat{\varepsilon}:=\frac{\sqrt{9+\varepsilon/2}-3}{2},\quad \varepsilon_2:=3\hat{\varepsilon}. \tag{11.4.18}$$

其中, $\hat{\varepsilon}$ 的定义请参考 (11.4.43) 式. 由 (11.4.17) 式及 (11.4.18) 式, 可得

$$\hat{\varepsilon}=\frac{\sqrt{9+\varepsilon/8}-3}{2}\leqslant\frac{\sqrt{9+\varepsilon/\alpha}-3}{2}\leqslant\frac{\sqrt{(3+\varepsilon/(6\alpha))^2}-3}{2}=\frac{\varepsilon}{12\alpha}, \tag{11.4.19}$$

$$\varepsilon_2=3\hat{\varepsilon}\leqslant\varepsilon/(4\alpha)\leqslant 1/2. \tag{11.4.20}$$

由 (11.4.17) 式及 (11.4.19) 式, 可得

$$\begin{aligned}(\alpha+\varepsilon)(1+3\hat{\varepsilon})&=\alpha+\varepsilon+3\alpha\hat{\varepsilon}+3\varepsilon\hat{\varepsilon}\\&\leqslant\alpha+\frac{\varepsilon}{4}+3\alpha\frac{\varepsilon}{12\alpha}+3\frac{\varepsilon}{4}\frac{\varepsilon}{12\alpha}\\&=\alpha+\frac{\varepsilon}{2}+\frac{\varepsilon^2}{16\alpha}\\&\leqslant\alpha+\varepsilon.\end{aligned} \tag{11.4.21}$$

假设有 $(\alpha+\varepsilon)$-近似算法, 它根据定理 11.4.1 使用参数 $\varepsilon_2=3\hat{\varepsilon}$(参见 (11.4.18) 式和 (11.4.20) 式) 为构造的有客户集合 $\tilde{\mathcal{X}}$ 的连续 SOS-FLP 生成 $\tilde{S}$. 然后得到有客户集 $\mathcal{X}$ 的连续 SOS-FLP 的 $\psi(\tilde{S})$. 而 $(\alpha+\varepsilon)$-近似算法可以通过定理 11.4.4 中描述的算法获得. 记 $\operatorname{OPT}_k(\tilde{\mathcal{X}})$ 为有客户集 $\tilde{\mathcal{X}}$ 的连续 SOS-FLP 的最优值. 从定理 11.4.4, 定理 11.4.1 和 (11.4.21) 式可以得到 $\operatorname{cost}(\mathcal{X},\psi(\tilde{S}))$ 的上界

$$\begin{aligned}\operatorname{cost}(\mathcal{X},\psi(\tilde{S}))&\leqslant\operatorname{cost}((\tilde{\mathcal{X}},\tilde{\mathcal{F}}),\tilde{S})\\&\leqslant(\alpha+\varepsilon)\operatorname{OPT}_k(\tilde{\mathcal{X}})\\&\leqslant(\alpha+\varepsilon)\operatorname{OPT}_k(\tilde{\mathcal{X}},\tilde{\mathcal{F}})\\&\leqslant(\alpha+\varepsilon)(1+3\hat{\varepsilon})\operatorname{OPT}_k(\mathcal{X})\end{aligned}$$

$$\leqslant (\alpha+\varepsilon)\,\mathrm{OPT}_k(\mathcal{X}).$$

由此可知, 这是有客户集 $\mathcal{X}$ 的 SOS-FLP 的 $(\alpha+\varepsilon)$-近似算法.

后面将重点讨论客户集 $\tilde{\mathcal{X}}$ 的 SOS-FLP 的近似算法. 根据定理 11.4.1, 可以用$n^{O(\log(1/\hat{\varepsilon})/\hat{\varepsilon}^2)}$ 时间计算得到大小为 $n^{O(\log(1/\hat{\varepsilon})/\hat{\varepsilon}^2)}$ 的 $\tilde{\mathcal{X}}$ 的 $\hat{\varepsilon}$-近似质心集 $\tilde{\mathcal{F}}$. 基于这个结果, 假设所有候选中心都是从 $\tilde{\mathcal{F}}$ 中选择的. 为了叙述简洁, 将省略所有集合或参数的波浪号.

11.4.2 连续 SOS-FLP 的局部搜索算法

1. 算法

对任意可行解 S, 有三个局部运算 (add, drop, and swap):

(1) add($\boldsymbol{b}$). 增加运算, 将中心 $\boldsymbol{b}\in\mathcal{F}\setminus S$ 加到 S 中.

(2) drop($\boldsymbol{a}$). 删除运算, 将中心 $\boldsymbol{a}\in S$ 从 S 中删除.

(3) swap($\boldsymbol{a},\boldsymbol{b}$). 交换运算, 将 $\boldsymbol{a}\in S$ 从 S 中删除并将 $\boldsymbol{b}\in\mathcal{F}\setminus S$ 增加到 S 中.

根据上述相关运算定义 S 的邻域如下,

$$\mathrm{Ngh}(S):=\{S\cup\{\boldsymbol{b}\}|\boldsymbol{b}\in\mathcal{F}\setminus S\}\cup\{S\setminus\{\boldsymbol{a}\}|\boldsymbol{a}\in S\}\cup\{S\setminus\{\boldsymbol{a}\}\cup\{\boldsymbol{b}\}|\boldsymbol{a}\in S,\boldsymbol{b}\in\mathcal{F}\setminus S\}.$$

算法 11.4.1 (ALG1(ε))

输入: 客户集 $\mathcal{X}$, 设施集 $\mathcal{F}$, 点 $\boldsymbol{s}\in\mathcal{F}$ 的开设费用 $f_{\boldsymbol{s}}$, 设施客户对 $(\boldsymbol{s},\boldsymbol{x})$ 对应的连接费用 $c_{\boldsymbol{sx}}$, $\boldsymbol{x}\in\mathcal{X}$, 正整数 k, 以及参数 ε.

输出: 中心点集 $S\subseteq\mathcal{F}$.

步 1 (**初始化**) 令

$$\hat{\varepsilon}:=\frac{\sqrt{4+\varepsilon}-2}{4},$$

根据定理 11.4.1 和文献 [156] 中的定理 4.4 用 $n^{O(\log(1/\hat{\varepsilon})/\hat{\varepsilon}^2)}$ 时间构建 $n^{O(\log(1/\hat{\varepsilon})/\hat{\varepsilon}^2)}$ 大小的 $\hat{\varepsilon}$-近似中心集合 $\mathcal{F}$. 任意选择可行解 $S\subseteq\mathcal{F}$.

步 2 (**局部搜索**) 计算 S 邻域中的最好解

$$S_{\min}:=\arg\min_{S'\in\mathrm{Ngh}(S)}\mathrm{cost}(\mathcal{X},S').$$

步 3 (**终止条件**) 如果 $\mathrm{cost}(\mathcal{X},S_{\min})\geqslant\mathrm{cost}(\mathcal{X},S)$, 输出 S, 算法停止. 否则, 更新 $S:=S_{\min}$ 并转到步 1.

2. 分析

为估算设施/连接费用的上界, 我们需要文献 [126] 中的两个技术性引理. 为完整起见, 本书重新描述引理和证明.

引理 11.4.2 [126]

$$\sum_{\boldsymbol{x}\in\mathcal{X}}\sqrt{S_{\boldsymbol{x}}O_{\boldsymbol{x}}}\leqslant\sqrt{C_sC_s^*}. \tag{11.4.22}$$

证明 根据 Cauchy-Schwarz 不等式以及 C_s 和 C_s^* 的定义, 有

$$\sum_{\boldsymbol{x}\in\mathcal{X}}\sqrt{S_{\boldsymbol{x}}O_{\boldsymbol{x}}}=\sum_{\boldsymbol{x}\in\mathcal{X}}\sqrt{S_{\boldsymbol{x}}}\cdot\sqrt{O_{\boldsymbol{x}}}\leqslant\sqrt{\sum_{\boldsymbol{x}\in\mathcal{X}}S_{\boldsymbol{x}}}\cdot\sqrt{\sum_{\boldsymbol{x}\in\mathcal{X}}O_{\boldsymbol{x}}}=\sqrt{C_sC_s^*}.$$ □

引理 11.4.3 [126]

$$\sum_{\boldsymbol{x}\in\mathcal{X}}\Delta(\boldsymbol{x},\boldsymbol{s}_{\boldsymbol{o}_{\boldsymbol{x}}})\leqslant 2C_s^*+C_s+2\sqrt{C_s^*C_s}. \tag{11.4.23}$$

证明 根据引理 11.4.1 和引理 11.4.2, 有

$$\begin{aligned}
\sum_{\boldsymbol{x}\in\mathcal{X}}\Delta(\boldsymbol{x},\boldsymbol{s}_{\boldsymbol{o}_{\boldsymbol{x}}}) &= \sum_{\boldsymbol{o}\in O}\sum_{\boldsymbol{x}\in N^*(\boldsymbol{o})}\Delta(\boldsymbol{x},\boldsymbol{s}_{\boldsymbol{o}})\\
&= \sum_{\boldsymbol{o}\in O}\Delta(N^*(\boldsymbol{o}),\boldsymbol{s}_{\boldsymbol{o}})\\
&= \sum_{\boldsymbol{o}\in O}(\Delta(N^*(\boldsymbol{o}),\boldsymbol{o})+|N^*(\boldsymbol{o})|\Delta(\boldsymbol{o},\boldsymbol{s}_{\boldsymbol{o}}))\\
&= \sum_{\boldsymbol{o}\in O}\sum_{\boldsymbol{x}\in N^*(\boldsymbol{o})}(\Delta(\boldsymbol{x},\boldsymbol{o})+\Delta(\boldsymbol{o},\boldsymbol{s}_{\boldsymbol{o}}))\\
&\leqslant \sum_{\boldsymbol{o}\in O}\sum_{\boldsymbol{x}\in N^*(\boldsymbol{o})}(\Delta(\boldsymbol{x},\boldsymbol{o})+\Delta(\boldsymbol{o},\boldsymbol{s}_{\boldsymbol{x}}))\\
&= \sum_{\boldsymbol{x}\in\mathcal{X}}(\Delta(\boldsymbol{x},\boldsymbol{o}_{\boldsymbol{x}})+\Delta(\boldsymbol{o}_{\boldsymbol{x}},\boldsymbol{s}_{\boldsymbol{x}}))\\
&\leqslant \sum_{\boldsymbol{x}\in\mathcal{X}}\Delta(\boldsymbol{x},\boldsymbol{o}_{\boldsymbol{x}})+\sum_{\boldsymbol{x}\in\mathcal{X}}\left(\sqrt{\Delta(\boldsymbol{x},\boldsymbol{o}_{\boldsymbol{x}})}+\sqrt{\Delta(\boldsymbol{x},\boldsymbol{s}_{\boldsymbol{x}})}\right)^2\\
&= 2\sum_{\boldsymbol{x}\in\mathcal{X}}O_{\boldsymbol{x}}+\sum_{\boldsymbol{x}\in\mathcal{X}}S_{\boldsymbol{x}}+2\sum_{\boldsymbol{x}\in\mathcal{X}}\sqrt{O_{\boldsymbol{x}}}\cdot\sqrt{S_{\boldsymbol{x}}}\\
&\leqslant 2C_s^*+C_s+2\sqrt{C_s^*C_s}.
\end{aligned}$$ □

引理 11.4.5 估算 S 的连接费用. 由于没有运算能再改进局部最优解 S, 我们考虑对全局最优解 O 中每个中心 $\boldsymbol{o}$ 的 add 运算. 但是, 因为我们将运算限制在了 $\mathcal{F}$ 中, 如果 $\boldsymbol{o}\notin\mathcal{F}$, 不能采用 add($\boldsymbol{o}$) 运算. 幸运的是, 我们可以选择 $\hat{\boldsymbol{o}}\in\mathcal{F}$ 代替 $\boldsymbol{o}$ 转而执行 add($\hat{\boldsymbol{o}}$) 运算, 并能得到几乎相同的期望结果 (参见 (11.4.26) 式和 (11.4.27) 式).

下面的引理估算 S 连接费用的上界.

引理 11.4.4 *局部最优解 S 满足*

$$C_s\leqslant C_f^*+(1+\hat{\varepsilon})C_s^*. \tag{11.4.24}$$

证明 为便于分析, 引入与 $\boldsymbol{o}\in O$ 关联的中心 $\hat{\boldsymbol{o}}\in\mathcal{F}$. 对每个 $\boldsymbol{o}\in O$, 定义

$$\hat{\boldsymbol{o}}:=\arg\min_{\boldsymbol{c}\in\mathcal{F}}\Delta(\boldsymbol{c},N^*(\boldsymbol{o})). \tag{11.4.25}$$

根据定义 11.4.1 和 (11.4.25) 式, 有

$$
\begin{aligned}
\sum_{\boldsymbol{x}\in N^*(\boldsymbol{o})} \Delta(\hat{\boldsymbol{o}},\boldsymbol{x}) &= \Delta(\hat{\boldsymbol{o}},N^*(\boldsymbol{o})) \\
&= \min_{\boldsymbol{c}\in\mathcal{F}} \Delta(\boldsymbol{c},N^*(\boldsymbol{o})) \\
&\leqslant (1+\hat{\varepsilon}) \min_{\boldsymbol{c}\in\mathbb{R}^d} \Delta(\boldsymbol{c},N^*(\boldsymbol{o})) \\
&= (1+\hat{\varepsilon})\Delta(\boldsymbol{o},N^*(\boldsymbol{o})) \\
&= (1+\hat{\varepsilon}) \sum_{\boldsymbol{x}\in N^*(\boldsymbol{o})} \Delta(\boldsymbol{o},\boldsymbol{x}).
\end{aligned} \tag{11.4.26}
$$

对每个设施 $\boldsymbol{o}\in O$, 考虑以下两种情形.

情形 1　若 $\hat{\boldsymbol{o}}\notin S$. 执行 $\mathrm{add}(\hat{\boldsymbol{o}})$ 运算. 对每个客户 $\boldsymbol{x}\in N^*(\boldsymbol{o})$, 用 $\Delta(\hat{\boldsymbol{o}},\boldsymbol{x})$ 估算 $\boldsymbol{x}$ 的新的连接费用. 结合 (11.4.26) 式, 有

$$
\begin{aligned}
0 \leqslant \mathrm{cost}(\mathcal{X},S\cup\{\hat{\boldsymbol{o}}\}) - \mathrm{cost}(\mathcal{X},S) &\leqslant f_o + \sum_{\boldsymbol{x}\in N^*(\boldsymbol{o})} (\Delta(\hat{\boldsymbol{o}},\boldsymbol{x}) - S_{\boldsymbol{x}}) \\
&\leqslant f_o + \sum_{\boldsymbol{x}\in N^*(\boldsymbol{o})} ((1+\hat{\varepsilon})O_{\boldsymbol{x}} - S_{\boldsymbol{x}}).
\end{aligned} \tag{11.4.27}
$$

情形 2　若 $\hat{\boldsymbol{o}}\in S$. 此时 $S\cup\{\hat{\boldsymbol{o}}\} = S$, 或 $\mathrm{cost}(\mathcal{X},S\cup\{\hat{\boldsymbol{o}}\}) = \mathrm{cost}(\mathcal{X},S)$, 因此有 (11.4.27) 式成立.

将 O 中所有设施对应的上述不等式相加, 则引理得证.

回顾可知没有运算能改进局部最优解 S, 所以需要确定用哪些运算揭示设施开设费用的期望界限. 为估算设施开设费用选择运算要比为估算连接费用选择运算更复杂. 需要考虑前述三种类型的局部运算. 使用捕获的概念, 将 S 划分为 $\{\boldsymbol{s}_1\},\{\boldsymbol{s}_2\},\cdots,\{\boldsymbol{s}_m\}, G$, 将 O 划分为 $O_1,O_2,\cdots,O_m$, 其中 O_i 中的每个中心都被 $\boldsymbol{s}_i$ 捕获, $i=1,2,\cdots,m$, 并且 G 中的每个中心不被 O 中的任何中心捕获 (参见图 11.4.1). 对 G 中的每个中心, 考虑删除运算. 对每对 $(\{\boldsymbol{s}_i\},O_i)$, 考虑 $\boldsymbol{s}_i$ 和它在 O_i 中的最近中心的交换运算, 也考虑对 O_i 中除最近中心之外的每个中心的增加运算. 同样, 当遇到涉及 $\boldsymbol{o}\in O$ 的一些运算时, 将选择 $\hat{\boldsymbol{o}}\in\mathcal{F}$ 代替 $\boldsymbol{o}$. 将上述估计与适当的放松相结合, 就可以获得 S 设施开放费用的上界.

下面的引理 11.4.5 估算 S 的设施开设费用上界.

引理 11.4.5　*局部最优解 S 满足*

$$
C_f \leqslant C_f^* + (4+2\hat{\varepsilon})C_s^* + (2+4\hat{\varepsilon})C_s + (6+4\hat{\varepsilon})\sqrt{C_s^*C_s}. \tag{11.4.28}
$$

证明　记

$$
\mathrm{Cap}(O) := \{\boldsymbol{s}\in S | \exists \boldsymbol{o}\in O, \boldsymbol{s}\text{捕获}\boldsymbol{o}\}.
$$

并记 $m := |\mathrm{Cap}(O)|$. 将 $\mathrm{Cap}(O)$ 的所有元素列出来, 不妨记 $\mathrm{Cap}(O) = \{\boldsymbol{s}_1,\boldsymbol{s}_2,\cdots,\boldsymbol{s}_m\}$. 令 $G := S\backslash\{\boldsymbol{s}_1,\boldsymbol{s}_2,\cdots,\boldsymbol{s}_m\}$ 以及 $O_i := \{\boldsymbol{o}\in O|\boldsymbol{s}_i\text{捕获}\boldsymbol{o}\}$, $i=1,2,\cdots,m$. 经过以上标记过程, 我们把 S 和 O 分成 $\{\boldsymbol{s}_1\},\{\boldsymbol{s}_2\},\cdots,\{\boldsymbol{s}_m\},G$ 和 $O_1,O_2,\cdots,O_m$ 两组 (参见图 11.4.1).

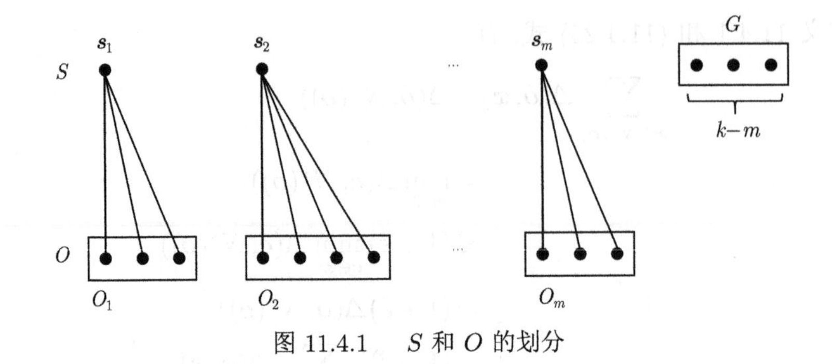

图 11.4.1 S 和 O 的划分

考虑以下两种情形.

情形 1 对每个设施 $\boldsymbol{g} \in G$ 考虑运算 drop($\boldsymbol{g}$).

$$0 \leqslant -f_{\boldsymbol{g}} + \sum_{\boldsymbol{x} \in N_S(\boldsymbol{g}), \boldsymbol{s}_{\boldsymbol{o}_{\boldsymbol{x}}} \neq \boldsymbol{g}} (\Delta(\boldsymbol{x}, \boldsymbol{s}_{\boldsymbol{o}_{\boldsymbol{x}}}) - S_{\boldsymbol{x}}). \tag{11.4.29}$$

情形 2 对每个 $(\{\boldsymbol{s}_i\}, O_i)(i = 1, 2, \cdots, m)$ 对, 用 $\boldsymbol{o}_1^i \in O_i$ 表示 O_i 中离 $\boldsymbol{s}_i$ 最近的中心. 令 $l_i := |O_i|$. 将 O_i 的所有元素列出, 不妨记 $O_i = \left\{\boldsymbol{o}_1^i, \boldsymbol{o}_2^i, \cdots, \boldsymbol{o}_{l_i}^i\right\}$. 记

$$\hat{\boldsymbol{o}}_1^i := \arg\min_{\boldsymbol{c} \in \mathcal{F}} \Delta(\{\boldsymbol{x} \in N(\boldsymbol{s}_i) | \boldsymbol{s}_{\boldsymbol{o}_{\boldsymbol{x}}} = \boldsymbol{s}_i\}, \boldsymbol{c}), \tag{11.4.30}$$

$$\hat{\boldsymbol{o}}_l^i := \arg\min_{\boldsymbol{c} \in \mathcal{F}} \Delta(\{\boldsymbol{x} \in N(\boldsymbol{s}_i) \cap N^*(\boldsymbol{o}_l^i) | \boldsymbol{s}_{\boldsymbol{o}_{\boldsymbol{x}}} = \boldsymbol{s}_i\}, \boldsymbol{c}), \quad l = 2, \cdots, l_i. \tag{11.4.31}$$

进一步考虑以下两种子情形.

情形 2.1 考虑 $\hat{\boldsymbol{o}}_1^i$. 有以下两种可能性.

情形 2.1.1 若 $\hat{\boldsymbol{o}}_1^i \notin S$. 因为 swap$(\boldsymbol{s}_i, \hat{\boldsymbol{o}}_1^i)$ 运算不能进一步改进解 S, 有

$$0 \leqslant \text{cost}(\mathcal{X}, S \setminus \{\boldsymbol{s}_i\} \cup \{\hat{\boldsymbol{o}}_1^i\}) - \text{cost}(\mathcal{X}, S). \tag{11.4.32}$$

情形 2.1.2 若 $\hat{\boldsymbol{o}}_1^i \in S$. 因为 $S \setminus \{\boldsymbol{s}_i\} \cup \{\hat{\boldsymbol{o}}_1^i\} \subseteq S$, 有 (11.4.32) 式.

注意到

$$O_i = \bigcup_{\boldsymbol{x} \in \mathcal{X}} \{\boldsymbol{o}_{\boldsymbol{x}} \in O | \boldsymbol{s}_{\boldsymbol{o}_{\boldsymbol{x}}} = \boldsymbol{s}_i\}, \tag{11.4.33}$$

集合 $N(\boldsymbol{s}_i)$ 可以被划分成以下三个子集 (参见图 11.4.2):

$$\begin{aligned} &\{\boldsymbol{x} \in N(\boldsymbol{s}_i) | \boldsymbol{s}_{\boldsymbol{o}_{\boldsymbol{x}}} \neq \boldsymbol{s}_i\}, \quad \{\boldsymbol{x} \in N(\boldsymbol{s}_i) \cap N^*(\boldsymbol{o}_1^i) | \boldsymbol{s}_{\boldsymbol{o}_{\boldsymbol{x}}} = \boldsymbol{s}_i\}, \\ &\{\boldsymbol{x} \in N(\boldsymbol{s}_i) \setminus N^*(\boldsymbol{o}_1^i) | \boldsymbol{s}_{\boldsymbol{o}_{\boldsymbol{x}}} = \boldsymbol{s}_i\}. \end{aligned} \tag{11.4.34}$$

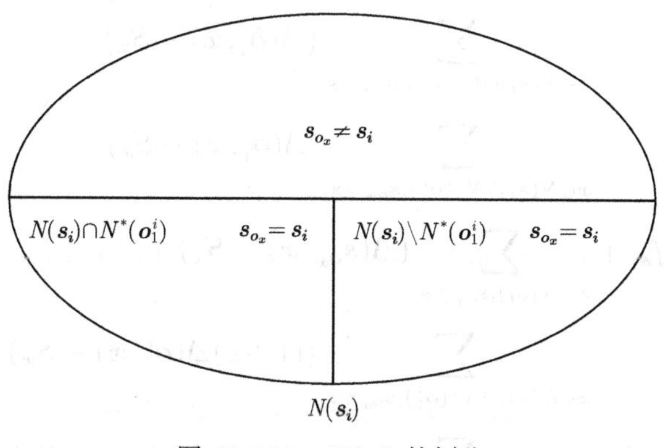

图 11.4.2 $N(\boldsymbol{s}_i)$ 的划分

考虑任意 $\boldsymbol{x} \in \{\boldsymbol{x} \in N(\boldsymbol{s}_i) \backslash N^*(\boldsymbol{o}_1^i) | \boldsymbol{s}_{\boldsymbol{o}_{\boldsymbol{x}}} = \boldsymbol{s}_i\}$. 根据三角不等式, 有

$$\sqrt{\Delta(\boldsymbol{s}_i, \boldsymbol{o}_{\boldsymbol{x}})} \leqslant \sqrt{\Delta(\boldsymbol{x}, \boldsymbol{s}_i)} + \sqrt{\Delta(\boldsymbol{x}, \boldsymbol{o}_{\boldsymbol{x}})} = \sqrt{S_{\boldsymbol{x}}} + \sqrt{O_{\boldsymbol{x}}}. \tag{11.4.35}$$

根据三角不等式, $\boldsymbol{o}_1^i$ 的定义, 以及 (11.4.35) 式, 可以得到 (参见图 11.4.3)

$$\begin{aligned}
\Delta(\boldsymbol{x}, \boldsymbol{o}_1^i) &= \left(\sqrt{\Delta(\boldsymbol{x}, \boldsymbol{o}_1^i)}\right)^2 \\
&\leqslant \left(\sqrt{\Delta(\boldsymbol{x}, \boldsymbol{s}_i)} + \sqrt{\Delta(\boldsymbol{s}_i, \boldsymbol{o}_1^i)}\right)^2 \\
&\leqslant \left(\sqrt{\Delta(\boldsymbol{x}, \boldsymbol{s}_i)} + \sqrt{\Delta(\boldsymbol{s}_i, \boldsymbol{o}_{\boldsymbol{x}})}\right)^2 \\
&\leqslant \left(2\sqrt{S_{\boldsymbol{x}}} + \sqrt{O_{\boldsymbol{x}}}\right)^2 \\
&= 4S_{\boldsymbol{x}} + O_{\boldsymbol{x}} + 4\sqrt{S_{\boldsymbol{x}} O_{\boldsymbol{x}}}.
\end{aligned} \tag{11.4.36}$$

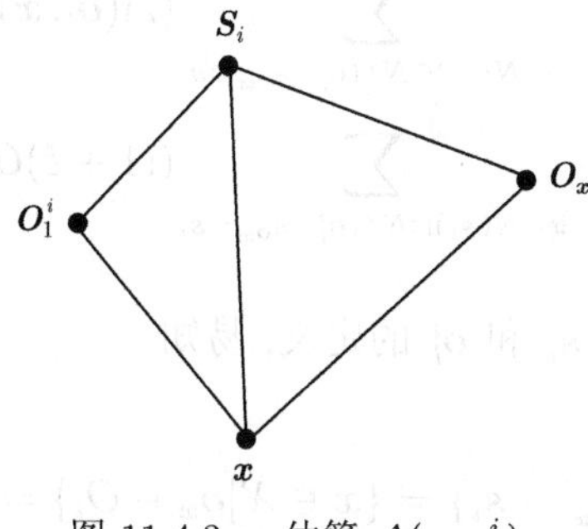

图 11.4.3 估算 $\Delta(\boldsymbol{x}, \boldsymbol{o}_1^i)$

根据 (11.4.30) 式, (11.4.32) 式, (11.4.34) 式和 (11.4.36) 式, 有

$$0 \leqslant f_{\boldsymbol{o}_1^i} - f_{\boldsymbol{s}_i} + \sum_{\boldsymbol{x} \in N(\boldsymbol{s}_i), \boldsymbol{s}_{\boldsymbol{o}_{\boldsymbol{x}}} \neq \boldsymbol{s}_i} (\Delta(\boldsymbol{s}_{\boldsymbol{o}_{\boldsymbol{x}}}, \boldsymbol{x}) - S_{\boldsymbol{x}}) +$$

$$
\begin{aligned}
&\sum_{\boldsymbol{x}\in N(\boldsymbol{s}_i)\cap N^*(\boldsymbol{o}_1^i),\boldsymbol{s}_{\boldsymbol{o}_{\boldsymbol{x}}}=\boldsymbol{s}_i}(\Delta(\hat{\boldsymbol{o}}_1^i,\boldsymbol{x})-S_{\boldsymbol{x}})+\\
&\sum_{\boldsymbol{x}\in N(\boldsymbol{s}_i)\backslash N^*(\boldsymbol{o}_1^i),\boldsymbol{s}_{\boldsymbol{o}_{\boldsymbol{x}}}=\boldsymbol{s}_i}(\Delta(\hat{\boldsymbol{o}}_1^i,\boldsymbol{x})-S_{\boldsymbol{x}})\\
\leqslant & f_{\boldsymbol{o}_1^i}-f_{\boldsymbol{s}_i}+\sum_{\boldsymbol{x}\in N(\boldsymbol{s}_i),\boldsymbol{s}_{\boldsymbol{o}_{\boldsymbol{x}}}\neq\boldsymbol{s}_i}(\Delta(\boldsymbol{s}_{\boldsymbol{o}_{\boldsymbol{x}}},\boldsymbol{x})-\boldsymbol{S}_x)+\\
&\sum_{\boldsymbol{x}\in N(\boldsymbol{s}_i)\cap N^*(\boldsymbol{o}_1^i),\boldsymbol{s}_{\boldsymbol{o}_{\boldsymbol{x}}}=\boldsymbol{s}_i}((1+\hat{\varepsilon})\Delta(\boldsymbol{o}_1^i,\boldsymbol{x})-S_{\boldsymbol{x}})+\\
&\sum_{\boldsymbol{x}\in N(\boldsymbol{s}_i)\backslash N^*(\boldsymbol{o}_1^i),\boldsymbol{s}_{\boldsymbol{o}_{\boldsymbol{x}}}=\boldsymbol{s}_i}((1+\hat{\varepsilon})\Delta(\boldsymbol{o}_1^i,\boldsymbol{x})-S_{\boldsymbol{x}})\\
\leqslant & f_{\boldsymbol{o}_1^i}-f_{\boldsymbol{s}_i}+\sum_{\boldsymbol{x}\in N(\boldsymbol{s}_i),\boldsymbol{s}_{\boldsymbol{o}_{\boldsymbol{x}}}\neq\boldsymbol{s}_i}(\Delta(\boldsymbol{s}_{\boldsymbol{o}_{\boldsymbol{x}}},\boldsymbol{x})-S_{\boldsymbol{x}})+\\
&\sum_{\boldsymbol{x}\in N(\boldsymbol{s}_i)\cap N^*(\boldsymbol{o}_1^i),\boldsymbol{s}_{\boldsymbol{o}_{\boldsymbol{x}}}=\boldsymbol{s}_i}((1+\hat{\varepsilon})O_{\boldsymbol{x}}-S_{\boldsymbol{x}})+\\
&\sum_{\boldsymbol{x}\in N(\boldsymbol{s}_i)\backslash N^*(\boldsymbol{o}_1^i),\boldsymbol{s}_{\boldsymbol{o}_{\boldsymbol{x}}}=\boldsymbol{s}_i}\left((1+\hat{\varepsilon})\left(4S_{\boldsymbol{x}}+O_{\boldsymbol{x}}+4\sqrt{S_{\boldsymbol{x}}O_{\boldsymbol{x}}}\right)-S_{\boldsymbol{x}}\right).
\end{aligned}
\tag{11.4.37}
$$

情形 2.2 考虑 $l=2,\cdots,l_i$ 时的 $\hat{\boldsymbol{o}}_l^i$. 这里有两种可能的情形.

情形 2.2.1 若 $\hat{\boldsymbol{o}}_l^i\notin S$. 因为 $\mathrm{add}(\hat{\boldsymbol{o}}_l^i)$ 运算也不能改进 S, 所以

$$
0\leqslant \mathrm{cost}(\mathcal{X},S\cup\{\hat{\boldsymbol{o}}_1^i\})-\mathrm{cost}(\mathcal{X},S). \tag{11.4.38}
$$

情形 2.2.2 若 $\hat{\boldsymbol{o}}_l^i\in S$. 由 $S\cup\{\hat{\boldsymbol{o}}_l^i\}=S$, 有 (11.4.38) 式.

根据 (11.4.31) 式和 (11.4.38) 式, 有

$$
\begin{aligned}
0\leqslant & f_{\boldsymbol{o}_l^i}+\sum_{\boldsymbol{x}\in N(\boldsymbol{s}_i)\cap N^*(\boldsymbol{o}_l^i),\boldsymbol{s}_{\boldsymbol{o}_{\boldsymbol{x}}}=\boldsymbol{s}_i}(\Delta(\hat{\boldsymbol{o}}_l^i,\boldsymbol{x})-S_{\boldsymbol{x}})\\
\leqslant & f_{\boldsymbol{o}_l^i}+\sum_{\boldsymbol{x}\in N(\boldsymbol{s}_i)\cap N^*(\boldsymbol{o}_l^i),\boldsymbol{s}_{\boldsymbol{o}_{\boldsymbol{x}}}=\boldsymbol{s}_i}((1+\hat{\varepsilon})O_{\boldsymbol{x}}-S_{\boldsymbol{x}}).
\end{aligned}
\tag{11.4.39}
$$

根据 O_i 的构建过程以及 $\boldsymbol{s}_i$ 和 $\boldsymbol{o}_l^i$ 的定义, 易知

$$
\begin{aligned}
&\{\boldsymbol{x}\in\mathcal{X}|\boldsymbol{s}_{\boldsymbol{o}_{\boldsymbol{x}}}=\boldsymbol{s}_i\}=\{\boldsymbol{x}\in\mathcal{X}|\boldsymbol{o}_{\boldsymbol{x}}\in O_i\}=\bigcup_{l=1}^{l_i}N^*(\boldsymbol{o}_l^i),\\
&N(\boldsymbol{s}_i)\cap\{\boldsymbol{x}\in\mathcal{X}|\boldsymbol{s}_{\boldsymbol{o}_{\boldsymbol{x}}}=\boldsymbol{s}_i\}=\bigcup_{l=1}^{l_i}\left(N(\boldsymbol{s}_i)\cap N^*(\boldsymbol{o}_l^i)\right).
\end{aligned}
\tag{11.4.40}
$$

将 $\hat{\boldsymbol{o}}_1^i$ 情形的 (11.4.37) 式和 $\hat{\boldsymbol{o}}_l^i$, $l=2,\cdots,l_i$ 情形的 (11.4.39) 式相加, 再根据 (11.4.33)

式和 (11.4.40) 式, 得到

$$
\begin{aligned}
0\leqslant & \sum_{o\in O_i} f_{o}-f_{s_i}+\sum_{x\in N(s_i),s_{o_x}\neq s_i}(\Delta(s_{o_x},x)-S_x)+\\
& \sum_{x\in \bigcup\limits_{l=1}^{l_i}\left(N(s_i)\cap N^*(o_l^i)\right),s_{o_x}=s_i}((1+\hat{\varepsilon})O_x-S_x)+\\
& \sum_{x\in N(s_i)\backslash N^*(o_1^i),s_{o_x}=s_i}\left((1+\hat{\varepsilon})\left(4S_x+O_x+4\sqrt{S_xO_x}\right)-S_x\right)\\
\leqslant & \sum_{o\in O_i} f_{o}-f_{s_i}+\sum_{x\in N(s_i),s_{o_x}\neq s_i}(\Delta(s_{o_x},x)-S_x)+\\
& \sum_{x\in N(s_i),s_{o_x}=s_i}((1+\hat{\varepsilon})O_x-S_x)+\\
& \sum_{x\in N(s_i),s_{o_x}=s_i}\left((1+\hat{\varepsilon})\left(4S_x+O_x+4\sqrt{S_xO_x}\right)-S_x\right)\\
= & \sum_{o\in O_i} f_{o}-f_{s_i}+\sum_{x\in N(s_i),s_{o_x}\neq s_i}(\Delta(s_{o_x},x)-S_x)+\\
& 2\sum_{x\in N(s_i),s_{o_x}=s_i}\left((1+\hat{\varepsilon})\left(2S_x+O_x+2\sqrt{S_xO_x}\right)-S_x\right).
\end{aligned}\tag{11.4.41}
$$

将 G 中所有中心对应的 (11.4.29) 式和所有点对 (s_i,O_i) 对应的 (11.4.41) 式相加, 再根据引理 11.4.2 和引理 11.4.3, 可得

$$
\begin{aligned}
0\leqslant & -\sum_{s\in S} f_s+\sum_{o\in O} f_o+\sum_{s\in S}\sum_{x\in N(s),s_{o_x}\neq s}(\Delta(s_{o_x},x)-S_x)+\\
& 2\sum_{i=1}^{m}\sum_{x\in N(s_i),s_{o_x}=s_i}\left((1+\hat{\varepsilon})\left(2S_x+O_x+2\sqrt{S_xO_x}\right)-S_x\right)\\
\leqslant & \sum_{s\in S} f_s+\sum_{o\in O} f_o+\sum_{x\in \mathcal{X}}(\Delta(s_{o_x},x)-S_x)+\\
& 2\sum_{x\in \mathcal{X}}\left((1+\hat{\varepsilon})\left(2S_x+O_x+2\sqrt{S_xO_x}\right)-S_x\right)\\
\leqslant & -C_f+C_f^*+\left(2C_s^*+C_s+2\sqrt{C_s^*C_s}\right)-C_s+\\
& 2\left((1+\hat{\varepsilon})\left(2C_s+C_s^*+2\sqrt{C_s^*C_s}\right)-C_s\right)\\
= & -C_f+C_f^*+(4+2\hat{\varepsilon})C_s^*+(2+4\hat{\varepsilon})C_s+(6+4\hat{\varepsilon})\sqrt{C_s^*C_s}.
\end{aligned}
$$

引理得证. □

定理 11.4.2 根据算法 ALG1(ε) 得到的局部最优解 S 满足

$$C_f + C_s \leqslant (7+3\varepsilon/8)C_f^* + (13+\varepsilon)C_s^*. \tag{11.4.42}$$

证明 根据引理 11.4.4 和引理 11.4.5 以及 $\hat{\varepsilon}$ 的定义, 有

$$\begin{aligned}
C_f + C_s &\leqslant C_f^* + (4+2\hat{\varepsilon})C_s^* + (3+4\hat{\varepsilon})C_s + (6+4\hat{\varepsilon})\sqrt{C_s^* C_s} \\
&\leqslant C_f^* + (4+2\hat{\varepsilon})C_s^* + (3+4\hat{\varepsilon})\left(C_f^* + (1+\hat{\varepsilon})C_s^*\right) + \\
&\quad\ (6+4\hat{\varepsilon})\sqrt{C_s^*\left(C_f^* + (1+\hat{\varepsilon})C_s^*\right)} \\
&= (4+4\hat{\varepsilon})C_f^* + (7+9\hat{\varepsilon}+4\hat{\varepsilon}^2)C_s^* + (6+4\hat{\varepsilon})\sqrt{C_s^*\left(C_f^* + (1+\hat{\varepsilon})C_s^*\right)} \\
&\leqslant (4+4\hat{\varepsilon})C_f^* + (7+9\hat{\varepsilon}+4\hat{\varepsilon}^2)C_s^* + (3+2\hat{\varepsilon})\left(C_s^* + C_f^* + (1+\hat{\varepsilon})C_s^*\right) \\
&= (7+6\hat{\varepsilon})C_f^* + (13+16\hat{\varepsilon}+6\hat{\varepsilon}^2)C_s^* \\
&\leqslant (7+3\varepsilon/8)C_f^* + (13+\varepsilon)C_s^*.
\end{aligned}$$

□

3. 利用缩放技术的改进

注意到引理 11.4.4 和引理 11.4.5 对 SOS-FLP 的任意实例 $\mathcal{I}$ 的任意可行解 U 成立, 因此有

$$\begin{aligned}
C_s(\mathcal{I},S) &\leqslant C_f(\mathcal{I},U) + (1+\hat{\varepsilon})C_s(\mathcal{I},U), \\
C_f(\mathcal{I},S) &\leqslant C_f(\mathcal{I},U) + (4+2\hat{\varepsilon})C_s(\mathcal{I},U) + (2+4\hat{\varepsilon})C_s(\mathcal{I},S) + \\
&\qquad (6+4\hat{\varepsilon})\sqrt{C_s(\mathcal{I},U)C_s(\mathcal{I},S)}.
\end{aligned}$$

更新算法 ALG1(ε) 的步 1 为

$$\hat{\varepsilon} := \frac{\sqrt{9+\varepsilon/2}-3}{2}. \tag{11.4.43}$$

使用标准的缩放技术[50], 可以得到下述算法.

算法 11.4.2 (ALG2(ε))

步 1 令 $\delta := (\sqrt{73}-5)/2$.

步 2 对任意给定实例 $\mathcal{I}$, 令 $f' := \delta f$ 从而得到修改的实例 $\mathcal{I}'$.

步 3 在实例 $\mathcal{I}'$ 上运行算法 ALG1(ε) 得到局部最优解 S.

步 4 输出实例 $\mathcal{I}$ 的解 S, 算法停止.

定理 11.4.3 算法 ALG1(ε) 得到的局部最优解 S 满足

$$C_f + C_s \leqslant \left(\frac{\sqrt{73}+7}{2} + \frac{\varepsilon}{2}\right)\left(C_f^* + C_s^*\right).$$

证明 实例 $\mathcal{I}$ 的局部最优解 O 是 $\mathcal{I}'$ 的可行解, 并且有 $C_f(\mathcal{I}',O)=\delta C_f(\mathcal{I},O)$ 和 $C_s(\mathcal{I}',O)=C_s(\mathcal{I},O)$, 为简便起见, 后面描述省略 O. 根据引理 11.4.4 和引理 11.4.5 有

$$C_f(\mathcal{I}')\leqslant\delta C_f^*(\mathcal{I})+(4+2\hat{\varepsilon})C_s^*(\mathcal{I})+(2+4\hat{\varepsilon})C_s(\mathcal{I})+(6+4\hat{\varepsilon})\sqrt{C_s^*(\mathcal{I})C_s(\mathcal{I})},$$
$$C_s(\mathcal{I}')\leqslant\delta C_f^*(\mathcal{I})+(1+\hat{\varepsilon})C_s^*(\mathcal{I}).$$

由上述不等式可得到

$$C_f(\mathcal{I})=C_f(\mathcal{I}')/\delta\leqslant C_f^*(\mathcal{I})+\frac{4+2\hat{\varepsilon}}{\delta}C_s^*(\mathcal{I})+\frac{2+4\hat{\varepsilon}}{\delta}C_s(\mathcal{I})+\frac{6+4\hat{\varepsilon}}{\delta}\sqrt{C_s^*(\mathcal{I})C_s(\mathcal{I})},$$
$$C_s(\mathcal{I})=C_s(\mathcal{I}')\leqslant\delta C_f^*(\mathcal{I})+(1+\hat{\varepsilon})C_s^*(\mathcal{I}).$$

将上面两个不等式相加, 再根据 (11.4.43) 式以及 $\delta=(\sqrt{73}-5)/2\geqslant 3/2$, 有

$$\begin{aligned}
C_f(\mathcal{I})+C_s(\mathcal{I})&\leqslant C_f^*(\mathcal{I})+\frac{4+2\hat{\varepsilon}}{\delta}C_s^*(\mathcal{I})+\left(1+\frac{2+4\hat{\varepsilon}}{\delta}\right)C_s(\mathcal{I})+\frac{6+4\hat{\varepsilon}}{\delta}\sqrt{C_s^*(\mathcal{I})C_s(\mathcal{I})}\\
&\leqslant C_f^*(\mathcal{I})+\frac{4+2\hat{\varepsilon}}{\delta}C_s^*(\mathcal{I})+\left(1+\frac{2+4\hat{\varepsilon}}{\delta}\right)\left(\delta C_f^*(\mathcal{I})+(1+\hat{\varepsilon})C_s^*(\mathcal{I})\right)+\\
&\qquad\frac{6+4\hat{\varepsilon}}{\delta}\sqrt{C_s^*(\mathcal{I})}\cdot\sqrt{\delta C_f^*(\mathcal{I})+(1+\hat{\varepsilon})C_s^*(\mathcal{I})}\\
&\leqslant(3+4\hat{\varepsilon}+\delta)C_f^*(\mathcal{I})+\left(1+\hat{\varepsilon}+\frac{6+8\hat{\varepsilon}+4\hat{\varepsilon}^2}{\delta}\right)C_s^*(\mathcal{I})+\\
&\qquad\frac{3+2\hat{\varepsilon}}{\delta}\left(\delta C_f^*(\mathcal{I})+(2+\hat{\varepsilon})C_s^*(\mathcal{I})\right)\\
&=(6+6\hat{\varepsilon}+\delta)C_f^*(\mathcal{I})+\left(1+\hat{\varepsilon}+\frac{12+15\hat{\varepsilon}+6\hat{\varepsilon}^2}{\delta}\right)C_s^*(\mathcal{I})\\
&=\left(\frac{\sqrt{73}+7}{2}+6\hat{\varepsilon}\right)C_f^*(\mathcal{I})+\left(\frac{\sqrt{73}+7}{2}+\hat{\varepsilon}+\frac{15\hat{\varepsilon}+6\hat{\varepsilon}^2}{\delta}\right)C_s^*(\mathcal{I})\\
&\leqslant\left(\frac{\sqrt{73}+7}{2}+6\hat{\varepsilon}\right)C_f^*(\mathcal{I})+\left(\frac{\sqrt{73}+7}{2}+12\hat{\varepsilon}+4\hat{\varepsilon}^2\right)C_s^*(\mathcal{I})\\
&\leqslant\left(\frac{\sqrt{73}+7}{2}+12\hat{\varepsilon}+4\hat{\varepsilon}^2\right)(C_f^*+C_s^*)\\
&=\left(\frac{\sqrt{73}+7}{2}+\frac{\varepsilon}{2}\right)(C_f^*+C_s^*).
\end{aligned}$$

□

使用文献 [19, 50] 里的标准技术, 可以得到多项式时间局部搜索算法, 该算法只在近似比上损失了任意给定的 $\varepsilon>0$.

定理 11.4.4 对任意给定的 $\varepsilon>0$, 连续 SOS-FLP 存在近似比为 $(7.7721+\varepsilon)$ 的算法, 运行时间为

$$\frac{1}{\varepsilon}n^{O(\log(1/\varepsilon)/\varepsilon^2)}\log\left(\frac{\mathrm{cost}(\mathcal{X},S_0)}{\mathrm{OPT}_k(\mathcal{X})}\right),$$

其中 S_0 是初始可行解.

证明 为了获得多项式时间算法, 我们将算法 ALG1(ε) 的步 3 修改为所谓的 " 大步长", 如下所示 (参见文献 [185] 的 9.1 节). 设 $\gamma \in (0,1)$ 为因子, 将在后续设定. 我们在每次迭代中保证 $\text{cost}(\mathcal{X}, S_{\min}) \leqslant (1-\gamma)\text{cost}(\mathcal{X}, S)$. 如果选择 l 使得

$$(1-\gamma)^l \text{cost}(\mathcal{X}, S_0) < \text{OPT}_k(\mathcal{X}),$$

算法 ALG1(ε) 将迭代不超过 l 次. 可以计算出

$$l = \frac{\log\left(\dfrac{\text{cost}(\mathcal{X}, S_0)}{\text{OPT}_k(\mathcal{X})}\right)}{\log\left(\dfrac{1}{1-\gamma}\right)}. \tag{11.4.44}$$

假设修改后的算法以接近局部最优解 S 终止. 记 $n_f := |\mathcal{F}|$. 为了分析 S 的质量, 需要重新考虑引理 11.4.4, 引理 11.4.5 和定理 11.4.3 的证明.

考虑引理 11.4.4 的证明.

$$\begin{aligned}
-\gamma\text{cost}(\mathcal{X}, S) &\leqslant \text{cost}(\mathcal{X}, S \cup \{\hat{\boldsymbol{o}}\}) - \text{cost}(\mathcal{X}, S) \\
&\leqslant f_{\boldsymbol{o}} + \sum_{\boldsymbol{x} \in N^*(\boldsymbol{o})} (\varDelta(\hat{\boldsymbol{o}}, \boldsymbol{x}) - S_{\boldsymbol{x}}) \\
&\leqslant f_{\boldsymbol{o}} + \sum_{\boldsymbol{x} \in N^*(\boldsymbol{o})} ((1+\hat{\varepsilon})O_{\boldsymbol{x}} - S_{\boldsymbol{x}}).
\end{aligned} \tag{11.4.45}$$

因为最多有 n_f 个这样的不等式相加, 所以有

$$-n_f\gamma\text{cost}(\mathcal{X}, S) \leqslant C_f^* - C_s + (1+\hat{\varepsilon})C_s^*. \tag{11.4.46}$$

类似地, 在引理 11.4.5 的证明中, 我们通过将不等式 (11.4.29) 和 (11.4.41) 式相加得到结果. 因为最多有 $2n_f$ 个不等式, 所以有

$$-2n_f\gamma\text{cost}(\mathcal{X}, S) \leqslant C_f^* - C_f + (4+2\hat{\varepsilon})C_s^* + (2+4\hat{\varepsilon})C_s + (6+4\hat{\varepsilon})\sqrt{C_s^* C_s}. \tag{11.4.47}$$

根据 (11.4.46) 式和 (11.4.47) 式, 可以更新定理 11.4.2的结果如下:

$$(1-(\delta+2)n_f\gamma)(C_f + C_s) \leqslant \left(\frac{\sqrt{73}+7}{2} + \frac{\varepsilon}{2}\right)(C_f^* + C_s^*). \tag{11.4.48}$$

设

$$\gamma := \frac{\varepsilon}{4\left(\sqrt{73}+7\right)(\delta+2)n_f}. \tag{11.4.49}$$

假定 $\varepsilon \leqslant 1$. 根据 (11.4.48) 式和 (11.4.49) 式, 有

$$C_f + C_s \leqslant \frac{1}{1-(\delta+2)n_f\gamma}\left(\frac{\sqrt{73}+7}{2} + \frac{\varepsilon}{2}\right)(C_f^* + C_s^*)$$

$$
\begin{aligned}
&=\frac{1}{1-\dfrac{\varepsilon}{4\left(\sqrt{73}+7\right)}}\left(\frac{\sqrt{73}+7}{2}+\frac{\varepsilon}{2}\right)\left(C_f^*+C_s^*\right)\\
&\leqslant\left(1+\frac{\varepsilon}{2\left(\sqrt{73}+7\right)}\right)\left(\frac{\sqrt{73}+7}{2}+\frac{\varepsilon}{2}\right)\left(C_f^*+C_s^*\right)\\
&=\left(\frac{\sqrt{73}+7}{2}+\frac{\varepsilon}{2}+\frac{\varepsilon}{4}+\frac{\varepsilon^2}{4\left(\sqrt{73}+7\right)}\right)\left(C_f^*+C_s^*\right)\\
&\leqslant\left(\frac{\sqrt{73}+7}{2}+\varepsilon\right)\left(C_f^*+C_s^*\right)\\
&\leqslant(7.7721+\varepsilon)\left(C_f^*+C_s^*\right).
\end{aligned}
$$

下面根据 (11.4.44) 式和 (11.4.49) 式估算时间复杂度. 由

$$
(1-\gamma)^{\frac{1}{\gamma}}\leqslant\frac{1}{\mathrm{e}},\quad \text{可得}\quad \frac{1}{\log\left(\dfrac{1}{1-\gamma}\right)}\leqslant\frac{1}{\gamma}.
$$

回想

$$
\delta=\frac{\sqrt{73}-5}{2},\qquad n_f=n^{O(\log(1/\hat{\varepsilon})/\hat{\varepsilon}^2)},
$$

和

$$
\hat{\varepsilon}=\frac{\sqrt{9+\varepsilon/2}-3}{2}=\frac{\varepsilon}{4\left(\sqrt{9+\varepsilon/2}+3\right)},
$$

再结合 (11.4.44) 式, 可得迭代次数的上界

$$
\frac{1}{\varepsilon}n^{O(\log(1/\varepsilon)/\varepsilon^2)}\log\left(\frac{\mathrm{cost}(\mathcal{X},S_0)}{\mathrm{OPT}_k(\mathcal{X})}\right).
$$

□

11.4.3 离散 SOS-FLP 的局部搜索算法

本节讨论离散型 SOS-FLP. 因为该算法及其分析类似于 11.4.2 节, 因此只给出证明的框架. 使用与前面相同的符号. 回顾离散 SOS-FLP 的定义, 候选设施集表示为 $\mathcal{F}$, 离散 SOS-FLP 的局部搜索算法与算法 11.4.1, 只有步 1 不同. 在离散 SOS-FLP 中, 不需要构造近似质心集, 任意选择可行解 $S\subseteq\mathcal{F}$ 即可. 将修改后的适用于离散 SOS-FLP 的算法表示为 ALG3.

根据离散 SOS-FLP 的上下文, 有以下引理.

引理 11.4.6 [194]

$$
\sqrt{\Delta(\boldsymbol{s}_{\boldsymbol{o}_{\boldsymbol{x}}},\boldsymbol{x})}\leqslant\sqrt{S_{\boldsymbol{x}}}+2\sqrt{O_{\boldsymbol{x}}},\qquad\forall\boldsymbol{x}\in\mathcal{X}.
$$

$$\sum_{\boldsymbol{x}\in\mathcal{X}} \Delta(\boldsymbol{x}, \boldsymbol{s}_{o_{\boldsymbol{x}}}) \leqslant 4C_s^* + C_s + 4\sqrt{C_s^* C_s}.$$

现在估计 S 的费用上界.

定理 11.4.5 由算法 ALG3 得到的局部最优解 S 满足

$$C_f + C_s \leqslant 8C_f^* + 17C_s^*.$$

证明 S 的连接费用上界可以由下式估计

$$C_s \leqslant C_f^* + C_s^*. \tag{11.4.50}$$

根据引理 11.4.6, S 中设施的开设费用上界满足

$$C_f \leqslant C_f^* + 6C_s^* + 2C_s + 8\sqrt{C_s^* C_s}. \tag{11.4.51}$$

结合 (11.4.50) 式和 (11.4.51) 式, 可得

$$\begin{aligned}
C_f + C_s &\leqslant C_f^* + 6C_s^* + 3C_s + 8\sqrt{C_s^* C_s} \\
&\leqslant C_f^* + 6C_s^* + 3\left(C_f^* + C_s^*\right) + 8\sqrt{C_s^*\left(C_f^* + C_s^*\right)} \\
&= 4C_f^* + 9C_s^* + 8\sqrt{C_s^*\left(C_f^* + C_s^*\right)} \\
&\leqslant 4C_f^* + 9C_s^* + 4\left(C_f^* + 2C_s^*\right) \\
&= 8C_f^* + 17C_s^*.
\end{aligned}$$

□

再次使用标准的缩放技术[50] 来进一步改进分析. 改进后的算法除了步 1 和步 3, 与算法 11.4.2 几乎相同. 在步 1 中, 设置 $\delta = 2$. 在步 3 中, 调用子程序 ALG3. 我们将最终算法记为 ALG4.

定理 11.4.6 算法 ALG4 得到的局部最优解 S 满足

$$C_f + C_s \leqslant 9\left(C_f^* + C_s^*\right).$$

证明 实例 $\mathcal{I}$ 的最优解 O 是实例 $\mathcal{I}'$ 的可行解, 并且有 $C_f(\mathcal{I}', O) = \delta C_f(\mathcal{I}, O)$ 和 $C_s(\mathcal{I}', O) = \delta C_s(\mathcal{I}, O)$. 由 (11.4.50) 式和 (11.4.51) 式可得

$$\begin{aligned}
C_f(\mathcal{I}') &\leqslant \delta C_f^*(\mathcal{I}) + 6C_s^*(\mathcal{I}) + 2C_s(\mathcal{I}) + 8\sqrt{C_s^*(\mathcal{I}) C_s(\mathcal{I})}, \\
C_s(\mathcal{I}') &\leqslant \delta C_f^*(\mathcal{I}) + C_s^*(\mathcal{I}).
\end{aligned}$$

从以上不等式可推出

$$\begin{aligned}
C_f(\mathcal{I}) &= C_f(\mathcal{I}')/\delta \leqslant C_f^*(\mathcal{I}) + \frac{6}{\delta} C_s^*(\mathcal{I}) + \frac{2}{\delta} C_s(\mathcal{I}) + \frac{8}{\delta}\sqrt{C_s^*(\mathcal{I}) C_s(\mathcal{I})}, \\
C_s(\mathcal{I}) &= C_s(\mathcal{I}') \leqslant \delta C_f^*(\mathcal{I}) + C_s^*(\mathcal{I}).
\end{aligned}$$

将上述两个不等式相加, 再有 $\delta=2$, 可得

$$
\begin{aligned}
C_f(\mathcal{I})+C_s(\mathcal{I}) \leqslant & C_f^*(\mathcal{I})+\frac{6}{\delta} C_s^*(\mathcal{I})+\left(1+\frac{2}{\delta}\right) C_s(\mathcal{I})+\frac{8}{\delta} \sqrt{C_s^*(\mathcal{I}) C_s(\mathcal{I})} \\
\leqslant & C_f^*(\mathcal{I})+\frac{6}{\delta} C_s^*(\mathcal{I})+\left(1+\frac{2}{\delta}\right)\left(\delta C_f^*(\mathcal{I})+C_s^*(\mathcal{I})\right)+ \\
& \frac{8}{\delta} \sqrt{C_s^*(\mathcal{I})} \cdot \sqrt{\delta C_f^*(\mathcal{I})+C_s^*(\mathcal{I})} \\
\leqslant & (3+\delta) C_f^*(\mathcal{I})+\left(1+\frac{8}{\delta}\right) C_s^*(\mathcal{I})+\frac{4}{\delta}\left(\delta C_f^*(\mathcal{I})+2 C_s^*(\mathcal{I})\right) \\
= & (7+\delta) C_f^*(\mathcal{I})+\left(1+\frac{16}{\delta}\right) C_s^*(\mathcal{I})=9\left(C_f^*+C_s^*\right) .
\end{aligned}
$$

使用文献 [19,50] 中的标准技术, 可用与定理 11.4.4 同样的方式证明以下定理.

定理 11.4.7 *对任意给定 $\varepsilon>0$, 离散 SOS-FLP 存在运行时间为*

$$
O\left(\frac{1}{\varepsilon} n_f \log \left(\frac{\operatorname{cost}(\mathcal{X}, S_0)}{\operatorname{OPT}_k(\mathcal{X})}\right)\right)
$$

的 $(9+\varepsilon)$-算法, 其中 S_0 是初始可行解, $n_f:=|\mathcal{F}|$.

证明 修改算法 ALG3 步 3 为所谓的 “大步长”, 即 $\operatorname{cost}(\mathcal{X}, S_{\min}) \leqslant(1-\gamma) \operatorname{cost}(\mathcal{X}, S)$, 其中因子 $\gamma \in(0,1)$ 将在稍后指定. 回顾 (11.4.44) 式中 l 的定义, 可知算法 ALG4 在 l 次迭代内结束, 并输出接近局部最优的解 S. 重新思考定理 11.4.5 和定理 11.4.6 的证明. 得到 (11.4.46) 式而不是 (11.4.50) 式. 与 (11.4.47) 式类似, 有

$$
-2 n_f \gamma \operatorname{cost}(\mathcal{X}, S) \leqslant C_f^*-C_f+6 C_s^*+2 C_s+8 \sqrt{C_s^* C_s}. \tag{11.4.52}
$$

基于 (11.4.46) 式和 (11.4.52), 更新定理 11.4.6 如下:

$$
\left(1-(\delta+2) n_f \gamma\right)\left(C_f+C_s\right) \leqslant 9\left(C_f^*+C_s^*\right) . \tag{11.4.53}
$$

令

$$
\gamma:=\frac{\varepsilon}{18(\delta+2) n_f}. \tag{11.4.54}
$$

设 $\varepsilon \leqslant 1$. 由 (11.4.53) 式和 (11.4.54) 式, 可知

$$
\begin{aligned}
C_f+C_s & \leqslant \frac{9}{1-(\delta+2) n_f \gamma}\left(C_f^*+C_s^*\right) \\
& =\frac{9}{1-\frac{\varepsilon}{18}}\left(C_f^*+C_s^*\right) \\
& \leqslant 9\left(1+\frac{\varepsilon}{9}\right)\left(C_f^*+C_s^*\right) \\
& =(9+\varepsilon)\left(C_f^*+C_s^*\right) .
\end{aligned}
$$

由 (11.4.44) 式、(11.4.54) 式, 可得迭代次数的上界为

$$O\left(\frac{1}{\varepsilon}n_f \log\left(\frac{\mathrm{cost}(\mathcal{X}, S_0)}{\mathrm{OPT}_k(\mathcal{X})}\right)\right). \qquad \square$$

Arya 等[19] 为 FLP 的局部搜索 3-近似算法给出紧的例子. 基于这个稍加修改的实例, 可以说明算法近似比的分析是紧的. 在这个实例中, 有 $k+1$ 个设施具有开设费用

$$f_i = \begin{cases} 0, & \forall\, i = 1, 2, \cdots, k, \\ 8(k-1), & \forall\, i = k+1, \end{cases}$$

和 k 个顾客点具有连接费用

$$c_{ij} = \begin{cases} 1, & \forall\, i = j = 1, 2, \cdots, k, \\ 1, & \forall\, i = k+1,\ j = 1, 2, \cdots, k, \\ 9, & \text{其他}. \end{cases}$$

易知开设中心 $S^* = \{1, 2, \cdots, k\}$ 是最优解, $S = \{k+1\}$ 是局部最优解, 就上面的局部搜索算法而言局部间隙 (locality gap) 为 $9 - 8/k$. 随着 k 趋向于 $+\infty$, 局部间隙趋向于 9, 这说明前面对近似比的分析是紧的.

11.5 带惩罚 μ-相似 Bregman 散度 k-均值问题

在聚类中, 有些问题会采用 Bregman 散度做为距离衡量聚类代价, 由此引出 Bregman 散度 k-均值问题[1,30]. 本节主要介绍带惩罚 μ-相似 Bregman 散度 k-均值问题的初始化算法. 首先给出 Bregman 散度 k-均值问题和带惩罚 Bregman 散度 k-均值问题的定义以及基本符号, 然后针对 μ-相似 Bregman 散度, 给出带惩罚 μ-相似 Bregman 散度 k-均值问题的初始化算法, 并分析算法的性能, 最后对该问题进行了进一步讨论.

11.5.1 问题描述

本节介绍 μ-相似 Bregman 散度, 相应的 k-均值问题和带惩罚版本, 以及符号和记法.

定义 11.5.1 [1] 给定 (非单点) 凸集 $X \subseteq \mathbb{R}^d$, 记 $\mathrm{ri}(X)$ 为 X 的相对内点. 如果函数 $\varphi: \mathrm{ri}(X) \to \mathbb{R}$ 严格凸且一阶偏导数连续, 则称该函数为 Bregman 生成函数. 对任意 $\boldsymbol{p}, \boldsymbol{q} \in \mathrm{ri}(X)$, 关于 φ 的 Bregman **散度**定义为

$$B_\varphi(\boldsymbol{p}, \boldsymbol{q}) = \varphi(\boldsymbol{p}) - \varphi(\boldsymbol{q}) - \nabla\varphi(\boldsymbol{q})^\top(\boldsymbol{p} - \boldsymbol{q}).$$

定义 11.5.2 [1] 给定对称正定矩阵 $\boldsymbol{A} \in \mathbb{R}^{d\times d}$, 对于 $\boldsymbol{x}, \boldsymbol{y} \in \mathbb{R}^d$, 记 $B_{\boldsymbol{A}}(\boldsymbol{x}, \boldsymbol{y}) := (\boldsymbol{x} - \boldsymbol{y})^{\mathrm{T}}\boldsymbol{A}(\boldsymbol{x} - \boldsymbol{y})$ 为 Markov 距离. 给定 $X \subseteq \mathbb{R}^d$ 上的 Bregman 散度 B_φ, 如果存在常数 $\mu \in (0, 1]$ 和对称正定矩阵 $\boldsymbol{A} \in \mathbb{R}^{d\times d}$, 使得对任意 $\boldsymbol{x}, \boldsymbol{y} \in X$ 都有

$$\mu B_{\boldsymbol{A}}(\boldsymbol{x}, \boldsymbol{y}) \leqslant B_\varphi(\boldsymbol{x}, \boldsymbol{y}) \leqslant B_{\boldsymbol{A}}(\boldsymbol{x}, \boldsymbol{y}),$$

则称 B_φ 为μ-**相似 Bregman 散度**.

与 Euclidean 距离不同, μ-相似 Bregman 散度不满足对称性和三角不等式, 但满足下面的性质.

命题 11.5.1 [1] 给定 $X \subseteq \mathbb{R}^d$ 上的 μ-相似 Bregman 散度 B_φ, 对任意 $\boldsymbol{x}, \boldsymbol{y}, \boldsymbol{z} \in X$, 下述不等式成立:

$$B_\varphi(\boldsymbol{x}, \boldsymbol{y}) \leqslant \frac{1}{\mu} B_\varphi(\boldsymbol{y}, \boldsymbol{x}),$$

$$B_\varphi(\boldsymbol{x}, \boldsymbol{y}) \leqslant \frac{2}{\mu} B_\varphi(\boldsymbol{x}, \boldsymbol{z}) + \frac{2}{\mu} B_\varphi(\boldsymbol{z}, \boldsymbol{y}),$$

$$B_\varphi(\boldsymbol{x}, \boldsymbol{y}) \leqslant \frac{2}{\mu} B_\varphi(\boldsymbol{x}, \boldsymbol{z}) + \frac{2}{\mu} B_\varphi(\boldsymbol{y}, \boldsymbol{z}),$$

$$B_\varphi(\boldsymbol{x}, \boldsymbol{y}) \leqslant \frac{2}{\mu} B_\varphi(\boldsymbol{z}, \boldsymbol{x}) + \frac{2}{\mu} B_\varphi(\boldsymbol{z}, \boldsymbol{y}),$$

$$B_\varphi(\boldsymbol{x}, \boldsymbol{y}) \leqslant \frac{2}{\mu} B_\varphi(\boldsymbol{z}, \boldsymbol{x}) + \frac{2}{\mu} B_\varphi(\boldsymbol{y}, \boldsymbol{z}).$$

定义 11.5.3 给定正整数 k 和 n 满足 $k < n$, 数据点集合 $\mathcal{X} = \{\boldsymbol{x}_1, \boldsymbol{x}_2, \cdots, \boldsymbol{x}_n\} \subseteq \mathbb{R}^d$, μ-**相似 Bregman 散度 k-均值问题**的目标是寻找中心点集合 $Q = \{\boldsymbol{q}_1, \boldsymbol{q}_2, \cdots, \boldsymbol{q}_k\} \subseteq \mathbb{R}^d$, 使得数据点集合 $\mathcal{X}$ 聚到 Q 上的费用函数 $\operatorname{cost}(\mathcal{X}, Q) := \sum_{\boldsymbol{x} \in \mathcal{X}} \operatorname{cost}(\boldsymbol{x}, Q)$ 达到最小, 其中 $\operatorname{cost}(\boldsymbol{x}, Q) := \min_{\boldsymbol{q} \in Q} B_\varphi(\boldsymbol{x}, \boldsymbol{q})$ 表示点 $\boldsymbol{x} \in \mathcal{X}$ 聚到集合 Q 的费用.

在实际问题中, 被聚类的数据中可能存在噪声影响聚类效果, 我们可以选择对这些点支付额外费用而不聚类, 这时需要重新定义数据点集合 $\mathcal{X}$ 聚到 Q 上的费用函数和点 $\boldsymbol{x} \in \mathcal{X}$ 聚到集合 Q 的费用.

定义 11.5.4 给定正整数 k 和 n 满足 $k < n$, 数据点集合 $\mathcal{X} = \{\boldsymbol{x}_1, \boldsymbol{x}_2, \cdots, \boldsymbol{x}_n\} \subseteq \mathbb{R}^d$, 满足线性可加性的惩罚函数 $p : \mathcal{X} \to \mathbb{R}^+$, **带惩罚 μ-相似 Bregman 散度 k-均值问题**的目标是寻找中心点集合 $Q = \{\boldsymbol{q}_1, \boldsymbol{q}_2, \cdots, \boldsymbol{q}_k\} \subseteq \mathbb{R}^d$, 使得数据点集合 $\mathcal{X}$ 聚到 Q 上的费用函数 $\operatorname{cost}(\mathcal{X}, Q) := \sum_{\boldsymbol{x} \in \mathcal{X}} \operatorname{cost}(\boldsymbol{x}, Q)$ 达到最小, 其中 $\operatorname{cost}(\boldsymbol{x}, Q) := \min\left\{\min_{\boldsymbol{q} \in Q} B_\varphi(\boldsymbol{x}, \boldsymbol{q}), p(\boldsymbol{x})\right\}$ 表示点 $\boldsymbol{x} \in \mathcal{X}$ 聚到集合 Q 的费用.

本节用 Q^* 来表示最优解, $\operatorname{cost}(\mathcal{X}, Q^*)$ 表示最优解的费用函数值, 简记为 $\mathrm{OPT}_k(\mathcal{X})$. 给定任何聚类结果的中心点集合 $Q = \{\boldsymbol{q}_1, \boldsymbol{q}_2, \cdots, \boldsymbol{q}_k\}$, 则 $\mathcal{X}$ 被分成 $k+1$ 个部分, 包括 k 个聚类簇和 1 个惩罚点集合. 对于每个 $i \in [k]$, 令 $\hat{\mathcal{X}}_i(Q)$ 表示聚类到中心 $\boldsymbol{q}_i \in Q$ 的点集, $P(Q)$ 表示不聚类到任何中心的点集, 即

$$\hat{\mathcal{X}}_i(Q) := \{\boldsymbol{x} \in \mathcal{X} : B_\varphi(\boldsymbol{x}, \boldsymbol{q}_i) \leqslant p(\boldsymbol{x}), B_\varphi(\boldsymbol{x}, \boldsymbol{q}_i) \leqslant B_\varphi(\boldsymbol{x}, \boldsymbol{q}_j), \forall j \in [k], j \neq i\},$$

$$P(Q) := \left\{\boldsymbol{x} \in \mathcal{X} : \min_{\boldsymbol{q} \in Q}\{B_\varphi(\boldsymbol{x}, \boldsymbol{q})\} > p(\boldsymbol{x})\right\}.$$

因此, 费用函数可以用以下等价形式表示:

$$\mathrm{cost}(\mathcal{X},Q)=\sum_{\boldsymbol{x}\in\bigcup_{i=1}^{k}\hat{\mathcal{X}}_i(Q)}\mathrm{cost}(\boldsymbol{x},Q)+\sum_{\boldsymbol{x}\in P(Q)}p(\boldsymbol{x}).$$

用 r 表示所有点上的最大惩罚与最小惩罚之比, 即

$$r=\frac{\max\limits_{\boldsymbol{x}\in\mathcal{X}}\{p(\boldsymbol{x})\}}{\min\limits_{\boldsymbol{x}\in\mathcal{X}}\{p(\boldsymbol{x})\}}. \tag{11.5.55}$$

11.5.2 带惩罚 μ-相似 Bregman 散度 k-均值问题的初始化算法

k-均值问题对初始中心点很敏感. 借鉴 k-均值 ++ 算法, 可以给出带惩罚 μ-相似 Bregman 散度 k-均值问题的初始化算法. 具体算法见算法 11.5.1.

算法 11.5.1 (**带惩罚 μ-相似 Bregman 散度 k-均值问题的初始化算法**)

输入: 数据点集合 $\mathcal{X}$, 正整数 k.

输出: 聚类中心集合 Q, 惩罚点集合 P.

步 1 初始化 $Q:=\varnothing$, 从 $\mathcal{X}$ 中以均匀分布随机选择第一个中心点 $\boldsymbol{q}_1$, 然后令 $Q:=Q\cup\{\boldsymbol{q}_1\}$, $i=1$.

步 2 $i=2$, 重复以下两步, 直到 $i=k$.

步 2.1 以概率

$$\frac{\min\{\min\limits_{\boldsymbol{q}\in Q}B_\varphi(\boldsymbol{q}_i,\boldsymbol{q}),p(\boldsymbol{q}_i)\}}{\sum\limits_{\boldsymbol{x}\in\mathcal{X}}\min\{\min\limits_{\boldsymbol{q}\in Q}B_\varphi(\boldsymbol{x},\boldsymbol{q}),p(\boldsymbol{x})\}}$$

从 $\mathcal{X}$ 中选择中心点 $\boldsymbol{q}_i$.

步 2.2 令 $Q:=Q\cup\{\boldsymbol{q}_i\}, i=i+1$.

步 3 构造 k 个簇, 其中

$$\hat{\mathcal{X}}_i(Q):=\{\boldsymbol{x}\in\mathcal{X}:B_\varphi(\boldsymbol{x},\boldsymbol{q}_i)\leqslant p(\boldsymbol{x}),B_\varphi(\boldsymbol{x},\boldsymbol{q}_i)\leqslant B_\varphi(\boldsymbol{x},\boldsymbol{q}_j),\forall j\in[k],j\neq i\}.$$

步 4 构造惩罚点集合 $P(Q):=\{\boldsymbol{x}\in\mathcal{X}:\min\limits_{\boldsymbol{q}\in Q}\{B_\varphi(\boldsymbol{x},\boldsymbol{q})\}>p(\boldsymbol{x})\}$.

步 5 更新聚类中心集合 Q, 其中簇 i 的中心点 $\boldsymbol{q}_i:=\mathrm{cen}(\hat{\mathcal{X}}_i(Q))$.

步 6 重复步 3 至步 5, 直到 Q 不再变化.

步 7 返回 Q 和 P.

容易看出, 算法 11.5.1 的每次迭代费用函数都会下降. 根据 Lloyd 算法[147], 被聚类的 $\hat{\mathcal{X}}_i(Q)$ 中的点重新聚到新的中心点时, 费用函数值会下降. 而被惩罚的点, 如果下次迭代, 不再被惩罚, 也意味着费用的减小. 因此整个算法最终会收敛. 如果能够证明根据算法第一步和第二步选取初始点, 聚类的费用函数与最优值可估计, 则整个算法的费用函数可估计.

为了分析和证明方便, 将任意一个聚类结果的惩罚点集合 P 划分为 k 个两两不交的子集, $\{P_1,P_2,\cdots,P_k\}$, 其中

$$P_i=\{\boldsymbol{p}\in P:\min B_\varphi(\boldsymbol{p},\boldsymbol{q}_i)\leqslant\min B_\varphi(\boldsymbol{p},\boldsymbol{q}_j),\forall j\in[k],j\neq i\}.$$

据此定义 $\mathcal{X}$ 的另一种划分形式, 对于每个中心 $\boldsymbol{q}_i \in Q$, $i \in [k]$, 引入新的 "簇"$\mathcal{X}_i(Q)$, 称为 p 型簇, 具体定义为

$$\mathcal{X}_i(Q) = \hat{\mathcal{X}}_i(Q) \cup P_i, \quad \forall i \in [k]. \tag{11.5.56}$$

从定义知道, $\mathcal{X}$ 中的任何一点都恰好属于一个 p 型簇, 即 $\{\mathcal{X}_i(Q)\}(i=1,2,\cdots,k)$ 是 $\mathcal{X}$ 的划分. 每个 p 型簇里面, 既包含聚类点, 也包含被惩罚点. 为了记号统一, 将 p 型簇的两部分数据点重新记为

$$\mathcal{X}_i^c(Q) = \hat{\mathcal{X}}_i(Q) = \{\boldsymbol{x} \in \mathcal{X}_i(Q) : B_\varphi(\boldsymbol{x}, \boldsymbol{q}_i) \leqslant p(\boldsymbol{x})\}, \tag{11.5.57}$$

和

$$\mathcal{X}_i^p(Q) = P_i = \{\boldsymbol{x} \in \mathcal{X}_i(Q) : B_\varphi(\boldsymbol{x}, \boldsymbol{q}_i) > p(\boldsymbol{x})\}. \tag{11.5.58}$$

采用上述记号, 聚类目标函数也可以表示为

$$\operatorname{cost}(\mathcal{X}, Q) = \sum_{\boldsymbol{x} \in \bigcup_{i=1}^{k} \mathcal{X}_i^c(Q)} B_\varphi(\boldsymbol{x}, Q) + \sum_{\boldsymbol{x} \in \bigcup_{i=1}^{k} \mathcal{X}_i^p(Q)} p(\boldsymbol{x}).$$

为了区分, 称常规意义下的簇为 n 型簇. 假设 Q^* 是问题的最优聚类中心集合, 令 $\hat{D}_1, \hat{D}_2, \cdots, \hat{D}_k$ 是 $\mathcal{X}$ 基于 Q^* 的 n 型簇, $D_1, D_2, \cdots, D_k$ 是如 (11.5.56) 式定义的 $\mathcal{X}$ 基于 Q^* 的 p 型簇, 则二者之间的关系为

$$\hat{D}_i = D_i^c \subseteq D_i, \forall i \in [k],$$

其中 D_i^c 的定义如 (11.5.57) 式. $\mathcal{X}, D_i$ 和 $\hat{D}_i$ 的关系如图 11.5.1 所示, 其中, 虚线圆圈内表示 D_i, 实线圆圈内表示 $\hat{D}_i$, 黑色圆点代表被聚类的点, 符号 $\times$ 代表被惩罚的点.

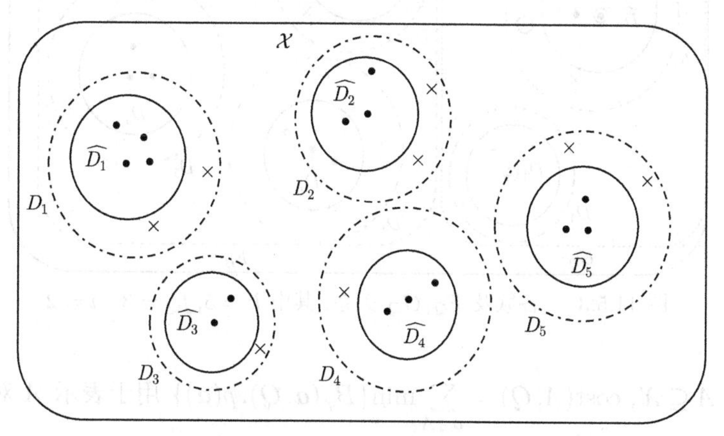

图 11.5.1　p 型簇示例 $(k=5)$

设 Q 是某个可行解的聚类中心集合, 若 $D_i \cap Q = \varnothing$, 则 D_i 称为 Q 的不重合 p 型簇, 否则称为 Q 的重合 p 型簇. 令 f_Q 表示不重合的 p 型簇的数目, $F_Q = \{\boldsymbol{x} \in D_i : D_i \cap Q = \varnothing\}$ 表示不重合的 p 型簇中的点, $G_Q = \mathcal{X} - F_Q$ 表示重合的 p 型簇中的点.

当 $k=5, f_Q=3, m=3$ 时, F_Q, G_Q 以及各簇关系如图 11.5.2 所示. 这里已经选中了两个中心点, 小圆圈中的点就是被选为中心点的数据点, 不重合的簇的个数 f_Q 是 3, 还需选择的中心点的个数 m 是 3.

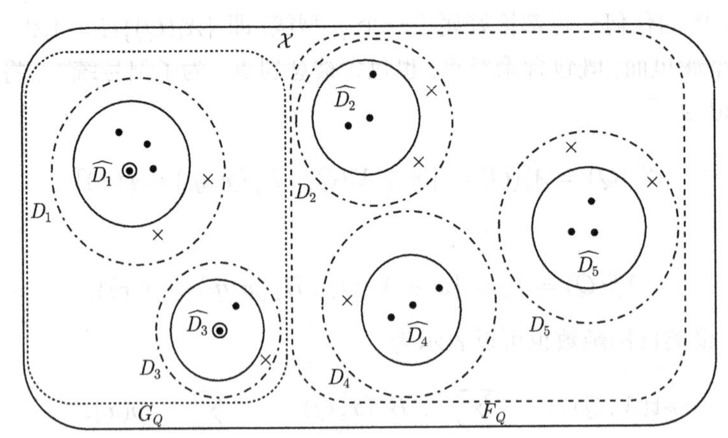

图 11.5.2 各簇及 F_Q, G_Q 关系, 其中 $k=5, f_Q=3, m=3$

当 $k=5, f_Q=3, m=2$ 时, F_Q, G_Q 以及各簇关系如图 11.5.3 所示. 这里已经选中了三个中心点, 小圆圈中的点就是被选为中心点的数据点. 由于有一个惩罚点被选中做聚类中心点, 所以不重合的簇的个数 f_Q 还是 3, 还需选择的中心点的个数 m 变为 2.

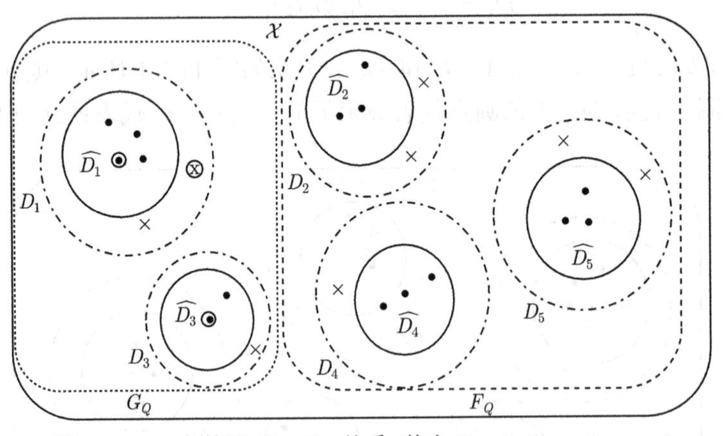

图 11.5.3 各簇及 F_Q, G_Q 关系, 其中 $k=5, f_Q=3, m=2$

对于任何 $A \subseteq \mathcal{X}$, $\operatorname{cost}(A, Q)=\sum\limits_{\boldsymbol{a} \in A} \min\{B_{\varphi}(\boldsymbol{a}, Q), p(\boldsymbol{a})\}$ 用于表示 A 对费用函数的贡献. 特别地, 如果 $A=\{\boldsymbol{a}\}$, 记为 $\operatorname{cost}(\boldsymbol{a}, Q)$.

引理 11.5.1 设 D 是 (11.5.56) 式中定义的 $\mathcal{X}$ 基于 Q^* 的任意 p 型簇, 则

$$\sum_{\boldsymbol{x}_1, \boldsymbol{x}_2 \in D} B_{\varphi}(\boldsymbol{x}_1, \boldsymbol{x}_2) \leqslant \left(1+\frac{1}{\mu}\right)|D| \operatorname{cost}(D, Q^*). \tag{11.5.59}$$

证明 根据质心引理和性质 11.5.1 有

$$\begin{aligned}\sum_{\boldsymbol{x}_1,\boldsymbol{x}_2\in D} B_\varphi(\boldsymbol{x}_1,\boldsymbol{x}_2) &= \sum_{\boldsymbol{x}_2\in D}\left(\sum_{\boldsymbol{x}_1\in D} B_\varphi(\boldsymbol{x}_1,\mathrm{cen}(D)) + |D|B_\varphi(\mathrm{cen}(D),\boldsymbol{x}_2)\right)\\ &= |D|\sum_{\boldsymbol{x}_1\in D} B_\varphi(\boldsymbol{x}_1,\mathrm{cen}(D)) + |D|\sum_{\boldsymbol{x}_2\in D} B_\varphi(\mathrm{cen}(D),\boldsymbol{x}_2)\\ &\leqslant |D|\sum_{\boldsymbol{x}_1\in D} B_\varphi(\boldsymbol{x}_1,\mathrm{cen}(D)) + \frac{|D|}{\mu}\sum_{\boldsymbol{x}_2\in D} B_\varphi(\boldsymbol{x}_2,\mathrm{cen}(D))\\ &= \left(1+\frac{1}{\mu}\right)|D|\mathrm{cost}(D,Q^*).\end{aligned}$$

引理得证. □

引理 11.5.2 设 Q 是 $\mathcal{X}$ 任意聚类, D 是 (11.5.56) 式中定义的 $\mathcal{X}$ 基于 Q^* 的任意 p 型簇. 对于 D 中任意 $\boldsymbol{x}_1,\boldsymbol{x}_2$, 有

$$\min\{B_\varphi(\boldsymbol{x}_1,Q),p(\boldsymbol{x}_1)\} \leqslant r'\left[\min\{B_\varphi(\boldsymbol{x}_2,Q),p(\boldsymbol{x}_2)\} + \min\{B_\varphi(\boldsymbol{x}_1,\boldsymbol{x}_2),p(\boldsymbol{x}_2)\}\right], \tag{11.5.60}$$

其中 $r'=\max\{r,2\}$, r 如 (11.5.55) 式所定义.

证明 根据 μ-相似的 Bregman 散度性质, 对于任何 $\boldsymbol{x}_1,\boldsymbol{x}_2\in D$, 有

$$B_\varphi(\boldsymbol{x}_1,Q) \leqslant \frac{2}{\mu}B_\varphi(\boldsymbol{x}_2,Q) + \frac{2}{\mu}B_\varphi(\boldsymbol{x}_1,\boldsymbol{x}_2),$$

所以

$$\begin{aligned}&\min\{B_\varphi(\boldsymbol{x}_1,Q),p(\boldsymbol{x}_1)\}\\ \leqslant &\min\left\{\frac{2}{\mu}B_\varphi(\boldsymbol{x}_2,Q)+\frac{2}{\mu}B_\varphi(\boldsymbol{x}_1,\boldsymbol{x}_2),p(\boldsymbol{x}_1)\right\}\\ \leqslant &\min\left\{\frac{2}{\mu}B_\varphi(\boldsymbol{x}_2,Q),p(\boldsymbol{x}_1)\right\}+\min\left\{\frac{2}{\mu}B_\varphi(\boldsymbol{x}_1,\boldsymbol{x}_2),p(\boldsymbol{x}_1)\right\}\\ \leqslant &\min\left\{\frac{2}{\mu}B_\varphi(\boldsymbol{x}_2,Q),r\cdot p(\boldsymbol{x}_2)\right\}+\min\left\{\frac{2}{\mu}B_\varphi(\boldsymbol{x}_1,\boldsymbol{x}_2),r\cdot p(\boldsymbol{x}_2)\right\}\\ \leqslant &\frac{r'}{\mu}\left[\min\{B_\varphi(\boldsymbol{x}_2,Q),p(\boldsymbol{x}_2)\}+\min\{B_\varphi(\boldsymbol{x}_1,\boldsymbol{x}_2),p(\boldsymbol{x}_2)\}\right],\end{aligned}$$

其中 $r'=\max\{r,2\}$. □

引理 11.5.3 设 Q^* 是 $\mathcal{X}$ 最优聚类, D 是 (11.5.56) 式中定义的 $\mathcal{X}$ 基于 Q^* 的任意 p 型簇, D^c, D^p 分别是由 (11.5.57) 式和 (11.5.58) 式所定义 D 的划分. 假设 Q 是有一个中心点的 $\mathcal{X}$ 的聚类, 该点从 D 中均匀随机选取, 则

$$E[\mathrm{cost}(D,Q)] \leqslant \left(1+\frac{1}{\mu}\right)\mathrm{cost}(D^c,Q^*) + (1+r)\mathrm{cost}(D^p,Q^*).$$

证明 基于 $\{D^c, D^p\}$ 是 D 的划分, 可以得到下面等式

$$
\begin{aligned}
E[\mathrm{cost}(D,Q)] &= \sum_{\boldsymbol{x}_0\in D}\frac{1}{|D|}\sum_{\boldsymbol{x}\in D}\min\{B_\varphi(\boldsymbol{x},\boldsymbol{x}_0),p(\boldsymbol{x})\}\\
&= \sum_{\boldsymbol{x}_0\in D}\frac{1}{|D|}\sum_{\boldsymbol{x}\in D^c}\min\{B_\varphi(\boldsymbol{x},\boldsymbol{x}_0),p(\boldsymbol{x})\}+\\
&\quad \sum_{\boldsymbol{x}_0\in D}\frac{1}{|D|}\sum_{\boldsymbol{x}\in D^p}\min\{B_\varphi(\boldsymbol{x},\boldsymbol{x}_0),p(\boldsymbol{x})\}\\
&= \sum_{\boldsymbol{x}_0\in D^c}\frac{1}{|D|}\sum_{\boldsymbol{x}\in D^c}\min\{B_\varphi(\boldsymbol{x},\boldsymbol{x}_0),p(\boldsymbol{x})\}+\\
&\quad \sum_{\boldsymbol{x}_0\in D^p}\frac{1}{|D|}\sum_{\boldsymbol{x}\in D^c}\min\{B_\varphi(\boldsymbol{x},\boldsymbol{x}_0),p(\boldsymbol{x})\}+\\
&\quad \sum_{\boldsymbol{x}_0\in D}\frac{1}{|D|}\sum_{\boldsymbol{x}\in D^p}\min\{B_\varphi(\boldsymbol{x},\boldsymbol{x}_0),p(\boldsymbol{x})\}. \qquad (11.5.61)
\end{aligned}
$$

根据引理 11.5.1, 将 (11.5.61) 式中的第一项放大可得

$$
\begin{aligned}
\sum_{\boldsymbol{x}_0\in D^c}\frac{1}{|D|}\sum_{\boldsymbol{x}\in D^c}\min\{B_\varphi(\boldsymbol{x},\boldsymbol{x}_0),p(\boldsymbol{x})\} &\leqslant \sum_{\boldsymbol{x}_0\in D^c}\frac{1}{|D|}\sum_{\boldsymbol{x}\in D^c}B_\varphi(\boldsymbol{x},\boldsymbol{x}_0)\\
&= \frac{|D^c|}{|D|}\cdot\frac{1}{|D^c|}\sum_{\boldsymbol{x}_0\in D^c}\sum_{\boldsymbol{x}\in D^c}B_\varphi(\boldsymbol{x},\boldsymbol{x}_0)\\
&\leqslant \left(1+\frac{1}{\mu}\right)\frac{|D^c|}{|D|}\mathrm{cost}(D^c,Q^*).
\end{aligned}
$$

根据 r 的定义, 把 (11.5.61) 式中后两项放大如下

$$
\begin{aligned}
&\sum_{\boldsymbol{x}_0\in D^p}\frac{1}{|D|}\sum_{\boldsymbol{x}\in D^c}\min\{B_\varphi(\boldsymbol{x},\boldsymbol{x}_0),p(\boldsymbol{x})\}+\sum_{\boldsymbol{x}_0\in D}\frac{1}{|D|}\sum_{\boldsymbol{x}\in D^p}\min\{B_\varphi(\boldsymbol{x},\boldsymbol{x}_0),p(\boldsymbol{x})\}\\
\leqslant& \sum_{\boldsymbol{x}_0\in D^p}\frac{1}{|D|}\sum_{\boldsymbol{x}\in D^c}p(\boldsymbol{x})+\sum_{\boldsymbol{x}_0\in D}\frac{1}{|D|}\sum_{\boldsymbol{x}\in D^p}p(\boldsymbol{x})\\
\leqslant& \sum_{\boldsymbol{x}_0\in D^p}\frac{1}{|D|}\sum_{\boldsymbol{x}\in D^c}r\cdot p(\boldsymbol{x}_0)+\sum_{\boldsymbol{x}\in D^p}p(\boldsymbol{x})\\
=& r\cdot\frac{|D^c|}{|D|}\sum_{\boldsymbol{x}_0\in D^p}p(\boldsymbol{x}_0)+\sum_{\boldsymbol{x}\in D^p}p(\boldsymbol{x})\\
=& \left(1+r\cdot\frac{|D^c|}{|D|}\right)\sum_{\boldsymbol{x}\in D^p}p(\boldsymbol{x})\\
=& \left(1+r\cdot\frac{|D^c|}{|D|}\right)\mathrm{cost}(D^p,Q^*)
\end{aligned}
$$

$$\leqslant (1+r)\,\mathrm{cost}(D^p, Q^*).$$

证毕. □

下述引理将给出选择其他中心点时的相似结论.

引理 11.5.4 设 D 是 (11.5.56) 式中定义的 $\mathcal{X}$ 基于 Q^* 的任意 p 型簇, D^c, D^p 是由 (11.5.57) 式和 (11.5.58) 式所定义的 D 的划分. 对 $\mathcal{X}$ 的任意聚类 Q, 如果以概率

$$\frac{\min\{B_\varphi(\boldsymbol{x}, Q), p(\boldsymbol{x})\}}{\sum\limits_{\boldsymbol{x}\in D}\min\{B_\varphi(\boldsymbol{x}, Q), p(\boldsymbol{x})\}}$$

从 D 中随机选择中心 $\boldsymbol{s}$, 产生新聚类 $Q' = Q\cup\{\boldsymbol{s}\}$, 则有

$$E\left[\mathrm{cost}(D, Q')\right] \leqslant 4r'\mathrm{cost}(D^c, Q^*) + 2r'(1+r)\mathrm{cost}(D^p, Q^*),$$

其中 $r' = \max\{r, 2\}$.

证明 首先, 对于任意 $\boldsymbol{x}_0, \boldsymbol{x}\in D$, 根据 (11.5.60) 式, 有

$$\min\{B_\varphi(\boldsymbol{x}_0, Q), p(\boldsymbol{x}_0)\} \leqslant r'\left[\min\{B_\varphi(\boldsymbol{x}, Q), p(\boldsymbol{x})\} + \min\{B_\varphi(\boldsymbol{x}_0, \boldsymbol{x}), p(\boldsymbol{x})\}\right].$$

对所有 $\boldsymbol{x}\in D$ 求和, 可得到

$$\min\{B_\varphi(\boldsymbol{x}_0, Q), p(\boldsymbol{x}_0)\} \leqslant \frac{r'}{|D|}\left[\sum_{\boldsymbol{x}\in D}\min\{B_\varphi(\boldsymbol{x}, Q), p(\boldsymbol{x})\} + \sum_{\boldsymbol{x}\in D}\min\{B_\varphi(\boldsymbol{x}_0, \boldsymbol{x}), p(\boldsymbol{x})\}\right].$$

进一步可得到

$$\begin{aligned}
E\left[\mathrm{cost}(D, Q')\right] &= \sum_{\boldsymbol{x}_0\in D}\frac{\min\{B_\varphi(\boldsymbol{x}_0, Q), p(\boldsymbol{x}_0)\}}{\sum\limits_{\boldsymbol{x}\in D}\min\{B_\varphi(\boldsymbol{x}, Q), p(\boldsymbol{x})\}}\cdot \\
&\quad \sum_{\boldsymbol{x}\in D}\min\{B_\varphi(\boldsymbol{x}, Q), B_\varphi(\boldsymbol{x}, \boldsymbol{x}_0), p(\boldsymbol{x})\} \\
&\leqslant \sum_{\boldsymbol{x}_0\in D}\frac{r'}{|D|}\frac{\sum\limits_{\boldsymbol{x}\in D}\min\{B_\varphi(\boldsymbol{x}, Q), p(\boldsymbol{x})\}}{\sum\limits_{\boldsymbol{x}\in D}\min\{B_\varphi(\boldsymbol{x}, Q), p(\boldsymbol{x})\}}\cdot \\
&\quad \sum_{\boldsymbol{x}\in D}\min\{B_\varphi(\boldsymbol{x}, Q), B_\varphi(\boldsymbol{x}, \boldsymbol{x}_0), p(\boldsymbol{x})\} + \\
&\quad \sum_{\boldsymbol{x}_0\in D}\frac{r'}{|D|}\frac{\sum\limits_{\boldsymbol{x}\in D}\min\{B_\varphi(\boldsymbol{x}, \boldsymbol{x}_0), p(\boldsymbol{x})\}}{\sum\limits_{\boldsymbol{x}\in D}\min\{B_\varphi(\boldsymbol{x}, Q), p(\boldsymbol{x})\}}\cdot \\
&\quad \sum_{\boldsymbol{x}\in D}\min\{B_\varphi(\boldsymbol{x}, Q), B_\varphi(\boldsymbol{x}, \boldsymbol{x}_0), p(\boldsymbol{x})\} \\
&\leqslant \sum_{\boldsymbol{x}_0\in D}\frac{r'}{|D|}\sum_{\boldsymbol{x}\in D}\min\{B_\varphi(\boldsymbol{x}, \boldsymbol{x}_0), p(\boldsymbol{x})\} +
\end{aligned}$$

$$
\begin{aligned}
&\sum_{\boldsymbol{x}_0\in D}\frac{r'}{|D|}\sum_{\boldsymbol{x}\in D}\min\{B_\varphi(\boldsymbol{x},\boldsymbol{x}_0),p(\boldsymbol{x})\}\\
=&2r'\sum_{\boldsymbol{x}_0\in D}\frac{1}{|D|}\sum_{\boldsymbol{x}\in D}\min\{B_\varphi(\boldsymbol{x},\boldsymbol{x}_0),p(\boldsymbol{x})\}\\
\leqslant&2\left(1+\frac{1}{\mu}\right)r'\text{cost}(D^c,Q^*)+2r'(1+r)\text{cost}(D^p,Q^*),
\end{aligned}
$$

其中最后一个不等式由引理 11.5.3 得到.

从上面可以看出, 如果从 Q^* 的不同 p 型簇中选择 k 个中心点, 则算法性能是有保证的. 下面将证明如果某些中心点是从相同的 p 型簇中以特定的概率选择, 则 p 型簇的聚类费用也是有界的.

引理 11.5.5 设 Q 为 $\mathcal{X}$ 的任意聚类中心集合, f_Q 为 (11.5.56) 式定义的与 Q^* 中聚类中心点不重合的 p 型簇的聚类的个数, 并用 F_Q 表示这些聚类中的数据点, F_Q 可以被分为由 (11.5.57) 式和 (11.5.58) 式所定义的 F_Q^c 和 F_Q^p. 用 G_Q 表示与 Q^* 中簇重合的 p 型簇中的点, 则 $G_Q=\mathcal{X}-F_Q$. 假设将以算法 11.5.1 步骤 3 中给出的概率依次选择 $m\leqslant f_Q$ 个点做为聚类中心点. 若用 Q' 表示在 Q 上增加 m 个聚类中心点后的新聚类, 则有

$$
\begin{aligned}
&E(\text{cost}(\mathcal{X},Q'))\\
\leqslant&\left[\text{cost}(G_Q,Q)+2\left(1+\frac{1}{\mu}\right)r'\text{cost}(F_Q^c,Q^*)+2r'(1+r)\text{cost}(F_Q^p,Q^*)\right]\cdot(1+H_m)+\\
&\frac{f_Q-m}{f_Q}\text{cost}(F_Q,Q),
\end{aligned}
$$

其中 $H_m=1+1/2+\cdots+1/m$, $r'=\max\{r,2\}$.

证明 对于 $f_Q>0, m=0$, 引理 11.5.5 显然成立.

对于其他情况, 我们用归纳法来证明. 首先证明引理 11.5.5 在 $f_Q=1, m=1$ 下成立, 再假设 $(f_Q-1,m-1)$ 和 (f_Q-1,m) 时成立, 然后证明 (f_Q,m) 时也成立.

为了记号简单, 用 $E[\cdot|\boldsymbol{s}\in A]$ 来表示 $\boldsymbol{s}$ 选自集合 A 时的条件期望.

第 1 步, 证明 $f_Q=m=1$ 时引理 11.5.5 成立. 假设选择的中心是 $\boldsymbol{s}$, 那么 $Q'=Q\cup\{\boldsymbol{s}\}$. 因为 $Q\subseteq Q'$, 显然有 $\text{cost}(\mathcal{X},Q')\leqslant\text{cost}(\mathcal{X},Q)$ 和 $\text{cost}(G_Q,Q')\leqslant\text{cost}(G_Q,Q)$. 因此有

$$
\begin{aligned}
&E[\text{cost}(\mathcal{X},Q')]\\
=&\frac{\text{cost}(F_Q,Q)}{\text{cost}(\mathcal{X},Q)}E[\text{cost}(\mathcal{X},Q')|\boldsymbol{s}\in F_Q]+\frac{\text{cost}(G_Q,Q)}{\text{cost}(\mathcal{X},Q)}E[\text{cost}(\mathcal{X},Q')|\boldsymbol{s}\in G_Q]\\
\leqslant&E[\text{cost}(\mathcal{X},Q')|\boldsymbol{s}\in F_Q]+\text{cost}(G_Q,Q)\\
=&E[\text{cost}(G_Q,Q')|\boldsymbol{s}\in F_Q]+E[\text{cost}(F_Q,Q')|\boldsymbol{s}\in F_Q]+\text{cost}(G_Q,Q)\\
\leqslant&\text{cost}(G_Q,Q)+E[\text{cost}(F_Q,Q')|\boldsymbol{s}\in F_Q]+\text{cost}(G_Q,Q)\\
=&2\text{cost}(G_Q,Q)+E[\text{cost}(F_Q,Q')|\boldsymbol{s}\in F_Q]
\end{aligned}
$$

$$\leqslant 2\text{cost}(G_Q, Q) + 2\left(1+\frac{1}{\mu}\right) r'\text{cost}(F_Q^c, Q^*) + 2r'(1+r)\text{cost}(F_Q^p, Q^*),$$

其中最后一个不等式可以由引理 11.5.4 得到. 再由 $H_1 = 1$ 可以得出引理 11.5.5 成立.

第 2 步, 假设在 $(f_Q - 1, m-1)$ 和 $(f_Q, m-1)$ 情况下引理 11.5.5 成立. 为后续证明简便起见, 定义如下符号:

$$\Delta := 2\left(1+\frac{1}{\mu}\right) r'\text{cost}(F_Q^c, Q^*) + 2r'(1+r)\text{cost}(F_Q^p, Q^*). \tag{11.5.62}$$

第 3 步, 证明一般情况 (f_Q, m) 下引理 11.5.5 成立. 不失一般性, 令 $\boldsymbol{s}$ 表示加到当前聚类 Q 上的第一个中心, 显然 $\boldsymbol{s} \in G_Q$ 或 $\boldsymbol{s} \in F_Q$, 对应的概率为 $\text{cost}(G_Q, Q)/\text{cost}(\mathcal{X}, Q)$ 或 $\text{cost}(F_Q, Q)/\text{cost}(\mathcal{X}, Q)$. 下面分别讨论 $E[\text{cost}(\mathcal{X}, Q')|\boldsymbol{s} \in G_Q]$ 和 $E[\text{cost}(\mathcal{X}, Q')|\boldsymbol{s} \in F_Q]$. 对于 $E[\text{cost}(\mathcal{X}, Q')|\boldsymbol{s} \in G_Q]$, 可以通过 $(f_Q, m-1)$ 情况下的假设得到以下结果:

$$E[\text{cost}(\mathcal{X}, Q')|\boldsymbol{s} \in G_Q] \leqslant (\text{cost}(G_Q, Q) + \Delta)(1 + H_{m-1}) + \frac{f_Q - m + 1}{f_Q}\text{cost}(F_Q, Q). \tag{11.5.63}$$

接下来推导 $E[\text{cost}(\mathcal{X}, Q')|\boldsymbol{s} \in F_Q]$. 为方便推导, 假设 $\boldsymbol{s} \in D \subseteq F_Q$ 是以概率 $p_{\boldsymbol{s}}$ 选择. 在将 $\boldsymbol{s}$ 加到 Q 中之后, 得到新的聚类 $Q_1 = Q \cup \{\boldsymbol{s}\}$. 令 $F_{Q_1} = F_Q - D$ 表示新的不重合的 p 型簇中的点, 令 $G_{Q_1} = G_Q \cup D$ 表示新的重合 p 型簇中的点. 那么当存在 $f_Q - 1$ 个不重合的 p 型簇时, 可以通过将 $m-1$ 个中心加到 Q_1 得到 Q'. 根据这些集合的含义, 很容易得到以下结果:

$$\begin{aligned}
\text{cost}(G_{Q_1}, Q_1) &= \text{cost}(G_Q, Q_1) + \text{cost}(D, Q_1) \leqslant \text{cost}(G_Q, Q) + \text{cost}(D, Q_1),\\
\text{cost}(F_{Q_1}, Q_1) &\leqslant \text{cost}(F_{Q_1} Q) = \text{cost}(F_Q, Q) - \text{cost}(D, Q),\\
\text{cost}(F_{Q_1}^c, Q^*) &= \text{cost}(F_Q^c, Q^*) - \text{cost}(D^c, Q^*),\\
\text{cost}(F_{Q_1}^p, Q^*) &= \text{cost}(F_Q^p, Q^*) - \text{cost}(D^p, Q^*).
\end{aligned}$$

此时, 通过前述假设可以得到

$$\begin{aligned}
&E[\text{cost}(\mathcal{X}, Q')|\boldsymbol{s} \in D]\\
\leqslant &\sum_{\boldsymbol{s}\in D} p_s \left[(\text{cost}(G_{Q_1}, Q_1) + 2\left(1+\frac{1}{\mu}\right) r'\text{cost}(F_{Q_1}^c, Q^*) + \right.\\
&\left. 2r'(1+r)\text{cost}(F_{Q_1}^p, Q^*))(1 + H_{m-1}) + \frac{f_Q - m}{f_Q - 1}\text{cost}(F_{Q_1}, Q_1)\right]\\
\leqslant &\sum_{\boldsymbol{s}\in D} p_{\boldsymbol{s}} \left[(\text{cost}(G_Q, Q_1) + \text{cost}(D, Q_1) + \Delta - 2\left(1+\frac{1}{\mu}\right) r'\text{cost}(D^c, Q^*) - \right.\\
&\left. 2r'(1+r)\text{cost}(D^p, Q^*))(1 + H_{m-1}) + \frac{f_Q - m}{f_Q - 1}(\text{cost}(F_Q, Q) - \text{cost}(D, Q))\right]
\end{aligned}$$

$$\leqslant \left(\text{cost}(G_Q, Q) + \sum_{s \in D} p_s \text{cost}(D, Q_1) + \Delta - 2\left(1 + \frac{1}{\mu}\right) r' \text{cost}(D^c, Q^*) - \right.$$

$$\left. 2r'(1+r)\text{cost}(D^p, Q^*)\right)(1 + H_{m-1}) + \frac{f_Q - m}{f_Q - 1}(\text{cost}(F_Q, Q) - \text{cost}(D, Q))$$

$$\leqslant (\text{cost}(G_Q, Q) + \Delta)(1 + H_{m-1}) + \frac{f_Q - m}{f_Q - 1}(\text{cost}(F_Q, Q) - \text{cost}(D, Q)),$$

其中最后一个不等式根据引理 11.5.4 中的结果

$$\sum_{s \in D} p_s \text{cost}(D, Q_1) \leqslant 2\left(1 + \frac{1}{\mu}\right) r' \text{cost}(D^c, Q^*) + 2r'(1+r)\text{cost}(D^p, Q^*)$$

而得到. 又因为

$$\frac{\text{cost}(F_Q, Q)}{\text{cost}(\mathcal{X}, Q)} E[\text{cost}(\mathcal{X}, Q') | \boldsymbol{s} \in F_Q] = \sum_{D \subseteq F_Q} \frac{\text{cost}(D, Q)}{\text{cost}(\mathcal{X}, Q)} E[\text{cost}(\mathcal{X}, Q') | \boldsymbol{s} \in D],$$

可以得到

$$\begin{aligned}
&\frac{\text{cost}(F_Q, Q)}{\text{cost}(\mathcal{X}, Q)} E[\text{cost}(\mathcal{X}, Q') | \boldsymbol{s} \in F_Q] \\
&\leqslant \sum_{D \subseteq F_Q} \frac{\text{cost}(D, Q)}{\text{cost}(\mathcal{X}, Q)} \Bigg[(\text{cost}(G_Q, Q) + \Delta) \cdot (1 + H_{m-1}) + \\
&\quad \frac{f_Q - m}{f_Q - 1}(\text{cost}(F_Q, Q) - \text{cost}(D, Q)) \Bigg] \\
&= \frac{\text{cost}(F_Q, Q)}{\text{cost}(\mathcal{X}, Q)} [(\text{cost}(G_Q, Q) + \Delta) \cdot (1 + H_{m-1})] + \\
&\quad \frac{f_Q - m}{f_Q - 1} \sum_{D \subseteq F_Q} \frac{\text{cost}(D, Q)}{\text{cost}(\mathcal{X}, Q)} (\text{cost}(F_Q, Q) - \text{cost}(D, Q)) \\
&\leqslant \frac{\text{cost}(F_Q, Q)}{\text{cost}(\mathcal{X}, Q)} [(\text{cost}(G_Q, Q) + \Delta) \cdot (1 + H_{m-1})] + \\
&\quad \frac{f_Q - m}{f_Q} \frac{\text{cost}^2(F_Q, Q)}{\text{cost}(\mathcal{X}, Q)} \qquad (11.5.64) \\
&\leqslant \frac{\text{cost}(F_Q, Q)}{\text{cost}(\mathcal{X}, Q)} \Bigg[(\text{cost}(G_Q, Q) + \Delta) \cdot (1 + H_{m-1}) + \\
&\quad \frac{f_Q - m}{f_Q} \text{cost}(F_Q, Q) \Bigg]. \qquad (11.5.65)
\end{aligned}$$

对于 (11.5.64) 式第二项, 利用幂平方不等式则有

$$\sum_{D \subseteq F_Q} \text{cost}^2(D, Q) \geqslant \frac{1}{f_Q} \text{cost}^2(F_Q, Q).$$

最后, 利用 (11.5.63) 式和 (11.5.65) 式得到总费用函数

$$
\begin{aligned}
&E[\text{cost}(\mathcal{X},Q')]\\
=&\frac{\text{cost}(G_Q,Q)}{\text{cost}(\mathcal{X},Q)}E[\text{cost}(\mathcal{X},Q')|\boldsymbol{s}\in G_Q]+\frac{\text{cost}(F_Q,Q)}{\text{cost}(\mathcal{X},Q)}E[\text{cost}(\mathcal{X},Q')|\boldsymbol{s}\in F_Q]\\
\leqslant&\frac{\text{cost}(G_Q,Q)}{\text{cost}(\mathcal{X},Q)}\left[(\text{cost}(G_Q,Q)+\Delta)(1+H_{m-1})+\frac{f_Q-m+1}{f_Q}\text{cost}(F_Q,Q)\right]+\\
&\frac{\text{cost}(F_Q,Q)}{\text{cost}(\mathcal{X},Q)}\left[(\text{cost}(G_Q,Q)+\Delta)(1+H_{m-1})+\frac{f_Q-m}{f_Q}\text{cost}(F_Q,Q)\right]\\
=&(\text{cost}(G_Q,Q)+\Delta)(1+H_{m-1})+\frac{\text{cost}(F_Q,Q)}{\text{cost}(\mathcal{X},Q)}\cdot\frac{\text{cost}(G_Q,Q)}{f_Q}+\\
&\frac{f_Q-m}{f_Q}\text{cost}(F_Q,Q)\\
\leqslant&(\text{cost}(G_Q,Q)+\Delta)(1+H_{m-1})+\frac{\text{cost}(G_Q,Q)}{f_Q}+\frac{f_Q-m}{f_Q}\text{cost}(F_Q,Q)\\
\leqslant&(\text{cost}(G_Q,Q)+\Delta)(1+H_{m-1})+\frac{\text{cost}(G_Q,Q)}{m}+\frac{f_Q-m}{f_Q}\text{cost}(F_Q,Q)\\
\leqslant&(\text{cost}(G_Q,Q)+\Delta)\left(1+H_{m-1}+\frac{1}{m}\right)+\frac{f_Q-m}{f_Q}\text{cost}(F_Q,Q).
\end{aligned}
$$

最后用 $2(1+1/\mu)r'\text{cost}(F_Q^c,Q^*)+2r'(1+r)\text{cost}(F_Q^p,Q^*)$ 代替 Δ, 引理 11.5.5 证明完毕. □

定理 11.5.1 根据带惩罚 μ-相似 Bregman 散度 k-均值问题的初始化算法 11.5.1 得到的聚类 Q, 有

$$E[\text{cost}(\mathcal{X},Q)]\leqslant c(2+\ln\ k)\text{OPT}_k(\mathcal{X}),$$

其中 $c=2(1+\max\{1/\mu,r\})\max\{r,2\}$.

证明 首先, 假设当前 Q 只有一个聚类中心, 是从某个 p 型簇 D(因此 $G_Q=D$) 中均匀随机选择, 则有 $f_Q=m=k-1$ 和 $F_Q=\mathcal{X}-D$, 根据引理 11.5.5, 费用函数的上界为

$$
\begin{aligned}
&\left(\text{cost}(D,Q)+2\left(1+\frac{1}{\mu}\right)r'\text{cost}(\mathcal{X}^c,Q^*)+2r'(1+r)\text{cost}(\mathcal{X}^p,Q^*)\right.\\
&\left.-2\left(1+\frac{1}{\mu}\right)r'\text{cost}(D^c,Q^*)-2r'(1+r)\text{cost}(D^p,Q^*)\right)\cdot(1+H_{k-1}).
\end{aligned}
$$

其次, 上式可以由引理 11.5.3 和不等式 $H_{k-1}\leqslant 1+\ln\ k$ 改进为

$$\left(2\left(1+\frac{1}{\mu}\right)r'\text{cost}(\mathcal{X}^c,Q^*)+2r'(1+r)\text{cost}(\mathcal{X}^p,Q^*)\right)(2+\ln\ k).$$

最后, 又因为 $r \geqslant 1$ 和 $r' = \max\{r, 2\}$, 所以上式不超过

$$2\left(1+\max\left\{\frac{1}{\mu}, r\right\}\right)\max\{r, 2\}(2+\ln\ k)\mathrm{OPT}_k(\mathcal{X}).$$

定理得证. □

参考文献

[1] Ackermann M R. Algorithms for the Bregman k-median problem[D]. University of Paderborn, 2009.

[2] Ackermann M R, Märtens M, Raupach C, Swierkot K, Lammersen C, Sohler C. StreamKM++: a clustering algorithm for data streams[J]. *Journal of Experimental Algorithmics*, 2012, 17(1): Article No. 2.4.

[3] Adamczyk M, Byrka J, Marcinkowski J, Meesum S M, Wlodarczyk M. Constant-factor FPT approximation for capacitated k-median[C]. In: Proceedings of the 27th Annual European Symposium on Algorithms, 2019, Article No. 1.

[4] Aggarwal A, Deshpande A, Kannan R. Adaptive sampling for k-means clustering[C]. In: Proceedings of the 12th International Workshop on Approximation Algorithms for Combinatorial Optimization and the 13th International Workshop on Randomization and Approximation Techniques in Computer Science, 2009, pp. 15-28.

[5] Aggarwal G, Panigrahy R, Feder T, Thomas D, Kenthapadi K, Khuller S, Zhu A. Achieving anonymity via clustering[J]. *ACM Transactions on Algorithms*, 2010, 6(3): Article No. 49.

[6] Ahmadian S, Norouzi-Fard A, Svensson O, Ward J. Better guarantees for k-means and Euclidean k-median by primal-dual algorithms[C]. In: Proceedings of the 58th IEEE Annual Symposium on Foundations of Computer Science, 2017, pp. 61-72.

[7] Ahmadian S, Swamy C. Improved approximation guarantees for lower-bounded facility location[C]. In: Proceedings of the 10th International Workshop on Approximation and Online Algorithms, 2012, pp. 257-271.

[8] Ailon N, Jaiswal R, Monteleoni C. Streaming k-means approximation[C]. In: Proceedings of the 23rd Annual Conference on Neural Information Processing Systems, 2009, pp. 10-18.

[9] Alimi M, Daneshgar A, Foroughmand-Araabi M H. An $O(\log^{1.5} n \log\log n)$ approximation algorithm for mean isoperimetry and robust k-means[J]. ArXiv: 1807.05125, 2018.

[10] Aloise D, Deshpande A, Hansen P, Popat P. NP-hardness of Euclidean sum-of-squares clustering[J]. *Machine Learning*, 2009, 75(2): 245-248.

[11] Aouad A, Segev D. The ordered k-median problem: surrogate models and approximation algorithms[J]. *Mathematical Programming*, 2019, 177(1): 55-83.

[12] Arkin E M, Dáz-Báñez J M, Hurtado F, Kumar P, Mitchell J S, Palop B, Pérez-Lantero P, Saumell M, Silveira R I. Bichromatic 2-center of pairs of points[J]. *Computational Geometry*, 2015, 48(2): 94-107.

[13] Arora S, Raghavan P, Rao S. Approximation schemes for Euclidean k-medians and related problems[C]. In: Proceedings of the 30th Annual ACM Symposium on Theory of Computing, 1998, pp. 106-113.

[14] Arthur D, Manthey B, Röglin H. Smoothed analysis of the k-means method[J]. *Journal of the ACM*, 2011, 58(5): Article No. 19.

[15] Arthur D, Vassilvitskii S. How slow is the k-means method?[C]. In: Proceedings of the 22nd ACM Symposium on Computational Geometry, 2006, pp. 144-153.

[16] Arthur D, Vassilvitskii S. K-means++: the advantages of careful seeding[C]. In: Proceedings of the 18th Annual ACM-SIAM Symposium on Discrete Algorithms, 2007, pp. 1027-1035.

[17] Arthur D, Vassilvitskii S. Worst-case and smoothed analysis of the ICP algorithm with an application to the k-means method[J]. *SIAM Journal on Computing*, 2009, 39(2): 766-782.

[18] Arya S, Das G, Mount D M, Salowe J S, Smid M. Euclidean spanners: short, thin, and lanky[C]. In: Proceedings of the 27th Annual ACM Symposium on Theory of Computing, 1995, pp. 489-498.

[19] Arya V, Garg N, Khandekar R, Meyerson A, Munagala K, Pandit V. Local search heuristics for k-median and facility location problems[J]. *SIAM Journal on Computing*, 2004, 33(3): 544-562.

[20] Arya S, Mount D M. Approximate range searching[J]. *Computational Geometry*, 2000, 17(3-4): 135-152.

[21] Awasthi P, Charikar M, Krishnaswamy R, Sinop A K. The hardness of approximation of Euclidean k-means[C]. In: Proceedings of the 31st International Symposium on Computational Geometry, 2015, pp. 754-767.

[22] Bachem O, Lucic M, Hassani S H, Krause A. Approximate k-means++ in sublinear time[C]. In: Proceedings of the 30th AAAI Conference on Artificial Intelligence, 2016, pp. 1459-1467.

[23] Bachem O, Lucic M, Hassani S H, Krause A. Fast and provably good seedings for k-means[C]. In: Proceedings of the 30th Annual Conference on Neural Information Processing Systems, 2016, pp. 55-63.

[24] Bachem O, Lucic M, Krause A. Distributed and provably good seedings for k-means in constant rounds[C]. In: Proceedings of the 34th International Conference on Machine Learning, 2017, pp. 292-300.

[25] Bădoiu M, Har-Peled S, Indyk P. Approximate clustering via core-sets[C]. In: Proceedings of the 34th Annual ACM Symposium on Theory of Computing, 2002, pp. 250-257.

[26] Bahmani B, Moseley B, Vattani A, Kumar R, Vassilvitskii S. Scalable k-means++[C]. In: Proceedings of the 38th International Conference on Very Large Data Bases, 2012, pp. 622-633.

[27] Balcan M F, Dick T, Liang Y, Mou W, Zhang H. Differentially private clustering in high-dimensional Euclidean spaces[C]. In: Proceedings of the 34th International Conference on Machine Learning, 2017, pp. 322-331.

[28] Ball G H, Hall D J. ISODATA, a novel method of data analysis and pattern classification[R]. Technical Report NTIS AD 699616, Stanford Research Institute, 1965.

[29] Bandyapadhyay S, Varadarajan K. On variants of k-means clustering[C]. In: Proceedings of the 32nd International Symposium on Computational Geometry, 2016, Article No. 14.

[30] Banerjee A, Merugu S, Dhillon I S, Ghosh J. Clustering with Bregman divergences[J]. *Journal of Machine Learning Research*, 2005, 6(58): 1705-1749.

[31] Barai A, Dey L. Outlier detection and removal algorithm in k-means and hierarchical clustering[J]. *World Journal of Computer Application and Technology*, 2017, 5(2): 24-29.

[32] Barger A, Feldman D. K-means for streaming and distributed big sparse data[C]. In: Proceedings of the 16th SIAM International Conference on Data Mining, 2016, pp. 342-350.

[33] Bassily R, Smith A, Thakurta A. Differentially private empirical risk minimization: efficient algorithms and tight error bounds[J/OL]. ArXiv: 1405.7085, 2014.

[34] Basu S, Bilenko M, Mooney R J. A probabilistic framework for semi-supervised clustering[C]. In: Proceedings of the 10th ACM SIGKDD International Conference on Knowledge Discovery and Data Mining, 2004, pp. 59-68.

[35] Ben-David S, Haghtalab N. Clustering in the presence of background noise[C]. In: Proceedings of the 31th International Conference on Machine Learning, 2014, pp. 280-288.

[36] Bernstein F, Modaresi S, SauréD. A dynamic clustering approach to data-driven assortment personalization[J]. *Management Science*, 2019, 65(5): 2095-2115.

[37] Bezdek J C. Pattern Recognition with Fuzzy Objective Function Algorithms[M]. Norwell: Kluwer Academic Publishers, 1981.

[38] Bezdek J C, Ehrlich R, Full W. FCM: The fuzzy c-means clustering algorithm[J]. *Computers & Geosciences*, 1984, 10(2-3): 191-203.

[39] Bhaskara A, Ruwanpathirana A K. Robust algorithms for online k-means clustering[C]. In: Proceedings of the 31st International Conference on Algorithmic Learning Theory, 2020, pp. 148-173.

[40] Bhattacharya A, Jaiswal R, Kumar A. Faster algorithms for the constrained k-means problem[J]. *Theory of Computing Systems*, 2018, 62(1): 93-115.

[41] Borgwardt S, Happach F. Good clusterings have large volume[J]. *Operations Research*, 2019, 67(1): 215-231.

[42] Braverman V, Feldman D, Lang H, Rus D. Streaming coreset constructions for M-estimators[C]. In: Proceedings of the 22nd International Conference on Approximation Algorithms for Combinatorial Optimization Problems and the 23rd International Conference on Randomization and Computation, 2019, Artical No. 62.

[43] Braverman V, Lang H, Levin K, Monemizadeh M. Clustering problems on sliding windows[C]. In: Proceedings of the 27th Annual ACM-SIAM Symposium on Discrete Algorithms, 2016, pp. 1374-1390.

[44] Braverman V, Meyerson A, Ostrovsky R, Roytman A, Shindler M, Tagiku B. Streaming k-means on well-clusterable data[C]. In: Proceedings of the 22nd Annual ACM-SIAM Symposium on Discrete Algorithms, 2011, pp. 26-40.

[45] Byrka J, Pensyl T, Rybicki B, Srinivasan A, Trinh K. An improved approximation for k-median, and positive correlation in budgeted optimization[J]. *ACM Transactions on Algorithms*, 2017, 13(2): Article No. 23.

[46] Byrka J, Sornat K, Spoerhase J. Constant-factor approximation for ordered k-median[C]. In: Proceedings of the 50th Annual ACM SIGACT Symposium on Theory of Computing, 2018, pp. 620-631.

[47] Cai X, Nie F, Huang H. Multi-view k-means clustering on big data[C]. In: Proceedings of the 23rd International Joint Conference on Artificial Intelligence, 2013, pp. 2598-2604.

[48] Callahan P B, Kosaraju S R. A decomposition of multidimensional point sets with applications to k-nearest-neighbors and n-body potential fields[J]. *Journal of the ACM*, 1995, 42(1): 67-90.

[49] Chakrabarty D, Swamy C. Interpolating between k-median and k-center: approximation algorithms for ordered k-median[C]. In: Proceedings of the 45th International Colloquium on Automata, Languages, and Programming, 2018, Article No. 29.

[50] Charikar M, Guha S. Improved combinatorial algorithms for the facility location and k-median problems[C]. In: Proceedings of the 40th Annual Symposium on Foundations of Computer Science, 1999, pp. 378-388.

[51] Charikar M, Guha S. Improved combinatorial algorithms for facility location problems[J]. *SIAM Journal on Computing*, 2005, 34(4): 803-824.

[52] Charikar M, Guha S, Tardos É, Shmoys D B. A constant-factor approximation algorithm for the k-median problem[J]. *Journal of Computer and System Sciences*, 2002, 65(1): 129-149.

[53] Charikar M, Khuller S, Mount D M, Narasimhan G. Algorithms for facility location problems with outliers[C]. In: Proceedings of the 12th Annual Symposium on Discrete Algorithms, 2001, pp. 642-651.

[54] Charikar M, Li S. A dependent LP-rounding approach for the k-median problem[C]. In: Proceedings of the 39th International Colloquium on Automata, Languages, and Programming, 2012, pp. 194-205.

[55] Chawla S, Gionis A. K-means$--$: a unified approach to clustering and outlier detection[C]. In: Proceedings of the 13th SIAM International Conference on Data Mining, 2013, pp. 189-197.

[56] Chen K. On k-median clustering in high dimensions[C]. In: Proceedings of the 17th Annual ACM-SIAM Symposium on Discrete Algorithms, 2006, pp. 1177-1185.

[57] Chen K. A constant factor approximation algorithm for k-median clustering with outliers[C]. In: Proceedings of the 19th Annual ACM-SIAM Symposium on Discrete Algorithms, 2008, pp. 826-835.

[58] Chen K. On coresets for k-median and k-means clustering in metric and Euclidean spaces and their applications[J]. *SIAM Journal on Computing*, 2009, 39(3): 923-947.

[59] Choo D, Grunau C, Portmann J, RozhoňV. K-means++: few more steps yield constant approximation[C]. In: Proceedings of the 37th International Conference on Machine Learning, 2020, pp. 1909-1917.

[60] Chudak F A, Shmoys D B. Improved approximation algorithms for the uncapacitated facility location problem[C]. *SIAM Journal on Computing*, 2003, 33(1): 1-25.

[61] Cohen-Addad V. A fast approximation scheme for low-dimensional k-means[C]. In: Proceedings of the 29th Annual ACM-SIAM Symposium on Discrete Algorithms, 2018, pp. 430-440.

[62] Cohen-Addad V. Approximation schemes for capacitated clustering in doubling metrics[C]. In: Proceedings of the 31st Annual ACM-SIAM Symposium on Discrete Algorithms, 2020, pp. 2241-2259.

[63] Cohen-Addad V, De Mesmay A, Rotenberg E, Roytman A. The bane of low-dimensionality clustering[C]. In: Proceedings of the 29th Annual ACM-SIAM Symposium on Discrete Algorithms, 2018, pp. 441-456.

[64] Cohen-Addad V, Feldmann A E, Saulpic D. Near-linear time approximation schemes for clustering in doubling metrics[J]. *Journal of the ACM*, 2021, 68(6): Article No. 44.

[65] Cohen-Addad V, Guedj B, Kanade V, Rom G. Online k-means clustering[C]. In: Proceedings of the 24th International Conference on Artificial Intelligence and Statistics, 2021, pp. 1126-1134.

[66] Cohen-Addad V, Gupta A, Kumar A, Lee E, Li J. Tight FPT approximations for k-median and k-means[C]. In: Proceedings of the 46th International Colloquium on Automata, Languages, and Programming, 2019, Article No. 42.

[67] Cohen-Addad V, Karthik C S. Inapproximability of clustering in Lp metrics[C]. In: Proceedings of the 60th IEEE Annual Symposium on Foundations of Computer Science, 2019, pp. 519-539.

[68] Cohen-Addad V, Klein P N, Mathieu C. Local search yields approximation schemes for k-means and k-median in Euclidean and minor-free metrics[J]. *SIAM Journal on Computing*, 2019, 48(2): 644-667.

[69] Cohen-Addad V, Li J. On the fixed-parameter tractability of capacitated clustering[C]. In: Proceedings of the 46th International Colloquium on Automata, Languages, and Programming, 2019, Article No. 41.

[70] Cygan M, Hajiaghayi M T, Khuller S. LP rounding for k-centers with non-uniform hard capacities[C]. In: Proceedings of the 53rd Annual IEEE Symposium on Foundations of Computer Science, 2012, pp. 273-282.

[71] Dasgupta S. How fast is k-means?[C]. In: Proceedings of the 16th Annual Conference on Learning Theory and the 7th Kernel Workshop, 2003, pp. 735-735.

[72] Dasgupta S. The hardness of k-means clustering[R]. Technical Report CS2008-0916, University of California, 2008.

[73] De La Vega W F, Karpinski M, Kenyon C, Rabani Y. Approximation schemes for clustering problems[C]. In: Proceedings of the 35th Annual ACM Symposium on Theory of Computing, 2003, pp. 50-58.

[74] Dhillon I S, Modha D S. Concept decompositions for large sparse text data using clustering[J]. *Machine Learning*, 2001, 42(1): 143-175.

[75] Ding H, Liu Y, Huang L, Li J. K-means clustering with distributed dimensions[C]. In: Proceedings of the 33nd International Conference on Machine Learning, 2016, pp. 1339-1348.

[76] Ding H, Xu J. Solving the chromatic cone clustering problem via minimum spanning sphere[C]. In: Proceedings of the 38th International Colloquium Automata, Languages and Programming, 2011, pp. 773-784.

[77] Ding H, Xu J. Sub-linear time hybrid approximations for least trimmed squares estimator and related problems[C]. In: Proceedings of the 30th Annual Symposium on Computational Geometry, 2014, pp. 110-119.

[78] Ding H, Xu J. A unified framework for clustering constrained data without locality property[C]. In: Proceedings of the 26th Annual ACM-SIAM Symposium on Discrete Algorithms, 2015, pp. 1471-1490.

[79] Drineas P, Frieze A, Kannan R, Vempala S, Vinay V. Clustering large graphs via the singular value decomposition[J]. *Machine Learning*, 2004, 56(1): 9-33.

[80] Duda R O, Hart P E, Stork D G. Pattern Classification[M]. John Wiley & Sons, 2001.

[81] Dwork C, McSherry F, Nissim K, Smith A. Calibrating noise to sensitivity in private data analysis[J]. *Journal of Privacy and Confidentiality*, 2016, 7(3): 17-51.

[82] Dwork C, Roth A. The algorithmic foundations of differential privacy[J]. *Foundations and Trends in Theoretical Computer Science*, 2014, 9(3-4): 211-407.

[83] Edmonds J, Karp R M. Theoretical improvements in algorithmic efficiency for network flow problems[J]. *Journal of the ACM*, 1972, 19(2): 248-264.

[84] Endo Y, Miyamoto S. Spherical k-means++ clustering[C]. In: Proceedings of the 12th International Conference on Modeling Decisions for Artificial Intelligence, 2015, pp. 103-114.

[85] Feldman D, Faulkner M, Krause A. Scalable training of mixture models via coresets[C]. In: Proceedings of the 25th Annual Conference on Neural Information Processing Systems, 2011, pp. 2142-2150.

[86] Feldman D, Monemizadeh M, Sohler C. A PTAS for k-means clustering based on weak coresets[C]. In: Proceedings of the 23rd ACM Symposium on Computational Geometry, 2007, pp. 11-18.

[87] Feng Q, Fu B. Speeding up constrained k-means through 2-means[J/OL]. ArXiv: 1808.04062, 2018.

[88] Feng Q, Hu J, Huang N, Wang J. Improved PTAS for the constrained k-means problem[J]. *Journal of Combinatorial Optimization*, 2019, 37(4): 1091-1110.

[89] Feng Q, Zhang Z, Shi F, Wang J. An improved approximation algorithm for the k-means problem with penalties[C]. In: Proceedings of the 13th International Workshop on Frontiers in Algorithmics, 2019, pp. 170-181.

[90] Fernandes C G, Meira L A, Miyazawa F K, Pedrosa, L L. A systematic approach to bound factor-revealing LPs and its application to the metric and squared metric facility location problems[J]. *Mathematical Programming*, 2015, 153(2): 655-685.

[91] Frankl P, Maehara H. The Johnson-Lindenstrauss lemma and the sphericity of some graphs[J]. *Journal of Combinatorial Theory, Series B*, 1988, 44(3): 355-362.

[92] Friggstad Z, Khodamoradi K, Rezapour M, Salavatipour M R. Approximation schemes for clustering with outliers[J]. *ACM Transactions on Algorithms*, 2019, 15(2): Article No. 26.

[93] Friggstad Z, Khodamoradi K, Salavatipour M R. Exact algorithms and lower bounds for stable instances of Euclidean k-means[C]. In: Proceedings of the 30th Annual ACM-SIAM Symposium on Discrete Algorithms, 2019, pp. 2958-2972.

[94] Friggstad Z, Rezapour M, Salavatipour M R. Local search yields a PTAS for k-means in doubling metrics[J]. *SIAM Journal on Computing*, 2019, 48(2): 452-480.

[95] Gafar A F O, Tahyudin I. Comparison between k-means and fuzzy C-means clustering in network traffic activities[J]. In: Proceedings of the 11th International Conference on Management Science and Engineering Management, 2018, pp. 300-310.

[96] Gamasaee R, Zarandi M H F. A new Dirichlet process for mining dynamic patterns in functional data[J]. *Information Sciences*, 2017, 405: 55-80.

[97] Gan G, Ng M K P. K-means clustering with outlier removal[J]. *Pattern Recognition Letters*, 2017, 90: 8-14.

[98] Gao J, Tan P N, Cheng H. Semi-supervised clustering with partial background information[C]. In: Proceedings of the 6th SIAM International Conference on Data Mining, 2006, pp. 489-493.

[99] Georgogiannis A. Robust k-means: a theoretical revisit[C]. In: Proceedings of the 30th Annual Conference on Neural Information Processing Systems, 2016, pp. 2891-2899.

[100] Goyal D, Jaiswal R, Kumar A. Streaming PTAS for constrained k-means[J/OL]. ArXiv: 1909.07511, 2019.

[101] Guha S, Khuller S. Greedy strikes back: improved facility location algorithms[J]. *Journal of Algorithms*, 1999, 31(1): 228-248.

[102] Guha S, Li Y, Zhang Q. Distributed partial clustering[J]. *ACM Transactions on Parallel Computing*, 2019, 6(3): Article No. 11.

[103] Gupta S, Kumar R, Lu K, Moseley B, Vassilvitskii S. Local search methods for k-means with outliers[C]. In: Proceedings of the 43rd International Conference on Very Large Data Bases, 2017, pp. 757-768.

[104] Gupta A, Ligett K, McSherry F, Roth A, Talwar K. Differentially private combinatorial optimization[C]. In: Proceedings of the 21st Annual ACM-SIAM Symposium on Discrete Algorithms, 2010, pp. 1106-1125.

[105] Hajiaghayi M, Khandekar R, Kortsarz G. Local search algorithms for the red-blue median problem[J]. *Algorithmica*, 2012, 63(4): 795-814.

[106] Han L, Xu D, Du D, Zhang D. A local search approximation algorithm for the uniform capacitated k-facility location problem[J]. *Journal of Combinatorial Optimization*, 2018, 35(2): 409-423.

[107] Har-Peled S. Geometric Approximation Algorithms[M]. American Mathematical Society, 2011.

[108] Har-Peled S, Kushal A. Smaller coresets for k-median and k-means clustering[J]. *Discrete & Computational Geometry*, 2007, 37(1): 3-19.

[109] Har-Peled S, Mazumdar S. On coresets for k-means and k-median clustering[J]. *SIAM Journal on Computing*, 2009, 39(3): 923-947.

[110] Har-Peled S, Sadri B. How fast is the k-means method?[J]. *Algorithmica*, 2005, 41(3): 185-202.

[111] Hautamäki V, Cherednichenko S, Kärkkäinen I, Kinnunen T, Fränti P. Improving k-means by outlier removal[C]. In: Proceedings of the 14th Scandinavian Conference on Image Analysis, 2005, pp. 978-987.

[112] Hochbaum D S, Liu S. Adjacency-clustering and its application for yield prediction in integrated circuit manufacturing[J]. *Operations Research*, 2018, 66(6): 1571-1585.

[113] Hopcroft J, Kannan R. Computer Science Theory for the Information Age[M]. Shanghai: Shanghai Jiao Tong University Press, 2013.

[114] Hornik K, Feinerer I, Kober M, Buchta C. Spherical k-means clustering[J]. *Journal of Statistical Software*, 2012, 50(10): 1-22.

[115] Hsu D, Telgarsky M. Greedy bi-criteria approximations for k-medians and k-means[J/OL]. ArXiv: 1607.06203, 2016.

[116] Inaba M, Katoh N, Imai H. Applications of weighted Voronoi diagrams and randomization to variance-based k-clustering[C]. In: Proceedings of the 10th Annual Symposium on Computational Geometry, 1994, pp. 332-339.

[117] Jain P, Gyanchandani M, Khare N. Differential privacy: its technological prescriptive using big data[J]. *Journal of Big Data*, 2018, 5(1): 1-24.

[118] Jain K, Mahdian M, Markakis E, Saberi A, Vazirani V V. Greedy facility location algorithms analyzed using dual fitting with factor-revealing LP[J]. *ACM Computing Surveys*, 2003, 50(6): 795-824.

[119] Jain A K, Murty M N, Flynn P J. Data clustering: a review[J]. *ACM Computing Surveys*, 1999, 31(3): 264-323.

[120] Jain K, Vazirani V V. Approximation algorithms for metric facility location and k-median problems using the primal-dual schema and Lagrangian relaxation[J]. *Journal of the ACM*, 2001, 48(2): 274-296.

[121] Jaiswal R, Kumar A, Sen S. A simple D^2-sampling based PTAS for k-means and other clustering problems[J]. *Algorithmica*, 2014, 70(1): 22-46.

[122] Jaiswal R, Kumar M, Yadav P. Improved analysis of D^2-sampling based PTAS for k-means and other clustering problems[J]. *Information Processing Letters*, 2015, 115(2): 100-103.

[123] Ji S, Xu D, Guo L, Li M, Zhang D. The seeding algorithm for spherical k-means clustering with penalties[C]. In: Proceedings of the 13th International Conference on Algorithmic Aspects in Information and Management, 2019, pp. 149-158.

[124] Johnson W B, Lindenstrauss J. Extensions of Lipschitz mappings into a Hilbert space[J]. *Contemporary Mathematics*, 1984, 26: 189-206.

[125] Jones M, Nguyen H L, Nguyen T D. Differentially private clustering via maximum coverage[C]. In: Proceedings of the 35th AAAI Conference on Artificial Intelligence, 2021, pp. 11555-11563.

[126] Kanungo T, Mount D M, Netanyahu N S, Piatko C D, Silverman R, Wu A Y. A local search approximation algorithm for k-means clustering[J]. *Computational Geometry*, 2004, 28(2-3): 89-112.

[127] Khuller S, Sussmann Y J. The capacitated k-center problem[J]. *SIAM Journal on Discrete Mathematics*, 2000, 13(3): 403-418.

[128] Korupolu M R, Plaxton C G, Rajaraman R. Analysis of a local search heuristic for facility location problems[J]. *Journal of Algorithms*, 2000, 37(1): 146-188.

[129] Krishnaswamy R, Li S, Sandeep S. Constant approximation for k-median and k-means with outliers via iterative rounding[C]. In: Proceedings of the 50th Annual ACM SIGACT Symposium on Theory of Computing, 2018, pp. 646-659.

[130] Kuhn H W. The Hungarian method for the assigment problem[J]. *Naval Research Logistics Quarterly*, 1955, 2(1-2): 83-97.

[131] Kumar A, Sabharwal Y, Sen S. A simple linear time $(1+\epsilon)$-approximation algorithm for k-means clustering in any dimensions[C]. In: Proceedings of the 45th Annual IEEE Symposium on Foundations of Computer Science, 2004, pp. 454-462.

[132] Kumar A, Sabharwal Y, Sen S. Linear-time approximation schemes for clustering problems in any dimensions[J]. *Journal of the ACM*, 2010, 57(2): Article No. 5.

[133] Lattanzi S, Sohler C. A better k-means++ algorithm via local search[C]. In: Proceedings of the 36th International Conference on Machine Learning, 2019, pp. 3662-3671.

[134] Lee E, Schmidt M, Wright J. Improved and simplified inapproximability for k-means[J]. *Information Processing Letters*, 2017, 120: 40-43.

[135] Li S. A 1.488 approximation algorithm for the uncapacitated facility location problem[J]. *Information and Computation*, 2013, 222: 45-58.

[136] Li S. On facility location with general lower bounds[C]. In: Proceedings of the 30th Annual ACM-SIAM Symposium on Discrete Algorithms, 2019, pp. 2279-2290.

[137] Li Y, Du D, Xiu N, Xu D. Improved approximation algorithms for the facility location problems with linear/submodular penalties[J]. *Algorithmica*, 2015, 73(2): 460-482.

[138] Li S, Svensson O. Approximating k-median via pseudo-approximation[J]. *SIAM Journal on Computing*, 2016, 45(2): 530-547.

[139] Li M, Wang Y, Xu D, Zhang D. The approximation algorithm based on seeding method for functional k-means problem[J]. *Journal of Industrial and Management Optimization*, 2022, 18(1): 411-426.

[140] Li M, Xu D, Yue J, Zhang D, Zhang P. The seeding algorithm for k-means problem with penalties[J]. *Journal of Combinatorial Optimization*, 2020, 39(1): 15-32.

[141] Li M, Xu D, Zhang D, Zou J. The seeding algorithms for spherical k-means clustering[J]. *Journal of Global Optimization*, 2020, 76(4): 695-708.

[142] Li J, Yi K, Zhang Q. Clustering with diversity[C]. In: Proceedings of the 37th International Colloquium on Automata, Languages and Programming, 2010, pp. 188-200.

[143] Liberty E, Sriharsha R, Sviridenko M. An algorithm for online k-means clustering[C]. In: Proceedings of the 18th Workshop on Algorithm Engineering and Experiments, 2016, pp. 81-89.

[144] Linial N, London E, Rabinovich Y. The geometry of graphs and some of its algorithmic applications[J]. *Combinatorica*, 1995, 15(2): 215-245.

[145] Liu Q, Liu J, Li M, Zhou Y. Approximation algorithm for fuzzy C-means problem based on seeding method[J]. *Theoretical Compute Science*, 2021, 885: 146-158.

[146] 刘文杰, 张冬梅, 张鹏, 邹娟. 带惩罚 μ-相似 Bregman 散度 k-均值问题的初始化算法 [J]. 运筹学学报, 2022, 26(1): 99-112.

[147] Lloyd S. Least squares quantization in PCM[J]. *IEEE Transactions on Information Theory*, 1982, 28(2): 129-137. Originally as an unpublished Bell laboratories Technical Note (1957).

[148] Lu S F, Wedig G J. Clustering, agency costs and operating efficiency: evidence from nursing home chains[J]. *Management Science*, 2013, 59(3): 677-694.

[149] Lu R, Zhu H, Liu X, Liu J K, Shao J. Toward efficient and privacy-preserving computing in big data era[J]. *IEEE Network*, 2014, 28(4): 46-50.

[150] MacQueen J. Some methods for classification and analysis of multivariate observations[C]. In: Proceedings of the 5th Berkeley Symposium on Mathematical Statistics and Probability, 1967, 14(1): 281-297.

[151] Mahajan M, Nimbhorkar P, Varadarajan K. The planar k-means problem is NP-hard[J]. *Theoretical Computer Science*, 2012, 442: 13-21.

[152] Mahdian M, Ye Y, Zhang J. Approximation algorithms for metric facility location problems[J]. *SIAM Journal on Computing*, 2006, 36(2): 411-432.

[153] Makarychev K, Makarychev Y, Sviridenko M, Ward J. A bi-criteria approximation algorithm for k-means[C]. In: Proceedings of the 19th International Workshop on Approximation Algorithms for Combinatorial Optimization Problems and the 20th International Workshop on Randomization and Computation, 2016, Artical No. 14.

[154] Malkomes G, Kusner M J, Chen W, Weinberger K Q, Moseley B. Fast distributed k-center clustering with outliers on massive data[C]. In: Proceedings of the 29th Annual Conference on Neural Information Processing Systems, 2015, pp. 1063-1071.

[155] Manthey B, Röglin H. Improved smoothed analysis of the k-means method[C]. In: Proceedings of the 20th Annual ACM-SIAM Symposium on Discrete Algorithms, 2009, pp. 461-470.

[156] Matoušek J. On approximate geometric k-clustering[J]. *Discrete & Computational Geometry*, 2000, 24(1): 61-84.

[157] McSherry F. Privacy integrated queries: an extensible platform for privacy-preserving data analysis[J]. *Communications of the ACM*, 2010, 53(9): 89-97.

[158] McSherry F, Talwar K. Mechanism design via differential privacy[C]. In: Proceedings of the 48th Annual IEEE Symposium on Foundations of Computer Science, 2007, pp. 94-103.

[159] Meng Y, Liang J, Cao F, He Y. A new distance with derivative information for functional k-means clustering algorithm[J]. *Information Sciences*, 2018, 463-464: 166-185.

[160] Nguyen H L, Chaturvedi A, Xu E Z. Differentially private k-means via exponential mechanism and max cover[C]. In: Proceedings of the 35th AAAI Conference on Artificial Intelligence, 2021, pp. 9101-9108.

[161] Ostrovsky R, Rabani Y, Schulman L J, Swamy C. The effectiveness of Lloyd-type methods for the k-means problem[J]. *Journal of the ACM*, 2013, 59(6): Article No. 28.

[162] Ott L, Pang L, Ramos F T, Chawla S. On integrated clustering and outlier detection[C]. In: Proceedings of the 28th Annual Conference on Neural Information Processing Systems, 2014, pp. 1359-1367.

[163] Park J, Ahn J. Clustering multivariate functional data with phase variation[J]. *Biometrics*, 2017, 73(1): 324-333.

[164] Rozhoň V. Simple and sharp analysis of k-means||[C]. In: Proceedings of the 37th International Conference on Machine Learning, 2020, pp. 8266-8275.

[165] Rujeerapaiboon N, Schindler K, Kuhn D, Wiesemann W. Size matters: cardinality-constrained clustering and outlier detection via conic optimization[J]. *SIAM Journal on Optimization*, 2019, 29(2): 1211-1239.

[166] Shindler M, Wong A, Meyerson A. Fast and accurate k-means for large datasets[C]. In: Proceedings of the 25th Annual Conference on Neural Information Processing Systems, 2011, pp. 2375-2383.

[167] Skarkala M E, Maragoudakis M, Gritzalis S, Mitrou L, Toivonen H, Moen P. Privacy preservation by k-anonymization of weighted social networks[C]. In: Proceedings of the 4th IEEE/ACM International Conference on Advance in Social Networks Analysis and Mining, 2012, pp. 423-428.

[168] Shmoys D B, Tardos E, Aardal K. Approximation algorithms for facility location problems[J]. *Theoretical Computer Science*, 2021, 853: 43-56.

[169] Soomro S, Munir A, Choi K N. Fuzzy c-means clustering based active contour model driven by edge scaled region information[J]. *Expert Systems with Applications*, 2019, 120: 387-396.

[170] Steinhaus H. Sur la division des corp materiels en parties[J]. *Bulletin L'Académie Polonaise des Science*, 1956, IV(C1. III): 801-804.

[171] Stemmer U. Locally private k-means clustering[J]. *Journal of Machine Learning Research*, 2021, 22: Article No. 30.

[172] Stemmer U, Kaplan H. Differentially private k-means with constant multiplicative error[C]. In: Proceedings of the 32nd Annual Conference on Neural Information Processing Systems, 2018, pp. 5436-5446.

[173] Stetco A, Zeng X J, Keane J. Fuzzy C-means++: fuzzy C-means with effective seeding initialization[J]. *Expert Systems with Applications*, 2015, 42(21): 7541-7548.

[174] Sviridenko M. An improved approximation algorithm for the metric uncapacitated facility location problem[C]. In: Proceedings of the 9th International Conference on Integer Programming and Combinatorial Optimization, 2002, pp. 240-257.

[175] Svitkina Z. Lower-bounded facility location[C]. *ACM Transactions on Algorithms*, 2010, 6(4): Article No. 69.

[176] Talwar K. Bypassing the embedding: algorithms for low dimensional metrics[C]. In: Proceedings of the 36th Annual ACM Symposium on Theory of Computing, 2004, pp. 281-290.

[177] Task C, Clifton C. What should we protect? Defining differential privacy for social network analysis[C]. *State of the Art Applications of Social Network Analysis. Springer, Cham*, 2014: 139-161.

[178] Tseng G C. Penalized and weighted k-means for clustering with scattered objects and prior information in high-throughput biological data[J]. *Bioinformatics*, 2007, 23(17): 2247-2255.

[179] Vattani A. K-means requires exponentially many iterations even in the plane[J]. *Discrete & Computational Geometry*, 2011, 45(4): 596-616.

[180] Wagstaff K, Cardie C, Rogers S, Schrödl S. Constrained k-means clustering with background knowledge[C]. In: Proceedings of the 18th International Conference on Machine Learning, 2001, pp. 577-584.

[181] Wang Y, Möhring R H, Wu C , Xu D, Zhang D. Outliers detection is not so hard: approximation algorithms for robust clustering problems using local search techniques[J/OL]. ArXiv: 2012.10884, 2020.

[182] Wang Y, Xu D, Du D, Wu C. Local search algorithms for k-median and k-facility location problems with linear penalties[C]. In: Proceedings of the 9th International Conference on Combinatorial Optimization and Applications, 2015, pp. 60-71.

[183] Wang T, Zhang Z, Rehmani M H, Yao S, Huo Z. Privacy preservation in big data from the communication perspective—A survey[J]. *IEEE Communications Surveys Tutorials*, 2018, 21(1): 753-778.

[184] Wei D. A constant-factor bi-criteria approximation guarantee for k-means++[C]. In: Proceedings of the 30th Annual Conference on Neural Information Processing Systems, 2016, pp. 604-612.

[185] Williamson D P, Shmoys D B. The Design of Approximation Algorithms[M]. Cambridge: Cambridge University Press, 2011.

[186] Wu C, Du D, Xu D. An approximation algorithm for the k-median problem with uniform penalties via pseudo-solution[J]. *Theoretical Computer Science*, 2018, 749: 80-92.

[187] Xu Y, Möhring R H, Xu D, Zhang Y, Zou Y. A constant FPT approximation algorithm for hard-capacitated k-means[J]. *Optimization and Engineering*, 2020, 21(3): 709-722.

[188] 徐大川, 许宜诚, 张冬梅. K-平均问题及其变形的算法综述 [J]. 运筹学学报, 2017, 21: 101-109.

[189] 徐大川, 许宜诚, 张冬梅. K-均值算法的初始化方法综述 [J]. 运筹学学报, 2018, 22: 31-40.

[190] 徐大川，张家伟. 设施选址问题的近似算法 [M]. 北京：科学出版社, 2013.

[191] Yao X, Zhou X, Ma J. Differential privacy of big data: An overview[C]. In: Proceedings of the 2nd IEEE International Conference on Big Data Security on Cloud, High Performance and Smart Computing and Intelligent Data and Security, 2016, pp. 7-12.

[192] Zhang P. A new approximation algorithm for the k-facility location problem[J]. *Theoretical Computer Science*, 2007, 384(1): 126-135.

[193] Zhang D, Cheng Y, Li M, Wang Y, Xu D. Approximation algorithms for spherical k-means problem using local search scheme[J]. *Theoretical Computer Science*, 2021, 853: 65-77.

[194] Zhang D, Hao C, Wu C, Xu D, Zhang Z. Local search approximation algorithms for the k-means problem with penalties[J]. *Journal of Combinatorial Optimization*, 2019, 37(2): 439-453.

[195] 张冬梅, 李敏, 徐大川, 张真宁. K-均值问题的理论与算法综述 [J]. 中国科学: 数学, 2020, 50(9): 1387-1404.

[196] Zhang D, Xu D, Wang Y, Zhang P, Zhang Z. Local search approximation algorithms for the sum of squares facility location problems[J]. *Journal of Global Optimization*, 2019, 74: 909-932.

[197] Zheleva E, Getoor L. Privacy in social networks: A survey[C]. *Social network data analytics. Springer, Boston, MA*, 2011: 277-306.

名 词 索 引

名词索引 (汉英对照)

A		
α-余弦距离	α-cosine distance	8.2.1
B		
Brunn-Minkowski 不等式	Brunn-Minkowski inequality	3.1.2
半监督聚类	semi-supervised clustering	10.1.1
半径	radius	10.1.1
本地模型	local model	1.2.5
并行组合性	parallel compositionality	11.1
剥离封闭	peeling-and-enclosing	10.1.2
捕获	capture	5.3.1, 5.3.3, 5.3.4, 6.2
Bregman	Bregman divergences	1.2, 11.4
C		
Cauchy-Schwarz 不等式	Cauchy-Schwarz inequality	4.2, 5.2, 8.3.1, 9.1.2, 9.2.2, 11.4
Chebyshev 不等式	Chebyshev inequality	11.1
c-Lipschitz	c-Lipschitz	3.1.1
测度	measure	3.2
层族	laminar family	7.2.1
差分隐私	differential privacy	1.2.5, 11.1
超多项式的	super polynomial	1.1
乘法近似误差	multiplicative approximation error	1.1
稠密集	dense set	4.2.3
初始可行解	initial feasible solution	1.1, 5.3.2, 7.2.1
簇	cluster	2.1.2, 2.2.1, 6.1
D		
D^2 抽样	D^2-weighting	2.1.2
带惩罚的 k-均值问题	k-means problem with penalties	1.2.3
带惩罚的 k-设施选址	k-facility location with penalties	1.2.3, 9.1.1, 9.2.2
带惩罚的 k-中位问题	k-median problem with penalties	1.2.3, 9.2.2
μ-相似布雷格曼散度	μ-similar Bregman divergences	11.5.1, 11.5.2
带容量约束的 k-均值问题	k-means problem with capacity constraints	1.2.4
带容量约束的 k-中心问题	k-centers problem with capacity constraints	10.1.1

带容量约束的 k-中位问题	k-median problem with capacity constraints	1.2.4, 10.1.1
代数平均数	algebraic mean	4.1.2
带下界约束的设施选址问题	lower bounded facility location problem	1.2.4
带线性/次模惩罚的设施选址问题	facility location problem with linear/submodular penalty	9.1.1
带异常点的 k-均值问题	k-means problem with outliers	1.2.3, 1.2.3, 9.3.1
带异常点的 k-中位问题	k-median problem with outliers	1.2.3, 9.3.1
带约束的 k-均值问题	constrained k-means problem	1.2.3, 10.1.2
单纯形	simplex	10.2.1
单纯形封闭操作	simple closed operation	10.2
单交换	single swap	5.3.2, 5.4.1, 9.1.2
单交换局部搜索算法	local search-Single-Swap	8.3.1, 9.1.1
动态规划	dynamic programming	1.1
度量空间 k-均值问题	metric space k-means problem	1.1
多交换	multi-swap	1.1, 5.3.6, 5.4.2
多交换局部搜索算法	local search-Multi-Swap	8.3.2, 9.2.2
多维正态分布	multinormal distribution	3.3.1
多项式量级	polynomial magnitude	4.2.2, 6.2
多项式时间	polynomial time	1.1, 1.2.4, 5.3.5, 6.1
多项式时间算法	polynomial time algorithm	9.2.2
E		
Euclidean 距离	Euclidean distance	8.1.2
Euclidean 空间	Euclidean space	4.1.1, 4.1.2, 5.4, 6.1
η-稠密集	η-dense set	4.2
F		
泛函 k-均值问题	functional k-means problem	1.2.6, 11.2
缩放	scaling	11.4
分数解	fractional solution	6.1
分数可行解	fractional feasible solution	7.2.2
分桶参数	bucketing arguments	7.2.3
附加近似误差	additive approximation error	1.1
G		
高维空间	high dimensional space	3.2, 3.2.2
固定参数的可追溯性	fixed parameter tractability	1.1
孤立点	isolated point	5.3.1
观测点	observation point	1.2.2, 2.1, 4.1.1, 4.1.2, 6.1, 6.2, 8.1.1, 8.3.1, 9.1.2, 9.2.2, 10.1, 11.1, 11.2.2, 11.3.1

观测集	observation set	1.1, 1.2.2, 2.1.2, 2.2.1, 6.1, 10.1.2
H		
Hölder 不等式	Hölder inequality	11.3
核心集	coreset	1.1, 4.1, 4.1.1, 4.1.2
候选中心集	candidate set	6.1
划分	partition	2.1, 4.1.1, 4.1.2, 5.3.3, 6.1
忽略聚类	obvious clustering	7.2.2
J		
Johnson-Lindenstrauss 降维引理	Johnson-Lindenstrauss dimension reduction lemma	3.1, 3.3.2, 5.4.1
集中性	concentration	3.2.2
几何平均数	geometric average	4.1.2
加权集合	weighted set	4.1.1
建议分布	proposal distribution	1.1
降维	dimension reduction	1.1, 3.1, 6.1
交互	interaction	1.2.5
交换运算	swap operation	5.3, 6.2, 8.3, 9.1.3, 9.2.2, 9.3.1, 11.4
近似比	approximation ratio	1.1, 1.2.3, 2.1, 5.3.6, 6.2, 7.2.3, 8.3
近似算法	approximation algorithm	1.1, 1.2.3, 7.2, 8.1.2, 8.2.1, 8.2.3, 8.3, 10.1
近似质心点	approximate centroid	10.2.2, 9.3.3
近似质心集	approximate centroid set	1.1, 4.2, 4.2.3, 4.2.4, 6.1, 8.3, 9.1, 9.2.2, 9.3, 9.3.2, 11.4
局部比值	local ratio	5.3.3, 5.3.4
局部间隙	locality gap	11.4
局部交换	local swap	11.1
局部搜索	local search	1.1, 1.2.1, 1.2.2, 1.2.3, 5.3.2, 5.3.4, 5.3.5, 5.3.6, 6.2, 9.1.3, 1.2.3
局部搜索算法	local search algorithm	5.1, 8.3
局部最优解	local optimal solution	5.3.3, 5.3.4, 8.3.1 9.1, 9.2.1, 11.4
局部最优性	local optimality	6.2, 8.3, 9.2.2
聚类中心	cluster center	1.2.2, 6.1, 7.2.2, 8.2.1
聚类中心集	cluster centers set	4.1.2

均匀分布	uniform distribution	6.1
K		
k-均值 ||	k-means parallel	2.2
k-均值 ++	k-means++	1.1, 1.2.8, 2.1
k-均值聚类	k-means cluster	11.4.1
k-均值问题	k-means problem	1.2.2, 1.2.3, 4.1.1, 4.2.2, 4.2.3, 5.4, 6.1, 8.1.2, 10.1, 11.1
k-扩展	k-extension	4.2
k-设施选址问题	k-facility location problem	1.2.4
k-双 Lipschitz 的	k-bi-Lipschitz	3.1.1
k-中位问题	k-median problem	1.2.1, 1.2.3, 5.3, 5.4, 6.1, 8.1
可分离球面 k-均值问题	separable spherical k-means problem	8.2.1, 8.2.2
客户	client	5.3.1, 5.3.2, 5.3.3, 7.1, 7.2.1, 9.2.1, 9.3.1, 11.4
可行解	feasible solution	1.1, 1.2, 5.3.1, 6.1, 7.2.2, 11.4
L		
l-多样性聚类	l-diversity clustering	10.1.1
Lévy引理	Lévy lemma	3.2.2
Lagrange 乘子保持	Lagrangian multiplier preserving	1.1
Lagrange 松弛	Lagrangian relaxation	1.2.3, 8.3.2
Lloyd 算法	Lloyd algorithm	1.2.2, 8.2.1
连续局部搜索	successive local search	1.2.3
两点舍入	bi-point rounding	1.1
量化误差	quantization error	1.1
邻域	neighborhood	5.3.2, 5.4.1, 5.4.2, 6.2
鲁棒聚类	robust clustering	9.1
鲁棒 k-均值问题	robust k-means problem	1.2.3
鲁棒设施选址	robust facility location	1.2.3
M		
Markov 不等式	Markov inequality	4.2, 10.2
Markov 链蒙特卡洛	Markov chain Monte Carlo	1.1
枚举	enumeration	5.3.3
模糊 C-均值 ++	fuzzy C-means++	11.3
模糊 C-均值问题	fuzzy C-means problem	1.2.6
模性	modularity	7.2.2

N

NP-难	NP-hard	1.1, 1.2.3, 9.1.2, 11.1

P

平方度量设施选址问题	square metric facility location problem	11.4
平方和设施选址问题	sum of squares facility location problem	11.4

Q

球剥离操作	sphere-peeling	10.2
球面 k-均值问题	spherical k-means problem	1.2.2, 8.1.1, 8.2.1, 8.3
权重	weight	6.1, 7.2.3, 9.2
全概率公式	total probability formula	6.1
全局最优解	global optimal solution	5.3.1, 5.3.3, 5.3.4, 8.3.1, 9.1, 9.3, 11.4

R

容量约束聚类	capacitated clustering	10.1.1, 10.3

S

三角不等式	triangle inequality	2.1, 5.3, 6.1, 8.3.1, 9.1.2, 9.2.2, 10.2
色谱聚类	chromatic clustering	10.1.1, 10.3
色谱 k-cones 聚类	chromatic k-cones clustering	10.1
设施	facility	5.3.1, 5.3.2, 5.3.3, 7.1, 7.2, 9.2, 9.3, 10.1, 11.4
设施集	facilities set	5.3.1, 5.3.2, 5.3.3
设施选址问题	facility location problem	1.2.1, 8.3, 9.1.1, 11.4
时间复杂度	time complexity	7.2.2, 9.1, 9.3.1, 10.2.3, 10.3, 11.1, 11.3.1, 11.4
势函数	potential function	2.1, 2.2.1, 4.1.1, 4.1.2, 8.2.1, 10.1, 11.2, 11.3
势函数值	potential value	2.1.2
双点舍入	bi-point rounding	1.2.3
双阶乘	double factorial	3.2.1
松弛的三角不等式	relaxed triangle inequality	6.1, 8.2.1
随机算法	randomized algorithm	6.1, 7.2.3
随机投影定理	random projection theorem	3.3.1
缩减费用函数	reduced cost function	7.1, 7.2.1

T

贪婪策略	greedy strategy	7.2.1

特征抽取	feature extraction	1.1
特征选择	feature selection	1.1
体积	volume	3.1.2
调和级数	harmonic progression	2.1
拓扑结构	topological structure	7.1
W		
Weierstrass 乘积不等式	Weierstrass product inequality	2.1
违反基数约束	centers blowup	1.2.3
违反异常点约束	outliers blowup	1.2.3
唯一博弈猜想	unique games conjecture	1.1
维数	dimensionality	4.1.1
维数灾难	curse of dimensionality	3.1
伪多项式时间	pseudo polynomial time	7.2.3
X		
稀疏核心集	sparse core set	4.1.1
下界约束聚类	r-gather clustering	10.1.1, 10.3
限制条件	restricted condition	1.1
线性规划	linear programming	2.2
线性规划舍入	linear programming rounding	1.2.1, 6.1
线性规划舍入算法	linear programming rounding algorithm	6.1
线性判别分析	linear discriminant analysis	3.1
相似性度量	similarity measure	11.2.1
序列组合性	sequence composition	11.1
匈牙利算法	Hungarian algorithm	10.3
Y		
样本函数	sample function	11.2
异常点	outlier	1.2.3, 9.2, 9.3
异常点移除聚类算法	outlier removal clustering	1.2.3
隐私保护	privacy preserving	1.2.5
隐私保护 k-均值问题	privacy preserving k-means problem	1.2.5, 11.1
隐私递归划分	private recursion partition	11.1
隐私划分	private partition	11.1
映射	map	11.1
有序 k-中位问题	order k-median problem	1.2, 7.1, 7.2.2, 7.2.3
余弦距离	cosine distance	1.2.1, 8.1.1
余弦相似性度量	cosine similarity measure	1.2.2, 8.1.1
原始对偶	primal-dual	1.1, 1.2.1, 1.2.3, 8.3.2
运行时间	running time	1.1
Z		
整数格	integer lattice	4.2.2